ABHANDLUNGEN DER DEUTSCHEN AKADEMIE
DER WISSENSCHAFTEN ZU BERLIN

Klasse für Chemie, Geologie und Biologie

Jahrgang 1959 Nr. 5

GÜNTHER KUNKEL

METEOROLOGISCH-MIKROKLIMATOLOGISCHE BEOBACHTUNGEN IN VALDIVIA (SÜDCHILE)

mit Einführungen von

G. H. SCHWABE und W. LAUER

Mit 53 Abbildungen und 30 Tabellen im Text
und mit 308 Klimatabellen

AKADEMIE-VERLAG · BERLIN
1959

Vorgelegt von Hrn. BERTSCH in der Klassensitzung vom 20. November 1958
Zum Druck genehmigt am gleichen Tage, ausgegeben am 15. Dezember 1959

Erschienen im Akademie-Verlag GmbH, Berlin W 1, Leipziger Str. 3—4

Lizenz-Nr. 202 · 100/668/59
Gesamtherstellung: VEB Druckerei „Thomas Müntzer" Bad Langensalza
Bestellnummer: 2001/59/II/5
Preis: DM 45,—
Printed in Germany
ES 18 E 3

Meinen Eltern
in Dankbarkeit gewidmet

INHALTSÜBERSICHT

Zweiter Teil: Klimatabellen

ZUR EINFÜHRUNG

Die vorliegende „klima-ökologische Monographie eines Jahres in Südchile“ ging aus jahrelangen Vorarbeiten hervor, die darauf abzielten einige Grundmerkmale der Ökologie dieses Raums zu erhellen. Von 1952 bis 1954 arbeitete sich der Verfasser als Feldassistent an der ökologischen Versuchsstation Mininco der Universidad de Concepción planmäßig in diesen Problemenkreis ein und bemühte sich schon bald und erfolgreich manche Einzelfragen selbständig zu verfolgen. Das zentrale Thema, das ihn schon damals und später in wachsendem Umfange beschäftigte, läßt sich kurz folgendermaßen andeuten: Obwohl seit etwa 150 Jahren die damaligen Einwanderer und späteren Landwirte im südlichen Chile anscheinend sehr erfolgreich die neue Landschaft den mitgebrachten europäischen Traditionen entsprechend zu gestalten vermochten, fallen bei näherer Prüfung doch immer mehr Erscheinungen auf, die diesen Erfolg und besonders seine Dauerhaftigkeit in Frage stellen. Aus der Fülle dieser Anzeichen sind hier nur einige Beispiele zu erwähnen. Während etwa in den regelmäßig sommertrockenen Landschaften zwischen Concepción und Temuco (36°—38° S) die mechanische Erosion der Kulturböden erschreckend fortschreitet, sinkt weiter südlich nach anfänglich überaus hohen Erträgen die Bodenfruchtbarkeit mehr oder weniger rasch und anhaltend ab. Solange noch genügend Landreserven, zumeist von Wäldern bedeckt, verfügbar waren, wurden diese Vorgänge kaum beachtet. Man wich ihren Folgen aus, indem man Neuland in Kultur nahm.

Genauere Beobachtungen zeigen in bester Übereinstimmung mit landwirtschaftlichen Erfahrungen und diese ergänzend weiterhin, daß die überwiegend nordhemisphärischen Kulturpflanzen und Ackerunkräuter im mittleren und südlichen Chile fast ausnahmslos ihren normalen Entwicklungsablauf oder ihre typische Morphologie mehr oder weniger auffällig abändern, worüber Kunkel bereits mehrere beachtenswerte Veröffentlichungen vorlegte (vgl. S. 103). Die relativ spärlichen futter- und nahrungsmittelchemischen Analysen, die bisher greifbar sind, lassen ferner vermuten, daß den physiologischen und morphologischen Abwandlungen oft auch chemische Bestandsänderungen entsprechen.

Die mehrfach auch in unseren Arbeiten aufgezeigten, durch Düngungsversuche ermittelten Mineralmängel (besonders an P, aber auch an Cu, Zn u. a. Spurenelementen) und die weit verbreitete Kalk- und Humusarmut, die sich gewöhnlich schon nach wenigen Jahren landwirtschaftlicher Nutzung bemerkbar machen, reichen nicht aus, die mannigfaltigen erwähnten Erscheinungen zufriedenstellend zu klären und sind überdies selbst offenbar erst Folgen gewisser Klimawirkungen. Auf deren entscheidende und oft direkte Mitwirkung bei der Entstehung der genannten Anomalien in der Morphologie und im Lebensablauf der Kulturflora weisen viele Anzeichen hin. Daneben kann jedoch vorerst nicht ausgeschlossen werden, daß auch petrochemische Voraussetzungen über die dortigen Böden pflanzenwirksam werden.

Bei aller Skepsis gegen den verständlichen Optimismus, den Entdecker mit erfolgreichen Neulandkolonisten zu teilen pflegen, fällt in allen historischen Berichten über die landwirtschaftliche Erschließung Chiles die einhellige Betonung der hohen Fruchtbarkeit dieser Landschaften auf. Diese immer wieder erwähnte Beobachtung wird zudem heute noch sowohl von forstlichen Erfahrungen wie in Dünger- und Kulturversuchen, die nicht an wirtschaftliche Erwägungen gebunden sind, eindeutig bestätigt. Geschädigt wird mithin offenbar die landwirtschaftlich genutzte Oberschicht der Kulturböden, die am unmittelbarsten den Wirkungen eines Klimas ausgesetzt ist, das seinerseits die pflanzliche Produktion stimuliert.

Das pflanzenwirksame Klima des südlichen Längstals, aber auch Zentralchiles und des semiariden kleinen Nordens zeichnet sich nach allen bisher vorliegenden Erfahrungen durch bestimmte „Faktoren" aus, die in hohem Maße die Produktion fördern, aber zugleich den entblößten Boden mindestens in seinen oberen Schichten übermäßig beanspruchen und verschiedene Entwicklungs- und Formanomalien verursachen können. Aus diesem Rahmen, der neben verwandten landschaftsökologischen Gesichtspunkten schon für die Experimentalstation Mininco ebenso bestimmend war wie für die späteren Untersuchungen in Valdivia, entwickelte Kunkel bemerkenswert umsichtig und weitgehend selbständig den Beobachtungsplan, der dieser Publikation zugrundeliegt. Alle Ablesungen, Aufzeichnungen, Berechnungen und Instrumentenkontrollen wurden von Kunkel persönlich besorgt, so daß durch Einsatz mehrerer Bearbeiter mögliche Differenzen ausgeschlossen sind. Außerdem konnten so die oben skizzierten Grundfragen nach den regionalen Beziehungen zwischen klimatischem Geschehen und Pflanzenleben unter einheitlichen Gesichtspunkten erfaßt werden.

Der klimatische Faktorenkomplex, der pflanzenökologisch und darüber hinaus allgemein ökologisch für den vielleicht einmaligen Charakter dieses Landes vor allem ausschlaggebend sein dürfte, wurde bereits früher in der Beziehung Lufttemperatur zu Strahlung gesehen und im Hinblick auf deren chilenische Eigenart als klimatische Diskordanz bezeichnet (S. 65). Dieser Begriff entstand nicht aus klimatologischen, sondern aus ökologischen Untersuchungen und Überlegungen und soll dementsprechend auch in erster Linie ökologisch verstanden werden. Der weitaus größte Teil des chilenischen Raums wird von dieser in ihren Ausmaßen örtlich und zeitlich veränderlichen Diskordanz zwischen den beiden biologisch direkt und indirekt wirksamen Klimafaktoren Lufttemperatur und Strahlung beherrscht. Es besteht zwar kein naturgegebenes „Normalverhältnis" zwischen diesen Faktoren. Ebensowenig kann bisher wohl an einen zahlenmäßigen Ausdruck dieses Verhältnisses gedacht werden. Aber im Vergleich mit den durchschnittlichen Gegebenheiten der gemäßigten nördlichen Halbkugel ist festzustellen, daß die positive und negative Strahlungsaktivität im Verhältnis zur Lufttemperatur in Chile bedeutend höhere Werte erreicht als in den meisten anderen vergleichbaren Landschaftsräumen. Damit gewinnt auch das chilenische Flachland mancherlei klimatische und ökologische Ähnlichkeiten mit Hochgebirgslandschaften gleicher Breitenlage. Die klimatische Diskordanz zwischen Lufttemperatur und Strahlung beruht in der von Süden nach Norden und vom Binnenlande nach der Küste hin zunehmenden relativen Temperatursenkung durch den kalten Humboldstrom und wird offenbar noch verstärkt durch das Hindernis, das die Hochanden als nordsüdliche Barriere dem atmosphärischen Austausche über den Kontinent hin bieten.

Aus der Fülle biologischer Bedeutungen, die das Verhältnis von Lufttemperatur zu Strahlung zweifellos hat, sind bisher nur Ausschnitte einigermaßen zu übersehen, so etwa seine Wirkungen auf Assimilation und Atmung und damit auf die pflanzliche Produktion, die im ganzen gewaltig gesteigert wird. Wie stark in dieser Hinsicht allein der diskordanzbestimmte, also vorwiegend strahlungsabhängige Tagesgang der Temperatur die pflanzlichen Leistungen zu beeinflussen vermag, haben von ganz anderen Fragestellungen ausgehende Experimentalarbeiten Seemanns (J. Seemann, Wärmeregelung in geheizten Gewächshäusern nach ökologischen Gesichtspunkten. Die Gartenbauwissenschaft *3* (21), S. 102—128, München 1956) eindrucksvoll gezeigt. Der tägliche Temperaturrhythmus ist jedoch nur eine Teilerscheinung, die von einer solchen klimatischen Diskordanz geprägt wird, und ihre bisher sichtbaren Wirkungen auf die Pflanze sind nur ein kleiner Ausschnitt aus dem biologischen Spektrum, das diskordanzempfindlich ist. Wenn sich eine der chilenischen Sonne ausgesetzte Oberfläche im Verhältnis zur Lufttemperatur — eben infolge Diskordanz — stärker erwärmt, wenn diese Diskordanz geographisch und jahreszeitlich mit der Sonnenhöhe zuzunehmen pflegt, die Bewölkung vermindert und so die Strahlungsaktivität begünstigt, dann sind von vornherein mannigfaltige Diskordanzwirkungen in allen Bereichen der Biosphäre zu erwarten. Nicht zuletzt aber greift die Diskordanz gestaltend in das Mikroklima ein.

Im landwirtschaftlich erschlossenem Bereiche Chiles ist die jahreszeitliche Niederschlagsverteilung insofern diskordanzabhängig, als mit wachsender Sonnenhöhe die Regenhäufigkeit abnimmt, so daß Dürreperioden wo nicht regelmäßig, so doch oft die Vegetationsentfaltung des offenen Landes, also gerade der Kulturlandschaft, stark beeinträchtigen oder unterbrechen können. Als Vorstufe solcher Einflüsse können auch einige der erwähnten morphologischen Anomalien auftreten. Über Boden und Pflanze erstrecken sich mittelbare Diskordanzwirkungen schließlich auch auf das Tier und den Menschen.

Die nur kurz skizzierten biologischen Diskordanzfolgen wurden in der Durchführung der vorliegenden Arbeit KUNKELS wenigstens so weit berücksichtigt, wie sie bei Feldbeobachtungen sichtbar werden. Um die im einzelnen noch undurchsichtigen Zusammenhänge zu klären, koordiniert er seine meteorologischen, klimatologischen und mikroklimatologischen Beobachtungen mit phänologischen und agrarökologischen. Die beschreibende Übersicht, die der erste Teil dieser Veröffentlichung bietet, erschöpft jedoch noch bei weitem nicht, was die weit über 100000 Einzelbestimmungen des Tabellenteils an möglichen Ergänzungen enthalten.

Der Standort Valdivias liegt zwar weit außerhalb der Räume in denen die klimatische Diskordanz am schärfsten hervortritt. Schon Mininco zeigte in dieser Hinsicht wesentlich extremere Verhältnisse (vgl. S. 63). Aber gerade dieser Umstand kommt der Arbeit in einer Weise zugute, die nicht ohne weiteres zu erwarten war: Es zeigt sich nunmehr deutlich, daß sowohl im Jahresgange wie in den Tagesrhythmen bei Strahlungswetter im Klima und im Lebensgeschehen die Diskordanz auch dort wirksam wird, wo sie bei unmittelbarer Beobachtung nicht ohne weiteres auffällt.

Schließlich darf hier noch auf eine andere, allgemeinere Seite dieser Veröffentlichung hingewiesen werden. Die biologisch und ökologisch bedeutsamen Vorgänge spielen sich zum allergrößten Teile in Räumen ab, in welchen die großklimatischen, also die von den üblichen Beobachtungsstationen erfaßten Faktoren durch die Bodennähe abgewandelt sind. Die Größen und Rhythmen der mikroklimatischen Faktoren und ihre Beziehungen zueinander, weichen also von dem Bilde ab, das sich aus den Aufzeichnungen von Wetter- und Klimastationen gewöhnlich ergibt. Diese Abwandlungen sind ihrerseits durch zwei wesensverschiedene Bedingungsgruppen bestimmt:

a) von der Natur und der Morphologie des örtlichen Substrats (Gestein, Boden, Wasserfläche, Vegetation, Oberflächengestalt und -neigung, Farbe, Exposition usw.) und

b) von der besonderen Konstitution des Großklimas selbst (Strahlungsverhältnisse, Bewölkung, Niederschlagsverteilung, Winde usw.).

Die Unterschiede zwischen G r o ß k l i m a und M i k r o k l i m a werden bei ähnlichen Standortbedingungen um so geringer sein, je geringer die Strahlungsaktivität und die Tagesschwankungen der nicht unmittelbar lichtabhängigen Klimafaktoren und je stärker und konstanter Luftfeuchte und Winde sind. Die absoluten klimatischen Temperaturwerte haben dabei keine unmittelbare Bedeutung, so daß sich in äquatorialen wie polaren

Gebieten vertikale Klimadifferenzen weitgehend ausgleichen können. Umgekehrt werden diese Gradienten mit der örtlichen Strahlungsaktivität und der Schwankungsbreite der Lufttemperatur und der Luftfeuchte umso mehr wachsen, je geringer die örtliche Luftbewegung ist. Bei der entscheidenden Rolle, die der Strahlung in diesem Zusammenhange zukommt, ist klar, daß die folgenden Bedingungen zu größten Differenzen zwischen Mikro- und Makroklima führen müssen: hoher Sonnenstand, unbedeckter Himmel und geringe Luftfeuchte über vegetationsfreiem oder -armem Boden. Die entgegengesetzten Bedingungen begünstigen den vertikalen Ausgleich und nähern das Mikroklima damit dem Makroklima an. Der klimatische Jahresgang in Südchile umfaßt mit seinen sehr humiden Wintern und seinen trockenen Sommern beide Extremsituationen in hinreichend langen Perioden und bietet überdies in unregelmäßig auftretenden, aber gewöhnlich auch genügend lange anhaltenden Strahlungswetterlagen im Winter und winterähnlichen Regenperioden im Sommer besonders vielseitige Voraussetzungen zum Studium der örtlichen Abhängigkeiten des Mikroklimas vom Makroklima. Der Tabellenteil dieser Arbeit bietet daher wertvolle Aufschlüsse auch zu diesem Fragenkreise. Es sieht dabei fast so aus, als ob die Beharrung bestimmter Wetterlagen überdurchschnittlich groß sein könnte. Daß makroklimatische Faktoren überhaupt in vorliegendem Umfange in den Beobachtungsplan einbezogen werden konnten, war nur dadurch möglich, daß die ursprünglich nur mikroklimatisch-ökologisch orientierte Beobachtungsstation mit einer vollständigen Klimastation zusammengeschlossen wurde. Diese entscheidende Ergänzung ist der verständnisvollen Mitarbeit von Herrn Dr. W. Lauer zu danken, der als damaliger Direktor des Geographischen Instituts der Universidad Valdivia die gesamte Beobachtungsstation seines Instituts mit der unseren vereinte.

Plön, Juni 1959 G. H. Schwabe

Hydrobiologische Anstalt der
Max-Planck Gesellschaft

Der vorliegende Tabellenband des ersten Beobachtungsjahres der am 1. Mai 1957 im Rahmen des Geographischen und Ökologischen Instituts der Universidad Austral in Valdivia (Chile) eingerichteten Klimastation bietet uns erstmalig einen Einblick in die klimatischen Verhältnisse eines besonders interessanten Raumes der Südhalbkugel. Der Verfasser hat die Tabellen mit einer eingehenden Klimabeschreibung und phänologischen Beobachtungen versehen, die als wertvolle Ergänzung der rd. 100000 Beobachtungsdaten sehr willkommen sind.

Südchile zwischen 38 und 42° südl. Br. liegt in einer Klimazone der Südhemisphäre, in der sich subtropischer Strahlungsgang mit einem ozeanischen Temperaturgang eines sehr regenreichen Erdstrichs gemäßigter Breiten in einmaliger Form auf der Erde verbinden. Der Regengang ist zwar periodisch wie im mittelmeerischen Zentralchile mit winterlichem Maximum und sommerlichem zuweilen semiariden Minimum, die Niederschlagsmengen gehören jedoch zu den höchsten, die in den gemäßigten Breiten beider Halbkugeln gemessen werden (zwischen 2000 und 4000 mm jährlich).

Die intensive Strahlung und deren Verhalten zur Lufttemperatur erzeugt in dieser regenreichen Zone eine besonders intensive Wirkung auf die gesamte Biosphäre, die in dem artenreichen „Valdivianischen Regenwald“ markanten Ausdruck findet. Nicht minder ist die Wirkung auf die Kulturvegetation der bedeutenden Landwirtschaft dieses Raumes.

Seit 100 Jahren betreiben deutschstämmige und chilenische Siedler Ackerbau und Viehzucht in dieser Zone. Die stärkere Intensivierung einhergehend mit einer modernen Rationalisierung der bislang in extensiven Formen betriebenen Landwirtschaft erfordert z. Zt. eine gründliche wissenschaftliche Durchforschung des Landstrichs, um ihr eine den landschaftsökologischen Gegebenheiten entsprechende Betriebsform zu verleihen. Das Ökologische Institut der Universidad Austral hat seit der Gründung der Universität in Valdivia eine Reihe von Grundfragen der Pflanzenzüchtung und der Düngung unter besonderer Berücksichtigung der Eigenheiten des Klimas in Angriff genommen und schon bedeutende Ergebnisse erzielt, von denen der ehemalige Leiter des Instituts, Herr Dr. G. H. Schwabe in verschiedenen Arbeiten bereits berichtet hat. Auch von geographischer Seite (das Geographische Institut der Universidad Austral wurde erst im Jahre 1956 gegründet) werden die ersten Ergebnisse bald vorgelegt werden können.

Die Gründung und die Inbetriebnahme der Klimastation an der Universidad Austral stehen naturgemäß in engem Zusammenhang mit den landwirtschaftlichen Problemen des südchilenischen Raumes. Die Ausstattung der Station ist daher stark auf das Erfassen des Gelände- und Mikroklimas ausgerichtet worden. Da wichtige mikroklimatische Konsequenzen aus dem überaus eigenwilligen Makroklima des Gebietes resultieren, ist dessen Kenntnis unabdingbare Voraussetzung für die Beurteilung des Mikroklimas und der gesamten Landschaftsökologie.

Das erste Beobachtungsjahr, läßt bereits wichtige Zusammenhänge erkennen, welche Makro- und Mikroklima Südchiles bieten. Einige Problemkomplexe sollen angedeutet werden:

1. Die südchilenische Landwirtschaft leidet stark unter Strahlungsfrösten im Frühjahr und Herbst. Sie machen sich in der Hauptsache am Boden bemerkbar und werden meist 2 m über der Erdoberfläche nicht mehr registriert. Nicht nur feuchte Niederungen (Ñadis und Vegas), sondern auch die Ebenen des Längstals werden besonders betroffen. Im Winter sind sie mit stärkerer Kammeisbildung verbunden, was vielfach zum Auswintern des Getreides führt. Die nächtliche Ausstrahlung im Frühjahr und Herbst wird durch den auffallend wolkenlosen Himmel während der kurzen Hochdruck-Wetterlagen zwischen dem Durchzug von Schlechtwetterfronten besonders gefördert. Dieser kurzfristige Wechsel von Schlechtwetterfronten mit hohen Niederschlägen und sehr kräftigen, aber kurzfristigen Zwischenhochs mit intensivem Strahlungswetter gibt der Witterung des Raumes während der Regenzeit einen eigenen Akzent.

2. Erhebliche Produktionsschäden in der Landwirtschaft treten auch durch Windwirkung auf. Setzen sich im Frühjahr Südwetterlagen frühzeitig durch (Oktober/November), so sind sie stets verbunden mit heftigen Kaltlufteinbrüchen in Form stürmischer Südwinde. Die Ackerkrume der vielfach sehr leichten vulkanischen Ascheböden trocknet dabei sehr rasch aus und wird z. T. in erheblichem Maße verweht. Starke Austrocknungsschäden sind die Folge (bei 2000 und mehr mm Jahresniederschlag!). Die genaue Kartierung der betroffenen Räume mit Hilfe geländeklimatologischer Untersuchungsmethoden wäre daher dringend geboten. Die ständig häufiger auftretenden Strahlungsfröste und die erheblichen Wind- und Austrocknungsschäden haben zweifellos ihre Ursachen in der rigorosen und ungelenkten Entwaldung des Gebietes, die ohne eine planmäßige, den landwirtschaftlichen Belangen dienenden Aufforstung durchgeführt wird. Die Forderung, die die Landwirtschaft in Zukunft an die Agrarklimatologie stellen wird, werden nur dann erfüllt werden können, wenn man einen Agrar-Klimadienst auf der Basis weiterer, am besten fahrbarer Stationen einrichtet.

Auch die makroklimatischen Besonderheiten des chilenischen Klimas heben sich bereits in den Meßreihen des vorliegenden Bandes deutlich ab. Die ausgiebigen Witterungsbeschreibungen des Beobachters ergänzen das Bild vorzüglich.

Unsere Kenntnisse des Wettergeschehens und des Großklimas im Westwindgürtel der Südhalbkugel beruhen im wesentlichen auf Analogieschlüssen zu den Ergebnissen der Nordhemisphäre. Dort erlauben die zahllosen Meßreihen der dichten Stationsnetze hochzivilisierter Länder ständig detailliertere Aussagen in allen Forschungszweigen der Meteorologie und Klimatologie. Auf der Südhalbkugel fehlt es durch die riesige Ausdehnung der Wasserflächen an entsprechendem Vergleichsmaterial. Nur der südamerikanische Kontinent und die neuseeländischen Inseln ragen als größere Landkomplexe in den Westwindgürtel der Südhalbkugel. Durch die Stationsnetze Chiles und Argentiniens ist man zwar über den Gang der beiden wichtigsten Klimaelemente, Niederschlag und Temperatur, informiert, zu einer vertieften Charakterisierung des Klimas und erst recht zu einer genauen Kenntnis des Ablaufs meteorologischen Geschehens dieser Erdräume reicht aber weder die Dichte noch die Ausstattung der Stationen aus.

Das von unseren Breiten kaum bekannte und abweichende Verhältnis von Strahlungsintensität, Temperaturgang und Regenregime tritt in den Meßreihen als besondere Eigenart des südchilenischen Klimas zu Tage. Die genaue Registrierung der verschiedenen Klimaelemente (Luftdruck, Temperatur, Feuchtigkeit, Windrichtung, Windstärke, Niederschlag, Bewölkung u. dgl.) erlauben in Verbindung mit den täglichen Klimaaufzeichnungen wichtige Schlüsse über Auftreten, Durchzug und Zugrichtung der Wetterfronten (wandernde Zyklonen). Es läßt sich deutlich erkennen, daß die Mehrzahl der Niederschläge zyklonaler Natur ist, wobei der Staueffekt an der Nord-Süd streichenden Kordillere die Niederschlagsmengen lediglich erhöht. Die Zugstraßen der Minima verlaufen im Raum von Valdivia vorwiegend von Norden nach Süden. Die rasche Folge von Frontdurchzügen und wolkenlosem Kaltluft-Hochdruckwetter mit intensiver Sonneneinstrahlung ist typisch. Die zahlreichen Kaltlufteinbrüche aus dem Süden, die örtlichen Windphänomene des im Sommer nachmittags sehr häufigen Seewindes (travesía) und der föhn- und boraartigen Ostwinde aus den Kordillerentälern bei bestimmten Wetterlagen sind erstmalig in detaillierter Form registriert worden und vertiefen unser Bild über das südchilenische Groß- und Lokalklima. Die Daten des Regenschreibers vermitteln uns darüberhinaus ein genaues Bild über die Regenintensitäten, die außerordentlich hoch sind und denen der tropischen Gewittergüsse vielfach nicht nachstehen.

Die gegebenen Beispiele mögen genügen, um zu zeigen, wie schon jetzt sich interessante klimaökologische, klimatologische und meteorologische Probleme abzuzeichnen beginnen. Herrn Günther Kunkel gebührt das Verdienst, sich ein Jahr lang voll und ganz in den Dienst der Sache gestellt zu haben. Er hat mit großem Fleiß und Eifer die Beobachtungen ausgeführt und im vorliegenden Band zusammengestellt. Es ist der Universidad Austral und ihrem Rektor, Herrn Dr. Eduardo Morales, zu danken, daß die Station zum 1. Mai 1957 in der angegebenen Ausstattung in Betrieb genommen werden konnte. Herrn Dr. G. H. Schwabe bin ich für die Zusammenarbeit zwischen den beiden genannten Instituten in Valdivia zu Dank verbunden.

Kiel, Juli 1959 — Wilhelm Lauer

Geographisches Institut
der Universität

ERSTER TEIL

KLIMABESCHREIBUNG

I. EINLEITUNG

Nachstehender Bericht umfaßt ein Jahr meteorologisch-mikroklimatische Beobachtungen in Valdivia, einem Ort, der nach bisher vorliegenden Beobachtungen neben Pto. Aysen und den Islas Evangelistas einer der niederschlagsreichsten Plätze Chiles ist (etwa vierfache Regenmenge Norddeutschlands). Valdivia war einst durch den Klimaxtypus seiner Landschaft („*Valdivianer Regenwald*", vgl. BERNINGER 1929, SCHMITHÜSEN 1956, HAUMANN 1916 u. a.) ein phytogeographischer Begriff, der, dabei Klima und Vegetation zugleich erfassend, diese Region kennzeichnete. Der Gegenstand dieses Begriffs läßt sich heute nur noch in Reliktarealen finden (vgl. KUNKEL 1957), die ihrerseits rasch zusammenschrumpfen.

Zu einer genaueren Kennzeichnung des valdivianer Klimas liegen leider nur die Aufzeichnungen eines Meßjahres vor, die zwar einen Überblick über mancherlei Eigenarten, jedoch keine weiter reichenden Schlüsse erlauben. Demzufolge wird versucht, die Lage Valdivias im chilenischen Klimaspektrum vergleichend anzudeuten, wie dies im einleitenden Teil dieser Abhandlung geschehen ist. Des weiteren wird das vorliegende Meßjahr mit einigen offiziellen Mittelwerten der letzten Jahre verglichen. Dabei ergeben sich zwischen den Daten der offiziellen meteorologischen Station der Stadt und der Station der Universidad Austral bedeutende Differenzen (S. 10). Vorliegender Bericht soll lediglich als Kommentar zu den Tabellen des Beobachtungsjahrs (S. 105 bis 413) dienen. Eine umfassende wissenschaftliche Studie hätte mehr Zeit, Instrumente, Literatur und Mitarbeiter beansprucht und auch eine Behandlung der benachbarten Landschaften verlangt. Da der Literaturmangel eine der wesentlichsten Hemmungen darstellte, umfaßt das Literaturverzeichnis nur die wenigen, hier greifbaren Arbeiten. Arbeitsverbindungen mit anderen Stationen konnten bisher nicht hergestellt werden. Die Berechnungen von Mittelwerten und Gegenüberstellungen einzelner Meßreihen sollten ausführlicher sein. Letztere konnten aus personellen Gründen auch nicht hinreichend in graphischen Darstellungen überprüft werden, um damit evtl. Meßfehler gänzlich auszuschalten. Trotzdem liegen hiermit etwa 100000 Einzeldaten vor, die hoffentlich einmal eine gründliche Bearbeitung erfahren und ihrerseits dazu beitragen mögen, die Kenntnis des südchilenischen Klimas zu vertiefen. Die vorliegenden Daten stellen im ganzen gesehen nur eine Fortführung und ergänzende, etwas ausführlichere Aufzeichnung zu früheren Arbeiten über diesen Gegenstand dar, dessen erste Bearbeitung bereits vor einigen Jahren begann (SCHWABE 1939, 1956; KUNKEL 1956, 1958a) und in Einzelheiten noch fortgesetzt wird.

Es ist dem Verfasser ein Bedürfnis, an dieser Stelle Herrn Dr. G. H. SCHWABE (bisher Direktor des Ökologischen Instituts der Universidad Austral, seit Mai 1958 wissenschaftlicher Assistent in der Hydrobiologischen Anstalt der Max-Planck-Gesellschaft) seinen besonderen Dank für alle Anregungen und Hilfen bei der Durchführung dieser Arbeit auszusprechen. Herrn Dr. SCHWABE hat die Universität auch den Aufbau der Klimastation zu verdanken. Die Arbeiten konnten im großklimatischen Rahmen erweitert werden, als der bisherige Direktor des Geographischen Instituts der gleichen Universität, Herr Dr. W. LAUER (jetzt Geographisches Institut der Universität Kiel) sich einverstanden erklärte, die meteorologische Station mit der Mikroklimastation zu vereinen und dem Verf. für seine Beobachtungen zu überlassen; Herrn Dr. LAUER ebenfalls herzlichen Dank für seine unterstützende und freundschaftliche Hilfe. Des weiteren dankt der Verf. an dieser Stelle dem Direktorium der Universidad Austral, vertreten durch seinen Rektor, Herrn Dr. E. MORALES, für die Bewilligung der notwendigsten Instrumente und das erteilte Stipendium zur Durchführung der wichtigsten Ausarbeitungen. Eine gekürzte spanische Fassung dieser Abhandlung befindet sich in Vorbereitung.

Die Korrekturen wurden von Dr. G. H. SCHWABE besorgt.

Valdivia/Chile, im Juni 1958 GÜNTHER KUNKEL

1. Klimastation Valdivia

Mikroklimastation der Universidad Austral de Chile in Valdivia (39°48′ S, 73°14′ W; 5 m ü. d. M.).
Klimastation des Ökologischen Instituts (Direktor: Dr. G. H. SCHWABE, jetzt Plön in Holstein).
Meteorologische Station des Geographischen Instituts (Direktor: Dr. W. LAUER, jetzt Kiel).
Beobachter: G. KUNKEL.
Beobachtungsjahr: 1. Mai 1957 bis 30. April 1958.

Abb. 1. Die Klimastation Valdivia der Universidad Austral de Chile (Photo 14. 7. 1957)

Standort: Versuchsgarten des Ökologischen Instituts der Universität (General Lagos/Miraflores), zwischen dem Rio Calle-Calle und der Wiesenniederung Huachocopihue. Stationsquadrat 10 × 10 m, eingezäunt, bis auf kleine gesäuberte Flächen für einige Meßinstrumente unter natürlichen Vegetationsbedingungen belassen (niedrige Unkrautgemeinschaften, vgl. Anm. in den Phänologischen Beobachtungen).

Beobachtungszeiten: a) 7^{50} Ortszeit = 7^{00} geogr. Zeit
b) 13^{50} Ortszeit = 13^{00} geogr. Zeit
c) 18^{50} Ortszeit = 18^{00} geogr. Zeit
M = Tagesmittelwerte. Die Berechnung der Tagesmittelwerte erfolgte für Luftdruck und Feuchtigkeit nach der Formel $\frac{1+2+3}{3} = M$;
für Luft- und Bodentemperaturen $\frac{2\times 1+2+3}{4} = M$.

Sonstige Aufzeichnungen:

a) Bewölkung (Wolkenart, -stärke, -zugrichtung und Bedeckungsgrad) nach den Vorschriften des Deutschen Wetterdienstes.

b) Wind (Stärke und Richtung) nach Beaufortskala, mit Anemometer kontrolliert.

c) Sichtweite (bzw. Lufttrübung) nach der Skala der Sichtweite und

d) Bodenzustand nach der Verzifferung des Bodenzustands des Deutschen Wetterdienstes.

c) und d) ohne Berechnungen; Berechnung der Tagesmittelwerte von a) und b): $\frac{1+2+3}{3} = M$.

e) Die Niederschlagsmessungen wurden zu den jeweiligen Meßterminen vorgenommen. Die Berechnung der Summe des Tagesniederschlags erfolgte nach Vorschrift des Deutschen Wetterdienstes: $(b + c) + a = S$. Die in dieser Abhandlung ausgewerteten Daten wurden jedoch anhand der Aufzeichnungen des Regenschreibers kontrolliert, um wirkliche Tageswerte zu erhalten (vgl. die Tabellen S. 105 bis 413).

f) Strahlungssummen: Bei Berechnung der Tagessummen nach den Daten der Pyranometeraufzeichnungen wurden jeweils die Differenzen verwertet, die zwischen der letzten Ablesung des Vortags und der letzten Ablesung des Stichtags notiert wurden, wobei — besonders im Sommer — einige Ungenauigkeiten durch den frühen Abendtermin nicht ausgeschlossen sind.

2. Geräteverzeichnis

Stationsbarometer LAMPRECHT (Nr. 56005), in ungeheiztem Raume; Schraube 95 cm, Thermometer 1,05 m, Meniskus um 1,80 m.
Barograph LAMPRECHT 290 (Nr. 56033), neben Barometer.
Thermo-Hygrograph PLATH (Nr. 47), in Wetterhütte, 1,85 m.
Anemometer LAMPRECHT 1421 (Nr. 55006).
Regenschreiber *Hellmann* LAMPRECHT 1507 (Nr. 56168), 1,25 m, Auffangfläche 200 cm².
Regenmesser (ohne Zeichen und Nummer, im Lande hergestellt), 1,20 m, 200 cm² Auffangfläche.
Sonnenschein-Schreiber *Campbell-Stokes* LAMPRECHT 1603 (Nr. 56 087), 1,20 m (Nord bei $12^{50} = 39{,}4°$).
Strahlungskugelpyranometer BELLANI (PBK 56006/7), Kugel in 2,00 m Höhe.
Psychrometer LAMPRECHT (Trockenes Thermometer G 756 Nr. 4097, feuchtes Th. G 756 Nr. 4088, Aspirator Nr. 56019) in 2 m Höhe.
Schleuderthermometer LAMPRECHT (mit Thermometer G 1055, Nr. 2782 u. 2783).
Maximumthermometer LAMPRECHT G 656 (Nr. 3375) in 2,05 m.
Minimumthermometer LAMPRECHT G 1156 (Nr. 7891) in 2,00 m.
Minimumthermometer LAMPRECHT G 1156 (Nr. 7867) in 5 cm.
Bodenthermometer: Quecksilberth. mit 45° abgewinkeltem Quecksilbergefäß, Fa. SCHLEGEL, ohne Nr., für 1 cm, 5 cm, 10 cm, 20 cm, 30 cm und 50 cm.
Englische Wetterhütte (im Lande hergestellt) nach Vorschrift des Deutschen Wetterdienstes.

Wichtigste Abkürzungen:

Meßtermine: a) = 7^{00} geogr. Zeit
b) = 13^{00} ,, ,,
c) = 18^{00} ,, ,,
M = Tagesmittelwert

Werte: t = Temperatur
L = Luft
Max. = Maximum
Min. = Minimum
Ampl. = Amplitude
nB = Nackter Boden
bB = Bedeckter Boden
SD = Sonnenscheindauer
NR = Niederschlag — Regen
M-Max. = Mittleres Maximum
M-Min. = Mittleres Minimum

Wolken: *Cc* = *Cirrocumulus*
Ci = *Cirrus*
Cs = *Cirrostratus*
Ac = *Altocumulus*
Cb = *Cumulonimbus*
Cu = *Cumulus*

Sc = *Stratocumulus*
As = *Altostratus*
Fc = *Fractocumulus*
Ns = *Nimbostratus*
Fs = *Fractostratus*

Vulgärnamen: *Sur negro* = Wind mit dunkeln Wolkenwänden aus Süden, häufig im Sommer
helada negra = „schwarzes Eis", Kammeis, Aufeis; Eisfilamente mit Bodenpartikeln
chubascos = Schauer, Regenschauer, auch Platzregen (ohne Hagel, Hagel = *granizo*)
travesia = „Querwind", bedeutet für Valdivia den mittäglichen Windwechsel nach West.

3. Zur Lage Valdivias im chilenischen Klimaraum

Bei seiner meridionalen Ausdehnung — mehr als 38 Breitengrade — gehört das Land Chile wohl zu den nicht nur klimatisch interessantesten Ländern der Erde, auch Geographen, Geologen, Botaniker und Zoologen, Hydrobiologen u. a. m. finden hier ein weites, teilweise in ihrem Spezialfach noch fast unbekanntes Forschungsgebiet. Obwohl das chilenische Staatsgebiet im südamerikanischen Raume wohl zu den wissenschaftlich bestbekannten (vielleicht neben Argentinien) gehört, stoßen Spezialisten vielfach noch auf „*terra incognita*", die manches Neue verpricht. An dieser Stelle sei auf einige grundsätzliche Studien hingewiesen, auf die zwar im Text nicht immer näher eingegangen wird, die aber bemerkenswerte Eigenarten Chiles umreißen. Geologische und Geographische Studien verdankt das Land vor allem Brüggen (1950) und Mortensen (1928); vegetationsgeographisch arbeiteten hier besonders Neger (1901), Reiche (1907), Hauman (1916), Werdermann (1931), Hellmich (1933), Berninger (1929) und Schmithüsen (1956), während die systematische Botanik vor allem durch Gay (1845—1852), Hooker (1830), Philippi (1855—1893), Reiche (1893—1905) u. a., um nur ein paar bekannte Namen zu nennen, ausgebaut wurde. Mitteilungen zum Landescharakter lieferten u. a. Fonck (1870), Steffen (1900), Martin (1923) und Espinoza (1897), des weiteren sei hier auf die eigenwillige Darstellung von Subercaseaux (1954) verwiesen. Über die klimatischen Verhältnisse berichteten in erster Linie Hettner (1891), v. Ihering (1929) und Knoche (1930).

Jedoch zur klimatischen Lage Valdivias zurückkehrend sei zunächst auf die Abb. 2 verwiesen, die die Stellung des Orts im chilenischen Temperaturklima anzeigt. In dieser Abb. wurden nur Küstenstädte und küstennahe Orte berücksichtigt. Wie aus den nachstehenden Daten der Tab. 1 hervorgeht, befindet sich Valdivia geographisch wie klimatisch etwa in der Mitte des mehr als 4000 km langen Landstreifens, den der Ozean im Westen und Süden, die Hochkordillere im Osten und die Wüste im Norden pflanzen- wie zoogeographisch und auch klimatisch vom großen Block des übrigen Südamerika abgrenzt.

Tab. 1. Übersicht einiger Durchschnittswerte der Lufttemperaturen wichtigster chilenischer Küstenstationen. Die Mittelwerte wurden fast sämtlich aus den Aufzeichnungen von 30—40 Jahren berechnet

Station	Breite	M-Min.	M-Max.	M-L_t Jahr
Arica	18°28′	15,0°C	22,3°C	18,8°C
Antofagasta	23°39′	13,8	20,4	16,6
Valparaiso	33°01′	10,7	19,0	14,8
Concepción	36°40′	7,4	18,8	13,0
Valdivia	39°48′	7,4	16,9	11,9
Pto. Montt	41°28′	7,5	15,0	11,1
Pto. Aysen	45°24′	5,7	12,5	8,9
Magallanes	53°10′	3,3	9,9	6,6

Die Verhältnisse der engeren Umgebung, also den Küstenstreifen von Concepción über Valdivia bis Pto. Montt, etwas genauer betrachtet, ergeben sich aus vorstehender Tabelle. Das Jahresmittel der Lufttemperatur weist auf dieser Strecke von fast 500 km nur knapp 2,0° Differenz auf, während sich die Mittleren Maxima um fast 4,0° unterscheiden. Dagegen zeigen die Mittleren Minima so gut wie keine Differenzen und auch die absoluten Minima weichen während 30 Jahren kaum nennenswert voneinander ab (Concepción —4,0, Valdivia —4,2, Pto. Montt —4,0°C). Isothermenkarten lassen erkennen, daß das südchilenische Gebiet von Magallanes bis Concepción, sogar bis ins zentralchilenische Santiago, verhältnismäßig strengen Wintertemperaturen ausgesetzt ist, während der Jahresgang der Temperaturen etwa ab Valparaiso ausgeglichener wird[1]). Oben erwähntes Gebiet der „näheren" Umgebung

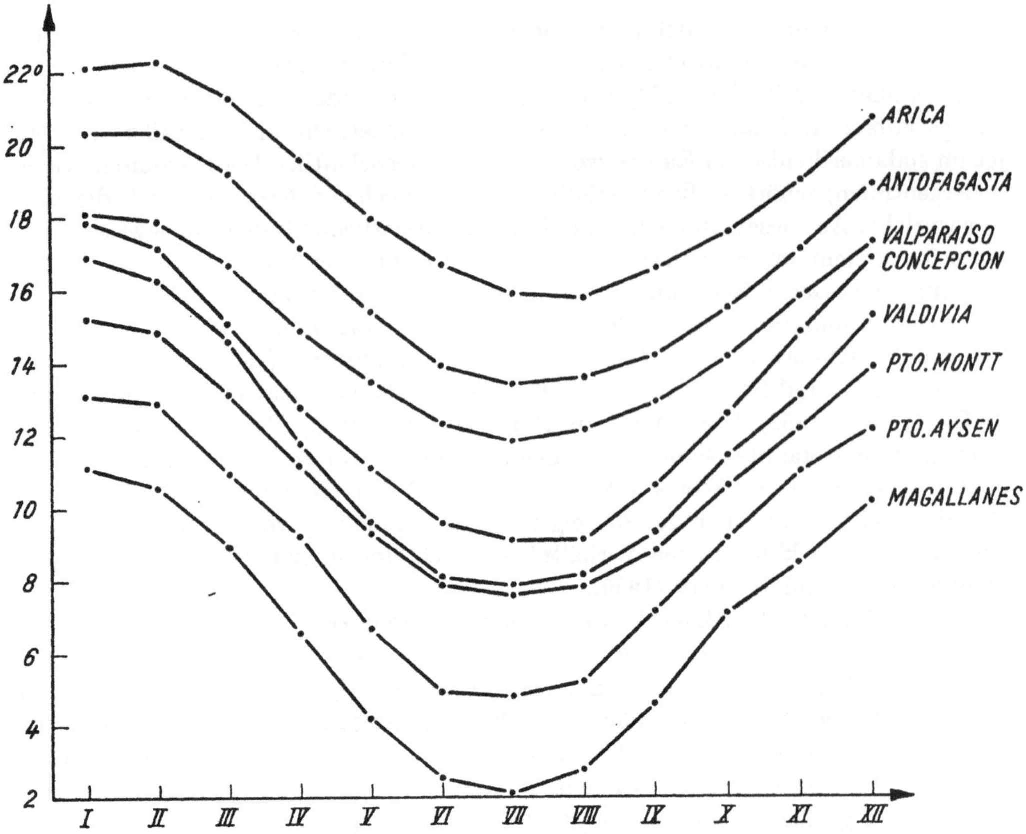

Abb. 2. Zur klimatischen Lage Valdivias. Temperaturkurven einiger chilenischer Stationen

Valdivias, welches sich vom Bio-Bio-Fluß bis zum Golf von Reloncavi erstreckt, unterscheidet sich jedoch vegetationsgeographisch recht kraß voneinander, wie dies vor allem Schmithüsen (1956, S. 6f) darstellt. Concepción liegt zwar bereits im Bereich des *temperierten Sommerwaldes*, wird aber noch von den Südgrenzen der *Hartlaubzone* gestreift. Jedoch nur noch das Hinterland Valdivias weist stellenweise temperierten Sommerwald auf. Die küstennahen Landschaften sind (bzw. waren es noch vor rund 150 Jahren) vom immergrünen Regenwald bedeckt, den der „*Valdivianer Regenwald*" als Typus charakterisierte.

Die Übersicht der Niederschlagshöhen dieses „Kleinen Südens" im Vergleich zu den Stationen Arcia/Iquique (Arica 0,7 mm und Iquique 2,1 mm Jahresniederschlag) oder der Null-

[1]) Diese Ausgeglichenheit der Temperaturen in Nordchile bezieht sich nur auf den Jahresgang. Im Tagesgang sind stellenweise die Amplituden weitaus größer als irgendwo im Süden.

linie (siehe Abb. 3) weist mit der relativ niedrigen Niederschlagshöhe von Pto. Montt eine Abweichung auf[2]). Hier dürfte der Klimaeinfluß des mehr kontinentalen Längstals von Bedeutung sein, denn auch Osorno und La Union (fast 100 km südlich V.) empfangen weit weniger Regenniederschlag als Valdivia.

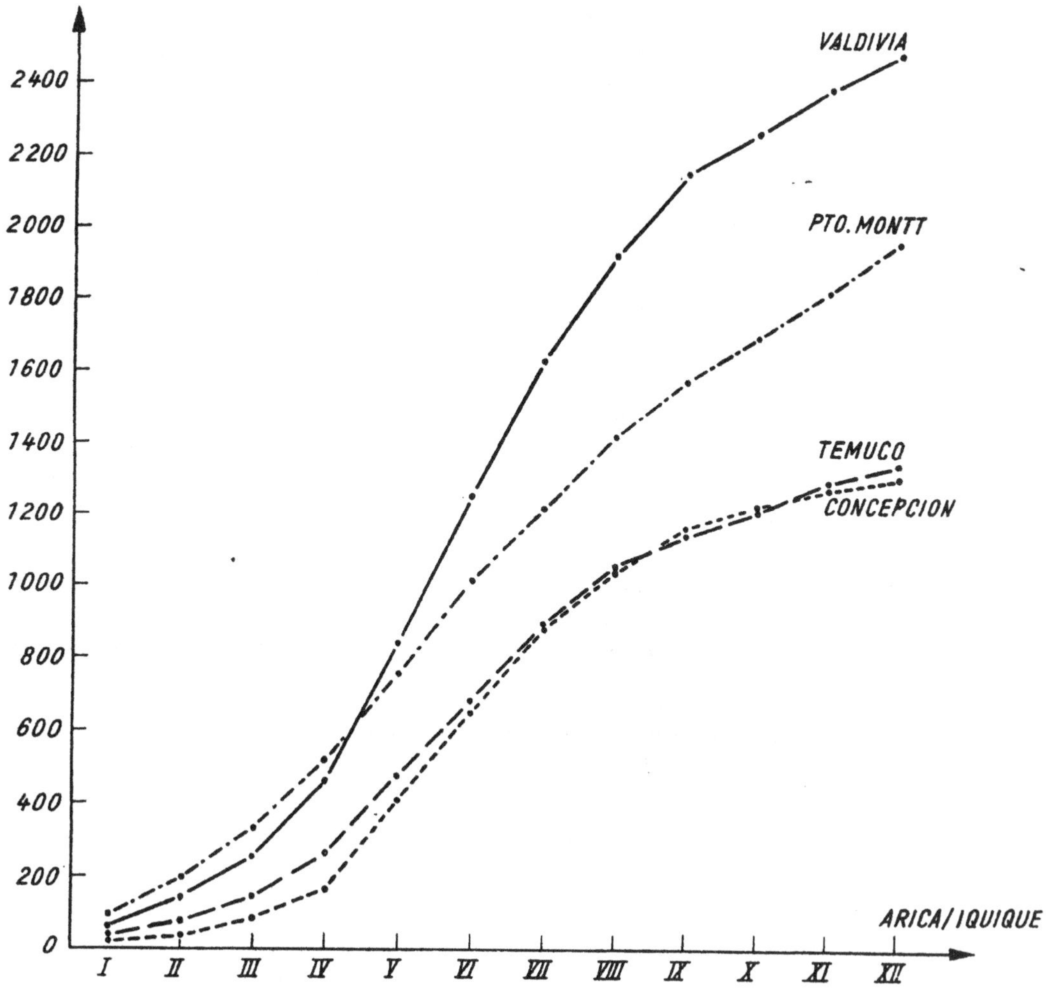

Abb. 3. Zur klimatischen Lage Valdivias. Niederschlagskurven einiger chilenischer Stationen

4. Das Meßjahr im Vergleich zu anderen Jahren

Da auf folgenden Seiten die Niederschlagsdifferenzen zwischen den einzelnen Jahren ausführlicher beschrieben werden, soll hier nur eine kurze Zusammenfassung vorangestellt sein. Während der drei Kalenderjahre 1954/56 blieben die Regensummen — einmal sogar ganz erheblich — unter dem langjährigen Mittel, während 1957 (nach unseren eigenen Aufzeichnungen) fast wieder eine Angleichung stattfand. Auf eine Reihe von trockenen Jahren folgen sehr feuchte, regenreiche Jahre, die 3000 mm Regenhöhe überschreiten können, sodaß — zumindest in so kurzen Zeitspannen wie die der letzten 50 Jahre — keine wesentliche Verände-

[2]) Außerhalb jeden Vergleichs finden wir die Niederschlagssumme von Magallanes (Punta Arenas), die 437 mm beträgt und etwa zwischen der von Santigao und Valparaiso liegt. Die Witterung von Magallanes wird jedoch vom winterkalten Patagonienklima beeinflußt. In M. fällt im Winter auch Schnee.

rung der Niederschlagsmittel zu verzeichnen ist. Den Niederschlagshöhen ähnlich verhalten sich die Temperaturen im Jahresmittel nur schwankend, da die Niederschlagsmengen bzw. Anzahl der Regentage die Mittelwerte der Lufttemperaturen entscheidend beeinflussen. Das langjährige Mittel der Lufttemperatur von Valdivia beträgt 11,9°, für das vorliegende Meßjahr wurden 11,3° als Jahresmittel festgestellt. Trotzdem hat es den Anschein, als nähme die Frostgefahr und -häufigkeit im Laufe der Jahre zu (der Regenwald weicht einem offenen Geländetyp, Waldausschlag, Waldbrände usw.). Doch das sind zunächst lediglich Vermutungen, die im einzelnen noch nicht bestätigt wurden.

Zu erwähnen ist aber, daß während des Meßjahres bedeutende Differenzen in den Niederschlagssummen wie in den Lufttemperaturen zwischen beiden Stationen Valdivias festgestellt wurden, die einer Erklärung bedürfen. In der Annahme, daß zwar der Meßplatz am Rande der Wiesenniederung, wo sich die Klimastation der Universität befindet, nicht völlig einem idealen Standort im klimatologischen Sinne entspricht (Randgebiete eines Nebel- und Kältesees), dürften jedoch die Standortbedingungen der offiziellen Valdivia-Station keineswegs mit den internationalen Vorschriften für Klimastationen vereinbar sein. Die Station Valdivia befindet sich am Rande eines Parks, von drei Seiten von bis zu 20 m hohen Bäumen begrenzt. Dabei dürften die Bäume bedeutende Niederschlagsmengen der hier vor allem im Winter so häufigen, fast horizontal streichenden Regenböen abhalten. Daneben befindet sich das „Wetterhäuschen" in einem Garten und ist von *Rhododendron*- und Rosengesträuch fast zugewachsen. Die Mehrzahl der Instrumente dieser Station ist außerdem annähernd 40 Jahre alt.

In dieser Station wird also praktisch das Mikroklima des Gartens gemessen, welches zudem durch das Parkklima beeinflußt wird. Anhand der Niederschlagsdaten, die für eine Zeitspanne von zwei Jahren vorliegen (siehe untenstehende Tab. 2), ist es möglich, die bestehenden

Tab. 2. Differenzen der Regenmengen einzelnerMonate, die zwischen den beiden valdivianer Stationen festgestellt wurden (S. V. = Station Valdivia, S. U. = Station der Universität)

Monat:	1956		1957	
	S. V.	S. U.	S. V.	S. U.
Januar	110	170,7	50	76,0
Februar	38	50,7	9	7,0
März	118	156,4	35	38,4
April	137	178,8	48	54,0
Mai	169	245,7	345	452,0
Juni	165	211,5	168	232,6
Juli	255	299,5	242	381,7
August	222	294,0	312	481,1
September	84	169,2	120	173,7
Oktober	48	69,8	71	97,6
November	24	21,4	44	65,9
Dezember	7	6,9	132	147,7
total:	1.377	1.874,6	1.576	2.207,7

Differenzen zu erkennen. Diese Differenzen machen fast 30% aus, oder: im Garten wurden etwa 30% weniger Regenmenge gemessen als auf freiem Felde. Mit großer Wahrscheinlichkeit dürften sich diese Differenzen im Laufe der kommenden Jahre weiterhin erhöhen, da allem Anschein nach der „meteorologische Garten" Valdivia mehr und mehr zuwächst.

II. KENNZEICHNUNG DES JAHRESKLIMAS

Bei der synoptischen Analyse des gesammelten Materials des vorliegenden Beobachtungsjahrs ergibt sich, daß bei der Festlegung großräumiger Jahreszeiten (Regenzeit, Trockenzeit) der Monat April im eigentlichen Sinne bereits den Südwinter, d. h. die Regenzeit, einleitet und nicht mehr als Ausgangsmonat der Trockenzeit bewertet werden kann. Dies bedingen vor allem Niederschlagsmengen, Luftfeuchtigkeit, Bewölkungsmittel und Strahlungssummen, während die Temperaturwerte gegen ein solches Einordnen sprächen, wenn hierbei nicht die bereits von Schwabe (1956a) beschriebene klimatische Diskordanz zu berücksichtigen wäre.

Unter Einschluß des Monats April in das Winterhalbjahr ergeben sich folgende Werte für die beiden Jahreshälften:

	Niederschlag		Strahlung	
	mm	%	cal	%
Winter	1.910,5	81,6	18.726,6	27,8
Sommer	429,4	18,4	48.589,0	72,2
Jahr	2.339,9	100,0	67.315,6	100,0

Mehr als $^4/_5$ des Gesamtniederschlags fielen mithin während der Wintermonate, wogegen nur knapp $^1/_5$ für die 6 Sommermonate übrig blieb, von welchem allein der Dezember als ausgesprochener Störungsmonat den dritten Teil beanspruchte. Die Strahlungssummen während der gleichen Zeitspanne ergeben ein umgekehrtes, fast gleich stark ausgeprägtes Verhältnis, nämlich etwa $^3/_4$ der Gesamtsumme für den Sommer und $^1/_4$ für das Winterhalbjahr. Das Bewölkungsmittel der 6 Wintermonate betrug 7,1, das der 6 Sommermonate 4,9. Das Verhältnis der Luftfeuchtigkeit betrug etwa 86 : 72%, wobei zu bemerken ist, daß sämtliche Monatsmittel des Sommerhalbjahrs unter 80% lagen, im April jedoch fast unvermittelt (von 71 auf 84%) anstiegen.

1. Witterungscharakteristik der einzelnen Monate

Mai 1957 — Hohe Niederschlagsmengen und hohe Luftfeuchtigkeit, ausgesprochener Wintermonat mit geringster Sonnenscheindauer; 5 Sturmtage und niedrigster Barometerstand des Jahres, bemerkenswerte Barometerschwankung; noch relativ hohes Monatsmittel der Lufttemperatur, aber bereits empfindlich tiefe Nachttemperaturen mit scharfem Frostwechsel. — *Der Mai ist der Monat der Weizenaussaaten auf nicht überschwemmten Flächen.*

Langsames Abfallen und Ansteigen der Minimumtemperaturen bis zum 6., dann Regendurchzug mit hohen Nachttemperaturen und geringen Tagesschwankungen. Aufklaren und mikroklimatischer Frostwechsel am 8., von neuer Regenperiode gefolgt, die am 10., 12. und 17. jeweils für wenige Stunden unterbrochen wird und dann bis zum 20. andauert. Vom 21/24. Schauertätigkeit bei tiefen Nachttemperaturen; 25/27. erneuter Schlechtwetterdurchzug durch 20-stündigen Landregen eingeleitet. Vorübergehendes Aufklaren am 28., jedoch neuer Zyklondurchzug am 29., bis nach Mitternacht anhaltend. Aufklaren am 30. mit schnell sinkenden Temperaturen und anormal hohem Barometerstand; klimatischer Frostwechseltag und Kammeisvorkommen (vgl. Sondermessung 31. 5./1. 6. 1957).

Juni 1957 — Vorübergehend absinkende Niederschlagshöhe, verbunden mit relativ kleinem Bewölkungsmittel und längerer Sonnenscheindauer, hoher Barometerstand mit geringer Monatsamplitude; niedrige Lufttemperaturen, mehrere Strahlungstage mit zunehmender Frostwechselhäufigkeit. — *Auf tiefer gelegenem Gelände beginnt Aussaat von Wintergetreide, auf höher gelegenen Flächen Aussaat bereits abgeschlossen. Die Wetterbesserung gegen Ende Juni heißt im Volksmund „Veranito San Juan" und deutet einen kleinen Zwischensommer an.*

Vom 30. Mai bis zum 2. Juni andauernde Schönwetterperiode mit Frostwechsel und Kammeisvorkommen (Eisfilamente bis 5 cm Länge). Bereits am 2. formt sich Morgennebel zu *Fs* um und stellt Beginn einer bis zum 12. reichenden Schlechtwetterfront dar, die am 6. und 8. nur kurzfristig unterbrochen wird. Strahlungstätigkeit bis zum 14. mit leichtem Frostwechsel; Schlechtwetterdurchzug am 15., gefolgt von einem niederschlagsfreien Zeitabschnitt bis zum 22., von welchem jedoch nur der 16. und 19. ausgesprochene Strahlungstage darstellen. Nach kurzem Aufklaren am 21. folgt am 22. erneutes Umformen von Nebel in *Fs* mit Regen bis zum 24. Das Monatsende wurde von einer Schönwetterperiode mit sehr niedrigen Nachttemperaturen (klimatische Frostwechsel, vgl. Sondermessungen 26/27. 6. 1957) gekennzeichnet, in der die Zwischenstörung vom 27. unbedeutend blieb.

Juli 1957 — Ansteigen der Niederschlagssumme und der Anzahl der Regentage, bedeutende Hagelschläge (Eiskörner bis 1 cm ⌀), mehrere Gewitterfronten; Berge im Süden vorübergehend bis etwa 300 m herunter verschneit. Neuer Abfall der Sonnenscheindauer, große Luftdruckschwankungen, mehrere Sturmdurchzüge; kältester Monat, starke Frostwechselvorkommen. — *Empfindlicher Frostmonat, häufig Auswinterungsschäden bei Raps und Getreide.*

Am 1. bereits Einbruch einer Schlechtwetterfront, die trotz oft tiefer Nachttemperaturen und von Sturmdurchzügen (zwischen einzelnen Fronten Gewitter und Hagel) begleitet bis zum 11. andauert und von einer dreitägigen Schönwetterperiode abgelöst wird. Kurze Störung durch neue Schlechtwetterfront bis zum 16., gefolgt von neuerlicher Strahlungsperiode (Forstwechsel, Kammeisvorkommen; vgl. Sondermessungen vom 17/18. 7. 1957), die bis zum 22. vorherrscht. Vom 22. bis 25. anhaltende Störung mit relativ hohen Nachttemperaturen und stärkeren Niederschlägen, von neuer Schönwetterfront abgelöst, die wiederum über das Monatsende hinausgreift und die tiefsten Temperaturen dieses Winters bringt. Eisfilamente am Boden bis zu 6 cm Länge, Wasseroberfläche in Entwässerungskanälen oft gefroren. Reifspuren an schattigen Stellen nicht selten bis gegen 15 Uhr.

August 1957 — Monat mit der größten Niederschlagsmenge und der neben Mai höchsten Anzahl von Regentagen. Abnehmende Barometerschwankung, leichter Anstieg der Sonnenscheindauer trotz großer Zahl bedeckter Tage. Anstieg des Monatsmittels der Lufttemperatur und Abfall der Frostwechselvorkommen. Die noch sehr niedrigen Minimumtemperaturen fallen in die erste Pentade (Fortsetzung des Juli-Strahlungswetters). Witterung sehr variabel, mit Hagelschlägen und Schneegraupel, mehrere Sturmdurchzüge. — *Starke Erosionsgefahr auf höher gelegenen Hangflächen macht nicht selten Nachsaaten erforderlich.*

Stürmische Schlechtwetterfront vom 2., mit kurzfristigen Unterbrechungen am 4., 9. und 10. bis zum 12. andauernd, wird am 13. von bedeutendem Frostwechsel unterbrochen und verlängert sich bis zum 15. Am 16/17. Strahlungswetter mit niedrigen Nachttemperaturen, 18/20. neuerlicher Zyklondurchzug; kurzfristige Wetterbesserung am 21. und Fortdauer der Schlechtwetterperiode mit Hagelschlägen bis zum 29. Zum Monatsende Wetterbesserung mit Frostwechsel (vgl. Sondermessungen 30/31. 8. 1957) und wechselnder Bewölkung, die gegen 19 Uhr meist sehr eindrucksvolles Abendrot zeigt.

Im Monat August wurde des weiteren der größte Tagesniederschlag des Jahres verzeichnet. Im Kalendertag betrug die Niederschlagssumme am 18. 8. 107,7 mm, jedoch wurden innerhalb 24 Stunden (vom Morgen des 18. bis zum Morgen des 19. 8.) 125,2 mm Regenmenge gemessen, wobei am 18. gegen 7 Uhr allein in 2½ bis 3 Sekunden etwa 5 mm Regen fielen, die einer Niederschlagsintensität von annähernd 20000 l/sek./ha entsprechen.

September 1957 — Sinkende Niederschlagsmengen und stärkeres Fallen der Luftfeuchtigkeit, erhebliches Ansteigen der Sonnenscheindauer. Bewölkungsmittel schrumpfend, Luftdruckschwankung gering. Lufttemperaturen steigend, größte Tagesamplitude der absoluten Temperaturen. Noch empfindliche klimatische Frostwechseltage. — *Aufgrund der aus Niederschlagssummen und Strahlungsintensität gebildeten Übersicht letzter eigentlicher Wintermonat. Frühjahrssaaten, Bearbeitung hochwassergefährdeter und nasser Kulturflächen.*

Unregelmäßiges Ansteigen der Temperaturen mit Schauertätigkeit bis zum 4., Kaltluftdurchzug mit Frostwechsel am 5. und 7. (vgl. Sondermessungen vom 6/.7 9. 1957) und neue kurze Regenperiode bis zum 9. Der 10. bringt bei tiefen Morgentemperaturen Aufklarung, die wolkenlos anhält bis zum 12. Am 13. zunehmende Bewölkung und Niederschläge mit vereinzelten Hagelschauern bis zum 18., wo kurze, bis zum 21. anhaltende Wetterbesserung eintritt, von noch empfindlich tiefen Nachttemperaturen begleitet. Letzte Dekade des Monats sehr variabel mit größeren Temperaturschwankungen und einzelnen Schauern. Am 30. Aufklarung.

Oktober 1957 — Weiteres Abfallen der Regenkurve und Zunahme der Sonnenscheindauer. Hoher Barometerstand, nur leichtes Ansteigen der Temperaturen. Empfindliche Störungen durch Spätfröste, absolute Minimumtemperaturen liegen unter denen des September. — *Mitte des Monats Aussaat von Hülsenfrüchten und Kartoffeln.*

Bis zum 7. weiterhin variabel, Schauertätigkeit bei wechselnder Bewölkung und oft tiefen Nachttemperaturen. Um den 10. ausgeprägter Antizyklon, empfindlicher Frostwechsel; 11/14. wechselnde Bewölkung, niederschlagsfrei, hohe Nachttemperaturen. 15/16. Kaltluftdurchzug, 17/18. Schauertätigkeit bei tiefen Morgentemperaturen, dann bis 23. fortdauernde Schönwetterperiode. 24/25. Schlechtwetterfront, führt am 26. zu einem Zyklondurchzug (Böen bis 8 N), um noch am gleichen Tage von einem bemerkenswerten Antizyklon abgelöst zu werden. Bis zum Monatsende Schönwetterperiode, zeitweilig mit wechselnder Bewölkung und tiefen Morgentemperaturen (vgl. Sondermessungen 29/30. 10. 1957).

November 1957 — Weiteres Abfallen der Niederschlagskurve und Zunahme der Sonnenscheindauer, große frühsommerliche Barometerschwankungen. Temperaturanstieg mit größter Monatsamplitude; nur 2 mikroklimatische Frostwechseltage, Minimum von Nebeltagen. — *Frostschäden an Bohnen und Kartoffeln um diese Zeit nicht selten* („*helada Todos los Santos*“[3]).

Fortdauer der Schönwetterperiode bis zum 3., 4/5. kurzfristiger Schlechtwetterdurchzug, am 6. aufklarend mit letzten empfindlichen Nachttemperaturen. Im ganzen bis zum 27. anhaltende Schönwetterfront (mit nur kleinen Störungen am 10., 14., 17. und 24.; vgl. auch Sondermessungen 22/23. 11. 1957). Die am 27. eintretende Wetterverschlechterung bei nur relativ niedrigem Barometerstand bringt zwei Sturmtage, denen am 30. Aufklarung folgt.

Dezember 1957 — Kurze Wetterverschlechterung mit größeren Niederschlägen und im Monatsmittel kürzerer Sonnenscheindauer. 2 Gewitterfronten, sehr geringe Luftdruckschwankungen. Ohne Frostwechsel, feuchter Sommermonat. — *Erntevorbereitungen, Ende des Monats Beginn der Rapsernten.*

Bereits am 1. zunehmende Bewölkung mit stärkeren Schauern, welchen kurze Schönwetterperiode bis zum 4. folgt. Am 5. überwiegend bewölkt, es wurden größere Gewitterballungen über der Kordillere beobachtet, die am Vormittag z. T. auch Valdivia passierten, ohne Niederschläge zu bringen. Die ausgeprägte Regenperiode begann am 6. und dauerte mit nur kurzen Unterbrechungen am 11. bis zum 15. fort. Vom 16. bis zum 22. überwiegend heiter (20. 12. 3^{45} scharfer Erdstoß), vgl. dazu auch Sondermessungen 18/19. 12. 1957. Am 23. einsetzende Wetterverschlechterung, bis auf kurze Nieselschauer am 24. zunächst noch niederschlagsfrei; der Regen beginnt erst am 27. und dauert bis zum 29. fort, um von einer neuerlichen Schönwetterperiode abgelöst zu werden.

---

[3]) Diese „Eisheiligen“ mit ihren fast regelmäßig eintretenden Frostschäden werden jedoch von den Landleuten in Kauf genommen, weil spätere Aussaaten meist nicht mehr zur Reife angebauter Pflanzen führen oder bereits kurz vor der Ernte bedeutende Schädigungen durch erste Herbstfröste erfahren würden.

Januar 1958 — Absinken der Niederschlagshöhe unter die des November, noch Ansteigen von Sonnenscheindauer und Strahlung; Monat mit im Mittelwert niedrigster relativer Luftfeuchtigkeit. Weder Sturmtage noch ausgeprägte Kalmen; Südkomponente des Windes am Vormittag mit markanten Windeinbrüchen aus West um die Mittagszeit. Höchster Mittelwert der Windgeschwindigkeit und Minimum der Bewölkung, bemerkenswert viele Tautage. Höchster Mittelwert der Lufttemperaturen, keine Frostwechsel, geringe Luftdruckschwankungen. — *Erntemonat (Raps, Weizen, Gerste, Hafer). Erste morphologische Anomalien (Achselrosetten) gegen Ende des Monats.*

Fortdauer des Dezemberhochs streift nur noch den 1., um bereits am 2. vom ersten Januarsturm abgebrochen zu werden. 3/6. neue Schönwetterperiode, am Abend des 6. zweiter Januarsturm, 7/9. Strahlungstage (vgl. Sondermessungen 8/9. 1. 1958), am Abend des 9. Durchziehen dritter Sturmwelle (vgl. Witterungsschilderung S. 25), die erst am 10/11. bei großer Schwüle Regenschauer bringt (siehe dazu auch Sondermessungen vom 11. 1.). Vom 12. bis zum 24., mit kurzer Unterbrechung am 17. anhaltende Schönwetterperiode. Wärend dieser Zeitspanne wurden mehrere Föhneinbrüche aus SE und *Cb*-auftürmungen über der Kordillere sowie ein bemerkenswerter Barometersturz am 20. verzeichnet. Kurzfristige Schlechtwetterentwicklung am 25., von neuem Strahlungswetter bis zum 29. gefolgt. 30/31. wechselnde Bewölkung mit einzelnen Niederschlägen.

Februar 1958 — Niederschlagsminimum, jedoch bereits Rückgang der Sonnenscheindauer. Leichtes Ansteigen der Luftfeuchtigkeit, Zunahme an Nebeltagen, größeres Bewölkungsmittel. Monat mit kleinster Luftdruckschwankung; erster empfindlicher Frostwechsel in der bodennahen Luftschicht. — *Letzte Ernten, Feldvorbereitungen für neue Aussaaten. Vorkommen morphologischer Anomalien (Sekundärrosetten, Spätblüten, Nachschosser) gesteigert.*

Fortdauer des Schönwetters bis zum 5. (vgl. Sondermessungen 4/5. 2. 1958) mit welchselnder Bewölkung, ab 6. von ausgesprochenem Strahlungswetter abgelöst, das bis zum 10. anhält (Sicht durch Branddunst zurückgehend) und am 11/12. wieder von wechselnder Bewölkung gefolgt wird. Zwischen 13. und 15. kurze Schauertätigkeit, 16/17. Schönwetterdurchzug, 18/19. erneute Schlechtwetterfront (die jedoch während des ganzen Februar ohne ein ausgeprägtes barometrisches Tief bleibt). Letzte Dekade des Monats niederschlagsfrei, überwiegend Strahlungswetter.

März 1958 — Knappes Ansteigen der Niederschlagskurve und weiterer Rückgang der Sonnenscheindauer. Das Monatsmittel der Luftfeuchtigkeit gleich dem des Februar. Bei wiederholten Föhneinbrüchen und starkem Branddunst (Heliograph setzt zeitweilig aus) wurden niedrigste Luftfeuchtigkeit und Maximumtemperaturen gemessen. Trockenster Monat mit Minimum an Regen. Die ersten Niederschläge fielen erst in der letzten Märzwoche. Nachttemperaturen bereits empfindlich schwankend, jedoch nur ein mikroklimatischer Frostwechseltag. Große Monatsamplitude der Lufttemperatur, kleine Luftdruckschwankung. — *Ende des Monats erste Herbstsaaten (Winterraps, Rübsen); ständige Zunahme morphologischer Anomalien (Auswachsungen, Vergrünungen).*

Niederschlagloses (überwiegend) Strahlungswetter dauert bis zum 24., während dieser Zeitspanne nur wenige Tage bewölkt (vgl. Sondermessungen 17/18. 3. 1958); Branddunst oft so stark, daß Sichtweite mittags nur knapp 2 km betrug. Am 24. einsetzende Bewölkungszunahme, mit Schauertätigkeit bis um 29. Ab 30. ohne Regen, wechselnde Bewölkung.

April 1958 — Häufung der Niederschläge, rasches Ansteigen der Luftfeuchtigkeit und des Bewölkungsmittels. Trotz erstem winterlichen Sturmtag höchste Zahl windstiller Tage. Empfindlicher Rückgang der Sonnenscheindauer und Sinken der Temperaturen. Häufung der Frostwechseltage und bereits größere Luftdruckschwankungen. Erster Monat mit südwinterlichem Charakter. — *Aussaat von Ölfrüchten, Ende des Monats erste Getreideaussaaten. Häufung morphologischer Anomalien, bereits oft bizarre Formen annehmend.*

Wechselnde Bewölkung mit Schauertätigkeit bis zum 6. (vgl. Sondermessungen 5. 4. 58). Am 7/8. sehr tiefe Nachttemperaturen, 9/10. starke Niederschläge. Die vom 12. bis 13. dauernde kurze Strahlungsperiode mit neuem Frostwechsel wird von einer bis zum 17. dauernden niederschlagslosen Bewölkungsperiode abgelöst, der bei recht variablem Temperaturverlauf eine Schlechtwetterfront folgt, die am 25. mit dem ersten Winterzyklon ihr eigentliches Tief erreicht und als variables Schlechtwetter mit stärkeren Temperaturschwankungen bis zum Monatsende anhält.

Diese kurze Schilderung der Witterungscharakteristik der einzelnen Monate abschließend sei bemerkt, daß — zufällig — jeweils um das Monatsende eine Schönwetterperiode herrscht und daß des weiteren die eigentlichen, meist kurzfristigen Schlechtwetterfronten im Abstand von etwa 4—6 Tagen durchziehen. Dieser Rhythmus konnte anhand der Aufzeichnungen nur eines Jahres nicht genauer festgelegt werden.

2. Einzelne Witterungsfaktoren
(ohne Niederschläge und Temperaturen)

Anhand der lückenlos vorliegenden Aufzeichnungen des Meßjahres sowie zahlreicher, im Tabellenanhang nicht angeführter Daten soll hier versucht werden, in knappen Umrissen die Charakteristik der einzelnen Beobachtungsobjekte darzustellen und ihren Jahresgang zu verfolgen. Des weiteren werden jeweils Besonderheiten als ergänzende Daten eingefügt, die die Durchsicht und Auswertung des Tabellenmaterials erleichtern sollen.

Der Luftdruck

Der Luftdruck konnte aufgrund der hier zur Verfügung stehenden Zeit nicht mehr in Millibar umgerechnet werden, sodaß an dieser Stelle sowie zum anschließenden Tabellenanhang bemerkt wird, daß die angeführten Daten sich auf den korrigierten und auf NN umgerechneten Barometerstand in mm-Quecksilber beziehen.

Im humiden Klima Valdivias[4]) sind die Luftdruckschwankungen in großer Übersicht gesehen recht gering. Der mittlere Barometerstand des vorliegenden Jahres lag bei 762,9. Das niedrigste Monatsmittel fiel in den Mai, der auch das höchste Bewölkungsmittel zu verzeichnen hat und durch große Niederschlagsmengen, hohe Luftfeuchtigkeit und mehrere Zyklondurchzüge charakterisiert wird (siehe Abb. 4). Die größten Luftdruckschwankungen wurden auch hier im allgemeinen in Monaten mit mehreren Schlechtwetterfronten (Sturmdurch-

Tab. 3. Monatsmittel des korrigierten Barometerstands der einzelnen Meßtermine, Monatsmittel aus den Tageswerten, sowie höchste und niedrigste Werte und der sich daraus ergebenden Amplitude des Monats

Monat	7^{00}	13^{00}	18^{00}	M	Max.	Min.	Ampl.
Mai 57	759,5	759,4	759,5	759,5	773,9	745,9	28,0
Juni	765,5	765,1	764,7	765,1	773,3	756,0	17,3
Juli	762,6	762,6	762,3	762,5	774,6	747,5	27,1
Aug.	762,3	762,4	762,2	762,3	772,0	751,9	20,1
Sept.	765,6	765,2	765,0	765,3	771,1	754,3	16,8
Okt.	765,0	764,6	764,7	764,7	774,6	757,2	17,4
Nov.	764,0	763,1	762,6	763,2	771,5	750,7	20,8
Dez.	762,7	762,2	761,9	762,3	767,4	755,5	11,9
Jan. 58	763,3	762,1	761,9	762,3	767,5	755,2	12,3
Febr.	763,4	762,8	762,4	762,9	768,7	757,2	11,5
März	762,0	761,2	761,0	761,4	770,3	757,1	13,2
April	763,3	762,8	763,0	763,0	770,1	749,5	20,6
Jahr	763,2	762,8	762,6	762,9	774,6	745,9	28,7

[4]) Humides Klima, subtropisch winterhumider Typ (sTfwi, winterhumider Subtropentyp nach LAUER (1952); aride Zeit im Sommer, Humiditätsmaximum im Winter).

züge) und folgenden Schönwetterperioden (Antizyklone, winterliches Frostwetter) aufgezeichnet. So verhalten sich die Amplituden der Monate Mai bis Juli völlig der aus den übrigen Aufzeichnungen zu ersehenden Großwetterlage entsprechend (Abb. 5a), während der August

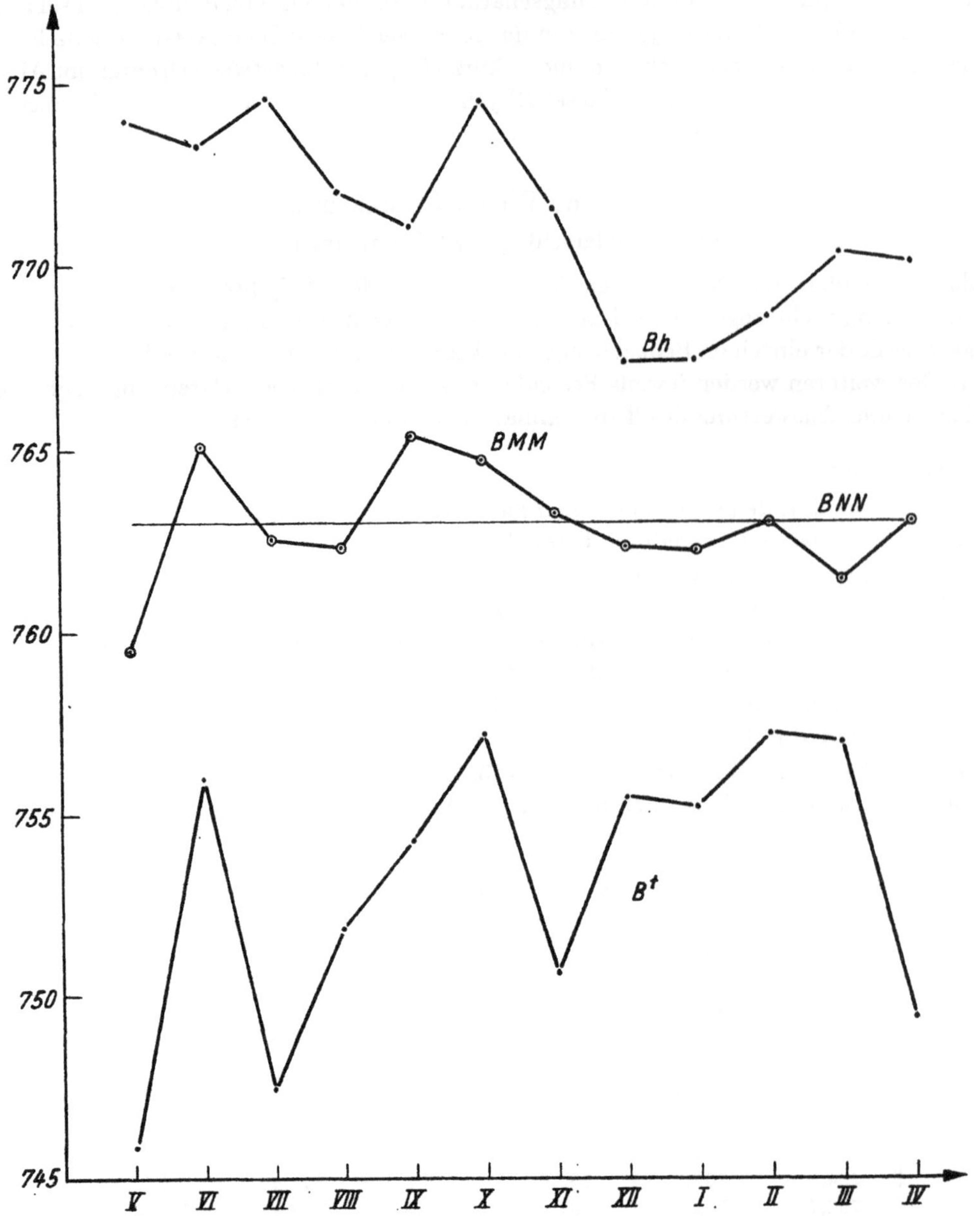

Abb. 4. Jahresübersicht (Monatswerte) der Barometerschwankungen. BNN = Jahresmittel; BMM = Monatsmittel; Bh = höchster Barometerstand und Bt = tiefster Barometerstand des jeweiligen Monats. Sämtliche Angaben in mm-Quecksilber, auf NN umgerechnet

mit 6 Sturmtagen hierin eine Ausnahme macht, die noch nicht mit der Stabilisierung des Jahresklimas erklärt werden kann. Den ganzen Sommer hindurch (mit Ausnahme des November, 2 Sturmtage) blieb der Schwankungsbereich des Luftdrucks klein (Abb. 5b) und erreichte erst wieder im April größere Ausmaße.

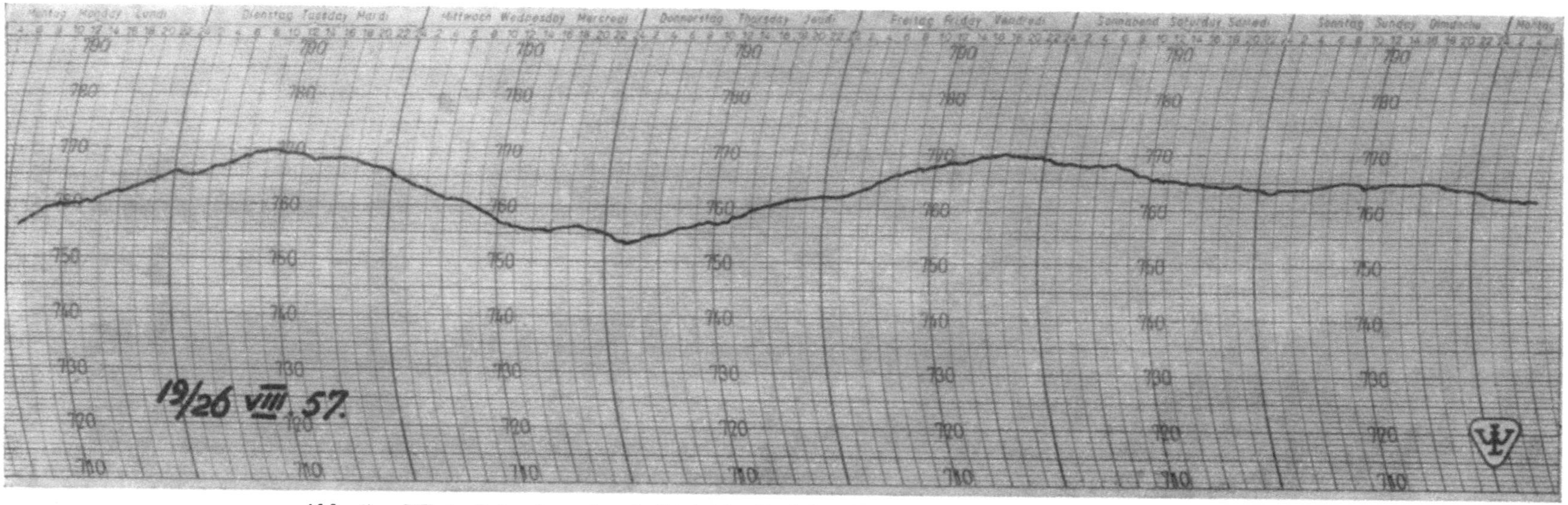

Abb. 5a. Winterlich schwankende Linie des Luftdrucks (Woche vom 19. bis 26. August 1957)

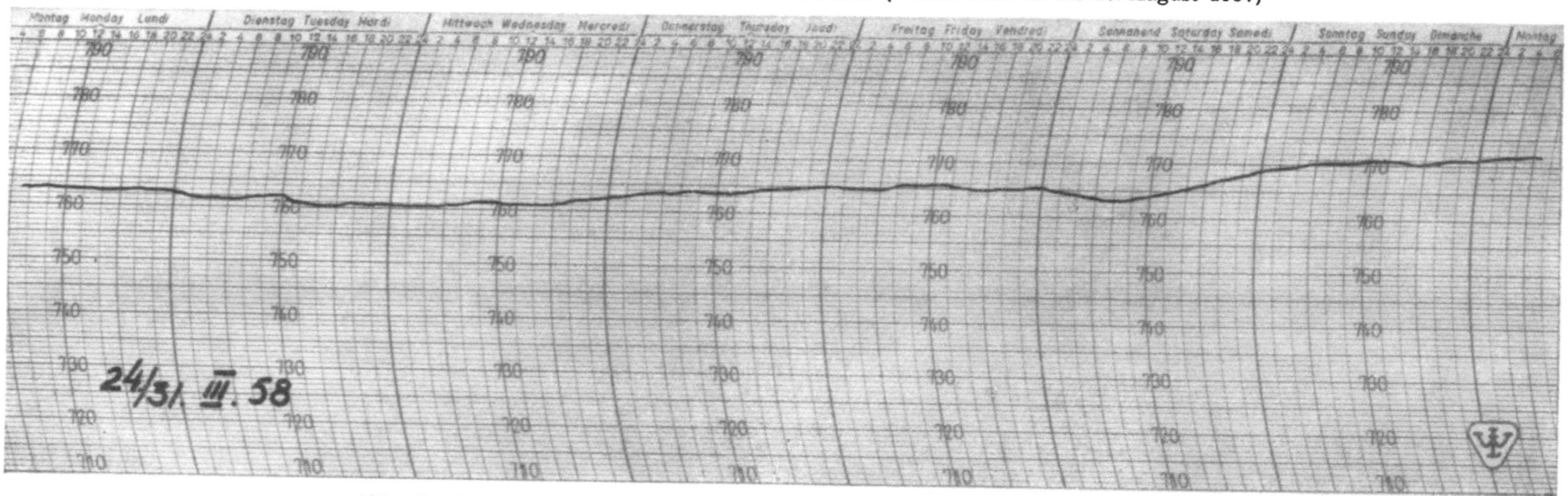

Abb. 5b. Sommerlich stabile Linie des Luftdrucks (Woche vom 24. bis 31. März 1958)

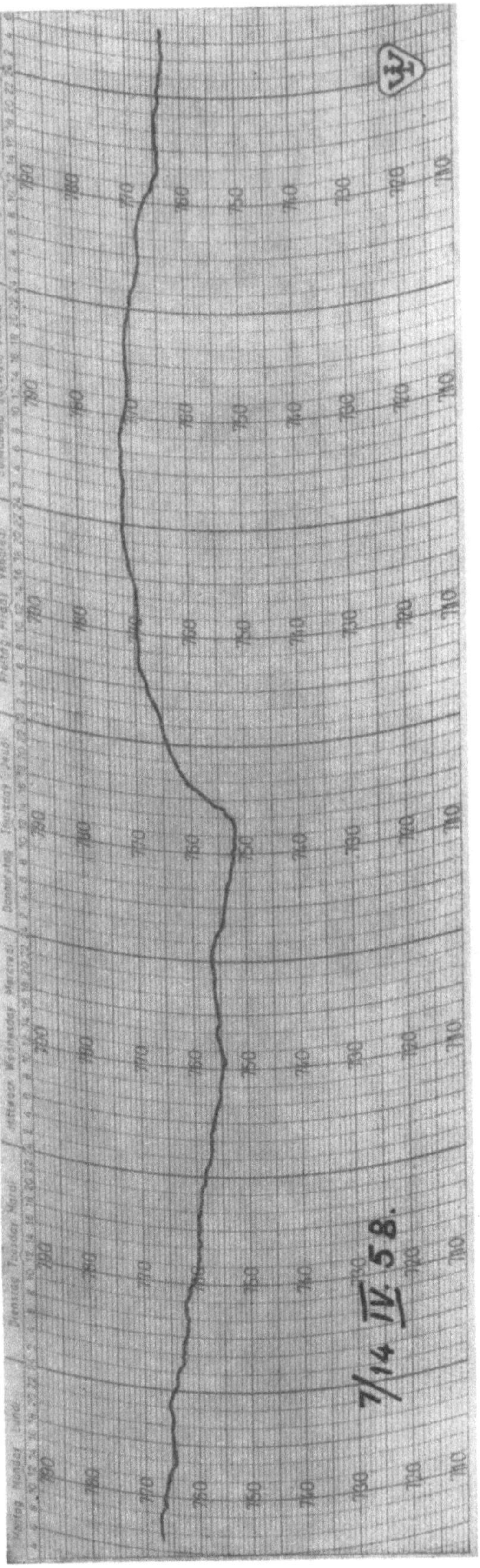

Abb. 6. Luftdrucklinie als Beispiel der Kennzeichnung eines Schlechtwetterdurchzugs (Sturmtag 10. April 1958; die Abb. 5 und 6 sind Kopien vom Registrierstreifen des Barographen)

Die Barometerschwankungen sind in den Tabellen des Meßjahres und vor allem auch in den monatlichen Beispielen der Meßtage berücksichtigt. Bei Zyklondurchzügen und damit verbundenen Barometerstürzen fällt auf, wie ausgeprägt sich das kohärente Luftdrucksystem auszeichnet, denn meist setzt nach bedeutenderen Sturmdurchzügen (in solchen Fällen fast ausnahmslos 7—8 N oder NW) bei schlagartig eintretender Windstille sofortiger steiler Barometeranstieg ein (siehe Beispiel der Abb. 6), dem hier nur äußerst selten ein neuer Abfall unmittelbar nachfolgt. In allgemeiner Übersicht gesehen zeigt der Luftdruck auch hier wie andererorts in seinem täglichen Gang zwei Höchstwerte (10 und 22 Uhr) und zwei Tiefstwerte (gegen 4 und 16 Uhr), die sich oft genug sogar noch bei auffallend steigender bzw. fallender Tendenz andeuten und nur um die Zeit des unmittelbaren Zusammentreffens von Zyklon/Antizyklon aussetzt.

Die Windverteilung

Das Mittel der Windstärken (nach Beaufortskala) betrug 2,1 und ist in der groben Übersicht der Monatsmittel nur geringen Schwankungen ausgesetzt. In der Zusammenfassung der Monatsmittel (Tab. 4) erscheint der Januar mit 2,9 als der am meisten windexponierte Monat, derweil er eine ausgesprochene Schönwetterperiode umschloß und ihn dabei ein Minimum der Bewölkung und ein Maximum der Lufttemperatur auszeichnete. Fast ausnahmslos an allen Strahlungstagen bzw. Tagen mit nur kleinem Bewölkungsmittel dieses Monats herrschte während des Vormittags Südwind (2—3) vor, dem gegen Mittag zumeist eine kurze Windstille und gewöhnlich zwischen 13 und 14 Uhr plötzlicher Windeinbruch aus West folgte (mit Stärken 3—4, oft sogar bis 5). Dieser plötzliche Windwechsel (*travesia*) ist nicht nur auffallend scharf als solcher ausgeprägt, sondern bedingt vor allem einen Temperaturfall und oft scharfes Ansteigen der Luftfeuchtigkeit. So ist in unseren Aufzeichnungen ein durch diese *Travesía* bedingter Temperaturfall von 4—5° keine Besonderheit (die Luft-

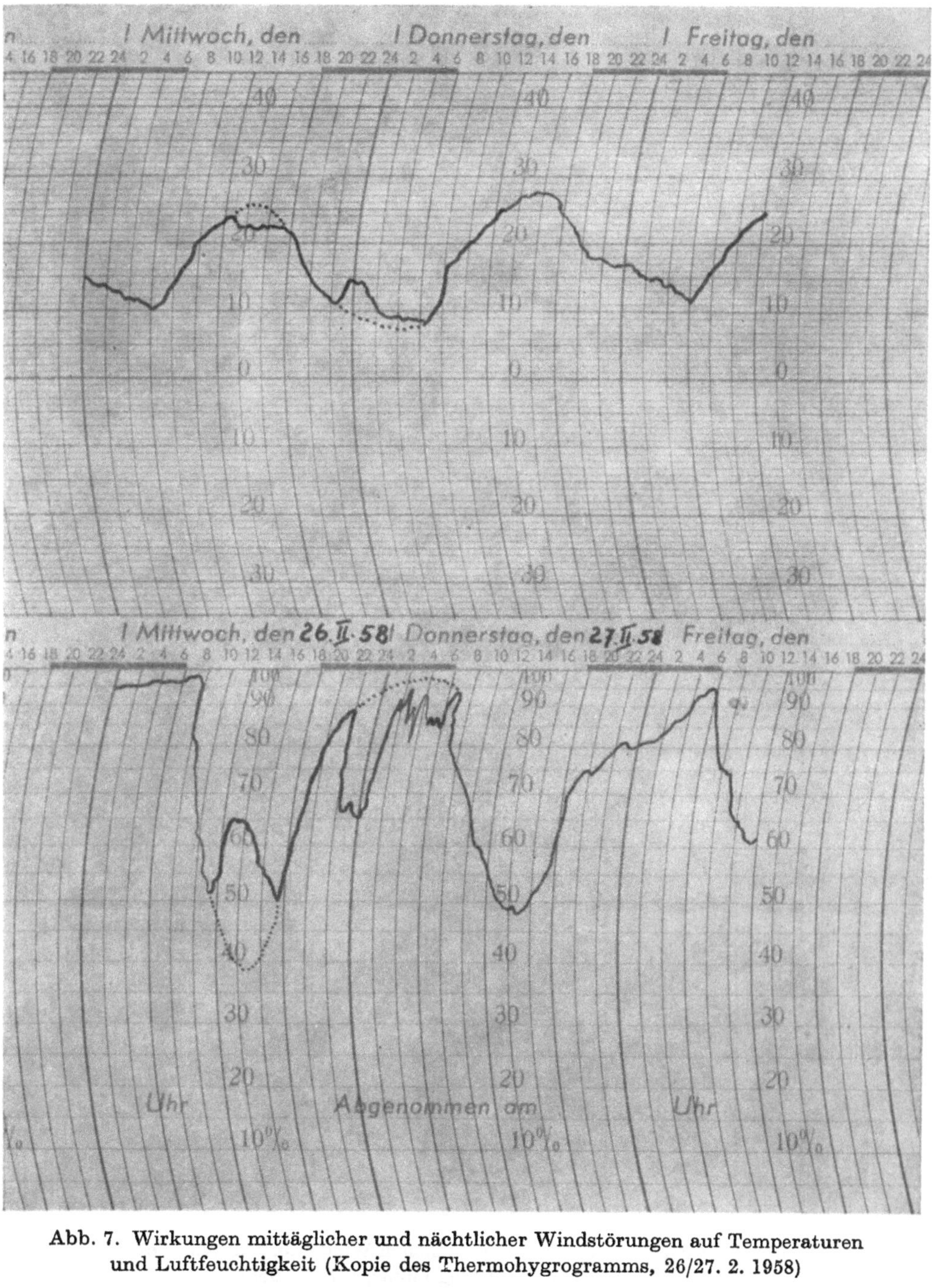

Abb. 7. Wirkungen mittäglicher und nächtlicher Windstörungen auf Temperaturen und Luftfeuchtigkeit (Kopie des Thermohygrogramms, 26/27. 2. 1958)

feuchtigkeit kann dadurch bis zu 20% ansteigen, vgl. vor allem Abb. 7). Temperaturen wie Feuchtigkeit gleichen sich meist einige Stunden später, nach Abflauen des Windes, der abgebrochenen Linie ihres vorherigen Verlaufs wieder an, jedoch wurde nicht selten (Beispiel 26. 2. 58) mittags noch relativ hohe Feuchtigkeit (30 %) gemessen, während abends die Luftfeuchte sehr gering war (30 %), die Störungen durch diesen plötzlichen Windwechsel also nachhaltig sein können. Solcher mittäglicher Windwechsel konnte während des Meßjahres (um 14°° Orts-

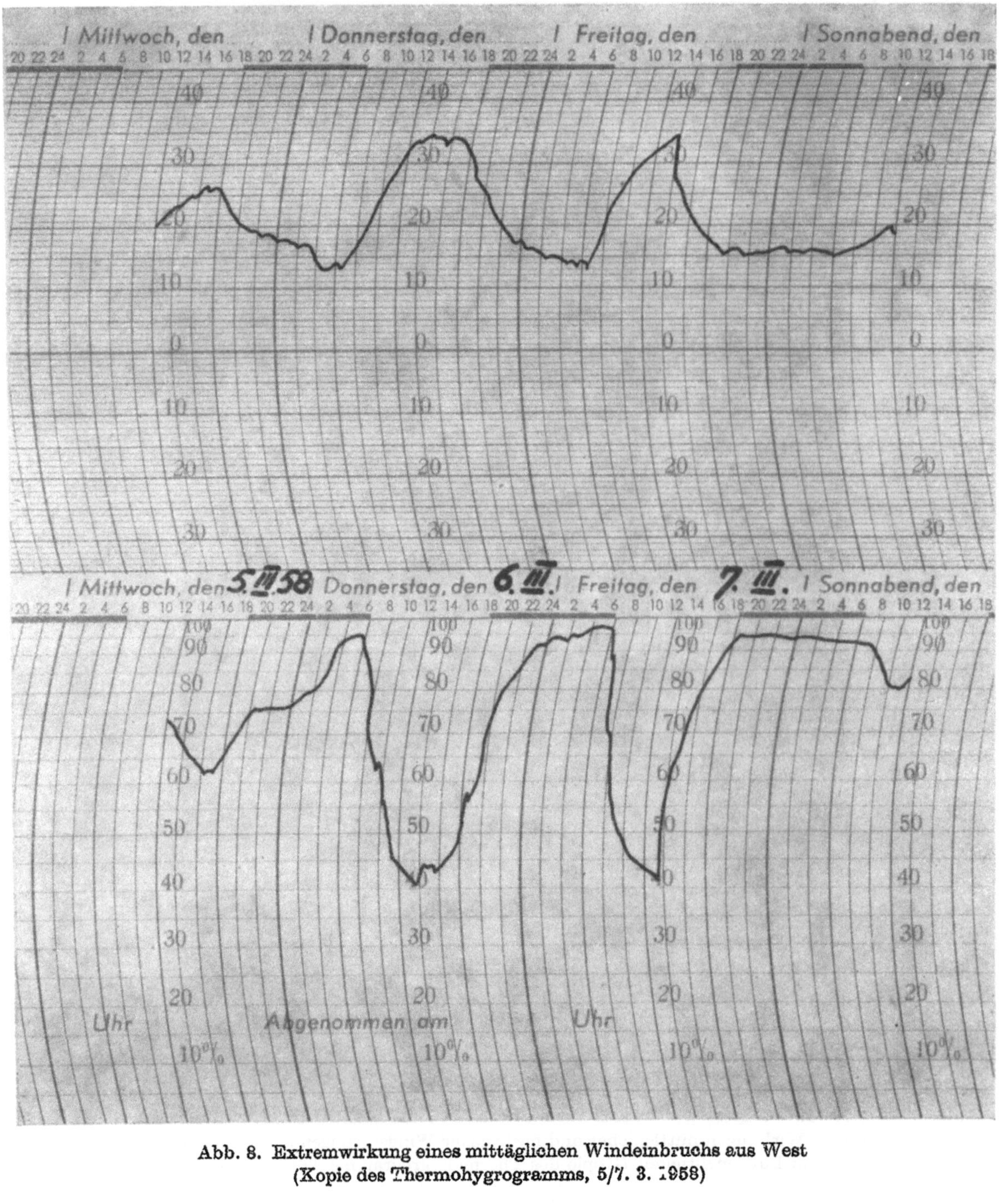

Abb. 8. Extremwirkung eines mittäglichen Windeinbruchs aus West
(Kopie des Thermohygrogramms, 5/7. 3. 1958)

zeit) 105 mal notiert werden und herrschte von Oktober bis März, also das ganze Sommerhalbjahr hindurch vor. Da der Windwechsel hin und wieder erst nach 14 Uhr eintrat und so in den Tabellen nicht (oder nur dann, wenn er in der gleichen Windrichtung bis zum Abendtermin anhielt) erscheint, ist diese Erscheinung tatsächlich noch häufiger, als aus den Terminbeobachtungen anzunehmen wäre. Besonders markant verlief solcher Windeinbruch am 7. März 1958, als nach einem bemerkenswerten Strahlungstag (mit Maximumtemperaturen und sehr niedriger Feuchtigkeit) der Beobachtungstag mit den gleichen, vielleicht sogar noch verstärkten Anzeichen begann und dann gegen 14 Uhr Ortszeit plötzlich durch die *Travesia* abgebrochen wurde. Der Windeinbruch bewirkte an diesem Tage innerhalb von nur 20 Minuten einen t-Fall von mehr als 7° C und einen Anstieg der relativen Luftfeuchtigkeit von etwa 20%. Dieser Tag wurde besonders klar vom Thermo-Hygrographen aufgezeichnet und ist in der Abb. 8 ausschnittweise wiedergegeben.

Tab. 4. Windstärken nach Beaufort im Meßjahr. (Sturmtage = Windstärke erreichte während eines Tages mindestens einmal Stärke 8; Kalmen oder stille Tage = höchster Mittelwert solcher Tage 1,0)

Monat	7^{00}	13^{00}	18^{00}	M	Anzahl der Sturmtage	Anzahl der Kalmen
Mai 57	1,4	2,6	2,1	2,1	5	8
Juni	1,0	2,1	1,3	1,5	1	13
Juli	1,6	2,6	2,0	2,0	4	10
August	1,7	2,9	1,6	2,0	6	10
September	1,0	3,0	1,9	2,0	1	6
Oktober	1,2	3,9	2,5	2,5	1	2
November	1,5	3,4	2,5	2,5	2	0
Dezember	1,2	3,0	2,0	2,1	0	3
Januar 58	1,7	3,6	3,2	2,9	0	0
Februar	1,0	3,4	2,6	2,3	0	3
März	0,7	2,5	1,5	1,5	0	9
April	0,7	2,4	0,9	1,3	1	16
1957/58	1,2	3,0	2,0	2,1	21	80

Die jeweils zu den Meßterminen notierten Windstärken sind in der Tab. 4 zu Mittelwerten zusammengefaßt. Da sich ostnordöstlich der Station, in etwa 300 m Entfernung, ein kleiner Hang (ca. 20 m hoch) befindet, der mit Bäumen bepflanzt ist, die auch die Sonnenscheindauer der ersten Morgenstunde beeinflussen, wurde mit Sicherheit nur ein einziges Mal Wind aus dieser Richtung verzeichnet. Jedoch auch außerhalb der Störungszone, die dieser kleine Hangwald darstellt, sei bemerkt, daß Wind aus jener Richtung hier äußerst selten ist.

Ein weiteres Phänomen im lokalen Klima stellt der nächtliche Windeinbruch aus Süd dar. Nachdem im Sommerhalbjahr zumeist gegen 20 Uhr der Wind aus West abflaut und bei fallenden Temperaturen und steigender Luftfeuchtigkeit Windstille eintritt, löst dieser Südwind (gegen Mitternacht beginnend, Stärke 1 bis 2, seltener bis 3) Strömungen aus, die oft die der *Travesia* noch beträchtlich übertreffen. Ein ausgeprägtes Beispiel dafür bieten die Aufzeichnungen vom 26. zum 27. Februar 1958 (siehe Abb. 7), wo beide Störungslinien festgehalten werden konnten. Die Nachtstörung rief in diesem Fall eine Senkung der Luftfeuchtigkeit von etwa 25% hervor. Dieser Südwindeinfluß (vor allem auf Lufttemperatur, Feuchtigkeit, Taubildung usw.) konnte nur anhand der Aufzeichnungen des Thermo-Hygrographen annähernd festgestellt, konnte aber mitunter auch bei den Serienmessungen der Meßtage gut erfaßt werden. Es liegen jedoch außer solchen Daten keine exakten Aufzeichnungen darüber vor. Der Einfluß der Windeinbrüche auf den Tagesgang der Temperaturen wird

Tab. 5. Jahresübersicht der Häufigkeit der zu den jeweiligen Meßterminen

Monat	N			NNE			NE			ENE			E			ESE			SE			SSE		
	a)	b)	c)	a)	b)	c)	a)	b)	c)	a)	b)	c)	a)	b)	c)	a)	b)	c)	a)	b)	c)	a)	b)	c)
Mai 57	10	8	7	—	4	1	2	3	5	—	—	—	1	—	—	1	—	—	1	—	3	1	—	1
Juni	7	9	4	2	1	2	1	2	—	—	—	—	2	—	—	—	1	—	4	4	3	—	1	2
Juli	8	8	7	2	4	3	—	1	1	—	—	—	—	1	2	—	1	—	1	1	—	—	1	—
August	2	9	3	4	2	—	1	—	1	—	—	—	1	—	—	—	—	—	—	1	1	1	—	—
Sept.	4	7	7	4	—	1	—	1	—	—	—	—	—	—	—	—	—	—	2	1	1	—	1	—
Okt.	3	1	1	3	—	1	3	—	—	—	—	—	1	—	—	—	—	—	1	—	—	—	—	—
Nov.	3	2	2	2	—	—	1	—	—	—	—	—	—	—	—	—	1	—	3	1	1	2	1	1
Dez.	3	4	4	2	1	—	—	—	—	1	—	—	—	—	—	—	—	—	2	1	—	1	2	—
Jan. 58	3	1	—	2	—	—	2	—	—	—	—	—	1	—	—	1	2	—	7	1	—	1	—	1
Febr.	2	—	—	—	—	—	7	1	—	—	—	—	1	—	—	—	—	—	3	—	—	—	—	—
März	—	1	—	1	1	—	1	1	—	—	—	—	2	—	—	1	—	—	5	1	2	—	—	1
April	3	9	1	1	—	—	—	—	—	—	—	—	—	—	—	—	—	—	3	2	—	2	2	—
		59			13			9			0			1			5			13			8	
1957/58	48		36	23		8	18		7	1		0	9		2	3		0	32		11	8		6
total		143			44			34			1			12			8			56			22	

im nachstehenden Abschnitt bei der Beschreibung von Luft- und Bodentemperaturen näher erörtert.

Ausnahmetage jedoch stellen die Föhntage dar, mit heißem SE-Wind (*Puelche*), der Maximaltemperaturen bringt und dabei die Feuchtigkeit der Luft oft bis unter 30% senkt. Solche Föhntage sind im Februar/März nicht selten und dörren die Bodenoberfläche dann restlos aus. Der heiße Wind aus SE weht dann bis Stärke 4 und hält oft tagelang an. Während der gleichen Monate Februar und März brennen die Wälder dieser Landschaft und der starke Branddunst malt dann die farbenprächtigsten Sonnenuntergänge an den westlichen Horizont.

Zu den übrigen Daten über die Windrichtungen, die auch den entsprechenden Tabellen (S. 118 bis 129) entnommen werden können, sei kurz bemerkt, daß Winde mit Nordtendenz hier meist mit größeren Windstärken auftreten und Schlechtwetterbegleiter darstellen. Während der Regenzeit herrschen darum Nordwinde (NW–NNE) vor. Auch die Zyklondurchzüge dieser Zeitspanne kommen fast stets aus Nord. Während der Trockenzeit kann es dagegen vorkommen, daß auch aus Westen Sturmdurchzüge eintreten, die jedoch selten Niederschläge bringen. Bei ausgeprägten Zyklondurchzügen (NW–N, Stärke 6—8 mit Böen bis 9) bricht nach Durchzug des eigentlichen Tiefs und ihm folgenden Anstieg des Barometers der Wind schlagartig ab. Der nun einsetzenden Windstille von etwa 10 bis 15 Minuten folgt zumeist ein schwacher Wind (2—3) aus West oder Südwest, die niedrigen Wolken ziehen rasch ab, abgelöst von *Sc*- oder *Ac*-Bänken und scharf umrissenen *Cb*-Türmen aus der neuen Richtung.

Weiterhin sollen hier die Kalmen erwähnt werden, die einen wesentlichen Teil der Morgenbedingungen ausmachen. Wie der Tab. 5 zu entnehmen ist, herrschte im vorliegenden Meßjahr bei 133 Morgenmessungen Windstille. Mittags konnte nur 12 mal Windstille aufgezeichnet werden, abends 57 mal. Die Hauptzeit der Kalmen fällt in die Übergangsmonate von der Regenzeit in die Trockenzeit und beim erneuten Winterbeginn, wogegen jedoch absolute Kalmen (ganztägige Stille, Tagesmittel höchstens 1,0) zwischen Juni und August, also im Winter, und dann wieder im April Höhepunkte finden. Weitere Einzelheiten dazu können den einzelnen Tabellen entommen werden.

festgestellten Windrichtungen. Weitere Einzelheiten dazu im Text.

S			SSW			SW			WSW			W			WNW			NW			NNW			C		
a)	b)	c)	a)	b)	c)	a)	b)	c)	a)	b)	c)	a)	b)	c)	a)	b)	c)	a)	b)	c)	a)	b)	c)	a)	b)	c)
3	2	5	—	1	—	—	—	2	—	—	2	—	3	1	—	1	—	4	6	1	1	2	1	7	1	2
3	1	4	—	1	—	—	—	1	—	1	1	1	2	1	1	3	4	—	—	—	—	1	—	9	3	8
3	—	4	—	—	—	—	1	—	—	—	—	1	2	1	1	2	—	3	1	2	—	5	3	12	3	8
—	2	1	—	—	1	—	1	—	—	1	—	2	4	1	—	2	2	3	6	5	2	2	5	15	1	11
4	4	5	—	—	—	—	—	3	—	—	1	—	8	2	—	2	1	2	3	5	—	3	1	14	—	3
4	3	1	—	—	—	—	1	2	—	1	3	1	9	13	—	8	3	1	5	4	—	3	2	14	—	1
7	5	4	—	—	2	—	—	—	—	—	—	2	13	14	—	5	3	4	2	3	—	—	—	6	—	—
6	2	2	—	—	—	—	—	4	—	—	1	2	12	10	3	3	2	3	4	3	—	2	2	8	—	3
6	1	2	1	—	—	1	2	3	—	—	2	1	17	21	—	1	—	1	5	2	—	1	—	4	—	—
4	2	1	—	1	—	—	—	—	—	—	1	1	21	24	—	3	2	—	—	—	—	—	—	10	—	—
3	11	4	—	—	—	—	—	—	—	—	1	—	10	14	—	2	3	2	2	1	1	1	—	15	1	5
—	3	2	—	—	—	—	—	2	—	—	—	—	4	2	1	2	5	1	3	2	—	2	—	19	3	16
	36			3			5			3			105			34			37			22			12	
43		35	1		3	1		17	0		12	11		104	6		25	24		28	4		14	133		57
	114			7			23			15			220			65			89			40			202	

Die Bewölkung

Fast völlig mit der Niederschlagslinie parallel laufend erreicht das Bewölkungsmittel nach dem großklimatischen Frühjahrsabfall im Dezember erneut einen größeren Wert, um im Januar dann sein Minimum zu haben und während der Monate Februar und März nur langsam anzusteigen. Der ruckartige Anstieg von 4,6 auf 6,6 leitet schließlich im April zum Winterhalbjahr über. (Weitere Einzelheiten siehe Tab. 6; Erklärungen zu den Wolkenarten S. 24)

Tab. 6. Bewölkungsmittel der Monate zu den einzelnen Meßterminen, Monatsmittelwerte sowie Anzahl trüber (M mindest 8,3) bzw. heiterer (M höchstens 1,7) Tage im Jahresverlauf

Monat	7^{00}	13^{00}	18^{00}	*M*	tübe Tage	heitere Tage
Mai 57	9,1	7,9	6,8	8,0	16	1
Juni	7,5	6,7	5,7	6,6	13	3
Juli	8,0	7,9	6.0	7,3	14	2
August	8,3	7,2	7,0	7,5	16	0
September	6,9	6,7	6,3	6,6	12	2
Oktober	6,1	5,5	5,1	5,6	5	4
November	5,5	4,4	4,6	4,9	4	2
Dezember	6,9	6,1	5,5	6,2	12	2
Januar 58	4,1	4,3	3,5	4,0	5	8
Februar	5,2	4,3	3,5	4,3	1	3
März	5,0	4,2	4,7	4,6	6	11
April	7,6	6,4	5,8	6,6	8	1
1957/58	6,7	6,0	5,4	6,0	112	39

Über die in Valdivia notierten Wolkenarten und deren Zugrichtungen läßt sich zusammengefaßt folgendes bemerken: Sehr hohe Cirren ziehen zumeist in S-N- bis SW-NE-Richtung und sind wohl kaum als Anzeichen für Witterungswechsel zu werten. Nur bei ausgesprochener

Zyklonstimmung dürften sie (als *Ci-uncinus*, siehe Abb. 9) Sturmanzeiger sein, jedoch zumeist dann bereits mit *Cs* durchmischt, d. h. in tiefere Schichten gesunken und in solchem Falle nicht sicher anzusprechen. *Cs* dagegen tritt zumeist vor sommerlichen Schlechtwettereinbrüchen in ausgedehnten Bänken auf und zieht fast regelmäßig SW/NE, sinkt dabei nicht selten in *Stratus*schichten ab und befindet sich dann als *As translucidus* oder *nebulosus* oft in W oder WNW-Tendenz (Zugrichtung E). Solche *As*-Schichten sind dann bald mit *Sc* durchsetzt und bringen zumeist schon nach verhältnismäßig kurzer Zeit Niederschläge, dabei gewöhnlich noch zum *Fc* sinkend. Größere Regenperioden des Winters dagegen beginnen mit starken nächtlichen Nebelbildungen (verbunden mit sehr tiefen Temperaturen und Kammeisvorkommen auf der Bodenoberfläche). Der Witterungsumschlag erfolgt jedoch fast immer erst nach einer Reihe von kalten Strahlungstagen (Ausstrahlungstypus) mit

Abb. 9. Cirrus uncinus (im Bild mit *Ac* durchmischt) als Sturmzeichen aus Westen (Photo 12. 12. 1957, 19 Uhr)

langsam sinkendem Barometerstande, allnächtlich mehr fallenden Temperaturen[5]) und dichter werdendem Nebel, der dann zumeist nach dem kältesten Morgen der Periode schon gegen Abend wieder aufzieht und in den frühen Morgenstunden aufsteigt, um sich zu einer opaken Decke als *Fs* zu formen. Beginnt der dann sicher einsetzende Regen als langsamer Landregen, so ist fast immer mit einer längeren Regenzeit zu rechnen. Der Wolkenzug (*Fs* oder *Fc*, bei Sturmeinbrüchen auch *Ns*) verläuft dann fast ausnahmlos in Nord/Südrichtung. Niederschlag wurde ganz allgemein bei *Fs*, *Ns*, *Fc*, *Sc* und *As* aufgezeichnet, dazu soll hier noch *Cumulonimbus* genannt werden, der meist die Beendigung einer solchen Regenperiode andeutet und starker Schauer (*Chubascos*) bringt, im Spätwinter sogar vielfach mit Hagel oder Eisgraupel. Diese *Cb*-Türme ziehen zumeist bereits in W/E-Richtung. Schönwetterwolken dagegen sind fast ausnahmslos *Ci*, *Ac* und *Cu* (sofern nicht *Cu-floccus*, der hier fast mit Sicherheit auf Regen deutet), daneben aber auch der im Sommer recht häufige *Sur negro* (schwarzer Südwind)

[5]) Der Austrieb von Eisnadeln aus dem Boden (*helada negra*, vgl. KUNKEL 1958 c) wird von den Landleuten als Wetterzeichen gedeutet. Sie behaupten, daß nach sehr kalten Nächten die *helada* aufsteige (Eisaustrieb) und es regnen werde. Diese Wetterregel ist fast sicher, nur hat sie, wie oben erwähnt, klimatologisch kaum etwas mit den Eisnadeln zu tun.

mit seinen schwarzen Wolkenwänden, die hier zumeist am E-Horizont entlangziehen, die Sonnenscheindauer beeinflussen und nicht selten bis zu 10/10 Bewölkung bringen, die aber spätestens gegen Mittag aufreißt. Der *Sur negro* bringt hier keinen Niederschlag[6]). Während des Sommers konnten hin und wieder über der Kordillere *Cumulus*-Ballungen beobachtet werden, die Gewitter kennzeichneten; diese blieben jedoch auf die Gebirgsregion beschränkt. Im übrigen sei zur vorstehenden Tab. 6 bemerkt, daß in der Jahresübersicht der im Gegensatz zu den Mittags- und Abendwerten hohe Morgenanteil der Bewölkung in erster Linie durch Nebelvorkommen (im Winter) und *Sur negro* (im Sommer) erklärbar ist. Weitere Schwierigkeiten bereitete die Wolkenschätzung im März während der Föhntage. Da um die gleiche Zeit die Wälder des Südens brennen, ist der Branddunst nicht selten so stark, daß bereits nachmittags die Sonne nur noch wie durch einen Nebelschleier erkennbar ist.

Die interessantesten Wolken- bzw. Witterungsaufzeichnungen konnten am 9. Januar 1958 notiert werden. Der Vortag (8. 1.) war ein ausgesprochener Strahlungstag, mit dünnen *Cs*-Schleiern während des Vormittags am Westhorizont. Die Nacht blieb, nachdem es am Nachmittag des Vortages völlig aufklarte, ebenso wolkenlos wie der Vormittag des 9. Mit Einbruch der *Travesía* (Stärke 4) wurden um 14 Uhr Ortszeit bereits erste *Ac*-Bänke am W-Horizont aufgezeichnet, über die sich gegen 15 Uhr erneut *Cs*-Schleier schoben. Gegen 16 Uhr drangen wallende Küstennebel (mit *Fs*-Charakter) über die Höhenzüge im Westen, die etwa 4 bis 6 km vom Standort entfernt liegen und rund 400 m Höhe erreichen. Bei zunehmender aber wechselhafter Bewölkung und ebenfalls zunehmender Windstärke zog gegen 19^{20} das erste Sturmtief durch (Wind W 7). Zwischen 19^{30} und 20 Uhr wehte lediglich ein schwacher Wind aus wechselnden Richtungen. Gegen 20^{10} erfolgte der Durchzug des zweiten Tiefs und gegen 20^{30} war es bereits wieder fast windstill, die Wolkenbänke zogen ab. Um 22 Uhr waren dann nur noch knapp 1/10 Bewölkung zu verzeichnen, es blieb windstill. Am Morgen des 10. Januar jedoch schien nur noch kurz die Sonne. *Ac translucidus*, an Stärke zunehmend, bedeckte bald den ganzen Himmel. Von 9 bis 13 Uhr fiel leiser Nieselregen und am Nachmittag wurde Schauertätigkeit notiert. In den frühen Morgenstunden des 11. fielen innerhalb 30 Minuten nochmals 3,3 mm Regen. Dann setzte Aufklarung ein und gegen Mittag wurde bereits bei ungewöhnlicher Schwüle sehr starke Strahlungstätigkeit verzeichnet. Dieser kurze Regen vom 10. zum 11. Januar stellte wahrscheinlich die Nachhut der beiden Sturmdurchzüge des 9. Januar dar.

Zwischen jenen beiden Sturmfronten des 9. Januar jedoch lag ein ganzes Wolkenchaos, für dessen annähernde Beschreibung fast alle Blätter des Kleinen Internationalen Wolkenatlas benötigt wurden. Nachstehend diese Aufzeichnungen:

Am Westhorizont wallten sehr niedrige *Fs*-Wände mit *Ns*-Sturmfahnen, darüber, von WSW übergreifend, *Fc*-Bank mit *Cb arcus* und *Cb-incus*-Aufbauten. Nach Norden übergreifend wurden vorzüglich *Cu congestus* und *Cu pileus* notiert, daneben waren aber auch *Cb calvus* und Schichten von *Ac floccus* zu vermerken. Beherrscht jedoch wurde am Nordhorizont das Bild von einem sich rasch verschiebenden *Sc cumulogenitus*, der sich noch vor dem Eintreffen des zweiten Sturmtiefs verzerrte und auflöste. Das Bild am Osthorizont beherrschten in erster Linie abziehende *Sc*-Bänke, auch *Ac* und sehr grelle *Cb*-Türme waren zu sehen. Am Südhorizont bedeckten *Ac opacus* und *translucidus* große Flächen, teilweise auch *lenticularis* formend, während den Zenith in raschem Zuge *Ac castellatus, translucidus* und Fahnen von einem *uncinus* passierten.

Da sich das Bild in rascher Folge änderte und die Luftströmungen sehr stark waren, war eine genaue Beschreibung von Bewölkungsanteilen schwierig und unterblieb schließlich darum ganz. Auffallend

[6]) Nach Schwabe (1939) bringt der *Sur negro* auf Chiloe wie im ganzen Reloncavi-Gebiet heftige Schauer; in Mininco (Kunkel 1956) konnten durch *Sur negro* jedoch ebenfalls keine Niederschläge verzeichnet werden. — Während des hier vorliegenden Meßjahres wurden überhaupt nur je einmal Regen aus Süden und Osten beobachtet. Sämtliche anderen Schlechtwetterdurchzüge kamen (vorzüglich im Winter) aus Norden oder (überwiegend im Sommer) aus Westen.

aber war vor allem, daß sich kaum Wolkenarten wiederholten, sondern die einzelnen Felder im ganzen gesehen streng umgrenzt blieben. Ein Augenblick von diesem Wolkenchaos (am SW-Horizont) wurde in der Abb. 10 festgehalten.

Ein weiteres Wolkenphänomen konnte am 17. November 1957 notiert werden. Nachdem sich an diesem Tage während des ganzen Vormittags dunkle, niedrige Wolkenbänke (vorzüglich *Ac* und *Sc*) herangeschoben hatten, setzte die anfangs anscheinend starke Luftströmung in Wolkenhöhe aus und die schweren Wolken hingen fast unbeweglich einige Stunden über der Landschaft, derweil wie Saugfinger eines Tornados Wirbel (Tromben) über das Land tasteten. Diese Wirbel erreichten jedoch nicht den Boden, weil in der unteren Luftschicht ununterbrochen der Wind mit 2—3 aus Süden wehte.

Abb. 10. Zwischen zwei Sturmdurchzügen. Ausschnitt aus dem Wolkenchaos vom 9. 1. 1958, siehe Witterungsschilderungen auf S. 25)

Die Sonnenscheindauer

Obwohl die Tabelle der Monatswerte von Sonnenscheindauer und Strahlungsintensität in ihrer Anordnung bzw. im Vergleich zu Niederschlagssumme und Bewölkung völlig der großklimatischen Übersicht des Jahresgangs entspricht, zeigten sich schon bei der Durchsicht der Dekadenwerte der Sonnenscheindauer ungleichmäßige Schwankungen, die zeichnerisch dargestellt (Linie SD der Abb. 11) erkennen lassen, daß das Großwetter im valdivianischen Raume fast regelmäßig einmal im Monat eine Depression erfährt. Der Rhythmus dieser Depression liegt etwa bei monatlichen Wiederholungen, verschiebt sich jedoch manchmal zwischen 2 bis 4 Dekaden, was in erster Linie durch die schematische Berechnung aller Daten in für diesen Zweck zu starren Dekadenwerten bedingt ist. Die einzige Ausnahme in dieser Kurve bildet der Januar, wo nach dem regenreichen Sommermonat Dezember die großklimatische Angleichung an die Hochsommerlage zu erfolgen scheint.

Da die Kurve der Sonnenscheindauer im Januar/Februar auffallend anstieg, in der ersten Februar-Dekade sogar eine außergewöhnliche Spitze anzeigt, schien es angebracht, aufgrund der jeweiligen Dekadenmaxima (SD-Max) die theoretisch mögliche Sonnenschein-

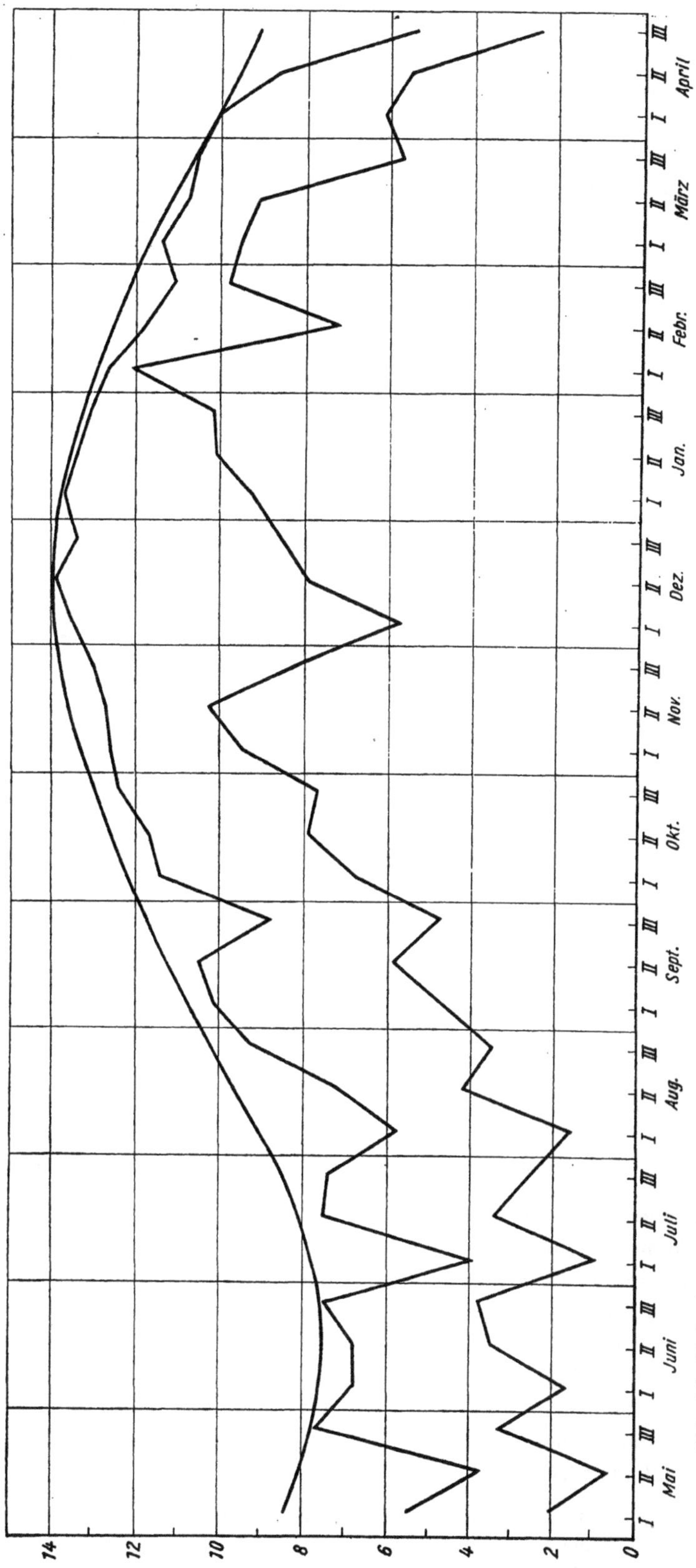

Abb. 11. Dekadenwerte (SD), maximale (SD-Max) und theoretisch mögliche (SD-theor.) Sonnenscheindauer in der Jahresübersicht

dauer dieses Standorts zu suchen, wie sie aus der Abb. 11 (SD-theor.) zu ersehen ist[7]). Aus dieser Abbildung geht hervor — und das ist auffallend ausgeprägt —, daß einzig im Spätsommer eine ungefähre Angleichung der wirklichen SD an die Linie der theoretisch-möglichen SD erreicht wird, während — vor allem im Hochsommer (mit dem höchsten Sonnenstand in der 2. Dezember-Dekade) — die SD weit unter dem als möglich erkannten theoretischen Verlauf zurückbleibt (kurzfristiger, aber tief einschneidender Schlechtwetterdurchzug).

Die gleiche, vorstehend im Jahresrhythmus erwähnte Spätsommerangleichung der wirklichen SD an die theoretisch-mögliche SD Valdivias ist auch im Tagesrhythmus der Jahres-

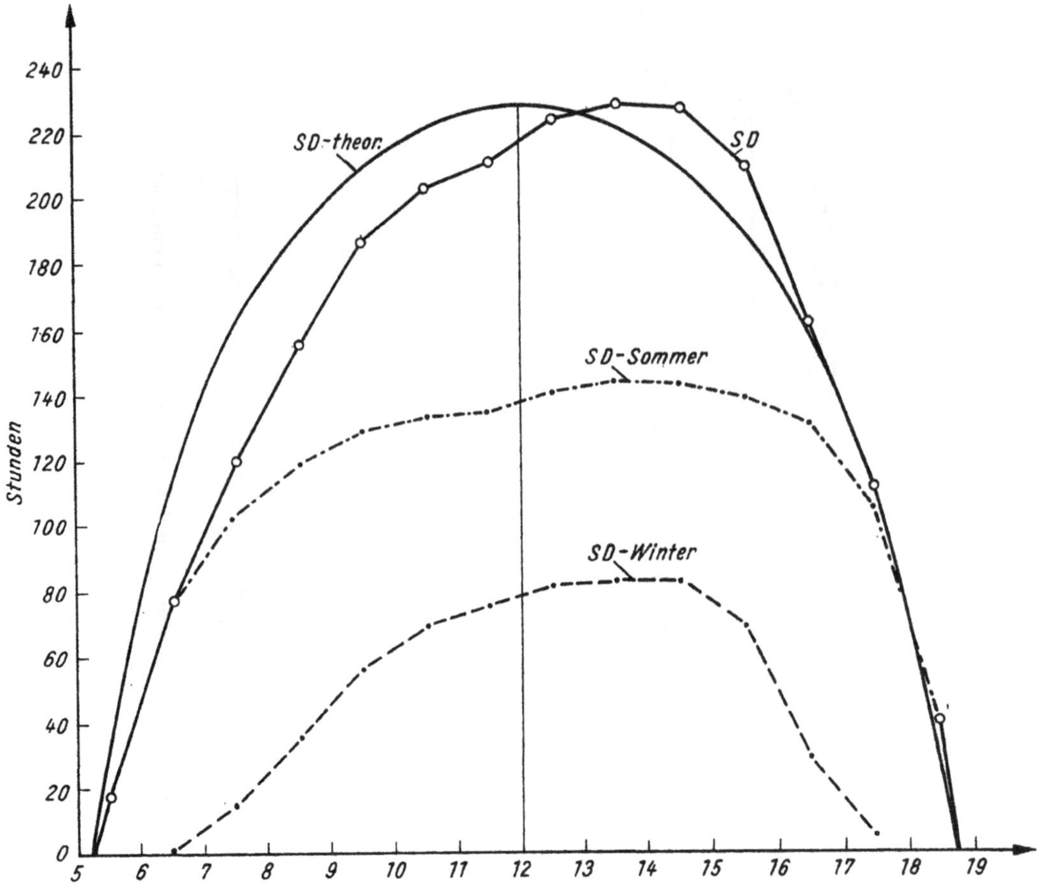

Abb. 12. Die Sonnenscheindauer im Tagesbild (Einzelheiten dazu im Text)

übersicht zu erkennen. Aus der Betrachtung der Abb. 12 geht hervor, daß während des Vormittags die Sonnenscheindauer unter der als möglich berechneten Kurve zurückbleibt (Nebeleinfluß usw) und nicht zur Zeit des höchsten Sonnenstands, also um 12 Uhr geogr. Zeit, sondern erst gegen 14 Uhr ihren Gipfel erreicht. Sie fällt dann am Nachmittag zwar rasch, jedoch fast mit der theoretischen Linie gleichlaufend, ab. Diese asymmetrische Verteilung der Sonnenscheindauer in der errechneten Tagesübersicht des Meßjahres erfährt zwar, wie aus der Tabelle 7 hervorgeht, in einigen Sommermonaten eine gewisse Abschwächung, ist aber in jedem Monatsbild anzutreffen und kennzeichnet somit Sommer- wie Wintertag, dabei im Verhältnis 44,7 : 55,3% stehend.

[7]) Zur schematisch dargestellten Kurve der theoretisch-möglichen Sonnenscheindauer sei bemerkt, daß diese Linien noch keine absoluten Schlüsse über den wirklichen Kurvenverlauf zulassen, weil darin keine Störfaktoren (Nebel, *Sur negro*) berücksichtigt werden.

Tab. 7. Sonnenscheindauer der Stundenanteile im Jahresbild. Summen der Monatsberechnungen (S. 130 bis 141)

Monat	5–6	6–7	7–8	8–9	9–10	10–11	11–12	12–13	13–14	14–15	15–16	16–17	17–18	18–19	Summe	Vormittag	Nachmittag	Tages-*M*
Mai 57	.		.	3,4	6,2	6,9	8,9	9,7	10,1	10,0	7,0	1,3			63,5	25,4	38,1	2,1
Juni	.		.	2,9	9,4	11,5	12,5	14,0	13,6	14,7	10,8	.			89,4	36,3	53,1	3,0
Juli	.	.	0,2	3,7	6,8	8,8	9,0	10,6	11,3	12,0	8,5	0,9			71,8	28,5	43,3	2,3
August	.	.	2,8	5,8	9,8	11,0	14,1	14,1	13,0	12,0	10,4	3,1	.		96,1	43,5	52,6	3,1
September	.	0,8	7,9	11,6	14,7	18,1	15,9	16,5	17,2	17,6	16,9	13,0	3,9	.	154,1	69,0	85,1	5,1
Oktober	.	8,4	13,8	19,6	20,4	21,7	22,9	23,4	23,2	22,1	20,3	19,6	15,4	1,4	232,2	106,8	125,4	7,5
November	2,7	16,4	19,6	19,2	21,4	22,4	23,1	23,7	25,2	25,6	25,4	23,9	21,5	9,6	279,7	124,8	154,9	9,3
Dezember	6,8	12,2	15,0	17,7	19,0	19,2	19,4	20,2	19,7	19,0	18,4	17,6	16,0	11,0	231,2	109,3	121,9	7,5
Januar 58	7,6	21,1	21,1	21,6	22,8	22,6	23,6	25,3	26,1	25,5	25,7	24,9	23,9	13,9	305,7	140,4	165,3	9,9
Februar	0,7	13,3	18,8	20,4	21,8	23,0	22,2	23,7	25,0	26,8	25,2	25,1	21,7	5,1	272,8	120,2	152,6	9,7
März	.	5,5	16,9	21,7	24,0	25,1	24,6	25,7	25,3	24,6	24,7	21,5	8,7	.	248,3	117,8	130,5	8,0
April	.	.	4,3	8,4	10,7	13,9	16,2	17,8	19,2	17,7	17,4	11,7	2,1	.	139,4	53,5	85,9	4,6
1957/58	17,8	77,7	120,4	156,0	187,0	204,2	212,4	224,7	228,9	227,6	210,7	162,6	113,2	41,0	2.184,2	975,5	1.208,7	6,0

Die Globalstrahlung

Wie bereits erwähnt, verhält sich die Linie der errechneten, theoretischen Tagesmittel der Strahlung jedes einzelnen Monats gleichlaufend zu den Tagesmitteln der Sonnenscheindauer und entgegengesetzt zu den Niederschlagssummen und Bewölkungsmitteln. Dies geht auch aus der Abb. 13 hervor, in welcher die Monatsmittel der Bewölkung gegen die der Globalstrahlung gesetzt wurden, um die Parallelität beider Linien zu betonen. Weitere Einzelheiten monatlicher Übersichten können der nachstehenden Tab. 8 entnommen werden.

Tab. 8. Monatsübersicht über die Globalstrahlung in cal/cm² der Zeit vom 1. 5. 57 bis 30. 4. 58 in Valdivia

Monat	Summe Monat	Tages-M. berechn.	Tages-maximum
Mai 57	2.113,3	68,2	177,9
Juni	2.323,4	77,4	165,4
Juli	2.202,9	71,1	187,1
August	3.047,5	98,3	222,7
September	4.951,9	165,1	252,7
Oktober	7.226,2	233,1	329,8
November	8.791,7	293,1	364,1
Dezember	8.138,9	262,5	378,8
Januar 58	9.543,7	307,9	383,7
Februar	8.013,7	286,2	351,1
März	6.874,8	221,8	305,6
April	4.087,6	136,2	231,4
1957/58	67.315,6	184,4	383,7

Zur vorstehenden Tabelle ist weiterhin zu bemerken, daß hier nicht maximale Sonnenscheindauer und maximale Strahlung eines Tages zusammentreffen. Wie aus der Abb. 11 hervorgeht, wurde die maximale Sonnenscheindauer im Dezember aufgezeichnet, während das Strahlungsmaximum bereits in den Januar fiel. Es liegen zeitlich gesehen nur 2 Wochen Differenz zwischen den beiden Maxima:

18. 12. 57 = Sonnenscheindauer 13,9; Strahlung 367,7

1. 1. 58 = Sonnenscheindauer 12,5; Strahlung 383,7

Gegen die oben angeführte Behauptung der Parallelität zwischen Sonnenscheindauer und Strahlungsintensität (in cal/cm²) muß jedoch bemerkt werden, daß dieses Gleichlaufen nur in den monatlichen Übersichten anzutreffen ist; schon bei den Dekadenwerten kommen erste Abweichungen (Sept. III, Okt. III, Jan. III u. Apr. I) vor, die sich in Pentaden oder gar Tageswerten noch entsprechend verschärfen. Dies ist auch aus der Abb. 14 ersichtlich, die den Kurvenverlauf beider Daten im Monat März veranschaulicht. Besonders an Föhntagen (Februar/März) treten solche Abweichungen krasser hervor, weil, wie schon an anderer Stelle erwähnt, an solchen Tagen der Branddunst so stark ist, daß oft schon am frühen Nachmittag

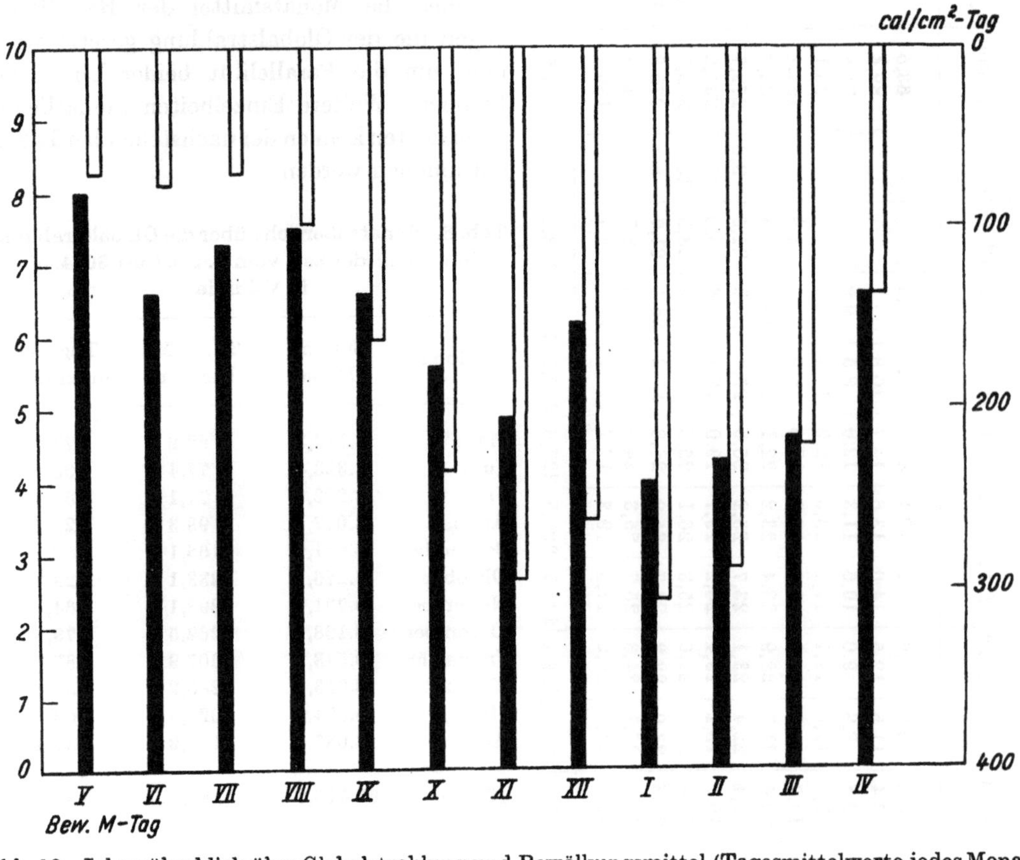

Abb. 13. Jahresüberblick über Globalstrahlung und Bewölkungsmittel (Tagesmittelwerte jedes Monats)

die Registrierungen des Sonnenscheinschreibers unzuverlässig werden, derweil die Strahlung unvermindert andauert. An solchen Tagen mußten die Aufzeichnungen der Sonnenscheindauer immer korrigiert werden (nur schwache Brennspuren auf dem Registrierstreifen); auch die Sichtweite wurde an solchen Tagen beträchtlich herabgesetzt.

Der größte Dekadenwert wurde (wie bei vorgeschriebener SD = 12,1) auch in den Strahlungsaufzeichnungen jener gleichen ersten Februar-Dekade erreicht; er betrug 334,6 cal/cm². Während dieser im Meßjahr einmaligen Dekade (ohne Niederschlag, keine größeren Taufälle, mit 2,5 Bewölkungsminimum, zugleich höchster Mittelwert der Temperaturen der nackten Bodenoberfläche) lag keine einzige Strahlungssumme unter 300 cal und auch die Sonnenscheindauer betrug niemals weniger als 10 Stunden.

Interessant und darum erwähnenswert scheinen auch die nächtlichen Registrierungen der Pyranometer (Bellani-Kugel), die die Ausstrahlung des Bodens in Strahlungsnächten wahrnehmen und registrieren. Solche Daten konnten besonders während der in etwa vierwöchentlichem Abstand durchgeführten Sondermessungen (Meßtage) gesammelt werden und wurden in den diesbezüglichen Tabellen auch angeführt. So wurden nach Aussetzen der Sonnenstrahlung während des Winters nicht selten 8—9 cal/cm² in 14stündigen Nächten verzeichnet, derweil die Strahlung in 9—10stündigen Sommernächten bis zu 15 cal/cm² betragen

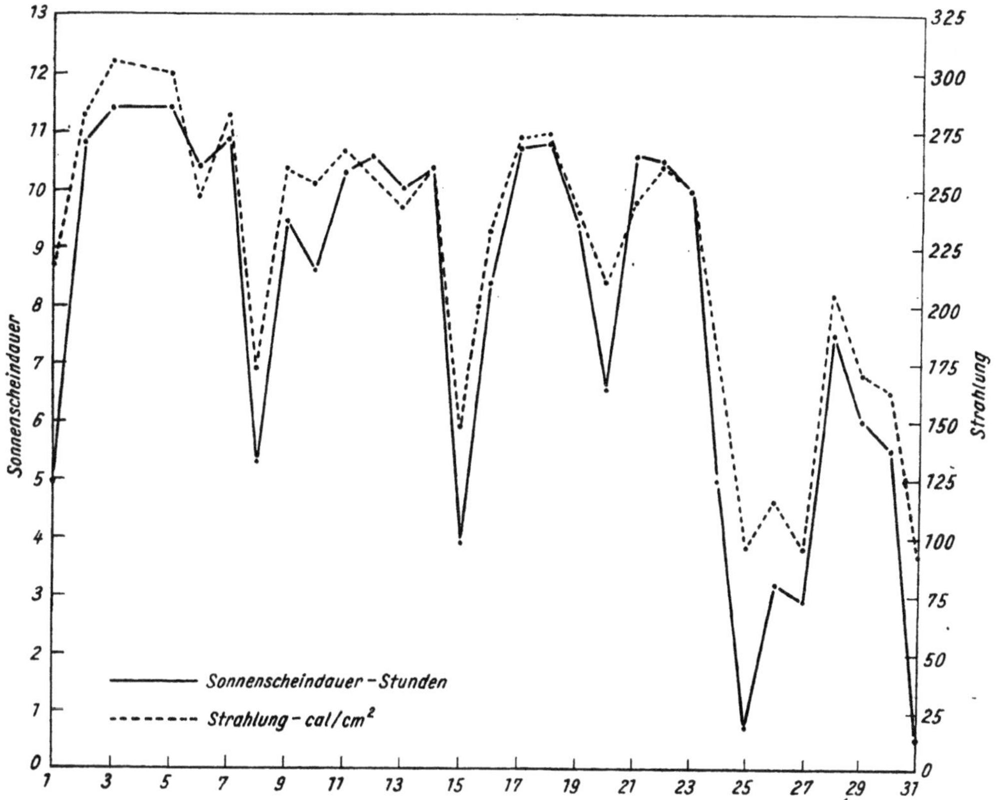

Abb. 14. Kurvenverlauf von Sonnenscheindauer und Globalstrahlung im März 1958

konnte. Bei Wolkendurchzügen setzte meist die Strahlungstätigkeit aus, desgleichen auch bei Nebelbildung, derweil eine Tauschicht auf den Instrumenten ohne Einfluß auf diese blieb.

3. Niederschlagsaufzeichnungen

Da Valdivia eine der regenreichsten Städte Chiles ist, wurde den Niederschlagsaufzeichnungen besondere Sorgfalt gewidmet. Bei einem Jahresniederschlag des Meßjahres von 2.339,9 mm, welche im Durchschnitt rund 195 mm/Monat entsprechen, blieb diese Regenhöhe kaum unter der des langjährigen Mittels (aus den Aufzeichnungen von 39 Jahren berechnet) mit 2.488,7 mm; vgl. dazu die Abb. 15. Es fehlten also nur rund 6% an Regenmenge, um damit von einem — zumindest die Niederschlagsmengen betreffend — normalen Valdivia-Jahr sprechen zu können. Im Kalenderjahr 1957 allerdings (2.207,7 mm = 11% oder 1956 mit 1.874,6 mm = 24% zu wenig) fehlten erheblich größere Regenmengen, jedoch schwankt die jährliche Regenmenge hier beträchtlich und mehrere trockene Jahre lösen oft eine Reihe von extrem humiden Jahren ab[8]). Man kann heute diese Schwankungen beispiels-

[8]) Extrembeispiele letzter Jahre: 1951 = 3.427,8 mm und 1955 = 1.343,3 mm.

weise der letzten 20 Jahre sogar als sich ausgleichenden Rhythmus bezeichnen, wie die Abb. 16 veranschaulicht, in welcher leider die Aufzeichnungen des Jahres 1943 fehlen.

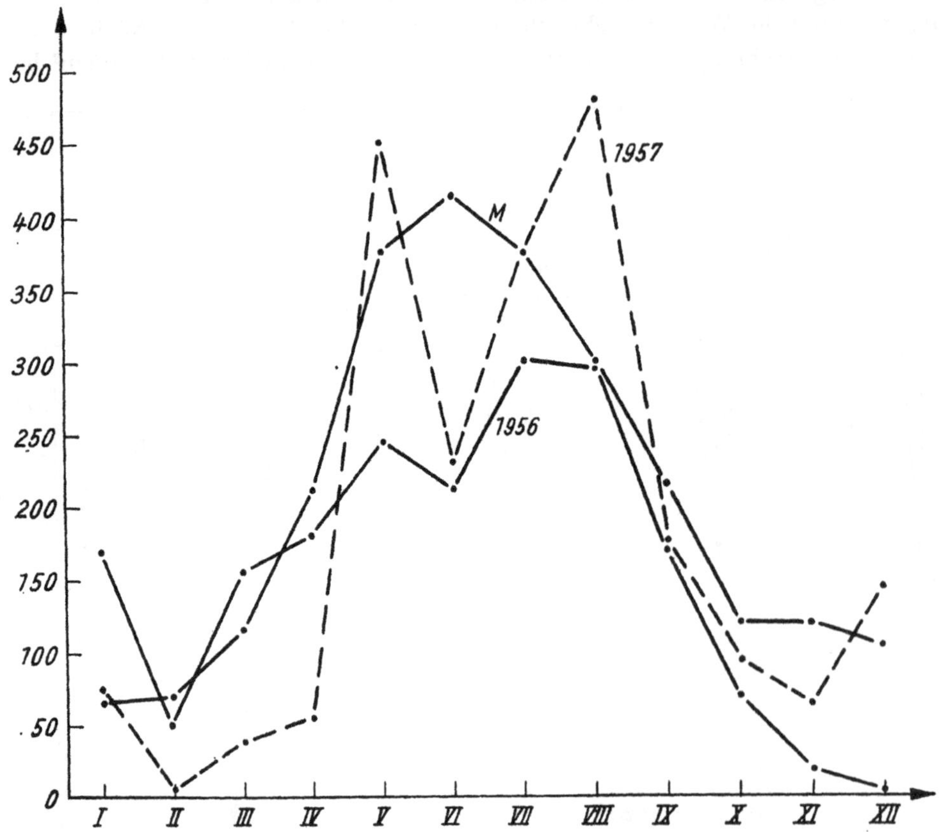

Abb. 15. Vergleichskurven der monatlichen Niederschlagsmengen der Jahre 1956 und 1957 zum langjährigen Mittel

Die Regenniederschläge

Zu den in Tab. 9 vorliegenden Daten, auf die bereits auf S. 11 in ersten Erklärungen eingegangen wird, ist weiter zu bemerken, daß im Jahresüberblick keine großen Differenzen zwischen Vormittag- und Nachmittagregen festgestellt werden konnten. Jedoch sind während des Winterhalbjahrs die Vormittagsniederschläge (0—12 Uhr geogr. Zeit) im Gegensatz zu den Nachmittagssummen größer, wogegen die Werte des Sommerhalbjahrs wechselhaft sind und keinerlei Regel erkennen lassen. Zwischen Tag (6—18 Uhr = 1.128,0 mm) und Nacht (18—6 Uhr = 1.211,9 mm) sind die Unterschiede noch geringer; auch in der Betrachtung der Jahreszeitensummen sind keine wesentlichen Differenzen zwischen Tag und Nacht zu erkennen, die regelhafte Niederschlagsverteilungen im Tageslaufe andeuten. Dagegen erlaubt die 6stündige Unterteilung schon einige Schlüsse, die zwar durch die 24-Stunden-Einzelwerte wieder aufgehoben werden, jedoch bereits einen gewissen Überblick zur Differenzierung der Niederschlagsmaxima bieten. Wir haben hier die folgenden Summen:

0—6	6—12	12—18	18—24
669,0 mm	582,2 mm	545,8 mm	542,9 mm

Trotz dieser Zahlen wird, wie die nachstehende Tab. 10 zeigt, das Niederschlagsmaximum im Tagesablauf nicht zwischen 0 und 6 Uhr geogr. Zeit, sondern zwischen 6 und 12 Uhr angetroffen, genauer gesagt liegt das Niederschlagsmaximum zwischen 7 und 8 Uhr (131,6 mm), während ein zweites Maximum in die Zeit zwischen 17 und 18 Uhr (121,2 mm) fällt.

Bei etwas großzügiger Zeiteinteilung und der Berücksichtigung der Tatsache, daß sehr starke Schauer, wie sie vorzüglich im August zu verzeichnen sind, das Bild schon um Stunden vorrücken können, läßt

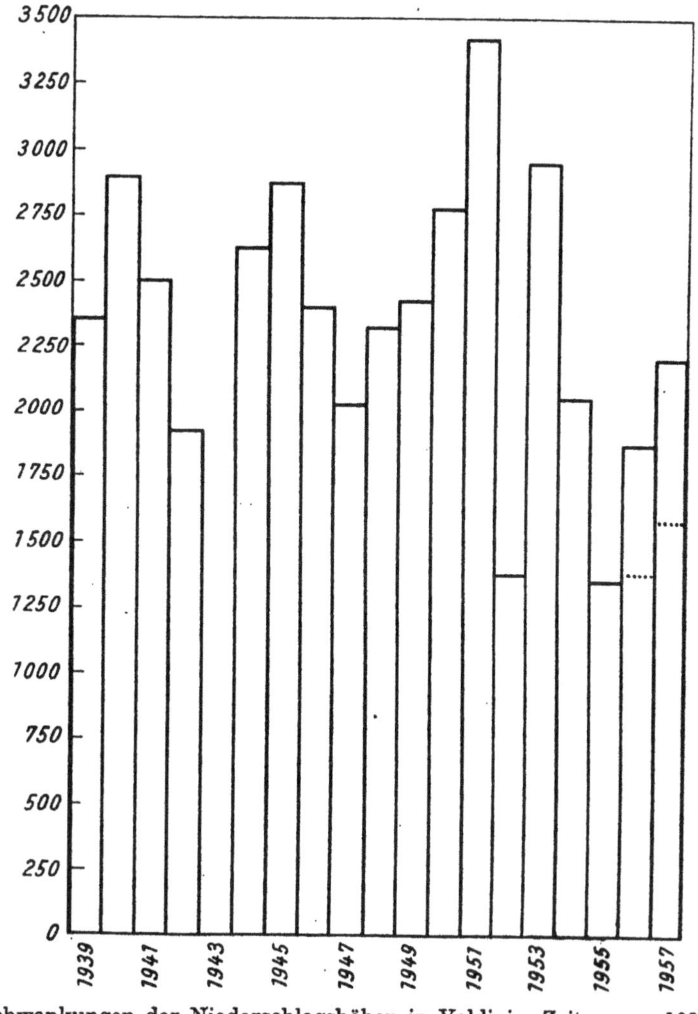

Abb. 16. Jahresschwankungen der Niederschlagshöhen in Valdivia, Zeitspanne 1939—1957 (in mm-Höhe. Gestrichelte Linien 1956/57 Niederschlagshöhen nach den Aufzeichnungen der offiziellen Valdivia-Station. Die Regenhöhe des Jahres 1943 ist nicht bekannt)

sich zu diesen Zahlen, die auch in der Abb. 17 wiedergegeben sind, feststellen, daß die atmosphärischen Druckverhältnisse (vgl. S. 15) hierbei wohl von Bedeutung sind. Die jeweilige Zunahme der Niederschlagsmenge mit Annäherung an das barometrische Tief ist klar erkennbar, auch wenn die größten Regenmengen erst mit Anstieg der Druckkurve eintreffen. Die niedrigsten Regenhöhen liegen dagegen fast exakt um die Zeit des barometrischen Hochs. Leider liegen keine Serienaufzeichnungen der Luftdruckschwankungen im Tagesablauf vor, um beide Linien gegenüberstellen zu können.

Entsprechend den Monatssummen, die im Mai und August Maximalhöhen erreichen, wurden in diesen Monaten auch maximale Regenmengen/Stunde verzeichnet, so z. B. 15. 5. 57 = 18,0 mm und 11. 8. 57 = 12,7 mm. Diese starken Schauer fallen exakt mit dem Stundenmaximum der Jahresübersicht (Abb. 17) zusammen. Sie richteten in ihrer Intensität entsprechende Erosionsschäden an.

Tab. 9. Monatshöhen der Niederschlagsmenge, Niederschlagsverteilung und Auszählung der Regentage. (In dieser Spalte (*) nicht berücksichtigt sind Tage mit größerem Tauniederschlag)

Monat	Summe Monat mm	Tages-M	Maximaler Tages-niederschlag	Anzahl der Tage mit mehr als 10,0 mm Niederschlag	2,5 mm	1,0 mm	0,1 mm *)	Niederschlags-mengen zwischen 0—12^{00}	12—24^{00}
Mai 57	451,9	14,6	97,8	13	19	22	26	284,7	167,2
Juni	232,5	7,8	35,6	9	11	13	18	104,3	128,2
Juli	381,7	12,3	55,5	14	15	15	19	206,4	175,3
August	481,1	15,5	107,7	12	21	24	26	261,1	220,0
Sept.	173,7	5,8	33,2	5	14	17	21	78,3	95,4
Okt.	97,6	3,1	25,0	3	9	9	13	77,1	20,5
Nov.	65,9	2,2	29,1	2	4	7	10	11,4	54,5
Dez.	147,7	4,8	26,8	5	12	13	16	81,7	66,0
Jan. 58	57,3	1,8	19,6	2	7	7	9	17,1	40,2
Febr.	24,2	0,9	7,9	0	4	5	5	21,5	2,7
März	36,7	1,2	17,7	1	3	4	4	8,9	27,8
April	189,6	6,3	71,6	4	9	13	21	98,7	90,9
Jahr	2.339,9		107,7	70	128	149	188	1.251,2	1.088,7
M =	195,0	6,4							

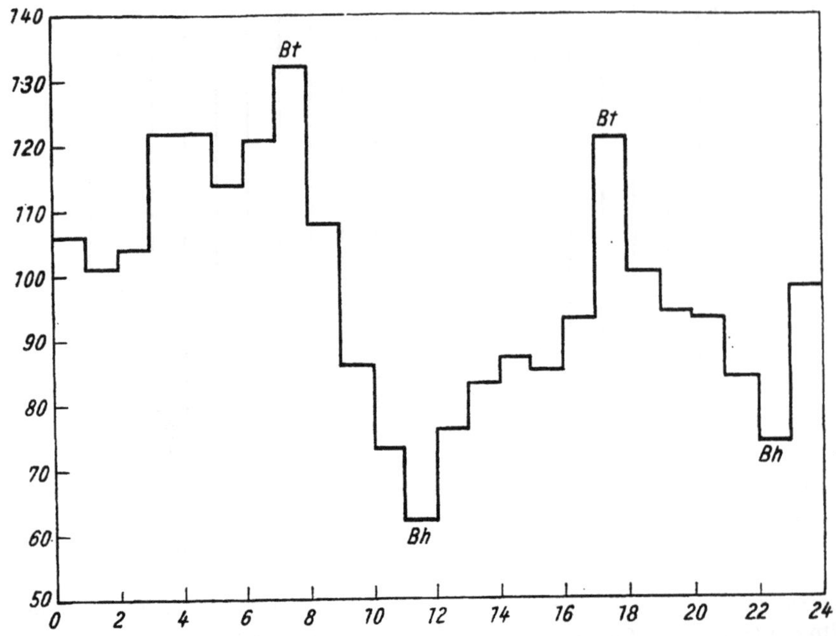

Abb. 17. Stundenwerte der jeweiligen Monatssummen der Niederschlagsverteilung im Tagesablauf (siehe dazu die Daten der Tab. 10), in ihrem vermutlichen Zusammenhang mit den Luftdruckschwankungen des Tages. Bh = barometrisches Hoch, Bt = barometrisches Tief

Die Verteilung der im vorliegenden Beobachtungsjahr gemessenen Niederschläge entspricht nicht ganz dem durch Berechnung langjähriger Mittel gebildeten Kurvenverlauf, wie dies auch die Abb. 18 erkennen läßt. Der Juni war zu trocken und wurde erst durch den zu großen Niederschlag im August wieder ausgeglichen. Auch die Temperaturen verhielten sich schwankend.

Einige für die einzelnen Jahreszeiten charakteristische Niederschlagsintensitäten wurden von den Registrierstreifen des Regenschreibers kopiert und sind in den Abb. 19a—c wiedergegeben. 19a stellt einen Wintertag mit Starkregen, 19b einen Frühjahrstag mit Schauertätigkeit und 19c den ersten starken Herbstregen dar, der den Sommerabschluß anzeigte.

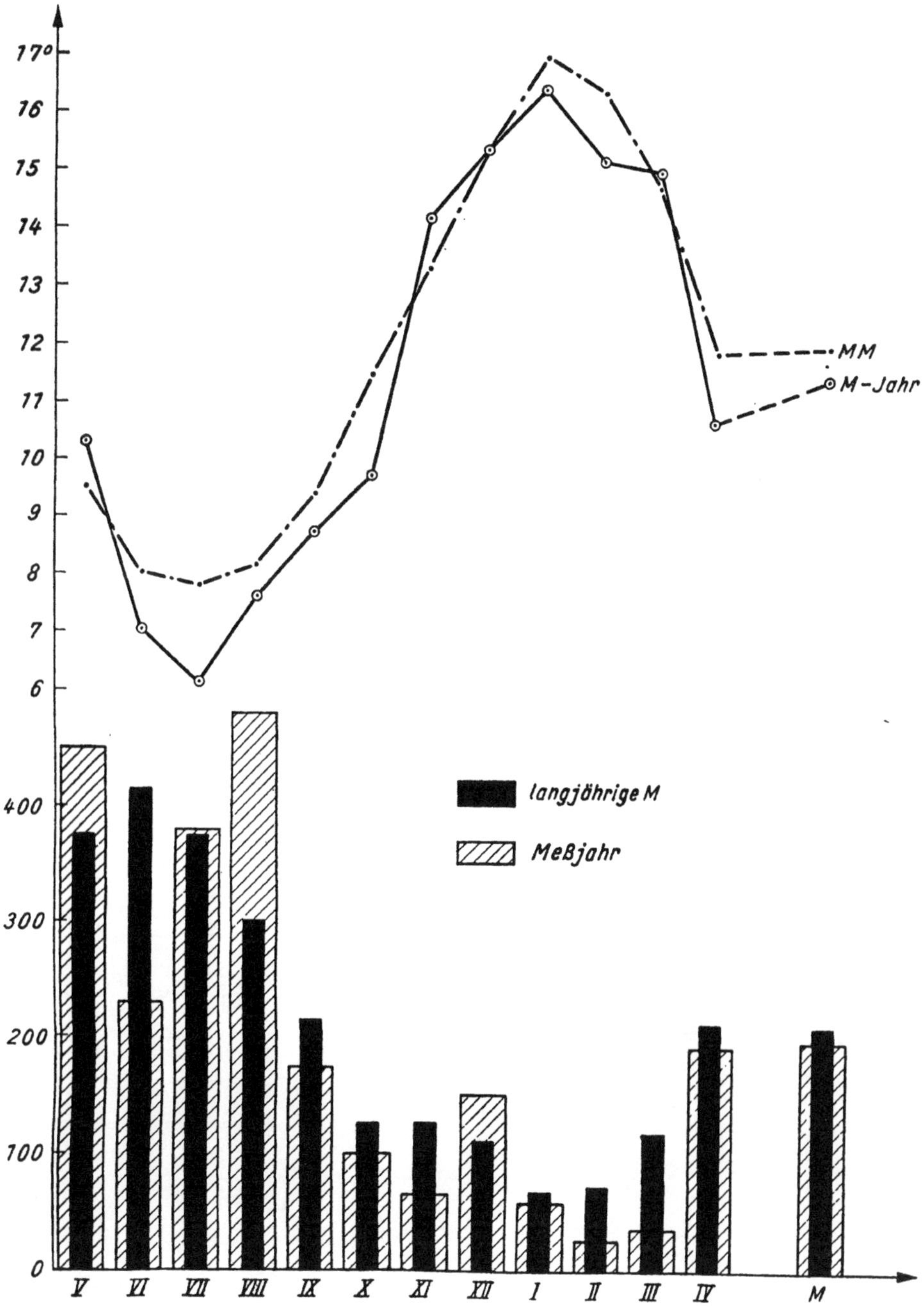

Abb. 18. Jahresübersicht der Niederschlagssummen und der Lufttemperatur des Meßjahrs (M-Jahr) im Vergleich zu den langjährigen Mittelwerten (*MM*)

Die bedeutendste Niederschlagsmenge eines Tages wurde am 18. 8. 57 gemessen (siehe Abb. 19a), sie betrug 107,7 mm. Während dieses Tages konnte auch die größte Nieder-

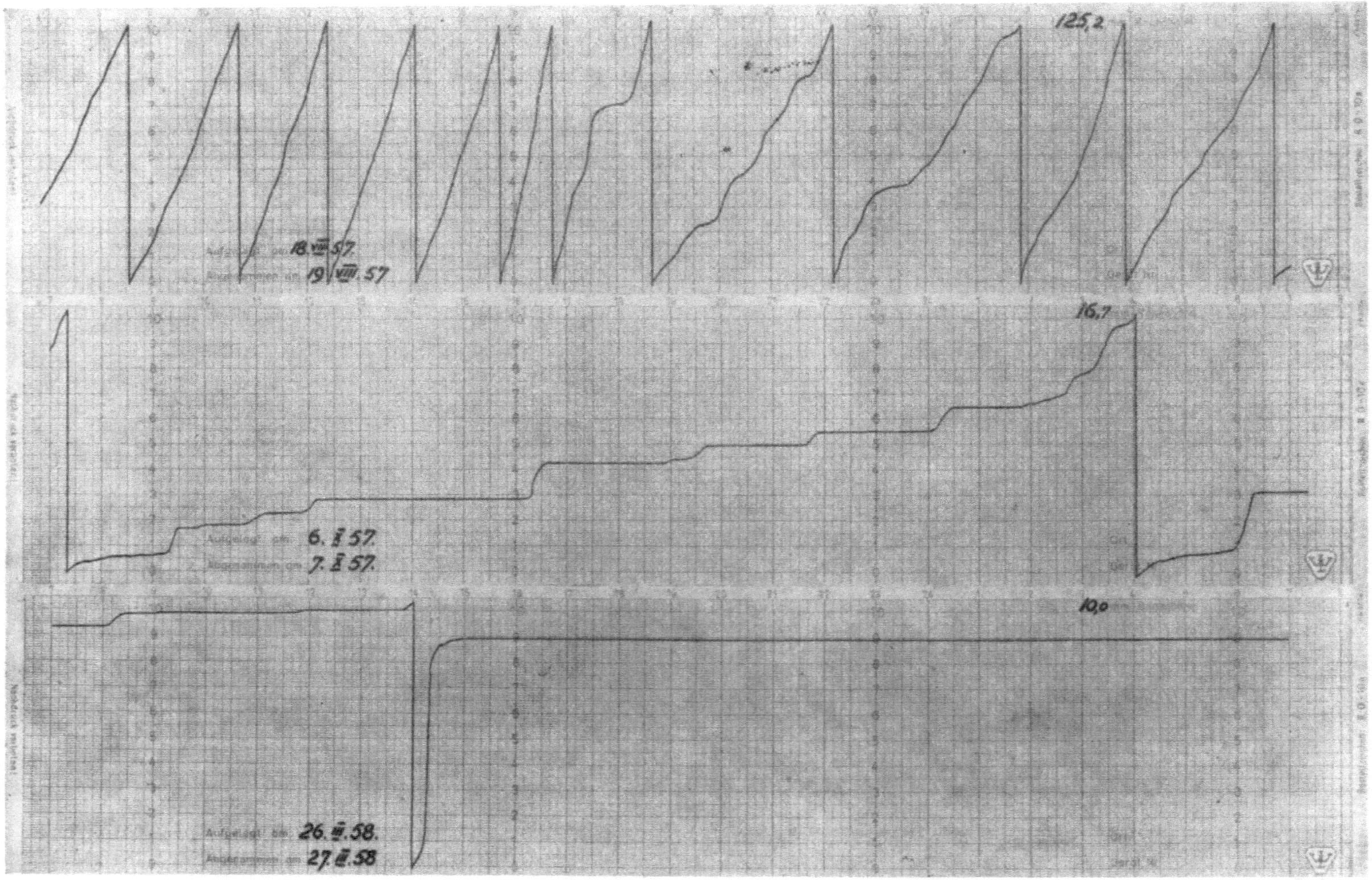

Aufgelegt am 18.VIII.57.
Abgenommen am 19.VIII.57
125,2
Aufgelegt am 6.II.57.
Abgenommen am 7.II.57.
16,7
Aufgelegt am 26.III.58.
Abgenommen am 27.III.58
10,0
Nachdruck verboten!

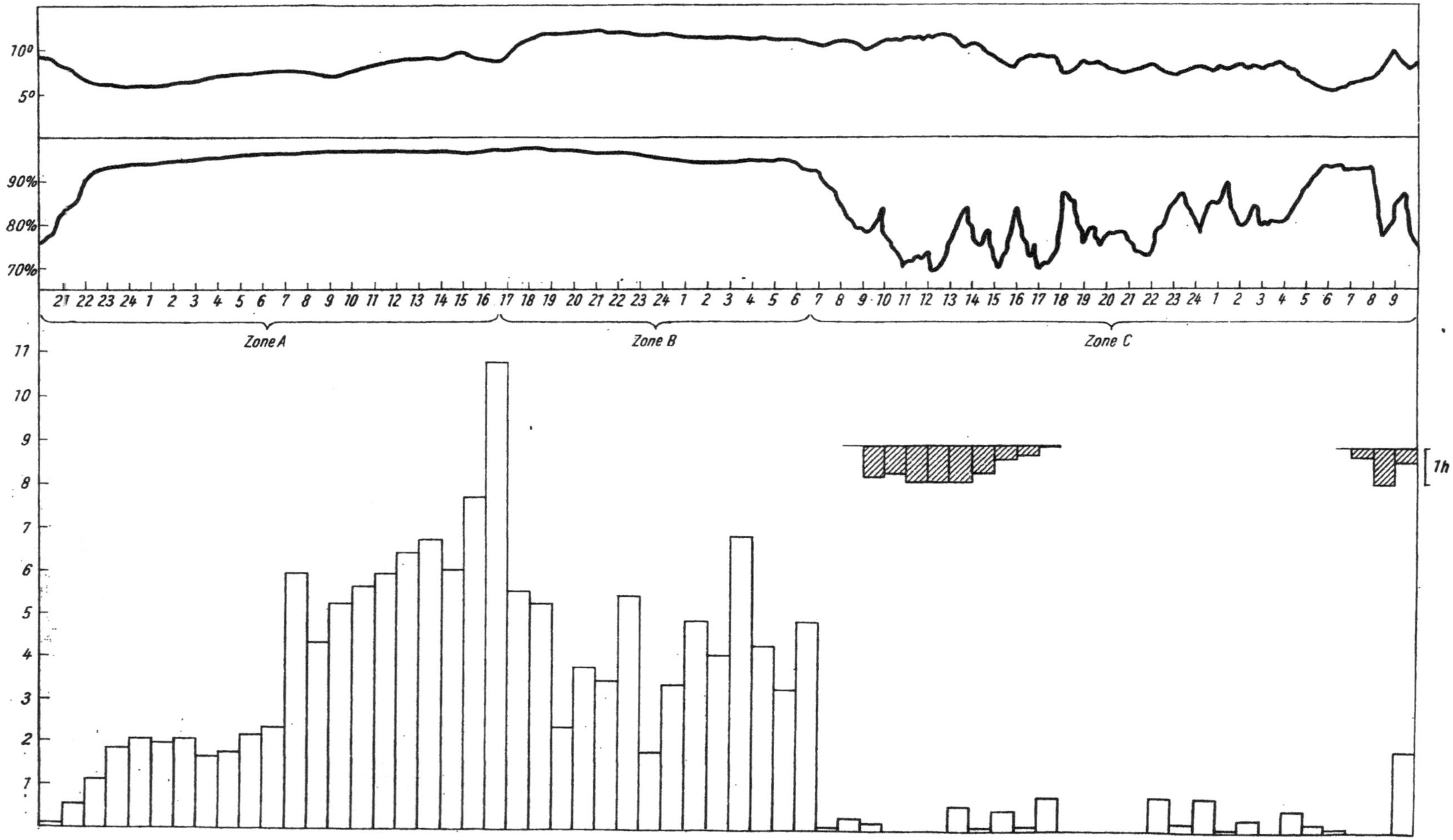

Abb. 20. Niederschlagssummen sowie Temperatur- und Feuchtigkeitsaufzeichnungen einer Regenperiode (17. bis 20. 8. 1957), Einzelheiten dazu im Text

Tab. 10. Monatssummen der Niederschlagsverteilung im

Monat	0–1	1–2	2–3	3–4	4–5	5–6	6–7	7–8	8–9	9–10	10–11	11–12
Mai 57	19,0	24,1	25,2	23,5	22,9	22,3	29,8	32,1	29,0	26,3	17,6	12,9
Juni	8,2	11,9	10,8	12,3	7,4	9,2	9,1	7,9	6,3	8,3	4,9	8,0
Juli	24,2	16,6	20,3	23,2	32,8	29,4	14,8	8,4	12,8	10,4	9,9	3,6
August	21,6	21,6	16,3	25,5	23,7	23,3	30,3	30,1	20,3	18,5	15,2	14,7
Sept.	11,6	8,1	6,8	7,8	4,6	8,5	4,7	10,9	3,3	3,1	3,6	5,3
Okt.	2,3	2,7	4,7	7,7	10,0	6,4	10,7	7,7	9,3	8,0	5,9	1,7
Nov.	1,1	1,3	0,5	0,9	2,5	1,7	2,3	0,4	0,5	0,2	—	—
Dez.	3,2	5,6	5,5	4,8	8,7	3,0	8,5	21,3	8,7	2,4	5,6	4,4
Jan. 58	0,4	—	—	4,5	3,9	0,7	0,3	0,3	0,2	1,7	2,8	2,3
Febr.	5,3	2,5	0,8	0,2	0,7	0,0	0,9	2,8	3,6	1,4	0,1	3,2
März	—	—	—	—	0,0	0,0	0,8	1,9	5,7	0,1	0,0	0,4
April	8,8	6,5	13,4	11,8	5,1	9,1	9,2	7,8	8,4	5,5	7,8	5,3
1957/58	105,7	100,9	104,3	122,2	122,3	113,6	121,4	131,6	108,1	85,9	73,4	61,8

schlagsintensität des Meßjahres notiert werden, als morgens gegen 7 Uhr (Ortszeit) allein in 2½ bis 3 Sekunden etwa 5 mm Regen fielen, die einer Intensität von annähernd 20000 l/sek/ha entsprechen. Dieser Tag wurde gewisser Besonderheiten wegen auch ausführlicher behandelt und ist in der Abb. 20 wiedergegeben. Der genannte Tag bildet den Höhepunkt der vom 17. bis zum 20. 8. dauernden Regenperiode. Diese unterteilt sich in 3 charakteristische Abschnitte. Um sie genauer erläutern zu können, wurde das Thermohygrogramm des entsprechenden Zeitabschnitts mit in die Abb. 20 übertragen.

Die Schlechtwetterperiode begann am 17. August mit langsamem, sich jedoch steigerndem Dauerregen, der zwar in den frühen Morgenstunden des 18. eine kleine Abschwächung erfuhr, die sich jedoch bei Tagesanbruch wieder ausglich. Mit zunehmender Stärke und zunehmendem Wind, dabei ohne wesentliche Veränderung der Temperatur- und Feuchtigkeitsverhältnisse, erreichte der Regen gegen 16 Uhr seinen Höhepunkt, um dann mit wechselnder Stärke und böigem Wind aus wechselnden Richtungen bis gegen 7 Uhr des Folgetags anzuhalten. Jener erste Anstieg des sich an Intensität steigernden Dauerregens wurde auf der Abb. 20 als „Zone A", der etwa 14-stündige Zeitabschnitt der starken Regenböen als „Zone B" bezeichnet. Den Abschluß der Regenperiode („Zone C") bildete ein 27-stündiger Zeitabschnitt mit Schauertätigkeit und wechselnder Bewölkung, Sonnenschein und größeren Schwankungen im Thermohygrogramm. Es regnete nach den Aufzeichnungen des Regenschreibers im Bereich der

Zone A 83,6 mm

Zone B 59,7 mm

Zone C 7,6 mm

oder zusammen 150,9 mm, wobei als Maximum in 24 Stunden 125,2 mm gemessen wurden.

Das eigentliche Phänomen dieser Regenperiode jedoch stellt die „Zone A" dar, der Dauerregen mit zunehmender Stärke, der mit Ausnahme weniger Schwächungen und Spitzen einen fast regelmäßigen, stufenähnlichen Anstieg erkennen läßt, der auf Abb. 21 im Halbton wiedergegeben wurde. Den wirklichen Regenmengen gegenübergestellt wurde (als in der Zeiteinheit gleichförmige Zunahme der Niederschlagsmenge eingetragen, Abb. 21) die errechnete

Tagesablauf. Einzeltabellen dazu siehe S. 202 bis 225.

12–12	13–14	14–15	15–16	16–17	17–18	18–19	19–20	20–21	21–22	22–23	23–24	Summe
10,8	9,1	8,2	15,2	8,7	24,0	15,2	11,4	8,7	18,8	18,6	18,5	451,9
8,6	5,2	9,0	15,0	20,7	15,8	12,1	14,5	8,8	9,3	3,2	6,0	232,5
4,7	8,9	17,0	17,8	11,0	15,6	27,0	25,8	18,3	6,0	6,3	16,9	381,7
18,1	16,3	19,7	20,6	24,3	28,4	14,5	10,4	22,8	15,2	16,3	13,4	481,1
9,6	5,7	3,8	4,9	7,4	11,7	8,5	9,6	5,2	7,4	8,1	13,5	173,7
1,9	2,2	1,2	1,0	2,0	0,3	0,9	4,6	2,5	2,1	0,7	1,1	97,6
0,1	1,0	2,2	3,0	9,7	10,0	7,9	6,2	5,0	5,3	1,8	2,3	65,9
2,4	1,1	0,2	0,1	1,5	10,4	6,9	8,3	12,7	7,1	6,5	8,8	147,7
2,3	10,9	8,1	4,5	1,7	1,0	0,2	—	1,5	2,7	5,1	2,2	57,3
—	—	—	—	—	—	—	—	—	—	0,2	2,5	24,2
0,8	10,8	11,6	0,6	1,4	0,1	1,4	0,1	0,6	0,4	—	0,0	36,7
16,9	11,8	6,0	2,7	4,6	3,9	5,9	3,0	6,9	9,3	7,4	12,5	189,6
76,2	83,0	87,0	85,4	93,0	121,2	100,5	93,9	93,0	83,6	74,2	97,7	2.339,9

Stufenfolge des Niederschlags, die dieses Phänomen kennzeichnet. Obwohl es sich hierbei mehr um eine mathematische Spielerei handelt, ist die Übereinstimmung der Zahlenreihen

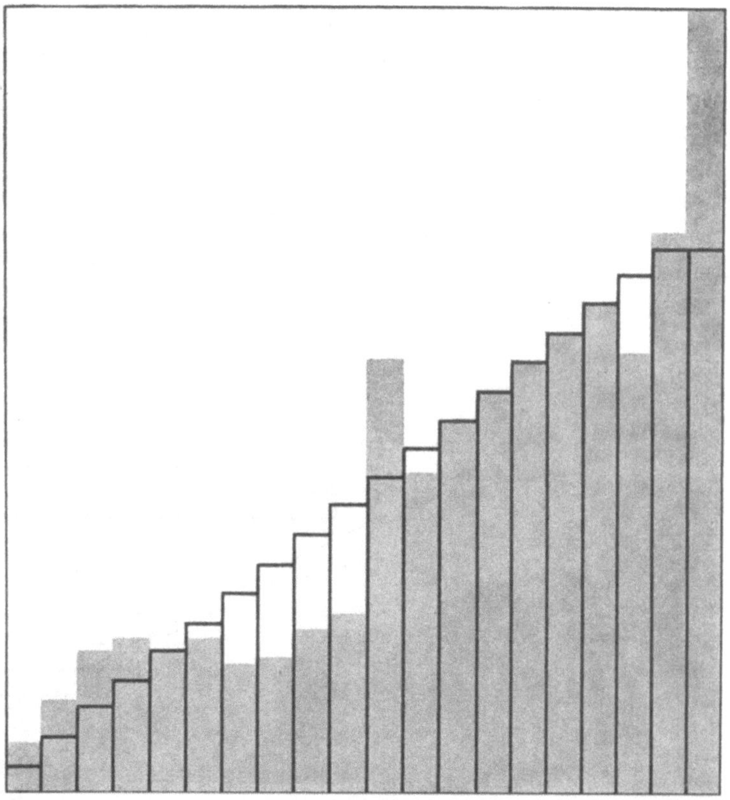

Abb. 21. Kennzeichnung eines Niederschlagsphänomens (Ausschnitt aus der Abb. 20, siehe Erklärungen im Text)

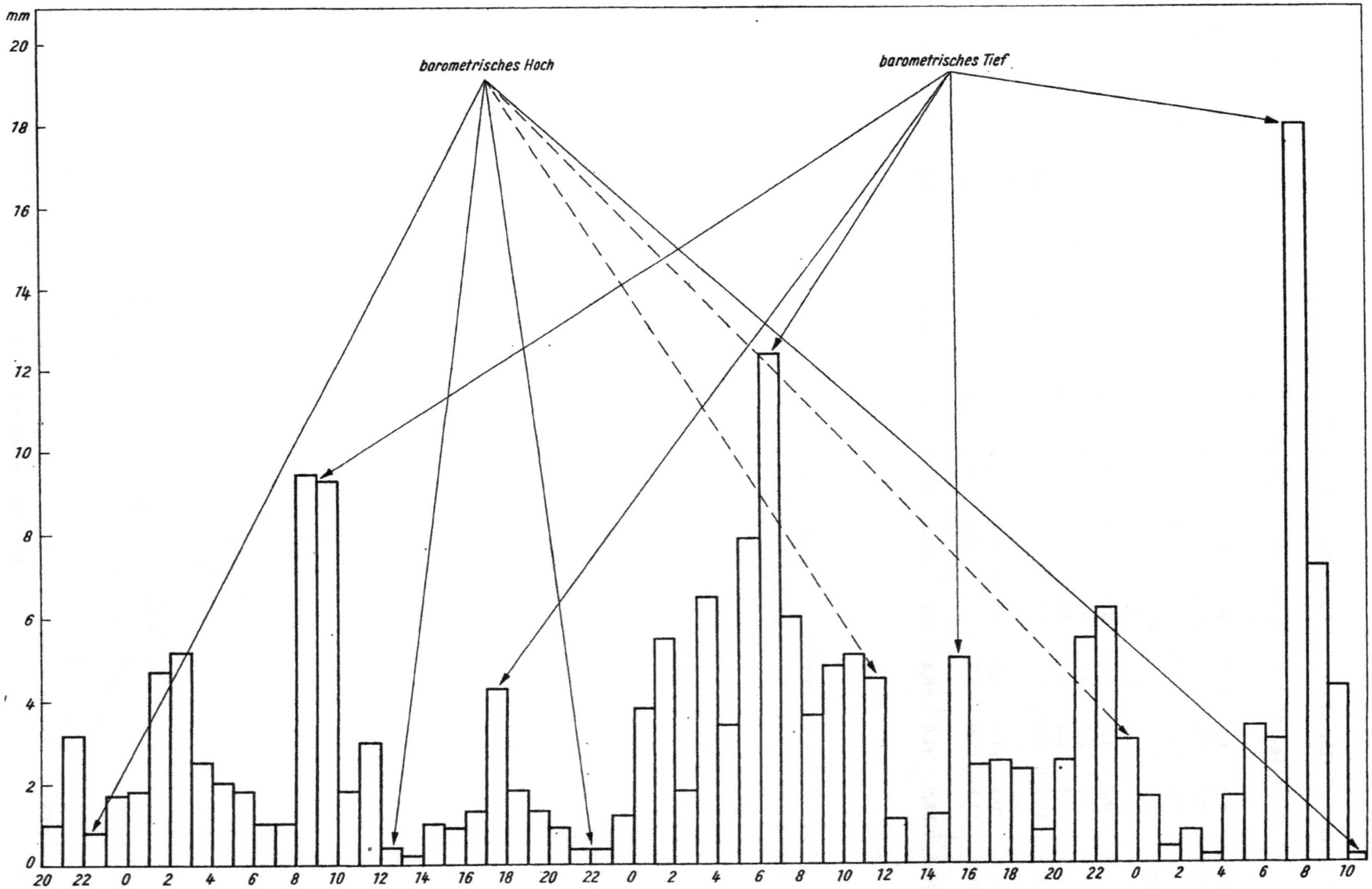

Abb. 22. Niederschlagshöhen in mm/Stunde einer Regenperiode (12/15. 5. 57) in ihren Beziehungen zu den atmosphärischen Druckverhältnissen

oft verblüffend. Beide Zahlenreihen (a = wirkliche, b = errechnete, angenommene Niederschlagsmenge) sind nachstehend angeführt:

Zeit	a)	b)	Zeit	a)	b)
20—21	(0,1)	(0,0)	8— 9	4,4	4,8
21—22	0,6	0,4	9—10	5,3	5,2
22—23	1,2	0,8	10—11	5,7	5,6
23—24	1,9	1,2	11—12	6,0	6,0
0— 1	2,1	1,6	12—13	6,5	6,4
1— 2	2,0	2,0	13—14	6,8	6,8
2— 3	2,1	2,4	14—15	6,1	7,2
3— 4	1,7	2,8	15—16	7,8	7,6
4— 5	1,8	3,2	16—17	10,9	(7,6)
5— 6	2,2	3,6			
6— 7	2,4	4,0			
7— 8	6,0	4,4	in mm	83,6	83,6

Eine als zweites Beispiel angeführte Regenperiode (12/15. 5. 1957, siehe Abb. 22) mit starken Niederschlägen blieb ohne solche Regelmäßigkeiten, wie sie oben auftraten. Jedoch sind auf dieser Abbildung mit auffallender Deutlichkeit die barometrischen Hoch- und Tiefdruckeinflüsse zu erkennen. Diese Regenperiode brachte des weiteren den größten Stundenniederschlag des Meßjahres.

Niederschlagskorrekturen

Nach Berechnung der Niederschlagsmenge des Tages, die nach den Vorschriften des Deutschen Wetterdienstes (DBR) und des Meteorologischen und Hydrologischen Dienstes (DDR) durchgeführt wurden, ergab sich die Tatsache, daß die am Meßtag offiziell verzeichnete Niederschlagsmenge keineswegs immer der wirklichen Regensumme dieses Tages entsprach. Dies führte zu gewissen Schwierigkeiten bei der Gegenüberstellung der Niederschlagsmenge mit Temperaturen und anderen Klimaaufzeichnungen. Nicht selten beginnen hier die Regen morgens gegen 8 Uhr, während noch der Vortag und die Nacht niederschlagsfrei waren. In diesem Falle wird nach den geltenden Vorschriften für den Meßtag als Niederschlag Null eingetragen, während es in Wirklichkeit seit der Morgenmessung regnet. Diese Regenmenge aber wird dann mit der der Morgenmessung des Folgetags summiert und ergibt die Niederschlagshöhe dieses Folgetags, der aber in Wirklichkeit längst wieder niederschlagsfrei sein kann.

Es steht dem Verf. nicht zu, Kritik an bestehenden, sicher erprobten Vorschriften zu üben. In der großen Jahresübersicht ist es auch nebensächlich, um welche Zeit oder bis zu welcher Zeit die Regenmenge gemessen bzw. berechnet wird, das großräumige Jahr gleicht solche kleinen Differenzen aus. Bei mikroklimatologischen Beobachtungen jedoch, die mit bestimmten Phänomenen im biologischen Geschehen in Verbindung gebracht werden, ist das anders. Hier erlaubt eine Gegenüberstellung solcher wichtiger Klimawerte, wie es beispielsweise Niederschlagsmenge und Temperaturen darstellen, nur dann sinnvolle und verständliche Schlüsse, wenn die Aufzeichnungen des Regenschreibers ausgewertet werden können, über welchen jedoch kleinere Beobachtungsstationen nur selten verfügen. Würde die Abendmessung als Grenze gesetzt werden, so wären zwar noch immer Fehlerquellen vorhanden, die sich jedoch bereits weitgehend verkleinert hätten. Um eine solche Behauptung zu unterstreichen, sei auf die nebenstehende Abb. 23 verwiesen, in der Niederschlagsmenge und Be-

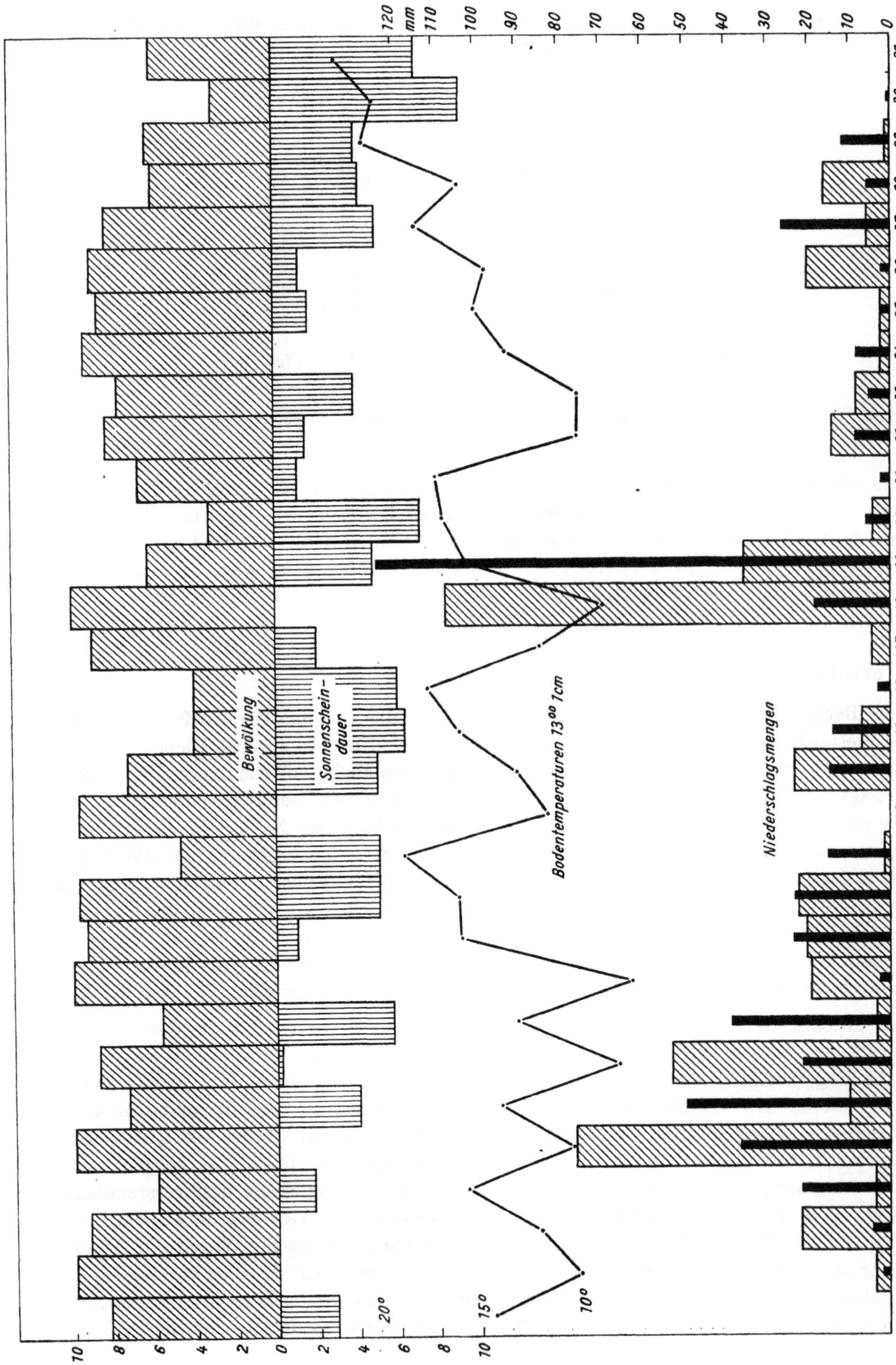

Abb. 23. Darstellung zu den Niederschlagskorrekturen. Bewölkung, Sonnenscheindauer und Bodentemperaturen gegen die Unstimmigkeiten in den Niederschlagsaufzeichnungen (siehe Text)

wölkungssumme gegen Sonnenscheindauer und Bodenoberflächentemperatur gestellt wurden. Es sind die Aufzeichnungen des Monats August 1957; die nach den offiziellen Vorschriften gemeldeten Niederschläge sind als dünne schwarze Mittelsäulen gekennzeichnet, die wirkliche Regenmenge des Tags wird als schraffierter Block dargestellt. Die jeweils durch Pfeile gekennzeichneten und verbundenen Tage seien als besonders auffallende Beispiele aufgeführt.

Solche Unstimmigkeiten treten natürlich in Sommermonaten noch verschärft auf. Die Beispiele des Januar (S. 218 und 219) stellen dies ganz klar heraus.

Einfluß des Regens auf den Grundwasserstand

Da der Meßplatz sich auf relativ niedrig gelegenem Auegrund befindet, ist der Grundwasserstand des Winters sehr hoch, oder besser gesagt: die Bodenoberfläche — zumal auf bearbeiteten Flächen — ist während des ganzen Winters schwammig und nachgiebig. Der Boden kann einerseits die großen Niederschlagsmengen nicht aufnehmen, andererseits aber sind die Kanal- und Bachgefälle zu gering, um den Abfluß zu sichern. Diese sogenannten *Vega*böden sind darum von April bis September sumpfig. In den höher gelegenen, rötlichen *Trumao*böden bleibt es auch zur Zeit der stärksten Niederschäge trockener, weil die Abflußmöglichkeiten günstiger sind, zumal wenn diese am Rande solcher Terrassen liegen. Auf der anderen Seite jedoch ist die Erosionsgefahr auf solchen Flächen natürlich größer.

Der Grundwasserstand ist je nach der Regenhöhe des Winters während des folgenden Sommers von Jahr zu Jahr verschieden. Im Sommer 1956/57 (Regenmenge des Kalenderjahrs 1956 = 1.874,6 mm) hatte der Grundwasserstand bereits Anfang Dezember 2 m unterschritten, während er im Sommer 1957/58 erst Anfang April mit 1,78 m seinen tiefsten Stand erreichte. Dabei ist jedoch zu berücksichtigen, daß sich die sehr geringe Regenmenge des Jahres 1955 deutlich auf den Grundwasserstand des Folgejahres auswirkte.

Während des regenreichen Winters schwankt der Grundwasserstand der Niederung zwischen 0 und 40 cm[9]), um mit Eintritt des Frühjahrs abzufallen. Im Sommerhalbjahr 1957/58 fiel dieser Spiegel in fast gleichmäßiger Kurve (mit Unregelmäßigkeiten von Mitte Dezember bis Anfang Januar und Ende März, vgl. Abb. 24) bis Anfang April ab, erreichte am 5. und 8. Tiefpunkte und stieg dann in ungleichmäßiger Kurve bis zum 4. Mai langsam an, wo er nur 1,31 m erreichte, obwohl bereits im April größere Niederschlagsmengen (189,6 mm) gefallen waren. Die Angleichung an den Winterstand erfolgte in nicht mehr als 2 Tagen, nämlich zwischen dem 5. und 6. Mai, wo während dieser kurzen Zeitspanne 137 mm Regenmenge gemessen wurden[10]).

Der unmittelbare Einfluß der Niederschläge auf den Grundwasserspiegel wurde in der Abb. 25 genauer veranschaulicht. Eine kleine Ergänzung zu den vorstehend angeführten Daten geben in untenstehender Tabelle einige Zahlen über die Bodenfeuchtigkeit, die während der Zeit von September 1957 bis März 1958 im primitiven Verfahren überprüft wurden[11]). Es war leider aus technischen Gründen nicht möglich, diesem mikroklimatisch wie ökologisch wichtigen Faktorenkomplex größere Aufmerksamkeit zu widmen.

---

9) Sämtliche angegebenen Werte sind von der Bodenoberfläche nach unten gemessen.

10) Zur besseren Erklärung der Abb. 24 wurden die Niederschlagsmengen und Daten über den Grundwasserspiegel der ersten Maidekade 1958, die nicht mehr in das Meßjahr aufgenommen wurde, in den Kurvenverlauf der Abb. eingeschlossen.

11) Die Bodenproben wurden der jeweiligen Tiefe entnommen, sofort gewogen und nach dem Austrocknen bis zur Gewichtskonstanz (im Trockenschrank bei etwa 100°) erneut gewogen. Anhand der sich aus beiden Wägungen ergebenden Differenz wurden die Feuchtigkeitsprozente der einzelnen Proben bestimmt.

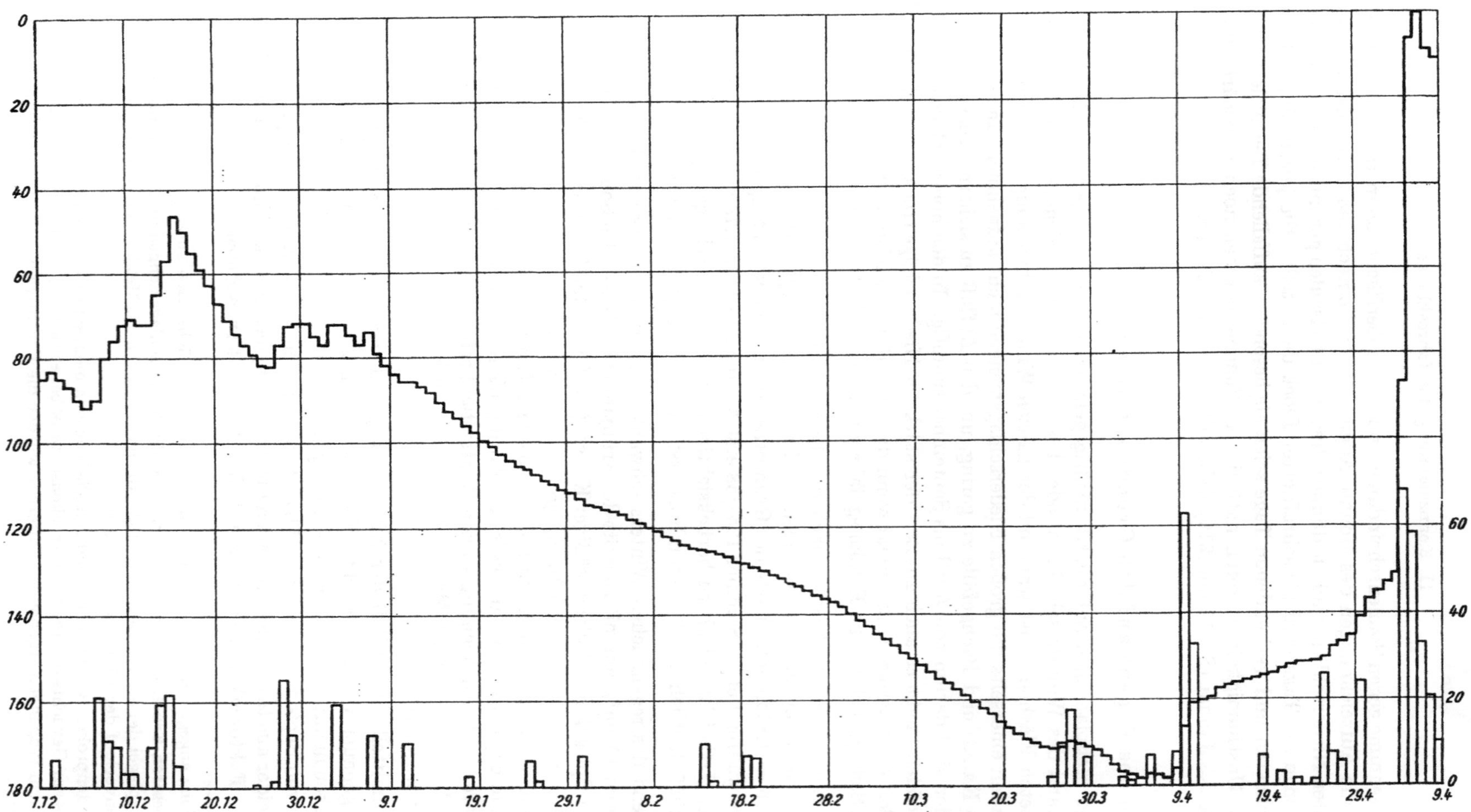

Abb. 24. Sommerliche Schwankungen des Grundwasserspiegels (durch Regenniederschläge hervorgerufen)

Bei einer einmaligen Überprüfung der Bodenfeuchtigkeit (in % ausgedrückt) zwei verschiedener Standorte, über die nachstehend berichtet wird und die am 29. 8. 57 vorgenommen wurde, konnte folgendes notiert werden: in der Auenniederung war die Probe in 2 cm Tiefe feucht, bei 10 cm naß, bei 25 cm sammelte sich bereits Wasser und bei 50 cm war der Grundwasserspiegel bereits unterschritten; das Bohrloch füllte sich innerhalb 20 Minuten bis auf 10 cm mit Wasser. Bei der Probenentnahme auf der Terrassenfläche (*Trumao*) konnte bis 1 m Tiefe kein Grundwasser festgestellt werden. Zu diesen Zahlen

Bodentiefe	Auenniederung	Terrassenfläche
2 cm	71,0%	34,6%
10 cm	77,0%	38,5%
25 cm	64,2%	48,0%
50 cm	57,4%	37,1%
100 cm	63,4%	36,5%

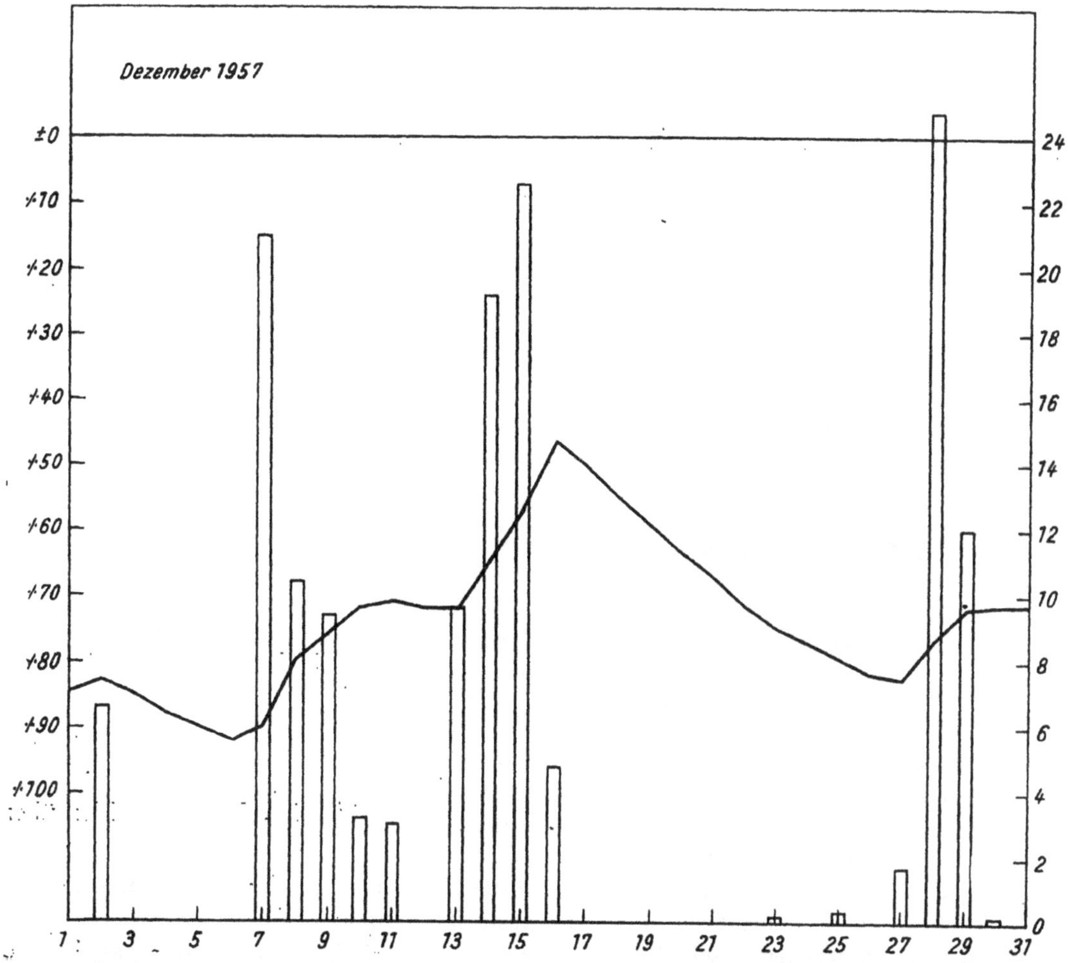

Abb. 25. Tägliche Kontrollen des Grundwasserspiegels und die Regenmengen jedes Tages während des Dezember 1957. Ergänzungen dazu siehe Abb. 24 und im Text

die nachstehende Tabelle der Serienmessungen:

Tab. 11. Daten über die Bodenfeuchtigkeit (in %) und den Grundwasserstand (in cm). Proben wurden zu den jeweiligen Terminen aus der Wiesenniederung entnommen

Bodentiefe	13. 9. %	21. 10. %	14. 11. %	23. 12. %	17. 1. %	10. 2. %	7. 3. %
2 cm	58,2	61,3	55,5	51,3	49,9	48,7	45,2
10 cm	55,8	44,8	54,4	49,2	41,3	37,2	35,2
25 cm	40,5	37,6	35,6	34,1	33,6	29,7	29,3
50 cm	46,3	43,8	31,7	32,9	31,9	30,8	30,4
100 cm	52,2	46,2	32,9	32,1	31,6	30,6	30,4
Wasserstand	22,5	50,0	90,0	74,5	94,5	122,0	146,0

Nebel und Sichtweiten

Es wurden innerhalb eines Jahres in Valdivia 102 Nebeltage gezählt, wobei Tage nur mit Bodennebel unberücksichtigt blieben. Die nebelreichste Zeit umfaßt die Wintermonate April bis Juli, die nebelärmsten Monate sind November und Dezember. Kein einziger Monat des Jahres blieb ohne Nebeltage. Wie weit die Zahlen über die Nebelhäufigkeit der Wirklich-

Abb. 26. Aufklarung nach einer Sturmnacht. Dichter Bodennebel als ziehende Bank über der Wiesenniederung

keit entsprechen, ist ungewiß, da sich die Nebelwände mitunter erst spät in der Nacht heranschieben und nicht selten bereits vor Sonnenaufgang wieder abgezogen sind. Es ist daher anzunehmen, daß die wirkliche Anzahl der Nebeltage noch größer ist. Weitere Zahlen über die Nebelvorkommen siehe Tab. 13.

Während des Meßjahres konnte in bezug auf die Nebelbildung bzw. Entstehungszentren und Zugrichtungen folgendes festgestellt oder bestätigt werden:

1. Bei Kaltlufteinbrüchen nach Regenperioden, denen Aufklarung und Ausstrahlung folgen, entstehen über Wiesen- und Flußniederungen Bodennebel, die sich ausbreiten und an Dichte zunehmen, bis sie als Nebeldecke den ganzen Standort überspannen.

2. Bei Kaltlufteinbrüchen nach relativ trockenen Zeitabschnitten bleiben die Bodennebel fast bedeutungslos. Die eigentlichen Nebelwände werden meist durch einen sehr schwachen Wind, der keineswegs Stärke 1 zu erreichen braucht, von außerhalb herangeführt. Der Nebelzug bevorzugt im valdivianischen Raume in erster Linie den Flußweg oder eine andere Niederung, sich von dort ausbreitet. Nebel kommen hier sowohl aus Norden (überwiegend im Winter) als auch aus Süden (bevorzugt im Sommer).
3. Während der Regenzeit mit Minimumtemperaturen von über 5° C senkt sich die — an solchen Tagen meist vorhandene — dichte *Fs*-Decke mit Nebeldichtigkeit herab und hüllt ebenfalls den Standort ein.

Über Nebelabzug bzw. Auflösung und Zugrichtungen die folgenden Daten:
1. Bodennebel als dünne, relativ niedrige Nebelschleier sinken am Morgen meist wieder in die Niederungen zurück.
2. Heranziehende Wände, die mit Plötzlichkeit auftreten und deren Zugrichtungen fast immer genau zu verfolgen sind, ziehen oft auch entsprechend schnell weiter. Jedoch ist die Gewißheit solches Abziehens bei Nebeln aus Süd sicherer als bei solchen aus Norden.
3. Dichte Nebel, die sich in kalten Nächten über Niederungen bilden und sich in den frühen Morgenstunden bereits als dichte Nebeldecke ausgebreitet haben, steigen meist am Morgen auf und formen eine geschlossene *Fs*-Decke, die, je nach der Jahreszeit, Niederschläge bringt oder die Wahrscheinlichkeit solcher verringert.

Anders als die beschriebenen Nebelvorkommen verhält sich der Küstennebel, der — bevorzugt im Frühjahr und Herbst — hier in WSW bis SSW-Richtung über die teilweise noch bewaldeten Hänge westlich des Rio Calle-Calle gleitet. Dieser Nebel, schon fast ein dichter, fließender *Fs* zu nennen, bleibt fast ausnahmslos auf diese Hänge beschränkt, diese überflutend und sich auf der Leeseite auflösend[12]).

Über Nebelbildungen und Nebelzug konnten besonders in Meßnächten viele Daten gesammelt werden, von denen hier einige Auszüge wiedergegeben sind:

26/27. 6. 57: Seit 22 Uhr wurde über dem Fluß eine träg nordsüd-fließende Nebelbank beobachtet, die sich gegen 1 Uhr etwas hob, um gegen 2 Uhr den ganzen Südteil der Stadt zu überfluten. Dieses Durchfließen währte etwa 20 Minuten; schon vor 3 Uhr waren trotz der Dunkelheit nur noch über der Wiesenniederung abziehende Bänke zu sehen; die Sichtweite war ansonsten normal, das Firmament selbst klar, das eigentliche Nebelzentrum über dem Fluß hatte sich erhalten. Gegen 3^{50} erneutes Aufwallen der Flußnebelbank, die Sicht blieb jedoch über 1 km, Firmament blieb klar. Schon 20 Minuten später floß diese wallende Bank über; 4^{05} bis 4^{20} dichte und starke Nebeldecke, Sicht weniger als 200 m, gegen 5 Uhr sich lockernd. Der Nebel blieb bis gegen 8 Uhr locker, wurde dann kurz zum Nebeltreiben (0,3 mm) und stieg gegen 9 Uhr auf, dichte *Fs*-Decke formend. Der Tag blieb bedeckt, der Nachmittag brachte Nieselregen.

18. 12. 1957: Gegen 5 Uhr seichter Bodennebel, der bei Sonnenaufgang (gegen 5^{40}) in sich zurücksank. Die Sichtweite blieb bis gegen 8 Uhr durch Dunstschicht etwas vermindert.

5. 2. 1958: Bereits gegen 1^{45} zog dichte Nebelbank (bei Wind Null) in Nord/Süd-Richtung durch. Gegen 3 Uhr Bodennebelbildung über Wiesenniederung, Firmament klar. Gegen 4 Uhr breitete sich der Bodennebel etwas aus, blieb jedoch niedrig und locker, dagegen wallte Nebelbank über dem Flußtal quellend, Zugrichtung nicht mehr feststellbar. Gegen 5 Uhr kleine und unbewegliche, aber verhältnismäßig dichte Nebelbänke über der Talaue. 5^{15} Dämmerung, Morgenrot. 6 Uhr Nebelbank über Fluß zieht leicht Nord/Süd. 6^{05} über Wiesenniederung aus Süden anziehende Nebelwand; weiterhin windstill, Windhauch nicht meßbar. 6^{15} dichter Nebel (durch die Wand aus Süden, die sich mit der Bank über dem Fluß vereinigt), hält an bis gegen 9^{45}, dann sonnig; Nebel NE-Richtung abziehend.

Die Sichtweite an Nebeltagen kann verschieden sein. Sie beträgt bei mäßig dichten Winternebeln etwa 100—200 m. Kürzere Sichtweiten, wie etwa 20 oder 50 m, sind äußerst selten und

[12]) Diese teilweise bewaldeten Hänge weisen darum auch heute noch den Charakter eines Nebelwaldes auf; Farne und Epiphyten sind reichlich und üppig.

sind — nach eigenen Aufzeichnungen — nur bei Durchzügen ballender Nebelbänke zu beobachten. Die Sichtweite kann sich dabei in Sekunden schon verändern.

Um auch abschließend noch den Dunst und die dadurch bedingte geringe Sichtweite zu streifen, sei mit wenigen Worten gesagt: An Föhntagen brennen die Wälder und Grassteppen des Südens! — Dies hängt weniger direkt mit dem Föhn zusammen, sondern mit den damit verbundenen hohen Temperaturen und niedriger Feuchtigkeit, die sich als klimatische Faktoren mit Unachtsamkeit oder Willkür der Bewohner verbinden. Die Sichtweite solcher Zeitabschnitte schrumpft durch zunehmenden Branddunst schnell zusammen, wie auch die Brennspur des Sonnenscheinschreibers dadurch äußerst schwach wird. Hierzu ein paar Daten eines solchen Zeitabschnitts, die jeweils um 14 Uhr Ortszeit notiert wurden:

Tag	t-Luft °C	Feuchtigkeit %	Sichtweite km	Anmerkung
9. 3. 58	21,5	54	50	klar
10. 3.	21,0	55	40	dunstig
11. 3.	26,8	29	20	diesig
12. 3.	24,6	33	10	starker Branddunst
13. 3.	22,6	46	2	Branddunst, Kohle- und Aschepartikel in der Luft
14. 3.	22,0	53	10	diesig
15. 3.	16,6	63	20	schwach dunstig

Während also zunächst bei zunehmender Lufttemperatur und sinkender Feuchtigkeit die Sichtweite durch zunehmenden Branddunst zurückgeht, sinken die Temperaturen nach Erreichen eines bestimmten Maximumpunktes (Temperaturgipfel) ab, wie auch die Luftfeuchtigkeit wieder ansteigt. Mit steigender Luftfeuchtigkeit nach dem Föhndurchzug (und wieder zunehmender Nebeltätigkeit während der Nacht) klärt sich nun wiederum die Sicht. Doch dies sind nur einige provisorische Daten, die noch keinerlei Schlüsse zulassen.

Über Taumessungen

Bisher waren aus dieser Region wohl kaum Taumessungen bekannt. Auch in diesem Jahre konnten nur wenige Messungen durchgeführt werden, da die Tauplatten erst spät eintrafen.

Starke Taufälle konnten bereits mit dem Regenschreiber registriert werden. So sind mit Sicherheit im Jahr 6,5 mm Tauniederschlag in den Niederschlagslisten verzeichnet. Insgesamt wurden im Meßjahr 216 Tautage gezählt. Diese Zahl scheint erstaunlich hoch, aber nicht selten regnete es in den Nächten bis gegen Mitternacht, während gegen Morgen einwandfrei Tau festgestellt werden konnte. Oder Taufall wurde bereits am Abend registriert, während gegen Morgen Nebel dazu kam, so daß sich häufig Regen-, Tau- und Nebeltage schneiden.

Mit den hier verwendeten Leickschen Tauplatten konnten überhaupt nur 63 Messungen vorgenommen werden, davon unterschieden 54 den Taufall auf nackten Flächen von denen in dichter Unkrautvegetation, während 9 Messungen in 20 bzw. 10 cm Höhe über nackten Flächen durchgeführt wurden. Die aus diesen Daten gewonnenen Werte (die Tabelle wurde diesem Abschnitt hintangestellt) sind vielleicht unbeträchtlich und geben im Durchschnitt nur 0,14 mm Taufall pro Nacht, jedoch wurden unter diesen Zahlen einzelne Maximalwerte von 0,36 mm gewogen, die in Trockenzeiten schon einen beträchtlichen Einfluß auf die niedrige Vegetation haben sollten. Die über nackten Flächen durchgeführten Messungen ergeben in den Höhen zwischen 10 (0,15 mm) und 20 cm (0,16 mm) praktisch keine Unterschiede, wogegen die Differenzen der Taumengen zwischen nackten Flächen und solcher in Vegetation

Tab. 12a. Taumengen auf nackten Flächen in verschiedenen Höhen über dem Boden (Januar 1958)

Tag	Nackte Fläche	
	20 cm Höhe g	10 cm Höhe g
11/12. 1.	2,5	2,2
12/13. 1.	0,9	1,0
15/16. 1.	1,9	1,8
18/19. 1.	1,6	1,6
19/20. 1.	0,8	0,9
26/27. 1.	1,7	2,0
27/28. 1.	1,4	1,2
28/29. 1.	1,7	1,6
29/30. 1.	1,7	1,5
9 Tage, zus.	14,2 g	13,8 g
M =	1,58 g	1,53 g
oder	0,158 mm	0,153 mm

Tab. 12b. Daten über Taumessungen (Gewichtsdifferenzen zunächst in g angegeben) über nackter Bodenfläche und in niedriger Vegetation. Einzelheiten dazu im Text

Tag	10 cm Höhe		Tag	10 cm Höhe	
	nackt g	bedeckt g		nackt g	bedeckt g
20./21. 1.	0,0	0,2	10./11. 3.	0,1	0,5
21./22. 1.	0,1	0,2	11./12. 3.	0,9	0,7
22./23. 1.	1,6	0,7	12./13. 3.	2,3	1,5
23./24. 1.	1,3	0,9	13./14. 3.	2,2	1,7
25./26. 1.	1,6	1,0	14./15. 3.	0,6	0,9
31./10. 2.	2,1	0,9	15./16. 3.	0,4	0,4
2./3. 2.	0,4	0,5	16./17. 3.	0,9	0,8
3./4. 2.	1,7	0,8	17/.18. 3.	1,4	1,1
4./5. 2.	1,7	0,9	18./19.3.	1,4	0,9
5./6. 2.	1,1	1,0	19./20. 3.	1,0	1,1
7./8. 2.	1,8	1,0	21./22. 3.	0,7	0,5
8./9. 2.	1,5	1,1	22./23. 3.	1,1	0,8
9./10. 2.	1,3	1,0	23./24. 3.	1,3	1,0
10./11. 2.	1,9	1,0	28./29. 3.	1,5	1,4
11./12. 2.	1,3	0,8	31./1. 4.	2,8	1,7
16./17. 2.	0,4	0,4	1./2. 4.	3,6	2,2
19./20. 2.	2,0	1,2	4./5. 4.	2,4	1,4
20./21. 2.	0,4	0,3	6./7. 4.	2,0	1,3
21./22. 2.	2,9	1,8	7./8. 4.	2,4	1,4
25./26. 2.	2,3	1,4	11./12. 4.	2,4	1,6
26./27. 2.	0,9	0,9	13./14. 4.	0,5	1,2
27./28. 2.	1,1	0,9	14./15. 4.	1,9	1,4
2./3. 3.	1,0	1,1	15./16. 4.	1,7	1,0
3./4. 3.	0,9	1,2	16./17. 4.	2,6	1,9
4./5. 3.	0,6	1,5	28./29. 4.	0,9	0,7
5./6. 3.	0,9	0,9			
6.7. 3.	0,8	0,5	54 Tage;	73,5 g	54,0 g
7./8. 3.	0,2	0,2	*M* =	1,36 g	1,00 g
9./10. 3.	0,7	0,6	oder	0,136 mm	0,100 mm

(diese war während des Sommers an dieser Stelle etwa 30—40 cm hoch, Artenzusammensetzung siehe Aufzeichnungen S. 75) natürlich größer sind. Bei dieser Vergleichsserie wurden in 54 Messungen in dieser niedrigen, relativ dichten Vegetationsformation 5,40 mm oder im Durchschnitt 0,100 mm/Nacht gemessen; die Summe auf nackter Fläche dagegen betrug 7,35 mm oder den Durchschnittswert 0,136 mm/Nacht. Aus diesen Daten geht hervor, daß auf nackten Flächen in diesen Nächten etwa 36% mehr Tauniederschläge erfaßbar waren als in der Vegetationsformation. (Womit nicht gesagt sein soll, daß in der Vegetation weniger Tau fiel als auf nackten Flächen, aber hier schluckte die Pflanzenformation selbst einen großen Teil des Niederschlags, während auf nackten Flächen wirklich etwa die ganze Taumenge die Bodenoberfläche bzw. die Tauplatten erreichte.)

Zu den Daten allgemein ist zu bemerken, daß

1. in etwa stillen Nächten mit Nebelbildung am Morgen die Tauwerte auf nackten Flächen zwischen 20 und 60% über denen der Vegetationsfläche liegen;

2. in Nächten mit starkem Südwind (S 3—4, Beispieltage 2/3. 2., 3/4. 3., 13/14. 4. 58) die Taumengen in der Vegetation bis zu 100% höher sein können als die nackter Flächen;

3. in überwiegend bedeckten, fast stillen Nächten mit allgemein wenig Taufall fast gleiche Mengen auf beiden Flächen zu verzeichnen sind.

Sonstige Niederschläge

Bei Durchsicht der Aufzeichnungen schien es ratsam, auch den sonstigen Niederschlägen, wie Schnee und Hagel, einige Bemerkungen anzufügen. Zunächst über Schneefälle, die in Valdivia zwar zweimal, nämlich im August notiert wurden, jedoch keinen richtigen Schneefall im Sinne des Wortes darstellten. An beiden Tagen, die jeweils einen Schlechtwetterdurchzug abgrenzten, wurden zwischen starken Regenschauern und Hagel- oder Graupelschlägen auch Schneeflocken beobachtet, die jedoch am Boden sofort schmolzen. Man nahm solchen Schneefall überhaupt nur wahr, wenn man zufällig im gleichen Augenblick aus dem Fenster sah. Jedoch sind die Höhen südlich der Stadt, die etwa 500 m Höhe erreichen, während solcher Tage nicht selten in den Gipfellagen verschneit.

Dagegen sind Hagelschläge, die auch hier empfindliche Schäden anrichten können, jedoch auf die Winterzeit beschränkt blieben und im August ihre größte Häufigkeit erreichten, häufiger. Insgesamt wurden 12 Hageltage notiert. Hagel (oder Graupel), wie vorerwähnt, fällt zumeist bei Beendigung winterlicher Regenperioden. Mit Abzug der eigentlichen Regenwolken, hier um diese Zeit fast ausschließlich *Ns*, *Fs* oder *Fc*, ziehen bei wechselnder Bewölkung aus West *Cb*-Türme vorüber, die starke Schauer (*Chubascos*) bringen. Aus diesem gleichen *Cumulonimbus* fallen dann oft mehrmals an einem Tage Hagelschläge. Die größten gemessenen Hagelkörner besaßen einen Durchmesser von 1,4 cm. Sie fielen am 6. 7. 57 in großer Dichtigkeit und blieben an schattigen Stellen noch mehrere Stunden liegen, ehe sie endgültig schmolzen. (Siehe hierzu auch Anm. 14)

Gewitterbeobachtungen

Gewitter sind im valdivianischen Klima selten und treten dabei vorzüglich im Winter auf. Während des Sommers sind zwar des öfteren über der Kordillere Wolkenballungen zu erkennen, die auf Gewitter schließen lassen, diese blieben jedoch auf jene Bergregion beschränkt und machen sich nicht selten als Wetterleuchten bei Nacht bemerkbar. In Ausnahmefällen treten sehr langgestreckte Gewitterfronten auf, die von Stürmen begleitet sind (*Tempestad eléctrica*), wie z. B. am 4/5. 12. 1957, die dann auch auf das Längstal und — seltener — den Küstenstreifen übergreifen.

Winterliche Gewitter sind zumeist im Rahmen durchziehender Schlechtwetterfronten zu verzeichnen, aber nicht unbedingt an diese gebunden. Während des ganzen Jahres konnte nur ein einziges Gewitter beobachtet werden, welches einem mitteleuropäischen Sommergewitter ähnelte. Ansonsten ziehen die Gewitter schnell vorüber und fallen durch die nur seltenen Entladungen kaum auf.

Tab. 13: Jahresübersicht zu einigen Witterungsfaktoren

Monat	Schnee	Hagel	Nebel	Tau	Gewitter
Mai 57	0	0	11	13	1
Juni	0	0	13	19	0
Juli	0	3	14	16	3
August	2	7	8	10	1
September	0	1	8	15	2
Oktober	0	1	7	20	0
November	0	0	3	21	0
Dezember	0	0	4	15	2
Januar 58	0	0	6	24	0
Februar	0	0	8	21	0
März	0	0	7	24	2
April	0	0	13	18	0
1957/58	2	12	102	216	11

4, Die Lufttemperaturen

In Erweiterung der bereits in der Provinz Malleco (SCHWABE 1956; KUNKEL 1956) gesammelten Aufzeichnungen über das Temperatur- und Strahlungsklima Südchiles war es ein leichtes, in Valdivia sofort mit umfangreichen Serienmessungen zu beginnen, ohne durch anfängliche Meß- bzw. Standortschwierigkeiten Unterbrechungen zu haben und lückenhafte Aufzeichnungen in Kauf nehmen zu müssen, wie dies nicht selten bei Standortwechseln vorkommen mag. Da es notwendig war den umfangreichen Messungen der Bodentemperaturen, die den Schwerpunkt des Meßjahres darstellten, entsprechende Daten über den Temperaturverlauf in der bodennahen Luftschicht gegenüberzustellen, wurden neben den täglichen Aufzeichnungen der meteorologisch-klimatologischen Lufttemperatur in 2 m Höhe auch die Temperaturen in 1 m und 10 cm Höhe über dem Boden gemessen. Die Temperatur in 2 m wurde zu den jeweiligen Meßterminen vom trockenen Thermometer des Psychrometers abgelesen, die Temperaturen in 1 m und 10 cm mit dem Schleuderthermometer festgestellt. Obwohl durch die Verwendung zweier verschiedener Instrumte kleinere Differenzen als Fehlerquellen auftreten konnten, ist, wie die folgenden Abschnitte in ihren Einzelheiten aufweisen, die Schichtung ausgeprägt genug, um sie in Abbildungen anschaulich darstellen zu können. Einzelheiten dazu können den Tabellen entommen werden. Auch die Meßtage enthalten diesbezügliche Aufzeichnungen.

Zur nachstehenden Tabelle 14 ist zu bemerken, daß auch umgekehrte, hier nicht besonders berücksichtigte Abweichungen vorkamen, die sich besonders in den Morgenstunden kraß ausprägten (siehe u. a. die Aufzeichnungen der Meßtage), jedoch in Ausnahmefällen sogar noch bei der Mittagmessung bis zu 2° betragen konnten. Immerhin erlaubt die Tabelle den Schluß, daß die größten Gradienten im September und Februar anzutreffen waren (der Februar stellt sich in den Gipfel des Strahlungsklimas, im September liegt ein Strahlungszwischenhoch). Die maximalen Gradienten im Juni können auf einen besonders krassen Abweichungsfall zurückgeführt werden (Aufheiterung während einer Regenperiode, starke Strahlung auf die feuchte Bodenoberfläche).

Tab. 14. Abweichungen der Temperaturen der bodennahen Luftschicht von der meteorologischen Lufttemperatur. In der ersten Spalte sind die Abweichungen der Monatsmittel angeführt, die zweite Spalte zeigt die höchste, jeweils im Monat festgestellte Abweichung

Monat	1 m		10 cm	
	M-Mon.	Max.	M-Mon.	Max.
Mai 57	+0,2	+1,8	+0,1	+2,6
Juni	+0,1	+4,6	±0,0	+5,1
Juli	+0,2	+1,3	+0,1	+1,9
August	+0,1	+1,5	+0,1	+2,8
September	+0,3	+2,5	+0,5	+3,3
Oktober	+0,2	+1,0	+0,5	+2,7
November	+0,1	+1,0	+0,4	+2,0
Dezember	—0,1	+0,9	+0,2	+2,3
Januar 58	+0,1	+1,4	+0,4	+2,1
Februar	+0,3	+1,3	+0,6	+3,1
März	+0,2	+1,5	+0,5	+2,8
April	+0,1	+1,7	±0,0	+2,3
1957/58	+0,2	(+4,6)	+0,3	(+5,1)

Lufttemperatur und relative Luftfeuchtigkeit

In grober Übersicht (siehe Abb. 27) verhält sich die Kurve der Monatsmittel der Luftfeuchtigkeit im Vergleich zur Temperatur zwar durchaus dem Jahresgang entsprechend und liegt während des ganzen Sommerhalbjahrs (Oktober/März) unterhalb des Jahresmittels, wogegen die Lufttemperatur erst im November die Jahresmittellinie passiert. Auf der anderen Seite jedoch erreicht die Luftfeuchtigkeit bereits frühzeitig, etwa Ende April bis Anfang Mai ihr Maximum und fällt mit geringen Dekadenschwankungen trotz der großen Niederschlagsmengen im August von Mai an langsam dem Sommer entgegen ab, während die Lufttemperatur im Mai noch relativ hoch ist und erst im Juli ihr Minimum erreicht.

Wie bereits an anderer Stelle (S. 8) ausführlich erwähnt, werden Lufttemperatur und relative Feuchtigkeit[13]) im Tagesgang dieser Region in erster Linie von vorbeschriebenen großklimatischen Witterungsfaktoren gesteuert, unter denen der Wind (mit der *Travesía* tagsüber und Südwindstörungen nachts) eine besondere Stellung einnimmt. Diese *Travesía* wurde auch in ihren Auswirkungen bereits von MARTIN (1901, S. 15) ausführlicher beschrieben und bedarf darum hier keiner besonderen Erläuterung mehr.

Die niedrigsten Werte der Luftfeuchtigkeit wurden zur Zeit der Föhntage (Föhn hier *Puelche*, heißer Ostwind, siehe u. a. S. 22), also von Januar bis März festgestellt. Sie kann um diese Zeit bis unter 30% absinken. Die Lufttemperatur dagegen erreicht in Form absoluter Maxima zwei Gipfel, nämlich im November und im März, während die niedrigste Feuchtigkeit im November noch immer 42% betrug und erst im März ihr wirkliches Minimum fand.

Weitere Einzelheiten dazu siehe Tab. 15 und S. 238—261 der Originalaufzeichnungen im Anhang. Die typischsten Beispiele des Thermohygrographen sind in den Abb. 28 (Winter-

[13]) Über Luftfeuchtigkeit liegen nur die Berechnungen der relativen Feuchtigkeit vor. Der Dampfdruck konnte aus Zeitmangel bisher nicht berechnet werden. Verdunstungsmessungen konnten nicht durchgeführt werden. Über die Bodenfeuchtigkeit liegen einige Aufzeichnungen (S. 45) vor.

Tab. 15. Monatsmittel der Lufttemperatur (2 m Höhe) und der relativen Luftfeuchtigkeit zu den 3 Meßterminen und Mittelwerte derselben

Monat	Lufttemperatur 2 m, °C				Rel. Feuchtigkeit %				Min. Feuchtigkeit
	7⁰⁰	13⁰⁰	18⁰⁰	*M*	7⁰⁰	13⁰⁰	18⁰⁰	*M*	
Mai 57	8,9	12,7	10,7	10,3	97	82	91	90	55
Juni	5,0	10,2	7,8	7,0	96	79	91	89	57
Juli	4,0	8,8	7,4	6,1	95	80	87	87	50
Aug.	5,6	10,6	8,7	7,6	95	75	85	85	44
Sept.	6,1	12,5	10,3	8,7	95	69	78	81	40
Okt.	6,9	13,7	11,4	9,7	93	65	72	77	50
Nov.	11,5	17,6	15,9	14,1	84	60	66	70	42
Dez.	13,4	17,8	16,5	15,3	86	66	70	74	43
Jan. 58	13,2	20,4	18,5	16,3	85	59	65	69	33
Febr.	11,4	19,8	17,9	15,1	92	60	62	71	39
März	10,2	21,6	17,6	14,9	92	54	68	71	28
April	7,6	14,8	12,4	10,6	97	74	82	84	50
Jahr:	8,7	15,0	12,9	11,3	92	69	76	78	(28)

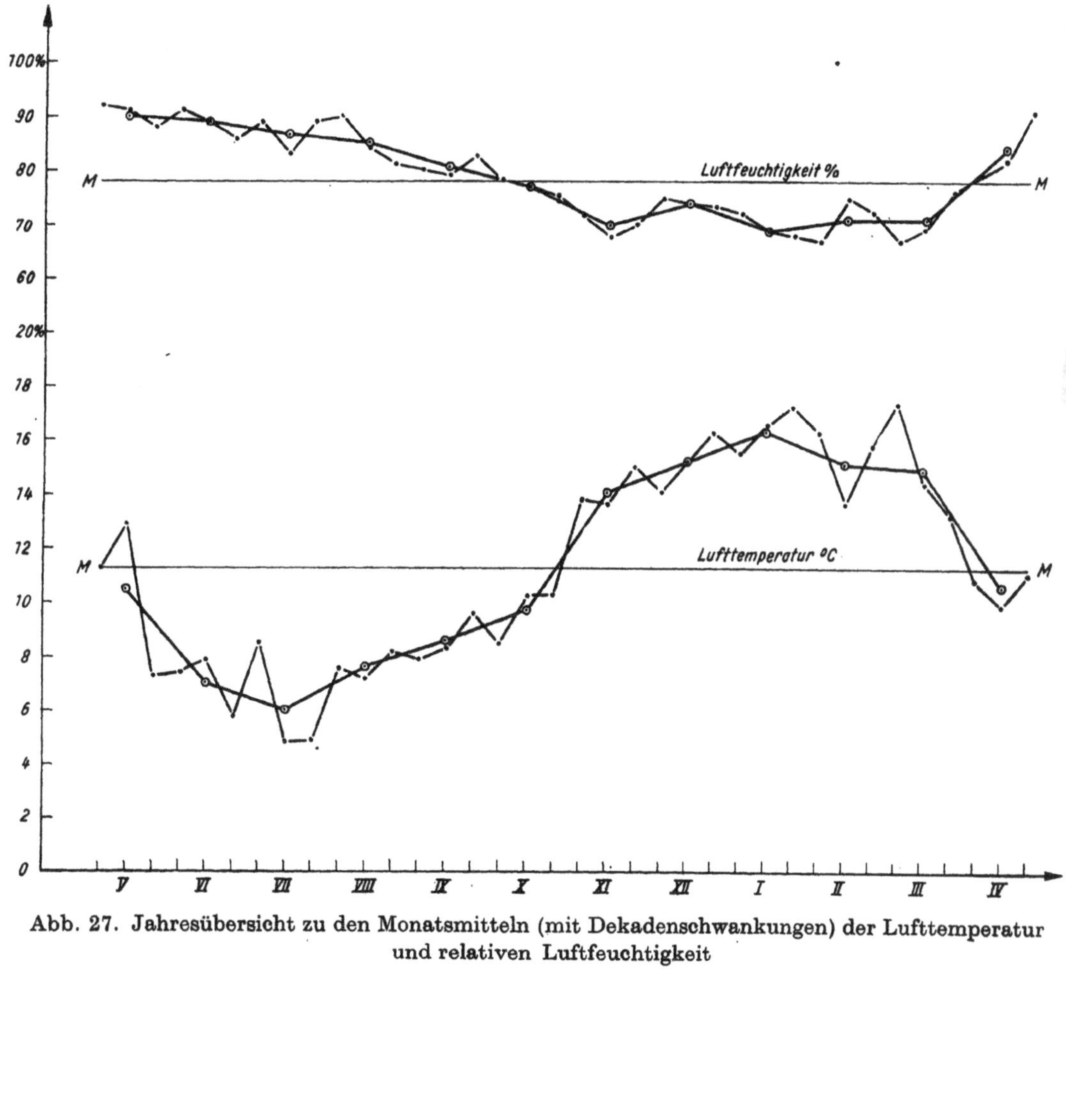

Abb. 27. Jahresübersicht zu den Monatsmitteln (mit Dekadenschwankungen) der Lufttemperatur und relativen Luftfeuchtigkeit

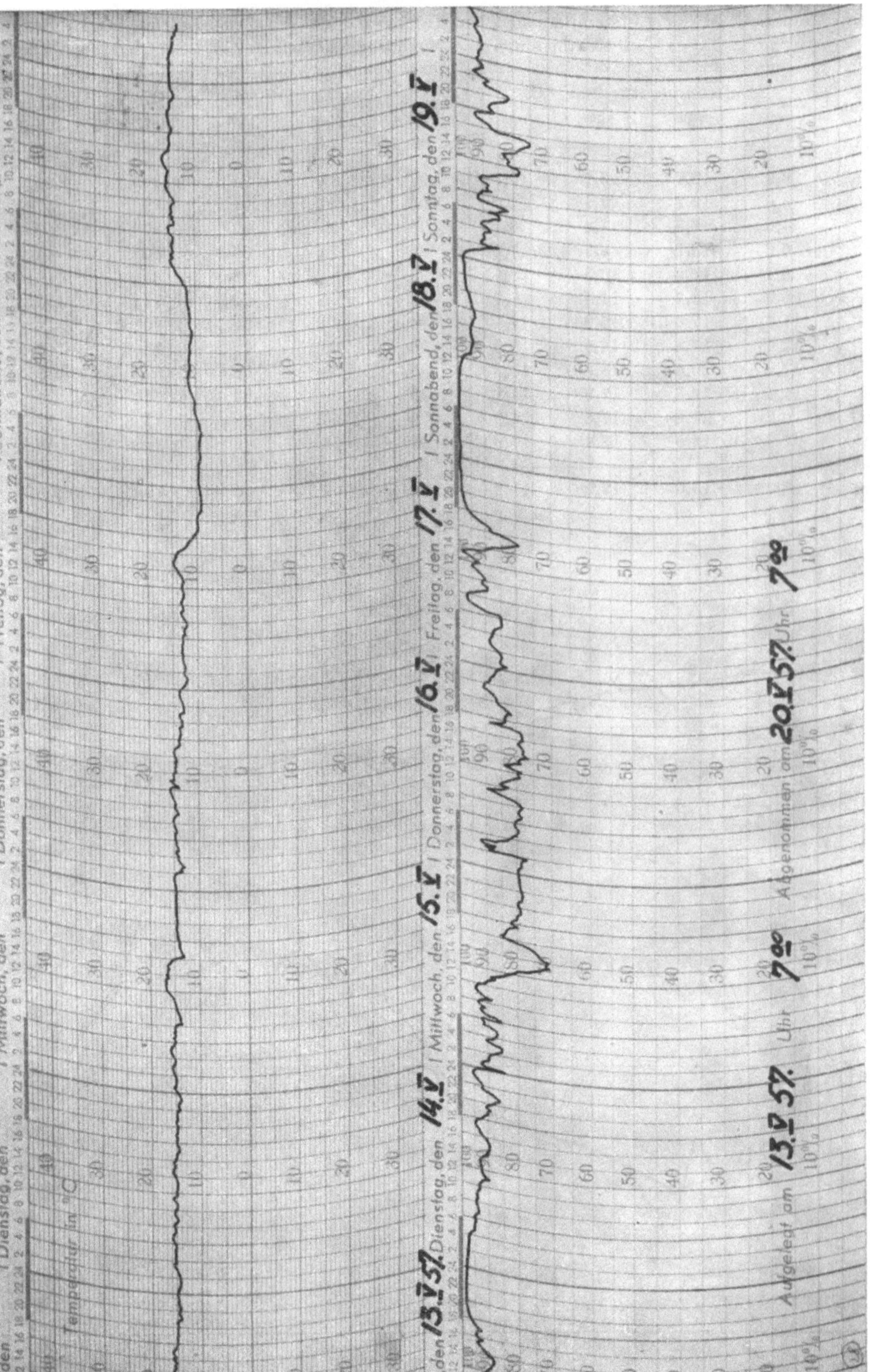

Abb. 28. Registrierstreifen des Thermohygrographen: Typisches Winterbild mit nur geringen Schwankungen (Woche vom 13. bis 20. Mai 1957)

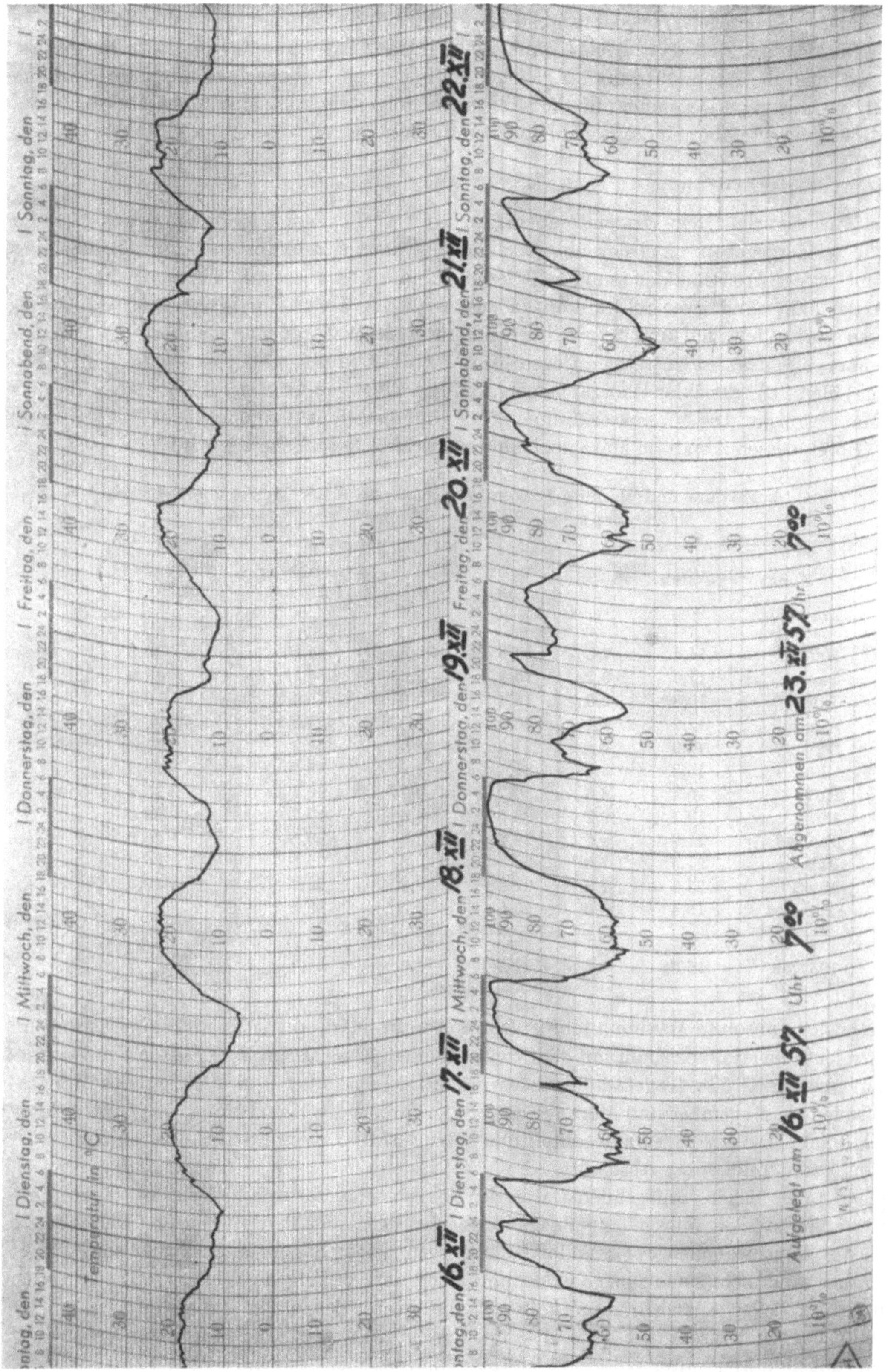

Abb. 29. Thermohygrogramm: Typisches Sommerbild mit ausgeprägten Tagesschwankungen und Kennzeichnung im Text erwähnter Windstörungen (Woche vom 16. bis 23. 12. 1957)

bild) und 29 (Sommerbild) wiedergegeben. Die Einzelübersicht der vorstehenden Tab. 15 zeigt außerdem an, daß das höchste Monatsmittel der Lufttemperaturen zwar im Januar liegt und auch die Abendmessung im gleichen Monat ihren Höhepunkt findet, wogegen die Morgenmessungen im Dezember und die Mittagsmessungen im März Maximalwerte erreichen. Die Minimumwerte aber sind ausschließlich im Juli zu suchen.

Extremtemperaturen

Der Kurvenverlauf der Extremtemperaturen des vorliegenden Meßjahrs wurde in der Abb. 30 wiedergegeben. Aus der überraschenden Übereinstimmung der Monatsmittel der Extremtemperaturen mit der monatsmittleren tL und den absoluten Werten geht hervor, daß 1. das Jahresbild zwar Schwankungen ausgesetzt ist, aber keine nennenswerten Abweichungen vorhanden sind und 2. wirkliche Sommertemperaturen nur während der Monate November bis März aufzutreten pflegen. Der Oktober (durch einen erneuten Abfall der Minima) bleibt ein variabler Übergangsmonat. Maximalspitzen wurden im November, Januar und März erreicht. Die Minima erklimmen im Dezember (feuchtsommerlicher Regenmonat) ihren Gipfel, dessen Abfall im März noch einmal kurzfristig aufgehalten wird.

Tab. 16. Mittlere und absolute Extremtemperaturen in der Monatsübersicht des Meßjahres; größte Tages- und Monatsamplituden

Monat	M-Max.	M-Min.	absolute Max.	absolute Min.	gr. Tages ± tL 2 m	gr. Monats ± tL 2 m
Mai 57	14,4	7,2	19,6	—1,2	14,6	20,8
Juni	11,6	3,2	16,1	—3,8	14,7	19,9
Juli	10,8	2,3	14,4	—4,9	15,4	19,3
Aug.	12,2	4,1	20,4	—2,8	21,2	23,2
Sept.	13,9	4,4	21,7	—1,5	21,7	23,2
Okt.	15,2	3,4	21,1	—1,8	18,2	22,9
Nov.	19,1	6,6	30,7	0,1	20,7	30,6
Dez.	19,1	9,2	26,5	3,5	17,7	23,0
Jan. 58	21,7	8,5	29,2	2,7	20,3	26,5
Febr.	21,3	7,0	26,7	0,8	20,6	25,9
März	23,1	7,8	32,4	2,4	21,7	30,0
April	16,4	5,6	23,5	—1,5	18,8	25,0
1957/58	16,6	5,8	32,4	—4,9	21,7	Monat 30,6 Jahr 37,3

Die höchste absolute Maximumtemperatur wurde im März, die tiefsten Temperaturen im Juli erreicht und stimmen somit mit dem von regionalen Eigenarten gezeichneten Großwetterverlauf überein. Größte Tagesamplituden wurden im September und März, größte Monatsamplituden im November und März festgestellt (während die Monatsampl. des Sept. relativ niedrig blieb). Die absolute Jahresamplitude betrug 37,3 °C. Weitere Einzelheiten dazu werden im letzten Teile dieses Abschnitts (S. 63) behandelt.

Wie aus den bisher vorliegenden Daten der Extremtemperaturen hervorgeht, lagen diese bereits außerhalb der durch langjährige Beobachtungen gebildeten Grenzen. Dies könnte durch die Verschiedenheit der Standortbedingungen beider Stationen erklärbar sein, findet darin aber wohl nicht seine einzige Erklärung, denn der vergangene Winter (1957) war auch nach den offiziellen Aufzeichnungen kälter als die Winter der letzten Jahrzehnte.

Zum Gang der Extrem- wie der Lufttemperaturen überhaupt ist des weiteren erneut auf die Störungsfaktoren kalter Westwind (mittags) und warmer Südwind (nachts) zu verweisen,

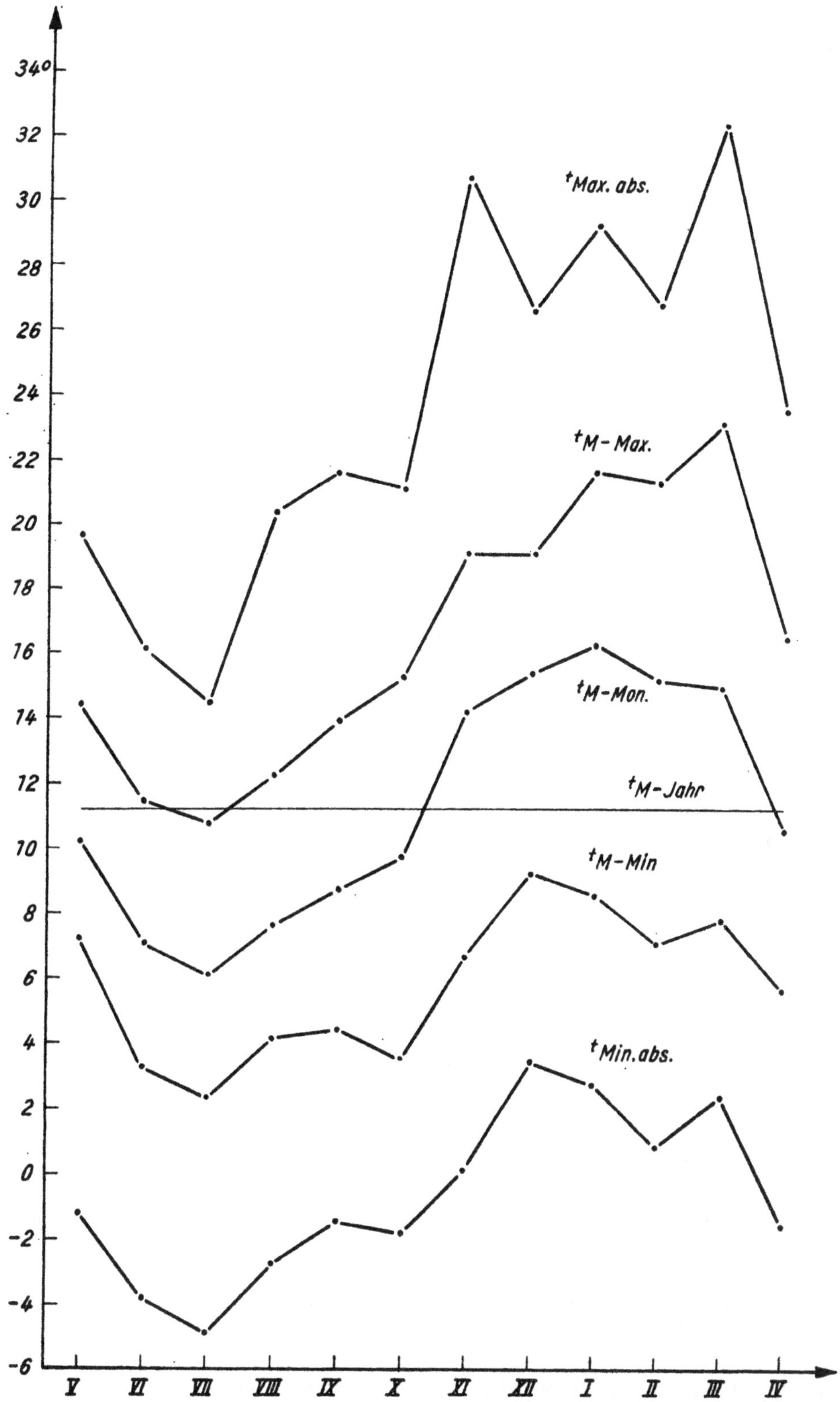

Abb. 30. Zum Jahresgang der Lufttemperaturen: Gerade Linie = Mittlere Jahrestemperatur (11,3°); t M-Mon. = Monatsmittelwerte der Lufttemperatur; darüber und darunter mittlere und absolute Maxima bzw. Minima

die den Temperaturgang nicht unwesentlich beeinflussen. Während die Kurve der Minimumtemperaturen, welche gewöhnlich zwischen 22 und 24 Uhr eine Unstetigkeit aufweist, nach 4—5 Stunden zur gleichen Höhe zurückkehrt und dann bis gegen Sonnenaufgang weiter sinkt, erreicht das Maximum nicht immer nach Einbruch der *Travesía* seine ohne diese Störung zu erwartende Höhe und übersteigt den Gipfelpunkt der Unstetigkeit auch nur höchst selten. Dies ist damit zu erklären, daß die nächtlichen Windeinbrüche zumeist gegen 4 oder 5 Uhr morgens in Kalmen zurückfallen und die registrierbare Ausstrahlung sich fortsetzen kann, während der Westwind oft bis gegen 20 Uhr andauert und bei dann eintretenden Kalmen keine Einstrahlung mehr stattfindet. Die Tagesstörung wirkt sich also wesentlich stärker aus als die Nachtstörung.

Ansteigen der Maxima nach der Abendablesung ist selten und konnte nur vereinzelt bei Schlechtwetterdurchzügen beobachtet werden. Dagegen konnte ein weiteres Absinken der Minima zwischen Morgen- und Mittagsmessung des öfteren festgestellt werden, jedoch nur, wenn nach einer Regenperiode (mit hohen Minimumtemperaturen) gegen Morgen Aufklaren erfolgt (Kaltlufteinbruch). In solchem Falle wurde die Korrektur anhand der Mittagsablesung als Minimum des Tages angegeben.

Tab. 17. Monatswerte der jeweiligen Meßtermine der Lufttemperaturen in 1 m und 10 cm über dem Boden

Temperaturen der bodennahen Luftschicht

Monat	*t L* 1 m			*M*	*t L* 10 cm			*M*
	7^{00}	13^{00}	18^{00}		7^{00}	13^{00}	18^{00}	
Mai 57	9,1	12,9	10,7	10,5	9,0	13,3	10,3	10,4
Juni	5,2	10,4	7,7	7,1	5,0	10,8	7,2	7,0
Juli	4,3	8,8	7,6	6,3	4,2	9,2	7,1	6,2
Aug.	5,8	10,5	8,8	7,7	5,6	11,1	8,6	7,7
Sept.	6,4	12,8	10,3	9,0	6,4	13,7	10,2	9,2
Okt.	7,1	13,9	11,6	9,9	7,3	14,8	11,6	10,2
Nov.	11,6	17,9	15,6	14,2	11,9	18,6	15,7	14,5
Dez.	13,2	18,0	16,5	15,2	13,5	18,6	16,6	15,5
Jan. 58	13,3	20,7	18,4	16,4	13,5	21,5	18,5	16,7
Febr.	11,9	20,3	17,8	15,4	12,0	21,0	18,0	15,7
März	10,4	22,1	17,6	15,1	10,4	23,1	17,5	15,4
April	7,6	15,2	12,3	10,7	7,5	15,7	11,7	10,6
Jahr:	8,8	15,3	12,8	11,5	8,9	16,0	12,8	11,6

Bezugnehmend auf obenstehende Tab. 17 kann zwar gesagt werden, daß zwischen den beiden Temperaturlinien eine gewisse Differenz besteht, die in den Mittelwerten klein, in den Mittagswerten etwas größer ist (siehe dazu auch Tab. 14 und Abb. 31), jedoch zeigt die Monatsübersicht keineswegs an, welchte *t*-Unterschiede Einzelmessungen tatsächlich aufweisen können. Zu diesem Zweck wurden Darstellungen der Dekadenwerte aufgestellt (Abb. 31). Schon die Aufteilung dieser Werte zeigt, zumindest hinsichtlich der Mittagstemperaturen, eine weitaus übersichtlichere Schichtung an. Erst anhand der gewonnenen Einzelwerte wird jedoch klar, welch häufigen und krassen Schwankungen das Temperaturklima der bodennahen Luftschicht ausgesetzt sein kann.

Wie bereits auf S. 56 angedeutet wurde, sind September und März die Monate mit den größten Tagesamplituden. Auch die Temperaturunterschiede der Luft zwischen 1 m und 10 cm Höhe erreichen in diesen beiden Monaten ihre größten Ausmaße. Die gleichen Monate stellen außerdem die Schnittpunkte beider Morgentemperaturen dar, denn während des Winterhalbjahrs liegen die t-Werte der 10 cm-Linie unter denen der 1 m-Linie, während die Verhältnisse im Sommerhalbjahr umgekehrt angetroffen wurden, weil um die Meßzeit bereits die Bodenerwärmung eingesetzt hatte. Daß der Einfluß der Ausstrahlung sich im Winter nicht stärker auf die 10 cm-Linie auswirken konnte bzw. dies nicht klarer aus den Dekadenwerten hervorgeht, liegt daran, daß im valdivianischen Winterklima nie 9 oder 10 Strahlungsnächte nacheinander folgen, sondern höchstens 4 bis 6; die restlichen Tage der Dekade sind zumeist Regentage mit hohen Nachttemperaturen, die das Schichtungsfeld schnell durchmischen. Bei Pentadenwerten jedoch gelang des öfteren die Trennung zwischen Strahlungs- und Regenpentaden.

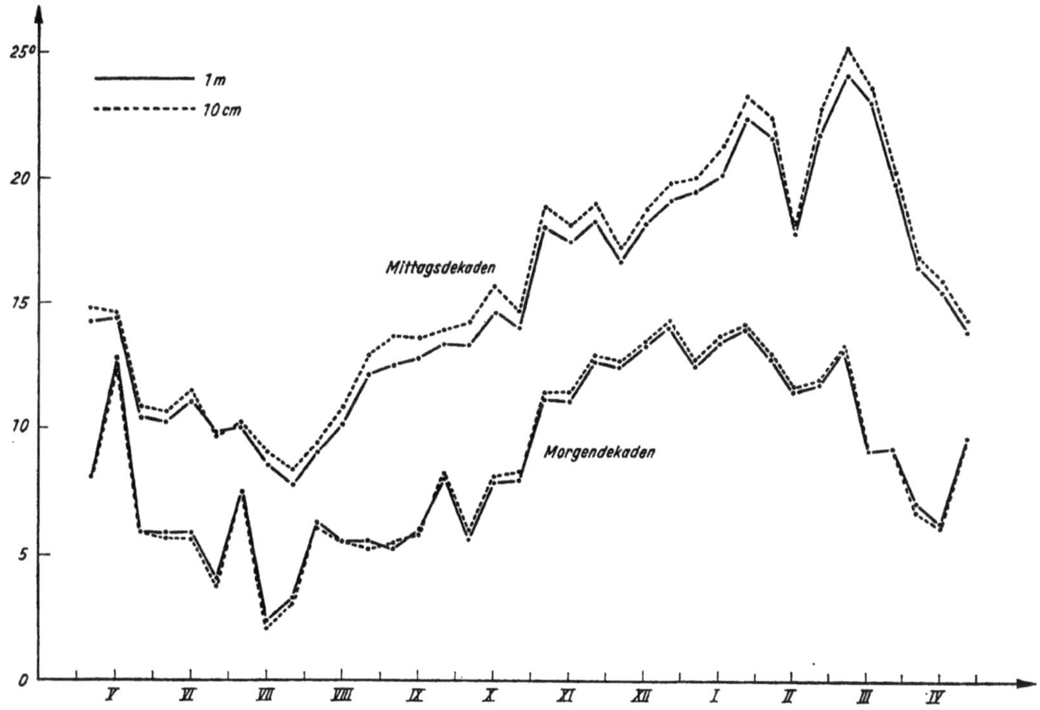

Abb. 31. Der Jahresgang der Temperaturen in der bodennahen Luftschicht. Morgen- und Mittagdekaden in 1 m und 10 cm Höhe

Über die Temperaturschichtung konnte eine ganze Anzahl von Einzelaufzeichnungen gesammelt werden. Abgesehen von den Daten der Meßtage, die später erwähnt werden, soll hier vor allem auf die Abb. 32 verwiesen werden, die die Temperaturschichtung einer Nacht veranschaulicht. In jener Nacht (6/7. 9. 1957) wurden über einer kahlen Bodenoberfläche in Höhen zwischen 1 cm und 1,80 m mit sieben festgebundenen Thermometern halbstündliche Messungen der Lufttemperaturen vorgenommen. Die abgelesenen Werte wurden nach der Instrumentkorrektur auf die Abb. 32 übertragen und die einzelnen Punkte durch Schichtungslinien miteinander verbunden. Die Windstörungen in dieser Nacht waren nur schwach, traten aber in allen Höhenlinien deutlich hervor. Die Schichtung war sogar bei den Angaben der relativen Luftfeuchtigkeit eindeutig vorhanden. — In jener Nacht wurden weitere gleichlaufende Messungen (Stundenabstand) mit eingebauten Thermometern in 3 cm Höhe über fester, nackter Bodenoberfläche, über frisch bearbeiteter Fläche und in einem Kleebeet (etwa 10 cm hohe, relativ dichte Vegetation) durchgeführt, die in der folgenden Abb. 33 wiedergegeben sind. Die gleichen Störungen, die das Schichtungsregal (Abb. 32) kennzeichnen, sind mehr oder weniger stark ausgeprägt auch in der Abb. 33 zu erkennen.

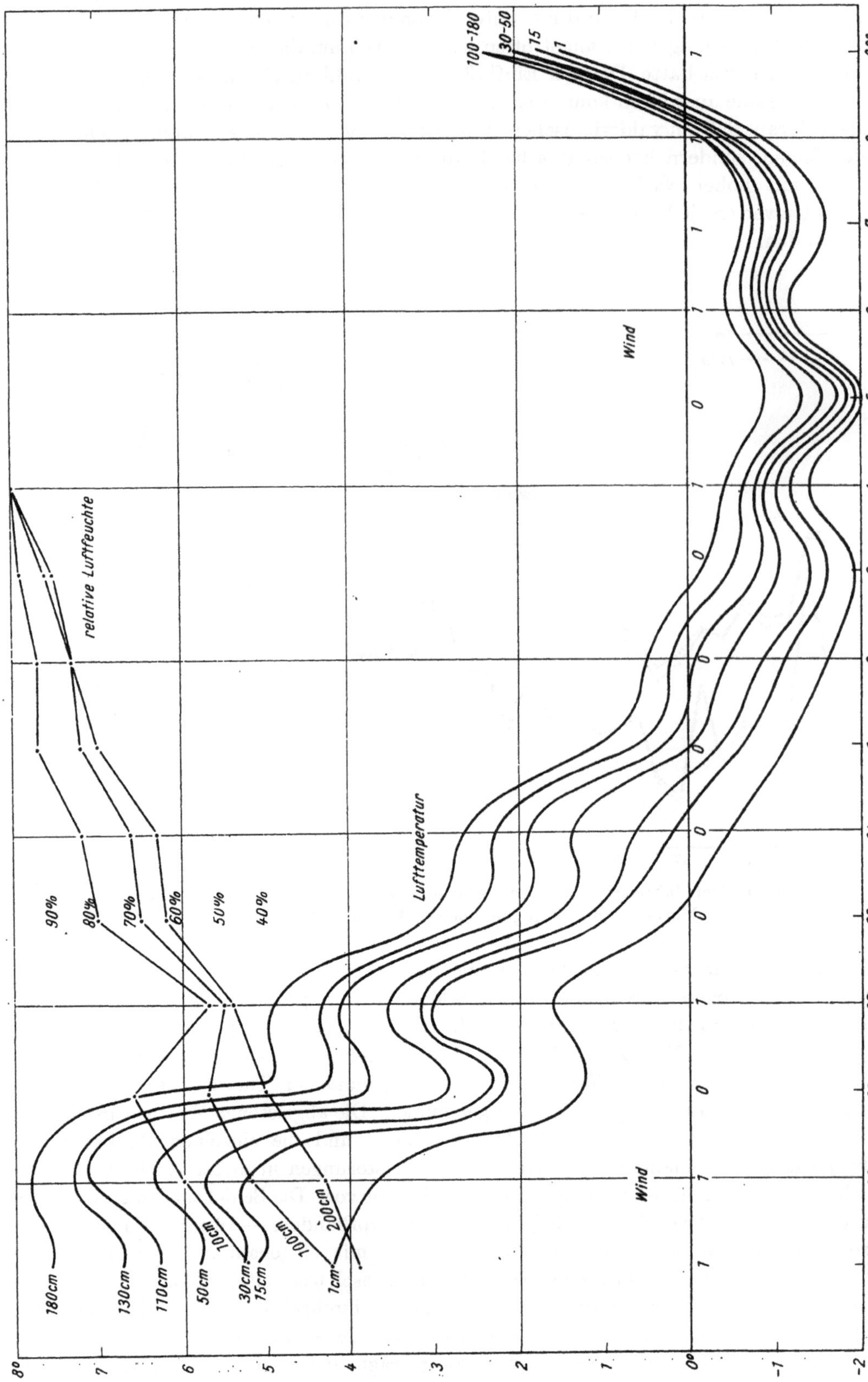

Abb. 32. Zur Temperaturschichtung in Bodennähe. Kurvenverlauf der Temperaturen einiger Höhen (Meßnacht 6/7. 9. 57) und Messungen der relativen Feuchtigkeit der Luft

Dazu einige weitere Einzelmessungen, die in keinem Zusammenhang mit Meßreihen stehen und auch nur als provisorische Daten zu verwenden sind:

14. 6. 1957: 8^{00}, windstill, Reif auf Blättern, seichter Bodennebel (Minimum der Nacht in 2 m Höhe 1,3°, am Boden = —1,9°)

Lufttemperatur in 2 m Höhe	3,5°
„ „ in 1 m „	2,8
t-L 10 cm über Wasserloch	2,0
„ über flacher Holzbrücke	1,8
„ über nacktem unbearb. Bod.	1,8
„ über niedrigem Kleefeld	1,6
„ über festem Weg	1,2
„ über nacktem bearb. Boden	1,1
„ über Grasbeet (Reif)	0,2

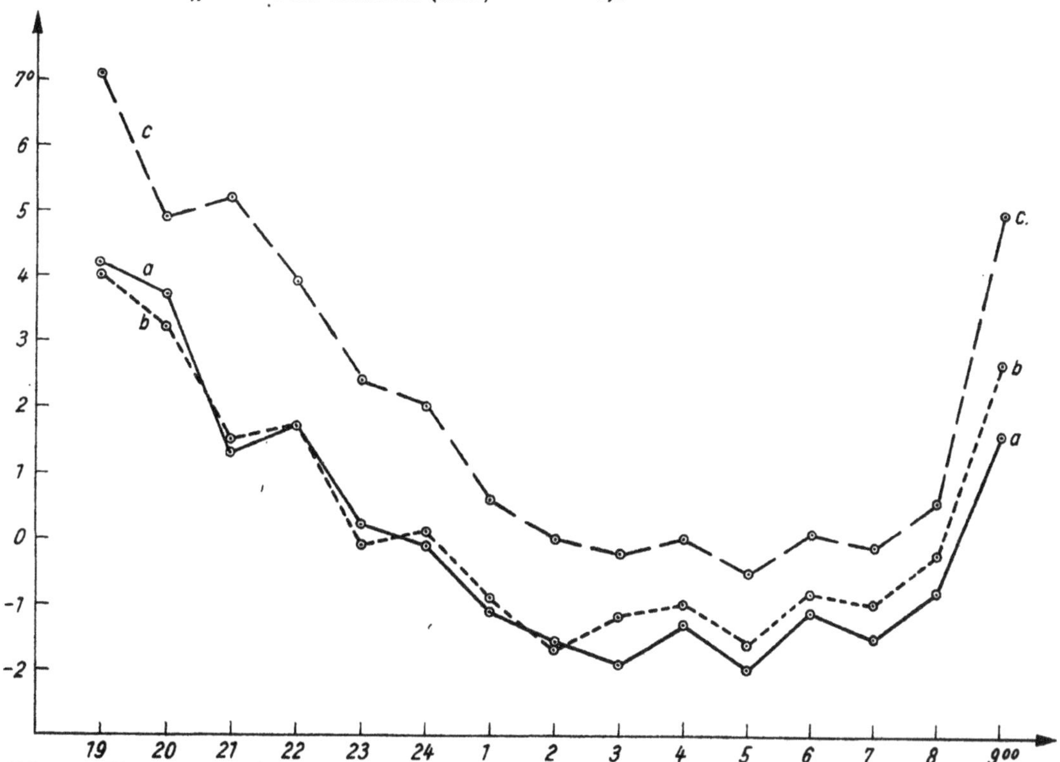

Abb. 33. Kurvenverlauf der Lufttemperaturen in 3 cm Höhe (Meßnacht 6/7. 9. 57) über folgenden Standorten: a über regenfester nackter Oberfläche, b über frisch bearbeitetem Boden und c über jungen Kleepflanzen bzw. teilweise innerhalb der Kleebestände

Die Bodentemperatur in 1 cm Tiefe betrug um diese Zeit 2,5°, die in winterlockerer Unkrautvegetation 3,9°; die Instrumente über nackten Flächen wiesen um diese Zeit lediglich leichten Taubeschlag auf, während die Instrumente in Vegetation von einer Reifschicht überzogen waren.

19. 9. 1957: 13^{30}, sonnig, Wind 2 Süd

t-L in 1 m Höhe über nacktem Boden	13,9°
t-L 5 cm über Weg, fest, ohne Vegetation	15,0
„ über Wegboden mit Rasenschicht	14,7
„ über niedrigem Kleebeet	14,8
„ über flacher Holzbrücke	15,2
„ über Wasserloch	14,8
„ über Wegboden mit Gras (schattig)	13,7
Kontr. der *t-L* in 1 m Höhe	14,0

Bei Föhn pflegt der Wind keine Temperaturdepression mehr hervorzurufen, die Luft wird bei zunehmendem Wind sogar wärmer. Dazu die nachstehenden Daten vom 15. 1. 57 (Tag sonnig, klar, Wind auf freien Flächen 3—4 S), die Temperaturen wurden sämtlich in 1 m Höhe gemessen:

15^{10}	auf der Leeseite eines Hauses	32,2°
15^{15}	an zugiger Straßenecke	32,5
15^{20}	zwischen Häusern (Wind 2—3)	32,1
15^{25}	vor einer Kiefernpflanzung (0—1)	31,8
15^{30}	in Kiefernpflanzung (still)	31,5
15^{35}	Weganstieg (Wind 2—3)	32,4
15^{40}	auf freier Fläche (Wind 3—4)	33,5

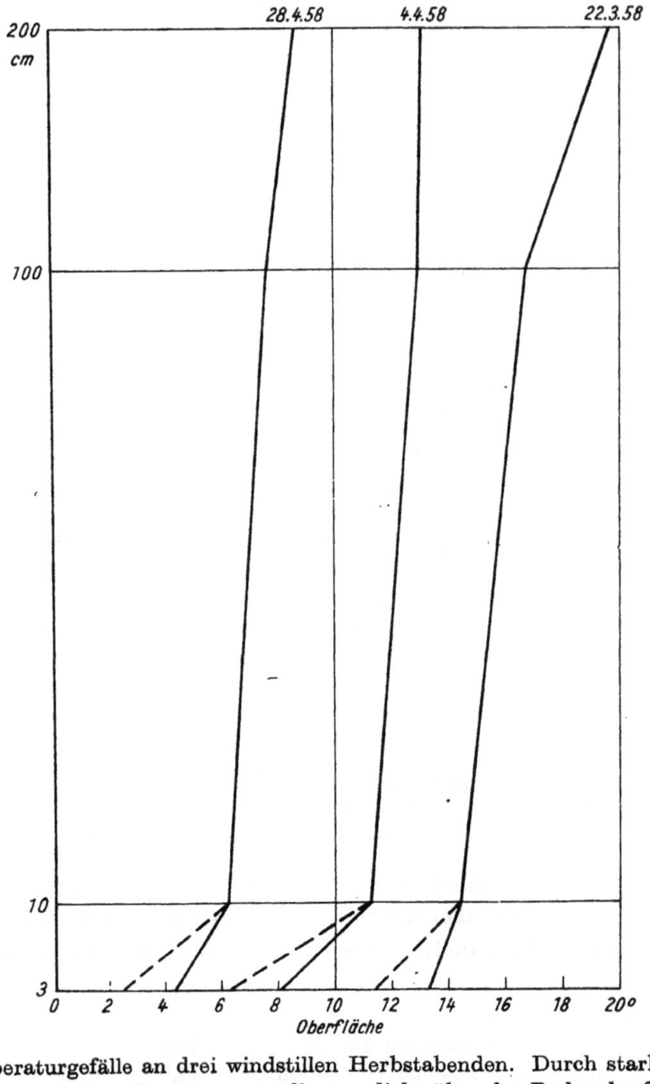

Abb. 34. Temperaturgefälle an drei windstillen Herbstabenden. Durch starke Ausstrahlung hervorgerufene Temperaturgradienten dicht über der Bodenoberfläche

Wie große und unterschiedliche Gradienten dicht über dem Boden auftreten können, geht beispielsweise aus der Abb. 34 hervor. An 3 Abenden wurden gegen 19 Uhr bei raschem t-Fall am Rande einer verunkrauteten Fläche Messungen in 4 verschiedenen Höhen vorgenommen; die gestrichelte Linie zwischen 10 und 3 cm zeigt die Temperatur zur gleichen Zeit in der verunkrauteten Fläche an. Weitere Beispiele über krasse Extremfälle werden im folgenden Abschnitt angeführt.

Über Extrembedingungen im örtlichen Klima

Wie schon Troll (1943) betont, spielen für die regionale Land- und Fortstwirtschaft Frostwechsel und Kammeis eine ernste Rolle. Die Kammeisvorkommen (*helada negra*) sollen bereits durch Knoche [14]) beschrieben worden sein, Aufzeichnungen darüber liegen hier jedoch nicht vor. Über Kammeiswirkungen auf die Vegetation im südchilenischen Raume wurde von Schwabe (1956a) berichtet. Im übrigen sei auf eine eigene diesbezügliche Studie hingewiesen, die die Frostwechselhäufigkeit und das Kammeisvorkommen im valdivianer Winterklima behandelt (Kunkel 1958c). Da seit der Niederschrift jener letzterwähnten Abhandlung keine grundsätzlichen Ergänzungen notwendig geworden sind, sei hier nur eine kurze Zusammenfassung gegeben.

Nachtfröste (Frostwechsel im Sinne Trolls) treten als klimatische Frostwechsel (in 2 m Höhe) von Anfang April bis Oktober auf. Es wurden im Meßjahr 34 klimatische Frostwechseltage notiert, die absolute Minimumtemperatur betrug —4,9°. Die Anzahl mikroklimatischer Frostwechseltage (mit dem Minimumthermometer in 5 cm Höhe festgestellt, siehe dazu Tab. 18) lag wesentlich höher und umfaßt auch einen längeren Zeitraum, sie betrug 69 Tage, bei einem absoluten Tiefpunkt von —6,7° C. Solche Minimumtemperaturen verursachen in der südchilenischen Landschaft in fast allen landwirtschaftlichen Kulturen beachtliche Schäden; denn sie bringen meist die von den Landwirten gefürchtete *helada negra* mit. Diese *helada negra*[15]) führt nicht selten zum Auswintern von Getreide und Ölfrüchten, zumal diese erst im April gesät werden können (die Feuchtigkeitsverhältnisse erlauben nur in Ausnahmejahren die Aussaat im März) und bereits im Mai starken Frösten und den Kammeiswirkungen ausgesetzt sind. Die gefährlichsten Fröste treten jedoch im Frühjahr auf. So ist auf der Abb. 35 ein erneutes Ansteigen der Kurve der Frostwechselhäufigkeit im Oktober zu erkennen, auch der November ist nicht immer ohne Frostgefahr (*helada Todos los Santos*)

[14]) vom gleichen Autor (siehe Knoche, W. im Handbuch der Geographischen Wissenschaften, Band Südamerika, S. 273) stammt auch die Behauptung: „Von ausgesprochen wirtschaftlicher Bedeutung ist das völlige Fehlen von Hagel, da die motorischen Kräfte der Atomsphäre infolge der thermischen Verhältnisse für Schloßenbildung, wie für das Aufkommen von Gewittern, nicht ausreichen."
Verf. bemerkt dazu, daß eine solche Behauptung zwar für den Norden des Landes zutreffen mag, jedoch für diesen Teil Chiles nicht gilt. Im vorliegenden Meßjahr wurden 12 Hageltage verzeichnet (siehe Hagelschläge S. 50). Auch im übrigen Südchile sind Hagelschauer recht bekannt. Martin (1901 a, S. 7) sagt dazu folgendes: „Graupeln und kleine Hagelkörner fallen ziemlich häufig, auch im Sommer (in Pto. Montt)".
Betr. der Kammeisbildungen vermerkt Martin (1901 b, S. 407): „Im Winter gibt es natürlich sehr oft Reif, dann liegt dieser aber nicht nur auf den Blättern und Gräsern, nein, auf dem ganzen Boden, und es ist sehr gewöhnlich, daß die oberste Sandschicht, oft eine von mehreren Millimeter Dicke, ein paar Centimeter hoch durch lange fadenförmige Eiskrystalle von dem darunter liegenden Boden abgehoben wird . . ."

[15]) „*helada negra*", schwarzes Eis, Kammeis, Aufeis, Pipkrake: Nach winterlichen, meist kurzfristigen Regenperioden setzt bei Aufklarung ausgeprägte Ausstrahlung ein, in den Nächten von sehr tiefen Temperaturen begleitet, die meist unter 0° liegen. In solchen Strahlungsnächten wachsen aus dem noch regenfeuchten Boden Eisfilamente heraus, die wachsend Bodenpartikel, kleine Steine, Blätter und kleine Zweige emporheben und dabei je nach den Minimumtemperaturen verschiedene Länge erreichen können. Während des Winters 1957 wurden Eisnadeln von 6 cm Länge gefunden (vgl. Kunkel 1958c). — Wie weit sich die Vorkommen von Kammeis nach dem Norden erstrecken, ist dem Verf. nicht bekannt. Solche Eisfilamente wurden jedoch auch in Mininco (Malleco), rund 400 km nördlich Valdivia und im Längstal gelegen, gefunden.

und dabei ein ernstes Hindernis für den Anbau von Hülsenfrüchten, die bereits Mitte Oktober gesät werden müssen, weil sie bei späteren Aussaatterminen kaum noch zur Reife kommen. Im Sommer 1956 brachte sogar noch der Dezember einen scharfen Frostwechsel, der auf größeren Flächen Bohnen und Kartoffeln vernichtete.

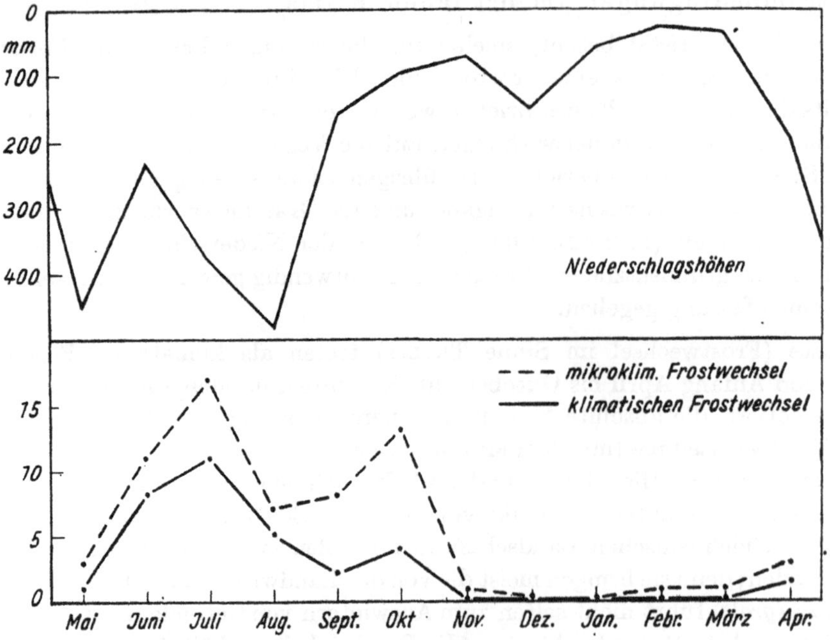

Abb. 35. Anzahl klimatischer (in 2 m Höhe) und mikroklimatischer (in 5 cm Höhe) Frostwechseltage sowie die Niederschlagsmengen in einer Jahresübersicht

Tab. 18. Minimumtemperaturen am Boden und Anzahl der Frostwechseltage in Valdivia

Monat	Min. am Boden		Anzahl der Frostwechseltage	
	M-Mon.	absol.	klimat.	mikroklimat.
Mai 57	5,6	—4,6	1	3
Juni	1,3	—6,5	8	11
Juli	0,5	—6,7	11	17
August	2,5	—5,5	5	7
Sept.	2,9	—3,3	2	8
Okt.	2,1	—3,6	4	13
Nov.	4,9	—1,4	0	2
Dez.	7,7	2,2	0	0
Jan. 58	6,6	1,4	0	0
Febr.	4,7	—1,1	0	1
März	5,2	—1,2	0	1
April	3,5	—3,4	3	6
1957/58	4,0	—6,7	34	69

Das andere Klimaextrem in dieser Landschaft stellen die hohen Sommertemperaturen der Bodenoberfläche wie der unmittelbar auf dieser aufliegenden Luftschicht dar. Im südchilenischen Strahlungsklima (vgl. u. a. Schwabe 1956a, Kunkel 1958a u. 1958b), welches durch die von SCHWABE (1957) beschriebene klimatische Diskordanz[16]) geprägt ist, bleiben die Lufttemperaturen in 2 m Höhe weit unter den Temperaturen der Bodenoberfläche zurück. Es handelt sich hierbei vorzüglich um die Temperaturen vegetationsloser Flächen während des Sommerhalbjahrs. Die Oberflächentemperaturen bedeckter Flächen überschreiten dagegen im Sommer, nur höchst selten im Winter häufiger, die durch die Lufttemperatur gezogene Grenze. Die Mittagstemperaturen des bedeckten Bodens bleiben schon in der 1 cm-Schicht fast immer unter der 2 m-Lufttemperatur zurück, während die Temperaturen in vegetationslosen Flächen oft sogar noch in 10 cm Bodentiefe über der der Luft liegen. Die Oberflächentemperatur kann die der Luft sogar bis um 80% übersteigen. Zwar erwärmen sich im valdivianischen Klimaraum die Oberflächen längst nicht mehr so stark wie die Böden der Provinz Malleco, wo Temperaturen von mehr als 60°, in Ausnahmefällen sogar bis über 70° und Tagesschwankungen von mehr als 50° festgestellt wurden, jedoch betrug die Schwankungsbreite der Temperaturen in Valdivia im Sommer immerhin noch bis zu 40° C (Beispiel 23. 3. 1958: Minimum am Boden —1,2, höchste Mittagstemperatur der Bodenoberfläche 43,5°C). Zu diesen Angaben als weitere Beispiele die nachstehenden Daten, die an den jeweiligen Tagen um 13[00] geogr. Zeit gemessen wurden:

Tag	Luft			Nackter Boden			Bedeckter Boden		
	2 m	1 m	10 cm	1 cm	5 cm	10 cm	1 cm	5 cm	10 cm
9. 2. 58	23,3	23,7	24,5	43,2	31,0	24,8	24,7	19,5	17,4
27. 2.	24,2	24,9	27,3	42,2	28,7	22,9	21,0	18,4	16,4
7. 3.	30,4	31,2	32,7	48,8	31,2	25,8	23,1	20,4	18,5
18. 3.	25,6	26,7	27,5	45,0	27,2	21,5	20,5	17,0	15,4
23. 3.	24,8	24,9	25,8	43,5	24,6	19,2	18,5	14,8	13,7

Neben einer mit wenigen Zahlen gegebenen Feststellung geht aus diesen Daten weiterhin hervor, daß die Oberflächentemperatur des bedeckten Bodens noch unter der 10 cm-Linie des nackten Bodens zurückbleibt, dort also völlig andere, mehr ausgeglichene Wärmeverhältnisse anzutreffen sind, obwohl beide Flächen kaum 2 m voneinander entfernt liegen.

[16]) „Klimatische Diskordanz", zwischen Lufttemperatur und Strahlung, aus Südchile beschrieben durch SCHWABE (1957, S. 111): „Diese Diskordanz ist dadurch gegeben, daß der Humboldtstrom vor der chilenischen Küste eine beträchtliche Senkung der Lufttemperatur über weiten Teilen des Landes verursacht, während die von der geographischen Breite bestimmte Einstrahlung . . . vorzüglich im Sommer durch das gleichfalls diskordanzbedingte jahreszeitliche Bewölkungsminimum gewöhnlich noch verstärkt wird."

III. BODEN- UND WASSERTEMPERATUREN

1. Die Bodentemperaturen

Anhand der bereits in Mininco/Malleco bei Dauermessungen und Meßreihen der Bodentemperaturen gesammelten Erfahrungen wurden in Valdivia während der Dauer eines Jahres tägliche Messungen (3 mal täglich) der Temperaturen in Böden unter verschiedenartiger Vegetation vorgenommen. Der Gang dieser Temperaturen im Tagesablauf wurde in monatlichen Meßtagen (Stundenablesungen) kontrolliert. Des weiteren wurden die so gewonnenen Daten durch Sondermessungen in sogenannten „Thermoquadraten" (mit verschiedenen Bodenarten) ergänzt und diese mit dem Gang der Lufttemperaturen wie den Strahlungsssummen verglichen. Es wurden die Temperaturen gemessen:

a) in nacktem Boden (gereinigte, vegetationslose Oberfläche) in 1 cm, 5 cm, 10 cm, 20 cm, 30 cm und 50 cm Tiefe;

b) in bedecktem Boden (niedrige bis mittelhohe Unkrautgesellschaft) in 1 cm, 5 cm, 10 cm, 20 cm, 30 cm und 50 cm Tiefe;

c) in einem Kastanienbeet (3 m breiter, dichter und hoher Pflanzstreifen, 5jährig) in 1 cm und 10 cm Tiefe;

d) in einem Eichenbeet (3 m breiter, lockerer und kleiner Pflanzstreifen, 5jährig) in 1 cm und 10 cm Tiefe;

e) in einem Ahornbeet (3 m breiter, halbdichter und hoher Pflanzstreifen, 5jährig) in 1 cm und 10 cm Tiefe und

f) in einem Eschenbeet (3 m breiter, halbdichter und hoher Pflanzstreifen, 5jährig) in 1 cm und 10 cm Tiefe.

Die diesbezüglichen Aufzeichnungen, ergänzt durch mehrere Vegetationskontrollen und phänologische Beobachtungen, wurden miteinander verglichen. Die Temperaturen in den Thermoquadraten wie

g) in einem mit feinem Flußsand gefüllten (Quadrat 1 m, 60 cm aufgefüllt) in 1 cm, 5 cm, 10 cm und 20 cm Tiefe;

h) in einem mit Rotlehm gefüllten (*Cancagua, Trumao,* Maße wie oben) in 1 cm, 5 cm, 10 cm und 20 cm Tiefe;

i) in einem mit Auelehm belassenem Quadrat, dessen Oberfläche geschwärzt wurde, in 1 cm, 5 cm, 10 cm und 20 cm Tiefe und

j) in einem mit Auelehm belassenem Quadrat, dessen Oberfläche geweißt wurde, in 1 cm, 5 cm, 10 cm und 20 cm Tiefe

wurden nur während der Sommermonate Januar und Februar gemessen. Diese Messungen dienen hauptsächlich zur Feststellung von Maximaltemperaturen des Bodens wie zur Kennzeichnung von Bodenart und Oberflächenfarbe in ihren Einflüssen auf die Temperaturverteilung. Doch zunächst über die Bodentemperaturen der einzelnen Standorte, die später eine vergleichende Zusammenfassung erfahren:

Temperaturen des nackten Bodens

Im Schutzquadrat der meteorologischen Station, welches im ganzen der bei seiner Anlage angetroffenen Vegetation überlassen blieb (siehe Aufzeichnungen des „bedeckten Bodens"

Abb. 36. Die Fläche des „nackten Bodens" mit den Bodenthermometern bis zu 50 cm Tiefe (Frühjahrsbild, 9. 10. 1957)

und die phänologischen Beobachtungen) wurde abseits der übrigen Instrumente eine entsprechend große Fläche gesäubert und — nachdem die Bodenthermometer von 1 bis 50 cm Tiefe eingebaut waren — das ganze Beobachtungsjahr hindurch sauber gehalten. Diese

Tab. 19. Monatsübersicht der Temperaturen des nackten Bodens zu den

Monat	1 cm				5 cm				10 cm			
	a)	b)	c)	*M*	a)	b)	c)	*M*	a)	b)	c)	*M*
Mai 57	9,2	15,2	11,1	11,2	9,7	12,6	12,2	11,1	10,1	11,7	12,2	11,0
Juni	5,4	12,6	8,2	7,9	6,1	8,9	9,0	7,6	6,7	8,2	9,1	7,7
Juli	4,5	11,3	7,4	7,0	5,1	7,7	8,1	6,5	5,6	7,1	8,1	6,6
Aug.	5,4	14,3	8,4	8,4	6,5	10,3	9,8	8,3	6,9	8,8	9,8	8,1
Sept.	6,4	18,2	10,7	10,5	7,7	14,5	13,2	10,8	8,5	11,8	12,9	10,4
Okt.	8,7	22,6	12,6	13,2	8,3	17,5	15,7	12,5	9,3	14,2	15,4	12,1
Nov.	14,1	26,2	17,2	17,9	11,6	22,1	20,3	16,4	12,1	18,4	19,6	15,6
Dez.	15,4	25,4	18,9	18,8	13,8	22,3	21,1	17,7	14,1	19,2	20,4	17,0
Jan. 58	15,5	29,0	20,9	20,2	13,4	24,6	23,3	18,7	14,4	21,0	22,5	18,1
Febr.	12,1	34,5	22,7	20,4	12,7	26,2	25,3	19,2	14,4	21,5	24,3	18,7
März	10,3	36,6	19,8	19,2	13,0	25,0	23,4	18,6	14,8	20,7	22,8	18,2
April	7,2	21,0	11,6	11,8	9,0	16,0	14,6	12,1	10,1	13,4	14,4	12,0
1957/58	9,5	22,2	14,1	13,9	9,7	17,3	16,3	13,3	10,6	14,7	16,0	13,0

Fläche (Abb. 36), zu Beginn völlig eben, hob sich gegen Ende des Meßjahres etwa 2 cm über den festgetretenen Pfad, der zur Wetterstation führte. Dadurch dürften jedoch kaum Meßfehler in den Aufzeichnungen entstanden sein, weil die Randfläche (mehr als 80 cm) immer noch groß genug war, um Störungen zu verhindern. Auf der anderen Seite wurde dadurch vermieden, daß während starker Regenfälle das nur schwach fließende Wasser den Boden der Thermometerreihe überflutete.

Die Mittelwerte der drei Meßtermine und die aus den Tagesmitteln berechneten Monatsmitteltemperaturen sind für alle Bodentiefen in der nachstehenden Tab. 19 zusammengestellt. Aus dieser Tabelle geht klar hervor, daß die tiefsten Monatstemperaturen — gleich den Lufttemperaturen — für alle Tiefen im Juli zu suchen sind, während sich auch hier die Gipfelpunkte (Maxima oder höchste Werte) auf eine größere Zeitspanne aufteilen. Die Morgentemperaturen finden bis in 5 cm Tiefe ihren Höhepunkt sehr früh, nämlich im Januar bzw. schon im Dezember, die größeren Tiefen steigen geschlossen bis März an. Die Mittagstemperaturen dagegen haben in der Oberflächenschicht im März Maximalwerte, fallen dann bis zu 20 cm Tiefe in den Februar und kehren erst in größere Tiefen in den März zurück. Die höchsten Abendwerte liegen bis zu 30 cm Tiefe sämtlich im Februar, einzig die 50 cm-Linie schweift in den März ab. Die Mittelwerte verhalten sich ähnlich den höchsten Abendwerten. In der Tagesdiagonale betrachtet ist auch hier die Oberflächenschicht äußerst variabel (Einfluß des warmen Dezemberregens) und schwankt in Höhepunkten zwischen drei Monaten, wogegen die 50 cm-Linie sehr stabil ist und zu allen Meßzeiten ihren Höhepunkt im März hat. Weitere Einzelheiten dazu, auch im Vergleich zum bedeckten Boden, siehe Tab. 20. (Die Temperaturen des bedeckten Bodens, die in Einzelheiten im nachstehenden Abschnitt beschrieben werden, verhalten sich weitaus ausgeglichener. Bis auf zwei Abweichungen der 1 cm-Mittelwerte, liegen sämtliche Gipfelwerte aller Tiefen ausschließlich im Januar; die beiden Abweichungen sind auf den Zustand der Bodenbedeckung zurückzuführen.)

Das höchste Monatsmittel der Oberflächentemperatur des vegetationslosen Bodens lag im Februar und betrug 20,4° C, die Mittagsmessung verschob durch die günstigen Strahlungs- wie Feuchtigkeitsbedingungen ihren Temperaturhöhepunkt mit 36,6° in den März. Wir können diesen Höhepunkt zwischen Mitte Februar und Mitte März suchen (1. Märzdekade = 41,0°), oder am 7. 3. 1958, wo gegen 13⁰⁰ geogr. Zeit 48,8° gemessen wurden. Aus den Aufzeichnungen der Meßtage geht jedoch hervor, daß der Temperaturhöhepunkt des Tages

jeweiligen Meßterminen sowie die aus diesen gebildeten Mittelwerte

20 cm				30 cm				50 cm			
a)	b)	c)	*M*	a)	b)	c)	*M*	a)	b)	c)	*M*
11,3	11,3	11,9	11,5	11,7	11,6	11,7	11,7	12,2	12,3	12,3	12,3
8,2	8,9	8,7	8,3	8,7	8,5	8,5	8,6	9,5	9,6	9,5	9,6
6,9	6,7	7,4	7,0	7,3	7,2	7,2	7,2	8,0	8,0	8,0	8,0
7,7	7,8	8,8	8,0	8,1	8,1	8,2	8,1	8,1	8,3	8,3	8,2
9,6	10,1	11,5	10,2	10,3	10,2	10,4	10,3	10,1	10,2	10,2	10,2
11,1	12,0	13,8	12,0	12,2	12,1	12,4	12,2	12,1	12,2	12,1	12,1
14,0	15,6	17,5	15,3	15,2	15,1	15,5	15,3	14,8	14,9	14,8	14,8
15,8	16,8	18,4	16,7	16,6	16,4	16,8	16,6	16,1	16,2	16,1	16,1
16,8	17,9	20,0	17,9	17,9	17,6	18,1	17,9	17,4	17,5	17,4	17,4
17,1	18,0	20,9	18,3	18,4	18,0	18,6	18,3	17,8	18,0	17,8	17,9
17,3	17,8	20,3	18,2	18,5	18,1	18,5	18,4	18,2	18,3	18,2	18,2
11,7	12,0	13,6	12,3	12,9	12,7	12,9	12,8	13,3	13,4	13,3	13,3
12,3	12,8	14,4	13,0	13,2	13,0	13,0	13,1	13,1	13,2	13,2	13,2

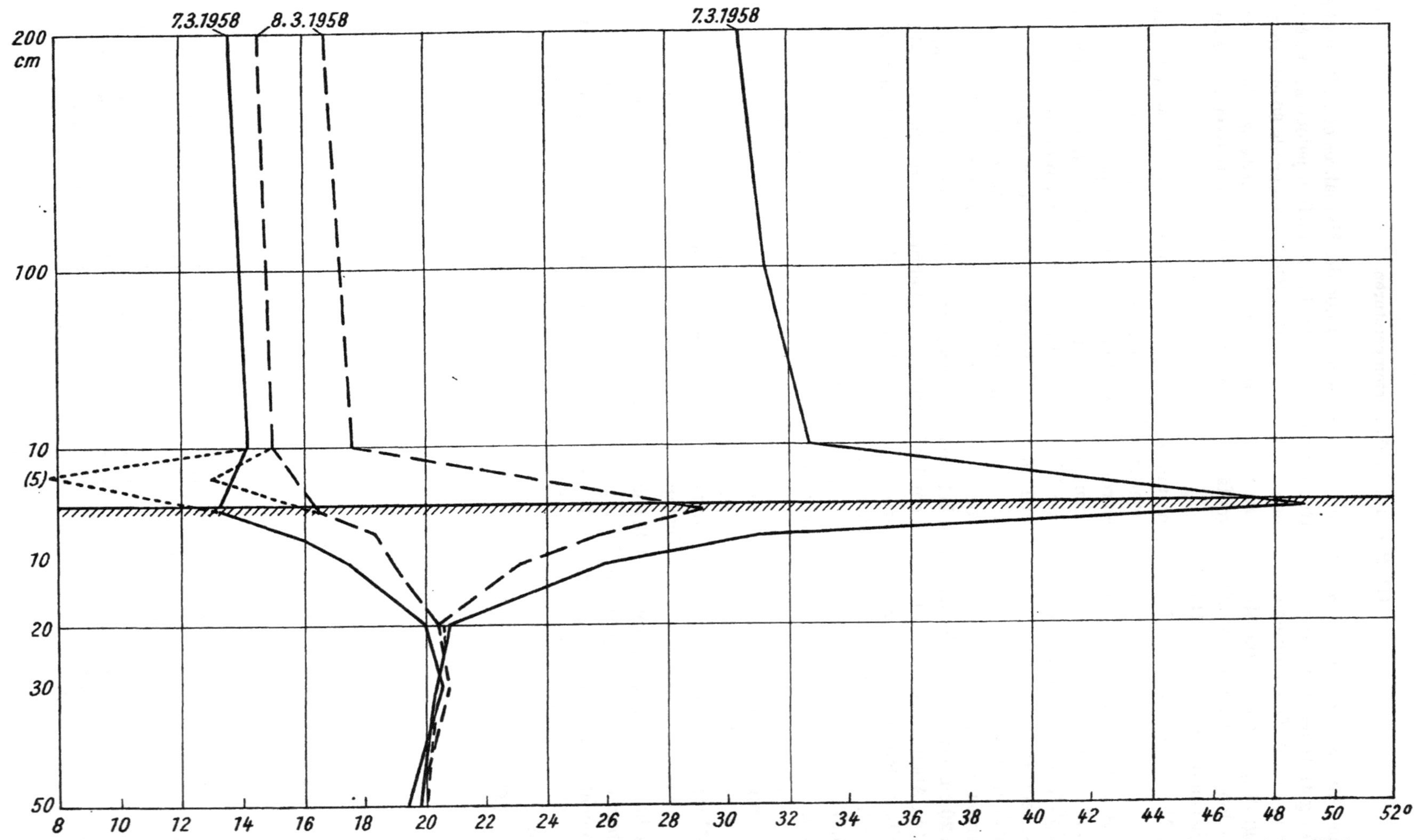

Abb. 37. Temperaturprofile eines Strahlungstages und eines trüben Tages im März 1958 (Luft- und Bodentemperaturen. Die punktierte Linie zu den Minimumwerten in 5 cm Höhe wurde nach den Werten des Minimumthermometers am Boden gezogen)

(Oberflächentemperatur an Strahlungstagen) meist noch nach 13^{00} zu suchen ist. Weitere Ergänzungen sind in der Abb. 37 enthalten, die die Temperaturprofile von Luft- und Bodentemperaturen an einem Strahlungstage (7. 3. 58, SD 11,0 Stdn.) und an einem trüben Tage (8. 3. 58, SD 5,3 Stdn., NR 0,0 mm) anzeigt und dabei aufweist wie stark selbst an zwei Folgetagen im Spätsommer Profilschwankungen sein können, wobei die t-Depression am 8. 3. allein durch Bewölkung (M-Tag = 9,7) hervorgerufen wurde.

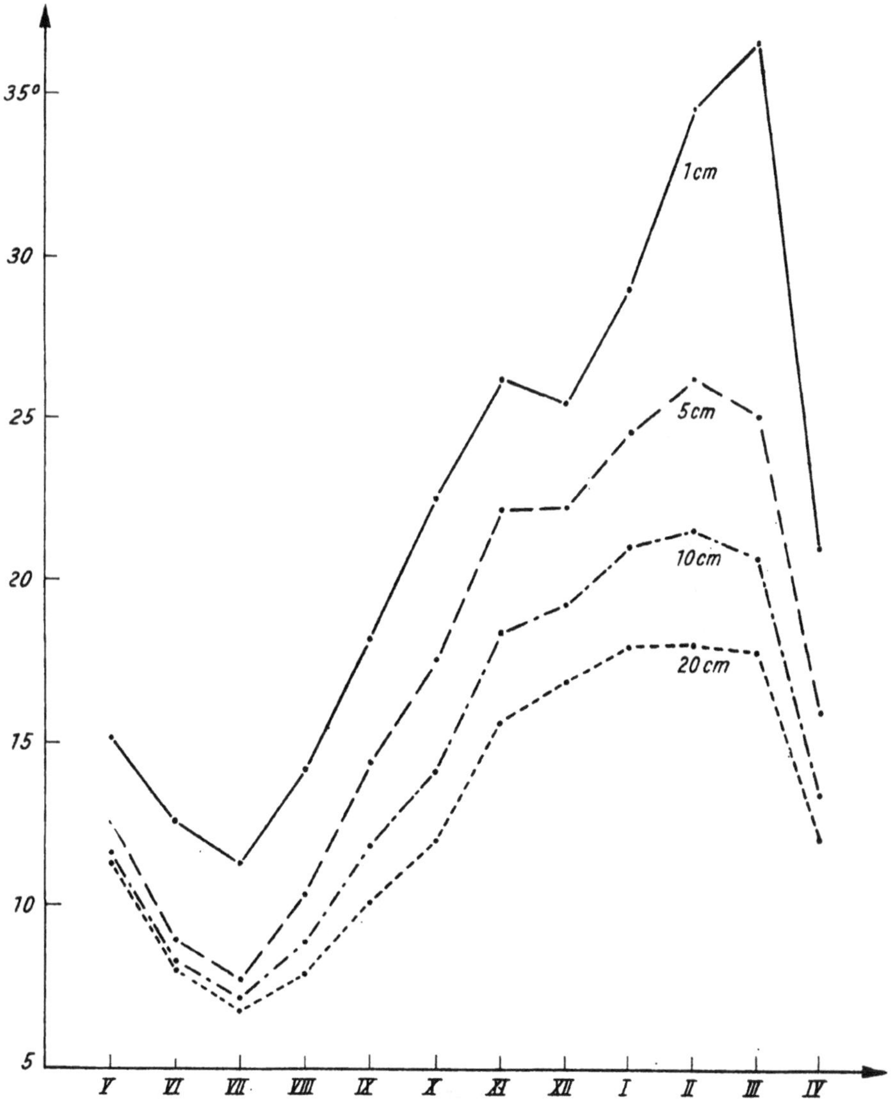

Abb. 38. Der Jahresgang der Temperaturen (Mittagsmittel der Monate) des vegetationslosen Bodens von 1 cm bis 20 cm Tiefe

Der Jahresgang der Temperaturen des nackten Bodens wurde in der Abb. 38 wiedergegeben. Bei dieser Abb. fällt vor allem auf, wie relativ ausgeglichen auch im Sommer die Temperaturen zwischen 5 und 20 cm Tiefe verlaufen, während die 1 cm-Linie noch in der Monatsübersicht großen Schwankungen ausgesetzt ist. (Die größeren Tiefen wurden der Übersichtlichkeit halber nicht in die Darstellung aufgenommen. Sie weisen auch keine Gipfelpunkte mehr im Febraur auf, weil der Wärmetransport diese Tiefen erst verspätet erreicht.) Wie in fast allen Darstellungen fällt auch hier — vielleicht gerade hier am krassesten — auf, wie brüsk der Herbstfall der Temperaturen vor sich geht. Den Übergang vom Sommer zum Winter bildet keine dem Frühjahrsanstieg ähnliche Linie, sondern ein einfacher Temperatursturz. Über das Bild der Bodentemperaturen im Tageslauf wird an späterer Stelle ergänzend berichtet. Hier sei nur auf die krasse Temperaturumkehr hingewiesen, wie sie (im Spätsommer als Beispiel) zwischen 7 und 9 Uhr sowie zwischen 17 und 19 Uhr, also z. Z. des Sonnenaufgangs bzw. -untergangs stattfindet. Diese *t*-Linien wurden als Tautochronen in der Abb. 39 dargestellt.

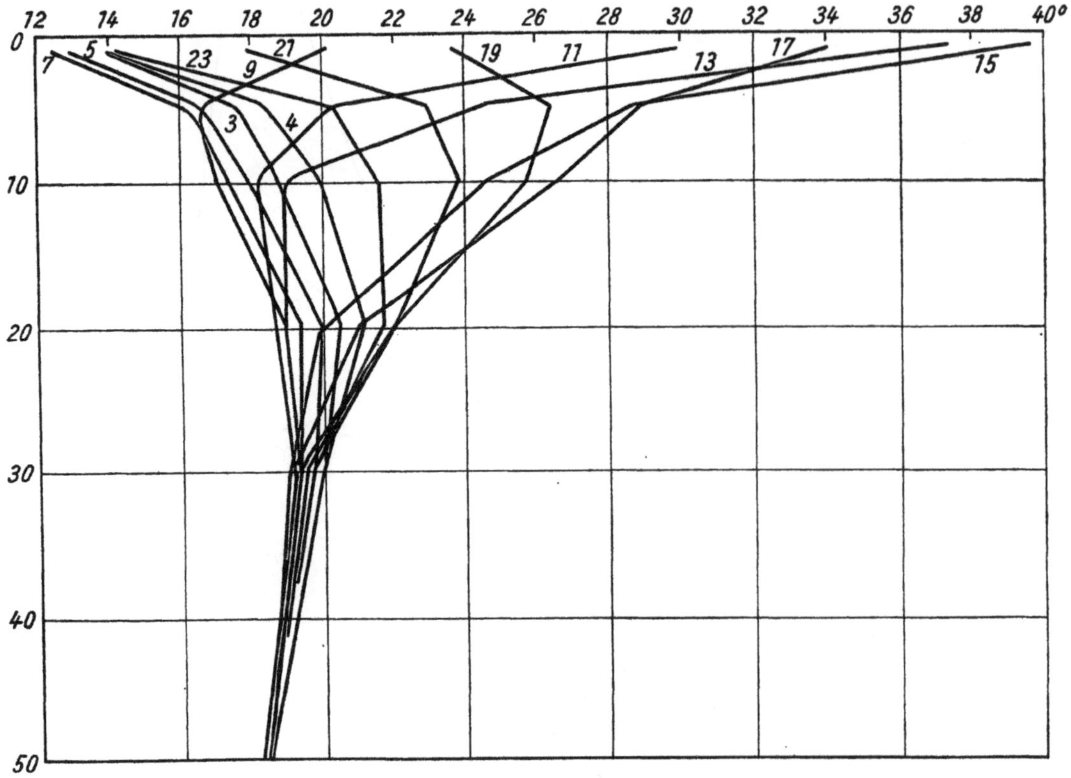

Abb. 39. Tautochronendarstellung der Temperaturumkehrlinien im Boden an einem Herbsttag (19/20. 3. 1957; Temperaturen bis zu 50 cm Bodentiefe angegeben)

Notizen über den Zustand des Erdbodens

Bei unseren Aufzeichnungen über den Zustand des Erdbodens (gemeint ist damit die Oberfläche des vegetationslosen Bodens, keine festgetretenen Wege) hielten wir uns grundsätzlich an den diesbezüglichen Schlüssel des Deutschen Wetterdienstes:

0 = trocken

1 = feucht

2 = überschwemmt

3 = gefroren, hart und trocken

5 = mit Eis oder Glatteis bedeckt

Tab. 20. Verteilung der Temperaturgipfel in verschiedenen Bodentiefen zu den Meßterminen im Jahreslaufe

	Nackter Boden					Bedeckter Boden				
	Nov.	Dez.	Jan.	Febr.	März	Nov.	Dez.	Jan.	Febr.	März
7^{00}	—	—	1 cm	—	—	—	1 cm	—	—	—
	—	5 cm	—	—	—	—	—	5 cm	—	—
	—	—	—	—	10 cm	—	—	10 cm	—	—
	—	—	—	—	20 cm	—	—	20 cm	—	—
	—	—	—	—	30 cm	—	—	30 cm	—	—
	—	—	—	—	50 cm	—	—	50 cm	—	—
13^{00}	—	—	—	—	1 cm	1 cm	—	—	—	—
	—	—	—	5 cm	—	—	—	5 cm	5 cm	—
	—	—	—	10 cm	—	—	—	10 cm	—	—
	—	—	—	20 cm	—	—	—	20 cm	—	—
	—	—	—	—	30 cm	—	—	30 cm	—	—
	—	—	—	—	50 cm	—	—	50 cm	—	—
18^{00}	—	—	—	1 cm	—	—	—	1 cm	—	—
	—	—	—	5 cm	—	—	—	5 cm	—	—
	—	—	—	10 cm	—	—	—	10 cm	—	—
	—	—	—	20 cm	—	—	—	20 cm	—	—
	—	—	—	30 cm	—	—	—	30 cm	—	—
	—	—	—	—	50 cm	—	—	50 cm	—	—
M	—	—	—	1 cm	—	—	—	1 cm	—	—
	—	—	—	5 cm	—	—	—	5 cm	—	—
	—	—	—	10 cm	—	—	—	10 cm	—	—
	—	—	—	20 cm	—	—	—	20 cm	—	—
	—	—	—	—	30 cm	—	—	30 cm	—	—
	—	—	—	—	50 cm	—	—	50 cm	—	—

Die Ziffer 0 konnte nach wenigen Vorkommen in der 1. Maidekade[17]) erstmals wieder Ende Januar verzeichnet werden, von wo an sie bis Ende März vorherrschend blieb. Die Bodenaustrocknung erreichte vermutlich im März ihren Höhepunkt (vgl. dazu auch die Aufzeichnungen über den Grundwasserstand, S. 43). Den Niederschlagsmengen entsprechend erreicht die Ziffer 2 („überschwemmt") im Winter ihre Höhepunkte und auch im Dezember einen bemerkenswerten Anstieg. Hart gefrorene, trockene Oberfläche (Ziffer 3) ist eine hier mehr provisorische Bezeichnung, denn wirklich hart war die Oberfläche an solchen Tagen nicht, da der Frost kaum bis in 1 cm Tiefe eindrang. Mit der Ziffer 5 sind die sogenannten Kammeis- oder Aufeisvorkommen bezeichnet, wie sie bereits an anderer Stelle ausführlich beschrieben wurden. Weitaus vorherrschend jedoch ist die Ziffer 1, die die feuchte Bodenoberfläche kennzeichnet, jedoch sei bemerkt, daß zwischen „feucht" und „überschwemmt" eigentlich noch die Ziffer „naß" eingeschaltet werden müßte, da die Schwankungsbreite zwischen 1 und 2, jedenfalls hier und im agrarmeteorologischen Sinne, zu groß ist und das wirkliche Bild des Bodenzustands leicht verwischt.

Weitere Einzelheiten dazu sind in der Tabelle 21 aufgeführt.

[17]) Die einzige Juliaufzeichnung der Ziffer 0 erscheint dem Verf. heute selbst fraglich, aber es besteht aufgrund der Orginalaufzeichnungen keine Möglichkeit mehr, diese Eintragung nachzuprüfen bzw. zu korrigieren.

Tab. 21. Zusammenstellung der Aufzeichnungen über den Zustand des Erdbodens, die im unteren Teil der Tab. (Jahr) eine Zusammenfassung der jeweiligen Meßtermine bringt

		0	1	2	3	5	0	1	2	3	5
Mai 57	7^{00}	0	22	8	0	1					
	13^{00}	1	26	4	0	0					
	18^{00}	2	21	8	0	0	3	69	20	0	1
Juni	7^{00}	0	20	4	3	3					
	13^{00}	0	24	6	0	0					
	18^{00}	0	22	8	0	0	0	66	18	3	3
Juli	7^{00}	1	14	10	1	5					
	13^{00}	0	21	10	0	0					
	18^{00}	0	20	11	0	0	1	55	31	1	5
Aug.	7^{00}	0	15	15	1	0					
	13^{00}	0	20	11	0	0					
	18^{00}	0	19	12	0	0	0	54	38	1	0
Sept.	7^{00}	0	23	7	0	0					
	13^{00}	0	24	6	0	0					
	18^{00}	0	24	6	0	0	0	71	19	0	0
Okt.	7^{00}	0	26	5	0	0					
	13^{00}	0	30	1	0	0					
	18^{00}	0	30	1	0	0	0	86	7	0	0
Nov.	7^{00}	0	30	0	0	0					
	13^{00}	0	30	0	0	0					
	18^{00}	0	28	2	0	0	0	88	2	0	0
Dez.	7^{00}	0	24	7	0	0					
	13^{00}	0	27	4	0	0					
	18^{00}	0	27	4	0	0	0	78	15	0	0
Jan. 58	7^{00}	0	30	1	0	0					
	13^{00}	6	24	1	0	0					
	18^{00}	6	24	1	0	0	12	78	3	0	0
Febr.	7^{00}	16	12	0	0	0					
	13^{00}	21	7	0	0	0					
	18^{00}	24	4	0	0	0	61	23	0	0	0
März	7^{00}	25	6	0	0	0					
	13^{00}	26	5	0	0	0					
	18^{00}	24	7	0	0	0	75	18	0	0	0
April	7^{00}	0	27	2	1	0					
	13^{00}	4	24	2	0	0					
	18^{00}	1	27	2	0	0	5	78	6	1	0
Jahr	7^{00}	42	249	59	6	9					
	13^{00}	58	262	45	0	0					
	18^{00}	57	253	55	0	0					

Temperaturen des bedeckten Bodens

Unter der Bezeichnung „bedeckter Boden“ sind die Bodentemperaturen einer Vergleichsfläche (zur vegetationslosen, also nackten Bodenoberfläche) in einer natürlichen Vegetationsgemeinschaft zusammengefaßt, die ebenfalls dreimal täglich und in sechs verschiedenen Tiefen abgelesen wurden. Diese Vegetationsgemeinschaft, eine bis zu 60 cm hohe relativ dichte Unkrautgesellschaft auf einer Fläche, die zwecks phänologischer und soziologischer Beobachtungen umzäunt und vor jedem Eingriff geschützt blieb, wurde bei der Anlage der Klimastation unter natürlichen Bedingungen belassen. Ein Teil jener Aufzeichnungen wird in den „phänologischen Beobachtungen" in zusammengefaßter Form beschrieben, darum sollen hier nur die charakteristischen Arten angeführt werden:

Es handelt sich hierbei in erster Linie um *Hypochoeris radicata, Crepis capillaris, Plantago lanceolata, Agrostis* alba var., *Anthoxanthum odoratum* und *Gnaphalium purpureum* var. *spicatum*, die die Fläche zahlenmäßig beherrschen, wogegen *Digitalis purpurea* und *Senecio erraticus* zwar weniger häufig sind, aber schattenwerfend die Meßfläche — namentlich im Sommer — beeinflussen.

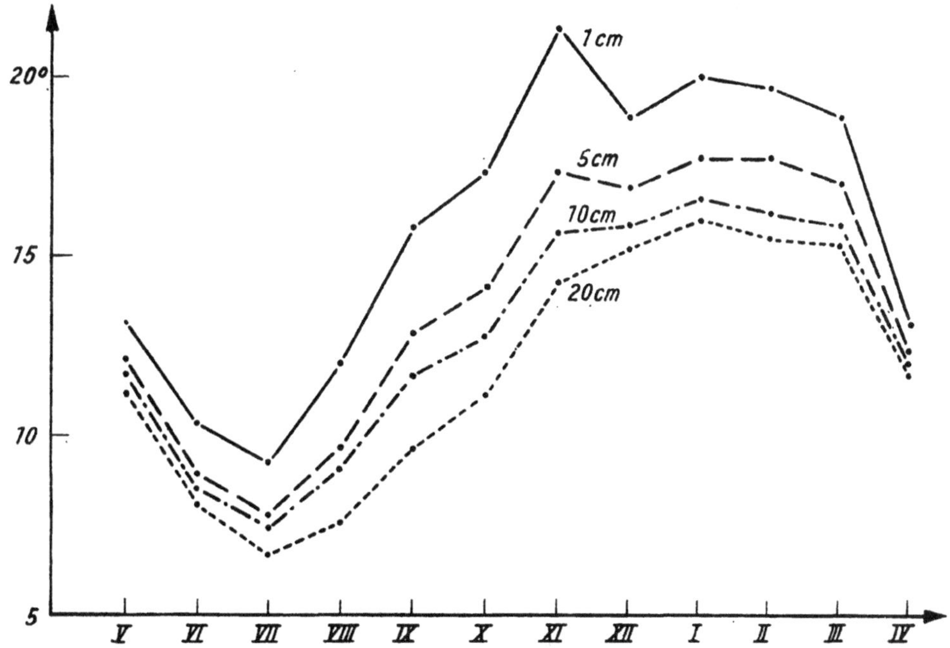

Abb. 40. Der Jahresgang der Temperaturen (Mittagsmittel der Monate) des Bodens in natürlicher, niedriger Vegetation

Wie bereits im vorstehenden Abschnitt erwähnt, verhält sich die Temperaturschichtung des bedeckten Bodens im Gegensatz zum nackten Boden weit ausgeglichener, wie dies auch in den Linien der Monatswerte in der Abb. 40 veranschaulicht wird. Die Bodentemperaturen unter dieser Vegetation erreichen in der Oberflächenschicht bereits im November Höchstwerte. Auch hier zeichnet sich die Dezemberdepression ab, die noch in 5 cm Tiefe zu einer Temperatursenkung führt. Auf der anderen Seite erreichen die Temperaturen trotz des neuerlichen Anstiegs im Januar nicht mehr den Höhepunkt, wie ihn die Temperaturen des nackten Bodens im März verzeichnen.

Die höchsten Temperaturen erreicht die Oberflächenschicht bereits im November (23. 11. 1957 = 28,6° um 13 Uhr, nackter Boden um die gleiche Zeit 33,1° C). Um diese Zeit setzt die starke Bodenerwärmung ein. Die Vegetation ist in der verunkrauteten Fläche noch relativ niedrig. Doch schon im Dezember setzen die Vegetations- und Temperaturverschiebungen ein, darum können im Januar bereits ganz andere Verhältnisse angetroffen werden. Im Januar erreicht die Unkrautgesellschaft ihre optimale Entfaltung. Die Pflanzen blühen

Tab. 22. Monatsübersicht der Temperaturen des bedeckten Bodens zu

Monat	1 cm				5 cm				10 cm			
	a)	b)	c)	*M*	a)	b)	c)	*M*	a)	b)	c)	*M*
Mai 57	9,3	13,2	10,8	10,7	10,4	12,1	12,0	11,2	10,8	11,7	12,0	11,3
Juni	5,6	10,4	7,9	7,4	7,0	8,9	8,9	8,0	7,5	8,5	8,9	8,1
Juli	4,6	9,2	7,1	6,4	5,8	7,7	8,0	6,8	6,3	7,4	7,9	7,0
Aug.	5,8	12,0	8,5	8,0	7,0	9,6	9,7	8,3	7,4	9,0	9,5	8,3
Sept.	7,1	15,8	11,5	10,4	8,5	12,8	12,6	10,6	9,0	11,6	12,2	10,4
Okt.	8,0	17,3	13,0	11,6	9,2	14,1	13,7	11,6	9,9	12,7	13,4	11,5
Nov.	11,7	21,4	17,0	15,5	12,6	17,3	17,4	15,0	13,0	15,7	16,6	14,6
Dez.	13,5	18,8	17,2	15,7	14,3	16,9	17,4	15,7	14,5	15,8	16,7	15,4
Jan 58	13,2	20,1	18,3	16,2	14,5	17,7	18,5	16,3	14,8	16,6	17,9	16,0
Febr.	11,8	19,7	17,3	15,2	13,4	17,7	18,1	15,6	13,9	16,2	17,6	15,4
März	11,6	18,9	17,0	14,8	13,4	17,0	17,7	15,4	14,0	15,8	17,2	15,2
April	9,6	13,1	12,2	11,1	10,6	12,3	13,0	11,7	11,0	11,9	12,8	11,7
1957/58	9,3	15,8	13,2	11,9	10,6	13,7	13,9	12,2	11,0	12,7	13,6	12,1

Abb. 41. Die Thermometerreihe des „bedeckten Bodens" zu Beginn der Vegetationsentfaltung (Photo 9. 10. 1957)

(siehe dazu die Vergleichsphotos der Abb. 41 und 42), die Instrumente bleiben im Schatten und lediglich die Oberflächenschicht erfährt eine bemerkenswerte Erwärmung, jedoch nicht durch direkte Strahlung, sondern durch die Lufttemperatur. Daher bleiben selbst die Oberflächenwerte des bedeckten Bodens unter den Temperaturen der bodennahen Luftschicht zurück, während das Verhältnis im November umgekehrt und dabei noch viel markanter ist, wie dies auch aus nachstehender Tab. 23 hervorgeht. In dieser Tabelle wurden nur Mittagswerte angeführt. Zum Vergleiche wurde auch der März mit Werten des nackten Bodens darin aufgenommen, weil im März die Differenzen noch schärfer ausgeprägt sind, obwohl die Unkrautgesellschaft ihren eigentlichen Vegetationszyklus bereits abgeschlossen hat und die Bestände sich lichten. Dies ist wohl damit zu erklären, daß die Oberfläche des nackten Bodens mehr und mehr austrocknet, während die Oberfläche in der Vegetation das ganze Jahr hindurch feucht bleibt.

den jeweiligen Meßterminen sowie die aus diesen gebildeten Mittelwerte

20 cm				30 cm				50 cm			
a)	b)	c)	*M*	a)	b)	c)	*M*	a)	b)	c)	*M*
11,3	11,3	11,6	11,4	11,7	11,7	11,7	11,7	12,3	12,4	12,3	12,3
8,1	8,0	8,2	8,1	8,7	8,7	8,7	8,7	9,6	9,6	9,5	9,6
6,6	6,6	6,8	6,7	7,3	7,2	7,3	7,3	8,0	8,1	8,0	8,0
7,5	7,5	8,0	7,6	8,0	7,9	8,0	8,0	8,2	8,3	8,3	8,3
9,5	9,6	10,3	9,7	9,9	9,8	10,0	9,9	9,9	10,0	10,0	9,9
11,0	11,1	11,8	11,2	11,5	11,4	11,5	11,5	11,5	11,6	11,6	11,5
14,0	14,2	14,8	14,3	14,3	14,2	14,3	14,3	13,9	14,0	14,0	13,9
15,3	15,2	15,6	15,3	15,4	15,3	15,4	15,4	15,1	15,2	15,2	15,1
16,1	16,0	16,6	16,2	16,1	16,0	16,1	16,1	15,8	15,9	15,8	15,8
15,5	15,5	16,2	15,7	15,7	15,6	15,7	15,7	15,7	15,8	15,7	15,7
15,5	15,3	16,0	15,5	15,6	15,6	15,6	15,6	15,7	15,8	15,7	15,7
11,8	11,7	12,1	11,9	12,2	12,1	12,1	12,2	12,8	12,9	12,8	12,8
11,9	11,8	12,3	12,0	12,2	12,1	12,2	12,2	12,4	12,5	12,4	12,4

Abb. 42. Die gleiche Thermometerreihe der Abb. 41 zwei Monate später (Photo 2. 12. 1957)

Tab. 23. Vergleichsdaten einiger Temperaturen unter verschiedenen Vegetationsbedingungen und die Lufttemperatur des gleichen Zeitabschnitts (Einzelheiten dazu im Text)

	Bedeckter Boden 1 cm		Lufttemperatur 10 cm		Nackter Boden 1 cm	
	Mittel	Maximum	Mittel	Maximum	Mittel	Maximum
1. Nov.-Dek.	21,2°	24,6°	18,8°	22,1°	27,0°	29,6°
November	21,4	28,6	18,6	29,2	26,2	33,1
1. Jan.-Dek.	19,1	21,5	20,0	23,5	27,3	32,9
Januar	20,1	24,5	21,5	28,5	29,0	35,2
1. März-Dek.	20,8	23,2	25,2	33,0	41,0	48,8
März	18,9	23,2	23,1	33,0	36,6	48,8

Temperaturen in Forstbeeten

Eine nicht unwesentlich erscheinende Ergänzung erfahren die bisherigen Aufzeichnungen der Bodentemperaturen durch gleichzeitige Dauermessungen in Forstbeeten (sehr dichten Jungpflanzungen), die eingangs näher beschrieben wurden (S. 67). Dazu hier einige weitere Einzelheiten.

Da nach Einrichtung der eigentlichen Klimastation nur noch Thermometer für 1 und 10 cm Bodentiefe zur Verfügung standen (die Instrumente für die Thermoquadrate wurden erst zu einem späteren Zeitpunkt frei), konnten nur die Temperaturen in diesen beiden Tiefen erfaßt werden. Doch auch so ließ sich der charakteristische Temperaturverlauf erfassen, der in Einzelheiten in den Tabellen S. 378—381 und 390—413 wiedergegeben ist. Vor Beginn des Meßjahres wurden für spätere Vergleichszwecke die Pflanzenbestände vermessen und die Arten der Krautschicht notiert, die um diese Zeit noch bestimmbar waren. Obwohl diese Liste keineswegs vollständig ist, läßt die Zusammensetzung der Krautschicht in den einzelnen Forstbeständen bereits auf unterschiedliche Lichtverhältnisse schließen.

KASTANIENBEET (*Castanea sativa*): Dichter Bestand, minimale Lichtverhältnisse; Pfl. 1,10—1,30 m groß.
Nur *Ranunculus repens*, *Rumex romassa* und *Agrostis alba var.*, wenige und vergeilte Exemplare.
EICHENBEET (*Quercus* sp., vermutlich *Qu. robur*): Lockerer und niedriger Bestand, stark verzweigt, gute Lichtverhältnisse; Pfl. 0,60—0,80 m groß.
Vorherrschend *Hypochoeris radicata*, *Crepis capillaris*, *Rumex acetosella* und *Juncus bufonius*; häufig *Rumex romassa*, *Agrostis alba var.*, *Plantago lanceolata*, *Ranunculus repens*, *Lotus uliginosus*, *Trifolium repens*, *Gnaphalium purpureum*, *Erigeron spiculosus* und *Anthoxanthum odoratum*.

AHORNBEET (*Acer* sp., wahrscheinlich *A. campestre*): Recht dichter Bestand, Pflanzen ungleichmäßig groß (1,20—1,80 m); geringer Lichtgenuß.
Häufig ist *Oxalis aureoflava*, dazu vereinzelt *Rumex romassa*, *Ranunculus repens* und *Chrysanthemum leucanthemum*.

ESCHENBEET (*Fraxinus americana*): Bestand hoch, aber locker und lichtdurchlässig; Pfl. zw. 1,00 und 1,50 m groß. Vorherrschend *Rumex romassa*, *Sisyrinchium chilense*, *Oxalis aureoflava* und *Hypochoeris radicata*; weiterhin häufig *Prunella vulgaris*, *Crepis capillaris*, *Agrostis alba var.*, *Ranunculus repens* und *Plantago lanceolata*.

Im Laufe des Winters wurden noch weitere Notizen zur Vegetationsentwicklung in den Forstbeeten gemacht:

9. 5. 57: Nach starkem Regen und Sturm Ahorn und Esche kahl, Blätter von Kastanie und Eiche gelichtet.

25. 5. 57: Kastanie noch mit wenigen Blättern, Boden dicht mit Laub bedeckt. Eiche mit wenigen Blättern, Boden weniger als halb mit Laubschicht bedeckt. Ahorn blattlos, Boden mit Laubschicht. Esche blattlos, am Boden nur lockere Polster abgeworfenen Laubes.
Krautschicht bis auf robuste Rosettentypen abgestorben. Auffallende Verbreitung eines Röhrenpilzes im Wurzelbereich der Kastanien.

10. 7. 57: Kastanie noch immer mit einigen trocknen Blättern, am Boden 3—5 cm starke Laubschicht. Eiche kahl, am Boden lockere Laubschicht. Ahorn kahl, am Boden 1 cm dicke Laubschicht. Esche kahl, Boden fast nackt.

21. 8. 57: Unter Kastanien Laubschicht unverändert, unter Eiche und Ahorn nur lockere Laubschicht. Bei Esche Knospensprießen (Blattentfaltung Ende August), Bodenoberfläche bis auf wenige Rosetten nackt.

Mitte September erfolgte eine genauere Bestandsaufnahme, die den Thermometerbereich (1 m²) in den einzelnen Beeten erfaßte:

KASTANIENBEET: Pflanzen noch blattlos, Knospenansatz, am Boden starke Laubschicht:
EICHENBEET: Pflanzen mit starken Knospen, am Boden lückenhaft Laub, Moospolster;
AHORNBEET: Knospen aufbrechend, noch immer lückenhafte Laubschicht am Boden;
ESCHENBEET: Pflanzen mit jungen Blättern, Entfaltung der Krautschicht, Moospolster.

Dazu wurden folgende Pflanzen ausgezählt (Fläche 1 m²)

	Kastanie	Eiche	Ahorn	Esche
Agrostis alba var.	5	20	3	17
Anthoxanthum odoratum	—	2	4	7
Prunella vulgaris	—	1	3	1
Chrysanthemum leucanthemum	—	3	8	30
Crepis capillaris	—	1	—	130
Erigeron spiculosus	—	—	—	3
Gnaphalium cheiranthifolium	—	1	—	1
Gnaphalium purpureum	—	2	2	4
Holcus lanatus	—	1	—	2
Hypochoeris radicata	—	4	—	80
Juncus bufonius	—	9	—	18
Lotus uliginosus	3	22	2	9
Lupinus angustifolius	—	—	1	—
Oxalis aureoflava	—	2	3	1
Plantago hirtella	—	1	—	—
Plantago lanceolata	—	3	—	2
Ranunculus repens	6	21	11	4
Rumex acetosella	—	7	—	2
Rumex romassa	2	5	4	15
Sisyrinchium chilense	—	2	9	25
Sonchus oleraceus	—	1	2	—
Trifolium repens	—	2	1	7
Sonstige	—	4	—	35

Anhand dieser Pflanzenliste war es auch möglich, spätere Temperaturschwankungen und Ungleichmäßigkeiten zu erklären. Leider befand sich keine Kiefernpflanzung entsprechenden Alters in unmittelbarer Nachbarschaft, um auch den Temperaturverlauf in immergrünen Beständen verfolgen zu können. Doch zunächst noch zu den weiteren wenigen, die Forstbeete betreffenden Aufzeichnungen:

Mitte Oktober wurden Frostschäden an den jungen Blättern von Kastanien und Esche festgestellt Die Krautschicht befand sich zur gleichen Zeit in üppiger Entwicklung.
Ende Januar lichtete sich die Krautschicht bereits wieder, die meisten Arten hatten ihren Vegetationszyklus bereits abgeschlossen. Gegen Ende Februar war dann der Großteil der Pflanzen verdorrt.
Mitte März begannen sich die Blätter von Ahorn und Esche zu färben und fielen Ende März/Anfang April ab, während die Blattfärbung von Kastanie und Eiche erst Ende April einsetzte.

Am 15. 4. 1958 wurden die 4 Forstbestände nochmals vermessen. Es ergaben sich folgende Daten:

Kastanie	2,50—2,90 m,	im Mittel	2,70 m
Eiche	0,80—1,60 m,	,, ,,	1,10 m
Ahorn	2,40—2,70 m,	,, ,,	2,50 m
Esche	2,30—2,80 m,	,, ,,	2,50 m

Der ungefähre Zuwachs während des gesamten Meßjahres betrug also etwa bei Kastanie 1,50 m, bei Eiche 0,40 m, bei Ahorn 1,00 m und bei Esche 1,30 m. Die Pflanzung war nach Abschluß dieses Jahres nunmehr 6 Jahre alt und befand sich in voller Entwicklung.

Ein aufschlußreiches Bild zum Jahresgang der Bodenoberflächentemperaturen in den Forstbeeten vermittelt Abb. 43. Im unteren Teil dieser Darstellung wurden die Dekadenwerte des wirklichen Temperaturverlaufs der vier Forstbeete und des vegetationslosen Bodens eingetragen. Die Darstellung darüber gibt den Verlauf der Temperaturen der einzelnen Forst-

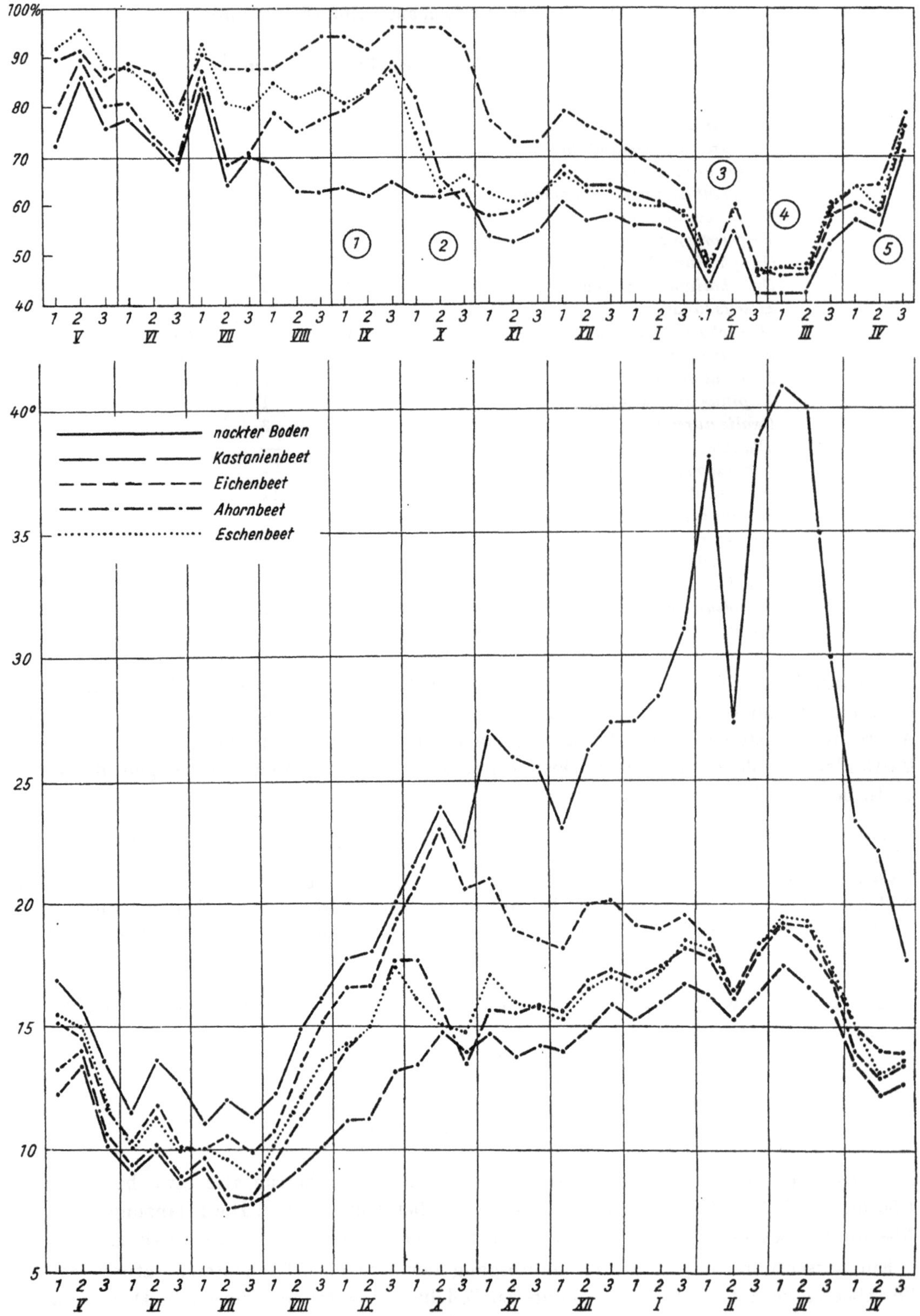

Abb. 43. Wirklicher (unten) und relativer (oben) Temperaturverlauf der Oberflächenwerte in Forstbeeten (Dekadenmittel) im Vergleich zur vegetationslosen Oberfläche; Einzelheiten dazu siehe Text

Abb. 44. Die beiden Bodenthermometer im Ahornbeet vor Beginn der Vegetationsentfaltung (11. 9. 1957)

Abb. 45. Die gleichen Thermometer der Abb. 44 etwa drei Monate später (Photo 2. 12. 1957)

Abb. 46. Die „Thermoquadrate". Nebenmeßfeld der Klimastation Valdivia (Photo 14. 1. 1958)

Tab. 24. Monatsübersicht der Temperaturen in den Forstbeeten (Meßtermine und Monatsmittel)

Monat	Kastanie								Eiche							
	1 cm				10 cm				1 cm				10 cm			
	a)	b)	c)	*M*	a)	b)	c)	*M*	a)	b)	c)	*M*	a)	b)	c)	*M*
Mai 57	10,7	11,8	11,4	11,1	11,1	11,3	11,5	11,3	9,5	13,6	10,7	10,8	10,4	11,3	11,6	11,0
Juni	7,5	9,1	8,4	8,1	8,3	8,5	8,7	8,5	5,5	10,7	7,6	7,4	7,2	8,0	8,7	7,8
Juli	6,4	8,2	7,5	7,1	7,1	7,3	7,6	7,3	4,5	10,1	6,8	6,5	6,2	7,0	7,8	6,7
Aug.	7,2	9,3	8,4	8,1	7,7	8,1	8,4	8,0	5,8	13,1	8,3	8,2	7,1	8,6	9,1	8,0
Sept.	8,5	11,8	10,7	9,9	9,1	9,8	10,3	9,6	7,0	17,4	10,9	10,6	8,5	11,3	12,2	10,1
Okt.	9,8	14,0	12,6	11,6	10,5	11,5	12,1	11,1	8,3	21,4	13,1	12,8	9,7	13,5	14,4	11,8
Nov.	12,2	14,2	14,0	13,2	12,3	12,9	13,3	12,7	12,2	19,4	16,4	15,0	12,8	15,1	15,9	14,2
Dez.	13,6	14,9	15,0	14,3	13,7	14,0	14,4	13,9	14,0	19,3	17,5	16,2	14,6	16,1	16,9	15,5
Jan. 59	14,3	16,0	16,2	15,2	14,5	14,9	15,3	14,8	13,9	19,2	18,2	16,3	14,9	16,3	17,2	15,8
Febr.	13,9	15,9	16,0	14,9	14,4	14,9	15,3	14,8	12,5	17,7	16,8	14,9	13,8	15,1	16,0	14,7
März	14,0	16,5	16,5	15,2	15,0	15,5	15,9	15,4	11,9	18,0	16,2	14,5	13,7	15,0	15,7	14,5
April	11,2	12,7	12,5	11,9	11,8	12,1	12,4	12,0	9,5	13,3	11,9	11,1	10,8	11,5	12,0	11,2
1957/58	10,8	12,9	12,4	11,7	11,3	11,7	12,1	11,6	9,6	16,1	12,9	12,0	10,8	12,4	13,1	11,8

Monat	Ahorn								Esche							
	1 cm				10 cm				1 cm				10 cm			
	a)	b)	c)	*M*	a)	b)	c)	*M*	a)	b)	c)	*M*	a)	b)	c)	*M*
Mai 57	10,3	12,5	11,5	11,2	10,9	11,4	11,8	11,2	9,7	13,9	11,0	11,1	10,7	11,8	12,0	11,3
Juni	6,8	9,3	8,3	7,8	7,7	8,2	8,6	8,1	5,7	10,4	7,8	7,4	7,3	8,4	8,8	7,9
Juli	5,5	8,5	7,6	6,8	6,4	7,1	7,6	6,9	4,8	9,5	7,0	6,5	6,5	7,3	7,8	7,0
Aug.	6,4	11,1	8,9	8,2	7,2	8,7	9,2	8,1	6,2	11,9	8,6	8,2	7,3	8,8	9,3	8,2
Sept.	7,4	15,5	11,6	10,5	8,5	11,5	12,1	10,1	7,4	15,6	11,1	10,4	8,8	11,3	12,0	10,2
Okt.	8,4	15,6	12,6	11,2	9,4	12,1	12,5	10,9	9,1	15,2	12,8	11,5	10,2	12,3	12,9	11,4
Nov.	11,8	15,6	15,4	13,7	12,1	13,6	14,3	13,0	12,4	16,2	15,5	14,1	12,7	13,9	14,6	13,5
Dez.	13,8	16,5	16,6	15,2	13,9	14,8	15,5	14,5	13,9	16,3	16,1	15,1	14,1	14,7	15,2	14,5
Jan. 58	13,8	17,5	17,7	15,7	14,3	15,5	16,3	15,1	14,1	17,4	17,4	15,7	14,5	15,4	16,1	15,1
Febr.	12,5	17,2	17,0	14,8	13,5	15,0	15,8	14,4	13,0	17,4	17,2	15,1	13,9	15,2	15,9	14,7
März	12,7	18,4	17,6	15,4	14,1	15,4	16,3	15,0	12,9	18,6	17,2	15,4	14,3	15,5	16,3	15,1
April	10,5	14,3	13,0	12,1	11,4	12,3	12,8	12,0	10,5	13,8	12,8	11,9	11,4	12,3	12,8	12,0
1957/58	10,0	14,3	13,2	11,9	10,8	12,1	12,7	11,6	10,0	14,7	12,9	11,9	11,0	12,2	12,8	11,7

beete im Verhältnis zum nackten Boden an, wobei die jeweiligen Werte zum besseren Vergleich in Prozenten berechnet sind (nackter Boden immer 100%). Erst durch diese zweite Darstellung erhält das Temperaturbild, dem einige phänologische Besonderheiten als Ergänzung beigefügt sind, einen gewissen Überblick über den Einfluß der Strahlungs- bzw. Lichtverhältnisse auf die Bodentemperaturen. Zu den Zahlen in der Abb. 43 mit wenigen Worten folgendes: 1 = Bodenoberfläche nackter Stellen trocknet, 2 = zunehmende Belaubung der Forstpflanzungen, 3 = Einflüsse stärkerer Niederschläge, 4 = Zeitspanne dürftiger Lichtverhältnisse am Boden der Forstpflanzungen, 5 = einsetzender Blattfall.

Eine anschauliche Ergänzung zu den vorstehenden Daten, im besonderen die Lichtverhältnisse betreffend, vermögen die Abbildungen 44 und 45 zu geben, die den gleichen Standort (Ahornbeet) während des Winters und im Sommer zeigen.

Die Lufttemperaturen in den Forstbeeten konnten nicht gemessen werden, jedoch dürften bei so jungen Pflanzungen auch kaum wesentliche Differenzen zu erwarten sein. Höchstens in der unmittelbar dem Boden aufliegenden Luftschicht könnten sich solche stärker ausprägen. Diese Annahme wurde durch zweimonatige Messungen (Dezember 1957 und Januar 1958, unter dem Wipfeldach, in 50 cm Höhe) der Maximumtemperaturen im Kastanienbestand bestärkt. So lag das Maximum im Kastanienbestand im Dezember im Mittel um 0,5° und im Januar um 0,8° unter dem mittleren Maximum der Wetterhütte. In der Einzelübersicht gesehen zeigten an Tagen mit großem Bewölkungsmittel beide Maximumtemperaturen gleiche Werte oder das Maximum lag im Kastanienbeet noch höher (in Ausnahmefällen bis zu 1°). Im allgemeinen aber blieb die Luft in diesem Bestand etwas kühler als in der freistehenden Wetterhütte. Wirkliche Extremdifferenzen wurden an Tagen mit kleinem Bewölkungsmittel und höherer Windgeschwindigkeit gemessen; sie betrugen bis zu 2,3° C.

Betr. weiterer Einzelheiten wird auf die nebenstehende Tab. 24 verwiesen, die die Jahresübersicht der Temperaturen in den einzelnen Beständen vermittelt.

Die Thermoquadrate

Da es nicht möglich war, Vergleichsmessungen entsprechend auszudehnen und auch an anderen Standorten Dauermessungen vorzunehmen, wurden im Dezember 1957 „Thermoquadrate“ (1 m²) mit von anderen Standorten herangeschafftem Bodenmaterial aufgefüllt. Es konnten somit während der Sommermonate Januar und Februar 1958 die Bodentemperaturen bis zu 20 cm Tiefe in feinem Flußsand und rotbraunem Lehmboden (*Trumao, Cancagua*) gemessen werden. Als ergänzende Reihen wurden zwei weitere Quadrate nach Einbau der Thermometer mit Auelehm belassen, jedoch die Oberfläche mit Kohlenstaub geschwärzt bzw. mit einer Kreide/Kalk-Mischung geweißt. Je nach Notwendigkeit wurde in den Quadraten in unregelmäßigen Zeitabständen (zumeist nach Regen) die Deckschicht erneuert. Obwohl anfangs mit noch weiteren Serien gearbeitet wurde (Kontrollquadrat, Unterschiede zwischen fester und gelockerter Oberfläche), lohnt es nicht, diese Daten hier anzuführen, da die festgestellten Temperaturdifferenzen zu gering waren, um wesentliche Schlüsse zu erlauben.

Diese Thermoquadrate lagen etwa unter vergleichbaren Gelände- wie Klimabedingungen. Ohne jegliche Höhendifferenzen betrug die größte Horizontalentfernung zwischen den abgelegensten Instrumenten der gesamten Station nur 30 m. Die Messungen in den Quadraten wurden zusammen mit den Ablesungen der übrigen Geräte durchgeführt. Mittelwerte wurden nicht berechnet. Die Anlage dieses kleinen Nebenmeßfeldes ist auf der Abb. 46 zu erkennen. Daten über die Einzelablesungen können den Tabellen 382 bis 389 entnommen werden.

Einen kleinen Überblick zum Gang der Bodenoberflächentemperaturen (Mittagswerte) in den einzelnen Quadraten vermittelt die Abb. 47, die neben den Temperaturunterschieden auch die fast ausnahmslos auftretende Periodizität großer Temperaturschwankungen auf-

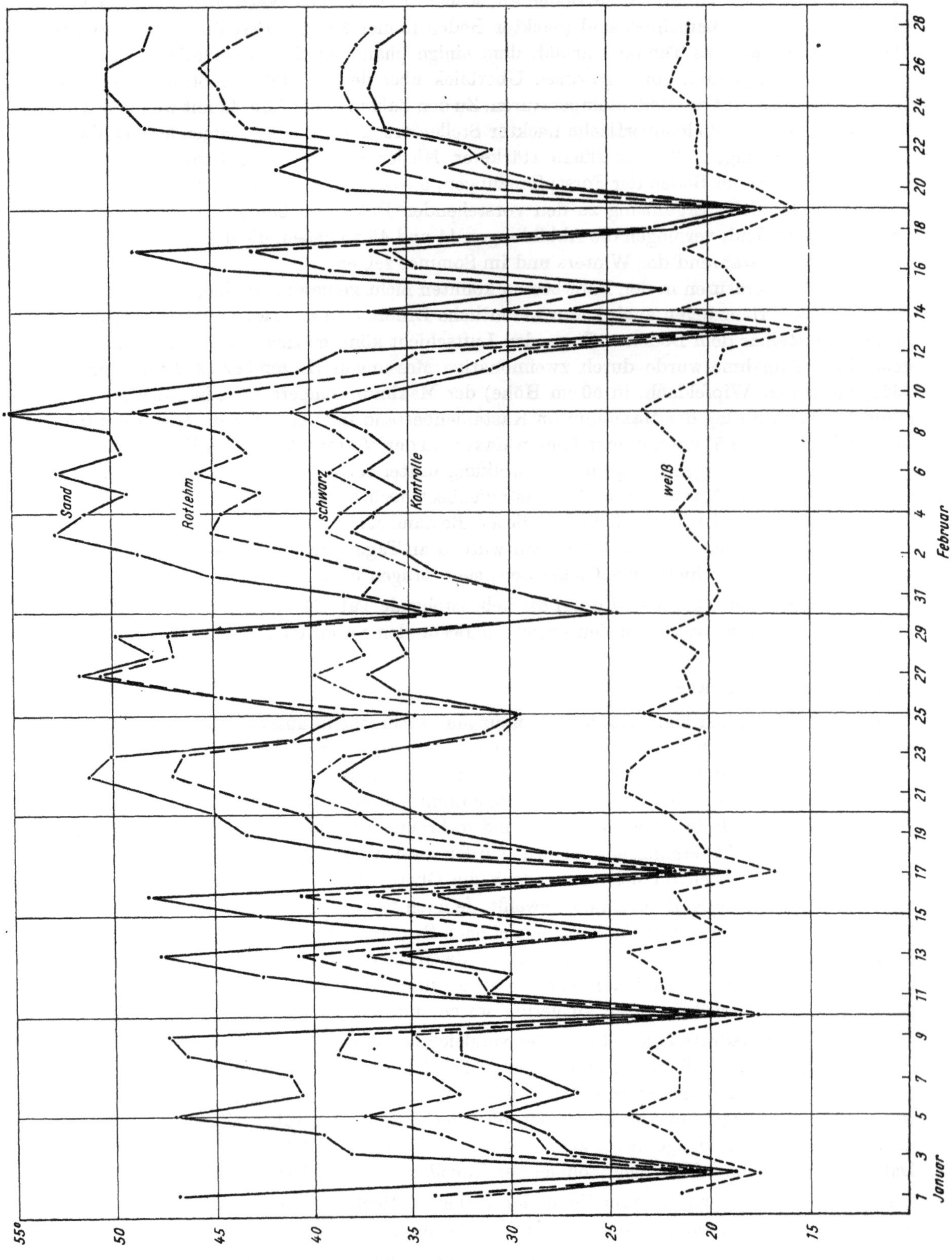

Abb. 47. Verlauf einiger Bodenoberflächentemperaturen im Januar und Februar 1958

zeigt. Solche werden nicht immer durch Niederschläge hervorgerufen, sind durch diese jedoch am deutlichsten. Sind Tage solcher Temperaturdepressionen bei durchschnittlich starker Bewölkung niederschlagsfrei, so bleibt die Schwankung meist kleiner und dabei auch unregelmäßiger. Es konnten in Einzelmessungen Differenzen zwischen Strahlungs- und Regentagen (bei Flußsand) von annähernd 40° festgestellt werden. An Strahlungstagen betrug der Temperaturunterschied zwischen heißestem (Flußsand) und kühlstem Boden (geweißte Fläche) mittags in der Oberflächenschicht mehr als 30° C.

In die Abb. 47 wurde die Kurve der Temperaturen des Kontrollquadrats zum Vergleich mit anderen Temperaturlinien mit aufgenommen; die Einzelwerte werden in den Tabellen nicht angeführt, weil nur knappe Differenzen zur Oberflächentemperatur der Serie „Nackter Boden“ aufzuweisen waren. Der Kurvenverlauf der Temperaturen dieser Abb. zeigt unter anderem an, daß die geschwärzte Oberfläche mit nur wenigen Ausnahmen mittags immer etwas wärmer ist als die Kontrollfläche gleicher Bodenart. Die Differenz beträgt jedoch höchstens 3° C. Die höchsten Temperaturen weist der Flußsand auf, dem jedoch der Rotlehm nur wenig nachsteht. Von großem Einfluß aber ist die weiße Farbe, die sowohl jede größere Erwärmung der Oberfläche wie auch das Eindringen höherer Temperaturen in tiefere Schichten verhindert. Die Differenzen zwischen solcher geweißten Fläche und dem Kontrollfelde kann an Strahlungstagen in der Oberflächenschicht bis zu 17° betragen. Die Mittagstemperaturen der geweißten Fläche bewegen sich fast den ganzen Sommer hindurch um die 20°-Linie.

Tab. 25. Temperaturen in 10 cm Bodentiefe während eines Regentages

Standort	7^{00}	13^{00}	18^{00}	*M*
Nackter Boden	13,3	14,4	15,6	14,2
Bed. Boden	14,0	14,1	14,6	14,2
Kastanienbeet	12,9	12,8	12,8	12,9
Eichenbeet	13,8	14,0	14,4	14,0
Ahornbeet	13,2	13,3	13,5	13,3
Eschebeet	13,4	13,3	13,5	13,4
Flußsand	13,2	15,0	15,6	14,3
Rotlehm	14,1	14,4	15,4	14,5
Kontrollquadrat	13,0	13,9	15,0	13,7
Luft 1 m	11,7	13,0	12,8	12,3
Luft 10 cm	11,7	13,4	12,9	12,4

Wie klein die Unterschiede der Temperaturen während eines Regentags (oder einer Regenperiode) sein können und dabei kaum eine Amplitude aufzeigen, wurde in der vorstehenden Tab. 25 angegeben, die die Temperaturwerte in 10 cm Bodentiefe wiedergibt. Die größte Differenz der Mittagswerte bestand zwischen Sandboden und dem Boden unter dem Kastanienbeet und betrug nur 2,2°[18]). Nach dieser Tabelle bleibt demnach auch an Regentagen und noch in 10 cm Bodentiefe die Temperatur nackter Flächen unter der Lufttemperatur.

Einige weitere Daten sind in den Dekadenwerten der Tab. 26 zusammengestellt. Leider konnten keine Versuche über den Einfluß der Oberflächenfarbe mit anderen Bodenarten durchgeführt werden, die beispielsweise beim Flußsand interessante Ergebnisse versprechen könnten.

[18]) Die „Farbenquadrate“ bestanden zu jener Zeit noch nicht, sie wurden erst Ende Dezember eingerichtet.

Tab. 26: Dekaden- und Monatswerte der Bodentemperaturen in den Thermoquadraten (Januar und Februar 1958)

	1 cm			5 cm			10 cm			20 cm			
	a)	b)	c)	a)	b)	c)	a)	b)	c)	a)	b)	c)	
Jan. 1	17,1	38,7	28,9	16,2	29,3	28,1	16,3	25,3	27,1	18,7	20,4	23,3	Fluß-sand
2	16,4	39,6	30,4	16,3	29,2	29,3	16,7	25,4	28,1	19,1	20,7	23,9	
3	17,6	45,0	31,0	17,0	29,9	29,6	17,7	26,1	28,5	20,3	21,6	24,5	
Januar	17,1	41,2	30,2	16,5	29,5	29,0	16,9	25,6	27,9	19,4	20,9	23,9	
Febr. 1	15,7	50,6	31,9	15,6	31,0	30,0	16,8	26,0	28,4	19,8	21,1	24,3	
2	13,4	33,4	24,9	13,9	25,1	25,1	15,3	21,5	23,9	18,1	18,8	21,3	
3	13,9	46,8	29,3	15,0	29,5	28,7	16,2	24,8	27,4	19,0	20,1	23,3	
Februar	14,4	43,3	28,6	14,8	28,5	27,9	16,1	24,1	26,5	19,0	20,0	23,0	
Jan. 1	16,3	31,9	25,6	15,5	24,1	24,9	17,3	20,2	23,2	19,1	18,8	19,4	Rot-lehm
2	16,2	34,9	27,5	16,0	24,7	26,3	17,9	20,8	24,3	19,8	19,3	20,3	
3	17,6	42,9	28,7	16,7	26,4	26,9	18,7	22,1	24,4	20,8	20,4	21,0	
Januar	16,7	36,8	27,3	16,1	25,1	26,1	18,0	21,0	24,0	19,9	19,5	20,3	
Febr. 1	15,7	43,6	30,8	15,9	26,3	27,1	18,3	21,5	24,8	20,5	20,1	20,7	
2	13,2	29,7	23,4	14,6	21,6	23,0	16,8	18,8	21,2	19,2	18,8	19,1	
3	13,7	41,9	28,5	15,4	25,6	26,4	17,8	20,4	23,9	19,6	19,2	19,8	
Februar	14,2	38,1	27,4	15,3	24,4	25,5	17,6	20,2	23,3	19,8	19,4	19,9	
Jan. 1	15,0	28,6	23,2	13,9	22,7	23,2	14,8	20,2	22,4	17,4	17,5	19,0	Schwarz
2	14,9	31,4	26,1	14,7	23,6	25,7	15,8	21,1	24,6	18,3	18,3	19,9	
3	15,9	34,9	28,1	16,0	25,9	27,8	17,3	23,1	26,9	20,2	19,9	21,8	
Januar	15,3	31,7	25,9	14,9	24,1	25,6	16,0	21,5	24,7	18,7	18,6	20,3	
Febr. 1	14,5	37,9	30,0	15,1	27,0	29,4	16,7	23,6	28,2	20,1	19,8	22,2	
2	13,2	26,8	22,9	14,1	21,2	23,2	15,5	19,5	22,3	18,6	18,4	19,5	
3	13,4	36,0	28,9	15,1	25,6	28,2	16,6	22,3	26,6	19,2	19,0	21,2	
Februar	13,7	33,4	27,1	14,8	24,5	26,8	16,2	21,8	25,6	19,3	19,1	21,0	
Jan. 1	12,0	21,2	17,6	11,3	18,1	17,6	12,5	15,9	17,1	14,9	14,9	15,9	Weiß
2	12,0	21,0	17,7	11,9	17,9	18,0	13,2	16,0	17,5	15,4	15,3	16,3	
3	12,2	21,7	18,2	12,1	18,3	18,3	13,4	16,3	17,7	15,8	15,7	16,6	
Januar	12,1	21,3	17,8	11,8	18,1	18,0	13,0	16,1	17,4	15,4	15,3	16,3	
Febr. 1	10,2	22,3	17,6	10,2	17,4	17,7	12,1	15,2	17,0	14,9	14,8	15,8	
2	10,6	18,2	15,9	10,9	16,0	16,3	12,4	14,7	16,1	14,9	14,8	15,5	
3	10,9	20,9	17,8	11,5	17,1	17,7	13,2	15,1	16,9	14,8	14,7	15,6	
Februar	10,5	20,4	17,0	10,8	16,8	17,2	12,5	15,0	16,6	14,9	14,8	15,6	

Die Morgenmessungen in den einzelnen Quadraten ergeben, wenn auch nicht in so krasser Form wie die Mittagswerte, ein gleiches Bild: Die geweißte Oberfläche weist die niedrigsten Temperaturen auf, die Werte von Sand und Rotlehm liegen im Durchschnitt etwa 3° höher. In 20 cm Tiefe kann die Differenz bis zu 6° betragen. Bei der Wärmespeicherung spielt also auch hier die Bodenart eine bemerkenswerte Rolle, obwohl auf der anderen Seite, jedenfalls im biologischen Geschehen, die große Temperaturamplitude wie z. B. beim produktionsaktiven Rotlehmboden von negativer Wirkung sein dürfte und die positiven Einflüsse der Wärmespeicherung wirkungslos machen kann.

Da die Temperaturen der 7 Uhr-Messung nicht dem Tagesminimum entsprechen, zumindest nicht im Sommer, wurden einige Quadrate eine Zeitlang auch gegen 5 Uhr, also kurz vor Sonnenaufgang, kontrolliert. Die einzelnen Werte sind zum Vergleich mit den 7 Uhr-Daten in nachstehender Tabelle zusammengestellt. Diese 5 Uhr-Werte liegen beträchtlich unter den in den Originaltabellen (S. 238 bis 261) angegebenen Morgenwerten. Die Differenz zwischen den beiden Werten kann in Extremfällen bis 9° betragen und die Bodenerwärmung von Sonnenaufgang bis zum Meßtermin wirkt sich nicht selten bereits bis in 10 cm Tiefe aus.

Tab. 27. Temperaturdifferenzen in 1 cm Bodentiefe zwischen der offiziellen Meßzeit (7 Uhr) und einer Kontollmessung vor Sonnenaufgang (5 Uhr); Meßwerte vom 1. bis 25. Januar 1958

Tag	Sand		Rotlehm		Kontrolle		Schwarz		Weiß	
	5^{00}	7^{00}	5^{00}	7^{00}	5^{00}	7^{00}	5^{00}	7^{00}	5^{00}	7^{00}
1.	12,2	18,0	12,5	15,7	9,6	13,8	10,8	14,4	9,0	10,9
2.	15,1	15,9	15,8	16,1	13,9	14,5	14,5	15,1	13,4	14,0
3.	8,7	12,9	9,5	12,6	8,5	11,3	9,4	12,0	8,6	10,7
4.	8,0	16,4	7,4	15,5	6,0	13,5	7,0	14,0	5,6	10,4
5.	8,4	17,6	8,9	16,9	8,0	15,0	8,2	15,5	7,7	12,0
6.	13,6	19,1	13,3	18,2	10,4	16,2	12,0	17,0	10,4	13,0
7.	8,9	16,9	9,6	16,6	8,9	14,7	10,0	15,2	8,7	13,1
8.	10,4	16,2	9,1	15,2	7,0	13,1	8,3	13,6	6,5	10,0
9.	13,5	18,4	12,8	17,2	10,0	14,6	11,5	15,5	9,5	11,5
10.	15,7	20,0	15,5	18,5	13,5	17,0	14,2	17,2	12,7	14,9
11.	13,4	14,0	13,4	14,3	13,0	13,5	13,9	14,1	13,2	13,4
12.	10,5	16,0	10,0	16,3	8,5	14,5	9,5	15,0	8,0	11,3
13.	12,8	18,1	12,0	17,4	9,8	15,0	10,9	15,5	9,5	12,3
14.	16,8	19,5	16,0	18,6	14,0	16,6	15,0	17,3	13,4	14,5
15.	15,5	18,4	15,0	17,1	12,6	15,1	13,7	15,5	12,4	13,2
16.	11,2	17,6	11,6	17,2	9,5	14,7	10,7	15,6	9,0	11,5
17.	13,9	16,5	14,3	16,2	12,5	14,4	13,5	15,4	11,6	13,1
18.	7,5	13,0	8,0	14,0	7,2	12,0	8,2	12,8	7,0	9,5
19.	10,5	15,0	9,9	14,9	7,9	12,2	9,0	13,1	7,4	10,0
20.	12,6	16,1	12,2	15,9	10,4	13,5	11,4	14,3	9,5	11,5
21.	15,3	18,4	15,0	18,0	13,0	15,5	14,0	16,1	12,3	13,5
22.	14,1	20,0	14,0	19,2	12,5	16,2	13,7	17,4	11,5	13,5
23.	13,4	20,7	13,7	21,0	12,8	18,0	14,5	19,2	11,6	14,5
24.	14,5	18,5	14,7	18,5	13,6	16,4	14,9	17,2	12,6	14,5
25.	14,4	18,4	14,8	18,5	14,2	16,9	15,2	17,4	13,4	15,0
M	12,4	17,3	12,4	16,8	10,7	14,7	11,8	15,4	10,2	12,5

2. Wassertemperaturen

Da bereits in Mininco (vgl. Kunkel 1956) die Wassertemperaturen im Vergleich zur Bodenerwärmung kontrolliert wurden, blieben diese auch in Valdivia nicht unberücksichtigt. Allerdings konnten die Wassertemperaturen hier nur in stehendem Wasser (30 cm tiefe, weißgestrichene, in den Boden eingelassene Metalltonne von 60 cm Durchmesser), dafür aber in vier verschiedenen Tiefen gemessen werden. Die ausführlichen Originalaufzeichnungen sind in den Tabellen S. 274—297 wiedergegeben. Nachstehend eine kurze Übersicht aus den Monatswerten:

In ökologischer Sicht hat offenbar der Tagesgang der Temperatur in Kleingewässern eine größere Bedeutung als ihre Temperaturschichtung. Auf der einen Seite ist bekannt, daß durch die *klimatische Diskordanz* die Ausgeglichenheit des ehemals bewaldeten südchilenischen Lebensraumes gestört ist (SCHWABE 1951, 1952, 1956b), was auch die Produktivität der Böden dieses Raumes beweist[19]). Auf der anderen Seite findet beispielsweise der Limnologe in einer schon von Erosion stark gezeichneten Landschaft in Wasserläufen Lebenseinheiten, deren Umweltbedingungen sich kaum oder nur wenig geändert zu haben scheinen[20]). Es ist in diesem Falle bedauerlich, daß keine erweiterten Dauermessungen in Bächen und Flüssen durchgeführt werden konnten. Die technischen Voraussetzungen erlaubten derartige Ergänzungsarbeiten nicht.

Tab. 28. Monatsmittel der 13 Uhr-Ablesung sowie der berechneten Tagesmittelwerte der Wassertemperaturen im Meßfaß

Monat	1 cm		5 cm		10 cm		20 cm	
	13^{00}	*M*	13^{00}	*M*	13^{00}	*M*	13^{00}	*M*
Mai 57	13,1	11,6	12,4	11,2	11,8	10,9	11,7	11,0
Juni	9,8	8,0	8,8	7,7	8,2	7,4	8,1	7,6
Juli	8,9	7,1	8,0	6,8	7,5	6,7	7,2	6,8
Aug.	11,5	9,2	10,4	8,7	9,6	8,4	9,1	8,3
Sept.	15,1	12,0	14,1	11,5	13,2	11,1	12,9	11,2
Okt.	18,3	14,2	17,6	13,8	16,5	13,4	16,7	13,5
Nov.	22,7	18,1	22,0	17,7	21,2	17,3	21,6	17,6
Dez.	23,6	19,5	22,8	19,1	21,8	18,7	21,9	18,9
Jan. 58	26,4	21,1	25,0	20,6	23,7	20,0	23,6	20,2
Febr.	26,3	20,0	24,4	19,4	22,5	18,7	21,1	18,5
März	23,7	18,6	22,1	18,0	20,3	17,3	18,8	17,1
April	16,2	13,2	14,9	12,7	13,9	12,3	13,8	12,4
1957/58	18,0	14,4	16,9	13,9	15,9	13,5	15,5	13,6

Die uns hier vorliegenden Daten über die Wassertemperaturen gestatten jedoch trotz der primitiven Meßanlage (künstliches Kleingewässer) einige Schlüsse. Die Monatsmittel der Wassertemperatur in 1 cm Tiefe um 13 Uhr liegen im Januar als wärmsten Monat nur 5,7° über der Lufttemperatur (1 m Höhe) und bleiben selbst im Juli 0,1° über dieser, während die Oberflächentemperatur des nackten Bodens im Januar um 8,3 und im März um 14,4° über die *t-L* steigt. Ja, die Wassertemperatur bleibt an extrem heißen Tagen mittags sogar unter der *t-L*, wenn die errechneten Tagesmittel ein anderes Bild aufzeigen mögen, wie zwei nachstehende Zahlenreihen belegen:

	Luft 1 m		Wasser 1 cm		n · Boden 1 cm	
	13^{00}	*M*	13^{00}	*M*	13^{00}	*M*
6. 3. 58	31,9	21,7	29,4	25,1	48,0	25,8
7. 3. 58	31,2	18,6	30,0	24,0	48,8	24,0

Fließendes Wasser dürfte um diese gleiche Zeit noch kühler gewesen sein. Schon der Boden in der Unkrautformation zeigte an den gleichen Tagen nur 23,2 bzw. 23,1° an und liegt somit knapp 4° über den Temperaturen im Kastanienbeet (19,1 und 19,5°), wo der Boden praktisch völlig bedeckt bleibt.

---

[19]) nach SCHWABE, Zusammenfassung der diesbezüglichen, fast 10jährigen Arbeiten, noch unveröffentlicht

[20]) mündliche Mitteilungen von BRUNDIN, LÖFFLER, ILLIES u. a., Veröffentlichungen darüber liegen hier nicht vor.

3. Einige Temperaturvergleiche

An winterlichen Frostmorgen kann die Temperatur in 2 m Höhe noch immer sinken, während seichter Bodennebel (bei 100% Feuchtigkeit) Bodenoberflächentemperaturen und auch die Lufttemperatur in der unmittelbar dem Boden aufliegenden Schicht bereits ansteigen läßt. Auf ein umgekehrtes Verhältnis läßt die Beobachtung schließen, daß das Minimumthermometer am Boden bereits Frosttemperaturen anzeigen kann, während in 2 m Höhe noch 4—6° über Null gemessen werden und demnach keine unmittelbare Frostgefahr besteht. Eine andere Beobachtung zeigte, daß die Instrumente in der Vegetation zuerst Taubeschlag aufwiesen, wogegen bei weiterhin fallenden Temperaturen oft Stunden vergehen konnten, ehe auf vegetationsloser Oberfläche Taufall festzustellen ist. Mit Reifbeschlag oder Eisansatz verhält es sich ähnlich. Und ein viertes Beispiel: Bei unseren Expositionsversuchen auf langgestreckten niedrigen Erdwällen liefen u. a. Soya und Lupine auf dem Nordhang (Sonnenseite) der 50—60 cm hohen Wälle bis zu 10 Tagen vor den Saaten des Südhanges auf. — Diese vier, recht unzusammenhängend scheinenden Beispiele mit sicher verschiedenen Ursachen waren es im eigentlichen Sinne, die den Verf. zu solchen ausgedehnten Meßreihen, wie sie hier vorgelegt werden, veranlaßten.

Im biologischen Geschehen dieses Raumes, der nach Schwabe (1956b, S. 383) ein „einmaliges Laboratorium der Natur" darstellt, treffen Faktoren zusammen, die einen Komplex von Gegensätzen darstellen, und deren Zahl und Ausmaße durch menschliche Eingriffe in die Natur nicht gerade verkleinert werden. Doch es sei nicht der Sinn dieser Schrift, die Ergebnisse einer Kolonisation, die offensichtlich noch nicht abgeschlossen ist, zu kritisieren. Man könnte eine solche Kritik sicherlich auf den Kontinent ausdehnen, denn beispielsweise aus Brasilien (Sioli 1956, S. 105ff) und Argentinien (Hueck 1953) wird ähnliches berichtet.

Zunächst noch einmal die Besonderheit dieser Zone kennzeichnend, sei wiederholt: „Valdivia befindet sich auf einer geographischen Breite, die auf der Nordhalbkugel etwa der Lage Sardiniens oder Lissabon's entspricht. Wir finden hier einerseits ein Kulturland für Weizen und andere Anbauarten wie auf der Nordhemisphäre nördlich der Alpen, zum anderen aber erlauben Strahlung und mittägliche Bodentemperaturen Vergleiche mit dem Mittelmeerraum, während Nacht- und Morgentemperaturen wiederum — unter Ausschluß von Frosttagen und Schneedecke — einen Vergleich etwa mit dem Randgebiete der südlichen Nordsee oder Südnorwegen zulassen würde. Die heute noch in diesem Raume als Relikte anzutreffenden Regenwaldbestände, die einst die gesamte Landschaft prägten, entziehen unser Gebiet schließlich jedem Vergleich mit nordhemisphärischen Verhältnissen." (Kunkel 1958c).

Die weite Gebiete der südamerikanischen Westküste kennzeichnende Temperatur- und Niederschlagsanomalie[21]), welche für Valdivia beispielsweise eine zu hohe Niederschlagsquote und zu niedrige Lufttemperaturen bedeutet, wurde bereits von Schwabe (1957) in Verbindung mit der „klimatischen Diskordanz" beschrieben. Diese Diskordanz, durch die Einflüsse des Humboldtstroms hervorgerufen, wird hier dadurch deutlich, daß Strahlung und allgemeine Bodenerwärmung durchaus den Bedingungen der geographischen Breite entsprechen, während die Lufttemperaturen unter dieser, theoretisch festgelegten Isothermenlinie bleiben. Wenn jedoch vorstehend behauptet wurde, daß die Bodenerwärmung der geographischen Breite entspricht, so trifft dies selbstverständlich nur für vegetationslose Flächen zu, auch wenn darin bereits wieder Extremwerte erreicht werden. Die Bodentemperaturen in Vegetationsflächen dürften schon wieder in den negativen Anomalienbereich fallen. Einige Daten dazu sind als Abweichungen der Mittagsdekaden von der mittleren Jahrestemperatur in untenstehender Tab. (29) zusammengestellt.

[21]) Temperaturanomalie, negative, nach Martin (1923, S. 171 f): „Die mittlere Temperatur des Jahres ist an der Ostküste zwischen 32° und 42° um rund 3° höher als an der Westküste . . . Die Westküste zeichnet sich durch sehr kühle Sommer aus, welche etwa 7° kühler sind als an der Ostküste . . ."

Doch um wieder auf eigene Beobachtungen und Aufzeichnungen zurückzukommen, sei hier zunächst nochmals auf die Wirkungen von Windeinbrüchen und kurzfristiger Bewölkung hingeweisen. Während auf vegetationslosen Flächen (bzw. in 1 cm Bodentiefe derselben) jeder kleinste Windhauch als Temperatursenkung registriert wird und jedes kleine Wolken-

Tab. 29. Abweichungen (in ° C) einiger 13-Uhr-Temperaturen von der Jahresmitteltemperatur

Dekade		*t*-L 2m	1 cm *t*-nB	1 cm *t*-bB	1 cm *t*-kast. B
Jahres-*M*		11,3°	13,9°	11,9°	11,7°
Mai 57	1	+ 2,4°	+ 2,9°	+ 2,5°	+ 0,4°
	2	+ 2,9	+ 1,7	+ 2,2	+ 1,7
	3	— 0,7	— 0,6	— 0,5	— 1,6
Juni	1	— 1,2	— 2,4	— 2,2	— 2,8
	2	± 0,0	— 0,3	— 0,8	— 1,8
	3	— 2,1	— 1,2	— 1,5	— 3,1
Juli	1	— 1,4	— 3,0	— 2,5	— 2,5
	2	— 2,7	— 2,0	— 2,7	— 4,1
	3	— 3,4	— 2,7	— 2,9	— 3,9
Aug.	1	— 1,9	— 1,8	— 1,8	— 3,3
	2	— 1,0	+ 0,7	+ 0,1	— 2,5
	3	+ 0,8	+ 2,2	+ 1,8	— 1,5
Sept.	1	+ 1,0	+ 3,7	+ 3,9	— 0,5
	2	+ 1,1	+ 4,1	+ 3,5	— 0,5
	3	+ 1,4	+ 6,0	+ 4,5	+ 1,3
Okt.	1	+ 1,7	+ 7,8	+ 4,7	+ 1,7
	2	+ 3,0	+10,0	+ 6,5	+ 3,0
	3	+ 2,5	+ 8,2	+ 5,0	+ 2,2
Nov.	1	+ 6,4	+13,1	+ 9,3	+ 3,0
	2	+ 5,7	+12,0	+ 9,5	+ 2,0
	3	+ 6,8	+11,6	+ 9,7	+ 2,4
Dez.	1	+ 5,1	+ 9,0	+ 6,3	+ 2,2
	2	+ 6,7	+12,1	+ 7,2	+ 3,1
	3	+ 7,5	+13,2	+ 7,4	+ 4,1
Jan. 58	1	+ 7,7	+13,3	+ 7,2	+ 3,5
	2	+ 8,5	+14,6	+ 8,1	+ 4,2
	3	+10,8	+17,2	+ 9,2	+ 5,0
Febr.	1	+10,0	+24,3	+ 9,6	+ 4,6
	2	+ 5,9	+13,4	+ 5,4	+ 3,4
	3	+10,0	+24,9	+ 8,7	+ 4,6
März	1	+11,9	+27,1	+ 8,9	+ 5,7
	2	+11,1	+26,2	+ 7,4	+ 5,0
	3	+ 8,2	+15,4	+ 4,9	+ 3,9
April	1	+ 4,5	+ 9,4	+ 2,4	+ 1,7
	2	+ 3,7	+ 8,1	+ 0,6	+ 0,4
	3	+ 2,4	+ 3,9	+ 0,7	+ 0,9

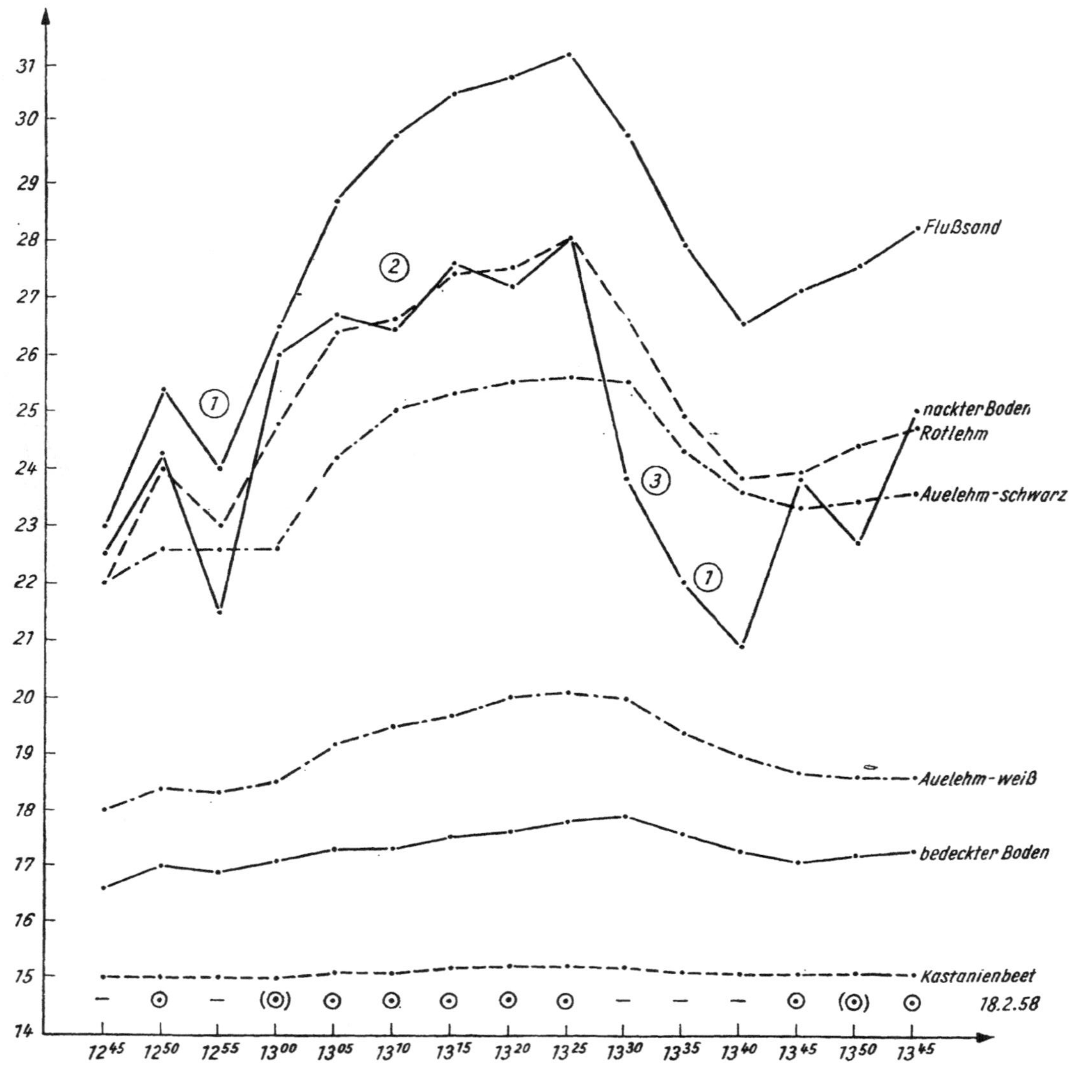

Abb. 48. Beispiel des Einflusses von kurzfristigen Windeinbrüchen und kleinen Wolkenfeldern auf die Bodenoberflächentemperaturen (18. 2. 1958: 1 = Bewölkungszentren, 2 = nachlassender Wind, 3 = erneuter Windeinbruch)

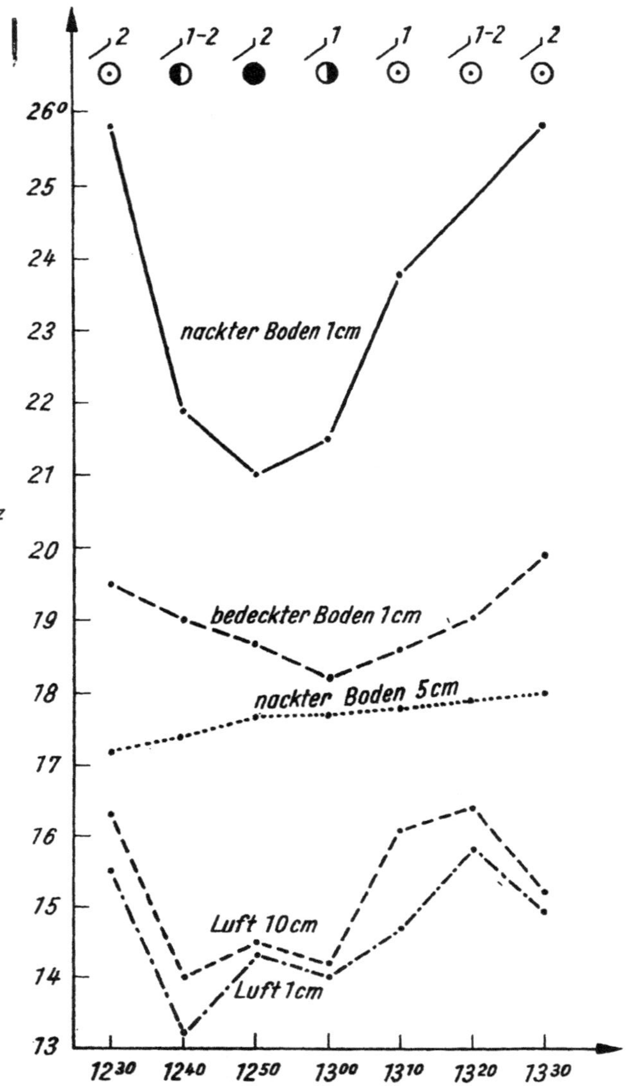

Abb. 49. Wirkungen eines Wolkendurchzugs auf die Mittagswerte einiger Temperaturen (Erklärungen dazu siehe Text)

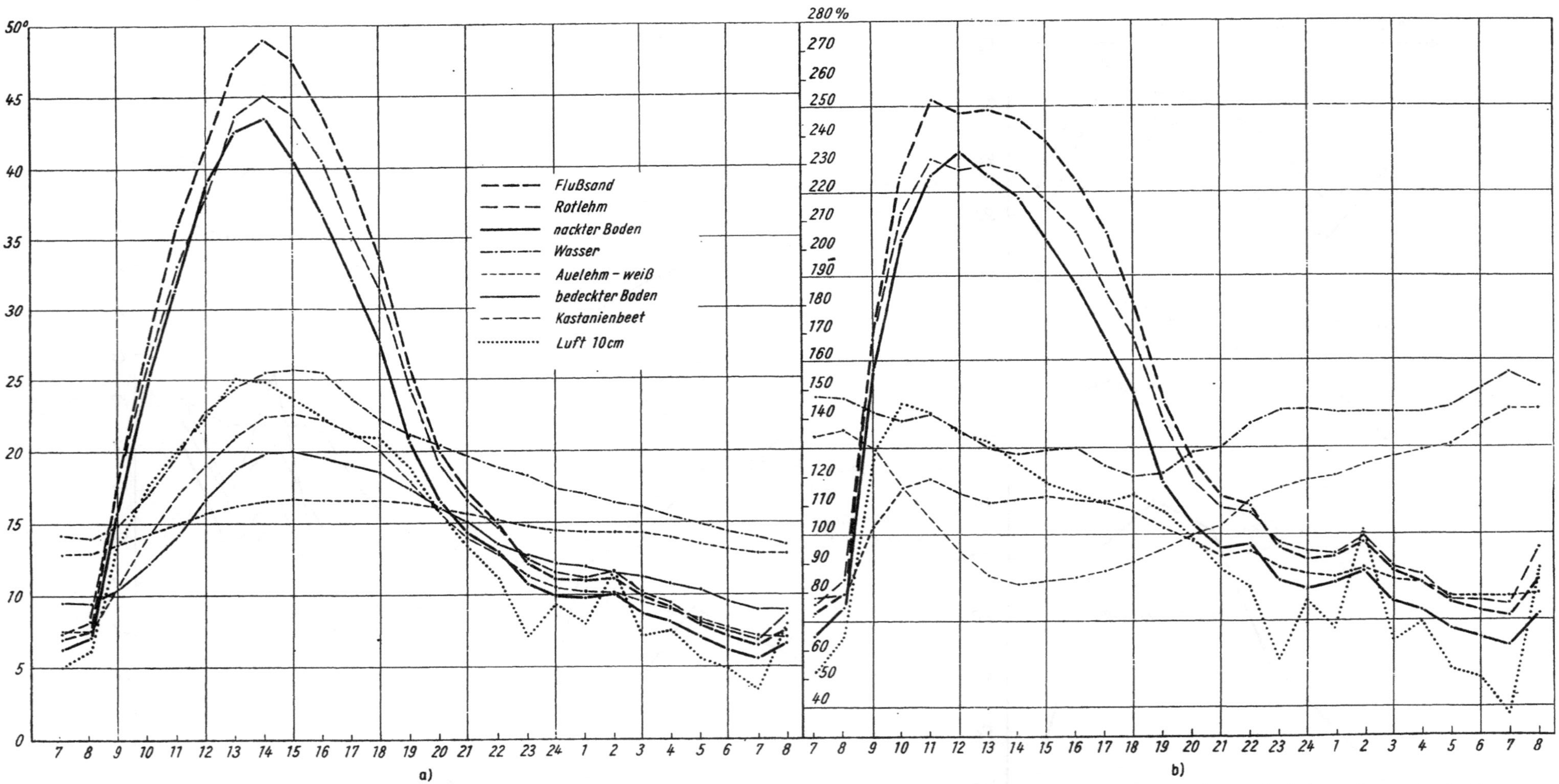

Abb. 50. Beispiel eines Meßtags (17/18. 3. 1958): a) Tagesgang einiger Oberflächenwerte, b) relativer Temperaturgang im Vergleich zum bedeckten Boden (= 100)

feld (an Strahlungstagen) größere Temperaturschwankungen hervorruft, verhält sich die Oberflächentemperatur unter niedriger Vegetation gegenüber geringen Schwankungen unempfindlich und registriert stärkere Schwankungen nur in weitgehend ausgeglichenem Kurvenverlauf und mit entsprechender Verspätung. Die Oberflächentemperatur unter dem jungen Kastanienbestand reagierte auf Schwankungen von 7°, die der nackte Boden dicht daneben verzeichnete, lediglich mit einer Temperatursenkung von 0,1° und blieb somit fast unberührt von einem plötzlichen Windwechsel (mit Wolkenfeldern), wie er beispielsweise am 18. 2. 1958 zu verzeichnen war und in 5 Minuten-Messungen erfaßt wurde. An diesem Tage (siehe Abb. 48) wurden kurz nach Mittag bei noch feuchter Bodenoberfläche die durch böigen Wind und Wolkendurchzüge hervorgerufenen t-Schwankungen in der Oberfläche registriert. Daß aber

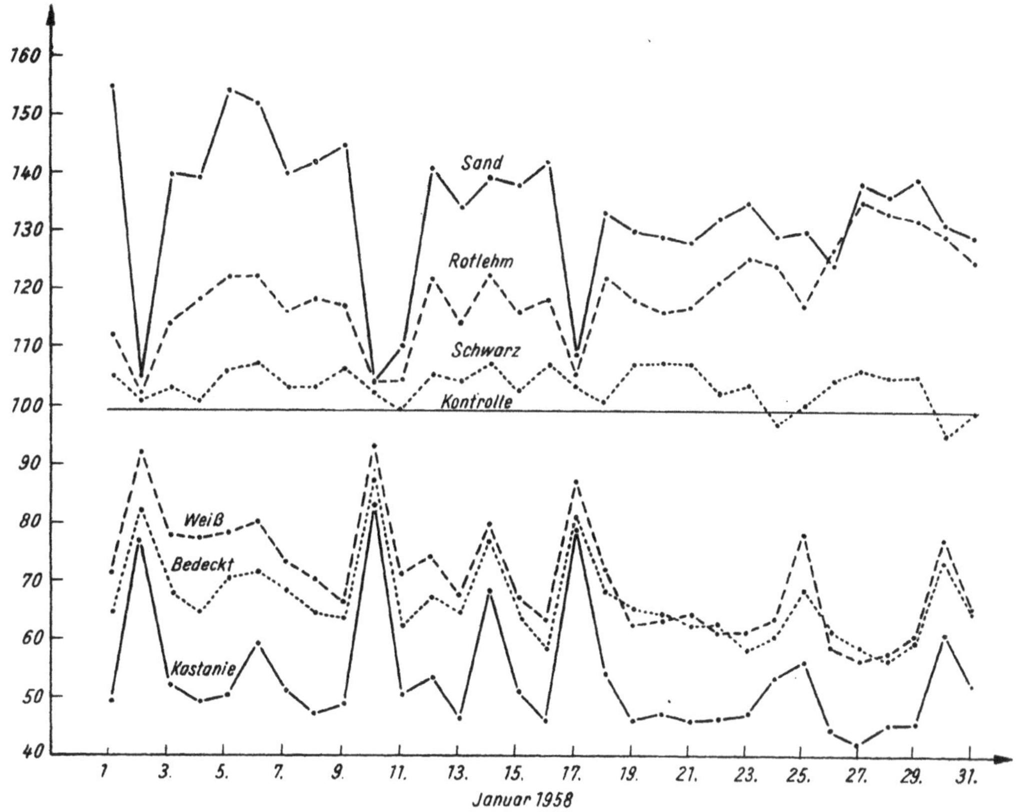

Abb. 51. Relativer Verlauf der Mittagswerte einiger Oberflächentemperaturen im Januar 1958 (Nackter Boden = 100)

selbst bei vegetationsloser Oberfläche, schon in 5 cm Bodentiefe, die Temperaturen auf Oberflächenschwankungen kaum noch reagieren, wird in der Abb. 49 (24. 9. 1957, mittags) veranschaulicht.

Solcherart Störfaktoren wie der Temperaturgang überhaupt ließen sich vorzüglich an Meßtagen festhalten, wie ein Beispiel vom 17/18. 3. 1958, Abb. 50, wiedergibt. In diese Abbildung wurden auf der linken Hälfte die Kurven des durch Messungen festgestellten Temperaturverlaufs der 1 cm-Schicht mehrerer Standorte eingetragen, während die rechte Hälfte diesen t-Verlauf im Vergleich zur ausgeglichenen Kurve des bedeckten Bodens, dessen jeweilige Temperatur gleich 100 gesetzt wurde, darstellt. Aus diesen relativen, berechneten Temperaturwerten, die man selbstverständlich nach beliebigen vergleichbaren Standortsummen berechnen kann, ist zu ersehen, daß noch im Vergleich zum mehr oder weniger bedeckten Boden der Tagesgang von Wasseroberfläche und Boden unter den Jungkastanien negativ ist. Im Vergleich zur nackten Fläche etwa würde sich diese Temperaturanomalie noch wesentlich verstärken. Dies ist aus der Abb. 51 ersichtlich, auf welcher im Januar 1958 die Mittagswerte einiger Meßorte in einen Vergleich zum vegetationslosen Boden gebracht wurden.

Um abschließend wenigstens mit wenigen Zahlen die Temperaturen außerhalb der Klimastation zu erwähnen, seien hier einige Messungen angeführt, die am 16. 1. 1957 notiert wurden:

Tag sonnig, Wind 2 West (die *t L* wurden über nacktem Boden gemessen)

Luft:	Luft in 1 m Höhe		28,1°
	Luft in 10 cm Höhe		29,2
Boden:	Nackter Boden, trocken,	1 cm	52,2°
	„ „ „	2 cm	48,3
	„ „ feucht,	5 cm	33,3
	„ „ „	10 cm	26,2
	„ „ „	20 cm	21,4
Boden:	lockerer Wegsand, 1 cm		52,7°
	unter kl. Rosette von *Rumex,*	1 cm	28,5
	„ „ „ „ *Plantago*	1 cm	32,0
	„ Rosette von *Hypochoeris*	1 cm	32,0
	„ kleinbuschiger *Oxalis*	1 cm	29,3
	in locker verunkrautetem Feld	1 cm	47,3
	in stark verunkrautetem Feld	1 cm	20,3

Im Zusammenhang mit obenstehenden Daten sei auf zwei (bereits erwähnte) Veröffentlichungen aus der Station Mininco hingewiesen (SCHWABE 1956a u. KUNKEL 1958a), die dieses Thema ausführlicher behandeln.

IV. PHÄNOLOGISCHE AUFZEICHNUNGEN

(unter Berücksichtigung einiger pflanzengeographischer Daten):

Ausgehend von der Feststellung, daß der Temperaturverlauf im Jahresrhythmus in Mininco, über den bereits Veröffentlichungen und Vegetationsvergleiche vorliegen, ein ähnliches Bild anzeigt wie der Valdivias[22]), wurden auch in Valdivia phänologische Aufzeichnungen vorgenommen, deren Bearbeitung jedoch zum Großteil noch nicht abgeschlossen ist.

In grober Übersicht gliedert sich das Jahr — anhand langfristig beobachteter Unkrautformationen — in einen nicht oder kaum vegetationsaktiven Abschnitt (vgl. S. 11) und in vier gut unterscheidbare Sommerabschnitte. Wir haben hierin

1. zunächst das Frühjahr mit großer Boden- und Luftfeuchtigkeit und zunehmender Strahlungstätigkeit, welche eine bemerkenswert üppige Vegetationsentfaltung erlaubt, auch wenn die Nächte dieser Zeitspanne sich noch durch sehr niedrige Minimumtemperaturen auszeichnen, die des öfteren Nachtfröste bringen. Während dieser Zeit beherrschen Gramineen (*Agrostis*, *Holcus*, *Anthoxanthum* u. a., teilweise noch nicht blühend) das Feld. Nur in sehr feuchten Wiesenauen werden diese durch die buschigen Bestände von *Juncus procerus* und das Gelb des *Ranunculus repens* verdrängt. Dieses eigentliche Frühjahr dauert bis etwa Ende Oktober an.

2. Ab Anfang November wird auf fast allen Feldern (außer ausgesprochen sumpfigen Stellen) *Chrysanthemum leucanthemum*, die rosettenbuschige Wucherblume, dominierend und unterdrückt sogar die robusten Typen wie *Rumex* oder *Hypochoeris*, um mit der weißen Blütenfarbe bis Anfang Januar vorzuherrschen. Die Temperatur zeigt während dieses Frühsommers zwar vorübergehend Maximalwerte, jedoch wird der Frühsommer durch den feuchtwarmen Dezember begrenzt. Am Ende dieses Frühsommerabschnitts (siehe auch die eingangs angeführte Charakteristik der einzelnen Monate) reifen auch fast sämtliche landwirtschaftlichen Kulturpflanzen.

3. Etwa Mitte Januar wechselt die blütenbedingte Feldfarbe fast plötzlich von weiß auf gelb, auch in diesem Falle fast ausschließlich von Korbblütlern beherrscht. Wir finden in dieser Zeit vorzüglich *Crepis capillaris* und *Hypochoeris radicata*, die vorher nicht recht zur Geltung kamen. Dazu tritt *Senecio erraticus*, der sich in letzter Zeit in dieser Region sehr ausbreiten konnte. Diese Zeitspanne, die bis März andauert, bildet den eigentlichen Hochsommer mit Maximumtemperaturen und geringer Luftfeuchtigkeit, austrocknenden Winden und einem Bewölkungsminimum. Die meisten Gräser wie wenig resistente andere Pflanzen sind verdorrt, robuste Rosettentypen herrschen vor. Tiefwurzelnde Arten einer um diese Jahreszeit an und für sich längst abgetanen Formation aber, wie beispielsweise *Raphanus*, *Sisymbrium* und andere Kreuzblütler, bringen Spättriebe und -blüten (Achseltriebe) hervor und kennzeichnen damit sichtbar eine Rhythmusstörung.

---

[22]) In Mininco fällt jedoch weniger Niederschlag als in Valdivia (etwa 1.200 mm), die Jahresmitteltemperatur liegt höher und Klimaextreme sind dort noch stärker ausgeprägt.

4. Ab Ende März bis Anfang April zunehmende Niederschläge, bei noch relativ hohen Tagestemperaturen; sinkendes Minimum und erste Nachtfröste, die späte Kulturen gefährden (darunter fallen in erster Linie wohl Bohnen, Sonnenblumen und Lupinen, unter Gartenpflanzen vor allem Dahlien). Brombeeren, Flieder und *Spiraceen* bereits mit neuen Trieben. Ende März fruchten die Himbeeren zum 2. Male in der gleichen Vegetationsperiode[23]). Zunehmende Häufigkeit morphologischer Anomalien in der Pflanzenwelt.

Solcherart morphologische Anomalien und Rhythmusstörungen (S. 99) sind nicht selten bis Anfang Juli in Gärten und auf Feldern anzutreffen. Daneben aber blühen beispielsweise u. a. Hortensien, Rosen und Löwenmaul bis um die gleiche Zeit ohne jegliches Zeichen von Anormalität.

Die Gartenflora als solche verdient überhaupt eine kurze Aufzählung der Arten, weil ihre Zusammensetzung meistens auch gleichzeitige Schlüsse auf das Klima bzw. Klimaeigenarten zuläßt. In den Valdivianer Gärten (wie im gesamten „Kleinen Süden" allgemein) werden fast sämtliche Blumen angebaut, die sowohl aus mitteleuropäischen wie aus mediterranen Gärten bekannt sind. Unter den Bäumen und Sträuchern finden wir in erster Linie neben nur wenigen einheimischen Arten Tannen, Fichten, Kiefern, Araukarien, Kryptomerien, Eiben, Zypressen, Kasuarinen, Tamarinden, Myrten, Phoenix- und Fächerpalmen, Eukalypten, Robinien, Akazien, Eichen, Ahorn, Eschen, Linden, Buchen, Magnolien, Weiden, Birken, Pappeln, Azaleen, Kamelien, *Daphne*, Goldregen, Flieder, Rosen, *Rhododendron*, Holunder, Weißdorn, Rotdorn, Stechpalmen, Spiersträucher, Liguster, Deutzien, Hortensien, Erika, Berberitzen, *Yucca*, *Cordyline*, Lorbeer, Bambusen, Lavendel usw., verbreitet ist dabei auch *Chrysanthemum* in vielen Arten, des weiteren sind Kalla, Immergrün und *Acanthus* häufig. Als Heckenpflanzen werden bevorzugt *Pitosporum*, Buchsbaum, Ginster und Zypressen sowie die japanische Quitte angebaut. Verbreitete Rankgewächse sind Waldrebe, Wilder Wein, Efeu und *Lapageria rosea* (*Copihue*, die chilenische Nationalblume). Von Allee- und Straßenbäumen verdienen Eichen und Ahorn, Birken, Linden und Blumenesche eine kurze Erwähnung. Es gibt aber auch Kastanien- und Palmenalleen und dann wieder Neustadtstraßen, in denen *Embothrium*, eine chilenische Proteacee, wächst.

Unter den hier angebauten Obstarten finden wir bevorzugt Apfel, Birne, Kirsche, Pflaume, Aprikose, Walnuß, Haselnuß, Stachelbeere, Johannisbeere, Himbeere und Quitte, während Palta (*Persea*), Chirimoya (*Anona*), Papaya (*Carica*), Erdnüsse, Feigen, Wein und *Citrus*früchte in dieser Landschaft nicht mehr vorkommen. Wein und *Citrus*-arten werden zwar noch in einigen Gärten angebaut, jedoch liegt die eigentliche Südgrenze des Anbaues nördlich Temuco. Von den landwirtschaftlichen Kulturen sind vor allem Weizen, Gerste, Hafer, Klee, Luzerne und Futterkohl zu erwähnen, während Roggen in diese Zone kaum kultiviert wird. Obwohl auch Futter- und Zuckerrüben häufig angebaut werden, findet man kaum *Brassica*rüben. Bohnen und Linsen sind nicht mehr im Feldanbau anzutreffen, desgleichen bereitet sogar die Sonnenblumenkultur Schwierigkeiten.

Beliebt ist in den Valdivianer Gärten weiterhin eine ausgesprochene Farnkultur, die sowohl *Blechnum*- und *Adiantum*- als auch *Dryopteris*-arten umfaßt. Sogar die Baumfarne *Lophosoria* und *Dicksonia* wachsen in einigen Gärten. Die Holzzäune und Gartenlauben wie die meisten Bäume in den Gärten selbst sind dicht mit Flechten und Moosen bewachsen. Dagegen findet man in einigen Gärten noch Kakteen und andere Sukkulenten, die sich hier zwar nicht üppig entwickeln, jedoch keineswegs einen kümmerlichen Eindruck machen.

---

[23]) Die Himbeeren fruchten zum ersten Male im Dezember, die Ernteergebnisse sind gut, jedoch bei der zweiten Ernte, Ende März, oft noch besser.

Die Vegetation im Schutzquadrat

Nach nachstehender Tabelle 30, die die Blütenentwicklung von 39, großteils eingeschleppten Pflanzen schematisiert, wird bemerkt, daß 11 Arten, deren Entwicklung zunächst als „nicht angetroffen" mit Punkten gekennzeichnet ist, im 2. Jahre[24]) als Zuwanderer notiert wurden. Als bemerkenswerter Zugang wird *Baccharis sagittaria* geführt, eine Art, die an Flußufern und in Sümpfen häufig war, jedoch sonst im ganzen Versuchsfeld nicht angetroffen wurde. *Rubus* und *Rumex crispus* gelangten im Schutzquadrat während des Beobachtungsjahrs nicht zur Blüte.

Abb. 52. Mikroerosion durch Kammeiswirkung am Rande eines Kastanienbeets (Aufn. 11. 9. 1957)

Ergänzend wird bemerkt, daß sich einige Arten noch in Ausbreitung befinden, während andere an Dominanz verlieren. So wurden im Schutzquadrat

	1956/57	1957/58
Cirsium vulgare	8	2
Digitalis purpurea	3	33

gefunden, doch kann natürlich aufgrund der Aufzeichnungen von nur zwei Jahren längst keine Theorie über eine Florenwanderung aufgestellt werden. Im Versuchsfeld des Ökologischen Instituts wurden insgesamt mehr als 100 ,,Unkräuter" notiert, von denen beispielsweise *Echium vulgare* und *Convolvulus arvensis* bisher nur in wenigen Exemplaren vertreten sind, also als selten bezeichnet werden müssen, während diese Arten etwas nördlich Valdivia schon sehr verbreitet sind. Man kann daher durchaus der Überzeugung sein, daß die Wanderung der Fremdpflanzen in diesem Raume längst nicht abgeschlossen ist und die Beob-

[24]) Die Tabelle 30 stellt lediglich einen Auschnitt aus einem größeren Beobachtungsbuch dar, denn sie behandelt nur die im Schutzquadrat der Klimastation angetroffenen Arten und auch diese nur während des eigentlichen Meßjahres. Eine Abhandlung der in Südchile verbreiteten Fremdpflanzen befindet sich in Vorbereitung und wird nach Möglichkeit auch die phänologischen Aufzeichnungen dieser anführen.

Tab. 30. Aufzeichnungen über die Blütenentwicklung bei den im Vegetationsquadrat angetroffenen Pflanzen (+ vor dem Namen bedeutet, daß es sich mit Wahrscheinlichkeit um eine einheimische Art handelt). — = blütenlos; ◔ = erste Blüten; ◐ = eigentlicher Blütenbeginn; ● = Vollblüte; ◑ = abblühend; ◒ = letzte Blüten; ○ = Spätblüten. Ein · dagegen zeigt an, daß die Art bis zur ersten Aufzeichnung (—) nicht im Schutzquadrat gefunden wurde. *) Nach Mitteilung von Herrn Dr. E. OBERDORFER wahrscheinlich *R. constrictus*

	Art	1. 5.	15. 5.	1. 6.	15. 6.	1. 7.	15. 7.	1. 8.	15. 8.	1. 9.	15. 9.	1. 10.	15. 10.	1. 11.	15. 11.	1. 12.	15. 12.	1. 1.	15. 1.	1. 2.	15. 2.	1. 3.	15. 3.	1. 4.	15. 4.	1. 5.
	Agrostis alba var.	○	○	—	—	—	—	—	—	—	—	—	◔	◔	◐	●	●	●	●	◑	◑	◒	◒	◒	—	—
	Anthoxanthum odoratum	—	—	—	—	—	—	—	—	—	—	◔	◔	◐	●	●	●	◑	◑	◒	◒	◒	—	—	—	○
	Arrhenatherum elatius	·	·	·	·	·	·	·	·	·	·	·	·	·	·	·	—	—	◐	●	●	◑	◑	◒	◒	—
+	*Baccharis sagittaria*	·	·	·	·	·	·	·	·	·	·	·	·	·		—	—	—	◐	●	●	●	◑	◑	◒	◒
+	*Bromus valdivianus*	·	·	·	·	·	·	·		·	·		·	—	—	◔	◐	●	◑	◒	◒	◒	—	—	—	○
	Prunella vulgaris	—	—	—	—	—	—	—	—	—	—	—	—	—	—	—	◔	◐	●	◑	◑	◒	◒	◒	◒	—
	Cerastium arvense	·	·	·	·	·	·	·	·	·	—	—	—	◔	◐	●	◑	◒	◒	—	—	—	—	—	—	—
	Chrysanthemum leucanthemum	—	—	○	○	○	○	○	—	—	—	◔	◔	◐	◐	●	●	●	◑	◑	◒	◒	◒	○	○	○
	Cirsium vulgare	—	○	—	—	—	—	—	—	—	—	—	—	—	—	—	—	—	—	—	—	◐	●	●	◑	◒
	Crepis capillaris	—	○	○	○	—	—	—	—	—	—	—	—	—	—	◔	◐	●	●	◑	◑	◒	◒	◒	○	○
+	*Cyperus eragrostis*	·	·	·	·	·	·	·	·	·	·	·	—	◔	◐	◐	●	●	◑	◑	◒	◒	—	—	—	—
	Digitalis purpurea	○	—	—	—	—	—	—	—	—	—	—	—	—	◒	◐	●	◑	◒	◒	◒	—	○	○	—	—
+	*Erigeron spiculosus*	◒	—	—	—	—	—	—	—	—	—	—	—	—	—	—	—	—	◔	◐	●	●	◑	◒	◒	—
	Gnaphalium purpureum var.	—	—	—	—	—	—	—	—	—	—	—	—	—	—	—	◔	◐	●	◑	◒	◒	—	—	—	—
	Holcus lanatus	○	○	—	—	—	—	—	—	—	—	—	—	◔	◐	●	●	◑	◑	◒	◒	◒	◒	—	—	○
+	*Hydrocotyle hirta*	·	·	·	·	·	·	·	—	—	—	—	—	—	—	◔	◐	●	◑	◒	◒	◒	—	—	—	—
	Hypericum perforatum	—	—	—	—	—	—	—	—	—	—	—	—	—	—	—	—	◔	◐	●	◑	◒	—	—	—	—
	Hypochoeris radicata	○	○	—	—	—	—	—	—	—	—	—	—	—	◔	◐	●	●	●	◑	◑	◒	◒	◒	○	○
	Juncus bufonius	—	—	—	—	—	—	—	—	—	—	—	◔	◐	●	●	◑	◒	◒	◒	—	—	—	—	—	—
	Juncus procerus	○	○	—	—	—	—	—	—	—	—	—	—	—	◔	◔	◐	●	●	◑	◒	◒	—	—	—	—
	Lolium multiflorum	·	·	·	·	·	·	·	·	·	·	—	—	—	◔	◐	●	●	◑	◒	◒	◒	◒	—	—	—
	Lotus uliginosus	◒	—	—	—	—	—	—	—	—	—	—	—	—	◔	◐	●	●	●	◑	◑	◒	◒	◒	◒	—
	Hedyotis thesiifolia	·	·	·	·	·	·	—	—	—	—	—	—	—	◔	◐	●	◑	◒	◒	◒	◒	—	—	—	—
+	*Oxalis aureoflava*	—	—	—	—	—	—	—	—	—	—	—	—	—	◔	◐	●	●	◑	◑	◒	◒	—	—	—	—
	Paspalum dasypleurum	—	—	—	—	—	—	—	—	—	—	—	—	—	—	◔	◐	●	●	◑	◑	◒	◒	—	—	—
+	*Plantago candollei*	—	—	—	—	—	—	—	—	—	—	—	—	—	—	◔	◐	●	◑	◒	◒	◒	—	—	—	—
	Plantago lanceolata	○	○	○	○	—	—	—	—	—	◔	◔	◐	◐	●	●	●	◑	◑	◒	◒	◒	◒	◒	—	○
	Polygonum persicaria	·	·	·	·	·	·	·	·	·	·	·	·	·	·	·	—	—	◐	●	●	◑	◒	—	—	—
	Ranunculus repens	—	—	—	—	—	—	—	—	—	—	◔	◐	●	●	●	●	◑	◒	◒	◒	◒	◒	—	—	—
	Rubus sp.)*	—	—	—	—	—	—	—	—	—	—	—	—	—	—	—	—	—	—	—	—	—	—	—	—	—
	Rumex acetosella	—	—	—	—	—	—	—	—	—	◔	◔	◐	●	●	●	●	◑	◑	◒	◒	◒	◒	◒	—	○
	Rumex conglomeratus	·	·	·	·	·	·	·	·	·	·	·	·	·	—	—	—	◔	◐	●	●	◑	◒	◒	◒	—
	Rumex crispus	·	·	·	·	·	·	·	·	·				·	·	·	—	—	—	—	—	—	—	—	—	—
+	*Rumex romassa*	—	—	—	—	—	—	—	—	—	—	—	—	—	◔	◐	●	●	◑	◑	◒	◒	—	—	—	—
	Senecio erraticus	◒	○	○	○	—	—	—	—	—	—	—	—	—	—	—	◔	◐	●	●	◑	◑	◒	◒	◒	—
+	*Sisyrinchium chilense*	—	—	—	—	—	—	—	—	—	—	—	—	—	—	◔	◐	●	◑	◑	◒	◒	◒	—	—	—
	Taraxacum officinale	—	—	—	○	○	○	—	—	◔	◔	◐	◐	●	●	●	◑	◑	◒	◒	◒	◒	—	—	—	—
	Trifolium pratense	○	○	—	—	—	—	—	—	—	—	—	—	—	—	—	◔	◐	●	●	◑	◒	◒	—	—	—
	Trofilium repens	○	—	—	—	—	—	—	—	—	—	—	—	—	◔	◔	◐	●	●	◑	◑	◒	◒	◒	◒	—

achtung der Vegetation in sogenannten Schutzquadraten noch einige interessante Ergebnisse verspricht. Leider gehört es zu den großen Schwierigkeiten dieses Landes, solche Schutzquadrate einrichten und erhalten zu können.

Morphologische Anomalien und Klimawirkungen

Wie eng die Vorkommen einiger morphologischer Anomalien und Rhythmusstörungen mit dem Jahreszeitenklima verknüpft sind, wurde in einem vorstehenden Abschnitt bereits angedeutet. Schon Schwabe 1956a (S. 174f) brachte solche Rhythmusstörungen und Anomalien als „Spätsommerimpuls" mit dem Klimaverlauf in Verbindung und unternahm eine schematische Eingliederung derselben, die kürzlich weiter entwickelt wurde (vgl. Kunkel 1958d).

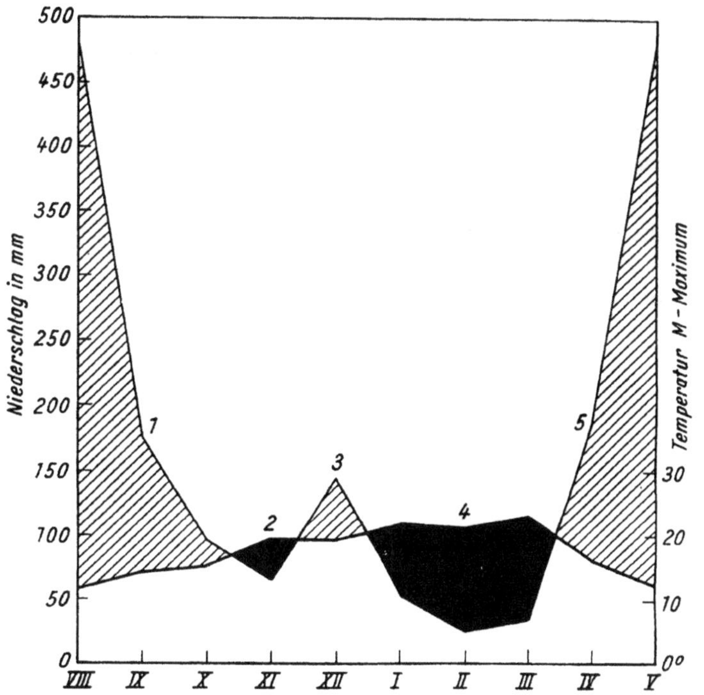

Abb. 53. Schema einiger Klimafaktoren und deren vermutliche Einflüsse auf Anomalien in der Pflanzenwelt (Einzelheiten dazu siehe Text)

Im valdivianischen Raume wurden bisher an etwa 70 Pflanzen mehr oder weniger stark ausgeprägte morphologische Anomalien bzw. Rhythmusstörungen gefunden. Einige Arten, wie beispielsweise *Plantago lanceolata*, *Chrysanthemum leucanthemum* und *Senecio* wiesen sogar sehr verschiedene Typen solcher Störungen auf. Da derartige Phänomene bisher fast ausschließlich an Fremdpflanzen angetroffen wurden[25]), liegt die Vermutung nahe, daß diese Pflanzen, die in ihrem Ursprungsland einen andersartigen Klima- und Vegetationszyklus eingeordnet sind, hier durch den abweichenden Jahrgang (kein Schnee, kein tiefer Bodenfrost, also keine ausgesprochene Winterruhe) aus ihrem ursprünglichen Rhythmus geraten sind. Obzwar bisher nicht alle angetroffenen Anomalien unmittelbar auf Klimaauswirkungen zurückzuführen sind, sind die eigentlichen Rhythmusstörungen (Achseltriebe, Sekundärrosetten, Spätblüten, Vergrünungen, Auswachsen usw.) doch am wahrscheinlichsten klima-

[25]) Zwei als Ausnahme erscheinende Arten (*Gnaphalium purpureum* var. und *Erigeron spiculosus*) lassen sich jedoch auch nicht mit Sicherheit als einheimische ansprechen.

bedingt. Ein sichtbares Beispiel dafür bieten viele Kreuzblütler, die ihren Vegetationszyklus bereits Anfang Januar abschließen und Ende Januar plötzlich neue Triebe aufzeigen, zumeist sogar Blüten entwickeln und fruchten.

Als bildliches Beispiel zur Erklärung der Terminmäßigkeit solcher Rhythmusstörungen in ihrem Zusammenhang mit dem Klima wurden die Daten der Niederschlagshöhe und der mittleren Maxima der Lufttemperatur in einer schematischen Abbildung (Abb. 53) verbunden. Die in dieser Abb. enthaltenen Zahlen sind der Versuch einer Erklärung:

1. Winterzeit. Langsam zunehmende Aktivität der Pflanzen bei hohen Niederschlägen und allmählich steigender Temperatur. Ausgeglichenes Winterklima.

2. Frühjahr mit Frühsommercharakter. Großer Wachstumsimpuls der meisten Arten, hohe pflanzliche Produktivität. Sinkende Niederschlagshöhe, Maximumtemperaturen. Nicht frei von mikroklimatischen Störungen.

3. Sommerliche Störung mit hohen Niederschlägen und gleichzeitig relativ hohen Temperaturen. Blüte- und Reifezeit der meisten Pflanzen. Auslösung der Rhythmusstörungen.

4. Hochsommer. Durch Dezemberregen gestörter Produktionshaushalt der Pflanzen. Wenig Niederschläge, extrem hohe Lufttemperaturen. Auftreten von morphologischen Anomalien und sonstigen Störungsphänomenen.

5. Herbst. Steil ansteigende Niederschlagskurve und fallende Temperaturen, an deren Schnittpunkten eine zweite Welle von Wachstumsstörungen ausgelöst wird, welche sich bis in den Juli hinein behauptet.

V. ZUSAMMENFASSUNG

Anhand der mit etwa 100 000 Daten vorliegenden Aufzeichnungen aus der meteorologisch-mikroklimatologischen Station Valdivia wird im ersten Teil dieser Arbeit ein kleiner Überblick über das Klima und die Klimaeigenarten dieses Ortes in der küstennahen Landschaft Südchiles gegeben. Das Beobachtungsjahr erfaßt die Zeitspanne vom 1. Mai 1957 bis zum 30. April 1958.

Nach einer einleitenden Kennzeichnung der Klimastation wie der Ortslage im chilenischen Raume wird die Witterungscharakteristik der einzelnen Monate erörtert. Sodann wird eine kurze Übersicht über einzelne Witterungsfaktoren gegeben, unter denen Strahlung und Niederschläge besondere Berücksichtigung erfahren. Auch die Temperaturen der bodennahen Luftschicht und Extrembedingungen im örtlichen Klima finden Erwähnung. Besonders berücksichtigt werden die Temperaturen des Bodens unter horizontaler Oberfläche und verschiedenen Bedeckungsbedingungen. Des weiteren werden die Bodentemperaturen zu anderen Klimafaktoren in Beziehung gebracht. Eine kurze Übersicht über phänologische Beobachtungen wird dieser Studie angefügt.

Der zweite Teil der Arbeit enthält in 200 Tabellen die Originaldaten der Messungen sowie berechnete Tages-, Monats- und andere Mittelwerte und wird von den Serienmessungen 24-stündiger Temperaturkontrollen, die Auskunft über den Tagesgang der Temperaturen wie großklimatischer Witterungsfaktoren geben, beschlossen.

RESUMEN

Entre el 1 de Mayo de 1957 y el 30 de Abril de 1958 se recogieron unas 100.000 mediciones sistemáticas en la Estación Meteorológica-Microclimatológica en Valdivia, con el fin de poder caracterizar algunos detalles del clima local de este lugar, ubicado en la zona costanera del sur de Chile.

Partiendo de un análisis general de la situación geográfica y climatológica del lugar dentro del pais entero, se trata el desarrollo meteorológico de los doce meses controlados. A continuación se analizan diversos factores climatológicos en detalle, dedicando una atención preferencial a la radiación solar y a las precipitaciones. También las temperaturas del aire mas cerca del suelo y de diversas condiciones extremas del clima local se consideran algo mas en detalle. Un capitulo representa el estudio de las temperaturas de las capas superficiales del suelo horizontal desnudo y cubierto por la vegetación. Las temperaturas del suelo se relacionan con los diversos factores climáticos que influyen sobre ellos. Termina esta parte con un resumen de las observaciones fenológicas efectuadas paralelamente con las mediciones.

La segunda parte del libro expone en 200 tablas los datos originales de las mediciones corrientes, sus terminos medios calculados y los valores obtenidos en los dias de medición a un intervalo de una hora para caracterizar el curso climático del dia.

Verzeichnis der Abbildungen

VI. LITERATURVERZEICHNIS

BERNINGER, O. (1929): Wald und offenes Land in Südchile seit der spanischen Eroberung. Geogr. Abh. 3/1.

BRÜGGEN, J. (1950): Fundamentos de la Geología de Chile (u. a. Veröff.). Santiago.

ESPINOZA, E. (1897): Jeografía descriptiva de la Rep. de Chile. Santiago.

FONCK, F. (1870): Chile in der Gegenwart (u. a. Veröff.). Berlin.

GAY, C. (1845—52): Historia física y politica de Chile, Vol. 1—8 (u. a. Veröff.) Paris und Santiago.

HAUMAN, L. (1916): La forét valdivienne et ses limites. Buenos Aires.

HELLMICH, W. (1933): Die biogeographischen Grundlagen Chiles. Zool. Jb. 64/2.

HETTNER, A. (1891): Das Klima von Chile und Westpatagonien. Straßburg.

HOOKER, W. J. (1830): On the plants of the natural order *Umbelliferae* detected by Dr. Gillies in the extratropical parts of South-America. Bot. Misc. 1 (u. a. Veröff.).

HUECK, K. (1953): Urlandschaft, Raublandschaft und Kulturlandschaft in der Provinz Tucumán im nordwestlichen Argentinien. Bonner Geogr. Abh. 10.

IHERING, H. v. (1929): Klima und Flora von Westpatagonien im Wandel der Zeit. Petermanns Mitt.

KNOCHE, W. (1911): Glatteis. Met. Ztschr. 28/93 (zitiert in Börnstein: Leitfaden der Wetterkunde, 1913).

KNOCHE, W. (1930): Chile, in Klute: Handb. d. Geogr. Wiss., Bd. Südamerika.

KUNKEL, G. (1956): Beobachtungen über Klima und Vegetation in Südchile. Abh. d. Dt. Akad. d. Wiss. zu Bln., 1955/9.

KUNKEL, G. (1957): Über die Verantwortung des Menschen gegenüber seiner natürlichen Umwelt. Forsch. u. Fortschr. 31/8.

KUNKEL, G. (1958a): Über die Hitzeresistenz einiger Pflanzen auf erodierten Böden und deren ökologische Ursachen. Forsch. u. Fortschr. 32/1.

KUNKEL, G. (1958b): Über südchilenische Erosionsgemeinschaften und einige ihrer Lebensbedingungen. Biol. Zentralbl. 77, 3.

KUNKEL, G. (1958c): Über Frostwechsel und Kammeis in der südchilenischen Kulturlandschaft. In Druck.

KUNKEL, G. (1958d): Über einige morphologische Anomalien bei *Plantago lanceolata* L. und anderen Pflanzen in Valdivia (Südchile). Beitr. z. Biol. d. Pfl. 34, 3.

LAUER, W. (1952): Humide und aride Jahreszeiten in Afrika und Südamerika und ihre Beziehung zu den Vegetationsgürteln. Bonner Geogr. Abh. 9.

MARTIN, C. (1901a): Wärme, Wind und Bewölkung in Llanquihue. Verh. d. Dt. Wiss. Vereins in Santiago, B. IV.

MARTIN, C. (1901b): Der Regen in Südchile. Met. Ztschr. Sept. 1901.

MARTIN, C. (1923): Landeskunde von Chile, 2. Aufl., Hamburg (dort auch weitere Literaturangaben).

MORTENSEN, H. (1928): Die Landschaft Mittelchiles. Verh. u. wiss. Abh. d. 22. Dt. Geographentags zu Karlsruhe.

NEGER, F. W. (1901): Pflanzengeographisches aus den südlichen Anden und Patagonien. Bot. Jb. (u. a. Veröff.).

PHILIPPI, R. A. (1857): Estadística de la flora de Chile. Ann. Univ. Santiago (u. a. Veröff.).

REICHE, K. (1893/1911): (u. a. 1896—1911 5 Bände Flora de Chile, Santiago, u. a. Veröff.).

REICHE, K. (1907): Grundzüge der Pflanzenverbreitung in Chile. Leipzig (dort auch weitere Literaturangaben; Übers. 1934 Santiago, durch G. LOOSER).

SCHMITHÜSEN, J. (1956): Die räumliche Ordnung der chilenischen Vegetation. Bonner Geogr. Abh. 17.

SCHWABE, G. H. (1939): Über das Klima im Küstengebiet von Südchile. Ann. d. Hydrol. u. Marit. Met. I.

SCHWABE, G. H. (1951): Circulación de bioelementos y su aspecto chileno. Publ. Asoc. Agr. „Dr. Bertram Kalt“, Santiago.

SCHWABE, G. H. (1952): Aspectos ecológicos de Chile. Atenea **104**, Concepción/Chile.

SCHWABE, G. H. (1956a): Die ökologischen Jahreszeiten im Klima von Mininco (Chile). Bonner Geogr. Abh. **17**.

SCHWABE, G. H. (1956b): „Chilenismen" — Zur ökologischen Problematik eines Landes. Studium Generale **9**/7.

SCHWABE, G. H. (1957): Der künstliche Erdkegel als Gegenstand der experimentellen Ökologie. Arch. f. Met., Geophys. u. Bioklim., Serie B, **8**/1.

SIOLI, H. (1956): Über Natur und Mensch im brasilianischen Amazonasgebiet. Erdkunde **X**/2.

STEFFEN, H. (1900): Reisen in den patagonischen Anden. — Verh. d. Ges. f. Erdk. **XXVII** (u. a. Veröff.).

SUBERCASEAUX, B. (1954): Chile o una loca geografia, 10. Aufl. Santiago de Chile.

WERDERMANN, E. (1931): Die Pflanzenwelt Nord- und Mittelchiles in: Karsten u. Schenck, Vegetationsbilder, 21. R., H. 6/7.

TROLL, C. (1943): Die Frostwechselhäufigkeit in den Luft- und Bodenklimaten der Erde. Met. Ztschr. **60**.

ZWEITER TEIL

KLIMATABELLEN

MAI 1957

LUFTDRUCK in mm

Tag:	a)	b)	c)	M
1	-	-	-	-
2	-	-	-	-
3	-	-	-	-
4	-	-	-	-
5	-	-	-	-
6	-	-	-	-
7	-	-	-	-
8	-	-	-	-
9	-	-	-	-
10	764,0	762,5	761,4	762,6
S	764,0	762,5	761,4	762,6
11	757,9	756,8	756,1	756,9
12	761,9	761,7	760,9	761,5
13	756,7	757,7	757,9	757,4
14	755,1	755,0	754,2	754,8
15	751,1	753,9	754,9	753,3
16	754,8	756,0	758,1	756,3
17	763,4	763,6	762,0	763,0
18	757,3	754,9	752,8	755,0
19	747,6	746,9	745,9	746,8
20	746,4	748,2	754,6	749,7
S	7.552,2	7.554,7	7.557,4	7.554,7
21	759,6	761,2	762,7	761,2
22	763,9	763,4	763,6	763,6
23	766,7	766,6	766,3	766,5
24	764,1	762,2	759,7	762,0
25	759,5	758,4	757,9	758,6
26	753,7	751,8	752,4	752,6
27	758,2	761,1	763,3	760,9
28	767,3	767,0	766,2	766,8
29	763,6	759,3	756,2	759,7
30	763,3	765,4	767,3	765,3
31	772,7	772,7	773,9	773,1
S	8.392,6	8.389,1	8.389,5	8.390,3
Total:	16.708,8	16.706,3	16.708,3	16.707,6
Monat:	759,5	759,4	759,5	759,5

JUNI 1957

LUFTDRUCK in mm

Tag:	a)	b)	c)	M
1	773,3	771,5	770,7	771,5
2	768,4	766,3	765,2	766,5
3	760,0	759,8	760,9	760,2
4	763,8	761,3	756,6	760,6
5	756,0	757,0	759,0	757,3
6	764,9	767,1	769,3	767,1
7	769,0	765,8	764,0	766,3
8	759,6	758,5	760,8	759,6
9	765,9	766,2	764,4	765,5
10	762,1	761,4	760,2	761,2
S	7.643,0	7.634,9	7.631,1	7.635,9
11	760,6	759,7	759,4	759,9
12	759,9	762,2	763,6	761,9
13	765,0	765,4	765,0	765,1
14	764,3	763,7	764,7	764,2
15	767,4	770,4	771,3	769,7
16	770,3	766,5	765,7	767,5
17	765,6	765,5	764,4	765,2
18	768,8	768,2	768,1	768,4
19	767,9	766,4	759,5	764,6
20	764,7	763,7	763,1	763,8
S	7.654,5	7.651,7	7.644,8	7.650,3
21	766,5	766,1	766,1	766,2
22	766,4	766,1	765,6	766,0
23	764,6	762,4	760,3	762,4
24	762,1	765,8	766,5	764,8
25	766,0	765,6	767,0	766,2
26	768,5	768,1	767,9	768,2
27	766,6	765,8	764,8	765,7
28	770,7	771,8	771,6	771,4
29	767,7	766,2	765,5	766,5
30	768,2	768,9	768,8	768,6
S	7.667,3	7.666,8	7.664,1	7.666,0
Total:	22.964,8	22.953,4	22.940,0	22.952,2
Monat:	765,5	765,1	764,7	765,1

JULI 1957

LUFTDRUCK in mm

Tag:	a)	b)	c)	M
1	768,3	768,1	767,0	767,8
2	765,1	764,9	764,4	764,8
3	763,2	761,3	760,8	761,8
4	756,9	754,2	752,8	754,6
5	752,1	751,5	748,0	750,5
6	754,8	756,5	757,2	756,2
7	747,5	749,2	748,7	748,5
8	751,9	755,4	758,0	755,1
9	758,4	754,9	750,4	754,6
10	759,5	762,9	763,0	761,8
S	7.577,7	7.578,9	7.570,3	7.575,7
11	761,0	761,9	762,5	761,8
12	768,3	771,4	773,0	770,9
13	771,2	768,9	766,9	769,0
14	762,9	761,4	761,6	762,0
15	758,3	757,3	757,2	757,6
16	764,5	766,8	769,6	767,0
17	(774,6)	(774,3)	(773,4)	(774,1)
18	771,0	768,2	767,1	768,8
19	768,8	769,3	769,3	769,1
20	768,7	766,9	766,0	767,2
S	7.669,3	7.666,4	7.666,6	7.667,5
21	769,0	761,1	759,6	761,2
22	761,3	763,2	764,8	763,1
23	767,0	765,7	764,0	765,6
24	759,3	756,3	755,6	757,1
25	749,0	755,1	758,3	754,1
26	760,8	759,5	758,1	759,5
27	762,4	763,8	764,0	763,4
28	764,7	764,2	764,7	764,5
29	766,2	766,2	765,7	766,0
30	770,1	770,2	769,6	770,0
31	769,6	768,7	769,1	769,1
S	8.393,4	8.394,0	8.393,5	8.393,6
Total:	23.640,4	23.639,3	23.630,4	23.636,8
Monat:	762,6	762,6	762,3	762,5

AUGUST 1957

LUFTDRUCK in mm

Tag:	a)	b)	c)	M
1	772,0	771,2	770,1	771,1
2	765,8	763,7	763,2	764,2
3	763,8	761,0	757,9	760,9
4	763,3	763,6	761,6	762,8
5	754,9	757,0	756,0	756,0
6	759,0	761,4	761,3	760,6
7	754,5	755,0	758,5	756,0
8	767,9	770,6	770,5	769,7
9	764,5	761,6	761,9	762,7
10	760,7	760,5	759,1	760,1
S	7.626,4	7.625,6	7.620,1	7.624,1
11	757,5	758,7	759,2	758,5
12	762,6	764,8	766,0	764,5
13	767,4	765,3	763,1	765,3
14	756,8	757,3	757,9	757,3
15	763,2	765,2	766,9	765,1
16	767,5	765,3	763,9	765,6
17	764,3	763,7	763,2	763,7
18	759,2	758,8	757,0	758,3
19	753,8	757,6	759,9	757,1
20	766,5	767,5	766,8	766,9
S	7.618,8	7.624,2	7.623,9	7.622,3
21	759,3	754,8	753,2	755,8
22	751,9	754,8	758,0	754,9
23	762,2	765,3	767,1	764,9
24	765,9	764,2	762,8	764,3
25	761,9	762,7	762,9	762,5
26	759,8	758,4	758,2	758,8
27	761,4	761,9	761,6	761,6
28	765,1	766,5	767,8	766,5
29	770,3	769,8	769,7	769,9
30	768,1	766,7	765,5	766,8
31	761,7	758,5	757,3	759,2
S	8.387,6	8.383,6	8.384,1	8.385,2
Total:	23.632,8	23.633,4	23.628,1	23.631,6
Monat:	762,3	762,4	762,2	762,3

SEPTEMBER 1957

LUFTDRUCK in mm

Tag:	a)	b)	c)	M
1	759,7	759,8	760,7	760,1
2	764,2	765,2	767,0	765,5
3	769,7	768,7	767,2	768,5
4	765,5	766,1	765,7	765,8
5	766,0	764,4	763,7	764,7
6	767,5	769,0	769,2	768,6
7	768,4	766,8	764,4	766,5
8	764,5	764,8	765,0	764,8
9	768,4	769,2	769,6	769,1
10	771,1	770,3	769,8	770,4
S	7.665,0	7.664,3	7.662,3	7.664,0
11	769,4	766,5	767,0	767,6
12	764,6	762,2	761,2	762,7
13	763,4	764,3	766,0	764,6
14	764,7	760,9	756,8	760,8
15	760,1	761,9	761,5	761,2
16	756,0	754,6	754,3	755,0
17	756,4	759,3	763,0	759,6
18	770,8	770,7	770,4	770,6
19	767,6	764,6	764,1	765,4
20	765,0	764,8	765,1	765,0
S	7.638,0	7.629,8	7.629,4	7.632,5
21	764,9	764,3	764,6	764,6
22	768,6	769,1	768,9	768,9
23	765,3	766,4	767,0	766,2
24	768,0	768,0	768,4	768,1
25	766,2	763,2	762,2	763,9
26	766,3	767,0	766,9	766,7
27	768,7	768,8	769,2	768,9
28	766,8	766,1	765,8	766,2
29	765,9	765,4	765,4	765,6
30	765,0	762,8	761,4	763,1
S	7.665,7	7.661,1	7.659,8	7.662,2
Total:	22.968,7	22.955,2	22.951,5	22.958,7
Monat:	765,6	765,2	765,0	765,3

OKTOBER 1957

LUFTDRUCK in mm

Tag:	a)	b)	c)	M
1	760,2	759,2	758,8	759,4
2	757,2	757,7	758,9	757,6
3	761,9	764,2	767,0	764,4
4	770,2	768,0	766,7	768,3
5	762,9	760,0	757,7	760,2
6	761,9	763,2	762,9	762,7
7	759,9	759,9	760,8	760,2
8	769,9	771,4	772,4	771,2
9	(774,6)	772,2	771,1	772,6
10	769,7	766,8	765,1	767,2
S	7.648,4	7.642,6	7.641,4	7.643,8
11	764,4	763,8	763,1	763,7
12	762,4	762,1	763,1	762,5
13	763,2	762,2	762,5	762,6
14	762,4	762,8	763,7	763,0
15	768,2	768,3	767,0	767,8
16	763,8	760,1	758,5	760,8
17	758,9	759,6	762,6	760,4
18	767,3	768,5	769,3	768,4
19	770,2	769,0	768,6	769,3
20	768,7	767,2	766,5	767,5
S	7.649,5	7.643,6	7.644,9	7.646,0
21	765,7	763,6	762,9	764,1
22	764,2	763,1	762,7	763,3
23	761,3	761,7	762,0	761,7
24	761,1	761,6	762,2	761,6
25	764,6	765,8	765,8	765,4
26	760,4	764,7	767,8	764,3
27	772,0	771,7	771,2	771,6
28	769,1	766,9	766,0	767,3
29	766,8	765,0	763,9	765,2
30	765,5	765,4	766,7	765,9
31	767,7	766,4	767,0	767,0
S	8.418,4	8.415,9	8.418,2	8.417,4
Total:	23.716,3	23.702,1	23.704,5	23.707,2
Monat:	765,0	764,6	764,7	764,7

NOVEMBER 1957

LUFTDRUCK in mm

Tag:	a)	b)	c)	M
1	769,5	768,0	767,3	768,3
2	766,5	763,9	762,6	764,3
3	763,2	762,4	762,2	762,6
4	761,1	762,6	763,6	762,4
5	766,8	767,5	768,5	767,6
6	771,5	769,9	769,1	770,2
7	769,0	765,9	764,8	766,6
8	763,4	759,8	758,3	760,5
9	759,2	760,2	761,0	760,1
10	765,4	765,4	765,3	765,4
S	7.655,6	7.645,6	7.642,7	7.648,0
11	765,1	762,4	761,5	763,0
12	762,1	761,4	762,7	762,1
13	764,6	763,5	762,9	763,7
14	761,8	761,5	760,9	761,3
15	764,8	765,7	765,7	765,3
16	765,3	764,2	763,6	764,3
17	763,5	764,1	764,2	763,9
18	764,2	761,9	761,0	762,4
19	761,2	759,8	758,9	760,1
20	759,9	760,9	762,4	761,1
S	7.632,6	7.625,4	7.623,8	7.627,2
21	767,6	767,4	767,5	767,5
22	767,6	765,6	764,7	766,0
23	762,2	758,6	756,4	759,1
24	760,8	762,3	762,6	761,9
25	765,6	764,9	764,3	764,9
26	765,9	764,7	763,6	764,7
27	764,8	763,0	762,0	763,3
28	760,0	758,2	755,9	758,0
29	757,9	756,1	750,7	754,9
30	760,1	762,1	763,6	761,9
S	7.632,5	7.622,9	7.611,3	7.622,2
Total:	22.920,7	22.893,9	22.877,8	22.897,4
Monat:	764,0	763,1	762,6	763,2

DEZEMBER 1957

LUFTDRUCK in mm

Tag:	a)	b)	c)	M
1	766,5	765,1	764,3	765,3
2	764,8	765,0	764,6	764,8
3	765,1	762,8	761,4	763,1
4	761,1	759,3	758,3	759,6
5	761,4	761,9	763,0	762,1
6	758,9	757,2	755,9	757,3
7	756,3	756,7	755,5	756,2
8	759,6	761,5	763,8	761,6
9	766,7	766,0	764,7	765,8
10	763,8	765,6	766,3	765,2
S	7.624,2	7.621,1	7.617,8	7.621,0
11	765,0	762,7	762,1	763,3
12	763,0	763,2	763,4	763,2
13	760,9	760,8	760,4	760,7
14	762,6	762,8	762,6	762,7
15	760,5	761,0	761,4	761,0
16	765,1	764,9	764,5	764,8
17	765,3	764,8	764,6	764,9
18	764,5	762,5	762,3	763,3
19	763,8	763,6	763,1	763,5
20	766,4	765,3	764,5	765,4
S	7.637,1	7.631,6	7.628,9	7.632,8
21	764,7	762,2	761,0	762,6
22	760,7	758,7	757,6	759,0
23	757,3	758,5	758,5	758,1
24	761,0	761,7	761,3	761,3
25	760,9	761,6	762,4	761,6
26	760,9	758,9	758,8	759,5
27	757,8	758,3	758,4	758,2
28	759,2	760,2	760,4	759,9
29	763,9	764,4	765,0	764,4
30	767,4	766,1	765,7	766,4
31	767,1	765,0	762,9	765,0
S	8.380,9	8.375,6	8.372,0	8.376,0
Total:	23.642,2	23.628,3	23.618,7	23.629,8
Monat:	762,7	762,2	761,9	762,3

JANUAR 1958

LUFTDRUCK in mm

Tag:	a)	b)	c)	M
1	762,9	761,3	760,7	761,6
2	757,2	755,2	756,9	756,4
3	762,2	762,1	762,0	762,1
4	764,3	765,3	765,0	764,9
5	764,9	762,1	761,0	762,7
6	761,3	759,5	758,5	759,8
7	764,0	765,2	765,2	764,8
8	765,0	763,2	763,2	763,8
9	763,2	761,4	761,5	762,0
10	760,6	760,9	761,3	760,9
S	7.625,6	7.616,2	7.615,3	7.619,0
11	763,8	764,2	764,1	764,0
12	764,5	763,2	762,3	763,3
13	762,8	761,1	760,5	761,5
14	760,0	761,8	762,2	761,3
15	763,7	763,1	761,8	762,9
16	760,4	759,5	759,4	759,8
17	760,7	761,2	762,7	761,5
18	767,2	766,0	764,6	765,9
19	766,0	764,8	764,1	765,0
20	764,2	761,7	760,0	762,0
S	7.633,3	7.626,6	7.621,7	7.627,2
21	760,8	758,6	757,9	759,1
22	760,3	758,3	758,2	758,9
23	760,9	759,8	759,2	760,0
24	761,3	761,8	761,9	761,7
25	764,3	766,0	766,9	765,7
26	767,2	764,3	763,3	764,9
27	763,2	761,1	760,3	761,5
28	761,6	761,1	761,1	761,3
29	763,2	762,4	763,1	762,9
30	763,7	763,0	764,6	763,8
31	767,5	766,5	766,2	766,7
S	8.394,0	8.382,9	8.382,7	8.386,5
Total:	23.652,9	23.625,7	23.619,7	23.632,7
Monat:	763,3	762,1	761,9	762,3

FEBRUAR 1958

LUFTDRUCK in mm

Tag:	a)	b)	c)	M
1	765,7	764,0	761,4	763,7
2	764,0	762,8	762,1	763,0
3	762,0	761,2	762,3	761,8
4	763,3	762,3	762,4	762,7
5	761,6	762,4	762,5	762,2
6	764,2	762,8	761,3	762,8
7	763,9	763,2	762,5	763,2
8	763,0	761,5	760,5	761,7
9	762,6	760,9	760,0	761,2
10	759,7	759,5	759,7	759,6
S	7.630,0	7.620,6	7.614,7	7.621,9
11	762,2	762,4	763,0	762,5
12	761,9	759,3	758,7	760,0
13	760,0	761,8	762,3	761,4
14	766,5	765,7	765,2	765,8
15	761,7	762,8	763,5	762,7
16	768,1	768,0	767,9	768,0
17	765,8	763,0	760,4	763,1
18	757,2	758,9	760,4	758,8
19	758,4	759,8	762,3	760,2
20	767,0	766,6	767,0	766,9
S	7.628,8	7.628,3	7.630,7	7.629,4
21	768,7	768,1	766,7	767,8
22	765,5	765,2	764,4	765,0
23	764,3	762,7	761,4	762,8
24	763,8	763,9	764,0	763,9
25	765,9	764,7	763,2	764,6
26	764,7	764,5	763,7	764,3
27	763,9	761,6	759,6	761,7
28	759,4	758,8	759,9	759,4
S	6.116,2	6.109,5	6.102,9	6.109,5
Total:	21.375.0	21.358,4	21.348,3	21.360,8
Monat:	763,4	762,8	762,4	762,9

MÄRZ 1958

LUFTDRUCK in mm

Tag:	a)	b)	c)	M
1	760,8	760.7	760,4	760,6
2	763,0	763,0	762,2	762,7
3	761,9	760,3	759,6	760,6
4	761,9	760,8	760,0	760,9
5	762,5	761,5	760,1	761,4
6	761,5	759,0	757,6	759,4
7	759,2	757,5	757,8	758,2
8	757,8	759,1	760,0	759,0
9	761,4	759,8	760,7	760,6
10	762,8	762,0	762,0	762,3
S	7.612,8	7.603,7	7.600,4	7.605,7
11	762,9	760,6	759,0	760,8
12	760,0	760,0	761,0	760,3
13	762,6	761,4	760,9	761,6
14	761,8	760,3	759,8	760,6
15	762,0	762,5	762,3	762,3
16	762,8	761,7	761,5	762,0
17	764,8	763,4	762,2	763,5
18	762,7	760,2	758,8	760,6
19	760,7	760,4	760,5	760,5
20	760,7	760,0	760,2	760,3
S	7.621,0	7.610,5	7.606,2	7.612,5
21	765,2	766,0	765,5	765,6
22	763,4	760,8	759,5	761,2
23	760,0	758,9	759,3	759,4
24	759,4	759,8	760,1	759,8
25	758,8	758,1	757,1	758,0
26	757,6	757,5	757,7	757,6
27	760,3	760,4	761,2	760,6
28	762,2	762,3	762,3	762,3
29	760,8	761,9	765,0	762,6
30	768,8	768,5	768,6	768,6
31	770,3	770,1	769,3	769,9
S	8.386,8	8.384,3	8.385,6	8.385,6
Total:	23.620,6	23.598,5	23.592,2	23.603,8
Monat:	762,0	761,2	761,0	761,4

APRIL 1958

LUFTDRUCK in mm

Tag:	a)	b)	c)	M
1	766,5	764,2	762,2	764,3
2	762,8	762,4	763,1	762,8
3	764,2	764,5	765,1	764,6
4	766,6	767,4	767,6	767,2
5	765,4	762,8	762,7	763,6
6	763,6	764,1	763,9	763,9
7	765,0	764,1	763,0	764,0
8	759,8	757,9	756,9	758,2
9	753,4	752,1	753,1	752,9
10	751,0	749,5	753,8	751,4
S	7.612,3	7.609,0	7.611,4	7.610,9
11	766,5	767,2	768,6	767,4
12	770,1	769,4	769,0	769,5
13	769,1	764,2	762,7	765,3
14	761,1	761,1	761,4	761,2
15	765,5	765,7	765,9	765,7
16	764,7	764,0	763,6	764,1
17	763,8	763,3	763,7	763,6
18	762,4	762,1	764,0	762,8
19	768,2	767,9	767,9	768,0
20	764,9	763,0	763,0	763,6
S	7.656,3	7.647,9	7.649,8	7.651,2
21	764,1	764,4	764,9	764,5
22	763,5	760,4	759,2	761,0
23	761,8	763,3	763,7	762,9
24	763,2	763,4	763,4	763,3
25	761,8	761,1	759,3	760,7
26	757,7	758,3	760,5	758,8
27	764,7	766,1	767,2	766,0
28	768,8	765,3	764,6	766,2
29	763,4	761,3	760,5	761,7
30	761,6	762,4	764,5	762,8
S	7.630,6	7.626,0	7.627,8	7.627,9
Total:	22.899,2	22.882,9	22.889,0	22.890,0
Monat:	763,3	762,8	763,0	763,0

MAI 1957

WINDSTÄRKE und WINDRICHTUNG

Tag:	a)	b)	c)	M
1	NW 1	W 2	SW 1	1,3
2	C 0	N 2	S 1	1,0
3	N 1	NW 1	SW 2	1,3
4	SE 1	NE 1	S 1	1,0
5	N 2	NW 1	C 0	1,0
6	N 2	W 1	N 2	1,7
7	N 2	NW 2	WSW 1	1,7
8	ESE 1	N 1	N 2	1,3
9	NNW 1	NW 1	NE 1	1,0
10	NE 1	NNE 1	N 1	1,0
S	x 12	x 13	x 12	12,3
11	N 1	N 4	N 7	4,7
12	C 0	S 2	S 2	1,3
13	S 1	N 7	N 2	3,3
14	N 5	N 4	NNW 5	4,7
15	N 5	NW 3	NW 3	3,7
16	NW 5	NNW 7	W 4	5,3
17	NW 1	NNW 2	NE 1	1,3
18	S 1	NE 2	SE 1	1,3
19	N 2	NNE 4	NE 4	3,3
20	N 3	NE 7	WSW 1	3,7
S	x 24	x 42	x 30	32,6
21	S 1	NW 2	NE 2	1,7
22	NE 1	NNE 3	N 1	1,7
23	E 1	N 2	SE 1	1,3
24	SSE 2	N 2	C 0	1,3
25	N 1	C 0	SE 1	0,7
26	C 0	NNE 4	NNE 4	2,7
27	NW 2	WNW 2	S 1	1,7
28	C 0	SSW 1	S 1	0,7
29	C 0	N 5	N 7	4,0
30	C 0	W 1	NE 2	1,0
31	C 0	S 4	SSE 3	2,3
S	x 8	x 26	x 23	19,1
Total:	44	81	65	64,0
Monat:	1,4	2,6	2,1	2,1

JUNI 1957

WINDSTÄRKE und WINDRICHTUNG

Tag:	a)		b)		c)		M
1	SE	1	SE	3	C	0	1,3
2	SE	2	N	2	N	1	1,7
3	N	1	NNE	1	C	0	0,7
4	N	1	N	5	N	6	4,0
5	WNW	3	W	4	S	1	2,7
6	C	0	WNW	2	C	0	0,7
7	NE	2	WNW	3	WNW	4	3,0
8	C	0	W	4	WSW	3	2,3
9	SE	1	N	1	C	0	0,7
10	N	2	NNW	3	WNW	1	2,0
S	x	13	x	28	x	16	19,1
11	C	0	N	2	C	0	0,7
12	N	2	N	5	SE	1	2,7
13	C	0	ESE	4	SSE	3	2,3
14	N	2	N	1	WNW	2	1,7
15	W	2	WSW	2	SSE	1	1,7
16	NNE	1	N	3	N	1	1,7
17	C	0	NE	1	C	0	0,3
18	C	0	SSW	1	NNE	2	1,0
19	E	1	N	1	C	0	0,7
20	C	0	SE	1	WNW	1	0,7
S	x	8	x	21	x	11	13,5
21	SE	1	SE	3	S	1	1,7
22	N	1	C	0	W	1	0,7
23	N	1	N	1	N	3	1,7
24	C	0	WNW	1	SW	2	1,0
25	E	1	C	0	S	1	0,7
26	S	1	SSE	3	SE	1	1,7
27	NNE	1	NE	1	NNE	1	1,0
28	C	0	C	0	C	0	0,0
29	S	2	SE	4	SE	1	2,3
30	S	1	S	2	S	1	1,3
S	x	9	x	15	x	12	12,1
Total:		30		64		39	44,7
Monat:		1,0		2,1		1,3	1,5

JULI 1957

WINDSTÄRKE und WINDRICHTUNG

Tag:	a)		b)		c)		M
1	C	0	N	2	C	0	0,7
2	N	2	N	4	N	4	3,3
3	C	0	NNE	1	N	5	2,0
4	NNE	2	N	5	N	6	4,3
5	N	5	NNE	2	NNE	3	3,3
6	NW	2	WNW	5	NNW	3	3,3
7	NW	8	NW	7	NW	5	6,7
8	W	2	W	3	NW	1	2,0
9	N	2	N	3	NNW	7	4,0
10	S	1	NNW	3	N	3	2,3
S	x	24	x	35	x	37	31,9
11	WNW	2	NNW	3	W	1	2,0
12	S	2	WNW	1	S	1	1,3
13	SE	1	NNW	1	C	0	0,7
14	S	1	NNE	2	N	2	1,7
15	NNE	2	NNE	3	N	3	2,7
16	C	0	NNW	2	S	1	1,0
17	N	2	W	2	E	1	1,7
18	C	0	N	3	NNE	1	1,3
19	C	0	C	0	NE	1	0,3
20	N	3	SE	4	E	1	2,7
S	x	13	x	21	x	12	15,4
21	N	2	N	3	NNE	1	2,0
22	C	0	C	0	C	0	0,0
23	N	1	NNW	2	N	3	2,0
24	N	4	N	6	NNW	5	5,0
25	NW	6	E	3	C	0	3,0
26	C	0	ESE	2	C	0	0,7
27	C	0	C	0	C	0	0,0
28	C	0	N	1	C	0	0,3
29	C	0	SW	1	C	0	0,3
30	C	0	NE	2	S	1	1,0
31	C	0	SSE	3	S	1	1,3
S	x	13	x	23	x	11	15,6
Total:		50		79		60	62,9
Monat:		1,6		2,6		2,0	2,0

AUGUST 1957

WINDSTÄRKE und WINDRICHTUNG

Tag:	a)		b)		c)		M
1	C	0	NNW	1	C	0	0,3
2	C	0	N	2	C	0	0,7
3	C	0	N	4	NNW	6	3,3
4	C	0	N	4	C	0	1,3
5	N	7	C	0	C	0	2,3
6	N	3	NNE	5	NNW	2	3,3
7	NW	7	WSW	2	NW	5	4,7
8	SSE	1	SW	2	NNW	1	1,3
9	NNE	2	N	4	NNW	1	2,3
10	NW	1	NW	2	SSW	1	1,3
S	x	21	x	26	x	16	20,8
11	W	4	W	4	WNW	2	3,3
12	W	2	W	4	NW	1	2,3
13	C	0	N	2	C	0	0,7
14	C	0	NW	2	NW	3	1,7
15	NNE	1	SE	2	C	0	1,0
16	C	0	S	2	C	0	0,7
17	C	0	NW	1	N	1	0,7
18	NE	5	NNE	5	NNW	5	5,0
19	NW	7	W	6	W	4	5,7
20	E	1	W	2	S	1	1,3
S	x	20	x	30	x	17	22,4
21	C	0	NW	1	C	0	0,3
22	NNE	2	WNW	5	WNW	3	3,3
23	NNW	4	WNW	5	NW	4	4,3
24	NNE	3	N	2	N	1	2,0
25	C	0	N	4	C	0	1,3
26	C	0	N	5	N	4	3,0
27	NNW	2	NNW	3	NW	3	2,7
28	C	0	NW	2	C	0	0,7
29	C	0	NW	1	C	0	0,3
30	C	0	S	3	SE	1	1,3
31	C	0	N	2	NE	1	1,0
S	x	11	x	33	x	17	20,2
Total:		52		89		50	63,4
Monat.		1,7		2,9		1,6	2,0

SEPTEMBER 1957

WINDSTÄRKE und WINDRICHTUNG

Tag:	a)		b)		c)		M
1	C	0	N	1	C	0	0,3
2	C	0	N	2	SW	1	1,0
3	C	0	N	1	NW	1	0,7
4	C	0	S	2	SW	1	1,0
5	C	0	N	3	SE	1	1,3
6	S	1	SSE	3	S	1	1,7
7	SE	1	N	5	N	1	2,3
8	NNE	1	NW	4	N	1	2,0
9	N	1	W	4	SW	2	2,3
10	C	0	S	4	S	4	2,7
S	x	4	x	29	x	13	15,3
11	S	3	S	4	S	3	3,3
12	C	0	NNW	2	S	1	1,0
13	C	0	W	5	C	0	1,7
14	N	1	N	2	NNE	3	2,0
15	N	2	NNW	4	N	3	3,0
16	NNE	4	NNW	6	N	7	5,7
17	NNE	5	NE	1	NW	2	2,7
18	NW	1	W	2	WSW	1	1,3
19	C	0	S	2	S	3	1,7
20	C	0	NW	3	W	3	2,0
S	x	16	x	31	x	26	24,4
21	S	1	W	2	C	0	1,0
22	C	0	N	4	N	3	2,3
23	N	3	WNW	2	NW	2	2,3
24	S	1	SE	1	W	2	1,3
25	C	0	W	4	NNW	2	2,0
26	C	0	W	2	N	2	1,3
27	SE	1	WNW	4	N	1	2,0
28	NNE	3	W	3	NW	2	2,7
29	NW	1	NW	3	WNW	3	2,3
30	C	0	W	4	NW	2	2,0
S	x	10	x	29	x	19	19,2
Total:	30		89		58		58,9
Monat:	1,0		3,0		1,9		2,0

OKTOBER 1957

WINDSTÄRKE und WINDRICHTUNG

Tag:	a)		b)		c)		M
1	C	0	WNW	4	W	1	1,7
2	C	0	NNW	5	NNW	6	3,7
3	C	0	W	4	W	3	2,3
4	C	0	W	3	WSW	3	2,0
5	NNE	1	NW	4	N	6	3,7
6	NW	1	WNW	6	NW	2	3,0
7	NE	3	NW	5	WSW	2	3,3
8	C	0	W	2	W	1	1,0
9	C	0	W	1	W	2	1,0
10	C	0	WNW	4	NW	2	2,0
S	x	5	x	38	x	28	23,7
11	N	2	W	4	W	3	3,0
12	NE	3	S	1	C	0	1,3
13	C	0	W	5	W	3	2,7
14	W	3	WNW	5	W	3	3,7
15	S	1	WNW	4	WSW	2	2,3
16	S	1	WNW	5	WNW	2	2,7
17	NNE	3	WNW	5	W	3	3,7
18	NNE	2	W	5	W	3	3,3
19	C	0	S	3	W	1	1,3
20	S	2	S	3	W	3	2,7
S	x	17	x	40	x	23	26,7
21	C	0	WSW	5	WNW	3	2,7
22	C	0	NW	3	WNW	2	1,7
23	C	0	NNW	4	NNE	3	2,3
24	N	2	N	4	NW	2	2,7
25	NE	1	NW	4	NW	4	3,0
26	N	7	SW	5	SW	3	5,0
27	C	0	NW	3	SW	2	1,7
28	SE	1	NNW	2	W	1	1,3
29	E	2	W	3	S	2	2,3
30	S	2	W	4	W	2	2,7
31	C	0	WNW	5	NNW	3	2,7
S	x	15	x	42	x	27	28,1
Total:		37		120		78	78,5
Monat:		1,2		3,9		2,5	2,5

NOVEMBER 1957

WINDSTÄRKE und WINDRICHTUNG

Tag:	a)	b)	c)	M
1	SSE 1	WNW 5	W 3	3,0
2	C 0	W 4	WNW 2	2,0
3	C 0	W 3	W 3	2,0
4	N 3	W 3	W 1	2,3
5	C 0	NW 4	W 2	2,0
6	S 1	S 3	S 3	2,3
7	S 4	SSE 4	SSE 3	3,7
8	SE 4	ESE 3	SE 1	2,7
9	W 4	W 5	WNW 3	4,0
10	NW 1	WNW 3	W 3	2,3
S	x 18	x 37	x 24	26,3
11	SE 2	S 4	S 3	3,0
12	S 2	NW 1	NW 2	1,7
13	S 2	W 5	W 3	3,3
14	S 1	W 6	W 2	3,0
15	NW 1	W 4	W 3	2,7
16	C 0	W 3	W 2	1,7
17	NNE 1	S 2	S 2	1,7
18	SE 3	SE 4	SSW 2	3,0
19	NE 1	W 4	NW 2	2,3
20	W 1	WNW 4	WNW 2	2,3
S	x 14	x 37	x 23	24,7
21	C 0	W 2	W 3	1,7
22	SSE 2	W 3	W 1	2,0
23	NNE 2	S 2	SSW 1	1,7
24	NW 2	WNW 3	N 1	2,0
25	S 1	WNW 3	W 3	2,3
26	C 0	S 2	S 2	1,3
27	S 2	W 5	W 4	3,7
28	N 2	N 3	N 6	3,7
29	NW 1	N 3	NW 4	2,7
30	N 2	W 2	W 2	2,0
S	x 14	x 28	x 27	23,1
Total:	46	102	74	74,1
Monat:	1,5	3,4	2,5	2,5

DEZEMBER 1957

WINDSTÄRKE UND WINDRICHTUNG

Tag:	a)		b)		c)		M
1	WNW	1	NW	2	C	0	1.0
2	C	0	W	3	W	3	2.0
3	SSE	3	SSE	4	S	3	3.3
4	ENE	2	SE	2	W	2	2.0
5	C	0	N	3	N	2	1.7
6	N	2	N	3	N	2	2.3
7	N	2	NNE	1	C	0	1.0
8	C	0	NW	2	NW	1	1.0
9	NNE	1	N	2	N	3	2.0
10	NNE	1	W	3	W	1	1.7
S	X	12	X	25	X	17	18.0
11	C	0	W	2	SW	2	1.3
12	NW	1	NW	3	NNW	2	2.0
13	WNW	4	NNW	5	W	2	3.7
14	C	0	W	3	NNW	3	2.0
15	W	1	WNW	3	W	2	2.0
16	W	1	WNW	3	WNW	2	2.0
17	SE	2	SSE	2	C	0	1.3
18	S	1	WNW	3	SW	1	1.7
19	S	1	W	5	WNW	2	3.3
20	S	4	S	3	S	1	2.7
S	X	15	X	32	X	17	22.0
21	S	3	S	2	W	3	2.7
22	S	1	W	5	W	5	3.7
23	C	0	W	5	N	1	2.0
24	N	1	N	2	NW	2	1.7
25	WNW	1	W	3	SW	2	2.0
26	C	0	W	5	NW	3	2.7
27	C	0	NNW	2	W	2	1.3
28	NW	2	W	3	W	2	2.3
29	NW	1	W	4	SW	4	3.0
30	SE	1	NW	2	W	2	1.7
31	S	1	W	3	WSW	3	2.3
S	X	11	X	36	X	29	25.4
Total:	38		93		63		65.4
Monat:	1.2		3.0		2.0		2.1

JANUAR 1958

WINDSTÄRKE UND WINDRICHTUNG

Tag:	a)		b)		c)		M
1	S	2	W	4	W	4	3.3
2	N	3	NNW	6	W	1	3.3
3	E	1	W	3	W	2	2.0
4	SE	1	W	2	W	3	2.0
5	C	0	W	4	W	4	2.7
6	C	0	NW	3	NW	3	2.0
7	SE	1	NW	3	W	2	2.0
8	S	3	W	3	W	2	2.7
9	C	0	W	4	W	5	3.0
10	NNE	2	NW	3	W	1	2.0
S	X	13	X	35	X	27	25.0
11	SE	3	NW	1	WSW	4	2.7
12	SE	1	W	5	W	4	3.3
13	SSE	3	W	2	W	5	3.3
14	N	1	W	5	W	4	3.3
15	NNE	1	W	5	WSW	4	3.3
16	S	1	W	4	W	5	3.3
17	W	3	W	4	W	4	3.7
18	C	0	SE	3	SW	2	1.7
19	SE	3	SW	4	S	4	3.7
20	S	3	S	5	S	5	4.3
S	X	19	X	38	X	41	32.6
21	S	5	ESE	5	SSE	4	4.7
22	SE	4	ESE	3	SW	1	2.7
23	SE	1	W	5	W	5	3.7
24	SW	1	W	5	W	3	3.0
25	SSW	2	NW	4	W	3	3.0
26	ESE	1	SW	2	W	3	2.0
27	NE	1	W	2	SW	1	1.3
28	NE	1	W	4	W	4	3.0
29	S	2	W	4	W	3	3.0
30	N	1	N	3	NW	2	2.0
31	NW	1	WNW	3	W	3	2.3
S	X	20	X	40	X	32	30.7
Total:		52		113		100	88.3
Monat:		1.7		3.6		3.2	2,9

FEBRUAR 1958

WINDSTÄRKE UND WINDRICHTUNG

Tag:	a)	b)	c)	M
1	S 1	WNW 5	W 3	3.0
2	S 3	W 3	W 3	3.0
3	S 4	W 2	W 2	2.7
4	E 1	W 4	WNW 2	2.3
5	NE 1	W 4	W 2	2.0
6	SE 3	W 4	W 2	3.0
7	C 0	W 4	W 3	2.3
8	SE 2	W 2	W 3	2.3
9	C 0	W 2	W 2	1.3
10	NE 1	W 4	W 4	3.0
S	X 16	X 34	X 26	24.9
11	C 0	W 4	W 3	2.3
12	NE 1	W 3	W 2	2.0
13	C 0	NE 1	W 4	1.7
14	C 0	W 4	W 2	2.0
15	W 1	WNW 5	WSW 2	2.7
16	SE 1	WNW 5	W 5	3.7
17	NE 1	W 3	W 5	3.0
18	N 1	W 6	W 3	3.3
19	N 2	W 5	W 3	3.3
20	NE 1	W 4	W 3	2.7
S	X 8	X 40	X 32	26.7
21	NE 1	W 2	W 2	1.7
22	C 0	SSW 1	W 1	0.7
23	C 0	W 2	W 1	1.0
24	C 0	S 1	WNW 2	1.0
25	C 0	W 4	W 1	1.7
26	S 1	W 4	W 2	2.3
27	C 0	S 2	S 2	1.3
28	NE 1	W 4	W 4	3.0
S	X 3	X 20	X 15	12.7
Total:	27	94	73	64,3
Monat:	1.0	3.4	2.6	2.3

MÄRZ 1958

WINDSTÄRKE und WINDRICHTUNG

Tag:	a)	b)	c)	M
1	C 0	W 2	W 2	1,3
2	C 0	S 3	W 2	1,7
3	C 0	S 2	C 0	0,7
4	SE 1	S 1	W 1	1,0
5	SE 1	S 4	SSE 1	2,0
6	NNE 2	S 2	C 0	1,3
7	C 0	S 1	W 3	1,3
8	C 0	W 5	W 2	2,3
9	SE 2	S 3	S 1	2,0
10	SE 1	S 2	S 1	1,3
S	x 7	x 25	x 13	14,9
11	S 2	S 3	SE 1	2,0
12	C 0	NNW 2	NW 1	1,0
13	C 0	NW 2	W 1	1,0
14	C 0	W 2	W 2	1,3
15	NW 1	W 2	W 2	1,7
16	S 1	NW 3	WNW 2	2,0
17	C 0	W 3	W 1	1,3
18	C 0	S 4	W 3	2,3
19	NE 1	W 4	W 3	2,7
20	C 0	W 4	WNW 3	2,3
S	x 5	x 29	x 19	17,6
21	C 0	S 2	S 2	1,3
22	ESE 3	SE 1	C 0	1,3
23	C 0	W 3	W 2	1,7
24	E 1	WNW 1	C 0	0,7
25	NNW 1	N 3	WNW 3	2,3
26	SE 1	NE 2	C 0	1,0
27	C 0	C 0	SE 1	0,3
28	C 0	WNW 2	W 1	1,0
29	NW 1	W 5	WSW 2	2,7
30	S 1	W 2	W 3	2,0
31	E 1	NNE 1	S 1	1,0
S	x 9	x 22	x 15	15,3
Total:	21	76	47	47,8
Monat:	0,7	2,5	1,5	1,5

APRIL 1958

WINDSTÄRKE und WINDRICHTUNG

Tag:	a)		b)		c)		M
1	C	0	SE	2	C	0	0,7
2	C	0	W	3	C	0	1,0
3	WNW	1	W	3	WNW	2	2,0
4	C	0	W	2	C	0	0,7
5	C	0	W	3	C	0	1,0
6	C	0	WNW	4	W	2	2,0
7	C	0	S	3	S	1	1,3
8	C	0	NNW	3	WNW	1	1,3
9	N	3	C	0	WNW	3	2,0
10	N	6	N	6	SW	3	5,0
S	x	10	x	29	x	12	17,0
11	C	0	WNW	3	W	1	1,3
12	C	0	S	4	C	0	1,3
13	C	0	SSE	4	S	4	2,7
14	SSE	2	S	5	C	0	2,3
15	SE	1	NW	1	C	0	0,7
16	SE	3	SE	3	C	0	2,0
17	C	0	NW	1	NW	1	0,7
18	C	0	N	2	WNW	1	1,0
19	C	0	N	2	C	0	0,7
20	C	0	N	2	C	0	0,7
S	x	6	x	27	x	7	13,4
21	C	0	C	0	SW	1	0,3
22	N	1	N	2	WNW	2	1,7
23	NW	2	NW	2	NW	1	1,7
24	C	0	N	2	C	0	0,7
25	C	0	N	3	N	4	2,3
26	NNE	1	N	1	C	0	0,7
27	C	0	NNW	2	C	0	0,7
28	SE	1	N	2	C	0	1,0
29	C	0	C	0	C	0	0,0
30	SSE	1	SSE	2	C	0	1,0
S	x	6	x	16	x	8	10,1
Total:		22		72		27	40,5
Monat:		0,7		2,4		0,9	1,3

MAI 1957

Tag:	Strahlung cal/cm² a)	b)	c)	S	Sonnenscheindauer Stunden
1	3,8	87,5	47,4	138,7	5.5
2	2,8	58,3	53,0	114,1	4.8
3	7,5	31,0	77,1	115,6	4.0
4	5,6	21,6	43,3	70,5	0.8
5	1,9	33,9	62,4	98,2	2.3
6	3,8	20,7	11,2	35,7	.
7	0,9	42,8	64,0	107,7	3.5
8	8,6	18,0	19,8	46,4	.
9	1,9	16,8	14,0	32,7	.
10	2,8	14,1	8,4	25,3	.
S	39,6	344,7	400,6	784,9	20.9
11	0,0	13,9	23,2	37,1	.
12	0,9	42,3	19,8	63,0	0.4
13	1,9	6,6	8,4	16,9	.
14	0,0	3,7	2,8	6,5	.
15	0,9	63,2	38,2	102,3	3.8
16	2,8	38,1	23,2	64,1	2.0
17	2,8	23,5	26,3	52,6	0.1
18	0,9	5,6	7,5	14,0	.
19	0,9	5,6	4,7	11,2	.
20	1,9	20,4	11,3	33,6	.
S	13,0	222,9	165,4	401,3	6.3
21	2,8	57,0	50,8	110,6	5.8
22	2,8	45,1	18,8	66,7	2.3
23	1,9	39,0	59,2	100,1	3.8
24	1,0	39,9	25,7	66,6	2.2
25	1,0	7,5	3,8	12,3	.
26	0,9	5,6	15,0	21,5	0,3
27	2,8	22,6	29,2	54,6	0.6
28	1,0	96,8	54,5	152,3	7.2
29	1,0	15,0	11,3	27,3	0.1
30	2,8	75,2	59,2	137,2	6.3
31	6,7	101,8	69,4	177,9	7.7
S	24,7	505,5	396,9	927,1	36.3
Total	77,3	1.073,1	962,9	2.113,3	63.5
Monat	2,5	34,6	31,1	68,2	2.1

JUNI 1957

Tag:	Strahlung cal/cm² a)	b)	c)	S	Sonnenscheindauer Stunden
1	1,0	74,1	60,8	135,9	6,8
2	6,7	10,6	9,5	26,8	.
3	0,0	6,6	5,6	12,2	.
4	1,0	5,6	4,7	11,3	.
5	1,9	42,3	47,0	91,2	4,2
6	5,7	68,6	55,5	129,8	5,8
7	1,0	9,4	11,3	21,7	.
8	1,9	10,3	12,2	24,4	.
9	3,8	8,6	10,4	22,8	.
10	0,0	6,6	4,7	11,3	.
S	23,0	242,7	221,7	487,4	16,8
11	3,8	18,8	11,3	33,9	0,5
12	0,0	37,6	66,7	104,3	5,0
13	0,0	78,0	64,2	142,2	6,8
14	9,4	73,3	60,4	143,1	6,7
15	2,8	56,4	38,6	97,8	3,2
16	7,6	43,7	70,5	121,8	4,9
17	1,9	10,4	10,5	22,8	.
18	0,0	12,2	18,8	31,0	.
19	1,0	53,6	58,3	112,9	5,7
20	4,7	13,2	48,9	66,8	2,3
S	31,2	397,2	448,2	876,6	35,1
21	1,9	78,0	63,0	142,9	6,9
22	3,8	23,5	16,0	43,3	0,1
23	0,0	9,4	4,7	14,1	.
24	3,8	69,6	63,9	137,3	5,8
25	6,7	55,5	23,5	85,7	3,2
26	3,8	97,0	64,6	165,4	7,5
27	5,8	8,6	15,2	29,6	0,2
28	3,8	58,9	65,6	128,3	5,8
29	3,8	91,2	69,3	164,3	7,5
30	3,8	19,0	25,6	48,4	0,5
S	37,2	510,7	411,4	959,3	37,5
Total	91,4	1.150,6	1.081,3	2.323,4	89,4
Monat	3,0	38,4	36,0	77,4	3,0

JULI 1957

Tag:	Strahlung cal/cm² a)	b)	c)	S	Sonnenscheindauer Stunden
1	5,7	17,3	7,7	30,7	.
2	0,0	2,8	3,8	6,6	.
3	2,8	20,7	13,2	36,7	.
4	1,9	3,8	3,7	9,4	.
5	0,0	10,2	4,7	14,9	.
6	0,9	41,3	46,1	88,3	3,6
7	0,0	9,3	4,7	14,0	0,3
8	0,9	39,0	37,0	76,9	4,0
9	5,7	6,7	8,5	20,9	.
10	1,9	50,3	14,2	66,4	2,4
S	19,8	201,4	143,6	364,8	10,3
11	0,0	39,5	36,6	76,1	2,9
12	6,7	88,4	37,0	132,1	5,5
13	5,7	33,3	26,6	65,6	.
14	2,9	25,6	22,8	51,3	0,5
15	0,0	16,9	6,6	23,5	.
16	6,7	37,6	47,0	91,3	2,6
17	5,7	50,3	71,2	127,2	4,8
18	7,6	92,1	67,4	167,1	7,5
19	9,6	57,9	41,4	108,9	3,4
20	5,7	73,2	74,3	153,2	7,1
S	50,6	514,8	430,9	996,3	34,3
21	1,0	45,6	51,7	98,3	4,3
22	5,7	3,8	8,6	18,1	.
23	1,9	11,3	11,3	24,5	.
24	0,0	6,6	8,5	15,1	.
25	0,0	13,2	11,4	24,6	.
26	1,9	15,2	11,4	28,5	.
27	6,7	24,7	82,6	114,0	4,1
28	3,8	25,6	74,1	103,5	3,8
29	2,9	47,5	51,3	101,7	2,5
30	5,8	40,8	79,8	126,4	5,1
31	5,8	93,0	88,3	187,1	7,4
S	35,5	327,3	479,0	841,8	27,2
Total	105,9	1.043,5	1.053,5	2.202,9	71,8
Monat	3,4	33,7	34,0	71,1	2,3

AUGUST 1957

Tag:	Strahlung cal/cm^2 a)	b)	c)	S	Sonnenscheindauer Stunden
1	6,7	56,1	36,6	99,4	2,9
2	1,9	16,0	7,5	25,4	.
3	2,8	16,9	6,6	26,3	.
4	4,7	33,8	43,3	81,8	1,8
5	1,9	9,4	5,6	16,9	.
6	0,9	66,7	39,5	107,1	4,1
7	0,9	6,6	16,0	23,5	0,2
8	2,8	73,3	55,4	131,5	5,8
9	2,8	7,6	6,6	17,0	.
10	1,9	31,0	38,5	71,4	1,0
S	27,3	317,4	255,6	600,3	15,8
11	2,8	51,7	85,5	140,0	5,1
12	1,9	72,4	54,5	128,8	5,1
13	5,6	27,2	18,8	51,6	.
14	7,5	73,3	55,4	136,2	5,0
15	3,8	71,4	95,8	171,0	6,4
16	5,6	60,8	99,6	166,0	6,0
17	6,6	32,3	58,2	97,1	2,0
18	1,9	2,8	9,4	14,1	.
19	1,9	53,6	55,4	110,9	4,8
20	6,6	72,4	79,8	158,8	7,2
S	44,2	517,9	612,4	1.174,5	41,6
21	7,5	49,4	34,8	91,7	1,1
22	6,6	25,4	42,3	74,3	1,5
23	4,7	58,3	42,3	105,3	3,9
24	4,7	23,5	30,1	58,3	.
25	3,8	63,9	20,7	88,4	1,6
26	1,9	48,8	11,2	61,9	1,2
27	0,9	96,8	40,0	137,7	5,0
28	6,6	69,5	41,3	117,4	4,2
29	3,8	63,0	64,8	131,6	4,0
30	6,6	132,4	83,7	222,7	9,2
31	9,4	84,6	89,4	183,4	7,0
S	56,5	715,6	500,6	1.272,7	38,7
Total	128,0	1.550,9	1.368,6	3.047,5	96,1
Monat	4,1	50,0	44,1	98,3	3,1

SEPTEMBER 1957

Tag:	Strahlung cal/cm² a)	b)	c)	S	Sonnenscheindauer Stunden
1	8,5	23,5	22,6	54,6	•
2	1,9	78,0	98,5	178,4	6,4
3	6,5	71,4	53,0	130,9	2,8
4	1,9	78,2	97,6	177,7	7,0
5	10,3	78,0	37,6	125,9	2,4
6	2,8	148,6	93,9	245.3	10,1
7	9,4	65,8	24,4	99,6	1,3
8	0,0	20,7	27,2	47,9	0,1
9	2,8	106,2	112,5	221,5	8,1
10	8,5	127,9	101,5	237,9	9,2
S	52,6	798,3	668,8	1.519,7	47,4
11	5,6	139,1	106,0	250,7	10,4
12	9,4	130,8	103,0	243,2	10,5
13	12,1	117,5	99,5	229,1	9,6
14	3,7	16,9	4,7	25,3	•
15	1,9	37,6	43,2	82,7	0,8
16	4,7	51,7	63,3	119,7	4,6
17	7,5	33,8	48,8	90,1	1,8
18	4,7	78,0	100,4	183,1	5,8
19	0,9	130,8	80,9	212,6	7,7
20	10,3	128,8	80,9	220,0	7,7
S	60,8	865,0	730,7	1.656,5	58,9
21	3,8	73,3	49,8	126,9	1,8
22	2,8	93,0	38,2	134,0	2,3
23	1,9	48,9	48,4	99,2	0,5
24	5,6	108,1	125,6	239,3	8,4
25	9,3	122,2	89,3	220,8	7,1
26	10,3	131,7	65,1	207,1	7,7
27	7,5	150,4	94,8	252,7	8,8
28	2,8	80,0	58,6	141,4	2,2
29	2,8	72,5	79,1	154,4	2,6
30	1,9	113,4	84,6	199,9	6,4
S	48,7	993,5	733,5	1.775,7	47,8
Total	162,1	2.656,8	2.133,0	4.951,9	154,1
Monat	5,4	88,6	71,1	165,1	5,1

OKTOBER 1957

Tag:	Strahlung cal/cm² a)	b)	c)	S	Sonnenscheindauer Stunden
1	12,1	140,5	96,6	249,2	8,3
2	7,4	91,2	57,7	156,3	4,6
3	4,7	50,2	102,3	157,2	3,0
4	6,6	121,2	122,8	250,6	9,1
5	11,3	61,1	60,5	132,9	1,8
6	14,1	112,7	104,2	231,0	8,2
7	4,7	31,9	115,3	151,9	7,0
8	16,0	133,3	67,9	217,2	7,1
9	16,9	160,8	115,3	293,0	11,4
10	15,0	153,1	68,8	236,9	7,6
S	108,8	1.056,0	911,4	2.076,2	68,1
11	3,7	93,0	115,3	212,0	7,3
12	7,4	129,2	123,2	259,8	9,7
13	11,2	121,9	105,0	238,1	6,9
14	5,6	125,5	78,1	209,2	4,9
15	11,3	112,7	126,4	250,4	8,4
16	22,6	158,8	121,9	303,3	11,5
17	6,5	34,4	63,3	104,2	1,6
18	11,3	116,4	114,3	242,0	7,3
19	14,9	160,8	105,0	280,7	9,9
20	24,2	167,5	128,0	319,7	11,7
S	118,7	1.220,2	1.080,5	2.419,4	79,2
21	17,7	156,2	102,2	276,1	9,1
22	12,1	127,8	117,1	257,0	8,3
23	10,2	86,4	68,8	165,4	3,2
24	3,7	77,2	30,7	111,6	0,5
25	5,6	112,5	64,2	182,3	2,3
26	3,7	139,5	93,0	236,2	7,7
27	9,4	141,9	90,2	241,5	7,6
28	27,9	139,5	119,0	286,4	9,6
29	27,0	168,3	128,0	323,3	12,4
30	32,6	169,2	128,0	329,8	12,3
31	33,5	162,9	124,6	321,0	11,9
S	183,4	1.481,4	1.065,8	2.730,6	84,9
Total	410,9	3.757,6	3.057,7	7.226,2	232,2
Monat	13,3	121,2	98,6	233,1	7,5

NOVEMBER 1957

Tag:	Strahlung cal/cm² a)	b)	c)	S	Sonnenscheindauer Stunden
1	27,9	164,5	131,5	323,9	12,1
2	31,6	163,8	123,2	318,6	11,7
3	18,4	135,1	114,0	267,5	6,9
4	5,5	91,1	103,2	199,8	4,4
5	12,2	137,7	120,9	270,8	9,5
6	36,2	168,0	134,1	338,3	12,6
7	34,0	173,9	135,1	343,0	12,4
8	30,4	166,3	107,7	304,4	9,4
9	18,4	139,4	115,0	272,8	7,9
10	9,3	126,5	138,0	273,8	8,1
S	223,9	1.466,3	1.222,7	2.912 9	95,0
11	34,0	164,6	133,3	331,9	12,7
12	34,0	169,1	138,9	342,0	11,5
13	40,4	170,0	133,3	343,7	12,5
14	35,4	159,0	141,6	336,0	10,8
15	12,1	139,5	136,8	288,4	9,1
16	29,8	144,1	125,1	299,0	9,8
17	23,3	99,5	74,5	197,3	3,0
18	27,0	173,0	132,5	332,5	11,6
19	30,7	160,9	146,9	338,5	11,7
20	37,2	173,9	105,0	316,1	9,9
S	303,9	1.553,6	1.267,9	3.125,4	102,6
21	13,0	124,6	135,8	273,4	8,9
22	42,8	169,1	130,7	342,6	13,0
23	45,5	164,7	134,7	344,9	12,9
24	24,8	113,3	93,9	232,0	2,6
25	31,6	167,4	143,0	342,0	12,7
26	51,2	173,0	139,9	364,1	12,6
27	53,0	172,0	122,7	347,7	12,1
28	14,9	74,4	19,5	108,8	.
29	8,4	62,3	20,4	91,1	0,5
30	30,7	133,0	143,1	306,8	6,8
S	315,9	1.353,8	1.083,7	2.753,4	82,1
Total	843,7	4.573,7	3.574,3	8.791,7	279,7
Monat	28,1	145,8	119,1	293,1	9,3

DeZEMBER 1957

Tag:	Strahlung cal/cm² a)	b)	c)	S	Sonnenscheindauer Stunden
1	21,6	140,4	68,8	230,8	4,8
2	28,8	161,0	149,9	339,7	12,2
3	47,4	178,7	134,3	360,4	13,5
4	51,2	152,6	130,0	333,8	10,7
5	43,7	64,2	44,7	152,6	0,6
6	6,5	113,5	47,5	167,5	0,2
7	2,8	41,3	35,4	79,5	.
8	4,7	55,4	94,0	154,1	2,8
9	17,7	110,9	76,3	204,9	3,3
10	8,4	136,9	153,5	298,8	9,4
S	232,8	1.154,9	934,4	2.322,1	57,5
11	39,5	166,5	147,9	353,9	11,5
12	27,9	113,4	79,1	220,4	3,5
13	8,4	22,3	21,4	52,1	.
14	7,4	134,9	103,2	245,5	4,4
15	7,4	57,7	40,9	106,0	.
16	11,2	186,3	147,0	344,5	12,6
17	35,4	157,2	106,8	299,4	9,3
18	50,2	174,0	143,5	367,7	13,9
19	47,8	156,3	140,9	345,0	11,0
20	51,2	181,4	146,2	378,8	12,9
S	286,4	1.350,0	1.076,9	2.713,3	79,1
21	53,4	171,2	150,0	374,6	13,4
22	59,8	173,0	145,3	378,1	13,1
23	33,1	149,0	83,7	265,8	6,0
24	9,3	35,4	44,7	89,4	.
25	15,8	122,3	146,2	284,3	9,9
26	37,2	166,5	145,3	349,0	10,0
27	11,2	32,6	65,1	108,9	2,6
28	36,3	131,2	99,5	267,0	6,7
29	22,3	146,0	117,1	285,4	9,5
30	40,9	168,5	136,9	346,3	10,3
31	45,6	161,0	148,1	354,7	13,1
S	364,9	1.456,7	1.281,9	3.103,5	94,6
Total	884,1	3.961,6	3.293,2	8.138,9	231,2
Monat	28,5	127,8	106,2	262,5	7,5

JANUAR 1958

Tag:	Strahlung cal/cm² a)	b)	c)	S	Sonnenscheindauer Stunden
1	63,4	174,0	146,3	383,7	12,5
2	17,7	50,3	39,1	107,1	0,8
3	21,6	134,0	145,1	300,7	10,3
4	54,0	127,5	150,9	332,4	9,0
5	47,5	170,1	151,8	369,4	12,5
6	54,0	162,9	82,8	299,7	7,9
7	32,6	173,0	149,0	354,6	12,4
8	62,4	173,0	142,7	378,1	13,7
9	53,0	169,3	148,1	370,4	12,4
10	19,6	52,1	34,4	106,1	0,6
S	425,8	1.386,2	1.190,2	3.002,2	92,1
11	9,3	115,3	134,3	258,9	7,1
12	52,1	173,0	142,7	367,8	13,2
13	54,9	174,9	146,3	376,1	12,7
14	16,8	110,9	123,2	250,9	5,9
15	16,8	134,0	135,3	286,1	8,7
16	50,3	181,5	147,2	379,0	12,6
17	16,8	59,5	94,9	171,2	2,5
18	32,6	149,9	145,4	327,9	12,1
19	51,2	170,3	143,5	365,0	13,4
20	48,4	174,9	141,0	364,3	13,1
S	349,2	1.444,2	1.353,8	3.147,2	101,3
21	46,0	172,0	141,0	359,0	13,1
22	44,2	171,1	138,2	353,5	13,0
23	44,2	172,0	140,9	357,1	12,7
24	25,1	108,0	107,8	240,9	4,9
25	11,2	114,4	151,8	277,4	9,5
26	40,9	172,1	137,0	350,0	12,7
27	45,6	163,9	147,2	356,7	12,4
28	31,6	159,1	126,0	316,7	10,3
29	27,0	162,0	133,5	322,5	11,7
30	20,5	63,5	50,6	134,6	0,5
31	18,6	156,3	151,0	325,9	11,5
S	354,9	1.614,4	1.425,0	3.394,3	112,3
Tot.	1.129,9	4.444,8	3.969,0	9.543,7	305,7
Monat	36,4	143,4	128,0	307,9	9,9

FEBRUAR 1958

Tag:	Strahlung cal/cm² a)	b)	c)	S	Sonnenscheindauer Stunden
1	33,5	163,9	132,4	329,8	11,5
2	36,3	166,6	139,8	342,7	12,5
3	39,1	169,4	142,6	351,1	12,7
4	42,8	163,0	143,5	349,3	12,6
5	29,8	136,8	145,3	311,9	10,4
6	29,8	165,7	140,9	336,4	12,5
7	35,4	153,5	141,8	330,7	12,3
8	32,6	163,8	136,0	332,4	12,3
9	30,7	158,2	144,3	333,2	12,4
10	32,6	159,1	137,0	328,7	12,1
S	342,6	1.600,0	1.403,6	3.346,2	121,3
11	26,1	146,0	140,8	312,9	10,1
12	26,1	118,0	103,0	247,1	4,0
13	13,0	18,6	77,3	108,9	2,3
14	13,0	116,3	126,7	256,0	9,0
15	15,8	108,0	85,6	209,4	6,8
16	26,3	162,9	143,3	332,5	11,8
17	18,6	105,1	136,0	259,7	8,4
18	20,5	64,2	108,9	193,6	6,8
19	9,3	65,2	126,6	201,1	5,3
20	23,5	113,8	140,6	277,9	8,9
S	192,2	1.018,1	1.188,8	2.399,1	73,4
21	15,8	96,8	138,0	250,6	6,6
22	17,7	111,7	122,2	251,6	7,9
23	21,4	142,4	108,6	272,4	9,5
24	16,7	156,4	131,5	304,6	11,1
25	16,7	149,8	130,7	297,2	11,0
26	19,5	147,0	128,9	295,4	10,6
27	23,3	138,8	131,1	293,2	10,6
28	23,0	158,2	122,2	303,4	10,8
S	154,1	1.101,1	1.013,2	2.268,4	78,1
Total	688,9	3.719,2	3.605,6	8.013,7	272,8
Monat	24,6	132,8	128,8	286,2	9,7

März 1958

Tag:	Strahlung cal/cm² a)	b)	c)	S	Sonnenscheindauer Stunden
1	13,0	115,2	87,4	215,6	4,9
2	2,8	154,3	126,0	283,1	10,8
3	16,7	154,7	134,2	305,6	11,4
4	20,5	151,0	131,0	302,5	11,4
5	15,6	157,2	127,8	300,6	11,4
6	17,5	137,0	93,5	248,0	10,4
7	19,3	134,2	129,2	282,7	11,0
8	4,5	91,2	78,2	173,9	5,3
9	4,5	133,4	121,3	259,2	9,5
10	15,8	116,2	119,5	251,5	8,6
S	130,2	1.344,4	1.148,1	2.622,7	94,7
11	13,8	144,5	109,2	267,5	10,3
12	17,7	123,6	114,0	255,3	10,6
13	15,3	118,1	108,5	241,9	10,0
14	14,1	129,2	115,9	259,2	10,4
15	8,4	38,1	101,3	147,8	3,9
16	7,4	110,7	114,0	232,1	8,4
17	13,2	139,5	120,5	273,2	10,7
18	15,8	136,7	122,9	275,4	10,8
19	18,6	126,4	94,7	239,7	9,4
20	4,5	114,1	91,0	209,6	6,6
S	128,8	1.180,9	1.092,0	2.401,7	91,1
21	13,2	130,8	102,2	246,2	10,6
22	9,4	144,1	107,7	261,2	10,5
23	14,1	121,8	113,1	249,0	10,0
24	11,3	72,5	75,3	159,1	4,9
25	7,4	43,7	43,3	94,4	0,8
26	3,7	86,5	23,9	114,1	3,2
27	5,6	70,7	19,5	95,8	2,9
28	6,5	97,6	102,1	206,2	7,5
29	5,6	56,7	107,0	169,3	6,0
30	10,3	79,9	72,5	162,7	5,5
31	5,6	32,0	54,8	92,4	0,6
S	92,7	936,3	821,4	1.850,4	62,5
Total	351,7	3.461,6	3.061,5	6.874,8	248,3
Monat	11,3	111,7	98,8	221,8	8,0

APRIL 1958

Tag:	Strahlung cal/cm² a)	b)	c)	S	Sonnenscheindauer Stunden
1	9,4	114,3	107,7	231,4	9,9
2	14,0	122,3	63,5	199,8	7,2
3	5,6	81,0	71,6	158,2	5,1
4	7,5	101,3	87,5	196,3	8,0
5	12,2	133,0	64,2	209,4	7,7
6	3,7	99,5	105,0	208,2	8,2
7	11,3	115,3	93,9	220,5	10,1
8	12,2	94,0	51,2	157,4	4,4
9	2,8	14,9	12,1	29,8	.
10	9,3	9,3	12,1	30,7	0,3
S	88,0	884,9	668,8	1.641,7	60,9
11	4,8	83,8	100,6	189,2	7,1
12	9,5	102,6	94,8	206,9	8,7
13	10,4	104,3	100,3	215,0	8,7
14	4,7	66,8	92,1	163,6	5,8
15	7,5	54,5	92,1	154,1	5,4
16	5,6	115,1	93,9	214,6	8,2
17	7,5	32,9	66,1	106,5	2,5
18	2,8	14,1	10,3	27,2	.
19	3,8	38,5	84,6	126,9	3,9
20	8,5	80,8	47,9	137,2	4,3
S	65,1	693,4	782,7	1.541,2	54,6
21	1,9	32,6	82,8	117,3	4,2
22	8,5	29,2	84,6	122,3	3,5
23	1,9	40,0	56,7	98,6	2,3
24	4,7	52,1	23,3	80,1	1,5
25	4,7	17,7	13,0	35,4	.
26	2,8	20,5	50,8	74,1	2,0
27	4,7	61,1	75,2	141,0	5,5
28	6,6	55,4	63,9	125,9	3,8
29	2,8	15,1	4,7	22,6	.
30	0,9	45,2	41,3	87,4	1,1
S	39,5	368,9	496,3	904,7	23,9
Total	192,6	1.947,2	1.947,8	4.087,6	139,4
Monat	6,4	64,9	64,9	136,2	4,6

MAI 1957

SONNENSCHEINDAUER

Tag:	4 - 5	5 - 6	6 - 7	7 - 8	8 - 9	9 -10	10-11	11-12
1	.	.	.	.	0,7	1,0	1,0	1,0
2	.	.	.	.	0,2	0,4	0,7	1,0
3	.	.	.	.	.	.	.	0,1
4	.	.	.	.	.	.	.	.
5	.	.	.	.	.	.	.	.
6	.	.	.	.	.	.	.	.
7	.	.	.	.	.	.	0,1	0,4
8	.	.	.	.	.	.	.	.
9	.	.	.	.	.	.	.	.
10	.	.	.	.	.	.	.	.
S	.	.	.	.	0,9	1,4	1,8	2,5
11	.	.	.	.	.	.	.	.
12	.	.	.	.	.	0,1	0,3	.
13	.	.	.	.	.	.	.	.
14	.	.	.	.	.	.	.	.
15	.	.	.	.	.	.	0,2	1,0
16	.	.	.	.	.	0,2	0,2	0,7
17	.	.	.	.	.	.	.	.
18	.	.	.	.	.	.	.	.
19	.	.	.	.	.	.	.	.
20	.	.	.	.	.	.	.	.
S	.	.	.	.	.	0,3	0,7	1,7
21	.	.	.	.	0,7	0,8	0,4	0,8
22	.	.	.	.	0,1	0,5	0,6	0,4
23	.	.	.	.	.	0,2	0,4	0,2
24	.	.	.	.	.	.	.	0,3
25	.	.	.	.	.	.	.	.
26	.	.	.	.	.	.	.	.
27	.	.	.	.	.	.	.	.
28	.	.	.	.	0,6	1,0	1,0	1,0
29	.	.	.	.	0,1	.	.	.
30	.	.	.	.	0,2	1,0	1,0	1,0
31	.	.	.	.	0,8	1,0	1,0	1,0
S	.	.	.	.	2,5	4,5	4,4	4,7
Total:	.	.	.	.	3,4	6,2	6,9	8,9

MAI 1957

SONNENSCHEINDAUER

12-13	13-14	14-15	15-16	16-17	17-18	18-19	19-20	Summe
0,8	0,5	0,2	.	0,3	.	.	.	5,5
0,8	1,0	0,7	.	.	.	.	.	4,8
0,6	1,0	1,0	1,0	0,3	.	.	.	4,0
.	0,1	0,3	0,3	0,1	.	.	.	0,8
0,1	0,3	0,7	0,9	0,3	.	.	.	2,3
.	.	.	.	.	.	.	.	.
0,5	0,5	0,9	0,9	0,2	.	.	.	3,5
.	.	.	.	.	.	.	.	.
.	.	.	.	.	.	.	.	.
.	.	.	.	.	.	.	.	.
2,8	3,4	3,8	3,1	1,2	.	.	.	20,9
.	.	.	.	.	.	.	.	.
.	.	.	.	.	.	.	.	0,4
.	.	.	.	.	.	.	.	.
.	.	.	.	.	.	.	.	.
1,0	0,6	0,7	0,2	0,1	.	.	.	3,8
0,6	0,3	.	.	.	.	.	.	2,0
.	0,1	.	.	.	.	.	.	0,1
.	.	.	.	.	.	.	.	.
.	.	.	.	.	.	.	.	.
.	.	.	.	.	.	.	.	.
1,6	1,0	0,7	0,2	0,1	.	.	.	6,3
0,5	1,0	0,9	0,7	.	.	.	.	5,8
0,3	0,1	0,3	.	.	.	.	.	2,3
0,3	1,0	1,0	0,7	.	.	.	.	3,8
1,0	0,6	0,3	.	.	.	.	.	2,2
.	.	.	.	.	.	.	.	.
.	.	0,1	0,2	.	.	.	.	0,3
0,5	0,1	.	.	.	.	.	.	0,6
1,0	1,0	0,9	0,7	.	.	.	.	7,2
.	.	.	.	.	.	.	.	0,1
0,7	0,9	1,0	0,5	.	.	.	.	6,3
1,0	1,0	1,0	0,9	.	.	.	.	7,7
5,3	5,7	5,5	3,7	.	.	.	.	36,3
9,7	10,1	10,0	7,0	1,3	.	.	.	63,5

JUNI 1957

SONNENSCHEINDAUER

Tag:	4 - 5	5 - 6	6 - 7	7 - 8	8 - 9	9 -10	10-11	11-12
1	.	.	.	.	.	0,9	1,0	1,0
2	.	.	.	.	.	.	.	.
3	.	.	.	.	.	.	.	.
4	.	.	.	.	.	.	.	.
5	.	.	.	.	.	0,2	0,5	0,7
6	.	.	.	.	.	0,6	1,0	1,0
7	.	.	.	.	.	.	.	.
8	.	.	.	.	.	.	.	.
9	.	.	.	.	.	.	.	.
10	.	.	.	.	.	.	.	.
S	.	.	.	.	.	1,7	2,5	2,7
11	.	.	.	.	.	0,4	.	0,1
12	.	.	.	.	.	.	0,8	0,4
13	.	.	.	.	0,2	0,8	1,0	1,0
14	.	.	.	.	0,1	0,9	1,0	1,0
15	.	.	.	.	0,8	0,6	0,1	0,1
16	.	.	.	.	.	.	0,2	1,0
17	.	.	.	.	.	.	.	.
18	.	.	.	.	.	.	.	.
19	.	.	.	.	.	0,3	0,6	1,0
20	.	.	.	.	.	.	.	.
S	.	.	.	.	1,1	3,0	3,7	4,6
21	.	.	.	.	0,2	1,0	1,0	1,0
22	.	.	.	.	.	.	.	.
23	.	.	.	.	.	.	.	.
24	.	.	.	.	0,1	1,0	0,8	0,2
25	.	.	.	.	.	0,2	1,0	1,0
26	.	.	.	.	0,7	1,0	1,0	1,0
27	.	.	.	.	.	.	.	.
28	.	.	.	.	0,1	0,5	0,4	1,0
29	.	.	.	.	0,7	1,0	1,0	1,0
30	.	.	.	.	.	.	0,1	.
S	.	.	.	.	1,8	4,7	5,3	5,2
Total:	.	.	.	.	2,9	9,4	11,5	12,5

JUNI 1957

SONNENSCHEINDAUER

12-13	13-14	14-15	15-16	16-17	17-18	18-19	19-20	Summe
1,0	1,0	1,0	0,9	.	.	.	.	6,8
.	.	.	.	.	.	.	.	.
.	.	.	.	.	.	.	.	.
.	.	.	.	.	.	.	.	.
0,9	0,9	0,9	0,1	.	.	.	.	4,2
1,0	0,9	0,8	0,5	.	.	.	.	5,8
.	.	.	.	.	.	.	.	.
.	.	.	.	.	.	.	.	.
.	.	.	.	.	.	.	.	.
.	.	.	.	.	.	.	.	.
2,9	2,8	2,7	1,5	.	.	.	.	16,8
.	.	.	.	.	.	.	.	0,5
1,0	1,0	1,0	0,8	.	.	.	.	5,0
1,0	1,0	1,0	0,8	.	.	.	.	6,8
1,0	1,0	1,0	0,7	.	.	.	.	6,7
0,4	0,3	0,4	0,5	.	.	.	.	3,2
1,0	1,0	1,0	0,7	.	.	.	.	4,9
.	.	.	.	.	.	.	.	.
.	.	.	.	.	.	.	.	.
1,0	1,0	1,0	0,8	.	.	.	.	5,7
.	0,5	1,0	0,8	.	.	.	.	2,3
5,4	5,8	6,4	5,1	.	.	.	.	35,1
1,0	1,0	1,0	0,7	.	.	.	.	6,9
0,1	.	.	.	.	.	.	.	0,1
.	.	.	.	.	.	.	.	.
0,9	1,0	1,0	0,8	.	.	.	.	5,8
0,7	.	.	0,3	.	.	.	.	3,2
1,0	1,0	1,0	0,8	.	.	.	.	7,5
.	.	0,2	.	.	.	.	.	0,2
1,0	1,0	1,0	0,8	.	.	.	.	5,8
1,0	1,0	1,0	0,8	.	.	.	.	7,5
.	.	0,4	.	.	.	.	.	0,5
5,7	5,0	5,6	4,2	.	.	.	.	37,5
14,0	13,6	14,7	10,8	.	.	.	.	89,4

JULI 1957

SONNENSCHEINDAUER

Tag:	4 - 5	5 - 6	6 - 7	7 - 8	8 - 9	9 -10	10-11	11-12
1	.	.	.	.	.	.	.	.
2	.	.	.	.	.	.	.	.
3	.	.	.	.	.	.	.	.
4	.	.	.	.	.	.	.	.
5	.	.	.	.	.	.	.	.
6	.	.	.	.	.	.	0,5	0,7
7	.	.	.	.	.	.	0,3	.
8	.	.	.	.	0,7	0,8	0,6	0,3
9	.	.	.	.	.	.	.	.
10	.	.	.	.	0,6	0,9	0,8	0,1
S	.	.	.	.	1,3	1,7	2,2	1,1
11	.	.	.	.	.	0,3	0,2	0,6
12	.	.	.	.	0,8	1,0	1,0	1,0
13	.	.	.	.	.	.	.	.
14	.	.	.	.	.	.	.	.
15	.	.	.	.	.	.	.	.
16	.	.	.	.	.	0,1	0,3	0,6
17	.	.	.	0,1	0,3	.	0,2	0,3
18	.	.	.	0,1	0,8	1,0	1,0	1,0
19	.	.	.	.	.	0,7	1,0	0,5
20	.	.	.	.	0,3	1,0	1,0	1,0
S	.	.	.	0,2	2,2	4,1	4,7	5,0
21	.	.	.	.	.	.	.	0,6
22	.	.	.	.	.	.	.	.
23	.	.	.	.	.	.	.	.
24	.	.	.	.	.	.	.	.
25	.	.	.	.	.	.	.	.
26	.	.	.	.	.	.	.	.
27	.	.	.	.	.	.	.	0,2
28	.	.	.	.	.	.	.	.
29	.	.	.	.	.	.	0,9	0,2
30	.	.	.	.	.	.	.	0,9
31	.	.	.	.	0,2	1,0	1,0	1,0
S	.	.	.	.	0,2	1,0	1,9	2,9
Total:	.	.	.	0,2	3,7	6,8	8,8	9,0

JULI 1957

SONNENSCHEINDAUER

12-13	13-14	14-15	15-16	16-17	17-18	18-19	19-20	Summe
.	.	.	.	.	.	.	.	.
.	.	.	.	.	.	.	.	.
.	.	.	.	.	.	.	.	.
.	.	.	.	.	.	.	.	.
.	.	.	.	.	.	.	.	.
1,0	1,0	0,4	.	.	.	.	.	3,6
.	.	.	.	.	.	.	.	0,3
0,3	0,3	0,9	0,1	.	.	.	.	4,0
.	.	.	.	.	.	.	.	.
.	.	.	.	.	.	.	.	2,4
1,3	1,3	1,3	0,1	.	.	.	.	10,3
0,8	0,5	0,5	.	.	.	.	.	2,9
0,4	0,5	0,8	.	.	.	.	.	5,5
.	.	.	.	.	.	.	.	.
.	.	0,4	0,1	.	.	.	.	0,5
.	.	.	.	.	.	.	.	.
0,6	0,4	0,5	0,1	.	.	.	.	2,6
1,0	1,0	1,0	0,9	.	.	.	.	4,8
1,0	1,0	1,0	0,6	.	.	.	.	7,5
0,2	0,6	0,2	0,2	.	.	.	.	3,4
1,0	1,0	1,0	0,8	.	.	.	.	7,1
5,0	5,0	5,4	2,7	.	.	.	.	34,3
1,0	1,0	1,0	0,7	.	.	.	.	4,3
.	.	.	.	.	.	.	.	.
.	.	.	.	.	.	.	.	.
.	.	.	.	.	.	.	.	.
.	.	.	.	.	.	.	.	.
.	.	.	.	.	.	.	.	.
0,7	1,0	1,0	1,0	0,2	.	.	.	4,1
0,6	1,0	1,0	1,0	0,2	.	.	.	3,8
.	.	0,3	1,0	0,1	.	.	.	2,5
1,0	1,0	1,0	1,0	0,2	.	.	.	5,1
1,0	1,0	1,0	1,0	0,2	.	.	.	7,4
4,3	5,0	5,3	5,7	0,9	.	.	.	27,2
10,6	11,3	12,0	8,5	0,9	.	.	.	71,8

AUGUST 1957

SONNENSCHEINDAUER

Tag:	4 - 5	5 - 6	6 - 7	7 - 8	8 - 9	9 -10	10-11	11-12
1	.	.	.	.	.	0,4	0,5	0,8
2	.	.	.	.	.	.	.	.
3	.	.	.	.	.	.	.	.
4	.	.	.	.	0,1	0,1	0,2	0,1
5	.	.	.	.	.	.	.	.
6	.	.	.	.	.	0,8	1,0	0,7
7	.	.	.	.	.	.	.	.
8	.	.	.	0,2	0,7	0,7	0,6	1,0
9	.	.	.	.	.	.	.	.
10	.	.	.	.	.	.	.	0,1
S	.	.	.	0,2	0,8	2,0	2,3	2,7
11	.	.	.	.	.	0,2	0,5	0,8
12	.	.	.	0,3	0,6	0,7	0,1	0,5
13	.	.	.	.	.	.	.	.
14	.	.	.	.	0,3	1,0	1,0	0,7
15	.	.	.	.	0,3	0,3	0,9	0,7
16	.	.	.	.	.	.	0,5	1,0
17	.	.	.	.	.	.	.	0,1
18	.	.	.	.	.	.	.	.
19	.	.	.	.	.	0,7	0,6	0,8
20	.	.	.	0,2	0,8	0,3	0,8	0,8
S	.	.	.	0,5	2,0	3,2	4,4	5,4
21	.	.	.	.	.	.	.	0,4
22	.	.	.	.	.	.	.	.
23	.	.	.	0,3	0,3	0,7	0,5	0,3
24	.	.	.	.	.	.	.	.
25	.	.	.	0,4	0,6	0,6	.	.
26	.	.	.	.	.	.	0,2	0,7
27	.	.	.	0,3	0,9	1,0	1,0	0,8
28	.	.	.	0,2	0,2	0,7	0,3	0,8
29	.	.	.	.	.	.	0,3	1,0
30	.	.	.	0,9	1,0	1,0	1,0	1,0
31	.	.	.	.	.	0,6	1,0	1,0
S	.	.	.	2,1	3,0	4,6	4,3	6,0
Total:	.	.	.	2,8	5,8	9,8	11,0	14,1

AUGUST 1957

SONNENSCHEINDAUER

12-13	13-14	14-15	15-16	16-17	17-18	18-19	19-20	Summe
1,0	0,2	.	.	.	.	.	.	2,9
.	.	.	.	.	.	.	.	.
.	.	.	.	.	.	.	.	.
0,5	0,1	0,7	.	.	.	.	.	1,8
.	.	.	.	.	.	.	.	.
0,6	0,2	0,1	0,7	.	.	.	.	4,1
.	.	.	0,2	.	.	.	.	0,2
0,4	1,0	0,8	0,4	.	.	.	.	5,8
.	.	.	.	.	.	.	.	.
0,7	0,2	.	.	.	.	.	.	1,0
3,2	1,7	1,6	1,3	.	.	.	.	15,8
0,5	1,0	1,0	0,9	0,2	.	.	.	5,1
0,7	0,6	0,7	0,7	0,2	.	.	.	5,1
.	.	.	.	.	.	.	.	.
0,5	0,8	0,7	.	.	.	.	.	5,0
0,8	1,0	1,0	1,0	0,4	.	.	.	6,4
1,0	1,0	1,0	1,0	0,5	.	.	.	6,0
0,2	0,9	0,7	0,1	.	.	.	.	2,0
.	.	.	.	.	.	.	.	.
0,8	0,8	0,6	0,3	0,2	.	.	.	4,8
1,0	1,0	0,7	1,0	0,6	.	.	.	7,2
5,5	7,1	6,4	5,0	2,1	.	.	.	41,6
0,7	.	.	.	.	.	.	.	1,1
.	.	0,7	0,5	0,3	.	.	.	1,5
0,4	0,6	0,2	0,6	.	.	.	.	3,9
.	.	.	.	.	.	.	.	.
.	.	.	.	.	.	.	.	1,6
0,3	.	.	.	.	.	.	.	1,2
0,5	0,3	0,2	.	.	.	.	.	5,0
0,8	0,5	0,6	0,1	.	.	.	.	4,2
0,7	0,8	0,3	0,9	.	.	.	.	4,0
1,0	1,0	1,0	1,0	0,3	.	.	.	9,2
1,0	1,0	1,0	1,0	0,4	.	.	.	7,0
5,4	4,2	4,0	4,1	1,0	.	.	.	38,7
14,1	13,0	12,0	10,4	3,1	.	.	.	96,1

SEPTEMBER 1957

SONNENSCHEINDAUER

Tag:	4 - 5	5 - 6	6 - 7	7 - 8	8 - 9	9 -10	10-11	11-12
1	.	.	.	.	.	.	.	.
2	.	.	.	.	.	.	0,8	0,4
3	.	.	.	.	.	0,5	0,8	0,1
4	.	.	.	.	.	.	0,8	1,0
5	.	.	.	0,2	0,1	0,5	1,0	0,4
6	.	.	.	0,8	1,0	1,0	1,0	1,0
7	.	.	.	.	0,7	0,6	.	.
8	.	.	.	.	.	.	.	.
9	.	.	.	0,1	0,7	0,4	0,7	1,0
10	.	.	.	.	0,8	1,0	1,0	1,0
S	.	.	.	1,1	3,3	4,0	6,1	4,9
11	.	.	.	1,0	1,0	1,0	1,0	1,0
12	.	.	0,1	1,0	1,0	1,0	1,0	1,0
13	.	.	0,1	0,8	1,0	1,0	1,0	1,0
14	.	.	.	.	.	.	.	.
15	.	.	.	.	.	.	.	.
16	.	.	.	.	.	0,2	0,7	0,5
17	.	.	.	.	.	.	0,3	0,3
18	.	.	.	.	.	0,1	0,4	0,8
19	.	.	0,1	1,0	1,0	0,6	1,0	1,0
20	.	.	.	0,9	0,8	1,0	1,0	0,8
S	.	.	0,3	4,7	4,8	4,9	6,4	6,4
21	.	.	.	0,2	0,3	.	.	0,2
22	.	.	.	.	0,3	1,0	0,8	.
23	.	.	.	.	.	0,1	0,1	.
24	.	.	.	.	0,7	1,0	0,8	0,5
25	.	.	.	.	0,2	0,9	1,0	1,0
26	.	.	0,1	0,9	1,0	0,8	0,8	1,0
27	.	.	0,3	0,8	1,0	0,6	0,8	1,0
28	.	.	0,1	0,2	.	0,5	0,2	.
29	.	.	.	.	.	.	0,1	0,2
30	.	.	.	.	.	0,9	1,0	0,7
S	.	.	0,5	2,1	3,5	5,8	5,6	4,6
Total:	.	.	0,8	7,9	11,6	14,7	18,1	15,9

SEPTEMBER 1957

SONNENSCHEINDAUER

12-13	13-14	14-15	15-16	16-17	17-18	18-19	19-20	Summe
.	.	.	.	.	.	.	.	.
1,0	1,0	1,0	1,0	1,0	0,2	.	.	6,4
.	0,5	0,7	0,2	.	.	.	.	2,8
1,0	1,0	1,0	1,0	1,0	0,2	.	.	7,0
0,1	.	.	.	0,1	.	.	.	2,4
1,0	1,0	1,0	1,0	1,0	0,3	.	.	10,1
.	.	.	.	.	.	.	.	1,3
.	0,1	.	.	.	.	.	.	0,1
1,0	1,0	1,0	1,0	1,0	0,2	.	.	8,1
1,0	1,0	1,0	1,0	1,0	0,4	.	.	9,2
5,1	5,6	5,7	5,2	5,1	1,3	.	.	47,4
1,0	1,0	1,0	1,0	1,0	0,4	.	.	10,4
1,0	1,0	1,0	1,0	1,0	0,4	.	.	10,5
1,0	1,0	1,0	1,0	0,7	.	.	.	9,6
.	.	.	.	.	.	.	.	.
.	0,6	0,2	.	.	.	.	.	0,8
0,1	0,8	0,8	0,8	0,7	.	.	.	4,6
.	.	0,4	0,7	0,1	.	.	.	1,8
0,7	0,7	1,0	0,9	0,9	0,3	.	.	5,8
1,0	1,0	0,5	0,3	.	0,2	.	.	7,7
0,7	0,9	1,0	0,6	.	.	.	.	7,7
5,5	7,0	6,9	6,3	4,4	1,3	.	.	58,9
0,4	0,7	.	.	.	.	.	.	1,8
0,2	.	.	.	.	.	.	.	2,3
.	0,2	.	.	0,1	.	.	.	0,5
0,9	1,0	1,0	1,0	1,0	0,5	.	.	8,4
1,0	1,0	1,0	1,0	.	.	.	.	7,1
0,7	0,6	0,8	0,7	0,3	.	.	.	7,7
1,0	0,5	1,0	0,8	0,8	0,2	.	.	8,8
0,5	.	.	0,7	.	.	.	.	2,2
0,5	.	0,4	0,5	0,8	0,1	.	.	2,6
0,7	0,6	0,8	0,7	0,5	0,5	.	.	6,4
5,9	4,6	5,0	5,4	3,5	1,3	.	.	47,8
16,5	17,2	17,6	16,9	13,0	3,9	.	.	154,1

OKTOBER 1957

SONNENSCHEINDAUER

Tag:	4 - 5	5 - 6	6 - 7	7 - 8	8 - 9	9 -10	10-11	11-12
1	.	.	.	0,6	0,5	1,0	1,0	1,0
2	.	.	.	0,1	0,6	0,9	0,9	0,4
3	.	.	.	.	.	.	.	0,2
4	.	.	.	.	0,3	1,0	1,0	1,0
5	.	.	0,2	.	.	.	.	0,2
6	.	.	0,5	0,2	0,9	0,8	0,6	0,8
7	.	.	.	.	0,5	0,3	0,3	0,9
8	.	.	0,6	1,0	1,0	0,9	0,7	0,6
9	.	.	0,6	1,0	1,0	1,0	1,0	1,0
10	.	.	0,7	1,0	1,0	1,0	1,0	1,0
S	.	.	2,6	3,9	5,8	6,9	6,5	7,1
11	.	.	.	.	.	.	0,6	1,0
12	.	.	.	0,4	0,5	1,0	1,0	1,0
13	.	.	0,2	0,3	0,2	0,1	0,8	1,0
14	.	.	.	0,1	0,5	0,4	0,9	1,0
15	.	.	0,2	.	0,8	0,6	0,7	0,8
16	.	.	0,7	1,0	1,0	1,0	1,0	1,0
17	.	.	.	.	.	.	.	.
18	.	.	.	0,2	0,4	0,2	0,8	0,5
19	.	.	.	0,8	1,0	0,5	0,7	1,0
20	.	.	0,8	1,0	1,0	1,0	1,0	1,0
S	.	.	1,9	3,8	5,4	4,8	7,5	8,3
21	.	.	0,2	0,9	1,0	1,0	1,0	1,0
22	.	.	.	0,2	0,8	0,5	0,8	0,7
23	.	.	.	0,1	0,4	0,9	0,2	.
24	.	.	.	0,1	0,1	.	.	0,2
25	.	.	.	.	0,3	0,7	0,6	.
26	.	.	.	.	0,8	1,0	1,0	1,0
27	.	.	0,3	0,8	1,0	0,6	0,6	1,0
28	.	.	0,7	1,0	1,0	1,0	0,5	0,6
29	.	.	1,0	1,0	1,0	1,0	1,0	1,0
30	.	.	0,9	1,0	1,0	1,0	1,0	1,0
31	.	.	0,8	1,0	1,0	1,0	1,0	1,0
S	.	.	3,9	6,1	8,4	8,7	7,7	7,5
Total:	.	.	8,4	13,8	19,6	20,4	21,7	22,9

OKTOBER 1957

SONNENSCHEINDAUER

12-13	13-14	14-15	15-16	16-17	17-18	18-19	19-20	Summe
1,0	1,0	0,6	0,8	0,7	0,1	.	.	8,3
0,8	0,6	0,3	.	.	.	.	.	4,6
0,5	0,6	0,4	0,5	0,4	0,4	.	.	3,0
1,0	1,0	1,0	1,0	1,0	0,8	.	.	9,1
0,2	0,5	0,2	0,5	.	.	.	.	1,8
0,8	0,9	1,0	0,9	0,5	0,3	.	.	8,2
0,8	0,8	1,0	1,0	0,8	0,6	.	.	7,0
0,7	0,4	0,4	0,2	0,4	0,2	.	.	7,1
1,0	1,0	1,0	1,0	1,0	0,8	.	.	11,4
0,8	0,4	0,3	0,3	0,1	.	.	.	7,6
7,6	7,2	6,2	6,2	4,9	3,2	.	.	68,1
1,0	1,0	1,0	1,0	1,0	0,7	.	.	7,3
1,0	1,0	1,0	1,0	1,0	0,8	.	.	9,7
1,0	1,0	1,0	1,0	0,3	.	.	.	6,9
1,0	0,7	0,1	0,1	0,1	.	.	.	4,9
0,4	1,0	1,0	1,0	1,0	0,9	.	.	8,4
1,0	1,0	1,0	1,0	1,0	0,8	.	.	11,5
0,4	0,1	.	.	0,4	0,7	.	.	1,6
0,8	0,6	1,0	1,0	1,0	0,8	.	.	7,3
1,0	1,0	1,0	1,0	1,0	0,9	.	.	9,9
1,0	1,0	1,0	1,0	1,0	0,9	.	.	11,7
8,6	8,4	8,1	8,1	7,8	6,5	.	.	79,2
0,9	0,9	0,7	0,9	0,6	.	.	.	9,1
1,0	1,0	1,0	1,0	1,0	0,3	.	.	8,3
0,3	0,1	0,3	0,1	0,8	.	.	.	3,2
.	.	.	.	.	0,1	.	.	0,5
0,1	0,1	0,4	0,1	.	.	.	.	2,3
1,0	1,0	0,7	0,1	0,5	0,6	.	.	7,7
0,2	0,7	0,7	0,2	0,2	1,0	0,3	.	7,6
0,7	0,8	1,0	0,6	0,8	0,8	0,1	.	9,6
1,0	1,0	1,0	1,0	1,0	1,0	0,4	.	12,4
1,0	1,0	1,0	1,0	1,0	1,0	0,4	.	12,3
1,0	1,0	1,0	1,0	1,0	0,9	0,2	.	11,9
7,2	7,6	7,8	6,0	6,9	5,7	1,4	.	84,9
23,4	23,2	22,1	20,3	19,6	15,4	1,4	.	232,2

NOVEMBER 1957

SONNENSCHEINDAUER

Tag:	4 - 5	5 - 6	6 - 7	7 - 8	8 - 9	9 -10	10-11	11-12
1	.	.	0,8	1,0	1,0	1,0	1,0	1,0
2	.	.	0,8	1,0	1,0	1,0	1,0	1,0
3	.	.	0,2	0,4	.	0,2	0,7	0,6
4	.	.	.	.	.	.	0,1	0,7
5	.	.	.	0,1	0,8	1,0	1,0	1,0
6	.	.	1,0	1,0	1,0	1,0	1,0	1,0
7	.	0,1	1,0	1,0	1,0	1,0	1,0	1,0
8	.	0,1	0,9	1,0	0,8	1,0	1,0	0,5
9	.	.	0,3	0,3	.	0,5	0,8	1,0
10	.	.	.	.	0,1	0,3	0,7	0,9
S	.	0,2	5,0	5,8	5,7	7,0	8,3	8,7
11	.	0,1	1,0	1,0	1,0	1,0	1,0	1,0
12	.	.	0,4	0,8	1,0	1,0	1,0	1,0
13	.	.	1,0	1,0	1,0	1,0	1,0	1,0
14	.	0,1	1,0	1,0	0,9	1,0	0,5	0,9
15	.	.	.	.	0,1	0,5	0,8	1,0
16	.	.	.	0,5	1,0	0,9	0,8	1,0
17	.	.	.	.	.	0,6	0,6	0,2
18	.	0,2	0,7	1,0	1,0	1,0	1,0	1,0
19	.	0,1	0,7	0,9	0,8	0,9	1,0	1,0
20	.	.	0,7	1,0	1,0	1,0	1,0	1,0
S	.	0,5	5,5	7,2	7,8	8,9	8,7	9,1
21	.	.	0,3	1,0	0,9	0,1	0,2	.
22	.	0,4	1,0	1,0	1,0	1,0	1,0	1,0
23	.	0,5	1,0	1,0	1,0	1,0	1,0	1,0
24	.	.	.	.	.	0,2	.	0,2
25	.	0,5	1,0	0,8	0,8	1,0	1,0	1,0
26	.	.	0,9	1,0	1,0	1,0	1,0	1,0
27	.	0,6	1,0	1,0	1,0	1,0	1,0	1,0
28	.	.	.	.	.	.	.	.
29	.	.	0,2	0,3	.	.	.	.
30	.	.	0,5	0,5	.	0,2	0,2	0,1
S	.	2,0	5,9	6,6	5,7	5,5	5,4	5,3
Total:	.	2,7	16,4	19,6	19,2	21,4	22,4	23,1

NOVEMBER 1957

SONNENSCHEINDAUER

12-13	13-14	14-15	15-16	16-17	17-18	18-19	19-20	Summe
1,0	1,0	1,0	1,0	1,0	1,0	0,3	.	12,1
1,0	1,0	1,0	0,8	1,0	1,0	0,1	.	11,7
0,8	1,0	1,0	1,0	0,3	0,7	.	.	6,9
1,0	1,0	0,9	0,3	0,2	0,1	0,1	.	4,4
1,0	1,0	1,0	1,0	0,9	0,2	0,5	.	9,5
1,0	1,0	1,0	1,0	1,0	1,0	0,6	.	12,6
1,0	1,0	1,0	1,0	1,0	1,0	0,3	.	12,4
1,0	0,9	1,0	1,0	0,2	.	.	.	9,4
1,0	1,0	1,0	1,0	0,7	0,3	.	.	7,9
0,8	1,0	1,0	1,0	1,0	1,0	0,3	.	8,1
9,6	9,9	9,9	9,1	7,3	6,3	2,2	.	95,0
1,0	1,0	1,0	1,0	1,0	1,0	0,6	.	12,7
1,0	1,0	1,0	1,0	1,0	1,0	0,3	.	11,5
1,0	1,0	1,0	1,0	1,0	1,0	0,5	.	12,5
0,5	0,9	1,0	1,0	1,0	0,9	0,1	.	10,8
1,0	1,0	1,0	1,0	1,0	1,0	0,7	.	9,1
0,6	0,6	0,8	0,9	1,0	1,0	0,7	.	9,8
.	.	.	0,1	0,5	0,8	0,2	.	3,0
1,0	1,0	1,0	1,0	1,0	0,7	.	.	11,6
1,0	1,0	1,0	1,0	1,0	1,0	0,3	.	11,7
1,0	1,0	1,0	1,0	0,2	.	.	.	9,9
8,1	8,5	8,8	9,0	8,7	8,4	3,4	.	102,6
0,6	1,0	1,0	1,0	1,0	1,0	0,8	.	8,9
1,0	1,0	1,0	1,0	1,0	0,9	0,7	.	13,0
1,0	1,0	1,0	1,0	1,0	1,0	0,4	.	12,9
0,2	.	.	0,4	0,9	0,7	.	.	2,6
1,0	1,0	1,0	1,0	1,0	1,0	0,6	.	12,7
1,0	1,0	1,0	1,0	1,0	1,0	0,7	.	12,6
1,0	0,9	0,9	0,9	1,0	0,3	0,5	.	12,1
.	.	.	.	.	.	.	.	.
.	.	.	.	.	.	.	.	0,5
0,2	0,9	1,0	1,0	1,0	0,9	0,3	.	6,8
6,0	6,8	6,9	7,3	7,9	6,8	4,0	.	82,1
23,7	25,2	25,6	25,4	23,9	21,5	9,6	.	279,7

DEZEMBER 1957

SONNENSCHEINDAUER

Tag:	4 – 5	5 – 6	6 – 7	7 – 8	8 – 9	9 –10	10–11	11–12
1	.	.	0,1	0,2	1,0	0,6	1,0	1,0
2	.	0,3	1,0	0,9	0,8	0,7	0,9	1,0
3	.	0,7	1,0	1,0	1,0	1,0	1,0	1,0
4	.	0,2	0,8	0,9	0,9	1,0	0,7	0,8
5	.	0,1	0,5	.	.	.	.	.
6	.	.	.	.	0,1	0,1	0,0	.
7	.	.	.	.	.	.	.	.
8	.	.	.	.	.	0,3	.	.
9	.	0,2	.	0,2	0,7	0,8	0,2	0,4
10	.	.	.	.	.	0,7	1,0	1,0
S	.	1,5	3,4	3,2	4,5	5,2	4,8	5,2
11	.	0,2	.	0,6	1,0	1,0	1,0	1,0
12	.	0,0	.	.	.	.	0,2	0,4
13	.	.	.	.	.	.	.	.
14	.	.	.	0,7	0,6	0,5	0,6	0,7
15	.	.	.	.	.	.	.	.
16	.	0,6	1,0	1,0	1,0	1,0	1,0	1,0
17	.	.	0,9	1,0	1,0	0,7	0,7	0,6
18	.	1,0	1,0	1,0	1,0	1,0	1,0	1,0
19	.	.	0,4	0,1	1,0	0,7	0,9	1,0
20	.	0,8	0,4	1,0	1,0	1,0	1,0	1,0
S	.	2,6	3,7	5,4	6,6	5,9	6,4	6,7
21	.	0,6	1,0	1,0	1,0	1,0	1,0	1,0
22	.	0,2	1,0	1,0	1,0	1,0	1,0	1,0
23	.	.	.	.	0,5	1,0	0,9	1,0
24	.	.	.	.	.	.	.	.
25	.	.	0,1	0,2	0,2	0,9	1,0	0,7
26	.	.	.	0,6	1,0	1,0	1,0	1,0
27	.	0,2	.	.	.	.	.	.
28	.	0,5	0,5	0,7	0,9	0,5	0,4	0,3
29	.	.	0,5	1,0	0,5	0,7	0,8	1,0
30	.	0,7	1,0	1,0	0,8	0,8	0,9	0,5
31	.	0,5	1,0	0,9	0,7	1,0	1,0	1,0
S	.	2,7	5,1	6,4	6,6	7,9	8,0	7,5
Total:	.	6,8	12,2	15,0	17,7	19,0	19,2	19,4

DEZEMBER 1957

SONNENSCHEINDAUER

12-13	13-14	14-15	15-16	16-17	17-18	18-19	19-20	Summe
0,4	0,3	0,2	.	.	.	.	.	4,8
1,0	1,0	1,0	1,0	1,0	1,0	0,6	.	12,2
1,0	1,0	1,0	1,0	1,0	1,0	0,8	.	13,5
1,0	1,0	0,6	0,7	1,0	0,8	0,3	.	10,7
.	0,0	0,0	.	.	.	.	.	0,6
.	.	.	.	.	.	.	.	0,2
.	.	.	.	.	.	.	.	.
.	0,7	0,2	0,6	0,2	0,8	.	.	2,8
.	.	0,6	0,2	.	.	.	.	3,3
1,0	1,0	1,0	0,8	1,0	1,0	0,9	.	9,4
4,4	5,0	4,6	4,3	4,2	4,6	2,6	.	57,5
1,0	1,0	1,0	1,0	1,0	1,0	0,7	.	11,5
0,9	0,7	0,5	0,1	0,7	.	.	.	3,5
.	.	.	.	.	.	.	.	.
0,7	0,3	0,2	0,1	.	.	.	.	4,4
.	.	.	.	.	.	.	.	.
1,0	1,0	1,0	1,0	1,0	0,8	0,2	.	12,6
0,7	0,6	0,9	0,9	0,7	0,2	0,4	.	9,3
1,0	1,0	1,0	1,0	1,0	1,0	0,9	.	13,9
1,0	1,0	1,0	1,0	1,0	1,0	0,9	.	11,0
1,0	1,0	1,0	1,0	1,0	1,0	0,7	.	12,9
7,3	6,6	6,6	6,1	6,4	5,0	3,8	.	79,1
1,0	1,0	1,0	1,0	1,0	1,0	0,8	.	13,4
1,0	1,0	1,0	1,0	1,0	1,0	0,9	.	13,1
1,0	0,9	0,2	0,5	.	.	.	.	6,0
.	.	.	.	.	.	.	.	.
1,0	1,0	1,0	1,0	1,0	1,0	0,8	.	9,9
1,0	1,0	1,0	1,0	1,0	0,4	.	.	10,0
.	.	.	0,3	0,6	0,8	0,7	.	2,6
0,5	0,2	0,6	0,5	0,5	0,6	.	.	6,7
1,0	1,0	1,0	0,8	0,7	0,4	0,1	.	9,5
1,0	1,0	1,0	0,9	0,2	0,2	0,3	.	10,3
1,0	1,0	1,0	1,0	1,0	1,0	1,0	.	13,1
8,5	8,1	7,8	8,0	7,0	6,4	4,6	.	94,6
20,2	19,7	19,0	18,4	17,6	16,0	11,0	.	231,2

JANUAR 1958

SONNENSCHEINDAUER

Tag:	4 - 5	5 - 6	6 - 7	7 - 8	8 - 9	9 -10	10-11	11-12
1	.	0,3	1,0	1,0	1,0	1,0	1,0	1,0
2	.	.	.	.	.	.	.	.
3	.	.	.	0,2	0,6	0,6	1,0	1,0
4	.	0,3	1,0	0,3	.	.	.	0,6
5	.	.	0,7	1,0	1,0	1,0	1,0	1,0
6	.	0,3	1,0	1,0	1,0	0,9	0,8	0,7
7	.	.	1,0	1,0	0,8	0,9	0,9	1,0
8	.	0,9	1,0	1,0	1,0	1,0	1,0	1,0
9	.	0,7	1,0	1,0	1,0	1,0	1,0	1,0
10	.	.	0,1	0,2	.	.	.	.
S	.	2,5	6,8	6,7	6,4	6,4	6,7	7,3
11	.	.	.	0,2	0,4	.	.	.
12	.	0,4	1,0	1,0	1,0	1,0	1,0	1,0
13	.	0,9	1,0	1,0	1,0	1,0	1,0	1,0
14	.	.	0,1	0,3	.	.	0,8	0,9
15	.	0,2	0,2	.	0,3	0,8	0,6	0,7
16	.	0,7	1,0	1,0	1,0	1,0	1,0	1,0
17	.	.	.	.	.	.	.	.
18	.	0,5	1,0	1,0	1,0	1,0	0,6	0,3
19	.	0,6	1,0	1,0	1,0	1,0	1,0	1,0
20	.	0,4	1,0	1,0	1,0	1,0	1,0	1,0
S	.	3,7	6,3	6,5	6,7	6,8	7,0	6,9
21	.	0,4	1,0	1,0	1,0	1,0	1,0	1,0
22	.	0,4	1,0	1,0	1,0	1,0	1,0	1,0
23	.	0,3	1,0	1,0	1,0	1,0	1,0	1,0
24	.	0,1	.	.	0,3	0,9	0,3	0,5
25	.	.	0,3	.	0,2	0,7	0,6	1,0
26	.	.	1,0	1,0	1,0	1,0	1,0	1,0
27	.	0,2	1,0	1,0	1,0	1,0	1,0	1,0
28	.	.	0,9	1,0	1,0	1,0	1,0	0,9
29	.	.	0,9	1,0	1,0	1,0	1,0	1,0
30	.	.	0,2	.	.	.	.	.
31	.	.	0,7	0,9	1,0	1,0	1,0	1,0
S	.	1,4	8,0	7,9	8,5	9,6	8,9	9,4
Total:	.	7,6	21,1	21,1	21,6	22,8	22,6	23,6

JANUAR 1958

SONNENSCHEINDAUER

12-13	13-14	14-15	15-16	16-17	17-18	18-19	19-20	Summe
1,0	1,0	1,0	1,0	1,0	1,0	0,2	.	12,5
.	.	.	.	.	0,6	0,2	.	0,8
1,0	1,0	1,0	1,0	1,0	1,0	0,9	.	10,3
0,9	1,0	1,0	1,0	1,0	1,0	0,9	.	9,0
1,0	1,0	1,0	1,0	1,0	1,0	0,8	.	12,5
0,5	0,7	0,7	0,3	.	.	.	.	7,9
1,0	1,0	1,0	1,0	1,0	1,0	0,8	.	12,4
1,0	1,0	1,0	1,0	1,0	1,0	0,8	.	13,7
1,0	1,0	1,0	1,0	1,0	0,7	.	.	12,4
.	.	.	.	.	0,3	.	.	0,6
7,4	7,7	7,7	7,3	7,0	7,6	4,6	.	92,1
1,0	0,9	0,8	1,0	1,0	1,0	0,8	.	7,1
1,0	1,0	1,0	1,0	1,0	1,0	0,8	.	13,2
1,0	1,0	1,0	1,0	1,0	0,8	.	.	12,7
0,2	0,9	0,6	1,0	0,6	0,4	0,1	.	5,9
1,0	0,4	0,7	1,0	1,0	1,0	0,8	.	8,7
1,0	0,9	1,0	1,0	1,0	0,7	0,3	.	12,6
0,1	0,9	0,3	.	0,6	0,5	0,1	.	2,5
1,0	1,0	1,0	1,0	1,0	1,0	0,7	.	12,1
1,0	1,0	1,0	1,0	1,0	1,0	0,8	.	13,4
1,0	1,0	1,0	1,0	1,0	1,0	0,7	.	13,1
8,3	9,0	8,4	9,0	9,2	8,4	5,1	.	101,3
1,0	1,0	1,0	1,0	1,0	1,0	0,7	.	13,1
1,0	1,0	1,0	1,0	1,0	1,0	0,6	.	13,0
1,0	1,0	1,0	0,9	0,9	1,0	0,6	.	12,7
0,9	0,9	0,4	0,2	0,2	0,2	.	.	4,9
1,0	1,0	1,0	1,0	1,0	1,0	0,7	.	9,5
1,0	1,0	1,0	1,0	1,0	1,0	0,7	.	12,7
1,0	1,0	1,0	1,0	1,0	1,0	0,2	.	12,4
1,0	0,5	1,0	1,0	0,6	0,2	0,2	.	10,3
1,0	1,0	1,0	1,0	1,0	0,7	0,1	.	11,7
.	.	.	0,3	.	.	.	.	0,5
0,7	1,0	1,0	1,0	1,0	0,8	0,4	.	11,5
9,6	9,4	9,4	9,4	8,7	7,9	4,2	.	112,3
25,3	26,1	25,5	25,7	24,9	23,9	13,9	.	305,7

FEBRUAR 1958

SONNENSCHEINDAUER

Tag:	4 - 5	5 - 6	6 - 7	7 - 8	8 - 9	9 -10	10-11	11-12
1	.	0,1	1,0	1,0	1,0	1,0	1,0	1,0
2	.	.	1,0	1,0	1,0	1,0	1,0	1,0
3	.	0,1	1,0	1,0	1,0	1,0	1,0	1,0
4	.	0,1	1,0	1,0	1,0	1,0	1,0	1,0
5	.	.	.	0,2	1,0	1,0	1,0	1,0
6	.	0,1	1,0	1,0	1,0	1,0	1,0	1,0
7	.	.	0,9	1,0	1,0	1,0	1,0	1,0
8	.	0,1	1,0	1,0	1,0	1,0	1,0	1,0
9	.	0,1	1,0	1,0	1,0	1,0	1,0	1,0
10	.	0,1	1,0	1,0	1,0	1,0	1,0	1,0
S	.	0,7	8,9	9,2	10,0	10,0	10,0	10,0
11	.	.	0,2	1,0	1,0	1,0	0,8	0,2
12	.	.	0,3	0,7	0,8	0,5	0,0	0,0
13	.	.	.	.	.	.	.	.
14	.	.	.	0,7	1,0	1,0	1,0	0,8
15	.	.	0,2	0,8	.	0,6	1,0	0,2
16	.	.	0,9	1,0	1,0	0,9	0,9	1,0
17	.	.	.	.	.	0,1	1,0	1,0
18	.	.	.	.	.	0,1	0,5	0,6
19	.	.	.	.	.	0,2	0,4	0,1
20	.	.	.	0,4	0,1	0,6	0,9	1,0
S	.	.	1,6	4,6	3,9	5,0	6,5	4,9
21	.	.	.	.	0,1	0,1	0,1	0,5
22	.	.	.	.	0,5	0,7	0,4	0,8
23	.	.	0,8	1,0	1,0	1,0	1,0	1,0
24	.	.	0,6	0,8	1,0	1,0	1,0	1,0
25	.	.	0,5	0,8	1,0	1,0	1,0	1,0
26	.	.	0,2	0,7	0,9	1,0	1,0	1,0
27	.	.	.	0,7	1,0	1,0	1,0	1,0
28	.	.	0,7	1,0	1,0	1,0	1,0	1,0
S	.	.	2,8	5,0	6,5	6,8	6,5	7,3
Total:	.	0,7	13,3	18,8	20,4	21,8	23,0	22,2

FEBRUAR 1958

SONNENSCHEINDAUER

12-13	13-14	14-15	15-16	16-17	17-18	18-19	19-20	Summe
1,0	1,0	1,0	0,9	1,0	0,4	0,1	•	11,5
1,0	1,0	1,0	1,0	1,0	1,0	0,5	•	12,5
1,0	1,0	1,0	1,0	1,0	1,0	0,6	•	12,7
1,0	1,0	1,0	1,0	1,0	1,0	0,5	•	12,6
1,0	1,0	1,0	1,0	1,0	1,0	0,2	•	10,4
1,0	1,0	1,0	1,0	1,0	1,0	0,4	•	12,5
1,0	1,0	1,0	1,0	1,0	1,0	0,4	•	12,3
1,0	1,0	1,0	1,0	1,0	1,0	0,2	•	12,3
1,0	1,0	1,0	1,0	1,0	1,0	0,3	•	12,4
1,0	1,0	1,0	1,0	0,7	0,9	0,4	•	12,1
10,0	10,0	10,0	9,9	9,7	9,3	3,6	•	121,3
0,4	1,0	1,0	1,0	1,0	1,0	0,5	•	10,1
0,0	0,4	0,9	0,1	0,3	0,0	•	•	4,0
•	•	0,6	0,9	0,5	0,3	•	•	2,3
1,0	0,5	0,6	0,7	0,9	0,8	•	•	9,0
0,7	0,6	0,9	0,7	0,3	0,5	0,3	•	6,8
1,0	1,0	1,0	1,0	1,0	0,9	0,2	•	11,8
1,0	1,0	1,0	1,0	1,0	1,0	0,3	•	8,4
0,8	1,0	1,0	1,0	0,9	0,7	0,2	•	6,8
0,1	0,6	1,0	1,0	1,0	0,9	•	•	5,3
1,0	1,0	1,0	1,0	1,0	0,9	•	•	8,9
6,0	7,1	9,0	8,4	7,9	7,0	1,5	•	73,4
1,0	1,0	1,0	1,0	1,0	0,8	•	•	6,6
0,7	0,9	1,0	1,0	1,0	0,9	•	•	7,9
1,0	1,0	0,8	0,0	0,7	0,2	•	•	9,5
1,0	1,0	1,0	1,0	1,0	0,7	•	•	11,1
1,0	1,0	1,0	1,0	0,9	0,8	•	•	11,0
1,0	1,0	1,0	1,0	1,0	0,8	•	•	10,6
1,0	1,0	1,0	1,0	1,0	0,9	•	•	10,6
1,0	1,0	1,0	0,9	0,9	0,3	•	•	10,8
7,7	7,9	7,8	6,9	7,5	5,4	•	•	78,1
23,7	25,0	26,8	25,2	25,1	21,7	5,1	•	272,8

MÄRZ 1958

SONNENSCHEINDAUER

Tag:	4 - 5	5 - 6	6 - 7	7 - 8	8 - 9	9 -10	10-11	11-12
1	.	.	0,4	0,7	0,7	0,2	0,6	0,2
2	.	.	0,1	0,9	1,0	1,0	1,0	1,0
3	.	.	0,6	1,0	1,0	1,0	1,0	1,0
4	.	.	0,6	1,0	1,0	1,0	1,0	1,0
5	.	.	0,6	1,0	1,0	1,0	1,0	1,0
6	.	.	0,5	1,0	1,0	1,0	1,0	1,0
7	.	.	0,5	1,0	1,0	1,0	1,0	1,0
8	.	.	.	.	.	0,5	1,0	0,9
9	.	.	0,1	0,2	1,0	1,0	1,0	1,0
10	.	.	.	.	0,3	1,0	1,0	1,0
S	.	.	3,4	6,8	8,0	8,7	9,6	9,1
11	.	.	0,4	1,0	1,0	1,0	1,0	1,0
12	.	.	0,3	1,0	1,0	1,0	1,0	1,0
13	.	.	.	0,8	1,0	1,0	1,0	1,o
14	.	.	0,1	0,9	1,0	1,0	1,0	1,0
15	.	.	.	.	.	.	.	0,3
16	.	.	.	0,3	0,9	0,7	0,9	0,9
17	.	.	0,3	0,9	1,0	1,0	1,0	1,0
18	.	.	0,3	1,0	1,0	1,0	1,0	1,0
19	.	.	0,3	1,0	1,0	1,0	1,0	1,0
20	.	.	.	.	0,5	0,9	1,0	1,0
S	.	.	1,7	6,9	8,4	8,6	8,9	9,2
21	.	.	0,2	0,9	1,0	1,0	1,0	1,0
22	.	.	0,2	1,0	1,0	1,0	1,0	1,0
23	.	.	.	0,9	1,o	1,0	1,0	1,0
24	.	.	.	.	.	.	0,6	0,9
25	.	.	.	.	.	.	.	0,2
26	.	.	.	.	0,4	0,7	0,8	0,7
27	.	.	.	0,2	0,8	0,9	0,7	0,1
28	.	.	.	.	0,1	0,7	1,0	1,o
29	.	.	.	.	0,2	0,7	0,5	0,1
30	.	.	.	0,2	0,8	0,7	.	0,3
31	.	.	.	.	.	.	.	.
S	.	.	0,4	3,2	5,3	6,7	6,6	6,3
Total:	.	.	5,5	16,9	21,7	24,0	25,1	24,6

MÄRZ 1958

SONNENSCHEINDAUER

12-13	13-14	14-15	15-16	16-17	17-18	18-19	19-20	Summe
.	.	0,2	0,7	1,0	0,2	.	.	4,9
1,0	1,0	1,0	1,0	1,0	0,8	.	.	10,8
1,0	1,0	1,0	1,0	1,0	0,8	.	.	11,4
1,0	1,0	1,0	1,0	1,0	0,8	.	.	11,4
1,0	1,0	1,0	1,0	1,0	0,8	.	.	11,4
1,0	1,0	0,6	1,0	1,0	0,3	.	.	10,4
1,0	1,0	1,0	1,0	1,0	0,5	.	.	11,0
0,6	1,0	0,7	0,5	0,1	.	.	.	5,3
1,0	1,0	1,0	1,0	0,9	0,3	.	.	9,5
1,0	1,0	1,0	1,0	1,0	0,3	.	.	8,6
8,6	9,0	8,5	9,2	9,0	4,8	.	.	94,7
1,0	1,0	1,0	1,0	0,9	.	.	.	10,3
1,0	1,0	1,0	1,0	1,0	0,3	.	.	10,6
1,0	1,0	1,0	1,0	1,0	0,2	.	.	10,0
1,0	1,0	1,0	1,0	1,0	0,4	.	.	10,4
1,0	0,7	1,0	0,7	0,2	.	.	.	3,9
0,8	1,0	0,9	0,9	0,8	0,3	.	.	8,4
1,0	1,0	1,0	1,0	1,0	0,5	.	.	10,7
1,0	1,0	1,0	1,0	1,0	0,5	.	.	10,8
1,0	1,0	0,9	1,0	0,2	.	.	.	9,4
1,0	0,7	0,9	0,6	.	0,0	.	.	6,6
9,8	9,4	9,7	9,2	7,1	2,2	.	.	91,1
1,0	1,0	1,0	1,0	1,0	0,5	.	.	10,6
1,0	1,0	1,0	1,0	1,0	0,3	.	.	10,5
1,0	1,0	1,0	0,8	1,0	0,3	.	.	10,0
1,0	1,0	1,0	0,4	.	.	.	.	4,9
0,4	0,1	.	.	0,1	.	.	.	0,8
0,6	.	.	.	.	.	.	.	3,2
0,1	.	.	.	0,1	.	.	.	2,9
1,0	1,0	1,0	1,0	0,6	0,1	.	.	7,5
0,7	1,0	1,0	0,9	0,8	0,1	.	.	6,0
0,5	0,8	0,4	0,8	0,8	0,2	.	.	5,5
.	.	.	0,4	.	0,2	.	.	0,6
7,3	6,9	6,4	6,3	5,4	1,7	.	.	62,5
25,7	25,3	24,6	24,7	21,5	8,7	.	.	248,3

APRIL 1958

Sonnenscheindauer

Tag:	4 - 5	5 - 6	6 - 7	7 - 8	8 - 9	9 -10	10-11	11-12
1	.	.	.	1,0	0,4	1,0	1,0	1,0
2	.	.	.	0,9	1,0	1,0	1,0	1,0
3	.	.	.	.	.	0,2	0,9	1,0
4	.	.	.	.	0,7	1,0	0,9	1,0
5	.	.	.	0,9	1,0	1,0	1,0	1,0
6	.	.	.	0,3	0,5	0,8	0,7	0,7
7	.	.	.	0,8	1,0	1,0	1,0	1,0
8	.	.	.	0,2	0,9	0,2	0,8	0,7
9	.	.	.	.	.	.	.	.
10	.	.	.	.	.	.	.	0,1
S	.	.	.	4,1	5,5	6,2	7,3	7,5
11	.	.	.	.	.	0,2	1,0	0,9
12	.	.	.	.	0,7	1,0	1,0	1,0
13	.	.	.	.	0,7	1,0	1,0	1,0
14	.	.	.	.	.	.	0,6	1,0
15	.	.	.	.	.	.	0,2	0,6
16	.	.	.	.	0,6	0,9	1,0	1,0
17	.	.	.	.	.	.	.	.
18	.	.	.	.	.	.	.	.
19	.	.	.	.	.	.	.	0,1
20	.	.	.	.	.	0,4	1,0	1,0
S	.	.	.	.	2,0	3,5	5,8	6,6
21	.	.	.	.	.	.	.	0,2
22	.	.	.	.	.	.	.	.
23	.	.	.	.	.	.	.	.
24	.	.	.	.	.	.	0,6	0,7
25	.	.	.	.	.	.	.	.
26	.	.	.	.	.	.	.	.
27	.	.	.	0,2	0,9	1,0	0,1	0,1
28	.	.	.	.	.	.	0,1	0,9
29	.	.	.	.	.	.	.	.
30	.	.	.	.	.	.	.	0,2
S	.	.	.	0,2	0,9	1,0	0,8	2,1
Total:	.	.	.	4,3	8,4	10,7	13,9	16,2

APRIL 1958

Sonnenscheindauer

12-13	13-14	14-15	15-16	16-17	17-18	18-19	19-20	Summe
1,0	1,0	1,0	1,0	1,0	0,5	.	.	9,9
1,0	0,3	0,4	0,5	0,1	.	.	.	7,2
0,8	0,8	0,9	0,3	0,2	.	.	.	5,1
0,9	0,5	1,0	0,8	0,9	0,3	.	.	8,0
1,0	1,0	0,6	0,2	.	.	.	.	7,7
1,0	1,0	1,0	1,0	1,0	0,2	.	.	8,2
1,0	1,0	1,0	1,0	1,0	0,3	.	.	10,1
0,7	0,8	0,1	.	.	.	.	.	4,4
.	.	.	.	.	.	.	.	.
.	.	.	.	.	0,2	.	.	0,3
7,4	6,4	6,0	4,8	4,2	1,5	.	.	60,9
1,0	1,0	1,0	1,0	0,8	0,2	.	.	7,1
1,0	1,0	1,0	1,0	0,8	0,2	.	.	8,7
1,0	1,0	1,0	1,0	0,8	0,2	.	.	8,7
1,0	1,0	0,9	0,7	0,6	.	.	.	5,8
0,8	1,0	1,0	1,0	0,8	.	.	.	5,4
1,0	1,0	1,0	1,0	0,7	.	.	.	8,2
0,3	0,9	0,5	0,6	0,2	.	.	.	2,5
.	.	.	.	.	.	.	.	.
0,5	0,8	0,8	1,0	0,7	.	.	.	3,9
1,0	0,9	.	.	.	.	.	.	4,3
7,6	8,6	7,2	7,3	5,4	0,6	.	.	54,6
0,7	0,8	0,8	1,0	0,7	.	.	.	4,2
0,1	1,0	1,0	1,0	0,4	.	.	.	3,5
0,3	0,7	0,4	0,8	0,1	.	.	.	2,3
0,2	.	.	.	.	.	.	.	1,5
.	.	.	.	.	.	.	.	.
.	0,1	0,6	1,0	0,3	.	.	.	2,0
0,4	0,9	1,0	0,6	0,3	.	.	.	5,5
1,0	0,5	0,5	0,8	.	.	.	.	3,8
.	.	.	.	.	.	.	.	.
0,1	0,2	0,2	0,1	0,3	.	.	.	1,1
2,8	4,2	4,5	5,3	2,1	.	.	.	23,9
17,8	19,2	17,7	17,4	11,7	2,1	.	.	139,4

MAI 1957

Tag:	Bewölkung a)	b)	c)	M	Niederschlag a)	b)	c)	S
1	8	5	5	6.0	0.0	.	.	0.0
2	8	8	8	8.0	0.0	.	.	0.0
3	10	5	0	5.0	0.0	0.1	0.0	0.0
4	10	9	9	9.3	0.3	0.1	0.0	0.4
5	10	7	6	7.7	0.0	.	.	0.1
6	10	10	10	10.0	0.1	0.1	0.5	0.1
7	10	7	1	6.0	5.4	1.4	0.0	6.0
8	10	10	10	10.0	0.2	0.1	0.0	1.6
9	10	10	10	10.0	49.2	8.8	0.2	49.3
10	10	10	10	10.0	0.0	.	0.1	9.0
S	96	81	69	82.0	55.2	10.6	0.8	56.5
11	10	10	10	10.0	3.2	2.6	3.0	3.3
12	8	9	10	9.0	13.0	0.0	.	18.6
13	10	10	10	10.0	25.7	24.7	5.4	25.7
14	10	10	10	10.0	49.4	25.1	11.0	79.5
15	10	8	5	7.7	31.3	29.7	2.9	67.4
16	10	6	5	7.0	5.8	2.2	1.3	38.4
17	9	9	6	8.0	4.0	5.1	0.2	7.5
18	10	10	10	10.0	1.3	6.1	1.5	6.6
19	10	10	10	10.0	8.3	5.4	3.3	15.9
20	10	10	8	9.3	11.3	1.2	2.5	20.0
S	97	92	84	91.0	153.3	102.1	31.1	282.9
21	10	7	5	7.3	1.7	1.6	0.5	5.4
22	7	9	10	8.7	10.3	0.3	6.7	12.4
23	3	5	0	2.7	7.7	0.0	.	14.7
24	10	4	5	6.3	0.2	0.1	.	0.2
25	10	10	10	10.0	7.5	8.0	9.7	7.6
26	10	10	6	8.7	3.8	3.6	0.1	21.5
27	10	8	5	7.7	16.1	1.7	0.1	19.8
28	9	4	1	4.7	0.0	.	.	1.8
29	9	9	10	9.3	0.1	0.0	6.9	0.1
30	10	6	5	7.0	11.7	0.0	0.2	18.6
31	1	1	0	0.7	0.2	0.1	.	0.4
S	89	73	57	73.1	59.3	15.4	24.2	102.5
Total	282	246	210	246.1	267.8	128.1	56.1	451.9
Monat	9.1	7.9	6.8	8.0				

JUNI 1957

Tag:	Bewölkung a)	b)	c)	M	Niederschlag a)	b)	c)	S
1	1	2	1	1.3	0.0	.	.	0.1
2	10	10	10	10.0	0.0	0.0	0.1	0.0
3	10	10	10	10.0	29.4	3.0	1.8	29.5
4	10	10	10	10.0	1.8	12.0	15.0	6.6
5	8	5	6	6.3	7.0	6.5	4.0	34.0
6	8	4	1	4.3	2.3	0.2	0.0	12.8
7	10	10	10	10.0	0.3	8.7	12.5	0.5
8	10	10	9	9.7	32.6	3.4	0.1	53.8
9	9	10	10	9.7	0.0	0.9	2.6	3.5
10	10	10	10	10.0	23.2	1.7	10.5	26.7
S	86	81	77	81.3	96.6	36.4	46.6	167.5
11	10	9	10	9.7	2.7	1.8	14.8	14.9
12	9	4	3	5.3	7.8	3.1	0.1	24.4
13	8	2	0	3.3	0.2	.	.	3.4
14	1	1	9	3.7	0.0	.	.	0.0
15	4	9	4	5.7	2.7	0.0	0.3	2.7
16	3	2	1	2.0	0.2	0.0	.	0.5
17	10	10	10	10.0	0.1	0.1	0.1	0.1
18	10	8	10	9.3	0.3	0.0	0.0	0.5
19	10	3	0	4.3	0.0	0.0	.	0.0
20	10	10	4	8.0	0.0	.	0.0	0.0
S	75	58	51	61.3	14.0	5.0	15.3	46.5
21	6	4	1	3.7	0.0	.	.	0.0
22	10	10	10	10.0	0.0	0.0	0.0	0.0
23	10	10	10	10.0	3.1	0.7	1.0	3.1
24	2	4	1	2.3	10.8	.	.	12.5
25	10	8	6	8.0	0.1	0.0	0.3	0.1
26	0	1	0	0.3	0.1	.	.	0.4
27	10	10	8	9.3	0.0	0.3	1.8	0.0
28	6	5	1	4.0	0.3	0.1	.	2.4
29	1	1	1	1.0	0.0	.	.	0.1
30	9	9	4	7.3	0.0	.	.	0.0
S	64	62	42	55.9	14.4	1.1	3.1	18.6
Total	225	201	170	198.5	125.0	42.5	65.0	232.6
Monat	7.5	6.7	5.7	6.6				

JULI 1957

Tag:	Bewölkung a)	b)	c)	M	Niederschlag a)	b)	c)	S
1	10	10	10	10.0	0.1	0.0	0.7	0.1
2	10	10	8	9.3	46.4	5.4	3.1	47.1
3	6	10	10	8.7	0.3	0.1	0.0	8.8
4	8	10	10	9.3	0.2	0.0	14.2	0.3
5	10	10	10	10.0	10.2	3.4	15.6	24.3
6	9	7	7	7.7	25.1	4.9	0.5	44.1
7	10	10	10	10.0	48.5	1.0	6.7	53.9
8	6	9	6	7.0	11.1	3.1	0.3	18.8
9	10	10	10	10.0	1.6	6.7	5.4	5.0
10	6	10	10	8.7	22.4	0.7	0.7	34.5
S	85	96	91	90.7	165.8	25.3	47.2	236.9
11	9	7	3	6.3	23.2	0.7	0.0	24.6
12	3	9	4	5.3	2.1	.	.	2.8
13	9	10	1	6.7	0.1	.	.	0.1
14	10	10	10	10.0	0.1	.	0.0	0.1
15	10	10	8	9.3	16.5	3.1	12.7	16.5
16	3	7	2	4.0	1.8	0.1	0.0	17.6
17	0	1	1	0.7	0.0	.	.	0.1
18	1	1	3	1.7	0.0	.	.	0.0
19	4	8	4	5.3	0.1	.	.	0.1
20	8	4	2	4.7	0.0	.	.	0.0
S	57	67	38	54.0	43.9	3.9	12.7	61.9
21	10	4	3	5.7	0.0	.	.	0.0
22	10	10	10	10.0	0.1	0.0	0.0	0.1
23	10	10	10	10.0	0.4	0.4	4.3	0.4
24	10	10	10	10.0	26.7	10.6	1.7	31.4
25	10	10	4	8.0	27.8	9.5	0.0	40.1
26	10	10	10	10.0	0.0	.	.	9.5
27	9	7	3	6.3	1.0	0.0	.	1.0
28	10	7	4	7.0	0.0	0.2	.	0.0
29	9	9	2	6.7	0.0	.	.	0.2
30	10	3	2	5.0	0.1	.	.	0.1
31	6	0	1	2.3	0.1	.	.	0.1
S	104	80	59	81.0	56.2	20.7	6.0	82.9
Total	246	243	188	225.7	265.9	49.9	65.9	381.7
Monat	8.0	7.9	6.0	7.3				

AUGUST 1957

Tag:	Bewölkung a)	b)	c)	M	Niederschlag a)	b)	c)	S
1	10	7	8	8.3	0.0	.	0.0	0.0
2	10	10	10	10.0	1.0	0.3	2.0	1.0
3	8	10	10	9.3	1.0	1.2	12.9	3.3
4	6	5	7	6.0	7.0	0.4	.	21.1
5	10	10	10	10.0	35.3	20.0	11.2	35.7
6	9	8	5	7.3	17.9	1.6	1.8	49.1
7	10	10	6	8.7	17.2	32.3	2.8	20.6
8	7	8	2	5.7	2.9	1.1	0.0	38.0
9	10	10	10	10.0	1.1	7.2	7.7	2.2
10	10	8	10	9.3	8.3	0.0	0.0	23.2
S	90	86	78	84.6	91.7	64.1	38.4	194.2
11	10	9	10	9.7	23.2	0.2	12.7	23.2
12	5	7	2	4.7	1.8	0.1	.	14.7
13	10	10	9	9.7	0.0	.	.	0.1
14	10	7	5	7.3	13.8	4.8	2.0	13.8
15	7	4	1	4.0	6.5	2.4	0.0	13.3
16	10	1	1	4.0	0.3	.	.	2.7
17	10	7	10	9.0	0.0	.	.	0.0
18	10	10	10	10.0	18.1	31.1	40.1	18.1
19	10	4	5	6.3	54.0	0.6	1.3	125.2
20	4	4	2	3.3	3.8	1.9	.	5.7
S	86	63	55	68.0	121.5	41.1	56.1	216.8
21	5	9	6	6.7	0.1	0.0	.	2.0
22	10	9	6	8.3	8.4	2.6	.	8.4
23	6	9	8	7.7	3.0	2.8	4.2	5.6
24	10	8	10	9.3	0.9	1.6	.	7.9
25	7	9	10	8.7	0.1	.	1.2	1.7
26	9	8	10	9.0	0.8	0.0	4.8	2.0
27	7	8	10	8.3	21.0	0.0	0.1	25.8
28	6	5	7	6.0	4.9	1.9	6.5	5.0
29	10	6	3	6.3	3.1	0.0	0.1	11.5
30	1	1	7	3.0	0.1	.	.	0.2
31	9	1	8	6.0	0.0	.	.	0.0
S	80	73	85	79.3	42.4	8.9	16.9	70.1
Total	256	222	218	231.9	255.6	114.1	111.4	481.1
Monat	8.3	7.2	7.0	7.5				

SEPTEMBER 1957

Tag:	Bewölkung a)	b)	c)	M	Niederschlag a)	b)	c)	S
1	10	10	10	10.0	0.0	1.6	1.7	0.0
2	9	2	1	4.0	0.1	.	.	3.4
3	10	9	10	9.7	0.1	.	.	0.1
4	10	4	1	5.0	14.3	0.2	.	14.3
5	8	10	5	7.7	0.0	.	0.1	0.2
6	3	3	0	2.0	2.4	.	.	2.5
7	6	10	10	8.7	.	.	5.5	0.0
8	10	10	10	10.0	33.0	4.3	0.9	38.5
9	7	6	3	5.3	3.0	1.1	.	8.2
10	3	5	0	2.7	0.0	.	.	1.1
S	76	69	50	65.1	52.9	7.2	8.2	68.3
11	0	0	0	0.0	.	.	.	0.0
12	0	0	1	0.3	.	.	.	0.0
13	3	2	7	4.0	.	.	.	0.0
14	10	10	10	10.0	.	6.5	19.6	0.0
15	9	10	10	9.7	9.5	2.5	0.5	35.6
16	10	9	8	9.0	7.2	6.4	0.6	10.2
17	10	10	8	9.3	10.0	10.2	0.8	17.0
18	10	8	6	8.0	1.5	0.1	0.1	12.5
19	3	2	7	4.0	0.0	.	.	0.2
20	3	7	9	6.3	0.0	.	.	0.0
S	58	58	66	60.6	28.2	25.7	21.6	75.5
21	9	8	10	9.0	0.1	0.1	1.5	0.1
22	10	10	9	9.7	7.3	.	0.9	8.9
23	10	10	6	8.7	5.2	2.2	0.4	6.1
24	8	7	2	5.7	0.1	0.0	.	2.7
25	8	4	9	7.0	0.1	.	.	0.1
26	1	6	8	5.0	3.9	.	0.0	3.9
27	3	6	8	5.7	6.7	.	.	6.7
28	5	9	9	7.7	.	0.0	0.0	0.0
29	10	9	9	9.3	0.9	0.2	0.0	0.9
30	9	6	2	5.7	0.3	.	.	0.5
S	73	75	72	73.5	24.6	2.5	2.8	29.9
Total	207	202	188	199.2	105.7	35.4	32.6	173.7
Monat	6.9	6.7	6.3	6.6				

OKTOBER 1957

Tag	Bewölkung a)	b)	c)	M	Niederschlag a)	b)	c)	S
1	7	6	4	5.7	0.0	.	.	0.0
2	8	7	7	7.3	0.0	.	0.0	0.0
3	10	8	6	8.0	7.5	0.8	0.1	7.5
4	9	2	1	4.0	0.1	.	.	1.0
5	9	9	9	9.0	0.0	0.4	0.2	0.0
6	6	7	5	6.0	8.3	4.8	1.6	8.9
7	9	8	7	8.0	10.3	2.0	0.4	16.7
8	2	9	9	6.7	1.0	0.0	0.2	3.4
9	1	1	2	1.3	0.0	.	.	0.2
10	2	9	9	6.7	0.0	.	.	0.0
S	63	66	59	62.7	27.2	8.0	2.5	37.7
11	10	4	5	6.3	0.0	0.0	.	0.0
12	7	2	1	3.3	.	.	.	0.0
13	8	3	9	6.7	0.1	.	.	0.1
14	8	7	9	8.0	0.4	.	0.0	0.4
15	9	4	2	5.0	0.2	0.1	.	0.2
16	1	2	3	2.0	0.0	.	.	0.1
17	10	10	5	8.3	4.3	20.3	0.2	4.3
18	6	6	4	5.3	1.0	2.7	0.0	21.5
19	4	2	0	2.0	0.1	.	.	2.8
20	2	1	1	1.3	0.0	.	.	0.0
S	65	41	39	48.2	6.1	23.1	0.2	29.4
21	3	7	9	6.3	0.0	.	.	0.0
22	10	6	7	7.7	0.0	.	.	0.0
23	8	9	9	8.7	0.0	0.0	0.3	0.0
24	9	10	8	9.0	0.2	1.2	3.5	0.5
25	8	8	10	8.7	2.5	1.7	0.5	7.2
26	10	7	6	7.7	20.4	0.2	0.0	22.6
27	5	8	3	5.3	0.0	0.0	0.0	0.2
28	2	5	3	3.3	0.0	.	.	0.0
29	2	1	1	1.3	0.0	.	.	0.0
30	2	2	1	1.7	.	.	.	0.0
31	2	2	3	2.3	0.0	.	.	0.0
S	61	65	60	62.0	23.1	3.1	4.3	30.5
Total	189	172	158	172.9	56.4	34.2	7.0	97.6
Monat	6.1	5.5	5.1	5.6				

NOVEMBER 1957

Tag:	Bewölkung a)	b)	c)	M	Niederschlag a)	b)	c)	S
1	2	2	3	2.3	.	.	.	0.0
2	2	2	6	3.3	0.0	.	.	0.0
3	7	8	7	7.3	.	.	.	0.0
4	10	7	7	8.0	2.0	1.0	.	2.0
5	9	3	4	5.3	1.3	0.1	.	2.3
6	1	2	1	1.3	0.0	.	.	0.1
7	3	1	2	2.0	.	.	.	0.0
8	4	6	10	6.7	.	.	.	0.0
9	9	6	6	7.0	.	.	0.0	0.0
10	9	6	2	5.7	3.0	.	.	3.0
S	56	43	48	48.9	6.3	1.1	0.0	7.4
11	2	2	3	2.3	.	.	.	0.0
12	7	4	4	5.0	.	.	.	0.0
13	2	1	3	2.0	.	.	.	0.0
14	3	8	3	4.7	.	.	.	0.0
15	9	3	1	4.3	2.9	.	.	2.9
16	7	4	3	4.7	.	.	.	0.0
17	10	9	6	8.3	2.1	.	.	2.1
18	6	2	6	4.7	.	.	.	0.0
19	7	6	3	5.3	.	.	.	0.0
20	3	4	7	4.7	.	.	.	0.0
S	56	43	39	46.0	5.0	.	.	5.0
21	6	4	1	3.7	.	.	.	0.0
22	2	1	4	2.3	.	.	.	0.0
23	4	2	4	3.3	.	.	.	0.0
24	9	9	9	9.0	.	.	.	0.0
25	3	3	3	3.0	0.9	.	.	0.9
26	2	0	0	0.7	.	.	.	0.0
27	1	5	7	4.3	.	.	.	0.0
28	10	10	10	10.0	0.6	0.1	9.1	0.6
29	8	10	10	9.3	19.3	0.0	16.4	28.5
30	7	6	2	5.0	7.1	.	.	23.5
S	52	50	50	50.6	27.9	0.1	25.5	53.5
Total	164	132	137	145.5	39.2	1.2	25.5	65.9
Monat	5.5	4.4	4.6	4.9				

DEZEMBER 1957

Tag:	Bewölkung a)	b)	c)	M	Niederschlag a)	b)	c)	S
1	8	8	10	8.7	.	.	0.3	0.0
2	3	5	3	3.7	6.3	.	.	6.6
3	2	3	5	3.3	.	.	.	0.0
4	8	6	3	5.7	.	.	.	0.0
5	8	9	9	8.7	.	.	.	0.0
6	10	10	10	10.0	.	.	3.5	0.0
7	10	10	10	10.0	17.5	2.7	0.1	21.0
8	10	10	6	8.7	7.6	3.6	0.6	10.4
9	9	9	10	9.3	5.2	0.5	.	9.4
10	10	6	3	6.3	2.6	2.9	.	3.1
S	78	76	69	74.4	39.2	9.7	4.5	50.5
11	10	2	2	4.7	0.1	.	.	3.0
12	9	8	9	8.7	.	0.3	0.1	0.0
13	10	10	10	10.0	9.2	10.5	3.0	9.6
14	9	8	9	8.7	5.7	0.0	0.0	19.2
15	10	10	10	10.0	21.5	1.0	1.3	21.5
16	4	2	3	3.0	2.5	.	.	4.8
17	2	6	3	3.7	.	.	.	0.0
18	3	1	2	2.0	.	.	.	0.0
19	4	4	2	3.3	.	.	.	0.0
20	6	2	2	3.3	.	.	.	0.0
S	67	53	52	57.4	39.0	11.8	4.4	58.1
21	1	3	0	1.3	.	.	.	0.0
22	2	2	2	2.0	.	.	.	0.0
23	10	7	9	8.8	0.1	.	.	0.1
24	10	9	9	9.3	.	.	0.1	0.0
25	10	3	1	4.7	0.2	.	.	0.3
26	7	5	6	6.0	.	.	.	0.0
27	10	10	4	8.0	1.7	20.2	1.1	1.7
28	7	7	6	6.7	3.5	2.8	0.0	24.8
29	6	3	4	4.3	9.2	0.2	.	12.0
30	4	7	7	6.0	.	.	0.0	0.2
31	1	3	1	1.7	.	.	.	0.0
S	68	59	49	58.8	14.7	23.2	1.2	39.1
Total	213	188	170	190.6	92.9	44.7	10.1	147.7
Monat	6.9	6.1	5.5	6.2				

JANUAR 1958

Tag:	Bewölkung a)	b)	c)	M	Niederschlag a)	b)	c)	S
1	0	2	3	1.7	.	.	.	0.0
2	10	10	6	8.7	0.3	4.3	15.0	0.3
3	10	5	1	5.3	0.1	.	.	19.4
4	5	6	1	4.0	.	.	.	0.0
5	3	3	5	3.7	0.1	.	.	0.1
6	1	7	9	5.7	.	.	.	0.0
7	2	4	2	2.7	11.7	.	.	11.7
8	2	3	0	1.7	.	.	.	0.0
9	0	1	6	2.3	.	.	.	0.0
10	8	10	8	8.7	0.0	2.2	4.5	0.0
S	41	51	41	44.5	12.2	6.5	19.5	31.5
11	10	7	2	6.3	3.3	.	.	10.0
12	0	2	0	0.7	0.1	.	.	0.1
13	1	2	4	2.3	.	.	.	0.0
14	8	7	4	6.3	.	.	.	0.0
15	9	4	2	5.0	.	0.0	.	0.0
16	2	4	4	3.3	.	.	.	0.0
17	10	9	6	8.3	0.0	2.4	0.2	0.0
18	1	4	1	2.0	.	.	.	2.6
19	1	0	0	0.3	.	.	.	0.0
20	1	0	0	0.3	.	.	.	0.0
S	43	39	23	34.8	3.4	2.4	0.2	12.7
21	1	0	0	0.3	.	.	.	0.0
22	0	0	0	0.0	.	.	.	0.0
23	1	2	6	3.0	.	.	.	0.0
24	9	8	9	8.7	.	.	.	0.0
25	9	4	1	4.7	5.5	0.5	.	5.5
26	1	0	2	1.0	.	.	.	0.5
27	1	3	4	2.7	.	.	.	0.0
28	5	7	6	6.0	.	.	.	0.0
29	1	3	4	2.7	.	.	.	0.0
30	9	10	10	9.7	.	.	6.7	0.0
31	6	5	4	5.0	0.4	.	.	7.1
S	43	42	46	43.8	5.9	0.5	6.7	13.1
Total	127	132	110	123.1	21.5	9.4	26.4	57.3
Monat	4.1	4.3	3.5	4.0				

FEBRUAR 1958

Tag:	Bewölkung a)	b)	c)	M	Niederschlag a)	b)	c)	S
1	1	6	6	4.3	.	.	.	0.0
2	4	2	1	2.3	.	.	.	0.0
3	4	2	1	2.3	.	.	.	0.0
4	0	2	4	2.0	.	.	.	0.0
5	10	3	3	5.3	.	.	.	0.0
6	2	1	0	1.0	.	.	.	0.0
7	1	2	1	1.3	.	.	.	0.0
8	1	3	3	2.3	.	.	.	0.0
9	2	1	0	1.0	.	.	.	0.0
10	0	2	6	2.7	.	.	.	0.0
S	25	24	25	24.5	.	.	.	0.0
11	9	8	2	6.3	.	.	.	0.0
12	6	9	9	8.0	.	.	.	0.0
13	9	10	8	9.0	0.3	0.7	.	0.3
14	10	5	6	7.0	8.9	.	.	9.6
15	7	8	5	6.7	1.1	0.2	.	1.1
16	2	4	2	2.7	.	.	.	0.2
17	9	4	3	5.3	.	.	.	0.0
18	10	5	3	6.0	0.4	4.2	.	0.4
19	6	9	1	5.3	2.2	6.0	0.0	6.4
20	9	4	2	5.0	0.0	.	.	6.0
S	77	66	41	61.3	12.9	11.1	0.0	24.0
21	10	6	2	6.0	.	.	.	0.0
22	10	7	2	6.3	0.1	.	.	0.1
23	2	3	6	3.7	.	.	.	0.0
24	4	2	5	3.7	.	.	.	0.0
25	6	5	5	5.3	.	.	.	0.0
26	4	5	6	5.0	0.1	.	.	0.1
27	7	0	0	2.3	.	.	.	0.0
28	0	3	7	3.3	.	.	.	0.0
S	43	31	33	35.6	0.2	.	.	0.2
Total	145	121	99	121.4	13.1	11.1	0.0	24.2
Monat	5.2	4.3	3.5	4.3				

MÄRZ 1958

Tag:	Bewölkung a)	b)	c)	M	Niederschlag a)	b)	c)	S
1	3	9	6	6,0	.	.	.	0,0
2	6	3	3	4,0	0,1	.	.	0,1
3	0	1	1	0,7	.	.	.	0,0
4	2	2	0	1,3	.	.	.	0,0
5	1	1	0	0,7	.	.	.	0,0
6	2	3	2	2,3	.	.	.	0,0
7	0	0	1	0,3	.	.	.	0,0
8	10	9	10	9,7	.	0,0	.	0,0
9	6	4	6	5,3	.	.	.	0,0
10	8	4	6	6,0	.	.	.	0,0
S	38	36	35	36,3	0,1	0,0	.	0,1
11	0	1	1	0,7	.	.	.	0,0
12	3	5	4	4,0	.	.	.	0,0
13	9	5	5	6,3	0,1	.	.	0,1
14	3	0	0	1,0	0,1	.	.	0,1
15	10	6	8	8,0	.	.	.	0,0
16	10	5	7	7,3	.	.	.	0,0
17	1	0	1	0,7	.	.	.	0,0
18	0	0	0	0,0	.	.	.	0,0
19	2	6	10	6,0	.	.	.	0,0
20	10	6	9	8,3	0,0	.	0,0	0,0
S	48	34	45	42,3	0,2	.	0,0	0,2
21	1	4	0	1,7	.	.	.	0,0
22	0	0	2	0,7	.	.	.	0,0
23	0	2	3	1,7	.	.	.	0,0
24	10	5	10	8,3	0,1	.	.	0,1
25	9	9	10	9,3	0,1	1,0	0,4	0,1
26	8	6	7	7,0	0,8	0,5	9,3	2,2
27	7	9	9	8,3	0,2	1,2	14,8	10,0
28	8	4	5	5,7	1,6	.	.	17,6
29	10	5	4	6,3	0,1	6,2	.	0,1
30	7	6	7	6,7	0,1	0,0	.	6,3
31	10	10	8	9,3	.	.	.	0,0
S	70	60	65	65,0	3,0	8,9	24,5	36,4
Total:	156	130	145	143,6	3,3	8,9	24,5	36,7
Monat:	5,0	4,2	4,7	4,6				

APRIL 1958

Tag:	Bewölkung a)	b)	c)	M	Niederschlag a)	b)	c)	S
1	6	0	1	2,3	0,1	.	.	0,1
2	3	7	10	6,7	0,1	.	0,0	0,1
3	10	6	3	6,3	1,8	0,6	.	1,8
4	10	6	4	6,7	0,2	.	.	0,8
5	1	3	10	4,7	.	.	.	0,0
6	7	6	3	5,3	7,1	.	.	7,1
7	1	4	1	2,0	0,1	.	.	0,1
8	4	8	10	7,3	0,0	.	.	0,0
9	10	10	10	10,0	7,5	5,8	4,8	7,5
10	10	10	8	9,3	52,2	25,8	5,8	62,8
S	62	60	60	60,6	69,1	32,2	10,6	80,3
11	10	6	1	5,7	0,8	.	.	32,4
12	7	1	1	3.0	0,2	.	.	0,2
13	1	1	0	0,7	.	.	.	0,0
14	8	7	4	6,3	.	.	.	0,0
15	10	2	9	7,0	0,1	.	.	0,1
16	5	1	1	2,3	.	.	.	0,0
17	10	7	8	8,3	0,2	.	.	0,2
18	10	10	9	9,7	0,0	4,0	1,1	0,0
19	10	8	1	6,3	1,8	0,2	.	6,9
20	3	6	10	6,3	0,2	.	.	0,4
S	74	49	44	55,6	3,3	4,2	1,1	40,2
21	10	8	3	7,0	3,0	0,2	.	3,0
22	10	7	7	8,0	0,1	.	.	0,3
23	9	8	5	7,3	1,4	0,4	.	1,4
24	10	9	9	9,3	.	.	1,4	0,4
25	9	10	10	9,7	0,3	1,0	1,8	1,7
26	9	9	7	8,3	22,7	.	0,1	25,5
27	7	8	7	7,3	7,2	4,4	0,1	7,3
28	10	5	5	6,7	0,9	0,1	.	5,4
29	10	10	10	10,0	0,0	9,2	13,9	0,1
30	9	9	6	8,0	0,9	.	.	24,0
S	93	83	69	81,6	36,5	15,3	17,3	69,1
Total	229	192	173	197,8	108,9	51,7	29,0	189,6
Monat	7,6	6,4	5,8	6,6				

MAI 1957

Daten über die Bewölkung und sonstige Aufzeichnungen:

Tag			
1.	a)	Nebel/Fs 8^2 C (Nebel bis 9^{oo})	
	b)	Ci 1^2 + Cs 4^0 SW (sonnig)	
	c)	Ac 3^1 + Cs 2^0 W	M = 6.0
2.	a)	Fc 6^2 + Cs 2^0 S (Morgenrot)	
	b)	Cb 1^2 + Cs 7^0 NE (dunstig)	
	c)	Cb 6^1 + Ac 2^0 NE	M = 8.0
3.	a)	Nebel/Fs 10^2 C (Nebel bis 13^{oo})	
	b)	Ac 3^1 + Ci 2^0 SW (dunstig)	
	c)	Wolkenlos	M = 5.0
4.	a)	Nebel/Fs 10^2 C (Nebel bis 13^{30})	
	b)	Fc 6^2 + Ac 3^2 W (dunstig)	
	c)	St 6^2 + Ac 3^1 W (dunstig)	M = 9.3
5.	a)	Fs 9^2 + Sc 1^1 NW	
	b)	Ac 6^0 + Sc 1^2 NNW+SE (dunstig)	
	c)	Ac 5^1 + Sc 1^2 W	M = 7.7
6.	a)	Fc 9^2 + As 1^1 NW	
	b)	Fc 9^2 + Sc 1^2 NE+N (Nieselregen)	
	c)	Fc 10^2 N (Regen)	M = 10.0
7.	a)	Cb 5^2 + As 5^1 NW+N	
	b)	Cb 6^2 + St 1^1 WNW (sonnig)	
	c)	Sc 1^1 W	M = 6.0
8.	a)	Nebel/Fs 10^2 C (Nebel bis 12^{oo})	
	b)	Fc 6^2 + As 4^1 N+NW (dunstig)	
	c)	Fc 6^2 + Ac 4^0 NNW+W (neblig)	M = 10.0
9.	a)	Fc 9^2 + As 1^1 WNW (Nebeltreiben)	
	b)	Fc 8^2 + As 2^1 NW (Regen)	
	c)	Fc 5^2 + Sc 5^2 NW	M = 10.0
10.	a)	Fc 9^2 + Cb 1^2 NW (dunstig)	
	b)	Fc 8^2 + As 2^2 N (dunstig)	
	c)	Sc opacus 10^2 N (Nebeltreiben)	M = 10.0
11.	a)	Fc 10^2 N (Regen)	
	b)	As 8^1 + Cb 2^2 NW (Regen)	
	c)	FC 10^2 N (Regen)	M = 10.0
12.	a)	Cb 1^2 + Sc 7^1 S+W (Bodennebel)	
	b)	Cb 2^2 + Ac 7^1 S (sonnig)	
	c)	Cb 4^2 + As 6^2 S	M = 9.0
13.	a)	Fs 2^2 + Fc 8^2 N (Regen)	
	b)	Fc 9^2 + Cb 1^1 N (Regen)	
	c)	Fc 10^2 N (Regen)	M = 10.0
14.	a)	Fc 10^2 N (Regen)	
	b)	Fc 10^2 N (Regen)	
	c)	Fc 10^2 N (Regen)	M = 10.0
15.	a)	Fs 8^2 + As 2^2 N (Regen)	
	b)	Ac 7^2 + Cc 1^0 WNW (sonnig)	
	c)	Cb 3^2 + Cs 2^1 NW	M = 7.7

MAI 1957

16. a) Fs 8^2 + Ac 2^1 W
b) Cb 2^2 + Ac 4^2 NW (sonnig)
c) Cb 4^2 + Ac 1^1 W M = 7.0

17. a) Fc 6^2 + As 3^1 NNW (Regen)
b) Fs 6^2 + As 3^1 NNW (Regen)
c) As 6^1 SW M = 8.0

18. a) Fs 6^2 + As 4^1 W+SE (Regen)
b) Fs 9^2 + As 1^1 E (Regen)
c) Fc 7^2 + As 3^1 SE (Regen) M = 10.0

19. a) Sc 9^2 + Cb 1^2 N+NW (Regen)
b) Fc 8^2 + Sc 2^1 NNE (Regen)
c) Fc 10^2 NNE (Regen) M = 10.0

20. a) Fs 9^2 + Sc 1^0 N (Regen)
b) Fs 9^2 + Sc 1^0 N (Regen)
c) Fc 3^2 + Ac 5^0 W (Bodennebel) M = 9.3

21. a) Nebel 10^2 C
b) Fc 4^2 + Cb 3^2 NW (sonnig)
c) Fc 4^2 + Ac 1^1 WSW+W M = 7.3

22. a) Fs 1^0 + Fc 6^2 NNE+W (Bodennebel)
b) Cb 2^2 + Fc 7^2 NNE+N (Regen-sonnig)
c) Fc 8^2 + Ac 2^1 N (Regen) M = 8.7

23. a) Fc 2^2 + Ac 1^0 N+NNE (Bodennebel)
b) Ac 3^2 + Sc 2^1 E+N (sonnig)
c) Wolkenlos M = 2.7

24. a) Nebel 10^2 C
b) Ac 1^1 + Cs 3^0 N
c) St 3^0 + Ac 2^1 N M = 6.3

25. a) Fs 8^2 + Fc 2^1 N
b) Fc 10^2 N (Regen)
c) Fc 10^2 N (Regen) M = 10.0

26. a) Fc 1^0 + Ac opa. 9^1 N (Regen)
b) Fc 6^1 + Ac 4^1 N (Regen)
c) Ac 5^1 + Sc 1^1 N M = 8.7

27. a) Fc 10^2 NW (Regen)
b) Fc 5^1 + Ac 3^1 WNW+W (sonnig)
c) Ac 3^1 + As 2^0 W M = 7.7

28. a) Ac opacus 9^1 N
b) Ac 3^2 + Cs 1^0 NW+W (sonnig)
c) Ac 1^1 W M = 4.7

29. a) Fc 8^2 + Cs 1^0 N
b) Fc 7^2 + Ac transl. 2^1 N
c) Fs 10^2 N (Regen) M = 9.3

30. a) Fc 8^2 + Ac 2^0 W
b) Fc 2^2 + Ac 4^2 NW+WSW
c) Fc 5^2 NNW M = 7.0

31. a) Cu 1^1 SE
b) Cu humilis 1^1 S (sonnig)
c) Wolkenlos M = 0.7

JUNI 1957

Daten über die Bewölkung und sonstige Aufzeichnungen:

1. a) Cu 1^1 SSE
b) Ac 2^1 S (sonnig)
c) Cu humilis 1^1 SSW — M = 1.3

2. a) Nebel 10^2 C
b) Fs 6^2 + Ac opacus 4^1 N
c) Fs 9^2 + Ac 1^1 N — M = 10.0

3. a) Fs 8^2 + Fc 2^1 NNE+N (Regen)
b) Fs 9^2 + Fc 1^1 N (Regen)
c) Fs 10^2 C (Regen) — M = 10.0

4. a) Fs 9^2 + Fc 1^1 WNW (Nebeltreiben)
b) Fs 7^2 + Fc 3^1 NW+N (Regen)
c) Fs 10^2 NW (Regen) — M = 10.0

5. a) Fc 6^1 + Ac 2^0 W
b) Fc 2^2 + Ac 3^1 W+WSW (sonnig)
c) Fc 4^2 + Cs 2^0 SW+S (Regen) — M = 6.3

6. a) Fc 6^2 + Ac 2^2 SSW+S
b) Ac 3^1 + Cb 1^2 SSW (sonnig)
c) Ac castellatus 1^1 SW — M = 4.3

7. a) Ac opacus 10^2 N (Regen)
b) Ac opacus 10^1 W (Regen)
c) Fc 10^1 NW (Regen) — M = 10.0

8. a) Fs 10^2 NNW (Regen)
b) Fs 10^2 W (Regen)
c) Fc 2^2 + Ac 7^1 WSW+SW — M = 9.7

9. a) Ac 9^1 WSW
b) Fs 6^2 + Fc 4^0 N+NW (Regen)
c) Fs 10^2 N (Regen) — M = 9.7

10. a) Fs 10^2 N (Regen)
b) Fs 10^2 N (Regen)
c) Fs 7^2 + Fc 3^1 NW (Regen) — M = 10.0

11. a) Fc 8^2 + Ac 2^1 N (Regen)
b) Fs 8^2 + Ac 1^0 N+W (Regen)
c) Fs 10^2 C (Regen) — M = 9.7

12. a) Fs 8^1 Ac 1^1 N+W (Regen)
b) Ac 3^1 + Cb 1^2 NW (sonnig)
c) Ac 3^1 NE — M = 5.3

13. a) Fc 5^1 + Sc 3^1 NE+N
b) Cs 2^0 NE (Fernsicht, sonnig)
c) Wolkenlos — M = 3.3

14. a) Cs 1^0 N (Bodennebel)
b) As 1^0 W (sonnig, dunstig)
c) Fc 9^1 W — M = 3.7

15. a) Cb 1^2 + Ac 3^1 SW
b) Fc 8^1 + Ac 1^1 SW (sonnig)
c) Fc 2^1 + Ac 2^0 SW — M = 5.7

JUNI 1957

Tag		Bewölkung	Mittel
16.	a)	Fs 3^1 S (Bodennebel)	
	b)	Ac 1^1 + Cs 1^0 NE+S (sonnig)	
	c)	Cs 1^0 W	M = 2.0
17.	a)	Nebel 10^1 C	
	b)	Nebel/Fs 10^2 NE	
	c)	Nebel/Fs 10^2 C	M = 10.0
18.	a)	Nebel/Fs 10^2 C	
	b)	Fs 8^1 SSW	
	c)	Nebel 10^2 NNE	M = 9,3
19.	a)	Fs 10^2 NNE	
	b)	Cs 3^0 NE (sonnig)	
	c)	Wolkenlos	M = 4.3
20.	a)	Nebel/Fs 10^1 C	
	b)	Fs 10^2 SE	
	c)	Fc 4^1 S (Abendrot)	M = 8.0
21.	a)	Ac 6^1 SSE	
	b)	Ac 3^0 + Cs densus 1^0 SW+S (sonnig)	
	c)	Ac 1^1 S	M = 3.7
22.	a)	Nebel 10^2 N	
	b)	Nebel/Fs 10^1 NNW	
	c)	Fs 10^2 W (Nieselregen)	M = 10,0
23.	a)	Nebel/Fs 10^2 N (Regen)	
	b)	Fs 10^2 N (Regen)	
	c)	Fs 10^2 N (Regen)	M = 10.0
24.	a)	Ac 2^1 SSW	
	b)	Ac 4^1 SW (sonnig)	
	c)	Ac 1^1 SW	M = 2.3
25.	a)	Nebel 10^2 E	
	b)	Ac 8^2 SSW (sonnig)	
	c)	Fc 6^2 S	M = 8.0
26.	a)	Wolkenlos	
	b)	Ac 1^1 S (sonnig)	
	c)	Wolkenlos	M = 0.3
27.	a)	Nebel 10^1 NNE	
	b)	Fs 10^2 NE (Regen)	
	c)	Fs 8^1 WSW (Regen)	M = 9.3
28.	a)	Nebel 6^1 C	
	b)	Ac 5^1 S (sonnig, dunstig)	
	c)	Ac 1^1 S	M = 4.0
29.	a)	Ac 1^1 S	
	b)	Ac 1^1 S (sonnig)	
	c)	Ac 1^1 S	M = 1.0
30.	a)	Sc opacus 9^2 S	
	b)	Fc 2^2 + Ac 7^1 SW+S	
	c)	Ac 2^1 + As translucidus 2^0 S	M = 7.3

JULI 1957

Daten über die Bewölkung und sonstige Aufzeichnungen:

Tag		Bewölkung	Mittel
1.	a)	Nebel/Fs 10^2 C	
	b)	Nebel/Fs 10^2 N (dunstig)	
	c)	Fs 10^2 C (Regen)	M = 10.0
2.	a)	Fs 10^2 N (Regen)	
	b)	Nebel/Fs 10^2 N (Regen)	
	c)	Fs 8^1 NW (Regen)	M = 9.3
3.	a)	Fs 3^2 + Fc 3^1 NW+N (Bodennebel)	
	b)	Fc 6^2 + Ac 4^1 N+NW (dunstig)	
	c)	Fc 10^2 N (Regen)	M = 8.7
4.	a)	Fc 4^2 + Ac 4^1 N	
	b)	Fc 7^2 + Ac 3^1 N	
	c)	Fc 10^2 (Regen) N	M = 9.3
5.	a)	Fc 8^2 + Ac 2^1 NW+N	
	b)	Fc 10^2 N (Regen)	
	c)	Fc 10^2 N (Regen)	M = 10.0
6.	a)	Fc 5^2 + Ac 4^1 NW	
	b)	Fc 3^1 + Cb 4^2 WNW+W (sonnig)	
	c)	Fc 3^1 + Cb 4^2 W	M = 7.7
7.	a)	Fc 102 NW (Regen)	
	b)	Fc 10^2 W (Regen)	
	c)	Fc 10^2 W (Regen)	M = 10.0
8.	a)	Fc 4^2 + Ac 2^1 W+SW	
	b)	Fc 9^1 W (Regen)	
	c)	Fc 4^2 + Ac 2^1 NW	M = 7.0
9.	a)	Fc 9^2 + Ac 1^0 NW (Regen)	
	b)	Fc 10^2 NW (Regen)	
	c)	Fc 10^2 NW (Regen)	M = 10.0
10.	a)	Fc 4^2 + Cb 2^2 SW (Hagel)	
	b)	Fc 6^2 + Ac 4^1 WNW+WSW (Regen)	
	c)	Fc 10^2 NW (Regen)	M = 8.7
11.	a)	Fc 8^2 + Ac 1^1 W+SW	
	b)	Fc 3^2 + Ac 4^0 W+SW (sonnig)	
	c)	Fc 1^2 + Ac 2^1 WSW	M = 6.3
12.	a)	Ac 3^1 WSW (dunstig)	
	b)	Fc 1^2 + Ac 8^1 SW+SSW (sonnig)	
	c)	Ac 4^1 SSW	M = 5.3
13.	a)	Fc 9^2 SSW (Bodennebel)	
	b)	Ac translucidus 10^2 C	
	c)	Ac 1^1 SSW	M = 6.7
14.	a)	Nebel 10^2 S	
	b)	Fc 10^1 WNW (dunstig)	
	c)	Fc 10^2 WNW (Regen)	M = 10.0
15.	a)	Fs 10^2 N (Regen)	
	b)	Fs 3^1 + Fc 7^2 NNW (Regen)	
	c)	Fc 5^2 + Cb 3^2 N+NNW (Regen)	M = 9.3

AUGUST 1957

16. a) Ac 3^1 SSW (Bodennebel)
b) Fc 4^1 + Cb 3^2 S+SW (sonnig)
c) Ac 2^1 M = 4.0

17. a) Wolkenlos
b) Cs 1^0 S (sonnig)
c) Cs 1^0 S M = 0.7

18. a) Cs 1^0 SW
b) Cs 1^0 SW (sonnig)
c) Cs 3^0 SW (dunstig) M = 1.7

19. a) Cs 4^0 SW (Bodennebel)
b) Cc 6^0 + Cb incus 2^1 SW (dunstig)
c) Cc 3^0 + Ac 1^1 SW+S (dunstig) M = 5.3

20. a) Fs 4^1 + Fc 4^2 E+SE (dunstig)
b) Cu 3^2 + Cs 1^0 S+SW (sonnig)
c) Fc 1^1 + Cs 1^0 NNE+SE M = 4.7

21. a) Nebel 10^1 N
b) Cs 4^0 W (sonnig, dunstig)
c) Ci densus 3^0 SW (dunstig) M = 5.7

22. a) Nebel 10^0 C
b) Fs 10^1 N (stark dunstig)
c) Fs 10^2 NNW (dunstig) M = 10.0

23. a) Fs 9^2 + Fc 1^1 NW (Nieselregen)
b) Fc 10^1 NNW (stark dunstig)
c) Fs 10^2 N (Regen) M = 10.0

24. a) Fs 10^2 N (Regen)
b) Fs 10^2 NNW (Regen)
c) Fs 10^2 NNW (Regen) M = 10.0

25. a) Fs 4^2 + Fc 6^1 N+NW (Regen)
b) Sc 9^2 + Ac 1^1 ESE
c) Ac 3^1 + Cs 1^0 SW+S M = 8.0

26. a) Ac 2^1 + As opacus 8^1 SW
b) Ac 3^1 + As opacus 7^1 SSE
c) Ac 2^1 + As opacus 8^1 S M = 10.0

27. a) Nebel/Fs 9^0 W
b) Fc 4^1 + Sc 3^1 SW+NW (sonnig)
c) Ac 3^1 S M = 6.3

28. a) Nebel 10^2 C
b) Nebel/Fs 7^1 NE (sonnig)
c) Ac 1^1 + Cc 3^1 E+W M = 7.0

29. a) Sc 9^1 NW (dunstig)
b) Cu 2^1 + As translucidus 7^0 NE+C
c) Ac 2^0 S M = 6.7

30. a) Nebel 10^2 C
b) Ac 1^1 + Cs 2^0 S (sonnig)
c) Ci densus 2^0 SW M = 5.0

31. a) Nebel 6^1 C
b) Wolkenlos (sonnig, Fernsicht)
c) Cs 1^0 S M = 2.3

AUGUST 1957

Daten über die Bewölkung und sonstige Aufzeichnungen:

1. a) Nebel 10^2 C
   b) As 7^1 N (sonnig)
   c) As 8^1 W — M = 8.3

2. a) Fc 10^2 N (stark dunstig)
   b) Fs 9^2 + As 1^1 NW (Nieselregen)
   c) Fs 6^2 + As 4^0 NW — M = 10.0

3. a) Fc 7^1 + As 1^0 NW+W (Nebeltreiben)
   b) Fs 10^1 NNW (Regen)
   c) Fs 10^2 N (Regen) — M = 9.3

4. a) Fc 6^1 W
   b) Fc 3^1 + As 2^0 N+W (sonnig)
   c) Fc 3^1 + As 4^1 N+W — M = 6.0

5. a) Fs 10^2 N (Regen)
   b) Fs 10^2 WNW (Regen)
   c) Fs 10^2 NW (Regen) — M = 10.0

6. a) Fc 8^2 + As 1^1 W (Regen)
   b) Fc 6^2 + Cb 2^2 N+NW (sonnig)
   c) Fc 2^2 + Cb 3^2 W+WNW (Regen) — M = 7.3

7. a) Fs 10^2 NW (Regen)
   b) As opacus 10^2 WSW
   c) Cb 6^2 SW (Regen) — M = 8.7

8. a) Ac 4^2 + Cb 3^2 SW (Nieselregen)
   b) Cb 4^2 + Cs 4^0 SW (sonnig)
   c) Cb 1^1 + As 1^0 W+WSW — M = 5.7

9. a) Fs 10^1 N (Nieselregen)
   b) Fs 10^2 N (Regen)
   c) Fc 9^2 + As 1^1 W (stark dunstig) — M = 10.0

10. a) Fc 7^2 + As 3^1 W
    b) Ac 4^2 + Cs 4^0 W (sonnig)
    c) Fs 9^2 + As 1^0 W — M = 9.3

11. a) Fc 9^2 + As 1^1 WSW (Regen)
    b) Fc 6^2 + Ac 3^1 WSW (Regen)
    c) Fc 10^2 W (Regen) — M = 9.7

12. a) Fc 1^1 + Ac 4^1 SW
    b) Fc 4^2 + Ac 3^1 WSW+W (sonnig)
    c) Ac 2^1 SW — M = 4.7

13. a) Fs 10^1 W (Nieselregen)
    b) Fc 6^2 + As 4^0 NW+N
    c) Fs 6^1 + Sc 3^1 W — M = 9.7

14. a) Fc 8^2 + As 2^1 WNW
    b) Fc 6^2 + Ac 1^1 W+NW (sonnig)
    c) Fc 3^2 + Cb 2^2 W — M = 7.3

15. a) Fc 4^2 + Cb 3^2 WSW
    b) Cb 4^2 WSW (Regen)
    c) Cb 1^2 SSW — M = 4.0

AUGUST 1957

16. a) Nebel 10^2 C
b) Ac 1^1 S (sonnig)
c) Sc 1^1 S — M = 4.0

17. a) Nebel 10^2 C
b) Ac 1^2 + As 6^0 NW
c) Sc 6^2 + As 4^1 NW — M = 9.0

18. a) Fs 10^2 N (Regen)
b) Fs 10^2 N (Regen)
c) Fs 10^2 N (Regen) — M = 10.0

19. a) Fs 10^2 WNW (Regen)
b) Cb 4^2 W (sonnig)
c) Cb 5^2 W (Regen) — M = 6.3

20. a) Sc 1^1 + Cb 3^2 SW
b) Cb 4^2 W (sonnig, dunstig)
c) Cb 1^2 + Sc 1^0 S (dunstig) — M = 3.3

21. a) Sc 5^0 W (Bodennebel)
b) Ac floccus 2^1 + Sc 7^0 NNW
c) Sc transl. 4^0 + Cs densus 2^0 NW — M = 6.7

22. a) Fc 10^1 NNW (Regen)
b) Fc 6^2 + Ac 3^0 WNW
c) Cb 6^2 WNW — M = 8.3

23. a) Cb 6^2 WNW
b) Fc 6^2 + Cb 3^2 WNW (Regen)
c) Cb 8^2 W (Regen) — M = 7.7

24. a) As translucidus 10^1 N (Regen)
b) Fc 2^2 + Sc 6^1 NNE+W
c) Sc opacus 10^1 W (dunstig) — M = 9.3

25. a) As 3^1 + Ac floccus 4^{0N}(dunstig)
b) Fc 4^2 + Sc transl. 5^1 N+NW
c) Fs 10^2 N (stark dunstig) — M = 8.7

26. a) Fs 8^2 + Sc 1^1 NW
b) Fc 6^2 + Cb 2^2 N+NW
c) Fc 10^2 N — M = 9.0

27. a) Fc 7^2 WNW
b) Fc 6^2 + Cb 2^2 NW
c) Fc 10^2 NW — M = 8.3

28. a) Fc 4^2 + Cb 2^2 WNW
b) Cb 4^2 ¾ As 1^0 WNW+W
c) Fc 7^2 W — M = 6.0

29. a) Nebel 10^1 C
b) Fc 5^2 + Ac 1^1 SSW
c) Ac 3^1 S — M = 6.3

30. a) Ac 1^1 S
b) Ac 1^1 S (sonnig)
c) As 7^0 SW — M = 3.0

31. a) Sc 9^0 W (Bodennebel)
b) Sc 1^1 W (Fernsicht, sonnig)
c) Sc 7^0 + Ac 1^1 WNW (Fernsicht) — M = 6.0

SEPTEMBER 1957

Daten über die Bewölkung und sonstige Aufzeichnungen:

1. a) As translucidus 10^1 N (Regen)
   b) Fc 7^2 + As 3^1 N
   c) Fc 4^2 + Sc 6^2 N+NE — M = 10.0

2. a) As translucidus 9^1 NNE
   b) Ac 1^1 + Cb 1^2 NE+N (sonnig)
   c) Ac 1^1 SW — M = 4.0

3. a) Nebel 10^1 C
   b) As 7^0 + Ns 2^1 N
   c) As translucidus 10^2 N — M = 9.7

4. a) Fs 10^2 N
   b) Cb 3^2 + Ac 1^1 SW+NW (sonnig)
   c) Ac 1^1 S — M = 5.0

5. a) Ac 8^1 WNW
   b) Sc 5^2 + As transl. 5^1 W
   c) Sc 5^2 W — M = 7.7

6. a) Sc 3^1 S
   b) Ac 3^1 SSE (sonnig)
   c) Wolkenlos (Fernsicht) — M = 2.0

7. a) Cs 6^0 SW (dunstig)
   b) Fc 4^2 + Sc 6^1 N+NW (dunstig)
   c) Fs 10^2 N (Regen) — M = 8.7

8. a) Fs 10^2 N (Regen)
   b) Fc 10^2 WNW
   c) Fc 8^2 + Sc 2^1 W (Regen) — M = 10.0

9. a) Sc 5^2 + Cs 2^0 W (sonnig)
   b) Ac 4^2 + Cs 2^0 W (Sonnig)
   c) Ac 3^1 SW — M = 5.3

10. a) Cs 3^0 W (Bodennebel)
    b) Ac 5^1 S (sonnig)
    c) Wolkenlos — M = 2.7

11. a) Wolkenlos
    b) Wolkenlos (sonnig)
    c) Wolkenlos — M = 0.0

12. a) Wolkenlos (sonnig)
    b) Wolkenlos (sonnig, dunstig)
    c) Cs 1^0 N (dunstig) — M = 0.3

13. a) Cs 3^0 W (sonnig)
    b) Ac 2^1 N (sonnig)
    c) Sc 6^2 + Cs 1^0 NW+SW — M = 4.0

14. a) Sc 7^2 + As transl. 3^1 N
    b) Fs 6^2 + Fc 4^2 NNW+N (Regen)
    c) Fs 10^2 N (Regen) — M = 10.0

15. a) Fc 9^2 NNW
    b) Fc 6^2 + Sc 4^1 NW
    c) Fc 7^2 + Sc 3^1 N (Regen) — M = 9.7

SEPTEMBER 1957

Tag		Beobachtung	M
16.	a)	Fs 10^2 N (Nieselregen)	
	b)	Ns 9^2 N (Regen)	
	c)	Sc 6^2 + Cb 2^2 N+WNW	M = 9.0
17.	a)	Ns 4^2 + Fc 6^2 NNW+N (Regen)	
	b)	Fc 7^2 + As 3^1 N (Regen)	
	c)	Fc 6^2 + Cb 2^2 W+SW	M = 9.3
18.	a)	Nebel 10^2 NW	
	b)	Fc 5^2 + Ac 3^2 W+SW (Regen)	
	c)	Sc 6^2 SSW	M = 8.0
19.	a)	Ac 3^1 S (sonnig)	
	b)	Ac 1^1 + Cs 1^0 S+W (sonnig)	
	c)	Cc 6^0 + Ac 1^1 NW+W	M = 4.0
20.	a)	Ac 3^1 SSW	
	b)	Ac 7^2 SW (sonnig)	
	c)	Sc 3^2 + As translucidus 6^1 SSW+W	M = 6.3
21.	a)	Ac 7^2 + Ci 2^1	
	b)	Ac 5^2 + Sc 3^1 SW+W (sonnig)	
	c)	As opacus 10^1 NW (Regen)	M = 9.0
22.	a)	Nebel 10^1 C	
	b)	As translucidus 10^1 N	
	c)	Fc 9^2 N	M = 9.7
23.	a)	Fs 10^2 N (Nieselregen)	
	b)	Fs 10^1 NNW (Regen)	
	c)	Fc 4^2 + Cb 2^2 W+WSW	M = 8.7
24.	a)	Nebel 8^1 S	
	b)	Ac 3^2 + Cb 4^2 E+S (sonnig)	
	c)	Ac 1^1 + Cs 1^0 S+SW	M = 5.7
25.	a)	Nebel 8^1 C	
	b)	Ac 2^1 + Cs 2^0 W (sonnig)	
	c)	Ac opacus 9^2 W	M = 7.0
26.	a)	Ac 1^1 SW (sonnig)	
	b)	Ac 6^1 W	
	c)	Ac opacus 8^2 W	M = 5.0
27.	a)	Ac 1^1 + Cs 2^0 SW+W (sonnig)	
	b)	Ac 2^2 + Cs 4^0 NW+W (sonnig, dunstig)	
	c)	Fc 2^2 + As 6^1 N+SW	M = 5.7
28.	a)	Ac 2^1 + As 3^1 SW+W (sonnig)	
	b)	Fc 9^2 W	
	c)	Ns 6^2 + Ac 3^2 NW+W	M = 7.7
29.	a)	Fs 10^1 W (Nieselregen)	
	b)	Ns 9^1 W (Nieselregen)	
	c)	Fs 9^1 W	M = 9.3
30.	a)	Fs 9^1 C	
	b)	Ac 6^1 S (sonnig)	
	c)	Ac 1^2 + Sc 1^0 S+NW (sonnig)	M = 5.7

OKTOBER 1957

Daten über die Bewölkung und sonstige Aufzeichnungen:

1.	a)	Sc 7^1 NW (sonnig)	
	b)	Ac 1^1 + Cs 5^0 S+NW (sonnig)	
	c)	Ci densus 4^0 WNW	M = 5.7
2.	a)	Nebel 8^1 C	
	b)	Ac 7^2 NNW (sonnig)	
	c)	Fc 7^2 NW	M = 7.3
3.	a)	Fc 6^2 + As 4^1 W (Regen)	
	b)	Ac 6^2 + Sc 2^1 WNW+N	
	c)	Ac 2^1 + Cb 4^2 WSW (sonnig)	M = 8.0
4.	a)	Nebel 9^1 C	
	b)	Ac 2^1 SSW (sonnig)	
	c)	Ac 1^1 SW (sonnig)	M = 4.0
5.	a)	Fc 9^2 N	
	b)	Ac 6^2 + Fc 3^2 WNW (Regen)	
	c)	Fc 5^1 + Ac 4^2 NNW	M = 9.0
6.	a)	Ac 3^2 + Cb 3^2 W (sonnig)	
	b)	Cb 7^2 WNW (sonnig)	
	c)	Cb 5^2 W	M = 6.0
7.	a)	Fc 4^2 + As 5^0 NW + SW (Regen)	
	b)	Cb 4^2 + Sc 4^1 W+WNW	
	c)	Ac 4^2 + Cb 3^2 W	M = 8.0
8.	a)	Ac 2^1 (sonnig) SSW	
	b)	Ac 9^2 (Regen) SSW	
	c)	Sc 9^2 S	M = 6.7
9.	a)	Cs 1^0 S (sonnig)	
	b)	Ac 1^1 SSW (sonnig)	
	c)	Cs 2^0 W (dunstig)	M = 1.3
10.	a)	Cs 2^0 W (sonnig)	
	b)	As translucidus 9^1 W	
	c)	As translucidus 9^1 W	M = 6.7
11.	a)	Fs 10^2 WNW (stark dunstig)	
	b)	Ac 3^2 + Cs 1^0 W (sonnig)	
	c)	Ns 1^2 + As 4^0 SW+W (sonnig)	M = 6.3
12.	a)	Sc floccus 7^1 NW	
	b)	Ac 2^2 W (sonnig)	
	c)	Ac 1^1 W (sonnig)	M = 3.3
13.	a)	Fs 8^1 W (stark dunstig)	
	b)	Cb 2^2 + Cs 1^1 W (sonnig)	
	c)	Fc 6^2 + Ac 3^1 W	M = 6.7
14.	a)	Fc 6^2 + Ac 2^1 W	
	b)	Ac 4^2 + Cs 3^1 W (sonnig)	
	c)	Fc 6^2 + Ac 3^1 SW+W	M = 8.0
15.	a)	Fs 4^1 + As 5^1 W (Regen)	
	b)	A c 4^1 SW (sonnig)	
	c)	Ac 2^1 S (sonnig)	M = 5.0

OKTOBER 1957

16. a) Ac 1^1 S (sonnig)
b) Ac 1^2 + Cs 1^0 S+SSE (sonnig)
c) Ac 2^2 + Cs 1^0 S+WSW (sonnig) M = 2.0

17. a) Ns 10^1 N (Regen)
b) Fc 10^1 WNW
c) Fc 2^1 + Ac 3^2 WSW M = 8.3

18. a) Fs 4^1 + Ac 2^1 W+SW (sonnig)
b) Cb 3^2 + Ac 3^2 W (sonnig)
c) Ac 4^2 W (sonnig) M = 5.3

19. a) Nebel 4^1 C
b) Ac 2^1 S (sonnig)
c) Wolkenlos (sonnig) M = 2.0

20. a) Fc 2^2 S (sonnig)
b) Ac 1^1 S (sonnig)
c) Cs 1^0 SW (sonnig) M = 1.3

21. a) Ci filosus 3^0 W (sonnig)
b) Cs nebulosus 7^1 (dunstig) W
c) As translucidus (dunstig) 9^1 WNW M = 6.3

22. a) Nebel 10^1 C
b) Cs 4^1 + Ac 2^2 WNW+NNW (sonnig)
c) Fc 2^2 + Sc translucidus 5^1 SW+W M = 7.7

23. a) Nebel 8^1 C
b) Fc 6^2 + Sc 3^1 N+NW
c) Fc 8^2 + Sc 1^1 N+NW M = 8.7

24. a) Ac translucidus 9^1 N
b) Fc 10^1 N (Regen)
c) Ac 6^2 + Sc 2^1 NNW+NW M = 9.0

25. a) Fc 7^2 + Sc 1^1 NW+W
b) Fc 6^2 + Sc 2^1 WNW
c) Fc 10^2 WNW M = 8.7

26. a) Ns 10^2 NNW (Regen)
b) Ns 3^1 + Cb 4^2 SW (Regen)
c) Cb 6^2 SSW M = 7.7

27. a) Ac 5^1 SSW (sonnig)
b) Ac 8^1 SSW (dunstig)
c) Ac 3^2 S (sonnig) M = 5.3

28. a) Ac 2^1 S (sonnig)
b) Ac 3^2 + Sc 2^1 S+N (sonnig)
c) Ac 3^1 S (sonnig) M = 3.3

29. a) Ac 2^1 S (sonnig)
b) Ac 1^1 S (sonnig)
c) Cs 1^1 W (sonnig) M = 1.3

30. a) Ac 1^1 + As 1^1 S+W (sonnig)
b) Ac 1^1 + As 1^1 S+W (sonnig)
c) Ac 1^1 NE (sonnig, dunstig) M = 1.7

31. a) Nebel 2^1 C
b) Ac 2^2 S (sonnig)
c) Ac 2^2 + Sc 1^1 SW+NW (sonnig) M = 2.3

NOVEMBER 1957

Daten über die Bewölkung und sonstige Aufzeichnungen:

Tag		Bewölkung	M
1.	a)	Ac 2^1 S (sonnig)	
	b)	Cb 2^2 SW (sonnig)	
	c)	Ac 2^1 + Ci filosus 1^0 (sonnig) S	M = 2.3
2.	a)	Ci filosus 2^1 S (sonnig, dunstig)	
	b)	Ci filosus 2^0 WSW (sonnig)	
	c)	Cc 4^1 + Ci fil. SW+NW (dunstig)	M = 3.3
3.	a)	Fc 2^2 + Sc 5^1 W (sonnig, dunstig)	
	b)	Ac 6^2 + Sc 2^1 WSW+NW (sonnig)	
	c)	Fc 4^2 + Sc 3^1 WNW+W	M = 7.3
4.	a)	Fs 10^1 (Regen) N	
	b)	Fc 4^2 + Sc 3^1 W (sonnig)	
	c)	Cb 3^2 + Sc 4^1 WSW+W (sonnig)	M = 8.0
5.	a)	Fs 6^1 + Sc 3^1 SW (Regen)	
	b)	Cb 3^2 W (sonnig)	
	c)	Ac 4^2 W (sonnig)	M = 5.3
6.	a)	Ac 1^1 S (sonnig)	
	b)	Ac 2^1 S (sonnig)	
	c)	Ac 1^1 S (sonnig)	M = 1.3
7.	a)	Fc 3^1 S (sonnig)	
	b)	Ci filosus 1^1 SSW (sonnig)	
	c)	Ci filosus 2^1 Sw (sonnig)	M = 2.0
8.	a)	Fc 2^1 + Ci filosus 2^1 SSE+SW (sonnig)	
	b)	Ci uncin. 4^1 + Cs nebul. 2^1 W	
	c)	Cs nebul. 6^1 + Sc floccus 4^1 W	M = 6.7
9.	a)	Fs 4^2 + Sc 5^1 W+NW	
	b)	Ac 4^2 + Sc 2^1 NE+NW (sonnig)	
	c)	Ac translucidus 6^1 WNW	M = 7.0
10.	a)	Fc 9^1 N	
	b)	Ac 3^1 + Cb 3^2 SSW (sonnig)	
	c)	Ac 2^2 S (sonnig, dunstig)	M = 5.7
11.	a)	Ac 2^1 S (sonnig)	
	b)	Ac 1^1 + Sc 1^1 S (sonnig)	
	c)	Ci filosus 3^1 (sonnig, dunstig) SW	M = 2.3
12.	a)	Ac 1^2 + As translucidus 6^1 S+N	
	b)	Ci filosus 4^1 NW (sonnig, dunstig)	
	c)	Ac 2^2 + As 2^1 SW (sonnig, dunstig)	M = 5.0
13.	a)	Fc 2^1 S (sonnig)	
	b)	Ac 1^2 SSW (sonnig, dunstig)	
	c)	Ac 3^2 SW (sonnig, dunstig)	M = 2.0
14.	a)	Sc 3^1 W (sonnig, dunstig)	
	b)	Ac 2^2 + Sc floccus 6^1 NW+W (sonnig)	
	c)	Ac 3^1 W (sonnig)	M = 4.7
15.	a)	Fc 9^2 W	
	b)	Cb 2^2 + As 1^1 W (sonnig, dunstig)	
	c)	Ac 1^2 SW (sonnig, dunstig)	M = 4.3

NOVEMBER 1957

16. a) As 7^1 W (Bodennebel)
b) Ac 4^2 W (dunstig)
c) Ac 2^2 + As 1^1 W (sonnig) M = 4.7

17. a) Fc 6^2 + Ac translucidus 4^1 W
b) Cb arcus 6^2 + As 3^1 W
c) Ac 2^2 + As 4^1 W (sonnig, dunstig) M = 8.3

18. a) As translucidus 6^1 W (sonnig)
b) As 2^1 (sonnig) SW
c) Sc 6^1 (dunstig) W M = 4.7

19. a) As translucidus 7^1 WNW (sonnig)
b) As 6^0 NW (sonnig, dunstig)
c) As 3^0 NW (sonnig, dunstig) M = 5.3

20. a) Fc 3^1 W (sonnig, dunstig)
b) Ac lenticularis WNW (sonnig) 4^1
c) As transl. 4^1 + Ac 3^1 WNW M = 4.7

21. a) Ac opacus 4^2 + As transl. 2^0 W
b) Ac 4^1 W (sonnig, dunstig)
c) Ac 1^2 WSW (sonnig) M = 3.7

22. a) Fc 2^1 SE (sonnig, dunstig)
b) Cs 1^0 S (sonnig)
c) Cs 4^0 W (sonnig) M = 2.3

23. a) Cs 4^0 W (sonnig)
b) Ci filosus 2^0 W (sonnig)
c) Cs 4^0 W (sonnig, dunstig) M = 3.3

24. a) Fc 9^1 NW
b) Ac translucidus 9^1 W
c) Ac translucidus 9^1 NNW M = 9.0

25. a) Cb 2^2 + Ac 1^1 SW (sonnig)
b) Ac 3^2 W (sonnig)
c) Ac 2^1 + Cs 1^0 SW+W (sonnig) M = 3.0

26. a) Ac 1^1 + Ci 1^0 S+W (sonnig)
b) Wolkenlos (sonnig)
c) Wolkenlos (sonnig) M = 0.7

27. a) Ci filosus 1^0 SSW (sonnig, dunstig)
b) As transl. 5^1 W (sonnig, dunstig)
c) As translucidus 7^1 W (dunstig) M = 4.3

28. a) Fs 10^1 NNW
b) Fc 7^2 + As transl. 3^1 NW (Regen)
c) Fc 10^2 NW (Regen) M = 10.0

29. a) Ns 6^2 + 2^1 Sc WNW
b) Fc 10^2 NW (Regen)
c) Fs 10^2 NNW (Regen) M = 9.3

30. a) Fc 7^2 WNW (dunstig)
b) Ac 6^1 W (sonnig)
c) Ac 2^1 W (sonnig) M = 5.0

DEZEMBER 1957

Daten über die Bewölkung und sonstige Aufzeichnungen:

1.	a)	Ac translucidus 8^1 W	
	b)	Ac translucidus 8^1 W	
	c)	Fs 10^1 NW (Regen)	M = 8.7
2.	a)	Ac 3^1 SW (sonnig)	
	b)	Ac 5^1 W (sonnig)	
	c)	Ac 3^1 W (sonnig)	M = 3.7
3.	a)	Ac 1^1 + As 1^0 S (sonnig)	
	b)	Ci densus 3^0 W (sonnig)	
	c)	Ci densus 5^0 W (sonnig)	M = 3.3
4.	a)	As translucidus WNW 8^0	
	b)	As transl. 6^1 WNW (sonnig)	
	c)	As 2^1 + Sc 1^0 W (sonnig, dunstig)	M = 5.7
5.	a)	Sc 8^1 S	
	b)	Sc opacus 9^1 NW	
	c)	Sc 9^2 N	M = 8.7
6.	a)	Fc 10^2 N	
	b)	Sc 3^2 + 7^1 As opacus NNE	
	c)	Sc opacus 10^2 N (Regen)	M = 10.0
7.	a)	Fc 5^2 + Sc 5^1 NE+N (Regen)	
	b)	Fc 10^1 N (Regen)	
	c)	Fc 2^2 + Sc opacus 8^1 NW+N	M = 10.0
8.	a)	Fc 10^2 N (Regen)	
	b)	Fc 10^2 WNW (Regen)	
	c)	Ns 2^1 + Sc 4^1 W+NW	M = 8.7
9.	a)	Fc 7^2 + Cb 2^2 WNW	
	b)	Cb 3^2 + Sc transl. 6^1 NW+WNW	
	c)	Ns 2^2 + Sc opacus 8^2 NW	M = 9.3
10.	a)	Fc 10^2 N (Regen)	
	b)	Cb 6^2 W (dunstig)	
	c)	Ac 3^2 W (sonnig)	M = 6.3
11.	a)	Nebel 10^1 C	
	b)	Ac 2^1 S (sonnig)	
	c)	Ac 1^1 + Cc 1^0 SSW+S (sonnig)	M = 4.7
12.	a)	Ac opacus 9^2 W	
	b)	Ac 8^2 W	
	c)	Cb 4^2 + Sc 5^1 W	M = 8.7
13.	a)	Fs 10^2 WNW (Regen)	
	b)	Fc 10^2 NW (Regen)	
	c)	Fs 10^2 WNW (Regen)	M = 10.0
14.	a)	Fc 9^1 W	
	b)	Sc 8^1 W (dunstig)	
	c)	Fs 9^2 NW (Nieselregen)	M = 8.7
15.	a)	Fs 10^2 W (Regen)	
	b)	Fs 10^1 WNW (Nieselregen)	
	c)	Fs 10^2 W (Nieselregen)	M = 10.0

16.	a) Ac 4^1 W (sonnig) b) Ac 2^1 SW (sonnig) c) Ac transl. 1^2 + Cs 2^1 SSW+W(sonnig)	M =	3.0
17.	a) Ac 2^1 S (sonnig) b) Ac 6^1 S (dunstig) c) Ac 3^1 S	M =	3.7
18.	a) Cs 3^0 SSW (sonnig) b) Cs 1^0 W (sonnig) c) Ac 2^1 SW (sonnig)	M =	2.0
19.	a) Ac translucidus 4^1 SW b) Ac 4^2 SW (sonnig) c) Ac 2^1 SW (sonnig)	M =	3.3
20.	a) Sc 2^1 + Cs 4^0 S+W (sonnig) b) Ac 1^1 + Cs 1^0 S+W (sonnig, dunstig) c) Ci filosus 2^0 SW (sonnig)	M =	3.3
21.	a) Ac 1^1 S (sonnig) b) Cs 3^1 SW (sonnig, dunstig) c) Wolkenlos (sonnig, dunstig)	M =	1.3
22.	a) Cs 2^0 SW (sonnig) b) Cb 1^2 + Cs 1^0 SW+W (sonnig) c) Cb 2^2 W (sonnig, dunstig)	M =	2.0
23.	a) Nebel 10^1 C b) Fs 7^1 W c) Fc 9^2 NW	M =	8.8
24.	a) Fc 10^2 N b) Sc opacus 9^2 N c) Sc 9^2 N	M =	9.3
25.	a) Fs/Fc 10^1 NW b) Ac 1^1 + Cs 2^0 W (sonnig) c) Ac lenticularis 1^1 SW (sonnig)	M =	4.7
26.	a) Cc 7^1 NW (Bodennebel) b) Cb 1^2 + Sc 4^1 SW+W (sonnig) c) Fc 4^2 + Sc 2^1 W	M =	6.0
27.	a) Fc 4^2 + As opacus 6^1 WNW (Regen) b) Fc 7^2 + As 3^1 W c) Cb 4^2 W (sonnig)	M =	8.0
28.	a) Cb 7^2 W (sonnig) b) Cb 7^2 W c) Cb 6^2 W	M =	6.7
29.	a) Ns 2^1 + Cb 4^2 NW+W b) Cb 3^2 W (sonnig) c) Ac 4^2 SW	M =	4.3
30.	a) Ac 4^1 S (sonnig) b) Ac 7^1 SSW (sonnig) c) Ac 5^2 + Ci fil. 2^0 SSW+W (sonnig)	M =	6.0
31.	a) A c 1^1 S (sonnig) b) Ac 3^1 S (sonnig) c) Ac 1^1 S (sonnig)	M =	1.7

JANUAR 1958

Daten über die Bewölkung und sonstige Aufzeichnungen:

1. a) Wolkenlos (sonnig)
 b) Ac 2^1 S (sonnig)
 c) Sc 2^2 + Cc 1^1 SW+W (sonnig) M = 1.7

2. a) Fc 10^2 NW (Nieselregen)
 b) Fs 10^1 NW (Regen)
 c) Ns 3^1 + Ac 3^1 W+SW (sonnig) M = 8.7

3. a) Nebel/Fs 10^1 E
 b) Ac 5^2 WNW
 c) Ac 1^1 WNW (sonnig) M = 5.3

4. a) Fc 5^1 SW (sonnig, dunstig)
 b) Ac 6^1 W (sonnig)
 c) Sc 1^2 SW (sonnig, dunstig) M = 4.0

5. a) Ac 1^1 + Cs 2^0 SW+NW (Nebeltreiben)
 b) Cs 3^0 WNW (sonnig)
 c) Ac 1^2 + Cs 4^0 W+NW (sonnig) M = 3.7

6. a) Cs 1^0 SW (sonnig)
 b) Sc 7^1 WNW (dunstig)
 c) Sc opacus 9^2 NW M = 5.7

7. a) Ac 2^1 W (sonnig)
 b) Ac 4^2 SW (sonnig, dunstig)
 c) Ac 1^1 + Cs 1^0 S+W (sonnig) M = 2.7

8. a) Cs 2^0 W (sonnig)
 b) Cs 3^0 W (sonnig)
 c) Wolkenlos (sonnig) M = 1.7

9. a) Wolkenlos (sonnig)
 b) Ac 1^1 W (sonnig)
 c) Fc 4^2 + Ac 2^2 W (Zyklondurchzug) M = 2.3

10. a) Sc 2^1 + Ac transl. 6^1 NE+W
 b) Fs 10^2 NW (Regen)
 c) Fc 8^2 W M = 8.7

11. a) Fc 10^1 SE
 b) Sc 7^2 W (sonnig)
 c) Cb 1^2 + As 1^1 W (sonnig) M = 6,3

12. a) Wolkenlos (sonnig)
 b) Ac 1^1 + Cs 1^0 SW+W (sonnig)
 c) Wolkenlos (sonnig) M = 0.7

13. a) Sc 1^1 S (sonnig)
 b) Ac 1^1 + Cs 1^0 W+SW (sonnig)
 c) Sc 2^2 + Ac transl. 2^1 W (sonnig) M = 2.3

14. a) Ac translucidus 8^1 W
 b) Cb 3^2 + Sc 4^1 SW+S (dunstig)
 c) Fc 3^2 + Ac lenticul. 1^1 SSW+W M = 6.3

15. a) Sc translucidus 9^1 SSW
 b) Sc 4^2 W (dunstig)
 c) Ac 2^1 SW (sonnig) M = 5.0

JANUAR 1958

16. a) Ac 2^1 S (sonnig)
b) Ac 3^1 + Cc 1^1 W (sonnig)
c) Fc 2^2 + Cc 2^1 SW+W M = 3.3

17. a) Fc 10^2 NW (Nieselregen)
b) Fc 9^2 W (Regen)
c) Ac 6^2 WSW M = 8.3

18. a) Ac 1^1 S (sonnig, dunstig)
b) Ac 4^1 SSW (sonnig)
c) Ac 1^1 S (sonnig) M = 2.0

19. a) Ac 1^1 S (sonnig)
b) Wolkenlos (sonnig)
c) Wolkenlos (sonnig) M = 0,3

20. a) Sc 1^2 S (sonnig)
b) Wolkenlos (sonnig)
c) Wolkenlos (sonnig) M = 0.3

21. a) Sc 1^1 S (sonnig)
b) Wolkenlos (sonnig)
c) Wolkenlos (sonnig) M = 0.3

22. a) Wolkenlos (sonnig)
b) Wolkenlos (sonnig)
c) Wolkenlos (sonnig, dunstig) M = 0.0

23. a) Ac 1^1 S (sonnig)
b) Ac 1^2 + Cs 1^0 W+NW (sonnig, dunstig)
c) Sc 2^2 + Cs 4^0 W+NW (sonnig, dunstig) M = 3.0

24. a) Sc opacus 9^1 W
b) Sc 4^2 + Cs 4^0 W+NW
c) Sc opacus 9^1 W M = 8.7

25. a) Fc 3^1 + Sc transl. 6^1 SSW+W
b) Sc 4^2 W (sonnig)
c) Ac 1^2 SW (sonnig) M = 4.7

26. a) Cs 1^0 W (sonnig)
b) Wolkenlos (sonnig)
c) Cs 2^0 W (sonnig) M = 1.0

27. a) Cs 1^0 SW (sonnig)
b) Cs 3^0 W (sonnig)
c) Cs 4^0 W (sonnig) M = 2.7

28. a) Cs 5^0 WNW (sonnig, dunstig)
b) Cs 5^2 + Ac 2^1 W+WNW (sonnig)
c) Ac transl. 6^0 WNW (sonnig, dunstig) M = 6.0

29. a) Ac 1^1 S (sonnig, dunstig)
b) Ac 2^1 + Ci fil. 1^0 SW+S (sonnig)
c) Sc 1^2 + Cs 3^1 W+SW (sonnig, dunstig) M = 2.7

30. a) Ac translucidus 9^1 N
b) Fc 6^2 + Sc 4^1 NNW (dunstig)
c) Fc 10^1 WSW (Nieselregen) M = 9.7

31. a) Nebel 6^1 NW
b) Ac 5^1 SSW (sonnig)
c) As 1^0 + Ac 3^1 W+S M = 5.0

FEBRUAR 1958

Daten über die Bewölkung und sonstige Aufzeichnungen:

1. a) Ac 1^1 S (sonnig)
b) Sc 3^2 + Cs 3^0 S+W (sonnig, dunstig)
c) Sc 3^2 + As transl. 3^1 SSW+WNW (dunstig) M = 4.3

2. a) Sc 2^1 + Cs 2^0 S+W (sonnig)
b) Ac 1^1 + Cs 1^0 S+W (sonnig)
c) Cs 1^0 W (sonnig) M = 2.3

3. a) Sc 1^2 + Cc 3^1 S+NW (sonnig)
b) Cc 2^1 W (sonnig)
c) Cb 1^2 SW (sonnig) M = 2.3

4. a) Wolkenlos (sonnig, dunstig)
b) Cs 1^0 + Ac 1^2 WNW+NE (sonnig)
c) Cs 4^0 NNW (sonnig, dunstig) M = 2.0

5. a) Nebel 10^1 NE
b) Cb 2^2 + Ac floccus 1^1 W+NW (sonnig)
c) Sc 3^2 S (sonnig, dunstig) M = 5.3

6. a) Sc 2^1 S (sonnig)
b) Ac 1^1 S (sonnig, dunstig)
c) Wolkenlos (sonnig) M = 1.0

7. a) Ac 1^1 S (sonnig, dunstig)
b) Ac 2^1 S (sonnig, dunstig)
c) Ac 1^1 S (sonnig) M = 1.3

8. a) Sc 1^1 S (sonnig, dunstig)
b) Ac 3^1 S (sonnig)
c) Ac 3^1 S (sonnig, dunstig) M = 2.3

9. a) Sc 2^1 S (sonnig, dunstig)
b) Ac 1^1 S (sonnig)
c) Wolkenlos (sonnig) M = 1.0

10. a) Wolkenlos (sonnig, dunstig)
b) Cb 2^1 SW (sonnig, dunstig)
c) Sc 2^2 + Cs fil. 4^1 W (sonnig, dunstig) M = 2.7

11. a) Nebel 9^1 C
b) Sc/Cb 8^1 WSW (dunstig)
c) Sc 1^2 + Ci nothus 1^1 W (sonnig) M = 6.3

12. a) Cs 6^0 NW (dunstig)
b) As nebulosus 9^1 W (dunstig)
c) As translucidus 9^1 WNW (dunstig) M = 8.0

13. a) Sc 9^1 W
b) Fc 10^2 W
c) Sc 1^2 + Ac transl. 7^1 W M = 9.0

14. a) Nebel 10^1 C
b) Sc 5^0 SW (sonnig)
c) Sc 6^1 W (sonnig) M = 7.0

15. a) Fs 1^2 + Sc 6^1 W
b) Sc 8^2 SW
c) Ac 5^2 SW (sonnig) M = 6.7

16. a) Ac 2^1 SW (sonnig)
b) Ac 3^1 + Cs 1^0 S+SW (sonnig)
c) Ac 1^2 + Cs 1^1 SSW+W (sonnig) M = 2.7

17. a) As transl. 9^1 SW (dunstig)
b) Sc 3^1 + Cs 1^0 W+NW (sonnig)
c) Fs 1^1 + Cb 2^2 W (sonnig) M = 5.3

18. a) Fs 10^1 NW (Regen)
b) Sc 5^2 W
c) Sc 2^2 + Cs 1^1 SW+W (dunstig) M = 6.0

19. a) Fc 4^2 + Cc 2^1 W
b) Fc 6^2 + Ac 3^1 SW+W (sonnig, Fernsicht)
c) Cb 1^2 SW (sonnig) M = 5.3

20. a) Nebel 9^1 NE
b) Ac 2^2 + Cs 2^1 SW+NW (sonnig)
c) Ac 2^1 S (sonnig) M = 5.0

21. a) Sc opacus 10^1 NW
b) Sc 6^1 SW (sonnig)
c) Ac 2^1 SW (sonnig) M = 6.0

22. a) Nebel 10^1 C
b) Sc 7^2 SW
c) Ac 1^1 + Cs 1^0 S+WNW (sonnig) M = 6.3

23. a) Sc 2^1 S (sonnig)
b) Cs 3^0 NW (sonnig)
c) Sc floccus 6^1 W (dunstig) M = 3.7

24. a) Sc 4^1 S (sonnig)
b) Ac 2^1 S (sonnig)
c) Ac 1^1 + Cs 4^0 SW+W (sonnig) M = 3.7

25. a) Cs 6^1 SW (sonnig)
b) Ac 2^1 + Cs 3^0 SW+W (sonnig)
c) Cs 5^1 W (sonnig) M = 5.3

26. a) Nebel 4^1 S
b) Ac 2^1 + Cs 3^0 S+W (sonnig)
c) Ac 2^1 + Cs 4^1 S+W (sonnig, dunstig) M = 5.0

27. a) Sc 7^2 SSE (sonnig)
b) Wolkenlos (sonnig)
c) Wolkenlos (sonnig) M = 2.3

28. a) Wolkenlos (sonnig)
b) Cs 3^0 SW (sonnig)
c) Cs 7^1 W (dunstig) M = 3.3

MÄRZ 1958

Daten über die Bewölkung und sonstige Aufzeichnungen:

1. a) As 3^1 W (sonnig)
b) Sc opacus 9^2 WNW
c) Sc 6^2 W M = 6,0

2. a) Nebel 6^1 C
b) Cs 3^0 SW (sonnig)
c) Ci filosus 3^0 W (sonnig) M = 4,0

3. a) Wolkenlos (sonnig)
b) Ci incus 1^1 S (sonnig)
c) Ci filosus 1^0 SW (sonnig, dunstig) M = 0,7

4. a) Cs 2^1 SW (sonnig)
b) Cs 2^0 SW (sonnig)
c) Wolkenlos (sonnig, dunstig) M = 1,3

5. a) Sc 1^1 S (sonnig)
b) Sc 1^1 S (sonnig)
c) Wolkenlos (sonnig) M = 0,7

6. a) Ci filosus 2^0 WNW (sonnig, dunstig)
b) Cs 3^1 NW (sonnig, dunstig)
c) Cs 2^1 NW (stark dunstig) M = 2,3

7. a) Wolkenlos (sonnig, dunstig)
b) Wolkenlos (sonnig, dunstig)
c) Fs 1^2 W (stark dunstig) M = 0,3

8. a) Fs 10^2 W
b) Ns 9^1 NW (Nieselregen)
c) Ns 10^2 W M = 9,7

9. a) Sc 2^2 + Ac transl. 4^1 S+NW
b) Cs 4^0 NW (sonnig)
c) Cs 6^1 NW (dunstig) M = 5,3

10. a) Sc 1^1 + Ac transl. 7^1 S+NW
b) Cs 4^1 NNW (sonnig)
c) As 6^1 NW (stark dunstig) M = 6,0

11. a) Wolkenlos (sonnig)
b) As 1^1 W (sonnig, dunstig)
c) As 1^1 W (stark dunstig) M = 0,7

12. a) Cs 3^1 W (stark dunstig)
b) Cs 5^1 WNW (sonnig, dunstig)
c) Cs 4^1 W (stark dunstig) M = 4,0

13. a) Nebel 9^1 C
b) As 5^1 NW (sonnig, dunstig)
c) As 5^1 W (stark dunstig) M = 6,3

14. a) Ci filosus 3^0 SW (Bodennebel)
b) Wolkenlos (sonnig, dunstig)
c) Wolkenlos (stark dunstig) M = 1,0

15. a) Fs 10^1 NW
b) As 2^1 + Ac 4^1 W+WNW (sonnig, dunstig)
c) Fs 1^2 + Sc 7^1 W+WNW (dunstig) M = 8,0

MÄRZ 1958

16. a) Sc opacus 10^1 W
b) Ac 5^2 S
c) Sc 3^1 + Cs 4^0 S+W M = 7,3

17. a) Ac 1^1 S (sonnig, dunstig)
b) Wolkenlos (sonnig)
c) Cs 1^0 W M = 0,7

18. a) Wolkenlos (sonnig)
b) Wolkenlos (sonnig)
c) Wolkenlos (sonnig) M = 0,0

19. a) Cs 2^0 NW (Bodennebel)
b) Ac 1^1 + Cs 5^1 S+NW (sonnig, dunstig)
c) Fs 2^2 + As translucidus 8^1 W+SW M = 6,0

20. a) Fs 10^1 NNW
b) Fc 2^2 + Ac 4^1 W (sonnig)
c) Sc 9^1 WNW M = 8,3

21. a) Sc 1^2 SW (Bodennebel)
b) Ac 4^1 S (sonnig)
c) Wolkenlos M = 1,7

22. a) Wolkenlos
b) Wolkenlos (sonnig)
c) Cs 2^1 NW (stark dunstig) M = 0,7

23. a) Wolkenlos (dunstig)
b) Cs 2^1 WNW (sonnig, dunstig)
c) Cs 3^1 W (dunstig) M = 1,7

24. a) Nebel 10^1 E
b) Sc 5^1 W (sonnig)
c) Sc 10^1 NNW (dunstig) M = 8,3

25. a) Sc 9^1 NNW (regnerisch)
b) Sc 9^1 N (sonnig)
c) Sc 10^1 NNW M = 9,3

26. a) Nebel 4^1 + Sc 4^2 SE+N
b) Cb 2^2 + Sc 4^1 N
c) Sc 7^2 N M = 7,0

27. a) Sc 4^2 + Cs 3^0 N+WNW (Bodennebel)
b) Cb 6^2 + Sc 3^1 N
c) Fs 1^2 + Sc 8^1 SW+N M = 8,3

28. a) Nebel 6^1 + Sc 2^1 C+NW
b) Cb 4^2 N (sonnig)
c) Sc 2^1 + Cs uncinus 3^0 NNW+SW M = 5,7

29. a) Fc 10^2 WNW
b) Ac 5^1 SW (sonnig)
c) Sc 2^1 + Cs 2^0 SW+SSW M = 6,3

30. a) Fs/Nebel 4^1 + Sc 3^2 S+SSW
b) Sc 6^2 SW
c) Sc 7^2 WSW M = 6,7

31. a) Sc opacus 10^2 SW
b) Sc opacus 10^2 W
c) Sc 7^2 + Cs 1^1 SW M = 9,3

APRIL 1958

Daten über die Bewölkung und sonstige Aufzeichnungen:

Tag		Bewölkung	Mittel
1.	a)	Sc 6^1 S	
	b)	Wolkenlos (sonnig)	
	c)	Cs 1^1 W	M = 2,3
2.	a)	Cs 1^0 + Sc 2^1 NW+S (Bodennebel)	
	b)	Ac 2^2 + As 5^1 S+W (sonnig)	
	c)	Fc 3^2 + Sc 7^2 W+SW (Nieselregen)	M = 6,7
3.	a)	Ns 10^2 W (Nieselregen)	
	b)	Sc 4^1 + Cb 2^2 WNW+W (sonnig)	
	c)	Cb 2^2 + Cs 1^0 W+NW	M = 6,3
4.	a)	Nebel 10^1 C	
	b)	Ac 6^1 S (sonnig)	
	c)	Ac 2^1 + As 2^0 S+W	M = 6,7
5.	a)	Sc 1^1 S	
	b)	Cs 3^1 WSW (sonnig)	
	c)	As opacus 10^1 W	M = 4,7
6.	a)	Sc 7^1 W	
	b)	Sc 4^2 + Cb 2^2 W+SW (sonnig)	
	c)	Ac 3^1 S	M = 5,3
7.	a)	Ac 1^1 S	
	b)	Ac 4^1 S (sonnig)	
	c)	Ac 1^1 SSE	M = 2,0
8.	a)	Ac 4^1 SW (Bodennebel)	
	b)	As 8^1 NW	
	c)	Sc floccus 10^1 N	M = 7,3
9.	a)	Fs 10^2 N (Regen)	
	b)	Fs 10^2 NNE (Nieselregen)	
	c)	Ns 10^2 W (Regen)	M = 10,0
10.	a)	Ns 10^2 N (Regen)	
	b)	Fs 10^2 N (Regen)	
	c)	Fc 2^1 + Sc 6^2 S+W	M = 9,3
11.	a)	Nebel 10^1 C	
	b)	Sc 2^1 + Cb 4^2 SW+WSW (sonnig)	
	c)	Sc 1^1 S	M = 5,7
12.	a)	Nebel 7^1 C	
	b)	Ac 1^1 S (sonnig)	
	c)	Ac 1^1 S	M = 3,0
13.	a)	Ac 1^1 S	
	b)	Ac 1^1 S (sonnig)	
	c)	Wolkenlos	M = 0,7
14.	a)	Sc 7^2 + Cc 1^0 SSE+W	
	b)	Sc 1^2 + Cs 6^1 S+NW (sonnig)	
	c)	Cs 4^1 WNW	M = 6.3
15.	a)	Nebel 10^1 SE	
	b)	Ac 2^1 S (sonnig)	
	c)	Sc opacus 9^2 S	M = 7,0

APRIL 1958

16.	a) Sc 3^2 + Ci filosus 2^1 SSE+S b) Ci filosus 1^1 S (sonnig) c) Ci filosus 1^0 S	M = 2,3
17.	a) Nebel 10^1 C b) Fc 7^1 N (sonnig, dunstig) c) Sc 8^1 NNW (dunstig)	M = 8,3
18.	a) Sc opacus 10^1 NNW (Regen) b) Fs 10^1 N (Regen) c) Ns 4^2 + Sc opacus 5^2 WSW+NW	M = 9,7
19.	a) Nebel 10^1 C (Nieselregen) b) Fc 8^2 SW c) Ac 1^1 SSW	M = 6,3
20.	a) Sc 2^1 + Ac 1^1 S+SSW b) Sc 1^1 + Ac transl. 5^1 S+WNW (sonnig) c) Ac opacus 10^1 NW	M = 6,3
21.	a) Fs 10^1 NW (Nieselregen) b) Fc 8^2 W (diesig) c) Sc 3^2 SW	M = 7,0
22.	a) Nebel 10^1 N b) Fc 4^1 + As 3^1 NE+NW (diesig) c) Ac transl. 6^1 + Fs 1^2 W+SW	M = 8,0
23.	a) Fc 6^2 + Ac 3^1 W b) Fc 7^2 + Cc 1^1 N+W (sonnig) c) Cb 4^2 + Cc 1^1 W	M = 7,3
24.	a) Fs 10^1 C (diesig) b) Sc 9^2 WNW c) Sc 9^2 WNW (Regen)	M = 9,3
25.	a) Fc 9^2 NNW b) Sc 10^2 NW c) Fc 10^2 NNW (Regen)	M = 9,7
26.	a) Sc 9^1 W (Regen) b) Fc 3^2 + As transl. 6^1 NW+W c) Sc 7^1 W	M = 8,3
27.	a) Cb 7^2 WNW b) Fc 4^2 + Cb 4^2 W+WNW c) Fc 7^2 W	M = 7,3
28.	a) Nebel 10^1 SE b) Cs 5^0 NW (sonnig) c) Ac 2^1 + As 3^0 N+W	M = 6,7
29.	a) As opacus 10^1 NW b) Fs 10^1 C (Regen) c) Fs 10^2 C (Nieselregen)	M = 10,0
30.	a) Sc 8^1 + Cs 1^0 SSE+NW b) Sc 9^1 SSW c) Sc 2^2 + Cs 4^0 S+NW	M = 8,0

MAI 1957

NIEDERSCHLAGSVERTEILUNG IM TAGESLAUF

Tag:	0- 1	1- 2	2- 3	3- 4	4- 5	5- 6	6- 7	7- 8	8- 9	9-10	10-11	11-12
1	.	.	.	.	.	.	.	.	.	.	.	.
2	.	.	.	.	.	.	.	.	.	.	.	.
3	.	.	.	.	.	.	.	.	0,1	.	.	.
4	.	0,1	.	.	0,1	0,1	.	.	0,1	.	.	.
5	.	.	.	.	.	.	.	.	.	.	.	.
6	.	.	.	.	0,1	.	.	.	0,1	.	.	.
7	0,8	1,0	0,8	0,7	0,3	0,2	0,1	.	.	1,1	0,3	.
8	.	.	.	.	0,1	0,1	.	.	0,1	.	.	.
9	5,2	6,0	5,5	5,0	8,6	2,2	2,2	1,8	2,7	1,8	2,1	0,8
10	.	.	.	.	.	.	.	.	.	.	.	.
S	6,0	7,1	6,3	5,7	9,2	2,6	2,3	1,8	3,1	2,9	2,4	0,8
11	0,1	0,2	0,3	0,6	0,5	0,4	0,8	0,5	0,4	0,3	0,4	0,4
12	.	.	.	.	.	.	0,1	.	.	.	.	.
13	1,8	4,7	5,2	2,5	2,0	1,8	1,0	1,0	9,5	8,8	1,8	3,0
14	3,8	5,5	1,8	6,5	3,4	7,9	12,4	6,0	3,6	4,8	5,1	4,5
15	1,6	0,4	0,8	0,2	1,6	3,3	3,0	18,0	7,2	4,3	0,2	.
16	.	1,3	4,5	.	.	.	.	.	0,1	1,3	0,2	.
17	0,1	.	.	.	.	.	3,4	0,1	.	.	0,4	1,3
18	.	.	.	.	0,1	0,3	0,9	0,9	1,2	0,8	1,4	1,5
19	1,0	0,2	1,3	1,5	0,4	0,1	1,0	0,6	1,2	1,1	2,3	.
20	0,1	.	1,0	2,9	1,9	1,1	0,4	0,2	0,5	0,3	0,2	.
S	8,5	12,3	14,9	14,2	9,9	14,9	23,0	27,3	23,7	21,7	12,0	10,7
21	0,1	.	0,1	0,1	0,1	0,1	0,1	0,6	.	.	0,9	0,1
22	0,1	0,9	2,0	0,2	0,8	1,3	0,7	0,1	.	.	.	0,2
23	.	.	.	.	.	.	.	.	.	.	.	.
24	.	.	.	.	.	.	.	.	0,1	.	.	.
25	3,0	2,0	0,8	.	.	0,1	0,1	0,2	0,3	0,5	2,1	1,0
26	0,2	.	.	.	.	0,2	0,5	1,1	1,2	1,1	0,1	0,1
27	1,1	1,8	0,5	2,4	2,7	3,0	3,0	0,9	0,6	0,1	0,1	.
28	.	.	.	.	.	.	.	.	.	.	.	.
29	.	.	.	.	0,1	.	.	.	.	.	.	.
30	.	.	0,6	0,9	0,1	.	.	.	.	.	.	.
31	.	.	.	.	.	0,1	0,1	0,1	.	.	.	.
S	4,5	4,7	4,0	3,6	3,8	4,8	4,5	3,0	2,2	1,7	3,2	1,4
Total:	19,0	24,1	25,2	23,5	22,9	22,3	29,8	32,1	29,0	26,3	17,6	12,9

MAI 1957

NIEDERSCHLAGSVERTEILUNG IM TAGESLAUF

12-13	13-14	14-15	15-16	16-17	17-18	18-19	19-20	20-21	21-22	22-23	23-24	Summe	Tag:
.	.	.	.	.	.	.	.	.	.	.	.	.	1
.	.	.	.	.	.	.	.	.	.	.	.	.	2
.	.	.	.	.	.	.	.	.	.	.	.	0,1	3
.	.	.	.	.	.	.	.	.	.	.	.	0,4	4
.	.	.	.	.	.	.	.	.	.	.	.	.	5
.	.	.	.	.	0,2	0,3	0,7	0,1	0,1	0,1	0,3	2,0	6
.	.	.	.	.	.	.	.	.	.	.	.	5,3	7
.	.	.	.	.	.	.	2,9	1,7	1,6	2,0	5,0	13,5	8
0,7	0,3	0,1	0,1	.	.	.	.	.	.	.	.	45,1	9
.	.	.	.	.	0,1	.	0,1	.	0,2	.	.	0,4	10
0,7	0,3	0,1	0,1	.	0,3	0,3	3,7	1,8	1,9	2,1	5,3	66,8	S
0,5	0,1	.	0,1	1,0	5,6	5,7	1,0	0,5	1,3	0,2	0,5	21,4	11
.	.	.	.	.	.	.	.	1,0	3,2	0,8	1,7	6,8	12
0,4	0,2	1,0	0,9	1,3	4,3	1,8	1,3	0,9	0,4	0,4	1,2	57,2	13
1,1	.	1,2	5,0	2,4	2,5	2,3	0,8	2,5	5,5	6,2	3,0	97,8	14
.	.	.	2,9	.	.	.	.	.	.	.	.	43,5	15
0,6	.	.	.	.	1,3	.	.	0,3	0,2	.	.	9,8	16
3,3	0,2	.	.	.	.	.	.	.	.	.	.	8,8	17
0,1	0,8	0,1	0,1	.	0,1	0,6	0,1	0,2	0,7	1,2	0,6	11,7	18
0,1	0,1	0,2	0,2	1,2	2,3	0,3	0,1	.	0,6	2,1	0,2	18,1	19
.	1,1	0,7	0,7	.	.	.	0,5	0,1	.	0,1	0,4	12,2	20
6,1	2,5	3,2	9,9	5,9	16,1	10,7	3,8	5,5	11,9	11,0	7,6	287,3	S
.	.	.	0,1	0,2	0,2	.	.	.	.	0,8	3,5	7,0	21
.	3,3	1,6	1,5	.	2,8	2,1	1,5	.	1,2	0,4	.	20,7	22
.	.	0,1	.	.	0,1	.	.	.	.	.	.	0,2	23
.	.	.	.	.	.	.	.	.	.	.	1,5	1,6	24
4,0	2,8	1,8	1,4	1,0	2,7	0,6	1,2	0,1	0,2	0,3	0,4	26,6	25
.	0,1	.	.	.	.	0,7	0,6	0,1	.	.	0,2	6,2	26
.	0,1	.	.	.	.	.	.	.	.	.	.	16,3	27
.	.	.	.	.	.	.	.	.	.	.	.	.	28
.	.	1,4	2,2	1,6	1,8	0,6	0,6	1,2	3,6	4,0	.	17,1	29
.	.	.	.	.	.	0,2	.	.	.	.	.	1,8	30
.	.	.	.	.	.	.	.	.	.	.	.	0,3	31
4,0	6,3	4,9	5,2	2,8	7,6	4,2	3,9	1,4	5,0	5,5	5,6	97,8	S
10,8	9,1	8,2	15,2	8,7	24,0	15,2	11,4	8,7	18,8	18,6	18,5	451,9	Total

JUNI 1957

NIEDERSCHLAGSVERTEILUNG IM TAGESLAUF

Tag:	0- 1	1- 2	2- 3	3- 4	4- 5	5- 6	6- 7	7- 8	8- 9	9-10	10-11	11-12
1	.	.	.	.	.	.	.	.	.	.	.	.
2	.	.	.	.	.	.	.	.	.	.	.	.
3	2,3	2,2	3,8	4,8	2,1	6,8	5,8	2,3	0,5	.	0,1	.
4	0,2	1,0	0,3	0,1	.	0,1	.	0,6	0,4	2,0	3,0	3,3
5	0,2	1,3	.	1,4	0,2	.	0,9	3,0	2,1	0,7	0,1	0,6
6	.	.	.	0,1	0,1	.	0,1	.	0,1	.	.	0,1
7	.	0,1	.	.	.	.	0,2	0,3	0,4	1,6	1,1	2,4
8	1,8	3,6	3,6	2,5	4,2	1,2	0,8	0,6	0,3	1,3	0,3	1,6
9	.	.	.	.	.	.	.	.	.	.	.	.
10	3,5	2,0	1,8	2,0	0,4	0,4	0,6	0,3	0,5	0,5	0,2	.
S	8,0	10,2	9,5	10,9	7,0	8,5	8,4	7,1	4,3	6,1	4,8	8,0
11	.	.	0,1	0,1	.	.	0,1	.	0,3	1,1	.	.
12	.	.	0,3	0,1	0,1	0,1	.	0,6	1,5	1,0	.	.
13	.	.	.	.	.	.	.	.	.	.	.	.
14	.	.	.	.	.	.	.	.	.	.	.	.
15	.	1,3	0,5	0,9	.	.	.	.	.	.	.	.
16	.	.	.	.	.	0,1	.	.	.	.	.	.
17	.	.	.	.	.	0,1	.	.	0,1	.	.	.
18	.	.	.	.	.	.	0,1	.	.	.	.	.
19	.	.	.	.	.	.	.	.	.	.	.	.
20	.	.	.	.	.	.	.	.	.	.	.	.
S	.	1,3	0,9	1,1	0,1	0,3	0,2	0,6	1,9	2,1	.	.
21	.	.	.	.	.	.	.	.	.	.	.	.
22	.	.	.	.	.	.	.	.	.	.	.	.
23	0,2	0,4	0,4	0,2	0,3	0,3	0,2	0,1	.	.	.	.
24	.	.	.	.	.	.	.	.	.	.	.	.
25	.	.	.	.	.	.	0,1	.	.	.	.	.
26	.	.	.	.	.	.	0,1	.	.	.	.	.
27	.	.	.	.	.	.	.	0,1	.	0,1	0,1	.
28	.	.	.	0,1	.	0,1	0,1	.	0,1	.	.	.
29	.	.	.	.	.	.	.	.	.	.	.	.
30	.	.	.	.	.	.	.	.	.	.	.	.
S	0,2	0,4	0,4	0,3	0,3	0,4	0,5	0,2	0,1	0,1	0,1	.
Total:	8,2	11,9	10,8	12,3	7,4	9,2	9,1	7,9	6,3	8,3	4,9	8,0

NIEDERSCHLAGSVERTEILUNG IM TAGESLAUF

12-13	13-14	14-15	15-16	16-17	17-18	18-19	19-20	20-21	21-22	22-23	23-24	Summe	Tag:
.	.	.	.	.	.	.	.	.	.	.	.	.	1
.	.	.	0,1	.	.	.	.	0,3	0,1	.	0,4	0,9	2
0,1	0,1	0,1	0,5	0,5	0,6	0,1	.	.	.	.	.	32,7	3
3,1	0,4	3,0	2,3	4,5	4,8	1,2	2,2	.	.	.	.	32,5	4
.	0,2	.	3,2	0,6	.	.	2,0	.	.	.	.	16,5	5
.	.	.	.	.	.	.	.	.	.	.	.	0,5	6
3,1	2,4	3,6	3,0	1,1	2,4	3,3	2,8	3,0	2,0	2,0	0,8	35,6	7
0,1	0,1	.	.	.	.	.	.	.	.	.	.	22,0	8
0,9	.	.	0,3	1,5	1,5	1,8	2,4	2,6	0,4	0,4	4,2	16,0	9
0,2	1,1	1,9	3,0	2,7	1,8	1,4	0,3	.	0,7	.	.	25,3	10
7,5	4,3	8,6	12,4	10,9	11,1	7,8	9,7	5,9	3,2	2,4	5,4	182,0	S
0,4	.	.	2,1	8,4	4,3	2,1	1,8	1,1	1,9	0,2	0,1	24,1	11
.	.	.	.	.	0,1	.	.	.	0,1	0,1	.	4,0	12
.	.	.	.	.	.	.	.	.	.	.	.	.	13
.	.	.	.	.	.	.	.	.	.	.	.	.	14
.	.	0,1	0,1	0,1	.	0,1	.	.	.	.	.	3,1	15
.	.	.	.	.	.	.	.	.	.	.	.	0,1	16
0,1	.	0,1	.	.	.	.	.	.	.	0,1	.	0,5	17
.	.	.	.	.	.	.	.	.	.	.	.	0,1	18
.	.	.	.	.	.	.	.	.	.	.	.	.	19
.	.	.	.	.	.	.	.	.	.	.	.	.	20
0,5	.	0,2	2,2	8,5	4,4	2,2	1,8	1,1	2,0	0,4	0,1	31,9	S
.	.	.	.	.	.	.	.	.	.	.	.	.	21
.	.	.	.	.	.	.	.	.	0,2	0,4	0,5	1,1	22
0,6	0,6	0,2	0,1	0,1	.	2,1	3,0	1,8	3,9	.	.	14,5	23
.	.	.	.	.	.	.	.	.	.	.	.	.	24
.	0,3	.	.	.	.	.	.	.	.	.	.	0,4	25
.	.	.	.	.	.	.	.	.	.	.	.	0,1	26
.	.	.	0,3	1,2	0,3	.	.	.	.	.	.	2,1	27
.	.	.	.	.	.	.	.	.	.	.	.	0,4	28
.	.	.	.	.	.	.	.	.	.	.	.	.	29
.	.	.	.	.	.	.	.	.	.	.	.	.	30
0,6	0,9	0,2	0,4	1,3	0,3	2,1	3,0	1,8	4,1	0,4	0,5	18,6	S
8,6	5,2	9,0	15,0	20,7	15,8	12,1	14,5	8,8	9,3	3,2	6,0	232,5	Total

JULI 1957

NIEDERSCHLAGSVERTEILUNG IM TAGESLAUF

Tag:	0- 1	1- 2	2- 3	3- 4	4- 5	5- 6	6- 7	7- 8	8- 9	9-10	10-11	11-12
1	.	.	.	.	.	0,1	.	.	.	.	.	.
2	5,0	4,1	4,0	3,4	7,2	5,2	1,0	0,6	1,1	1,0	1,1	1,3
3	.	.	.	0,1	.	0,1	.	0,1	.	.	.	.
4	0,1	.	.	.	.	0,1	.	.	.	.	.	.
5	0,2	0,5	1,1	2,0	0,2	0,1	0,1	.	3,4	.	.	.
6	0,1	0,4	0,8	0,7	0,8	1,7	0,3	0,6	0,7	.	3,6	.
7	2,0	4,7	7,2	6,5	10,3	10,4	3,8	0,9	.	0,1	.	.
8	3,4	2,2	0,3	0,8	0,6	.	0,9	1,3	.	0,3	0,6	0,3
9	.	.	0,8	0,5	0,2	.	0,1	1,2	1,1	0,7	1,9	0,7
10	0,2	0,5	0,7	0,3	0,8	1,1	0,5	0,5	.	.	.	0,1
S	11,0	12,4	14,9	14,3	20,1	18,8	6,7	5,2	6,3	2,1	7,2	2,4
11	7,8	1,3	1,0	0,6	0,3	0,1	0,2	.	0,3	0,3	0,1	.
12	.	.	.	.	.	.	.	.	.	.	.	.
13	.	.	.	.	.	0,1	.	.	.	.	.	.
14	.	.	.	.	.	0,1	.	.	.	.	.	.
15	0,3	.	.	0,4	5,0	2,7	4,6	0,6	0,5	0,2	1,4	0,0
16	0,2	0,1	.	0,1	.	.	0,1	0,1	.	.	.	.
17	.	.	.	.	.	.	.	.	.	.	.	.
18	.	.	.	.	.	.	.	.	.	.	.	.
19	.	.	.	.	.	.	0,1	.	.	.	.	.
20	.	.	.	.	.	.	.	.	.	.	.	.
S	8,3	1,4	1,0	1,1	5,3	3,0	5,0	0,7	0,8	0,5	1,5	0,0
21	.	.	.	.	.	.	.	.	.	.	.	.
22	.	.	.	.	.	0,1	.	.	.	.	.	.
23	.	.	.	.	0,2	0,1	0,1	0,2	0,2	.	.	.
24	3,7	2,4	2,4	2,3	1,7	1,2	1,0	1,4	2,7	1,8	1,2	1,2
25	1,2	0,4	2,0	5,5	5,4	6,1	2,0	0,9	2,6	6,0	.	.
26	.	.	.	.	.	.	.	.	.	.	.	.
27	.	.	.	.	.	.	.	.	.	.	.	.
28	.	.	.	.	.	.	.	.	0,2	.	.	.
29	.	.	.	.	.	.	.	.	.	.	.	.
30	.	.	.	.	.	0,1	.	.	.	.	.	.
31	.	.	.	.	0,1	.	.	.	.	.	.	.
S	4,9	2,8	4,4	7,8	7,4	7,6	3,1	2,5	5,7	7,8	1,2	1,2
Total:	24,2	16,6	20,3	23,2	32,8	29,4	14,8	8,4	12,8	10,4	9,9	3,6

JULI 1957

NIEDERSCHLAGSVERTEILUNG IM TAGESLAUF

12-13	13-14	14-15	15-16	16-17	17-18	18-19	19-20	20-21	21-22	22-23	23-24	Summe	Tag:
.	.	.	.	.	0,7	1,7	3,2	3,1	0,6	0,9	7,0	17,3	1
0,3	0,8	1,0	0,7	0,4	0,2	0,1	.	.	.	.	.	38,5	2
.	.	.	.	.	.	.	.	.	.	.	.	0,3	3
.	.	5,2	5,8	2,0	1,2	2,5	1,4	1,2	0,4	0,1	0,3	20,3	4
.	2,4	4,1	4,1	1,1	4,7	4,0	6,0	6,7	1,7	0,9	0,2	43,5	5
.	.	.	0,5	.	.	.	1,3	0,2	0,3	0,5	1,3	13,8	6
.	0,3	1,2	.	4,2	2,1	.	0,8	.	.	0,3	0,7	55,5	7
0,6	0,3	.	.	.	.	.	.	.	.	.	.	11,6	8
1,1	2,7	1,0	0,1	0,3	1,3	10,4	6,0	1,1	0,3	.	0,5	32,0	9
0,1	.	.	0,1	0,6	0,8	3,8	1,2	1,6	1,1	0,8	2,6	17,4	10
2,1	6,5	12,5	11,3	8,6	11,0	22,5	19,9	13,9	4,4	3,5	12,6	250,2	S
.	.	.	.	.	.	.	0,5	0,9	0,4	.	0,3	14,1	11
.	.	.	.	.	.	.	.	.	.	.	.	.	12
.	.	.	.	.	.	.	.	.	.	.	.	0,1	13
.	.	.	.	.	.	0,2	1,0	0,5	0,3	0,8	0,7	3,6	14
0,4	2,1	4,1	5,0	0,7	0,8	0,7	.	.	0,4	0,1	0,1	30,1	15
.	.	.	.	.	.	.	.	.	.	.	.	0,6	16
.	.	.	.	.	.	.	.	.	.	.	.	.	17
.	.	.	.	.	.	.	.	.	.	.	.	.	18
.	.	.	.	.	.	.	.	.	.	.	.	0,1	19
.	.	.	.	.	.	.	.	.	.	.	.	.	20
0,4	2,1	4,1	5,0	0,7	0,8	0,9	1,5	1,4	1,1	0,9	1,1	48,6	S
.	.	.	.	.	.	.	.	.	.	.	.	.	21
.	.	.	.	.	.	.	.	.	.	.	.	0,1	22
.	.	.	0,6	1,5	3,1	3,2	3,4	1,1	0,1	1,1	2,5	17,4	23
2,2	0,3	0,4	0,9	0,2	0,7	0,4	0,3	1,6	0,4	0,8	0,7	31,9	24
.	.	.	.	.	.	.	.	.	.	.	.	32,1	25
.	.	.	.	.	.	.	0,7	0,3	.	.	.	1,0	26
.	.	.	.	.	.	.	.	.	.	.	.	.	27
.	.	.	.	.	.	.	.	.	.	.	.	0,2	28
.	.	.	.	.	.	.	.	.	.	.	.	.	29
.	.	.	.	.	.	.	.	.	.	.	.	0,1	30
.	.	.	.	.	.	.	.	.	.	.	.	0,1	31
2,2	0,3	0,4	1,5	1,7	3,8	3,6	4,4	3,0	0,5	1,9	3,2	82,9	S
4,7	8,9	17,0	17,8	11,0	15,6	27,0	25,8	18,3	6,0	6,3	16,9	381,7	Total

AUGUST 1957

NIEDERSCHLAGSVERTEILUNG IM TAGESLAUF

Tag:	0- 1	1- 2	2- 3	3- 4	4- 5	5- 6	6- 7	7- 8	8- 9	9-10	10-11	11-12
1	.	.	.	.	.	.	.	.	.	.	.	.
2	.	.	.	.	.	0,6	0,4	0,1	.	.	.	0,1
3	.	.	0,2	0,4	0,4	.	.	.	.	0,1	0,5	0,4
4	.	.	.	0,4	0,1	0,1	0,1	.	.	0,1	0,3	.
5	5,9	6,5	5,8	4,8	3,0	3,6	3,3	8,4	3,2	1,7	1,8	1,8
6	0,9	0,7	0,4	0,7	1,9	0,1	1,0	1,4	.	.	0,1	.
7	0,2	.	0,9	.	0,2	4,2	11,3	10,4	10,2	7,3	2,3	1,2
8	0,1	0,1	0,6	0,4	0,5	0,2	0,1	0,5	0,1	.	.	.
9	.	.	.	0,1	0,1	0,2	0,7	0,9	0,2	0,6	1,6	1,6
10	.	.	0,4	4,3	0,2	0,2	.	.	.	.	.	.
S	7,1	7,3	8,3	11,1	6,4	9,2	16,9	21,7	13,7	9,8	6,6	5,1
11	4,7	2,9	0,3	0,3	0,1	.	0,2	.	.	.	0,1	.
12	0,5	.	0,1	0,1	0,4	.	.	.	0,1	.	.	.
13	.	.	.	.	.	.	.	.	.	.	.	.
14	.	0,5	0,6	4,0	5,3	3,3	0,1	1,2	.	0,1	.	.
15	0,8	.	.	.	1,0	1,6	0,6	0,1	0,2	.	0,1	1,9
16	0,2	.	.	.	.	.	.	.	.	.	.	.
17	.	.	.	.	.	.	.	.	.	.	.	.
18	2,1	2,0	2,1	1,7	1,8	2,2	2,4	6,0	4,4	5,3	5,7	6,0
19	3,4	4,9	4,1	6,9	4,3	3,3	4,9	0,1	0,3	0,2	.	.
20	0,8	0,1	0,3	.	0,5	0,2	0,1	.	.	1,9	.	.
S	12,5	10,4	7,5	13,0	13,4	10,6	8,3	7,4	5,0	7,5	5,9	7,9
21	.	.	.	.	.	0,1	.	.	0,0	.	.	.
22	.	.	.	0,3	2,0	2,8	3,3	0,6	0,8	0,6	.	.
23	0,1	.	0,1	0,1	.	0,1	.	.	0,1	0,2	1,1	1,3
24	.	.	.	.	0,2	.	0,3	0,1	0,6	0,3	0,3	0,3
25	.	.	.	.	.	.	0,1	.	.	.	.	.
26	.	.	.	.	.	.	.	.	.	.	.	.
27	1,2	3,7	0,4	.	.	.	.	.	.	.	.	.
28	0,2	0,2	.	1,0	1,6	0,5	1,4	0,3	0,1	0,1	1,3	0,1
29	0,5	.	.	.	0,1	.	.	.	.	.	.	.
30	.	.	.	.	.	.	.	.	.	.	.	.
31	.	.	.	.	.	.	.	.	.	.	.	.
S	2,0	3,9	0,5	1,4	3,9	3,5	5,1	1,0	1,6	1,2	2,7	1,7
Total:	21,6	21,6	16,3	25,5	23,7	23,3	30,3	30,1	20,3	18,5	15,2	14,7

NIEDERSCHLAGSVERTEILUNG IM TAGESLAUF

12-13	13-14	14-15	15-16	16-17	17-18	18-19	19-20	20-21	21-22	22-23	23-24	Summe	Tag:
.	.	.	.	.	.	.	.	.	.	.	.	.	1
0,1	.	0,7	0,9	0,4	.	.	.	.	.	.	.	3,3	2
0,2	0,6	2,2	3,1	4,0	3,0	3,7	1,4	0,6	0,6	.	.	21,4	3
.	.	.	.	.	.	.	.	.	.	.	2,4	3,5	4
3,1	2,0	2,0	1,9	2,1	3,2	2,4	2,8	2,2	1,4	2,4	1,0	76,3	5
0,1	.	0,2	.	1,5	0,1	0,2	.	.	.	0,1	0,1	9,5	6
0,9	0,2	0,2	1,0	0,6	0,8	0,5	0,1	.	0,3	.	.	52,8	7
0,5	.	.	.	.	.	.	.	.	.	.	.	3,1	8
2,3	5,3	1,0	1,0	0,4	.	.	.	0,2	2,3	0,7	.	19,2	9
.	.	.	.	.	.	1,0	2,0	2,3	2,0	3,9	3,5	19,8	10
7,2	8,1	6,3	7,9	9,0	7,1	7,8	6,3	5,3	6,6	7,1	7,0	208,9	S
0,1	.	.	.	.	12,7	0,3	0,1	0,1	.	.	0,2	22,1	11
.	.	.	.	.	.	.	.	.	.	.	.	1,2	12
.	.	.	.	.	.	.	.	.	.	.	.	.	13
3,5	0,1	0,5	1,4	.	.	.	.	1,3	0,8	0,2	0,2	23,1	14
0,1	.	.	.	.	.	.	.	.	.	.	0,1	6,5	15
.	.	.	.	.	.	.	.	.	.	.	.	0,2	16
.	.	.	.	.	.	.	.	0,1	0,6	1,2	1,9	3,8	17
6,5	6,8	6,1	7,8	10,9	5,6	5,3	2,4	3,8	3,5	5,5	1,8	107,7	18
.	0,6	0,1	0,5	0,1	0,8	.	.	.	.	0,8	0,2	35,5	19
.	.	.	.	.	.	.	.	.	.	.	.	3,9	20
10,2	7,5	6,7	9,7	11,0	19,1	5,6	2,5	5,3	4,9	7,7	4,4	204,0	S
.	.	.	.	.	.	.	.	.	.	.	.	0,1	21
0,6	.	.	.	.	.	0,1	0,3	0,9	0,2	1,1	.	13,6	22
0,1	0,3	3,5	0,2	0,2	.	.	.	.	0,4	.	.	7,8	23
.	.	.	.	.	.	.	.	.	.	.	.	2,1	24
.	.	.	.	1,1	0,1	0,1	0,3	0,3	0,1	.	.	2,1	25
.	.	1,0	1,1	1,4	1,3	0,9	0,9	9,6	3,0	0,3	1,0	20,5	26
.	.	.	.	.	0,1	.	.	.	.	.	.	5,4	27
.	0,4	2,2	1,7	1,6	0,6	.	.	1,4	.	0,1	1,0	15,8	28
.	.	.	.	.	0,1	.	0,1	.	.	.	.	0,8	29
.	.	.	.	.	.	.	.	.	.	.	.	.	30
.	.	.	.	.	.	.	.	.	.	.	.	.	31
0,7	0,7	6,7	3,0	4,3	2,2	1,1	1,6	12,2	3,7	1,5	2,0	68,2	S
18,1	16,3	19,7	20,6	24,3	28,4	14,5	10,4	22,8	15,2	16,3	13,4	481,1	Total

SEPTEMBER 1957

NIEDERSCHLAGSVERTEILUNG IM TAGESLAUF

Tag:	0- 1	1- 2	2- 3	3- 4	4- 5	5- 6	6- 7	7- 8	8- 9	9-10	10-11	11-12
1	.	.	.	.	.	.	.	0,3	0,8	0,3	0,1	.
2	.	.	.	.	.	0,1	.	.	.	.	.	.
3	.	.	.	.	.	.	0,1	.	.	.	.	.
4	3,1	0,7	0,3	1,5	0,5	1,9	0,2	0,1	.	.	.	.
5	.	.	.	.	.	.	.	.	.	.	.	.
6	.	.	.	.	.	.	.	.	.	.	.	.
7	.	.	.	.	.	.	.	.	.	.	.	.
8	3,0	3,3	2,1	2,5	1,6	2,0	2,7	1,1	1,3	1,3	0,6	0,0
9	.	.	0,5	0,1	.	.	0,1	1,1	.	.	.	.
10	.	.	.	.	.	.	.	.	.	.	.	.
S	6,1	4,0	2,9	4,1	2,1	4,0	3,1	2,6	2,1	1,6	0,7	0,0
11	.	.	.	.	.	.	.	.	.	.	.	.
12	.	.	.	.	.	.	.	.	.	.	.	.
13	.	.	.	.	.	.	.	.	.	.	.	.
14	.	.	.	.	.	.	.	.	.	0,1	1,2	2,0
15	0,4	0,1	.	0,2	0,1	0,8	0,8	.	.	1,3	0,9	0,3
16	.	0,2	2,2	2,0	1,4	1,1	0,2	1,0	0,5	.	0,1	0,3
17	2,0	0,3	.	.	.	2,0	0,3	6,4	0,3	.	0,2	2,7
18	0,1	.	.	.	.	.	.	.	.	0,1	.	.
19	.	.	.	.	.	.	.	.	.	.	.	.
20	.	.	.	.	.	.	.	.	.	.	.	.
S	2,5	0,6	2,2	2,2	1,5	3,9	1,3	7,4	0,8	1,5	2,4	5,3
21	.	.	0,1	.	.	.	.	.	.	.	0,1	.
22	2,4	0,9	.	.	.	.	.	.	.	.	.	.
23	0,1	1,1	1,4	0,9	0,9	0,6	0,2	0,7	0,4	0,0	0,4	0,0
24	.	.	.	0,1	.	.	.	.	.	.	.	.
25	.	.	.	.	.	.	0,1	.	.	.	.	.
26	.	.	.	.	.	.	.	.	.	.	.	.
27	0,4	1,3	0,1	0,3	.	.	.	.	.	.	.	.
28	.	.	.	.	.	.	.	.	.	.	.	.
29	0,1	0,1	.	0,2	0,1	.	.	0,2	.	.	.	.
30	.	0,1	0,1	.	.	.	.	.	.	.	.	.
S	3,0	3,5	1,7	1,5	1,0	0,6	0,3	0,9	0,4	0,0	0,5	0,0
Total:	11,6	8,1	6,8	7,8	4,6	8,5	4,7	10,9	3,3	3,1	3,6	5,3

SEPTEMBER 1957

NIEDERSCHLAGSVERTEILUNG IM TAGESLAUF

12-13	13-14	14-15	15-16	16-17	17-18	18-19	19-20	20-21	21-22	22-23	23-24	Summe	Tag:
0,1	1,0	0,6	.	.	0,1	.	.	.	.	.	.	3,3	1
.	.	.	.	.	.	.	.	.	.	.	.	0,1	2
.	.	.	.	.	.	.	.	0,1	0,7	2,8	2,6	6,3	3
.	.	.	.	.	.	.	.	.	.	.	.	8,3	4
.	.	.	.	0,1	.	.	.	.	1,0	0,5	0,9	2,5	5
.	.	.	.	.	.	.	.	.	.	.	.	.	6
.	0,1	1,0	0,1	1,5	2,8	2,5	3,0	3,3	2,5	2,3	2,2	21,3	7
0,1	.	.	0,4	.	0,4	.	.	.	.	.	2,3	24,7	8
.	.	.	.	.	.	.	.	.	.	.	.	1,8	9
.	.	.	.	.	.	.	.	.	.	.	.	.	10
0,2	1,1	1,6	0,5	1,6	3,3	2,5	3,0	3,4	4,2	5,6	8,0	68,3	S
.	.	.	.	.	.	.	.	.	.	.	.	.	11
.	.	.	.	.	.	.	.	.	.	.	.	.	12
.	.	.	.	.	.	.	.	.	.	.	.	.	13
3,6	3,2	2,1	3,8	4,5	7,0	4,0	0,5	0,6	0,1	0,3	0,2	33,2	14
.	.	.	0,4	0,1	.	.	.	.	.	.	0,1	5,5	15
4,5	0,6	.	.	.	.	1,0	3,4	0,1	0,1	.	0,8	19,5	16
0,6	0,3	0,1	0,2	0,2	.	.	0,1	0,1	0,9	0,2	0,1	17,0	17
.	0,1	.	.	.	.	.	.	.	.	.	.	0,3	18
.	.	.	.	.	.	.	.	.	.	.	.	.	19
.	.	.	.	.	.	.	.	.	.	.	.	.	20
8,7	4,2	2,2	4,4	4,8	7,0	5,0	4,0	0,8	1,1	0,5	1,2	75,5	S
.	.	.	.	1,0	0,5	0,7	0,8	0,9	0,5	0,3	0,8	5,7	21
.	.	.	.	.	0,9	.	.	.	.	.	.	4,2	22
0,7	0,4	.	.	.	.	.	.	.	.	.	.	7,8	23
.	.	.	.	.	.	.	.	.	.	.	.	0,1	24
.	.	.	.	.	.	.	.	.	.	1,7	2,2	4,0	25
.	.	.	.	.	.	0,3	1,8	0,1	1,6	.	0,8	4,6	26
.	.	.	.	.	.	.	.	.	.	.	.	2,1	27
.	.	.	.	.	.	.	.	.	.	.	0,4	0,4	28
.	.	.	.	.	.	.	.	.	.	.	0,1	0,8	29
.	.	.	.	.	.	.	.	.	.	.	.	0,2	30
0,7	0,4	.	.	1,0	1,4	1,0	2,6	1,0	2,1	2,0	4,3	29,9	S
9,6	5,7	3,8	4,9	7,4	11,7	8,5	9,6	5,2	7,4	8,1	13,5	173,7	Total

OKTOBER 1957

NIEDERSCHLAGSVERTEILUNG IM TAGESLAUF

Tag:	0- 1	1- 2	2- 3	3- 4	4- 5	5- 6	6- 7	7- 8	8- 9	9-10	10-11	11-12
1	.	.	.	.	.	.	.	.	.	.	.	.
2	.	.	.	.	.	.	.	.	.	.	.	.
3	.	.	.	0,6	5,5	1,0	0,4	0,5	0,2	0,1	.	.
4	.	.	.	.	.	.	0,1	.	.	.	.	.
5	.	.	.	.	.	.	.	.	.	0,4	.	.
6	.	0,1	.	0,2	.	0,1	.	2,4	.	1,3	0,3	0,6
7	1,1	0,1	1,2	2,8	0,9	1,2	1,6	1,0	0,4	.	0,6	.
8	.	.	.	.	.	.	.	.	.	.	.	0,0
9	.	.	.	.	.	.	.	.	.	.	.	.
10	.	.	.	.	.	.	.	.	.	.	.	.
S	1,1	0,2	1,2	3,6	6,4	2,3	2,1	3,9	0,6	1,8	0,9	0,6
11	.	.	.	.	.	.	.	.	0,0	0,0	.	.
12	.	.	.	.	.	.	.	.	.	.	.	.
13	.	.	.	.	.	0,1	.	.	.	.	.	.
14	.	.	.	0,4	.	.	.	.	.	.	.	.
15	.	.	.	.	.	.	0,1	.	.	.	0,1	.
16	.	.	.	.	.	.	.	.	.	.	.	.
17	.	.	0,1	0,6	0,6	0,5	2,5	1,9	6,2	6,2	4,9	0,9
18	.	.	.	.	.	0,2	0,6	0,2	2,5	.	.	.
19	.	.	.	.	.	.	0,1	.	.	.	.	.
20	.	.	.	.	.	.	.	.	.	.	.	.
S	.	.	0,1	1,0	0,6	0,8	3,3	2,1	8,7	6,2	5,0	0,9
21	.	.	.	.	.	.	.	.	.	.	.	.
22	.	.	.	.	.	.	.	.	.	.	.	.
23	.	.	.	.	.	.	.	.	.	.	.	.
24	.	.	.	.	.	.	.	.	.	.	.	.
25	.	0,1	0,6	0,8	.	0,1	0,9	1,5	.	.	.	0,2
26	1,2	2,4	2,8	2,3	3,0	3,2	4,4	0,2	.	.	.	.
27	.	.	.	.	.	.	.	.	.	.	.	.
28	.	.	.	.	.	.	.	.	.	.	.	.
29	.	.	.	.	.	.	.	.	.	.	.	.
30	.	.	.	.	.	.	.	.	.	.	.	.
31	.	.	.	.	.	.	.	.	.	.	.	.
S	1,2	2,5	3,4	3,1	3,0	3,3	5,3	1,7	.	.	.	0,2
Total:	2,3	2,7	4,7	7,7	10,0	6,4	10,7	7,7	9,3	8,0	5,9	1,7

OKTOBER 1957

NIEDERSCHLAGSVERTEILUNG IM TAGESLAUF

12-13	13-14	14-15	15-16	16-17	17-18	18-19	19-20	20-21	21-22	22-23	23-24	Summe	Tag:
.	.	.	.	.	.	.	.	.	.	.	.	.	1
.	.	.	.	.	.	.	.	.	.	.	.	.	2
.	.	.	.	.	.	0,1	.	.	.	.	.	8,4	3
.	.	.	.	.	.	.	.	.	.	.	.	0,1	4
0,1	0,1	.	.	.	.	0,4	4,0	2,0	1,0	0,5	.	8,5	5
0,2	0,1	.	.	1,5	.	0,1	0,6	.	0,5	0,1	0,1	8,2	6
.	0,4	.	.	.	.	.	.	0,5	0,5	.	.	12,3	7
0,2	.	.	.	.	.	.	.	.	.	.	.	0,2	8
.	.	.	.	.	.	.	.	.	.	.	.	.	9
.	.	.	.	.	.	.	.	.	.	.	.	.	10
0,5	0,6	.	.	1,5	.	0,6	4,6	2,5	2,0	0,6	0,1	37,7	S
.	.	.	.	.	.	.	.	.	.	.	.	0,0	11
.	.	.	.	.	.	.	.	.	.	.	.	.	12
.	.	.	.	.	.	.	.	.	.	.	.	0,1	13
.	.	.	.	0,0	.	0,1	.	.	.	.	.	0,5	14
.	.	.	.	.	.	.	.	.	.	.	.	0,2	15
.	.	.	.	.	.	.	.	.	.	.	.	.	16
0,2	.	0,1	.	.	0,1	0,2	.	.	.	.	.	25,0	17
.	.	.	.	.	.	.	.	.	.	.	.	3,5	18
.	.	.	.	.	.	.	.	.	.	.	.	0,1	19
.	.	.	.	.	.	.	.	.	.	.	.	.	20
0,2	.	0,1	.	0,0	0,1	0,3	.	.	.	.	.	29,4	S
.	.	.	.	.	.	.	.	.	.	.	.	.	21
.	.	.	.	.	.	.	.	.	.	.	.	.	22
.	0,4	.	.	.	.	.	.	.	0,1	.	.	0,5	23
1,2	0,9	1,1	1,0	0,5	.	.	.	.	.	.	.	4,7	24
.	0,3	.	.	.	0,2	.	.	.	.	0,1	1,0	5,8	25
.	.	0,0	.	0,0	.	.	.	.	.	.	.	19,5	26
.	.	.	.	.	.	.	.	.	.	.	.	.	27
.	.	.	.	.	.	.	.	.	.	.	.	.	28
.	.	.	.	.	.	.	.	.	.	.	.	.	29
.	.	.	.	.	.	.	.	.	.	.	.	.	30
.	.	.	.	.	.	.	.	.	.	.	.	.	31
1,2	1,6	1,1	1,0	0,5	0,2	.	.	.	0,1	0,1	1,0	30,5	S
1,9	2,2	1,2	1,0	2,0	0,3	0,9	4,6	2,5	2,1	0,7	1,1	97,6	Total

NOVEMBER 1957

NIEDERSCHLAGSVERTEILUNG IM TAGESLAUF

Tag:	0– 1	1– 2	2– 3	3– 4	4– 5	5– 6	6– 7	7– 8	8– 9	9–10	10–11	11–12
1	.	.	.	.	.	.	.	.	.	.	.	.
2	.	.	.	.	.	.	.	.	.	.	.	.
3	.	.	.	.	.	.	.	.	.	.	.	.
4	.	.	.	.	0,5	0,7	0,8	0,3	0,5	0,2	.	.
5	.	.	.	.	.	.	1,3	0,1	.	.	.	.
6	.	.	.	.	.	.	.	.	.	.	.	.
7	.	.	.	.	.	.	.	.	.	.	.	.
8	.	.	.	.	.	.	.	.	.	.	.	.
9	.	.	.	.	.	.	.	.	.	.	.	.
10	0,5	1,2	0,2	0,4	0,7	.	.	.	.	.	.	.
S	0,5	1,2	0,2	0,4	1,2	0,7	2,1	0,4	0,5	0,2	.	.
11	.	.	.	.	.	.	.	.	.	.	.	.
12	.	.	.	.	.	.	.	.	.	.	.	.
13	.	.	.	.	.	.	.	.	.	.	.	.
14	.	.	.	.	.	.	.	.	.	.	.	.
15	0,6	0,1	0,1	0,1	0,1	.	.	.	.	.	.	.
16	.	.	.	.	.	.	.	.	.	.	.	.
17	.	.	.	0,2	1,1	0,8	.	.	.	.	.	.
18	.	.	.	.	.	.	.	.	.	.	.	.
19	.	.	.	.	.	.	.	.	.	.	.	.
20	.	.	.	.	.	.	.	.	.	.	.	.
S	0,6	0,1	0,1	0,3	1,2	0,8	.	.	.	.	.	.
21	.	.	.	.	.	.	.	.	.	.	.	.
22	.	.	.	.	.	.	.	.	.	.	.	.
23	.	.	.	.	.	.	.	.	.	.	.	.
24	.	.	.	.	.	.	.	.	.	.	.	.
25	.	.	.	0,2	0,1	.	.	.	.	.	.	.
26	.	.	.	.	.	.	.	.	.	.	.	.
27	.	.	.	.	.	.	.	.	.	.	.	.
28	.	.	0,2	.	.	0,2	0,2	.	.	.	.	.
29	.	.	.	.	.	.	.	.	.	.	.	.
30	.	.	.	.	.	.	.	.	.	.	.	.
S	.	.	0,2	0,2	0,1	0,2	0,2	.	.	.	.	.
Total:	1,1	1,3	0,5	0,9	2,5	1,7	2,3	0,4	0,5	0,2	.	.

NOVEMBER 1957

NIEDERSCHLAGSVERTEILUNG IM TAGESLAUF

12-13	13-14	14-15	15-16	16-17	17-18	18-19	19-20	20-21	21-22	22-23	23-24	Summe	Tag:
.	.	.	.	.	.	.	.	.	.	.	.	.	1
.	.	.	.	.	.	.	.	.	.	.	.	.	2
.	.	.	.	.	.	.	.	.	.	.	.	.	3
.	.	.	.	.	.	.	.	.	.	.	.	3,0	4
.	.	.	.	.	.	.	.	.	.	.	.	1,4	5
.	.	.	.	.	.	.	.	.	.	.	.	.	6
.	.	.	.	.	.	.	.	.	.	.	.	.	7
.	.	.	.	.	.	.	.	.	.	.	.	.	8
.	.	.	.	.	0,0	.	.	.	.	.	.	0,0	9
.	.	.	.	.	.	.	.	.	.	.	.	3,0	10
.	.	.	.	.	0,0	.	.	.	.	.	.	7,4	S
.	.	.	.	.	.	.	.	.	.	.	.	.	11
.	.	.	.	.	.	.	.	.	.	.	.	.	12
.	.	.	.	.	.	.	.	.	.	.	.	.	13
.	.	.	.	.	.	.	0,0	.	.	.	1,9	1,9	14
.	.	.	.	.	.	.	.	.	.	.	.	1,0	15
.	.	.	.	.	.	.	.	.	.	.	.	.	16
.	.	.	.	.	.	.	.	.	.	.	.	2,1	17
.	.	.	.	.	.	.	.	.	.	.	.	.	18
.	.	.	.	.	.	.	.	.	.	.	.	.	19
.	.	.	.	.	.	.	.	.	.	.	.	.	20
.	.	.	.	.	.	.	0,0	.	.	.	1,9	5,0	S
.	.	.	.	.	.	.	.	.	.	.	.	.	21
.	.	.	.	.	.	.	.	.	.	.	.	.	22
.	.	.	.	.	.	.	.	.	.	.	.	.	23
.	.	.	.	.	.	.	0,4	0,2	.	.	.	0,6	24
.	.	.	.	.	.	.	.	.	.	.	.	0,3	25
.	.	.	.	.	.	.	.	.	.	.	.	.	26
.	.	.	.	.	.	.	.	.	.	.	.	.	27
0,1	0,7	2,2	1,9	1,9	2,8	4,1	4,2	3,9	4,5	1,8	0,4	29,1	28
.	0,3	.	1,1	7,8	7,2	3,8	1,6	0,9	0,8	.	.	23,5	29
.	.	.	.	.	.	.	.	.	.	.	.	.	30
0,1	1,0	2,2	3,0	9,7	10,0	7,9	6,2	5,0	5,3	1,8	0,4	53,5	S
0,1	1,0	2,2	3,0	9,7	10,0	7,9	6,2	5,0	5,3	1,8	2,3	65,9	Total

DEZEMBER 1957

NIEDERSCHLAGSVERTEILUNG IM TAGESLAUF

Tag:	0– 1	1– 2	2– 3	3– 4	4– 5	5– 6	6– 7	7– 8	8– 9	9–10	10–11	11–12
1	.	.	.	.	.	.	.	.	.	.	.	.
2	.	0,1	0,2	0,1	.	.	.	.	.	.	.	.
3	.	.	.	.	.	.	.	.	.	.	.	.
4	.	.	.	.	.	.	.	.	.	.	.	.
5	.	.	.	.	.	.	.	.	.	.	.	.
6	.	.	.	.	.	.	.	.	.	.	.	.
7	0,1	0,0	0,8	0,3	0,3	0,1	0,0	.	0,2	1,1	1,0	0,3
8	0,4	0,1	0,1	0,6	1,3	0,2	0,2	1,1	0,0	0,1	.	1,6
9	.	1,7	.	.	0,3	1,1	0,1	.	.	0,1	0,3	0,1
10	.	0,3	0,3	1,5	.	.	0,5	2,8	0,1	.	.	.
S	0,5	2,2	1,4	2,5	1,9	1,4	0,8	3,9	0,3	1,3	1,3	2,0
11	.	.	.	.	.	0,1	.	.	.	.	.	.
12	.	.	.	.	.	.	.	.	.	0,3	.	.
13	.	.	.	0,1	3,2	.	4,3	5,2	1,6	0,0	2,6	1,0
14	.	.	.	.	.	.	.	.	.	.	.	.
15	2,3	1,7	2,3	2,0	3,1	1,2	0,8	0,2	0,3	0,3	0,1	0,1
16	0,0	0,3	.	0,1	.	0,1	.	.	.	.	.	.
17	.	.	.	.	.	.	.	.	.	.	.	.
18	.	.	.	.	.	.	.	.	.	.	.	.
19	.	.	.	.	.	.	.	.	.	.	.	.
20	.	.	.	.	.	.	.	.	.	.	.	.
S	2,3	2,0	2,3	2,2	6,3	1,4	5,1	5,4	1,9	0,6	2,7	1,1
21	.	.	.	.	.	.	.	.	.	.	.	.
22	.	.	.	.	.	.	.	.	.	.	.	.
23	.	.	.	.	0,0	0,0	0,1	0,0	.	.	.	.
24	.	.	.	.	.	.	.	.	.	.	.	0,0
25	.	.	.	.	0,2	.	.	.	.	.	.	.
26	.	.	.	.	.	.	.	.	.	.	.	.
27	.	.	.	.	.	.	1,7	11,2	6,5	0,3	.	1,1
28	.	1,2	1,2	0,1	.	.	.	0,8	.	.	1,6	0,2
29	0,4	0,2	0,6	0,0	0,3	0,2	0,8	.	.	0,2	.	.
30	.	.	.	.	.	.	.	.	.	.	.	.
31	.	.	.	.	.	.	.	.	.	.	.	.
S	0,4	1,4	1,8	0,1	0,5	0,2	2,6	12,0	6,5	0,5	1,6	1,3
Total:	3,2	5,6	5,5	4,8	8,7	3,0	8,5	21,3	8,7	2,4	5,6	4,4

DEZEMBER 1957

NIEDERSCHLAGSVERTEILUNG IN TAGESLAUF

12-13	13-14	14-15	15-16	16-17	17-18	18-19	19-20	20-21	21-22	22-23	23-24	Summe	Tag:
.	.	.	.	.	0,3	1,4	1,1	1,2	0,7	0,7	0,8	6,2	1
.	.	.	.	.	.	.	.	.	.	.	.	0,4	2
.	.	.	.	.	.	.	.	.	.	.	.	.	3
.	.	.	.	.	.	.	.	.	.	.	.	.	4
.	.	.	.	.	.	.	.	.	.	.	.	.	5
.	.	.	.	0,6	2,9	1,7	3,3	7,3	2,2	1,0	0,4	19,4	6
0,1	.	.	.	.	0,1	.	0,2	2,0	1,7	0,4	0,4	9,1	7
0,8	0,1	.	.	0,4	0,1	.	.	.	.	.	2,0	9,1	8
.	.	.	.	.	.	.	.	.	.	.	.	3,7	9
.	.	.	.	.	.	.	.	.	.	.	.	5,5	10
0,9	0,1	.	.	1,0	3,4	3,1	4,6	10,5	4,6	2,1	3,6	53,4	S
.	.	.	.	.	.	.	.	.	.	.	.	0,1	11
.	.	.	0,1	.	.	0,3	.	.	.	.	1,3	2,0	12
0,1	.	0,1	.	.	6,2	2,0	0,3	.	.	0,1	.	26,8	13
0,0	0,0	.	.	.	0,0	.	0,0	0,7	1,4	3,0	3,0	8,1	14
0,1	.	0,1	0,0	0,5	0,6	0,4	0,2	0,0	0,2	0,6	0,6	17,7	15
.	.	.	.	.	.	.	.	.	.	.	.	0,5	16
.	.	.	.	.	.	.	.	.	.	.	.	.	17
.	.	.	.	.	.	.	.	.	.	.	.	.	18
.	.	.	.	.	.	.	.	.	.	.	.	.	19
.	.	.	.	.	.	.	.	.	.	.	.	.	20
0,2	0,0	0,2	0,1	0,5	6,8	2,7	0,5	0,7	1,6	3,7	4,9	55,2	S
.	.	.	.	.	.	.	.	.	.	.	.	.	21
.	.	.	.	.	.	.	.	.	.	.	.	.	22
.	.	.	.	.	.	.	.	.	.	.	.	0,1	23
0,0	.	.	.	.	0,1	.	.	.	.	.	.	0,1	24
.	.	.	.	.	.	.	.	.	.	.	.	0,2	25
.	.	.	.	.	.	.	.	.	.	.	.	.	26
1,1	1,0	.	.	.	0,1	.	.	.	.	0,7	0,3	24,0	27
0,2	.	.	0,0	.	.	1,1	3,2	1,5	0,9	.	.	12,0	28
.	.	.	.	.	.	.	.	.	.	.	.	2,7	29
.	.	.	.	.	0,0	.	.	.	.	.	.	0,0	30
.	.	.	.	.	.	.	.	.	.	.	.	.	31
1,3	1,0	.	0,0	.	0,2	1,1	3,2	1,5	0,9	0,7	0,3	39,1	S
2,4	1,1	0,2	0,1	1,5	10,4	6,9	8,3	12,7	7,1	6,5	8,8	147,7	Total

JANUAR 1958

NIEDERSCHLAGSVERTEILUNG IM TAGESLAUF

Tag:	0- 1	1- 2	2- 3	3- 4	4- 5	5- 6	6- 7	7- 8	8- 9	9-10	10-11	11-12
1	.	.	.	.	.	.	.	.	.	.	.	.
2	.	.	.	0,1	0,2	.	.	.	.	1,6	1,7	0,2
3	.	.	.	.	0,1	.	.	.	.	.	.	.
4	.	.	.	.	.	.	.	.	.	.	.	.
5	.	.	.	.	0,1	.	.	.	.	.	.	.
6	.	.	.	.	.	.	.	.	.	.	.	.
7	0,2	.	.	.	.	.	.	.	.	.	.	.
8	.	.	.	.	.	.	.	.	.	.	.	.
9	.	.	.	.	.	.	.	.	.	.	.	.
10	.	.	.	.	.	.	.	.	.	0,0	0,1	0,8
S	0,2	.	.	0,1	0,4	.	.	.	.	1,6	1,8	1,0
11	0,2	.	.	.	2,9	0,2	.	.	.	.	.	.
12	.	.	.	.	.	0,1	.	.	.	.	.	.
13	.	.	.	.	.	.	.	.	.	.	.	.
14	.	.	.	.	.	.	.	.	.	.	.	.
15	.	.	.	.	.	.	.	.	0,0	0,0	.	.
16	.	.	.	.	.	.	.	.	.	.	.	.
17	.	.	.	.	.	.	0,0	0,0	0,0	0,1	1,0	1,3
18	.	.	.	.	.	.	.	.	.	.	.	.
19	.	.	.	.	.	.	.	.	.	.	.	.
20	.	.	.	.	.	.	.	.	.	.	.	.
S	0,2	.	.	.	2,9	0,3	0,0	0,0	0,0	0,1	1,0	1,3
21	.	.	.	.	.	.	.	.	.	.	.	.
22	.	.	.	.	.	.	.	.	.	.	.	.
23	.	.	.	.	.	.	.	.	.	.	.	.
24	.	.	.	.	.	.	.	.	.	.	.	.
25	.	.	.	4,4	0,6	0,4	0,1	0,3	0,2	.	.	.
26	.	.	.	.	.	.	.	.	.	.	.	.
27	.	.	.	.	.	.	.	.	.	.	.	.
28	.	.	.	.	.	.	.	.	.	.	.	.
29	.	.	.	.	.	.	.	.	.	.	.	.
30	.	.	.	.	.	.	.	.	.	.	.	.
31	.	.	.	.	.	0,0	0,2	.	.	.	.	.
S	.	.	.	4,4	0,6	0,4	0,3	0,3	0,2	.	.	.
Total:	0,4	.	.	4,5	3,9	0,7	0,3	0,3	0,2	1,7	2,8	2,3

JANUAR 1958

NIEDERSCHLAGSVERTEILUNG IM TAGESLAUF

12-13	13-14	14-15	15-16	16-17	17-18	18-19	19-20	20-21	21-22	22-23	23-24	Summe	Tag:
.	.	.	.	.	.	.	.	.	.	.	.	.	1
0,8	8,0	4,7	0,6	1,5	0,2	.	.	.	.	.	.	19,6	2
.	.	.	.	.	.	.	.	.	.	.	.	0,1	3
.	.	.	.	.	.	.	.	.	.	.	.	.	4
.	.	.	.	.	.	.	.	.	.	.	.	0,1	5
.	.	.	.	.	.	.	.	1,5	2,7	5,1	2,2	11,5	6
.	.	.	.	.	.	.	.	.	.	.	.	0,2	7
.	.	.	.	.	.	.	.	.	.	.	.	.	8
.	.	.	.	.	.	0,0	.	.	.	.	.	0,0	9
1,3	2,9	1,1	0,3	0,1	0,1	.	.	.	.	.	.	6,7	10
2,1	10,9	5,8	0,9	1,6	0,3	0,0	.	1,5	2,7	5,1	2,2	38,2	S
.	.	.	.	.	.	.	.	.	.	.	.	3,3	11
.	.	.	.	.	.	.	.	.	.	.	.	0,1	12
.	.	.	.	.	.	.	.	.	.	.	.	.	13
.	.	.	.	.	.	.	.	.	.	.	.	.	14
.	.	.	.	.	.	.	.	.	.	.	.	0,0	15
.	.	.	.	.	.	.	.	.	.	.	.	.	16
0,2	.	.	.	.	.	.	.	.	.	.	.	2,6	17
.	.	.	.	.	.	.	.	.	.	.	.	.	18
.	.	.	.	.	.	.	.	.	.	.	.	.	19
.	.	.	.	.	.	.	.	.	.	.	.	.	20
0,2	.	.	.	.	.	.	.	.	.	.	.	6,0	S
.	.	.	.	.	.	.	.	.	.	.	.	.	21
.	.	.	.	.	.	.	.	.	.	.	.	.	22
.	.	.	.	.	.	.	.	.	.	.	.	.	23
.	.	.	.	.	.	.	.	.	.	.	.	.	24
.	.	.	.	.	.	.	.	.	.	.	.	6,0	25
.	.	.	.	.	.	.	.	.	.	.	.	.	26
.	.	.	.	.	.	.	.	.	.	.	.	.	27
.	.	.	.	.	.	.	.	.	.	.	.	.	28
.	.	.	.	.	.	.	.	.	.	.	.	.	29
.	.	2,3	3,6	0,1	0,7	0,2	.	.	.	.	.	6,9	30
.	.	.	.	.	.	.	.	.	.	.	.	0,2	31
.	.	2,3	3,6	0,1	0,7	0,2	.	.	.	.	.	13,1	S
2,3	10,9	8,1	4,5	1,7	1,0	0,2	.	1,5	2,7	5,1	2,2	57,3	Total

FEBRUAR 1958

NIEDERSCHLAGSVERTEILUNG IM TAGESLAUF

Tag:	0- 1	1- 2	2- 3	3- 4	4- 5	5- 6	6- 7	7- 8	8- 9	9-10	10-11	11-12
1	.	.	.	.	.	.	.	.	.	.	.	.
2	.	.	.	.	.	.	.	.	.	.	.	.
3	.	.	.	.	.	.	.	.	.	.	.	.
4	.	.	.	.	.	.	.	.	.	.	.	.
5	.	.	.	.	.	.	.	.	.	.	.	.
6	.	.	.	.	.	.	.	.	.	.	.	.
7	.	.	.	.	.	.	.	.	.	.	.	.
8	.	.	.	.	.	.	.	.	.	.	.	.
9	.	.	.	.	.	.	.	.	.	.	.	.
10	.	.	.	.	.	.	.	.	.	.	.	.
S	.	.	.	.	.	.	.	.	.	.	.	.
11	.	.	.	.	.	.	.	.	.	.	.	.
12	.	.	.	.	.	.	.	.	.	.	.	.
13	.	.	.	0,1	0,0	0,0	0,2	0,0	0,6	.	.	0,1
14	4,2	2,3	.	.	.	.	.	.	.	.	.	.
15	.	0,1	0,8	0,1	.	.	0,1	.	0,2	.	.	.
16	.	.	.	.	.	.	.	.	.	.	.	.
17	.	.	.	.	.	.	.	.	.	.	.	.
18	.	.	.	.	.	.	0,4	2,8	1,3	0,1	.	.
19	1,1	0,1	.	.	0,7	.	.	.	1,5	1,3	0,1	3,1
20	.	.	.	.	.	.	0,0	.	.	.	.	.
S	5,3	2,5	0,8	0,2	0,7	0,0	0,7	2,8	3,6	1,4	0,1	3,2
21	.	.	.	.	.	.	.	.	.	.	.	.
22	.	.	.	.	.	.	0,1	.	.	.	.	.
23	.	.	.	.	.	.	.	.	.	.	.	.
24	.	.	.	.	.	.	.	.	.	.	.	.
25	.	.	.	.	.	.	.	.	.	.	.	.
26	.	.	.	.	.	.	0,1	.	.	.	.	.
27	.	.	.	.	.	.	.	.	.	.	.	.
28	.	.	.	.	.	.	.	.	.	.	.	.
S	.	.	.	.	.	.	0,2	.	.	.	.	.
Total:	5,3	2,5	0,8	0,2	0,7	0,0	0,9	2,8	3,6	1,4	0,1	3,2

FEBRUAR 1958

NIEDERSCHLAGSVERTEILUNG IM TAGESLAUF

12-13	13-14	14-15	15-16	16-17	17-18	18-19	19-20	20-21	21-22	22-23	23-24	Summe	Tag:
.	.	.	.	.	.	.	.	.	.	.	.	.	1
.	.	.	.	.	.	.	.	.	.	.	.	.	2
.	.	.	.	.	.	.	.	.	.	.	.	.	3
.	.	.	.	.	.	.	.	.	.	.	.	.	4
.	.	.	.	.	.	.	.	.	.	.	.	.	5
.	.	.	.	.	.	.	.	.	.	.	.	.	6
.	.	.	.	.	.	.	.	.	.	.	.	.	7
.	.	.	.	.	.	.	.	.	.	.	.	.	8
.	.	.	.	.	.	.	.	.	.	.	.	.	9
.	.	.	.	.	.	.	.	.	.	.	.	.	10
.	.	.	.	.	.	.	.	.	.	.	.	.	S
.	.	.	.	.	.	.	.	.	.	.	.	.	11
.	.	.	.	.	.	.	.	.	.	.	.	.	12
.	.	.	.	.	.	.	.	.	.	0,2	2,2	3,4	13
.	.	.	.	.	.	.	.	.	.	.	.	6,5	14
.	.	.	.	.	.	.	.	.	.	.	.	1,3	15
.	.	.	.	.	.	.	.	.	.	.	.	.	16
.	.	.	.	.	.	.	.	.	.	.	.	.	17
.	.	.	.	.	.	.	.	.	.	.	0,3	4,9	18
.	.	.	.	.	.	.	.	.	.	.	.	7,9	19
.	.	.	.	.	.	.	.	.	.	.	.	0,0	20
.	.	.	.	.	.	.	.	.	.	0,2	2,5	24,0	S
.	.	.	.	.	.	.	.	.	.	.	.	.	21
.	.	.	.	.	.	.	.	.	.	.	.	0,1	22
.	.	.	.	.	.	.	.	.	.	.	.	.	23
.	.	.	.	.	.	.	.	.	.	.	.	.	24
.	.	.	.	.	.	.	.	.	.	.	.	.	25
.	.	.	.	.	.	.	.	.	.	.	.	0,1	26
.	.	.	.	.	.	.	.	.	.	.	.	.	27
.	.	.	.	.	.	.	.	.	.	.	.	.	28
.	.	.	.	.	.	.	.	.	.	.	.	0,2	S
.	.	.	.	.	.	.	.	.	.	0,2	2,5	24,2	Total

MÄRZ 1958

NIEDERSCHLAGSVERTEILUNG IM TAGESLAUF

Tag:	0- 1	1- 2	2- 3	3- 4	4- 5	5- 6	6- 7	7- 8	8- 9	9-10	10-11	11-12
1	.	.	.	.	.	.	.	.	.	.	.	.
2	.	.	.	.	.	0,0	0,1	.	.	.	.	.
3	.	.	.	.	.	.	.	.	.	.	.	.
4	.	.	.	.	.	.	.	.	.	.	.	.
5	.	.	.	.	.	.	.	.	.	.	.	.
6	.	.	.	.	.	.	.	.	.	.	.	.
7	.	.	.	.	.	.	.	.	.	.	.	.
8	.	.	.	.	.	.	.	.	.	.	.	.
9	.	.	.	.	.	.	.	.	.	.	.	.
10	.	.	.	.	.	.	.	.	.	.	.	.
S	.	.	.	.	.	0,0	0,1	.	.	.	.	.
11	.	.	.	.	.	.	.	.	.	.	.	.
12	.	.	.	.	.	.	.	.	.	.	.	.
13	.	.	.	.	.	0,0	0,1	0,0	.	.	.	.
14	.	.	.	.	0,0	0,0	0,1	0,0	.	.	.	.
15	.	.	.	.	.	.	.	.	.	.	.	.
16	.	.	.	.	.	.	.	.	.	.	.	.
17	.	.	.	.	.	.	.	.	.	.	.	.
18	.	.	.	.	.	.	.	.	.	.	.	.
19	.	.	.	.	.	.	.	.	.	.	.	.
20	.	.	.	.	.	0,0	0,0	.	.	.	.	.
S	.	.	.	.	0,0	0,0	0,2	0,0	.	.	.	.
21	.	.	.	.	.	.	.	.	.	.	.	.
22	.	.	.	.	.	.	.	.	.	.	.	.
23	.	.	.	.	.	.	.	.	.	.	.	.
24	.	.	.	.	.	0,0	0,1	0,0	.	.	.	.
25	.	.	.	.	.	.	0,1	0,1	0,8	0,1	0,0	.
26	.	.	.	.	.	.	.	0,0	0,5	0,0	.	.
27	.	.	.	.	.	.	0,1	.	.	.	.	0,4
28	.	.	.	.	.	.	.	.	.	.	.	.
29	.	.	.	.	.	0,0	0,1	1,8	4,4	.	.	.
30	.	.	.	.	.	0,0	0,1	.	.	.	.	.
31	.	.	.	.	.	.	.	.	.	.	.	.
S	.	.	.	.	.	0,0	0,5	1,9	5,7	0,1	0,0	0,4
Total:	.	.	.	.	0,0	0,0	0,8	1,9	5,7	0,1	0,0	0,4

MÄRZ 1958

NIEDERSCHLAGSVERTEILUNG IM TAGESLAUF

12-13	13-14	14-15	15-16	16-17	17-18	18-19	19-20	20-21	21-22	22-23	23-24	Summe	Tag:
.	.	.	.	.	.	.	.	.	.	.	.	.	1
.	.	.	.	.	.	.	.	.	.	.	.	0,1	2
.	.	.	.	.	.	.	.	.	.	.	.	.	3
.	.	.	.	.	.	.	.	.	.	.	.	.	4
.	.	.	.	.	.	.	.	.	.	.	.	.	5
.	.	.	.	.	.	.	.	.	.	.	.	.	6
.	.	.	.	.	.	.	.	.	.	.	.	.	7
.	0,0	.	.	.	.	.	.	.	.	.	.	0,0	8
.	.	.	.	.	.	.	.	.	.	.	.	.	9
.	.	.	.	.	.	.	.	.	.	.	.	.	10
.	0,0	.	.	.	.	.	.	.	.	.	.	0,1	S
.	.	.	.	.	.	.	.	.	.	.	.	.	11
.	.	.	.	.	.	.	.	.	.	.	.	.	12
.	.	.	.	.	.	.	.	.	.	.	.	0,1	13
.	.	.	.	.	.	.	.	.	.	.	.	0,1	14
.	.	.	.	.	.	.	.	.	.	.	.	.	15
.	.	.	.	.	.	.	.	.	.	.	.	.	16
.	.	.	.	.	.	.	.	.	.	.	.	.	17
.	.	.	.	.	.	.	.	.	.	.	.	.	18
.	.	.	.	.	.	.	.	.	.	.	.	.	19
.	.	.	.	0,0	.	.	.	.	.	.	.	0,0	20
.	.	.	.	0,0	.	.	.	.	.	.	.	0,2	S
.	.	.	.	.	.	.	.	.	.	.	.	.	21
.	.	.	.	.	.	.	.	.	.	.	.	.	22
.	.	.	.	.	.	.	.	.	.	.	.	.	23
.	.	.	.	.	.	.	.	.	.	.	.	0,1	24
.	.	.	0,0	0,3	0,1	0,7	0,1	0,0	.	.	0,0	2,3	25
0,0	0,4	8,9	0,0	.	.	.	.	0,1	.	.	.	9,9	26
0,8	10,4	2,7	0,6	1,1	.	0,7	.	0,5	0,4	.	.	17,7	27
.	.	.	.	.	.	.	.	.	.	.	.	.	28
.	.	.	.	.	.	0,0	.	.	.	.	.	6,3	29
0,0	.	.	.	.	.	.	.	.	.	.	.	0,1	30
.	.	.	.	.	.	.	.	.	.	.	.	.	31
0,8	10,8	11,6	0,6	1,4	0,1	1,4	0,1	0,6	0,4	.	0,0	36,4	S
0,8	10,8	11,6	0,6	1,4	0,1	1,4	0,1	0,6	0,4	.	0,0	36,7	Total

APRIL 1958

NIEDERSCHLAGSVERTEILUNG IM TAGESLAUF

Tag:	0- 1	1- 2	2- 3	3- 4	4- 5	5- 6	6- 7	7- 8	8- 9	9-10	10-11	11-12
1	.	.	.	.	.	0,0	0,1	0,0	.	.	.	.
2	.	.	.	.	.	0,0	0,1	0,0	.	.	.	.
3	.	.	.	.	.	.	1,4	0,4	0,2	0,0	.	.
4	0,1	.	.	.	.	.	0,1	0,0	.	.	.	.
5	.	.	.	.	.	.	.	.	.	.	.	.
6	2,3	0,1	.	.	.	.	.	.	.	.	.	.
7	.	.	.	.	.	0,0	0,1	0,0	.	.	.	.
8	.	.	.	.	.	.	0,0	.	.	.	.	.
9	0,1	0,1	0,1	0,1	0,3	4,4	2,0	3,4	1,7	0,1	0,1	0,4
10	5,2	5,6	11,1	7,6	3,8	3,0	3,5	3,3	6,3	4,8	3,7	0,6
S	7,7	5,8	11,2	7,7	4,1	7,4	7,3	7,1	8,2	4,9	3,8	1,0
11	0,1	0,3	.	0,1	.	0,0	0,1	0,0	.	.	.	.
12	.	.	.	.	.	0,1	0,1	0,0	.	.	.	.
13	.	.	.	.	.	.	.	.	.	.	.	.
14	.	.	.	.	.	.	.	.	.	.	.	.
15	.	.	.	.	.	0,0	0,1	0,0	.	.	.	.
16	.	.	.	.	.	.	.	.	.	.	.	.
17	.	.	.	.	0,0	0,1	0,1	.	.	.	.	.
18	.	.	.	.	.	.	0,0	0,0	0,1	0,2	1,1	1,8
19	0,1	.	.	0,0	0,1	0,0	0,2	0,1	0,0	.	.	0,1
20	.	.	.	.	0,0	0,1	0,1	0,0	.	.	.	.
S	0,2	0,3	.	0,1	0,1	0,3	0,7	0,1	0,1	0,2	1,1	1,9
21	0,1	0,0	0,5	0,9	0,7	0,5	0,2	0,2	0,0	.	.	.
22	.	.	.	.	.	0,0	0,1	0,0	.	.	.	.
23	0,1	0,4	0,2	0,1	.	.	0,4	.	.	0,2	0,1	0,1
24	.	.	.	.	.	.	.	.	.	.	.	.
25	.	.	.	.	0,0	0,1	0,1	.	.	.	.	0,1
26	0,6	0,0	1,2	1,4	0,2	0,5	0,1	.	.	.	.	.
27	.	.	0,3	1,6	.	0,2	0,2	0,1	0,0	.	2,4	0,3
28	.	.	.	.	0,0	0,0	0,1	0,1	0,0	.	.	.
29	.	.	.	.	0,0	0,0	0,0	0,2	0,1	0,2	0,4	1,9
30	0,1	0,0	.	.	0,0	0,1	0,0	.	.	.	.	.
S	0,9	0,4	2,2	4,0	0,9	1,4	1,2	0,6	0,1	0,4	2,9	2,4
Total:	8,8	6,5	13,4	11,8	5,1	9,1	9,2	7,8	8,4	5,5	7,8	5,3

NIEDERSCHLAGSVERTEILUNG IM TAGESLAUF

12-13	13-14	14-15	15-16	16-17	17-18	18-19	19-20	20-21	21-22	22-23	23-24	Summe	Tag:
.	.	.	.	.	.	.	.	.	.	.	.	0,1	1
.	.	.	.	.	0,0	.	0,3	0,1	.	.	.	0,5	2
.	.	.	.	.	.	.	.	.	.	.	.	2,0	3
.	.	.	.	.	.	.	.	.	.	.	.	0,2	4
.	.	.	.	.	.	0,2	0,2	0,2	0,0	0,0	4,1	4,7	5
.	.	.	.	.	.	.	.	.	.	.	.	2,4	6
.	.	.	.	.	.	.	.	.	.	.	.	0,1	7
.	.	.	.	.	.	.	.	.	.	0,1	0,3	0,4	8
0,1	0,6	0,1	0,0	0,7	3,4	1,7	0,8	0,7	2,3	1,5	5,4	30,1	9
7,1	3,0	0,6	0,8	1,3	0,1	.	.	.	.	0,1	0,1	71,6	10
7,2	3,6	0,7	0,8	2,0	3,5	1,9	1,3	1,0	2,3	1,7	9,9	112,1	S
.	.	.	.	.	.	.	.	.	.	.	.	0,6	11
.	.	.	.	.	.	.	.	.	.	.	.	0,2	12
.	.	.	.	.	.	.	.	.	.	.	.	.	13
.	.	.	.	.	.	.	.	.	.	.	.	.	14
.	.	.	.	.	.	.	.	.	.	.	.	0,1	15
.	.	.	.	.	.	.	.	.	.	.	.	.	16
.	.	.	.	.	.	.	.	.	.	.	.	0,2	17
0,8	0,6	0,4	0,1	.	0,0	.	0,3	1,1	.	.	.	6,5	18
0,0	.	.	.	.	.	.	.	.	.	.	.	0,6	19
.	.	.	.	.	.	.	.	.	.	.	0,1	0,3	20
0,8	0,6	0,4	0,1	.	0,0	.	0,3	1,1	.	.	0,1	8,5	S
.	.	.	.	.	.	.	.	.	.	.	.	3,1	21
.	.	.	.	.	.	.	.	.	0,0	0,2	.	0,3	22
.	.	.	.	.	.	.	.	.	.	.	.	1,6	23
.	.	.	.	1,3	0,1	0,1	.	.	.	.	.	1,5	24
0,9	0,6	0,1	0,6	0,5	0,0	2,6	1,3	3,4	3,4	5,5	2,5	21,7	25
.	.	0,1	.	.	.	0,8	.	1,1	3,0	0,0	.	9,0	26
1,6	.	.	0,1	.	.	0,5	0,1	0,1	0,1	.	.	7,6	27
.	.	.	.	.	.	.	.	.	.	.	.	0,2	28
6,4	7,0	4,7	1,1	0,8	0,3	0,0	0,0	0,2	0,5	0,0	.	23,8	29
.	.	.	.	.	.	.	.	.	.	.	.	0,2	30
8,9	7,6	4,9	1,8	2,6	0,4	4,0	1,4	4,8	7,0	5,7	2,5	69,0	S
16,9	11,8	6,0	2,7	4,6	3,9	5,9	3,0	6,9	9,3	7,4	12,5	189,6	Total

MAI 1957

EXTREMTEMPERATUREN

Tag:	Wetterhütte Maxima	Wetterhütte Minima	Tages-Schwankg.	Minima Boden
1	19,6	5,0	14,6	4,1
2	18,0	6,7	11,3	3,2
3	18,7	4,4	14,3	1,6
4	14,6	6,4	8,2	2,9
5	17,7	7,9	9,8	5,0
6	16,4	6,1	10,3	4,4
7	16,5	13,6	2,9	12,4
8	13,4	1,5	11,9	-1,3
9	13,5	11,4	2,1	10,1
10	14,6	9,8	4,8	9,5
S	163,0	72,8	90,2	51,9
11	16,6	12,7	3,9	12,5
12	12,9	8,9	4,0	8,3
13	15,6	8,2	7,4	8,0
14	16,2	9,0	7,2	9,1
15	17,9	13,6	4,3	13,4
16	15,5	10,9	4,6	10,0
17	14,7	10,8	3,9	7,6
18	11,1	7,9	3,2	6,4
19	15,8	9,7	6,1	9,4
20	14,6	12,8	1,8	12,0
S	150,9	104,5	46,4	96,7
21	13,3	4,2	9,1	1,6
22	11,3	4,5	6,8	2,0
23	12,6	3,8	8,8	1,2
24	9,1	1,0	8,1	-0,5
25	8,6	3,2	5,4	1,2
26	13,3	6,8	6,5	5,6
27	13,2	9,0	4,2	8,3
28	15,6	5,7	9,9	3,7
29	12,6	3,9	8,7	1,0
30	13,5	5,6	7,9	4,5
31	9,5	-1,2	10,7	-4,6
S	132,6	46,5	86,1	24,0
Total:	446,5	223,8	222,7	172,6
Monat:	14,4	7,2	7,2	5,6

JUNI 1957

EXTREMTEMPERATUREN

Tag:	Wetterhütte Maxima	Wetterhütte Minima	Tages-Schwankg.	Minima Boden
1	10,2	-3,6	13,8	-5,7
2	5,3	-2,0	7,3	-4,9
3	8,7	4,2	4,5	4,1
4	11,6	5,6	6,0	4,0
5	12,0	7,7	4,3	6,3
6	14,0	2,4	11,6	0,3
7	11,6	3,4	8,2	1,3
8	12,3	8,8	3,5	8,5
9	9,5	4,7	4,8	3,9
10	13,1	7,4	5,7	7,4
S	108,3	38,6	69,7	25,2
11	12,7	5,5	7,2	3,1
12	14,0	7,9	6,1	6,1
13	16,0	5,2	10,8	2,4
14	16,0	1,3	14,7	-1,9
15	14,5	7,5	7,0	4,3
16	11,4	-0,5	11,9	-1,9
17	7,1	-1,0	8,1	-2,8
18	9,9	6,1	3,8	5,5
19	16,1	4,5	11,6	4,5
20	15,9	3,1	12,8	1,2
S	133,6	39,6	94,0	20,5
21	13,4	9,3	4,1	5,5
22	12,0	2,2	9,8	0,6
23	12,3	9,3	3,0	8,2
24	14,8	5,4	9,4	2,2
25	14,4	1,8	12,6	-0,5
26	9,3	-0,2	9,5	-3,4
27	4,6	-3,8	8,4	-6,0
28	9,6	-3,3	12,9	-3,5
29	7,6	-3,8	11,4	-6,5
30	9,1	2,0	7,1	-2,4
S	107,1	18,9	88,2	-5,8
Total:	349,0	97,1	251,9	39,9
Monat:	11,6	3,2	8,4	1,3

JULI 1957

EXTREMTEMPERATUREN

Tag:	Wetterhütte Maxima	Wetterhütte Minima	Tages-Schwankg.	Minima Boden
1	4,7	-3,5	8,2	-5,0
2	11,7	3,8	7,9	3,7
3	13,2	5,9	7,3	3,1
4	13,2	7,9	5,3	6,1
5	13,8	11,7	2,1	11,1
6	13,9	7,9	6,0	7,0
7	14,4	9,5	4,9	7,9
8	12,0	5,1	6,9	4,5
9	10,7	1,5	9,2	-0,8
10	8,0	1,5	6,5	-0,5
S	115,6	51,3	64,3	31,1
11	11,8	5,0	6,8	4,3
12	10,4	1,5	8,9	-1,7
13	6,7	-1,4	8,1	-3,4
14	6,7	-2,2	8,9	-3,5
15	10,9	5,4	5,5	5,0
16	12,3	2,9	9,4	0,9
17	11,1	0,1	11,0	-2,7
18	13,2	-2,2	15,4	-5,1
19	10,4	-2,8	13,2	-5,4
20	9,8	-0,5	10,3	-2,3
S	103,3	5,8	97,5	-13,9
21	12,2	1,2	11,0	-1,5
22	8,3	-1,5	9,8	-2,5
23	11,1	6,7	4,4	5,5
24	12,2	8,7	3,5	8,0
25	12,2	6,9	5,3	7,2
26	6,8	1,8	5,0	0,8
27	11,0	-1,3	12,3	-3,0
28	10,1	-1,2	11,3	-3,0
29	11,9	0,4	11,5	-2,6
30	11,5	-3,4	14,9	-4,9
31	9,7	-4,9	14,6	-6,7
S	117,0	13,4	103,6	-2,7
Total:	335,9	70,5	265,4	14,5
Monat:	10,8	2,3	8,5	0,5

AUGUST 1957

EXTREMTEMPERATUREN

Tag:	Wetterhütte Maxima	Wetterhütte Minima	Tages-Schwankg.	Minima Boden
1	10,8	-2,8	13,6	-5,5
2	10,4	5,6	4,8	5,1
3	11,2	5,5	5,7	3,1
4	12,9	5,1	7,8	0,8
5	10,6	7,9	2,7	5,9
6	12,0	5,0	7,0	5,0
7	10,7	4,9	5,8	4,5
8	12,0	3,2	8,8	1,3
9	9,5	3,0	6,5	0,4
10	13,3	7,9	5,4	7,0
S	113,4	45,3	68,1	27,6
11	13,4	8,2	5,2	7,9
12	12,9	6,0	6,9	4,8
13	10,0	0,6	9,4	-1,4
14	11,4	4,8	6,6	4,5
15	11,1	2,8	8,3	0,5
16	12,0	-1,3	13,3	-3,0
17	11,5	-1,5	13,0	-2,8
18	11,3	5,2	6,1	4,9
19	11,9	9,1	2,8	7,8
20	13,0	4,8	8,2	1,3
S	118,5	38,7	79,8	24,5
21	11,3	-0,8	12,1	-1,7
22	10,7	5,5	5,2	3,0
23	11,0	3,7	7,3	0,9
24	11,2	6,2	5,0	5,9
25	13,8	3,9	9,9	1,8
26	14,4	7,6	6,8	7,5
27	14,5	8,6	5,9	6,5
28	12,5	6,0	6,5	4,4
29	13,7	3,2	10,5	1,2
30	13,4	1,0	12,4	-2,0
31	20,4	-0,8	21,2	-2,5
S	146,9	44,1	102,8	25,0
Total:	378,8	128,1	250,7	77,1
Monat:	12,2	4,1	8,1	2,5

SEPTEMBER 1957

EXTREMTEMPERATUREN

Tag:	Wetterhütte Maxima	Wetterhütte Minima	Tages-Schwankg.	Minima Boden
1	11,5	2,9	8,6	1,1
2	18,0	6,0	12,0	3,8
3	15,7	2,6	13,1	1,0
4	16,6	9,0	7,6	8,7
5	12,6	0,0	12,6	-1,9
6	12,6	5,4	7,2	3,1
7	10,3	-1,5	11,8	-3,0
8	12,5	7,3	5,2	7,0
9	12,8	6,5	6,3	4,6
10	11,7	-0,9	12,6	-2,8
S	134,3	37,3	97,0	21,6
11	14,9	3,0	11,9	0,9
12	21,7	0,0	21,7	-3,3
13	14,7	0,4	14,3	-0,1
14	10,3	5,6	4,7	4,0
15	13,0	8,5	4,5	7,9
16	13,7	8,0	5,7	7,4
17	11,2	5,3	5,9	2,7
18	14,8	3,9	10,9	2,1
19	14,7	2,1	12,6	-0,1
20	14,3	0,8	13,5	-1,5
S	143,3	37,6	105,7	20,0
21	11,3	4,1	7,2	2,9
22	13,4	4,5	8,9	3,0
23	12,8	8,7	4,1	8,4
24	15,6	4,2	11,4	2,5
25	13,8	1,0	12,8	-0,1
26	12,3	2,1	10,2	0,0
27	14,2	5,0	9,2	2,5
28	13,7	8,4	5,3	7,5
29	14,3	10,0	4,3	10,0
30	19,4	9,9	9,5	9,5
S	140,8	57,9	82,9	46,2
Total:	418,4	132,8	285,6	87,8
Monat:	13,9	4,4	9,5	2,9

OKTOBER 1957

EXTREMTEMPERATUREN

Tag:	Wetterhütte Maxima	Wetterhütte Minima	Tages-Schwankg.	Minima Boden
1	21,1	5,8	15,3	3,2
2	18,3	7,4	10,9	7,0
3	13,7	8,2	5,5	7,8
4	14,0	-1,0	15,0	-1,2
5	12,5	0,2	12,3	-1,0
6	11,5	1,1	10,4	-1,0
7	12,5	6,0	6,5	4,7
8	12,5	-0,1	12,6	-1,2
9	13,8	-1,8	15,6	-3,6
10	16,6	-1,0	17,6	-2,2
S	146,5	24,8	121,7	12,5
11	16,2	8,8	7,4	7,5
12	20,6	8,3	12,3	6,6
13	17,3	5,0	12,3	4,3
14	14,3	8,9	5,4	8,0
15	13,3	1,8	11,5	-0,1
16	15,1	0,0	15,1	-1,4
17	13,0	6,0	7,0	4,5
18	13,3	1,7	11,6	-0,2
19	16,7	1,5	15,2	0,1
20	18,0	1,1	16,9	-0,7
S	157,8	43,1	114,7	28,6
21	17,1	1,1	16,0	-0,5
22	15,6	0,7	14,9	0,0
23	14,4	1,9	12,5	0,7
24	13,9	9,5	4,4	8,7
25	13,7	6,7	7,0	6,0
26	12,6	9,5	3,1	8,2
27	13,3	0,8	12,5	-0,7
28	13,5	3,2	10,3	2,5
29	18,5	0,3	18,2	-1,9
30	17,0	2,9	14,1	0,2
31	17,4	1,4	16,0	0,4
S	167,0	38,0	129,0	23,6
Total:	471,3	105,9	365,4	64,7
Monat:	15,2	3,4	11,8	2,1

NOVEMBER 1957

EXTREMTEMPERATUREN

Tag:	Wetterhütte Maxima	Wetterhütte Minima	Tages-Schwankg.	Minima Boden
1	17,9	1,5	16,4	0,5
2	21,8	4,0	17,8	2,5
3	17,5	9,5	8,0	8,0
4	17,5	12,0	5,5	11,8
5	16,6	5,9	10,7	4,6
6	17,9	0,1	17,8	-1,4
7	21,5	6,9	14,6	4,1
8	25,0	8,4	16,6	6,9
9	15,7	10,4	5,3	9,4
10	19,1	10,1	9,0	9,9
S	190,5	68,8	121,7	56,3
11	23,0	8,5	14,5	5,9
12	20,7	8,5	12,2	5,5
13	18,6	5,7	12,9	3,4
14	17,5	4,1	13,4	2,2
15	15,6	8,5	7,1	6,9
16	16,6	0,9	15,7	0,0
17	18,0	8,0	10,0	6,3
18	20,6	5,3	15,3	2,0
19	19,8	3,8	16,0	1,2
20	15,5	1,6	13,9	0,6
S	185,9	54,9	131,0	34,0
21	19,4	7,9	11,5	6,9
22	24,3	4,0	20,3	2,9
23	30,7	10,0	20,7	7,2
24	19,0	10,6	8,4	9,8
25	17,2	5,4	11,8	4,4
26	19,8	2,3	17,5	-0,2
27	17,5	2,1	15,4	0,3
28	16,5	11,2	5,3	10,0
29	15,0	9,8	5,2	8,9
30	16,1	10,5	5,6	7,7
S	195,5	73,8	121,7	57,9
Total:	571,9	197,5	374,4	148,2
Monat:	19,1	6,6	12,5	4,9

DEZEMBER 1957

EXTREMTEMPERATUREN

Tag:	Wetterhütte Maxima	Wetterhütte Minima	Tages-Schwankg.	Minima Boden
1	16,3	4,0	12,2	2,9
2	17,9	10,4	7,5	9,1
3	20,7	7,4	13,3	5,6
4	26,5	9,6	16,9	7,7
5	16,6	9,2	7,4	7,4
6	16,0	11,1	4,9	9,4
7	13,1	10,5	2,6	9,7
8	15,3	10,2	5,1	9,8
9	16,2	9,2	7,0	7,0
10	17,6	11,4	6,2	10,2
S	176,2	93,0	83,2	78,8
11	18,6	4,0	14,6	2,8
12	17,5	7,3	10,2	5,7
13	14,5	12,4	2,1	11,8
14	17,2	10,3	6,9	8,2
15	16,6	12,7	3,9	12,5
16	18,2	11,2	7,0	9,5
17	20,2	7,6	12,6	5,6
18	22,1	4,4	17,7	2,2
19	21,6	9,2	12,4	7,4
20	22,2	9,0	13,2	5,9
S	188,7	88,1	100,6	71,6
21	25,6	8,9	16,7	6,9
22	24,6	9,9	14,7	7,3
23	21,1	11,6	9,5	10,0
24	18,3	13,8	4,5	13,2
25	21,8	11,9	9,9	10,8
26	24,7	8,1	16,6	6,9
27	18,5	13,8	4,7	13,2
28	17,7	10,8	6,9	8,1
29	17,2	6,9	10,3	5,8
30	18,9	5,9	13,0	4,3
31	20,3	3,5	16,8	2,2
S	228,7	105,1	123,6	88,7
Total:	593,6	286,2	307,4	239,1
Monat:	19,1	9,2	9,9	7,7

JANUAR 1958

EXTREMTEMPERATUREN

Tag:	Wetterhütte Maxima	Wetterhütte Minima	Tages-Schwankg.	Minima Boden
1	19,4	5,5	13,9	3,1
2	15,5	12,4	3,1	12,1
3	18,2	4,3	13,9	3,6
4	20,2	2,7	17,5	1,5
5	23,5	6,7	16,8	5,5
6	21,4	8,0	13,4	6,8
7	19,5	6,0	13,5	4,7
8	23,0	6,0	17,0	3,0
9	24,0	7,7	16,3	5,7
10	17,9	10,7	7,2	9,2
S	202,6	70,0	132,6	55,2
11	20,6	11,0	9,6	10,8
12	23,0	5,4	17,6	4,3
13	23,0	10,0	13,0	7,2
14	20,5	12,2	8,3	10,7
15	19,2	11,4	7,8	9,6
16	20,1	8,5	11,6	6,0
17	17,5	10,4	7,1	8,5
18	20,4	5,0	15,4	3,4
19	23,4	7,4	16,0	4,4
20	26,5	10,3	16,2	6,1
S	214,2	91,6	122,6	71,0
21	28,5	14,0	14,5	12,7
22	29,2	13,4	15,8	10,9
23	23,5	10,9	12,6	8,5
24	20,0	12,2	7,8	9,4
25	19,7	11,7	8,0	10,5
26	24,2	3,9	20,3	1,4
27	24,1	4,4	19,7	1,4
28	22,6	5,0	17,6	3,0
29	23,3	6,8	16,5	5,4
30	21,1	13,1	8,0	10,5
31	20,4	6,1	14,3	5,5
S	256,6	101,5	155,1	79,2
Total:	673,4	263,1	410,3	205,4
Monat:	21,7	8,5	13,2	6,6

FEBRUAR 1958

EXTREMTEMPERATUREN

Tag:	Wetterhütte Maxima	Wetterhütte Minima	Tages-Schwankg.	Minima Boden
1	19,6	3,5	16,1	1,6
2	21,2	5,6	15,6	2,5
3	23,3	8,7	14,6	4,8
4	24,8	4,2	20,6	2,6
5	21,6	5,9	15,7	4,6
6	21,9	9,0	12,9	6,0
7	21,7	7,1	14,6	4,3
8	22,5	8,5	14,0	6,5
9	24,4	9,0	15,4	6,0
10	21,2	6,6	14,6	4,8
S	222,2	68,1	154,1	43,7
11	20,7	4,3	16,4	2,9
12	22,2	4,9	17,3	3,4
13	18,5	8,3	10,2	5,9
14	18,3	5,8	12,5	3,9
15	17,4	11,0	6,4	8,8
16	18,7	4,7	14,0	2,6
17	21,3	6,2	15,1	4,5
18	18,2	7,8	10,4	6,3
19	17,2	10,4	6,8	8,1
20	18,0	0,8	17,2	-1,1
S	190,5	64,2	126,3	45,3
21	21,1	8,0	13,1	5,5
22	22,5	8,8	13,7	7,6
23	21,7	6,5	15,2	3,1
24	22,5	8,0	14,5	4,9
25	23,8	8,9	14,9	6,4
26	23,5	8,4	15,1	7,1
27	26,7	6,2	20,5	2,9
28	23,9	8,5	15,4	5,2
S	185,7	63,3	122,4	42,7
Total:	598,4	195,6	402,8	131,7
Monat:	21,3	7,0	14,3	4,7

MÄRZ 1958

EXTREMTEMPERATUREN

Tag:	Wetterhütte Maxima	Wetterhütte Minima	Tages-Schwankg.	Minima Boden
1	22,2	9,2	13,0	7,4
2	23,5	7,5	16,0	5,8
3	26,4	8,9	17,5	4,3
4	25,1	5,7	19,4	2,1
5	24,4	11,5	12,9	7,6
6	32,4	10,8	21,6	9,0
7	31,8	10,8	21,0	7,8
8	18,8	13,5	5,3	13,0
9	23,9	12,0	11,9	9,4
10	24,4	3,2	21,2	0,5
S	252,9	93,1	159,8	66,9
11	27,8	11,1	16,7	5,2
12	25,0	4,3	20,7	0,9
13	23,0	3,8	19,2	3,4
14	23,8	4,2	19,6	1,5
15	17,3	9,9	7,4	8,6
16	21,0	6,8	14,2	4,0
17	23,7	5,0	18,7	2,5
18	27,2	5,5	21,7	1,9
19	23,5	4,5	19,0	2,0
20	22,3	13,5	8,8	12,5
S	234,6	68,6	166,0	42,5
21	19,1	4,0	15,1	1,2
22	26,2	7,0	19,2	1,6
23	25,5	2,4	23,1	-1,2
24	19,6	5,8	13,8	2,9
25	20,5	6,9	13,6	4,6
26	22,9	12,1	10,8	10,1
27	21,1	10,4	10,7	8,5
28	23,2	9,9	13,3	8,5
29	17,9	10,8	7,1	8,6
30	16,9	3,5	13,4	1,1
31	16,2	7,5	8,7	6,0
S	229,1	80,3	148,8	51,9
Total:	716,6	242,0	474,6	161,3
Monat:	23,1	7,8	15,3	5,2

APRIL 1958

EXTREMTEMPERATUREN

Tag:	Wetterhütte Maxima	Wetterhütte Minima	Tages-Schwankg.	Minima Boden
1	23,5	4,8	18,7	2,5
2	21,5	5,7	15,8	2,9
3	18,4	9,0	9,4	6,1
4	17,1	5,7	11,4	3,6
5	16,8	1,2	15,6	-2,5
6	17,0	8,2	8,8	5,6
7	17,3	-1,5	18,8	-3,4
8	15,9	-0,1	16,0	-3,0
9	12,8	8,0	4,8	7,0
10	14,6	11,6	3,0	11,2
S	174,9	52,6	122,3	30,0
11	14,4	3,1	11,3	0,5
12	15,7	-0,8	16,5	-1,8
13	17,7	1,0	16,7	-1,4
14	16,2	8,6	7,6	7,0
15	18,4	2,2	16,2	0,9
16	19,3	6,5	12,8	2,0
17	17,9	5,1	12,8	3,0
18	13,0	10,9	2,1	7,9
19	16,2	7,4	8,8	6,9
20	16,2	1,7	14,5	-1,1
S	165,0	45,7	119,3	23,9
21	17,5	8,6	8,9	6,5
22	16,9	4,0	12,9	1,1
23	16,7	8,0	8,7	5,7
24	15,3	9,4	5,9	6,6
25	15,1	6,7	8,4	5,0
26	15,0	11,4	3,6	10,5
27	15,0	4,0	11,0	2,3
28	15,2	2,7	12,5	3,0
29	11,5	3,7	7,8	1,1
30	13,7	10,2	3,5	9,5
S	151,9	68,7	83,2	51,3
Total:	491,8	167,0	324,8	105,2
Monat:	16,4	5,6	10,8	3,5

MAI 1957

LUFTTEMPERATUREN und RELATIVE LUFTFEUCHTIGKEIT

Tag:	Trockenes Thermometer a)	b)	c)	M	Feuchtes Th. a)	b)	c)
1	6,0	19,0	12,6	10,9	5,9	15,8	12,1
2	9,3	14,8	12,9	11,6	8,9	13,0	12,1
3	7,2	13,7	12,1	10,1	7,2	12,5	10,6
4	7,0	11,2	10,9	9,0	7,0	10,5	10,5
5	9,4	14,5	11,7	11,3	9,2	12,2	11,2
6	9,5	13,4	14,2	11,7	9,4	12,6	13,9
7	14,3	14,0	10,4	12,8	13,1	11,8	9,0
8	3,0	9,8	13,2	7,3	3,0	8,8	10,2
9	12,9	13,0	12,4	12,8	12,7	12,3	12,2
10	10,2	13,1	13,0	11,6	10,1	12,4	12,9
S	88,8	136,5	123,4	109,1	86,5	121,9	114,7
11	15,0	15,7	14,8	15,1	14,9	15,2	14,4
12	9,5	12,7	10,2	10,5	9,4	10,4	8,4
13	9,4	15,0	14,8	12,2	9,4	14,4	14,7
14	15,6	15,5	14,6	15,3	15,3	14,9	14,4
15	15,0	17,2	13,7	15,2	14,6	13,9	12,0
16	14,1	15,2	13,0	14,1	12,0	12,9	11,3
17	11,3	11,6	10,0	11,1	10,8	11,4	9,7
18	8,5	10,6	10,6	9,6	8,4	10,2	10,0
19	13,6	14,5	13,9	13,9	12,6	12,7	13,1
20	13,1	13,5	9,8	12,4	12,8	12,4	8,4
S	125,1	141,5	125,4	129,4	120,2	128,4	116,5
21	4,8	9,8	7,8	6,8	4,8	8,0	6,9
22	5,5	10,6	7,6	7,3	5,4	8,9	7,2
23	3,4	10,1	5,6	5,6	3,3	8,1	5,3
24	1,6	7,8	5,6	4,2	1,6	6,2	5,5
25	7,5	8,4	8,1	7,9	7,2	8,1	7,8
26	7,5	11,8	11,8	9,7	7,4	10,4	10,0
27	9,4	12,3	8,1	9,8	9,2	10,4	7,5
28	6,8	13,5	6,3	8,4	6,5	9,5	6,0
29	8,6	12,5	9,9	9,9	8,3	9,2	9,4
30	6,2	10,2	6,2	7,2	5,8	6,8	5,4
31	-0,6	9,4	5,1	3,3	-0,6	4,9	2,8
S	60,7	116,4	82,1	80,1	58,9	90,5	73,8
Total:	274,6	394,4	330,9	318,6	265,6	340,8	305,0
Monat:	8,9	12,7	10,7	10,3	8,6	11,0	9,8

MAI 1957

LUFTTEMPERATUREN und RELATIVE LUFTFEUCHTIGKEIT

Rel. Feuchtigkeit a)	b)	c)	M	Hygrograph a)	b)	c)	M	Tag:
99	73	95	89	-	-	-	-	1
95	82	92	90	-	-	-	-	2
100	88	84	91	-	-	-	-	3
100	92	95	96	-	-	-	-	4
98	77	95	90	-	-	-	-	5
99	92	97	96	-	-	-	-	6
88	79	87	85	-	-	-	-	7
100	89	69	86	-	-	-	-	8
98	93	95	95	-	-	-	-	9
99	93	99	97	-	-	-	-	10
976	858	908	915	-	-	-	-	S
99	96	96	97	100	96	98	98	11
99	75	79	84	100	78	83	87	12
100	94	99	98	100	90	98	96	13
97	94	98	96	93	93	95	94	14
96	70	82	83	90	70	82	81	15
79	77	82	79	78	78	83	80	16
95	98	97	97	95	97	97	96	17
99	96	96	97	100	96	95	97	18
90	81	91	87	89	83	93	88	19
97	89	85	90	97	89	87	91	20
951	870	905	908	942	870	911	908	S
100	79	90	90	100	80	89	90	21
99	81	95	92	99	80	97	92	22
99	76	96	90	99	77	93	90	23
100	80	99	93	100	81	96	92	24
96	96	96	96	95	95	97	96	25
99	85	80	88	98	84	80	87	26
98	80	92	90	99	80	92	90	27
96	60	96	84	93	62	90	82	28
96	65	95	85	95	68	93	85	29
95	61	90	82	92	63	95	83	30
100	55	75	77	100	56	72	76	31
1,078	818	1.004	967	1.070	826	994	963	S
3.005	2.546	2.817	2.790	2.012	1.696	1.905	1.871	Total:
97	82	91	90	96	81	91	89	Monat:

JUNI 1957

Lufttemperaturen und relative Luftfeuchtigkeit

Tag:	Trockenes Thermometer a)	b)	c)	M	Feuchtes Th. a)	b)	c)
1	-3,0	9,2	5,2	2,1	(-1,8)	6,4	3,8
2	-0,4	4,7	5,9	2,5	-0,4	4,0	5,4
3	6,8	8,3	7,5	7,4	6,8	7,5	7,4
4	7,0	10,3	10,8	8,8	7,0	9,3	10,2
5	8,4	11,4	6,6	8,7	7,5	8,5	5,8
6	3,5	13,4	5,6	6,5	3,3	9,4	5,2
7	5,9	11,5	10,9	8,6	5,8	11,1	10,5
8	9,7	11,3	9,5	10,1	9,6	10,0	8,4
9	5,2	8,6	8,0	6,8	5,1	8,0	7,7
10	12,3	12,6	12,2	12,4	12,1	11,9	11,9
S	55,4	101,3	82,2	73,9	55,0	86,1	76,3
11	7,0	11,7	8,9	8,7	6,9	11,2	8,8
12	8,5	13,1	7,2	9,3	7,6	9,4	6,8
13	8,1	14,8	12,2	10,8	7,4	11,0	9,2
14	3,2	15,4	10,6	8,1	3,2	10;8	9,6
15	9,0	11,8	7,5	9,3	7,5	9,0	7,0
16	0,8	9,3	5,8	4,2	0,7	7,6	5,2
17	1,6	5,6	6,6	3,9	1,6	5,4	6,4
18	6,9	8,3	7,8	7,5	6,8	7,9	7,7
19	5,0	11,8	9,6	7,9	4,6	9,0	8,6
20	6,4	10,7	12,2	8,9	6,3	10,4	11,5
S	56,5	112,5	88,4	78,6	52,6	91,7	80,8
21	10,2	12,3	8,1	10,2	8,7	9,9	7,3
22	6,3	11,2	10,4	8,6	6,2	9,5	9,8
23	10,4	11,9	12,3	11,3	10,3	11,8	11,7
24	6,4	13,1	8,0	8,5	5,9	9,2	5,8
25	2,8	12,6	7,2	6,4	2,7	9,7	6,3
26	1,4	8,0	2,9	3,4	0,4	5,1	2,0
27	-2,0	3,2	4,1	0,8	(-1,8)	2,7	4,1
28	-2,7	6,5	1,3	0,6	(-0,4)	4,2	0,3
29	1,1	6,2	5,1	3,4	0,4	3,9	3,4
30	3,5	7,0	4,1	4,5	3,0	5,1	3,3
S	37,4	92,0	63,5	57,7	35,4	71,1	54,0
Total:	149,3	305,8	234,1	210,2	143,0	248,9	211,1
Monat:	5,0	10,2	7,8	7,0	4,8	8,3	7,0

JUNI 1957

LUFTTEMPERATUREN und RELATIVE LUFTFEUCHTIGKEIT

Rel. Feuchtigkeit a)	b)	c)	M	Hygrograph a)	b)	c)	M	Tag:
100	66	80	82	100	68	80	83	1
100	90	93	94	100	90	93	94	2
100	90	99	97	100	88	99	96	3
100	88	93	94	99	87	94	93	4
89	69	90	83	89	71	92	84	5
98	60	95	84	99	65	93	86	6
99	96	96	97	98	95	96	96	7
99	87	87	91	98	85	85	89	8
99	93	97	96	99	92	98	96	9
98	93	97	96	98	92	95	95	10
982	832	927	914	980	833	925	912	S
99	95	99	98	99	93	98	97	11
90	63	95	82	85	67	93	82	12
92	63	68	74	92	67	72	77	13
100	57	88	82	100	63	89	84	14
82	70	94	82	84	70	93	82	15
99	80	92	90	99	80	93	91	16
100	98	98	99	100	99	97	99	17
99	95	99	98	99	95	98	97	18
95	70	88	84	96	72	89	86	19
99	97	93	96	99	95	92	95	20
955	788	914	885	953	801	914	890	S
82	74	90	82	82	75	88	82	21
99	81	93	91	99	82	92	91	22
99	99	95	98	99	99	93	97	23
94	60	73	76	94	63	76	78	24
99	70	89	86	99	72	87	86	25
83	64	86	78	88	67	85	80	26
100	93	100	98	100	96	100	99	27
100	70	87	86	100	72	85	86	28
92	70	77	79	90	72	78	80	29
93	75	88	85	93	75	85	84	30
941	756	878	859	944	773	869	863	S
2.878	2.376	2.719	2.658	2.877	2.407	2.708	2.665	Total:
96	79	91	89	96	80	90	89	Monat:

JULI 1957

LUFTTEMPERATUREN und RELATIVE LUFTFEUCHTIGKEIT

Tag:	Trockenes Thermometer a)	b)	c)	M	Feuchtes Th. a)	b)	c)
1	-1,1	2,8	4,4	1,3	(-0,8)	2,3	4,2
2	9,1	11,6	11,6	10,4	9,0	11,4	11,4
3	7,0	12,3	12,1	9,6	6,9	10,5	10,9
4	8,3	12,9	12,9	10,6	7,8	10,2	11,9
5	13,5	12,6	10,8	12,6	11,8	11,8	10,4
6	9,8	12,3	10,9	10,7	8,5	10,0	9,3
7	12,3	13,5	11,8	12,5	11,9	11,8	11,6
8	5,5	8,0	7,0	6,5	4,8	7,0	5,5
9	5,3	7,2	10,4	7,1	4,8	6,8	8,7
10	3,3	6,0	5,5	4,5	2,1	4,1	4,6
S	73,0	99,2	97,4	85,8	66,8	85,9	88,5
11	8,4	11,0	7,8	8,9	7,2	8,6	5,8
12	3,6	8,5	5,5	5,3	1,8	4,2	4,2
13	-0,4	6,2	2,7	2,0	-0,4	4,0	2,2
14	-1,7	5,1	6,0	1,9	-1,6	4,5	5,1
15	7,1	9,9	9,5	8,4	6,9	9,0	8,4
16	4,0	11,1	5,8	6,2	4,0	8,6	4,5
17	1,1	7,1	6,1	3,9	0,7	5,1	4,3
18	-1,8	9,8	7,0	3,3	-1,8	6,8	5,1
19	-2,2	8,8	6,2	2,7	-2,2	6,6	4,2
20	1,7	8,9	7,5	5,0	1,6	7,3	6,3
S	19,8	86,4	64,1	47,6	16,2	64,7	50,1
21	2,7	8,5	6,9	5,2	2,7	7,1	6,0
22	-0,8	4,2	7,2	2,5	-0,8	4,0	6,8
23	8,0	10,8	9,2	9,0	7,8	9,0	8,8
24	10,8	12,2	11,7	11,4	10,3	11,2	11,2
25	11,9	7,2	5,1	9,0	11,4	6,2	4,5
26	2,5	6,4	5,7	4,3	2,4	4,9	4,7
27	-0,3	6,4	3,3	2,3	-0,3	5,2	3,0
28	-0,6	6,0	3,8	2,2	-0,6	5,2	3,4
29	2,4	8,4	4,8	4,5	2,2	5,2	3,4
30	-2,0	7,9	4,7	2,2	(-0,4)	5,8	3,6
31	-4,2	8,4	4,9	1,2	(-1,6)	5,0	3,0
S	30,4	86,4	67,3	53,8	33,1	68,8	58,4
Total:	123,2	272,0	228,8	187,2	116,1	219,4	197,0
Monat:	4,0	8,8	7,4	6,1	3,7	7,1	6,4

JULI 1957

LUFTTEMPERATUREN und RELATIVE LUFTFEUCHTIGKEIT

Rel. Feuchtigkeit a)	b)	c)	M	Hygrograph a)	b)	c)	M	Tag:
100	92	97	96	100	93	98	97	1
99	98	98	98	100	99	98	99	2
99	81	87	89	99	80	86	88	3
94	73	89	85	92	73	88	84	4
82	91	96	90	83	89	95	89	5
85	75	83	81	84	76	82	81	6
96	82	98	92	92	77	96	88	7
90	88	81	86	85	83	76	81	8
93	95	81	90	93	96	81	90	9
82	74	88	81	83	75	90	83	10
920	849	898	888	911	841	890	880	S
85	72	75	77	85	74	76	78	11
72	50	82	68	77	54	83	71	12
100	70	92	87	100	73	92	88	13
99	92	88	93	99	92	88	93	14
98	90	87	92	98	90	88	92	15
100	72	82	85	100	75	84	86	16
94	73	75	81	96	77	77	83	17
100	66	75	80	100	68	74	81	18
100	73	73	82	100	74	76	83	19
99	81	85	88	100	80	86	89	20
947	739	814	833	955	757	824	844	S
100	82	89	90	100	82	90	91	21
100	97	95	97	100	97	96	98	22
98	80	96	91	98	80	97	92	23
95	89	95	93	95	88	94	92	24
95	87	92	91	92	84	89	88	25
99	80	86	88	99	80	84	88	26
100	84	96	93	100	82	94	92	27
100	90	95	95	100	94	93	96	28
97	62	80	80	96	65	86	82	29
100	74	85	86	100	75	86	87	30
100	60	73	78	100	64	75	80	31
1.084	885	982	982	1.080	891	984	986	S
2.951	2.473	2.694	2.703	2.946	2.489	2.698	2.710	Total:
95	80	87	87	95	80	87	87	Monat:

AUGUST 1957

LUFTTEMPERATUREN und RELATIVE LUFTFEUCHTIGKEIT

Tag:	Trockenes Thermometer a)	b)	c)	M	Feuchtes Th. a)	b)	c)
1	-1,6	9,8	7,8	3,6	-1,6	6,6	6,2
2	6,0	8,8	8,8	7,4	5,9	8,4	8,6
3	6,5	11,0	11,0	8,8	6,4	10,7	10,4
4	6,7	12,0	9,0	8,6	5,8	8,7	7,4
5	11,7	9,0	8,3	10,2	11,2	8,8	8,2
6	6,2	10,0	10,0	8,1	5,8	7,9	8,6
7	7,8	5,8	6,2	6,9	7,6	4,8	4,9
8	3,6	8,3	6,0	5,4	3,6	6,8	5,2
9	5,1	6,6	9,2	6,5	4,8	6,4	8,8
10	9,3	12,2	9,3	10,0	8,2	9,6	9,1
S	61,3	93,5	85,6	75,5	57,7	78,7	77,4
11	9,9	12,5	7,7	10,0	9,2	9,4	7,4
12	8,0	11,4	7,6	8,8	7,2	8,8	6,4
13	2,6	9,6	8,0	5,7	2,5	7,9	6,4
14	5,6	9,0	7,0	6,8	5,2	7,8	5,3
15	4,0	8,8	5,6	5,6	3,7	6,9	4,3
16	-0,8	10,8	7,2	4,1	-0,8	7,3	5,4
17	-0,2	7,8	8,9	4,1	-0,2	5,9	6,9
18	7,1	9,4	11,4	8,7	6,8	9,1	11,2
19	11,2	11,5	9,0	10,7	10,9	8,5	6,6
20	5,8	11,8	7,3	7,7	5,2	8,3	6,4
S	53,2	102,6	79,7	72,2	49,7	79,9	66,3
21	-0,4	9,6	7,0	4,0	-0,4	7,2	6,4
22	8,6	10,0	8,9	9,0	7,8	8,1	5,9
23	7,7	9,4	8,8	8,4	5,9	7,0	6,8
24	6,9	10,9	10,0	8,7	6,3	8,9	8,4
25	4,8	13,4	10,2	8,3	4,7	10,8	10,0
26	8,2	13,3	10,8	10,1	8,1	10,8	10,1
27	10,0	14,0	11,3	11,3	9,1	10,6	9,3
28	6,6	11,4	7,3	8,0	6,2	8,4	6,7
29	4,0	11,8	7,6	6,9	4,0	8,0	6,6
30	1,6	11,9	9,8	6,2	1,4	8,3	7,3
31	0,4	16,9	13,3	7,8	0,4	11,2	8,8
S	58,4	132,6	105,0	88,7	53,5	99,3	86,3
Total:	172,9	328,7	270,3	236,4	160,9	257,9	230,0
Monat:	5,6	10,6	8,7	7,6	5,2	8,3	7,4

AUGUST 1957

LUFTTEMPERATUREN und RELATIVE LUFTFEUCHTIGKEIT

Rel. Feuchtigkeit a)	b)	c)	M	Hygrograph a)	b)	c)	M	Tag:
100	63	80	81	100	63	83	82	1
99	95	98	97	99	96	98	98	2
99	97	93	96	99	96	94	96	3
89	65	81	78	88	68	78	78	4
95	98	99	97	96	98	99	98	5
95	75	84	85	95	75	84	85	6
98	86	82	89	96	78	75	83	7
100	81	90	90	99	82	89	90	8
96	98	96	97	96	98	95	96	9
87	72	97	85	86	73	95	85	10
958	830	900	895	954	827	890	891	S
92	68	96	85	93	69	95	86	11
90	72	87	83	91	72	86	83	12
99	80	80	86	99	80	80	86	13
95	86	78	86	95	87	80	87	14
96	76	82	85	97	79	85	87	15
100	61	76	79	100	67	77	81	16
100	75	75	83	100	78	79	86	17
96	97	98	97	96	96	98	97	18
97	68	71	79	95	68	73	79	19
92	63	89	81	95	66	89	83	20
957	746	832	844	961	762	842	855	S
100	72	92	88	100	77	93	90	21
90	78	64	77	93	79	69	80	22
77	72	75	75	78	78	79	78	23
92	77	81	83	96	80	85	87	24
99	73	98	90	100	75	98	91	25
99	74	92	88	99	76	93	89	26
90	66	78	78	88	70	77	78	27
96	67	92	85	96	70	92	86	28
100	60	88	83	99	63	88	83	29
97	62	71	77	97	65	72	78	30
100	50	55	68	100	54	59	71	31
1.040	751	886	892	1.046	787	905	911	S
2.955	2.327	2.618	2.631	2.861	2.376	2.637	2.657	Total:
95	75	85	85	92	77	85	86	Monat:

SEPTEMBER 1957

LUFTTEMPERATUREN und RELATIVE LUFTFEUCHTIGKEIT

Tag:	Trockenes Thermometer a)	b)	c)	M	Feuchtes Th. a)	b)	c)
1	5,1	11,0	10,2	7,9	4,8	9,6	9,3
2	7,2	16,0	11,7	10,5	6,8	11,6	9,4
3	4,6	14,1	11,3	8,7	4,6	11,8	9,8
4	9,6	14,3	11,3	11,2	9,4	10,8	9,0
5	1,8	11,2	7,7	5,6	1,7	7,8	6,9
6	6,0	11,6	8,4	8,0	4,4	7,0	5,3
7	-0,8	10,0	7,7	4,0	(-0,2)	7,1	7,4
8	8,4	11,9	9,4	9,5	8,2	10,1	9,0
9	8,0	11,9	8,2	9,0	7,4	8,5	5,9
10	-0,2	11,2	8,6	4,9	-0,2	6,7	4,6
S	49,7	123,2	94,5	79,3	46,9	91,0	76,6
11	4,1	13,4	11,4	8,3	2,6	8,5	7,6
12	2,4	19,0	15,0	9,7	2,1	11,6	11,4
13	1,8	13,2	10,2	6,7	1,8	9,8	8,0
14	9,2	9,4	9,7	9,4	7,8	8,8	9,4
15	9,2	11,8	11,1	10,3	8,7	9,1	8,8
16	8,8	9,4	11,6	9,7	8,2	8,2	9,0
17	8,0	7,4	8,6	8,0	7,1	6,6	7,3
18	6,4	12,9	10,8	9,1	6,4	10,1	8,5
19	3,6	14,2	11,6	8,2	3,4	9,8	8,2
20	2,6	13,0	8,6	6,7	2,5	9,7	6,4
S	56,1	123,7	108,6	86,1	50,6	92,2	84,6
21	6,3	10,6	7,4	7,7	6,0	7,4	6,6
22	5,4	12,8	10,4	8,5	5,3	9,0	9,1
23	11,2	10,6	10,2	10,8	10,5	10,1	8,8
24	6,6	13,0	11,0	9,3	6,5	10,1	8,6
25	2,0	12,0	9,6	6,4	2,0	9,2	7,4
26	6,0	10,6	8,3	7,7	5,8	6,7	6,8
27	7,0	13,4	10,0	9,3	6,7	9,2	7,9
28	9,8	13,0	11,6	11,1	8,9	11,4	10,6
29	11,1	13,2	11,8	11,8	10,8	11,9	11,4
30	11,2	17,7	16,1	14,0	10,9	14,7	13,1
S	76,6	126,9	106,4	96,6	73,4	99,6	90,3
Total:	182,4	373,8	309,5	262,0	170,9	282,8	251,5
Monat:	6,1	12,5	10,3	8,7	5,7	9,4	8,4

SEPTEMBER 1957

LUFTTEMPERATUREN und RELATIVE LUFTFEUCHTIGKEIT

Rel. Feuchtigkeit a)	b)	c)	M	Hygrograph a)	b)	c)	M	Tag:
96	84	90	90	96	85	88	90	1
95	59	75	76	95	62	77	78	2
100	77	83	87	100	76	85	87	3
98	65	74	79	98	68	76	81	4
99	63	90	84	100	63	92	85	5
79	52	62	64	80	58	63	67	6
100	67	96	88	100	70	98	89	7
98	80	95	91	98	80	96	91	8
92	64	72	76	93	68	73	78	9
100	51	52	68	100	55	55	70	10
957	662	789	803	960	685	803	816	S
78	51	59	63	83	57	63	68	11
96	40	65	67	96	48	65	70	12
100	65	74	80	100	68	75	81	13
83	93	97	91	83	95	96	91	14
94	71	74	80	90	73	77	80	15
93	86	72	84	94	83	75	84	16
89	90	84	88	90	93	87	90	17
100	71	74	82	100	72	77	83	18
98	57	64	73	98	60	66	75	19
99	66	73	79	99	68	77	81	20
930	690	736	787	933	717	758	803	S
96	65	90	84	98	68	92	86	21
99	61	85	82	99	65	87	84	22
92	94	84	90	94	94	86	91	23
99	69	73	80	99	63	77	80	24
100	70	74	81	100	68	77	82	25
98	56	82	79	97	62	84	81	26
96	58	75	76	97	60	77	78	27
90	83	89	87	92	85	92	90	28
97	86	96	93	97	87	94	93	29
97	73	72	81	97	75	73	82	30
964	715	820	833	970	727	839	847	S
2.851	2.067	2.345	2.423	2.863	2.129	2.400	2.466	Total:
95	69	78	81	95	71	80	82	Monat:

OKTOBER 1957

LUFTTEMPERATUREN und RELATIVE LUFTFEUCHTIGKEIT

Tag:	Trockenes Thermometer a)	b)	c)	M	Feuchtes Th. a)	b)	c)
1	7,4	18,4	14,2	11,9	7,2	14,2	12,1
2	9,0	16,5	12,0	11,6	8,9	13,6	10,6
3	8,8	12,6	10,3	10,1	8,2	9,2	7,6
4	1,4	13,0	10,0	6,4	1,4	9,2	7,6
5	4,4	10,8	11,4	7,8	4,1	8,8	9,2
6	5,0	10,1	8,0	7,0	4,4	6,8	6,0
7	7,7	11,2	9,2	8,9	6,7	7,7	7,0
8	3,4	10,5	9,2	6,6	3,3	7,2	6,9
9	3,0	12,8	10,6	7,4	2,4	8,3	7,3
10	2,4	14,4	11,2	7,6	2,4	10,2	9,2
S	52,5	130,3	106,1	85,3	49,0	95,2	83,5
11	10,8	15,0	12,8	12,4	10,0	12,7	11,4
12	9,6	19,2	14,4	13,2	7,9	14,4	11,4
13	7,6	15,6	12,0	10,7	7,4	12,0	10,0
14	10,2	12,6	9,9	10,7	8,5	8,6	7,4
15	5,4	11,8	10,4	8,2	5,3	7,4	7,2
16	5,0	13,3	10,4	8,4	4,4	9,6	7,8
17	8,9	12,0	9,9	9,9	8,4	10,4	7,5
18	5,7	12,0	10,3	8,4	5,5	8,8	8,0
19	4,6	15,5	13,2	9,5	4,6	11,6	10,4
20	8,3	16,4	12,9	11,5	7,2	12,2	10,2
S	76,1	143,4	116,2	102,9	69,2	107,7	91,3
21	5,0	15,0	11,6	9,2	4,9	11,6	9,4
22	6,7	14,9	11,4	9,9	6,7	10,6	9,2
23	4,7	13,9	11,9	8,8	4,6	10,2	9,7
24	10,6	11,7	10,8	10,9	9,8	10,6	9,3
25	9,4	12,8	11,0	10,6	9,0	10,1	9,3
26	11,7	10,6	9,0	10,8	11,0	8,3	6,4
27	4,8	12,3	10,8	8,2	4,6	8,2	7,2
28	7,5	12,6	11,6	9,8	5,9	8,8	8,2
29	7,2	15,9	16,0	11,6	5,9	11,2	11,3
30	10,0	16,0	14,5	12,6	7,8	11,1	10,0
31	6,9	15,8	12,6	10,5	6,4	11,6	9,4
S	84,5	151,5	131,2	112,9	76,6	112,3	99,4
Total:	213,1	425,2	353,5	301,1	194,8	315,2	274,2
Monat:	6,9	13,7	11,4	9,7	6,3	10,2	8,8

OKTOBER 1957

LUFTTEMPERATUREN und RELATIVE LUFTFEUCHTIGKEIT

Rel. Feuchtigkeit a)	b)	c)	M	Hygrograph a)	b)	c)	M	Tag:
98	63	79	80	98	67	78	81	1
99	73	85	86	98	74	85	86	2
92	65	70	76	94	67	72	78	3
100	61	72	78	100	65	73	79	4
96	78	76	83	96	80	78	85	5
92	63	75	77	93	66	80	80	6
88	62	73	74	90	67	75	77	7
99	63	72	78	100	65	73	79	8
91	54	64	70	95	60	67	74	9
100	59	77	79	100	62	80	81	10
955	641	743	781	964	673	761	800	S
91	77	85	84	93	78	86	86	11
80	60	70	70	83	62	73	73	12
98	66	78	81	99	69	81	83	13
80	58	71	70	82	62	75	73	14
99	53	64	72	100	58	65	74	15
92	62	71	75	94	65	72	77	16
94	82	72	83	95	82	75	84	17
98	66	73	79	98	67	76	80	18
100	63	71	78	100	64	71	78	19
87	62	72	74	90	65	75	77	20
919	649	727	766	934	672	749	785	S
99	67	75	80	100	70	78	83	21
100	59	76	78	100	62	75	79	22
99	63	76	79	99	66	77	81	23
91	88	83	87	92	90	85	89	24
95	72	81	83	96	75	82	84	25
93	74	69	79	95	75	73	81	26
98	57	60	72	98	61	63	74	27
80	60	63	68	77	63	66	69	28
82	57	57	65	84	62	58	68	29
74	55	57	62	79	61	62	67	30
95	61	67	74	98	67	70	78	31
1.006	713	764	827	1.018	752	789	853	S
2.880	2.003	2.234	2.374	2.916	2.097	2.299	2.438	Total:
93	65	72	77	94	68	74	79	Monat:

NOVEMBER 1957

LUFTTEMPERATUREN und RELATIVE LUFTFEUCHTIGKEIT

Tag:	Trockenes Thermometer a)	b)	c)	M	Feuchtes Th. a)	b)	c)
1	8,0	17,0	15,3	12,1	7,4	12,6	11,4
2	12,0	20,8	16,2	15,3	10,5	14,6	12,6
3	13,0	16,5	14,2	14,2	11,8	13,4	12,3
4	12,8	16,9	13,8	14,1	12,5	14,3	12,0
5	9,6	15,1	14,2	12,1	9,3	10,7	10,4
6	8,0	16,4	15,5	12,0	6,0	11,0	10,6
7	11,2	19,4	18,6	15,1	9,2	14,0	13,4
8	10,2	21,4	18,8	15,1	8,9	15,5	14,8
9	12,6	15,1	12,4	13,2	11,2	11,8	10,0
10	12,6	18,6	15,6	14,8	11,8	14,8	12,8
S	110,0	177,2	154,6	138,0	98,6	132,7	120,3
11	12,8	20,9	20,0	16,6	11,0	15,4	14,5
12	12,2	19,8	17,5	15,4	9,9	14,2	12,4
13	11,6	16,8	14,3	13,6	9,7	12,7	9,8
14	11,6	14,9	12,7	12,7	9,4	11,5	10,8
15	11,3	14,7	17,8	13,8	10,0	10,7	14,0
16	6,6	15,7	14,0	10,7	6,4	12,2	10,9
17	11,3	15,4	14,5	13,1	10,7	12,5	10,8
18	9,6	18,5	17,5	13,8	7,0	11,7	11,4
19	11,2	18,9	15,5	14,2	8,8	12,6	10,5
20	10,4	14,4	13,0	12,1	9,2	10,8	9,8
S	108,6	170,0	156,8	136,0	92,1	124,3	114,9
21	12,0	18,4	15,8	14,5	10,2	13,9	12,6
22	14,0	23,4	19,2	17,7	12,6	16,4	14,6
23	16,0	28,1	25,8	21,5	13,0	19,1	18,3
24	12,4	16,6	16,1	14,4	11,3	13,9	13,4
25	12,5	16,8	15,4	14,3	11,6	11,8	11,3
26	11,0	18,1	17,1	14,3	8,4	11,6	11,8
27	11,2	15,6	13,7	12,9	8,8	10,6	10,9
28	12,6	14,7	13,8	13,4	12,3	13,1	12,8
29	11,8	13,5	14,8	13,0	11,0	11,0	14,2
30	12,8	15,8	13,3	13,7	10,7	10,8	9,5
S	126,3	181,0	165,0	149,7	109,9	132,2	129,4
Total:	344,9	528,2	476,4	423,7	300,6	389,2	364,6
Monat:	11,5	17,6	15,9	14,1	10,0	13,0	12,2

NOVEMBER 1957

LUFTTEMPERATUREN und RELATIVE LUFTFEUCHTIGKEIT

Relative Feuchtigkeit a)	b)	c)	M	Hygrograph a)	b)	c)	M	Tag:
93	60	63	72	97	64	68	76	1
83	51	65	66	84	56	67	69	2
88	72	81	80	89	73	85	82	3
97	76	82	85	98	75	81	85	4
97	58	63	73	98	62	63	74	5
75	51	54	60	75	56	58	63	6
78	55	56	63	80	58	57	65	7
85	53	66	68	87	60	68	72	8
85	70	74	76	85	72	76	78	9
91	67	73	77	90	69	75	78	10
872	613	677	720	883	645	698	742	S
81	57	55	64	82	61	57	67	11
75	54	55	61	80	61	62	68	12
79	63	56	66	81	67	63	70	13
76	67	80	74	76	72	80	76	14
86	62	67	72	86	65	64	72	15
98	67	69	78	100	68	72	80	16
94	72	64	77	97	75	68	80	17
70	44	47	54	74	52	55	60	18
73	48	53	58	78	57	58	64	19
86	65	67	73	88	68	70	75	20
818	599	613	677	842	646	649	712	S
80	61	70	70	82	65	72	73	21
86	48	62	65	88	55	65	69	22
72	42	48	54	75	50	58	61	23
88	75	74	79	90	77	77	81	24
90	55	61	69	92	61	62	72	25
71	45	53	56	75	51	52	59	26
73	53	72	66	75	58	73	69	27
97	84	90	90	95	85	92	91	28
91	74	94	86	85	79	95	86	29
78	53	61	64	80	57	65	67	30
826	590	685	699	837	638	711	728	S
2.516	1.802	1.975	2.096	2.562	1.929	2.058	2.182	Total:
84	60	66	70	85	64	69	73	Monat:

DEZEMBER 1957

LUFTTEMPERATUREN und RELATIVE LUFTFEUCHTIGKEIT

Tag:	Trockenes Thermometer a)	b)	c)	M	Feuchtes Th. a)	b)	c)
1	9,8	15,5	11,5	11,7	8,8	11,3	10,9
2	14,3	17,2	15,7	15,4	12,0	13,5	12,5
3	11,8	19,0	18,0	15,3	9,5	12,2	12,8
4	12,1	23,4	22,5	17,5	10,1	16,8	15,4
5	14,3	16,0	14,2	14,7	12,9	13,2	11,8
6	12,6	15,8	12,8	13,5	11,0	11,8	11,7
7	11,5	12,7	12,7	12,1	10,5	11,2	11,0
8	11,3	12,8	14,5	12,5	10,9	11,8	11,9
9	11,6	15,1	13,9	13,0	10,9	11,7	11,1
10	12,6	16,5	16,1	14,4	12,1	13,5	12,4
S	121,9	164,0	152,7	140,1	108,7	127,0	121,5
11	8,2	17,8	16,7	12,7	8,1	13,1	12,7
12	11,4	16,8	15,4	13,8	10,8	13,4	12,4
13	14,2	13,9	13,8	14,0	13,2	13,0	13,0
14	12,7	16,8	14,4	14,1	12,3	12,4	12,6
15	14,5	16,1	14,8	15,0	14,1	15,2	14,2
16	15,3	17,7	15,9	16,1	13,6	13,1	11,4
17	13,9	18,7	16,8	15,8	10,7	13,0	13,4
18	13,3	21,5	20,9	17,2	10,9	15,6	15,8
19	15,8	19,8	19,4	17,7	14,3	16,8	13,2
20	12,9	20,7	21,0	16,9	10,8	14,6	15,4
S	132,2	179,8	169,1	153,3	118,8	140,2	134,1
21	15,0	23,7	22,2	19,0	12,7	15,8	15,9
22	17,0	21,6	19,3	18,7	14,4	17,0	16,0
23	18,8	16,2	16,8	17,6	18,7	14,3	14,5
24	15,4	17,9	16,4	16,3	13,6	14,4	14,2
25	16,0	21,1	19,2	18,1	14,8	15,3	12,9
26	13,1	20,8	17,0	16,0	12,8	16,6	15,6
27	14,9	16,6	17,9	16,1	14,4	15,3	14,6
28	15,4	16,4	14,8	15,5	14,0	12,8	11,9
29	11,3	16,2	14,3	13,3	10,7	12,0	10,2
30	12,2	17,6	15,0	14,2	9,8	12,4	12,0
31	11,2	18,9	17,8	14,8	10,4	14,2	13,2
S	160,3	207,0	190,7	179,6	146,3	160,1	151,0
Total:	414,4	550,8	512,5	473,0	373,8	427,3	406,6
Monat:	13,4	17,8	16,5	15,3	12,1	13,8	13,1

DEZEMBER 1957

LUFTTEMPERATUREN und RELATIVE LUFTFEUCHTIGKEIT

Relative Feuchtigkeit a)	b)	c)	M	Hygrograph a)	b)	c)	M	Tag:
88	60	94	81	88	62	95	82	1
77	67	70	71	80	68	72	73	2
75	44	50	56	76	53	55	61	3
78	52	47	59	82	58	54	65	4
85	73	76	78	86	75	77	79	5
83	62	88	78	85	67	90	81	6
89	84	82	85	89	86	85	87	7
96	89	74	86	97	90	75	87	8
92	67	72	77	93	70	74	79	9
95	72	66	78	95	74	67	79	10
358	670	719	749	871	703	744	773	S
99	59	63	74	99	63	66	76	11
94	69	71	78	97	72	73	81	12
90	90	92	91	92	92	95	93	13
96	60	82	79	96	65	85	82	14
96	91	94	94	96	92	95	94	15
83	60	58	67	87	65	62	71	16
68	52	69	63	73	57	70	67	17
75	54	59	63	78	58	63	66	18
85	74	49	69	85	78	57	73	19
78	52	55	62	83	58	61	67	20
864	661	692	740	886	700	727	770	S
77	43	52	57	80	53	58	64	21
76	64	72	71	78	68	77	74	22
99	82	79	87	98	85	82	88	23
82	69	79	77	84	72	82	79	24
88	54	48	63	89	59	55	68	25
97	66	87	83	97	67	88	84	26
95	88	71	85	95	88	73	85	27
86	67	72	75	88	69	74	77	28
94	61	60	72	95	65	65	75	29
74	54	71	66	74	60	73	69	30
91	60	60	70	92	65	65	74	31
959	708	751	806	970	751	792	837	S
2.681	2.039	2.162	2.295	2.727	2.154	2.263	2.380	Total:
86	66	70	74	88	69	73	77	Monat:

JANUAR 1958

LUFTTEMPERATUREN und RELATIVE LUFTFEUCHTIGKEIT

Tag:	Trockenes Thermometer a)	b)	c)	M	Feuchtes Th. a)	b)	c)
1	12,9	18,2	16,8	15,2	10,6	13,8	13,4
2	14,2	15,2	13,6	14,3	12,9	14,4	12,0
3	8,9	17,2	16,4	12,9	8,8	12,3	11,6
4	10,5	19,1	18,0	14,5	9,8	14,0	14,0
5	11,2	21,8	19,6	15,9	10,8	16,8	15,2
6	13,8	20,8	17,8	16,6	12,8	16,4	15,6
7	12,1	18,6	18,0	15,2	10,8	12,9	11,6
8	12,6	21,6	19,8	16,6	9,5	15,0	13,3
9	14,4	21,3	17,4	16,9	11,7	12,3	15,4
10	15,1	16,5	16,4	15,8	14,4	15,8	15,1
S	125,7	190,3	173,8	153,9	112,1	143,7	137,2
11	12,0	20,0	17,6	15,4	11,4	16,0	13,2
12	13,0	20,1	18,8	16,2	11,6	15,5	14,4
13	14,6	22,4	18,4	17,5	12,3	17,6	14,2
14	15,6	18,4	17,8	16,9	14,3	15,0	15,4
15	14,1	18,0	17,4	15,9	11,6	14,2	13,8
16	13,6	19,4	16,2	15,7	11,9	14,6	13,5
17	13,2	14,1	15,6	14,0	12,2	13,2	12,0
18	11,1	19,2	19,4	15,2	10,3	12,8	13,3
19	12,8	22,0	21,0	17,1	10,4	15,0	13,8
20	13,6	24,2	23,4	18,7	11,6	17,2	15,0
S	133,6	197,8	185,6	162,6	117,6	151,1	138,6
21	16,2	26,9	25,5	21,2	13,6	19,1	18,6
22	16,5	26,8	26,6	21,6	13,4	18,6	19,8
23	17,2	21,6	17,8	18,4	15,0	16,5	15,4
24	14,6	19,2	16,6	16,3	13,2	14,6	13,9
25	14,3	18,9	15,9	15,8	13,5	13,2	11,5
26	11,2	22,6	20,1	16,3	8,8	13,7	13,4
27	11,4	23,3	20,0	16,5	9,7	15,4	13,0
28	11,0	21,4	17,9	15,3	10,4	15,6	14,5
29	12,0	22,0	19,0	16,3	11,4	17,2	16,8
30	15,6	20,8	15,8	17,0	14,8	17,3	15,0
31	10,0	19,4	17,6	14,2	9,8	13,3	13,0
S	150,0	242,9	212,8	188,9	133,6	174,5	164,9
Total:	409,3	631,0	572,2	505,4	363,3	469,3	440,7
Monat:	13,2	20,4	18,5	16,3	11,7	15,1	14,2

JANUAR 1958

LUFTTEMPERATUREN und RELATIVE LUFTFEUCHTIGKEIT

Relative Feuchtigkeit a)	b)	c)	M	Hygrograph a)	b)	c)	M	Tag:
76	62	69	69	78	67	73	73	1
87	92	83	87	88	94	85	89	2
99	56	56	70	99	61	60	73	3
92	57	65	71	95	57	67	73	4
96	61	63	73	97	64	67	76	5
90	64	80	78	93	68	83	81	6
86	52	46	61	87	58	52	66	7
68	49	48	55	73	57	55	62	8
76	33	82	64	77	43	83	68	9
93	93	87	91	94	94	87	92	10
863	619	679	719	881	663	712	753	S
94	67	61	74	94	69	64	76	11
85	62	67	71	88	66	67	74	12
77	62	63	67	79	67	62	69	13
87	70	78	78	90	74	81	82	14
75	67	67	70	78	70	72	73	15
82	60	74	72	87	64	77	76	16
90	91	66	82	91	92	68	84	17
91	47	50	63	94	55	58	69	18
75	47	44	55	79	56	51	62	19
79	49	43	57	83	58	53	65	20
835	622	613	689	863	671	653	730	S
75	48	52	58	82	58	59	66	21
72	46	53	57	78	58	58	65	22
80	60	78	73	82	66	81	76	23
86	62	75	74	88	66	78	77	24
92	52	59	68	94	58	63	72	25
73	37	47	52	76	48	54	59	26
81	43	44	56	83	48	52	61	27
93	56	70	73	96	62	77	78	28
94	62	81	79	96	65	83	81	29
92	72	92	85	94	74	93	87	30
98	50	60	69	98	57	62	72	31
936	588	711	744	967	660	760	794	S
2.634	1.829	2.003	2.152	2.711	1.994	2.125	2.277	Total:
85	59	65	69	87	64	69	73	Monat:

FEBRUAR 1958

LUFTTEMPERATUREN und RELATIVE LUFTFEUCHTIGKEIT

Tag:	Trockenes Thermometer a)	b)	c)	M	Feuchtes Th. a)	b)	c)
1	10,5	18,9	16,9	14,2	10,0	14,3	13,6
2	12,6	19,8	19,5	16,1	10,8	13,7	13,2
3	12,2	22,7	19,4	16,6	10,2	16,4	13,2
4	10,9	23,1	20,1	16,3	10,2	16,3	14,6
5	10,6	20,2	18,5	15,0	10,6	14,3	13,4
6	12,7	21,8	19,8	16,7	10,9	15,4	13,7
7	13,5	21,0	20,0	17,0	12,0	15,7	15,5
8	13,7	21,4	18,8	16,9	12,2	16,6	14,8
9	13,7	23,3	20,5	17,8	12,5	17,5	15,8
10	12,4	20,4	16,1	15,3	11,8	15,4	13,4
S	122,8	212,6	189,6	161,9	111,2	155,6	141,2
11	8,6	19,0	17,4	13,4	8,6	14,6	13,8
12	10,2	20,2	18,7	14,8	10,1	15,6	14,2
13	12,4	14,4	15,8	13,8	12,0	13,2	12,3
14	9,8	17,0	15,5	13,0	9,7	12,4	12,1
15	13,2	15,4	15,0	14,2	12,4	12,8	11,2
16	8,8	17,4	15,6	12,6	8,0	11,4	11,0
17	11,1	20,8	16,4	14,9	9,6	16,7	15,0
18	12,5	16,2	15,0	14,0	12,4	12,8	10,9
19	13,6	14,5	15,4	14,3	11,6	11,6	10,2
20	5,0	17,2	15,6	10,7	5,0	12,0	11,9
S	105,2	172,1	160,4	135,7	99,4	133,1	122,6
21	11,6	20,0	17,3	15,1	10,8	16,4	15,0
22	11,8	20,5	19,6	15,9	11,8	16,1	15,0
23	11,4	20,6	17,4	15,2	10,6	15,0	13,5
24	11,9	20,6	17,8	15,6	11,6	15,5	13,8
25	11,5	22,6	20,8	16,6	11,4	17,4	17,0
26	11,1	21,3	19,2	15,7	11,0	16,3	11,6
27	8,7	24,2	23,8	16,3	7,9	16,6	16,8
28	12,6	20,5	16,9	15,7	11,6	15,4	13,7
S	90,6	170,3	152,8	126,1	86,7	128,7	116,4
Total:	318,6	555,0	502,8	423,7	297,3	417,4	380,2
Monat:	11,4	19,8	17,9	15,1	10,6	14,9	13,6

FEBRUAR 1958

LUFTTEMPERATUREN und RELATIVE LUFTFEUCHTIGKEIT

Relative Feuchtigkeit a)	b)	c)	M	Hygrograph a)	b)	c)	M	Tag:
95	61	70	75	97	64	73	78	1
81	51	48	60	81	58	54	64	2
79	53	49	60	82	59	57	66	3
92	49	55	65	98	57	62	72	4
100	52	57	70	100	58	60	73	5
81	51	51	61	84	62	57	68	6
84	57	62	68	88	63	65	72	7
84	61	65	70	86	66	68	73	8
88	56	62	69	93	61	65	73	9
94	59	74	76	96	65	78	80	10
878	550	593	674	905	613	639	719	S
100	63	68	77	100	68	72	80	11
99	62	62	74	97	65	64	75	12
96	88	67	84	96	89	69	85	13
99	59	68	75	98	63	70	77	14
92	75	63	77	93	76	68	79	15
90	48	57	65	94	55	61	70	16
83	67	87	79	85	70	88	81	17
99	68	60	76	98	72	63	78	18
80	71	52	68	82	76	57	72	19
100	54	65	73	99	58	67	75	20
938	655	649	748	942	692	679	772	S
91	70	79	80	92	71	80	81	21
100	64	62	75	98	66	65	76	22
91	55	65	70	93	60	69	74	23
97	59	64	73	97	63	68	76	24
99	60	69	76	98	65	72	78	25
99	60	39	66	98	64	50	71	26
90	47	49	62	91	54	55	67	27
89	59	71	73	92	63	75	77	28
756	474	498	575	759	506	534	600	S
2.572	1.679	1.740	1.997	2.606	1.811	1.852	2.091	Total:
92	60	62	71	93	65	66	75	Monat:

MÄRZ 1958

LUFTTEMPERATUREN und RELATIVE LUFTFEUCHTIGKEIT

Tag:	Trockenes Thermometer a)	b)	c)	M	Feuchtes Th. a)	b)	c)
1	11,5	19,6	16,9	14,9	11,1	15,8	15,4
2	11,2	21,8	19,3	15,9	11,2	14,4	14,2
3	12,4	24,0	20,4	17,3	10,5	16,1	14,4
4	12,0	24,4	20,9	17,3	10,7	17,1	15,5
5	14,3	20,6	23,4	18,1	12,1	16,2	17,3
6	13,3	31,5	28,9	21,8	12,1	19,8	19,0
7	13,6	30,4	15,5	18,3	13,1	17,8	14,1
8	14,6	16,8	15,8	15,5	13,8	15,1	14,6
9	14,2	21,5	18,7	17,1	12,4	15,6	12,6
10	11,4	21,0	22,4	16,5	9,5	15,4	16,3
S	128,5	231,6	202,2	172,7	116,5	163,3	153,4
11	15,2	26,8	23,0	20,0	10,6	15,6	13,2
12	5,4	24,6	16,9	13,1	4,7	14,7	14,2
13	5,8	22,6	16,9	12,8	5,8	15,3	12,2
14	5,8	22,0	15,2	12,2	5,7	16,0	12,4
15	10,8	16,6	13,8	13,0	10,4	12,6	11,5
16	11,4	18,7	16,5	14,5	11,3	14,7	13,2
17	6,2	22,5	18,6	13,4	6,1	15,7	13,7
18	7,9	25,6	20,2	15,4	7,6	17,1	15,0
19	6,0	22,5	16,7	12,8	5,9	16,2	15,6
20	14,8	22,0	16,3	17,0	14,6	17,8	14,0
S	89,3	223,9	174,1	144,2	82,7	155,7	135,0
21	5,2	18,4	15,2	11,0	5,0	11,2	14,4
22	9,2	23,4	19,6	15,4	7,0	13,3	13,8
23	3,7	24,8	15,0	11,8	3,6	15,7	12,0
24	7,4	18,8	15,1	12,2	7,3	14,3	12,3
25	10,5	19,2	15,9	14,0	10,3	15,4	14,5
26	13,4	22,2	16,5	16,4	13,2	17,7	15,6
27	11,9	19,1	15,5	14,6	11,8	17,6	15,0
28	11,3	21,5	16,8	15,2	11,2	17,0	14,2
29	13,2	17,6	13,2	14,3	12,8	13,2	9,2
30	4,7	15,4	13,3	9,5	4,6	11,6	10,5
31	8,7	13,9	13,4	11,2	8,2	11,4	12,4
S	99,2	214,3	169,5	145,6	95,0	158,4	143,9
Total:	317,0	669,8	545,8	462,5	294,2	477,4	432,3
Monat:	10,2	21,6	17,6	14,9	9,5	15,4	13,9

MÄRZ 1958

LUFTTEMPERATUREN und RELATIVE LUFTFEUCHTIGKEIT

Relative Feuchtigkeit a)	b)	c)	M	Hygrograph a)	b)	c)	M	Tag:
95	68	86	83	95	70	88	84	1
100	44	57	67	99	52	62	71	2
80	44	52	59	85	53	58	65	3
86	48	57	64	87	54	61	67	4
77	64	55	65	84	72	62	73	5
88	33	38	53	90	43	46	60	6
95	28	86	70	96	42	89	76	7
92	84	88	88	93	85	89	89	8
82	54	49	62	84	60	58	67	9
79	55	53	62	80	62	60	67	10
874	522	621	673	893	593	673	719	S
57	29	31	39	65	38	40	48	11
91	33	75	66	94	43	79	72	12
100	46	58	68	99	53	60	71	13
99	53	73	75	99	60	74	78	14
96	63	76	78	95	68	78	80	15
99	65	70	78	99	67	72	79	16
99	50	58	69	99	55	63	72	17
96	42	58	65	98	48	61	69	18
99	52	90	80	98	58	91	82	19
98	67	79	81	96	71	82	83	20
934	500	668	699	942	561	700	734	S
98	40	46	61	98	47	50	65	21
73	30	52	52	78	39	55	57	22
99	37	71	69	98	43	73	71	23
99	62	72	78	99	65	74	79	24
98	67	86	84	96	72	87	85	25
98	65	91	85	97	68	92	86	26
99	87	95	94	98	85	95	93	27
99	64	76	80	98	67	78	81	28
95	61	59	72	95	64	62	74	29
99	64	71	78	98	65	72	78	30
94	74	90	86	95	75	88	86	31
1.051	651	809	839	1.050	690	826	855	S
2.859	1.673	2.098	2.211	2.885	1.844	2.199	2.308	Total:
92	54	68	71	93	60	71	74	Monat:

APRIL 1958

LUFTTEMPERATUREN und RELATIVE LUFTFEUCHTIGKEIT

Tag:	Trockenes Thermometer a)	b)	c)	M	Feuchtes Th. a)	b)	c)
1	8,9	18,9	19,0	13,9	8,8	15,1	14,5
2	6,7	19,6	15,8	12,2	6,6	15,0	15,0
3	12,3	17,7	13,4	13,9	12,1	13,9	11,7
4	7,0	16,4	13,1	10,9	6,8	10,8	9,8
5	3,1	15,7	12,2	8,5	2,9	10,7	8,8
6	9,4	16,1	12,4	11,8	9,0	12,5	8,4
7	-0,7	16,2	13,6	7,1	-0,7	10,8	9,2
8	1,8	14,9	11,1	7,4	1,8	11,4	9,4
9	9,3	11,0	12,9	10,6	8,8	10,3	12,3
10	13,3	11,8	9,7	12,0	13,0	11,6	8,0
S	71,1	158,3	133,2	108,3	69,1	122,1	107,1
11	3,8	13,4	10,2	7,8	3,8	10,4	7,8
12	0,0	14,6	11,2	6,4	0,0	9,7	8,3
13	1,2	15,7	14,2	8,1	0,9	12,1	11,0
14	9,9	14,2	12,2	11,6	8,4	11,2	10,8
15	4,0	16,5	13,8	9,6	4,0	12,8	11,3
16	11,9	17,2	14,9	14,0	10,9	13,8	12,8
17	7,6	15,9	13,7	11,2	7,6	13,8	11,9
18	11,6	13,0	11,8	12,0	10,9	12,6	11,0
19	8,1	13,6	11,5	10,3	8,0	12,5	10,4
20	3,5	15,4	10,5	8,2	3,3	11,8	9,5
S	61,6	149,5	124,0	99,2	57,8	120,7	104,8
21	10,3	15,9	12,5	12,2	10,2	14,1	11,8
22	6,8	13,9	11,3	9,7	6,8	12,0	10,5
23	13,2	14,3	13,7	13,6	12,4	13,7	12,6
24	10,6	14,8	12,2	12,0	10,4	12,8	11,8
25	11,0	14,6	14,6	12,8	10,6	13,6	13,5
26	12,0	13,9	9,9	12,0	11,6	11,3	9,2
27	7,7	12,9	10,8	9,8	7,6	11,3	9,9
28	4,0	13,2	8,6	7,4	4,0	11,4	8,6
29	7,8	10,0	11,5	9,3	7,5	9,8	11,4
30	10,6	13,7	8,6	10,9	10,1	10,4	7,6
S	94,0	137,2	113,7	109,7	91,2	120,4	106,9
Total:	226,7	445,0	370,9	317,2	218,1	363,2	318,8
Monat:	7,6	14,8	12,4	10,6	7,3	12,1	10,6

APRIL 1958

LUFTTEMPERATUREN und RELATIVE LUFTFEUCHTIGKEIT

Relative Feuchtigkeit a)	b)	c)	M	Hygrograph a)	b)	c)	M	Tag:
99	67	62	76	99	70	64	78	1
99	62	92	84	98	65	92	84	2
98	66	82	82	97	68	83	83	3
98	50	66	71	97	54	67	73	4
96	53	64	71	96	58	65	73	5
95	67	58	73	96	68	62	75	6
100	51	55	69	100	62	67	76	7
100	67	82	83	100	69	85	85	8
94	93	94	94	95	95	95	95	9
96	98	80	91	93	94	80	89	10
975	674	735	794	971	703	760	811	S
100	69	72	80	100	67	73	80	11
100	53	68	74	100	55	70	75	12
95	66	68	76	97	68	72	77	13
83	70	85	79	87	74	87	83	14
100	66	74	80	100	68	78	82	15
89	69	79	79	90	72	79	80	16
100	80	81	87	100	80	84	88	17
92	96	91	93	93	96	93	94	18
99	89	87	92	99	90	89	93	19
98	66	89	84	98	71	88	86	20
956	724	794	824	964	741	813	838	S
99	82	93	91	99	85	93	92	21
100	80	90	90	99	81	91	90	22
91	89	89	90	92	88	88	89	23
98	80	96	91	96	80	95	90	24
96	90	89	92	96	90	90	92	25
96	73	92	87	96	75	93	88	26
99	83	90	91	98	84	90	91	27
100	80	95	92	100	80	95	92	28
96	98	99	98	96	97	97	97	29
94	67	88	83	95	68	86	83	30
969	822	921	905	967	828	918	904	S
2.900	2.220	2.450	2.523	2.902	2.272	2.491	2.553	Total:
97	74	82	84	97	76	83	85	Monat:

MAI 1957

TEMPERATUREN der BODENNAHEN LUFTSCHICHT

Tag:	1 m a)	1 m b)	1 m c)	1 m M	10 cm a)	10 cm b)	10 cm c)	10 cm M
1	6,2	19,2	13,0	11,2	6,0	19,5	11,9	10,9
2	8,8	15,4	13,2	11,6	8,6	15,9	12,5	11,4
3	7,5	15,5	12,0	10,6	7,4	16,3	12,0	10,8
4	7,3	11,9	10,9	9,4	7,5	13,0	10,6	9,7
5	9,7	14,1	11,7	11,3	9,8	15,5	10,5	11,4
6	9,8	13,5	14,2	11,8	9,9	14,0	14,0	11,9
7	14,5	15,0	10,0	13,5	14,1	15,8	9,4	13,3
8	2,9	10,0	12,8	7,2	3,0	10,4	12,7	7,3
9	13,2	13,6	12,8	13,2	13,2	13,6	12,7	13,2
10	9,7	13,6	13,4	11,6	9,7	13,8	13,4	11,6
S	89,6	141,8	124,0	111,4	89,2	147,8	119,7	111,5
11	15,5	16,0	14,6	15,4	15,3	16,2	14,6	15,4
12	9,8	13,1	10,3	10,8	9,2	13,5	10,3	10,6
13	9,8	15,3	15,2	12,5	9,8	15,5	15,2	12,6
14	15,7	15,7	14,7	15,5	15,7	15,7	14,7	15,5
15	15,6	16,5	13,7	15,4	15,0	16,7	13,3	14,8
16	14,2	15,5	13,2	14,3	14,0	15,7	13,0	14,2
17	10,8	12,4	10,1	11,0	11,6	12,3	9,4	11,2
18	9,1	10,8	10,8	10,0	9,1	11,0	10,8	10,0
19	13,4	14,8	14,4	14,0	13,4	14,6	14,3	13,9
20	13,5	13,7	10,1	12,7	13,4	13,7	9,8	12,6
S	127,9	143,8	127,1	131,6	126,5	144,9	125,4	130,8
21	5,4	9,3	7,9	7,0	5,4	9,7	7,5	7,0
22	5,8	10,9	8,3	7,7	5,9	11,1	8,1	7,7
23	3,8	9,4	5,4	5,6	3,5	9,7	3,1	5,0
24	2,1	6,6	5,7	4,1	2,6	7,5	5,1	4,5
25	7,8	8,5	7,7	8,0	7,8	8,7	7,7	8,0
26	7,8	11,6	12,0	9,8	8,0	11,7	11,8	9,9
27	9,3	12,2	8,2	9,8	9,3	12,5	6,5	9,4
28	7,2	13,6	5,7	8,4	7,1	14,3	5,5	8,5
29	9,0	12,8	9,7	10,1	9,0	12,8	9,7	10,1
30	6,9	10,8	6,5	7,8	6,6	11,2	6,1	7,6
31	-0,5	9,5	4,6	3,3	-1,3	10,1	4,2	2,9
S	64,6	115,2	81,7	81,6	63,9	119,3	75,3	80,6
Total:	282,1	400,8	332,8	324,6	279,6	412,0	320,4	322,9
Monat:	9,1	12,9	10,7	10,5	9,0	13,3	10,3	10,4

JUNI 1957

TEMPERATUREN der BODENNAHEN LUFTSCHICHT

Tag:	1 m a)	1 m b)	1 m c)	1 m M	10 cm a)	10 cm b)	10 cm c)	10 cm M.
1	-3,2	9,9	4,4	2,0	-3,4	10,5	1,8	1,4
2	0,0	4,9	5,3	2,5	-0,2	5,1	5,3	2,5
3	7,1	8,6	8,0	7,7	7,1	8,6	7,9	7,7
4	7,4	10,7	10,5	9,0	7,1	10,8	10,5	8,9
5	8,9	11,7	6,7	9,1	8,8	11,9	5,9	8,9
6	3,0	12,1	5,6	5,9	3,0	13,3	4,3	5,9
7	6,3	12,0	10,5	8,8	6,3	12,8	10,5	9,0
8	10,2	11,5	9,8	10,4	10,1	11,7	9,6	10,4
9	5,3	8,7	7,8	6,8	5,1	8,9	7,8	6,7
10	12,5	12,2	12,2	12,3	12,5	12,4	12,1	12,3
S	57,5	102,3	80,8	74,5	56,4	106,0	75,7	73,7
11	7,3	11,7	9,0	8,8	7,3	11,8	9,0	8,8
12	8,3	12,5	6,5	8,9	8,2	13,1	6,1	8,9
13	8,1	15,3	12,3	11,0	7,5	15,8	12,0	10,7
14	3,5	13,4	10,9	7,8	2,8	13,6	10,7	7,5
15	9,0	12,0	7,0	9,2	8,5	12,6	7,2	9,2
16	1,0	9,1	4,8	4,0	0,7	10,1	3,2	3,7
17	2,2	5,7	7,0	4,3	2,2	6,0	7,0	4,3
18	7,4	8,7	8,3	8,0	7,4	8,8	8,3	8,0
19	5,3	11,5	10,0	8,0	5,5	12,0	8,8	8,0
20	7,0	11,3	12,4	9,4	6,8	11,4	12,1	9,3
S	59,1	111,2	88,2	79,4	56,9	115,2	84,6	78,4
21	10,1	12,7	7,5	10,1	10,0	13,3	6,9	10,1
22	6,6	11,0	10,7	8,7	6,6	11,4	10,7	8,8
23	10,8	12,1	12,5	11,5	10,8	12,2	12,5	11,6
24	6,2	17,7	8,1	9,6	5,0	18,2	7,9	8,8
25	3,0	11,4	7,5	6,2	2,4	12,0	7,3	6,0
26	1,3	8,6	1,8	3,2	0,7	9,0	0,6	2,7
27	-1,7	2,8	4,4	1,0	-1,5	3,0	4,3	1,1
28	-2,4	6,5	1,0	0,7	-2,0	7,4	-0,1	0,8
29	1,5	7,1	5,0	3,8	1,0	7,4	4,5	3,5
30	4,0	7,7	4,0	4,9	4,0	7,9	1,6	4,4
S	39,4	97,6	62,5	59,7	37,0	101,8	56,2	57,8
Total:	156,0	311,1	231,5	213,6	150,3	323,0	216,5	209,9
Monat:	5,2	10,4	7,7	7,1	5,0	10,8	7,2	7,0

JULI 1957

TEMPERATUREN der BODENNAHEN LUFTSCHICHT

Tag:	1 m a)	1 m b)	1 m c)	1 m M	10 cm a)	10 cm b)	10 cm c)	10 cm M
1	-0,7	3,3	5,0	2,0	-0,5	3,5	5,0	1,9
2	9,6	11,9	11,9	10,8	9,6	11,9	11,9	10,8
3	7,3	12,2	12,4	9,8	6,8	12,4	12,4	9,6
4	8,5	13,0	12,7	10,7	8,5	13,0	12,7	10,7
5	12,3	12,2	11,0	12,0	12,3	12,3	11,0	12,0
6	9,6	12,5	11,3	10,8	9,6	12,5	11,0	10,7
7	13,5	13,5	12,0	13,1	13,3	13,6	12,0	13,0
8	6,0	8,3	7,7	7,0	6,0	8,5	7,4	7,0
9	5,6	7,5	10,5	7,3	5,5	7,6	10,5	7,3
10	3,5	6,3	6,1	4,9	3,4	6,3	6,9	5,0
S	75,2	100,7	100,6	88,4	74,5	101,6	100,8	88,0
11	8,5	11,0	8,5	9,1	8,6	11,5	8,0	9,2
12	3,8	8,3	5,5	5,3	3,5	8,3	5,6	5,2
13	0,1	5,8	3,0	2,3	0,0	6,3	1,5	2,0
14	-1,3	5,5	6,3	2,4	-1,2	5,9	6,3	2,4
15	7,7	10,3	10,0	8,9	7,7	10,4	9,8	8,9
16	3,9	10,8	6,2	6,2	3,5	11,1	5,5	5,9
17	1,3	7,2	6,5	4,1	1,0	8,4	5,8	4,0
18	-1,5	9,9	6,7	3,4	-2,7	10,6	4,8	2,5
19	-1,7	8,4	6,5	3,0	-1,9	8,7	6,0	2,7
20	2,0	9,1	7,8	5,2	2,0	9,4	7,6	5,2
S	22,8	86,3	67,0	49,9	20,5	90,6	60,9	48,1
21	3,4	8,3	6,7	5,5	3,3	9,0	4,5	5,0
22	-0,3	4,5	7,5	2,9	-0,1	4,6	7,4	3,0
23	8,4	11,0	9,5	9,3	8,4	11,0	9,5	9,3
24	10,5	12,2	12,0	11,3	10,5	12,2	12,0	11,3
25	12,2	7,5	5,3	9,3	12,2	7,7	4,5	9,2
26	2,9	6,5	5,9	4,5	2,6	6,7	5,8	4,4
27	0,0	5,0	3,2	2,0	0,0	6,1	2,6	2,2
28	-0,1	4,7	3,6	2,0	0,0	4,8	1,4	1,6
29	3,0	9,3	4,5	5,0	2,8	9,5	2,9	4,5
30	-1,5	7,3	4,5	2,2	-1,5	9,0	2,5	2,1
31	-3,8	9,7	5,0	1,8	-4,1	10,3	4,0	1,5
S	34,7	86,0	67,7	55,8	34,1	90,9	57,1	54,1
Total:	132,7	273,0	235,3	194,1	129,1	283,1	218,8	190,2
Monat:	4,3	8,8	7,6	6,3	4,2	9,2	7,1	6,2

AUGUST 1957

TEMPERATUREN der BODENNAHEN LUFTSCHICHT

Tag:	1 m a)	1 m b)	1 m c)	1 m M	10 cm a)	10 cm b)	10 cm c)	10 cm M
1	-1,1	8,6	8,0	3,6	-1,1	9,0	7,6	3,6
2	6,5	8,8	9,0	7,7	6,4	9,0	8,3	7,5
3	6,9	11,3	11,7	9,2	6,7	11,4	11,7	9,1
4	6,5	12,1	9,7	8,7	5,3	12,2	8,8	7,9
5	11,9	9,0	8,3	10,3	11,9	9,4	8,3	10,4
6	6,1	9,1	10,0	7,8	6,1	9,6	10,1	8,0
7	8,5	6,5	7,0	7,6	8,5	6,6	7,0	7,6
8	4,1	8,5	6,0	5,7	4,2	9,5	5,9	6,0
9	5,2	6,6	9,0	6,5	5,1	6,7	9,0	6,5
10	8,7	10,6	9,4	9,4	8,8	11,2	8,6	9,3
S	63,3	91,1	88,1	76,5	61,9	94,6	85,3	75,9
11	9,9	12,2	8,6	10,2	9,9	12,5	8,5	10,2
12	8,2	11,4	8,0	8,9	8,3	11,9	7,3	9,0
13	3,0	9,5	8,6	6,0	3,1	9,9	8,2	6,1
14	5,9	8,4	7,5	6,9	6,0	9,0	7,3	7,1
15	4,3	9,4	4,7	5,7	4,0	9,7	4,3	5,5
16	-0,4	12,3	6,5	4,5	-0,3	13,2	5,5	4,5
17	-0,3	7,3	9,0	3,9	-0,4	7,8	9,0	4,0
18	7,2	9,6	11,5	8,9	7,2	9,6	11,5	8,9
19	11,3	10,7	9,0	10,6	11,3	11,3	8,9	10,7
20	5,9	11,5	6,9	7,6	5,7	12,6	6,6	7,6
S	55,0	102,3	80,3	73,2	54,8	107,5	77,1	73,6
21	-0,1	10,0	7,3	4,3	0,0	11,0	6,5	4,4
22	8,7	9,8	9,1	9,1	8,5	10,0	8,9	9,0
23	8,0	9,5	8,7	8,5	8,0	9,5	8,7	8,5
24	7,0	10,7	10,0	8,7	7,1	11,2	9,6	8,8
25	5,3	13,3	10,7	8,6	4,5	13,5	10,8	8,3
26	8,7	13,3	11,1	10,4	8,8	13,5	11,1	10,5
27	10,2	13,4	11,0	11,2	10,0	14,1	11,1	11,3
28	6,8	11,0	7,8	8,1	6,6	11,2	7,9	8,1
29	4,4	12,5	7,5	7,2	4,5	13,7	7,0	7,4
30	1,2	12,9	9,2	6,1	-0,2	14,7	8,8	5,8
31	0,3	16,4	13,5	7,6	-0,6	19,0	12,7	7,6
S	60,5	132,8	105,9	89,8	57,2	141,4	103,1	89,7
Total:	178,8	326,2	274,3	239,5	173,9	343,5	265,5	239,2
Monat:	5,8	10,5	8,8	7,7	5,6	11,1	8,6	7,7

SEPTEMBER 1957

TEMPERATUREN der BODENNAHEN LUFTSCHICHT

Tag:	1 m a)	b)	c)	M	10 cm a)	b)	c)	M
1	5,8	11,1	10,5	8,3	5,9	12,4	10,5	8,7
2	7,5	15,0	11,8	10,4	7,7	18,4	12,0	11,4
3	5,1	13,8	11,5	8,9	5,3	14,9	11,5	9,3
4	10,1	14,5	11,7	11,6	10,1	17,6	11,5	12,3
5	2,2	11,0	7,8	5,8	2,4	11,5	7,4	5,9
6	5,3	12,1	7,7	7,7	5,1	14,2	6,8	7,8
7	-0,8	10,0	7,6	4,0	-0,6	10,4	7,7	4,2
8	8,8	11,9	9,8	9,8	8,8	12,0	9,8	9,9
9	8,0	12,5	8,7	9,3	8,2	13,1	8,2	9,4
10	0,3	11,6	8,7	5,2	0,4	12,3	8,5	5,4
S	52,3	123,5	95,8	81,0	53,3	136,8	93,9	84,3
11	4,0	14,0	11,8	8,4	3,7	15,8	11,1	8,6
12	2,5	19,0	14,5	9,6	2,0	20,0	14,0	9,5
13	2,2	13,6	10,4	7,1	2,0	14,5	10,6	7,3
14	9,2	9,4	9,6	9,4	9,4	9,5	9,6	9,5
15	9,8	12,0	11,1	10,7	9,8	12,2	11,0	10,7
16	9,2	10,0	11,8	10,1	9,2	10,0	11,8	10,1
17	8,3	7,6	8,7	8,2	8,3	7,7	8,9	8,3
18	6,8	13,2	11,0	9,4	7,0	14,0	10,9	9,7
19	4,4	13,9	12,0	8,7	3,1	16,1	11,9	8,5
20	3,0	14,3	9,0	7,3	3,1	15,7	8,9	7,7
S	59,4	127,0	109,9	88,9	57,6	135,5	108,7	89,9
21	6,8	11,2	7,8	8,1	6,9	11,8	7,8	8,4
22	5,6	13,0	10,7	8,7	5,7	13,5	10,7	8,9
23	11,4	10,8	10,2	11,0	11,4	10,9	10,3	11,0
24	7,0	15,5	11,1	10,1	7,2	16,3	11,0	10,4
25	2,4	13,1	9,6	6,9	2,7	14,3	7,4	6,8
26	5,4	11,0	8,5	7,6	5,6	11,5	8,6	7,8
27	7,2	13,8	10,5	9,7	7,4	14,7	10,5	10,0
28	10,2	13,0	11,9	11,3	10,2	12,4	12,0	11,2
29	11,5	13,3	12,3	12,2	11,6	14,2	12,4	12,4
30	11,6	17,9	11,2	13,1	11,8	19,0	11,2	13,5
S	79,1	132,6	103,8	98,7	80,5	138,6	101,9	100,4
Total:	190,8	383,1	309,5	268,6	191,4	410,9	304,5	274,6
Monat:	6,4	12,8	10,3	9,0	6,4	13,7	10,2	9,2

OKTOBER 1957

TEMPERATUREN der BODENNAHEN LUFTSCHICHT

Tag:	1 m a)	b)	c)	M	10 cm a)	b)	c)	M
1	8,2	18,6	14,3	12,3	8,4	19,3	14,3	12,6
2	9,2	16,5	12,3	11,8	9,2	17,6	12,3	12,1
3	9,3	12,9	10,5	10,5	9,2	13,6	10,5	10,6
4	1,8	14,0	10,4	7,0	1,9	15,7	10,3	7,5
5	4,8	11,0	11,5	8,0	5,0	11,2	11,5	8,2
6	4,9	10,3	8,0	7,0	5,1	10,6	7,7	7,1
7	7,9	11,8	9,5	9,3	8,0	12,2	9,5	9,4
8	3,8	10,6	9,4	6,9	4,1	10,8	9,4	7,1
9	3,0	13,0	10,7	7,4	3,5	15,2	10,5	8,2
10	2,5	14,5	11,7	7,8	2,7	15,6	11,6	8,1
S	55,4	133,2	108,3	88,0	57,1	141,8	107,6	90,9
11	11,0	15,5	13,2	12,7	11,0	16,3	13,2	12,9
12	9,9	19,0	13,8	13,2	10,0	20,5	13,5	13,5
13	7,5	15,8	12,3	10,8	7,7	16,5	12,5	11,1
14	10,4	13,0	10,3	11,0	10,5	13,4	10,2	11,2
15	5,6	12,5	10,4	8,5	5,9	13,5	10,3	8,9
16	5,2	13,5	10,5	8,6	5,8	14,2	10,5	9,1
17	9,2	11,9	10,0	10,1	9,2	12,2	10,0	10,1
18	5,9	12,8	10,3	8,7	6,3	13,9	10,4	9,2
19	4,6	15,9	13,2	9,6	5,0	17,5	13,2	10,2
20	8,3	16,0	12,9	11,4	8,3	18,6	12,9	12,0
S	77,6	145,9	116,9	104,6	79,7	156,6	116,7	108,2
21	5,3	15,5	11,8	9,5	5,6	16,8	11,7	9,9
22	6,6	15,3	11,5	10,0	6,5	15,7	11,6	10,1
23	5,0	14,4	12,1	9,1	5,2	14,8	12,1	9,3
24	11,9	11,8	10,9	11,6	12,0	11,9	11,0	11,7
25	9,7	13,0	11,2	10,9	9,9	13,1	11,3	11,1
26	11,8	9,3	8,4	10,3	11,8	9,9	8,7	10,5
27	5,0	12,6	10,7	8,3	5,4	13,1	10,8	8,7
28	7,5	13,0	14,4	10,6	7,9	13,9	14,5	11,1
29	7,4	16,2	15,9	11,7	7,7	16,9	15,8	12,0
30	10,1	16,0	14,4	12,7	10,3	17,3	14,2	13,0
31	7,0	15,9	12,9	10,7	7,5	16,8	12,9	11,2
S	87,3	153,0	134,2	115,4	89,8	160,2	134,6	118,6
Total:	220,3	432,1	359,4	308,0	226,6	458,6	358,9	317,7
Monat:	7,1	13,9	11,6	9,9	7,3	14,8	11,6	10,2

NOVEMBER 1957

TEMPERATUREN der BODENNAHEN LUFTSCHICHT

Tag:	1 m a)	b)	c)	M	10 cm a)	b)	c)	M
1	8,0	17,4	15,0	12,1	8,3	18,0	15,4	12,5
2	11,9	21,0	16,4	15,3	12,3	21,4	16,4	15,6
3	13,4	17,5	14,3	14,7	13,8	18,0	14,5	15,0
4	12,9	16,7	13,8	14,1	13,0	17,4	14,1	14,4
5	9,8	15,3	14,1	12,2	9,9	16,0	14,4	12,6
6	7,8	17,0	15,5	12,0	8,3	18,3	15,5	12,6
7	11,5	20,2	18,6	15,5	11,5	21,2	18,6	15,7
8	10,4	21,3	18,5	15,1	10,4	22,1	18,4	15,3
9	12,7	15,5	12,6	13,4	13,0	16,6	12,6	13,8
10	12,7	18,1	15,6	14,8	13,1	19,0	15,8	15,2
S	111,1	180,0	154,4	139,2	113,6	188,0	155,7	142,7
11	12,7	21,2	19,6	16,6	13,3	22,3	19,5	17,1
12	12,4	19,7	17,3	15,4	12,4	20,9	17,3	15,8
13	11,9	17,5	14,4	13,9	12,3	17,5	14,4	14,1
14	11,5	15,9	12,9	13,0	11,9	16,2	13,0	13,2
15	11,4	15,0	12,9	12,7	11,5	15,5	12,8	12,8
16	7,2	15,8	14,0	11,0	7,7	16,6	14,1	11,5
17	11,7	15,7	14,5	13,4	11,9	15,7	14,5	13,5
18	9,8	19,0	17,0	13,9	10,1	20,3	17,1	14,4
19	11,2	19,1	15,0	14,1	11,8	19,9	15,5	14,8
20	10,4	15,2	13,2	12,3	11,2	15,7	13,3	12,9
S	110,2	174,1	150,8	136,3	114,1	180,6	151,5	140,1
21	12,5	18,2	15,6	14,7	12,7	18,9	15,6	15,0
22	13,8	24,3	18,9	17,7	14,2	24,8	18,6	18,0
23	16,0	28,4	25,3	21,4	16,0	29,2	25,2	21,6
24	12,6	17,0	16,0	14,6	12,8	17,2	16,0	14,7
25	12,4	17,2	15,2	14,3	12,8	18,0	15,3	14,7
26	10,9	18,1	16,7	14,1	11,2	20,1	16,7	14,8
27	11,7	15,8	13,8	13,3	12,2	16,1	13,9	13,6
28	12,8	14,9	13,9	13,6	12,9	15,0	13,9	13,7
29	11,5	13,6	14,8	12,8	11,9	13,8	14,8	13,1
30	11,7	15,9	13,4	13,2	12,1	16,5	13,4	13,5
S	125,9	183,4	163,6	149,7	128,8	189,6	163,4	152,7
Total:	347,2	537,5	468,8	425,2	356,5	558,2	470,6	435,5
Monat:	11,6	17,9	15,6	14,2	11,9	18,6	15,7	14,5

DEZEMBER 1957

TEMPERATUREN der BODENNAHEN LUFTSCHICHT

Tag:	1 m a)	1 m b)	1 m c)	1 m M	10 cm a)	10 cm b)	10 cm c)	10 cm M
1	10,0	15,7	11,3	11,8	10,4	15,9	11,4	12,0
2	14,5	17,2	15,7	15,5	15,0	18,3	15,8	16,0
3	12,0	19,5	18,5	15,5	12,3	20,3	18,7	15,9
4	12,2	23,7	22,4	17,6	12,4	25,3	22,4	18,1
5	14,5	16,3	14,3	14,9	14,7	16,5	14,5	15,1
6	12,7	15,8	12,9	13,5	12,7	16,1	13,0	13,6
7	11,7	13,0	12,8	12,3	11,7	13,4	12,9	12,4
8	11,5	13,0	14,5	12,6	11,6	13 1	14,5	12,7
9	11,8	15,2	14,0	13,2	12,0	15,5	14,0	13,4
10	12,8	17,0	15,8	14,6	12,9	17,7	16,0	14,9
S	123,7	166,4	152,2	141,5	125,7	172,1	153,2	144,1
11	8,5	18,6	16,5	13,0	8,9	19,0	16,5	13,3
12	11,3	16,8	15,4	13,7	11,5	17,5	15,5	14,0
13	14,2	14,0	13,9	14,1	14,2	14,0	13,9	14,1
14	12,9	16,5	14,5	14,2	13,1	17,6	14,6	14,6
15	14,7	16,2	15,1	15,2	14,8	16,3	15,1	15,3
16	15,5	18,1	16,0	16,3	15,8	18,4	16,0	16,5
17	13,9	18,6	16,7	15,8	14,3	19,1	16,6	16,1
18	13,3	21,3	20,5	17,1	13,5	22,5	20,5	17,5
19	14,7	20,0	19,3	17,2	14,8	20,4	19,4	17,3
20	13,2	20,9	20,5	16,9	13,4	22,4	20,5	17,4
S	132,2	181,0	168,4	153,5	134,3	187,2	168,6	156,1
21	14,8	24,0	21,8	18,9	15,2	26,0	21,9	19,6
22	16,8	21,7	19,0	18,6	17,2	22,5	19,1	19,0
23	14,0	16,9	16,9	15,4	14,5	17,7	17,2	16,0
24	15,5	17,7	16,5	16,3	15,6	17,9	16,6	16,4
25	16,0	21,5	19,0	18,1	16,2	22,3	19,0	18,4
26	13,0	21,7	17,2	16,2	13,4	22,2	17,4	16,6
27	15,0	16,8	17,8	16,2	15,1	16,9	17,8	16,2
28	15,4	16,7	14,9	15,6	15,8	16,8	15,0	15,9
29	11,4	16,5	14,7	13,5	11,6	17,4	14,7	13,8
30	12,0	17,5	15,1	14,1	12,1	18,3	15,4	14,5
31	10,4	18,9	17,5	14,3	10,8	19,5	17,8	14,7
S	154,3	209,9	190,4	177,2	157,5	217,5	191,9	181,1
Total:	410,2	557,3	511,0	472,2	417,5	576,8	513,7	481,3
Monat:	13,2	18,0	16,5	15,2	13,5	18,6	16,6	15,5

JANUAR 1958

TEMPERATUREN der BODENNAHEN LUFTSCHICHT

Tag:	1 m a)	b)	c)	M	10 cm a)	b)	c)	M
1	13,0	18,9	17,0	15,5	13,1	19,7	17,1	15,8
2	13,8	15,3	13,8	14,2	13,8	15,4	13,8	14,2
3	9,1	17,3	16,2	12,9	9,4	17,6	16,4	13,2
4	10,0	20,5	17,7	14,6	10,4	21,2	17,8	14,9
5	10,8	22,0	19,3	15,7	11,7	22,6	19,4	16,4
6	13,5	20,4	17,8	16,3	13,8	20,9	17,9	16,6
7	12,0	19,0	17,9	15,2	12,5	19,9	18,1	15,7
8	12,6	22,3	19,7	16,8	12,6	23,5	19,8	17,1
9	14,1	21,5	17,4	16,8	14,4	22,3	17,4	17,1
10	15,4	16,7	16,5	16,0	15,5	16,8	16,6	16,1
S	124,3	193,9	173,3	154,0	127,2	199,9	174,3	157,1
11	12,3	19,5	17,5	15,4	12,5	22,0	17,7	16,2
12	13,0	20,7	18,7	16,4	13,2	21,0	18,8	16,6
13	14,5	22,8	17,6	17,3	14,7	24,0	17,6	17,7
14	15,5	18,8	18,0	17,0	15,6	18,9	18,0	17,0
15	14,0	18,3	17,3	15,9	14,2	18,6	17,5	16,1
16	13,3	20,5	16,5	15,9	13,4	21,2	16,5	16,1
17	13,4	14,5	14,6	14,0	13,6	15,0	14,5	14,2
18	11,3	19,7	19,7	15,5	11,5	20,8	19,7	15,9
19	13,0	22,1	20,9	17,2	13,2	23,5	21,1	17,8
20	13,7	24,6	23,3	18,8	13,8	26,0	23,4	19,2
S	134,0	201,4	184,1	163,4	135,7	211,0	184,8	166,8
21	16,3	27,5	25,4	21,4	16,5	28,5	25,4	21,7
22	16,5	27,2	26,6	21,7	16,7	28,5	26,8	22,2
23	17,4	21,8	18,1	18,7	17,4	22,2	18,2	18,8
24	14,9	19,4	16,5	16,4	15,1	20,2	16,8	16,8
25	15,0	18,2	15,7	16,0	15,1	19,4	15,8	16,4
26	11,4	22,7	19,9	16,3	11,5	23,9	20,0	16,7
27	12,2	23,9	19,6	17,0	12,2	24,9	19,8	17,3
28	11,2	21,5	18,0	15,5	11,4	22,2	18,2	15,8
29	12,5	22,4	18,7	16,5	12,8	23,0	19,1	16,9
30	15,7	21,1	15,8	17,1	15,9	21,5	16,0	17,3
31	10,3	20,2	17,4	14,5	10,4	21,0	17,4	14,8
S	153,4	245,9	211,7	191,1	155,0	255,3	213,5	194,7
Total:	411,7	641,2	569,1	508,5	417,9	666,2	572,6	518,6
Monat:	13,3	20,7	18,4	16,4	13,5	21,5	18,5	16,7

FEBRUAR 1958

TEMPERATUREN der BODENNAHEN LUFTSCHICHT

Tag:	1 m a)	1 m b)	1 m c)	1 m M	10 cm a)	10 cm b)	10 cm c)	10 cm M
1	11,0	19,2	16,9	14,5	11,0	20,0	17,0	14,8
2	12,8	20,2	19,3	16,3	13,0	21,2	19,4	16,6
3	12,4	22,7	19,2	16,7	12,5	24,0	19,4	17,1
4	11,5	23,3	19,8	16,5	11,7	23,5	19,8	16,7
5	10,9	20,4	18,2	15,1	11,3	21,0	18,4	15,5
6	12,9	22,0	19,4	16,8	13,0	22,5	19,6	17,0
7	13,3	21,4	19,7	16,9	13,4	21,7	19,8	17,1
8	13,7	21,9	18,7	17,0	13,9	23,8	18,9	17,6
9	13,5	23,7	20,3	17,8	13,7	24,5	20,5	18,1
10	13,3	20,7	16,1	15,8	13,4	21,7	16,4	16,2
S	125,3	215,5	187,6	163,4	126,9	223,9	189,2	166,7
11	13,9	19,0	17,3	16,0	14,3	19,4	17,5	16,4
12	10,8	20,9	18,7	15,3	10,8	21,0	18,8	15,4
13	12,5	14,5	15,9	13,9	12,7	14,7	15,9	14,0
14	10,0	17,5	15,7	13,3	10,3	17,8	15,7	13,5
15	13,4	15,5	15,0	14,3	13,4	15,6	15,1	14,4
16	9,0	18,1	15,6	12,9	9,2	18,6	15,6	13,1
17	11,5	21,4	16,5	15,2	11,7	22,4	16,5	15,6
18	12,8	17,5	15,3	14,6	12,9	18,0	15,2	14,8
19	13,8	14,7	15,3	14,4	13,6	14,9	15,3	14,3
20	5,4	17,9	15,5	11,1	5,7	18,4	15,5	11,3
S	113,1	177,0	160,8	141,0	114,6	180,8	161,1	142,8
21	11,9	21,0	17,3	15,5	12,0	21,5	17,4	15,7
22	12,2	21,0	19,3	16,2	12,5	21,6	19,4	16,5
23	12,0	21,2	17,3	15,6	11,8	22,4	17,5	15,9
24	12,0	20,9	17,7	15,7	12,1	22,0	17,8	16,0
25	11,8	23,0	20,3	16,7	11,9	23,4	20,6	16,9
26	11,5	21,6	18,9	15,9	11,6	22,4	19,1	16,2
27	9,4	24,9	23,4	16,8	9,6	27,3	23,5	17,5
28	12,8	20,7	17,0	15,8	12,9	21,8	17,0	16,2
S	93,6	174,3	151,2	128,2	94,4	182,4	152,3	130,9
Total:	332,0	566,8	499,6	432,6	335,9	587,1	502,6	440,4
Monat:	11,9	20,3	17,8	15,4	12,0	21,0	18,0	15,7

MÄRZ 1958

TEMPERATUREN der BODENNAHEN LUFTSCHICHT

Tag:	1 m a)	1 m b)	1 m c)	1 m M	10 cm a)	10 cm b)	10 cm c)	10 cm M
1	11,8	19,7	17,0	15,1	12,1	20,5	17,1	15,5
2	11,5	23,3	19,0	16,3	11,6	24,4	19,3	16,7
3	12,5	25,1	20,1	17,5	12,4	26,8	20,2	17,9
4	12,4	24,8	20,4	17,5	12,5	26,5	20,6	18,0
5	14,5	21,4	23,1	18,4	14,5	23,0	23,0	18,8
6	13,2	31,9	28,4	21,7	13,3	33,0	27,9	21,9
7	13,9	31,2	15,4	18,6	14,1	32,7	15,7	19,1
8	14,8	17,3	16,0	15,7	15,0	17,6	16,2	16,0
9	14,3	23,0	18,4	17,5	14,2	24,2	18,2	17,7
10	11,7	21,9	22,2	16,9	11,5	23,5	22,2	17,2
S	130,6	239,6	200,0	175,2	131,2	252,2	200,4	178,8
11	14,5	27,5	23,0	19,9	14,5	29,0	23,2	20,3
12	5,6	25,0	16,8	13,3	5,6	26,1	16,8	13,5
13	6,5	23,1	16,5	13,1	6,6	23,5	16,7	13,4
14	5,7	22,2	15,0	12,2	5,8	23,2	15,2	12,5
15	11,1	16,8	13,9	13,2	11,2	17,4	14,0	13,4
16	12,0	18,8	16,1	14,7	12,1	19,0	16,3	14,9
17	6,3	23,9	18,9	13,9	6,2	24,8	18,8	14,0
18	7,6	26,7	19,7	15,4	7,9	27,5	19,5	15,7
19	6,3	23,1	16,9	13,1	6,2	23,6	17,0	13,3
20	15,0	21,8	16,4	17,0	15,1	22,9	16,5	17,4
S	90,6	228,9	173,2	145,8	91,2	237,0	174,0	148,4
21	4,8	18,7	15,0	10,8	4,2	19,8	15,0	10,8
22	9,4	23,9	16,7	14,9	8,9	25,5	14,3	14,4
23	3,4	24,9	15,0	11,7	3,0	25,8	15,0	11,7
24	7,8	19,3	15,3	12,5	8,0	19,9	15,5	12,9
25	11,1	20,0	15,9	14,5	11,3	20,8	16,0	14,8
26	13,6	22,3	16,7	16,6	13,7	23,1	16,1	16,7
27	12,1	19,0	15,8	14,7	12,2	19,3	16,0	14,9
28	11,7	21,5	16,9	15,4	11,7	22,4	16,3	15,5
29	13,3	18,2	13,1	14,5	13,6	18,7	13,1	14,8
30	5,1	15,5	17,9	10,9	5,0	15,8	18,6	11,1
31	9,0	14,4	13,5	11,5	9,2	14,8	13,7	11,7
S	101,3	217,7	171,8	148,0	100,8	225,9	169,6	149,3
Total:	322,5	686,2	545,0	469,0	323,2	715,1	544,0	476,5
Monat:	10,4	22,1	17,6	15,1	10,4	23,1	17,5	15,4

APRIL 1958

TEMPERATUREN der BODENNAHEN LUFTSCHICHT

Tag:	1 m a)	b)	c)	M	10 cm a)	b)	c)	M
1	9,0	20,0	17,9	14,0	9,1	21,2	15,1	13,6
2	6,1	19,9	16,0	12,0	5,5	20,3	16,0	11,8
3	12,3	18,3	13,1	14,0	12,4	18,7	12,9	14,1
4	7,2	16,4	12,9	10,9	7,3	17,3	11,2	10,8
5	1,8	16,1	12,0	7,9	0,8	16,1	11,5	7,3
6	9,5	16,4	12,1	11,9	9,5	16,5	11,5	11,7
7	-0,8	17,9	12,6	7,2	-1,2	18,2	11,8	6,9
8	1,4	15,3	11,1	7,3	0,8	15,8	11,0	7,1
9	9,4	11,4	13,3	10,9	9,4	11,4	13,3	10,9
10	13,4	11,8	9,2	12,0	13,4	11,9	9,2	12,0
S	69,3	163,5	130,2	108,1	67,0	167,4	123,5	106,2
11	4,3	14,9	10,5	8,5	4,5	15,3	10,0	8,6
12	0,2	15,4	10,5	6,6	0,5	16,0	8,1	6,3
13	1,0	16,3	14,1	8,1	0,8	17,1	13,9	8,1
14	10,0	15,1	11,5	11,7	10,0	15,6	9,0	11,1
15	4,3	16,0	13,8	9,6	4,3	16,7	13,8	9,8
16	12,1	18,1	14,3	14,1	12,1	18,6	13,5	14,1
17	7,7	15,2	13,9	11,1	7,8	16,0	13,8	11,3
18	11,9	13,2	12,0	12,3	11,9	13,4	12,0	12,3
19	8,4	13,7	11,2	10,4	8,5	14,4	10,5	10,5
20	2,4	15,3	10,7	7,7	1,0	16,2	10,2	7,1
S	62,3	153,2	122,5	100,1	61,4	159,3	114,8	99,4
21	10,6	15,9	12,5	12,4	10,7	16,7	12,3	12,6
22	6,7	14,2	11,4	9,8	6,5	14,3	11,3	9,7
23	13,5	14,8	13,7	13,9	13,6	15,4	13,5	14,0
24	10,8	14,9	14,7	12,8	11,0	15,2	14,5	12,9
25	11,3	14,9	14,7	13,0	11,4	15,0	14,7	13,1
26	12,1	14,1	10,0	12,1	11,9	14,3	10,0	12,0
27	8,0	12,9	11,3	10,1	7,8	13,5	11,1	10,1
28	4,3	13,5	7,6	7,4	4,5	14,4	6,2	7,4
29	8,3	10,5	11,6	9,7	8,5	10,6	11,7	9,8
30	10,5	12,3	7,7	10,2	10,4	13,2	6,3	10,1
S	96,1	138,0	115,2	111,4	96,3	142,6	111,6	111,7
Total:	227,7	454,7	367,9	319,6	224,7	469,3	349,9	317,3
Monat	7,6	15,2	12,3	10,7	7,5	15,7	11,7	10,6

MAI 1957

WASSERTEMPERATUREN

Tag:	1 cm a)	b)	c)	M	5 cm a)	b)	c)	M
1	8,7	17,0	14,5	12,2	8,4	14,5	14,2	11,4
2	9,5	15,1	14,0	12,0	9,2	13,5	13,8	11,4
3	9,5	13,9	13,1	11,5	9,2	12,3	13,0	10,9
4	10,2	12,9	12,6	11,5	10,0	11,8	12,5	11,1
5	11,0	15,1	14,1	12,8	10,6	14,0	13,9	12,3
6	11,1	13,5	13,9	12,4	10,8	12,8	13,5	12,0
7	13,5	16,1	14,5	14,2	13,3	15,5	14,3	14,1
8	9,1	11,1	11,1	10,1	8,8	10,5	11,0	9,8
9	12,6	14,1	14,0	13,3	12,2	13,5	13,7	12,9
10	12,3	13,7	13,3	12,9	12,1	13,1	13,1	12,6
S	107,5	142,5	135,1	122,9	104,6	131,5	133,0	118,5
11	14,4	16,0	15,2	15,0	13,7	15,4	14,5	14,3
12	12,8	14,5	13,2	13,3	12,6	14,1	13,1	13,1
13	11,0	13,6	14,2	12,5	10,8	13,2	14,0	12,2
14	14,3	15,2	15,2	14,8	14,1	15,0	15,0	14,6
15	14,4	19,8	15,1	15,9	14,1	18,9	14,9	15,4
16	12,4	14,7	13,5	13,3	12,1	14,4	13,2	13,0
17	11,5	13,0	13,0	12,3	11,1	12,8	12,7	11,9
18	11,0	11,5	11,5	11,0	10,8	11,1	11,2	10,8
19	12,0	12,9	12,7	12,4	11,5	12,5	12,5	12,0
20	12,8	13,9	12,7	13,1	12,5	13,6	12,4	12,8
S	126,6	145,1	136,3	133,6	123,3	141,0	133,9	130,1
21	9,4	11,6	11,2	10,4	9,0	11,2	10,9	10,0
22	8,1	11,4	10,5	9,5	8,0	11,0	10,2	9,3
23	8,3	11,6	10,0	9,5	8,0	10,3	9,7	9,0
24	6,9	9,7	8,7	8,1	6,5	8,9	8,5	7,6
25	7,8	8,9	8,8	8,3	7,6	8,5	8,5	8,1
26	8,4	10,0	10,2	9,3	8,2	9,6	10,0	9,0
27	9,6	12,6	11,0	10,7	9,3	11,4	10,6	10,2
28	9,3	13,1	11,3	10,8	9,0	12,0	11,1	10,5
29	9,2	10,5	10,0	9,7	9,0	10,1	9,9	9,5
30	9,1	11,1	10,1	9,9	9,0	10,5	10,0	9,6
31	5,2	9,1	7,1	6,7	5,1	8,3	6,9	6,4
S	91,3	119,4	108,9	102,9	88,7	111,8	106,3	99,5
Total:	325,4	407,0	380,3	359,4	316,6	384,3	373,2	347,6
Monat:	10,5	13,1	12,3	11,6	10,2	12,4	12,0	11,2

MAI 1957

WASSERTEMPERATUREN

10 cm a)	b)	c)	M	20 cm a)	b)	c)	M	Tag:
8,2	12,8	14,0	10,8	8,4	12,2	13,5	10,6	1
9,1	12,2	13,5	11,0	9,2	12,0	13,3	11,0	2
9,0	11,4	12,7	10,5	9,2	11,4	12,3	10,5	3
9,7	11,2	12,2	10,7	10,0	11,4	12,4	11,0	4
10,4	13,1	13,6	11,9	10,6	13,1	13,9	12,1	5
10,4	12,1	13,0	11,5	10,7	12,1	12,8	11,6	6
13,1	15,0	14,0	13,8	12,9	15,0	14,4	13,8	7
8,5	10,1	10,6	9,4	8,8	10,3	10,9	9,7	8
11,9	13,0	13,3	12,5	12,0	13,0	13,5	12,6	9
11,9	12,8	13,0	12,4	12,2	13,0	13,2	12,7	10
102,2	123,7	129,9	114,5	104,0	123,5	130,4	115,6	S
13,2	14,4	14,7	13,9	13,2	14,3	15,0	13,9	11
12,4	13,9	12,9	12,9	12,6	14,1	13,2	13,1	12
10,6	12,6	13,5	11,8	10,4	12,6	13,0	11,6	13
13,8	14,7	14,6	14,2	14,3	15,0	15,0	14,7	14
14,0	16,9	14,6	14,9	14,2	14,8	14,9	14,5	15
11,8	14,0	13,0	12,6	12,2	13,9	13,3	12,9	16
11,0	12,4	12,5	11,7	11,3	12,2	12,8	11,9	17
10,5	11,0	10,9	10,7	10,7	11,1	11,3	10,9	18
11,3	12,3	12,3	11,8	11,0	12,6	12,6	11,8	19
12,3	13,3	12,2	12,5	12,6	13,6	12,5	12,8	20
120,9	135,5	131,2	127,0	122,5	134,2	133,6	128,1	S
8,7	10,8	10,6	9,7	9,1	11,1	11,1	10,1	21
7,8	10,3	10,0	8,8	8,0	10,0	10,3	9,1	22
7,7	9,6	9,6	8,7	8,1	9,6	9,8	8,9	23
6,4	8,3	8,3	7,4	6,6	8,3	8,6	7,5	24
7,5	8,3	8,3	7,9	7,6	8,4	8,5	8,0	25
8,1	9,3	9,8	8,8	8,3	9,2	9,8	8,9	26
8,9	10,6	10,4	9,7	9,4	10,6	10,6	10,0	27
8,7	11,3	11,0	9,9	9,0	11,1	11,2	10,1	28
8,8	9,8	9,7	9,3	9,0	10,1	9,9	9,5	29
8,6	10,2	9,8	9,3	8,9	10,4	10,0	9,6	30
4,7	7,7	6,7	6,0	5,1	7,5	6,9	6,2	31
85,9	106,2	104,2	95,5	89,1	106,3	106,7	97,9	S
309,0	365,4	365,3	337,0	315,6	364,0	370,7	341,6	Total:
10,0	11,8	11,8	10,9	10,2	11,7	12,0	11,0	Monat:

JUNI 1957

WASSERTEMPERATUREN

Tag:	1 cm a)	1 cm b)	1 cm c)	1 cm M	5 cm a)	5 cm b)	5 cm c)	5 cm M
1	0,7	8,7	6,8	4,2	2,8	6,7	6,5	4,7
2	1,6	5,7	5,8	3,7	3,0	5,1	5,5	4,2
3	6,1	7,5	7,6	6,9	5,9	7,1	7,4	6,6
4	7,1	8,7	9,5	8,1	6,9	8,2	9,0	7,7
5	8,1	11,2	9,0	9,1	7,9	10,4	8,7	8,7
6	7,0	12,4	9,4	9,0	6,7	10,5	9,2	8,3
7	7,0	10,0	10,5	8,6	6,8	9,2	10,0	8,2
8	9,9	11,2	10,1	10,3	9,6	10,8	10,0	10,0
9	8,2	9,2	9,0	8,7	7,9	8,6	8,7	8,3
10	10,6	12,0	11,5	11,2	9,9	11,5	11,2	10,6
S	66,3	96,6	89,2	79,8	67,4	88,1	86,2	77,3
11	8,9	11,5	10,0	9,8	8,6	10,7	10,0	9,5
12	10,0	12,3	10,5	10,7	8,7	11,4	10,2	9,7
13	8,1	13,0	11,0	10,1	8,1	11,9	10,7	9,7
14	6,2	10,8	9,2	8,1	6,1	9,0	9,0	7,6
15	8,5	11,9	10,1	9,8	8,3	10,8	9,5	9,3
16	6,4	9,5	8,1	7,6	6,1	8,2	7,9	7,1
17	5,2	6,7	7,1	6,1	5,0	6,1	6,9	5,7
18	7,2	8,9	9,3	8,2	7,0	8,3	9,0	7,8
19	8,0	10,8	10,0	9,2	7,7	9,5	9,8	8,7
20	7,1	10,5	10,6	8,8	6,9	9,0	10,2	8,3
S	75,6	105,9	95,9	88,4	72,5	94,9	93,6	83,4
21	9,0	12,7	10,9	10,4	8,3	11,5	10,6	9,9
22	7,9	11,3	10,8	9,5	7,6	10,0	10,5	8,9
23	10,1	11,6	11,5	10,8	9,9	10,9	11,2	10,5
24	9,7	12,7	10,1	10.6	9,5	11,5	10,0	10,1
25	7,1	10,1	9,0	8,3	6,9	9,0	8,8	7,9
26	4,5	7,9	6,7	5,9	4,4	7,3	6,6	5,7
27	1,0	5,1	5,5	3,1	2,6	4,6	5,1	3,7
28	1,3	6,8	5,7	3,8	3,0	5,7	5,3	4,3
29	0,6	5,5	5,5	3,0	1,8	5,1	5,2	3,5
30	4,0	7,4	6,5	5,5	4,1	6,1	6,2	5,1
S	55,2	91,1	82,2	70,9	58,6	81,7	79,5	69,6
Total:	197,1	293,6	267,3	239,1	198,5	264,7	259,3	230,3
Monat:	6,6	9,8	8,9	8,0	6,6	8,8	8,6	7,7

JUNI 1957

WASSERTEMPERATUREN

10 cm a)	b)	c)	M	20 cm a)	b)	c)	M	Tag:
3,7	6,0	6,4	5,0	4,2	5,7	6,6	5,2	1
3,6	4,9	5,4	4,4	4,0	5,0	5,6	4,6	2
5,6	6,8	7,2	6,3	5,9	6,9	7,4	6,5	3
6,8	7,9	8,8	7,6	6,9	8,0	9,1	7,7	4
7,6	9,4	8,6	8,3	7,9	8,7	8,8	8,3	5
6,6	9,0	9,0	7,8	6,7	8,7	8,8	7,7	6
6,6	8,5	9,5	7,8	6,8	7,7	8,6	7,5	7
9,2	10,5	9,8	9,7	9,4	10,2	10,1	9,8	8
7,6	8,3	8,6	8,0	7,9	8,5	8,8	8,3	9
9,4	10,6	10,8	10,1	9,3	9,9	10,5	9,8	10
66,7	81,9	84,1	75,0	69,0	79,3	84,3	75,4	S
8,5	10,0	9,9	9,2	8,7	9,6	10,0	9,2	11
8,4	10,4	10,0	9,3	8,6	10,2	10,3	9,4	12
7,9	10,8	10,4	9,2	8,1	10,0	10,5	9,2	13
6,0	8,2	8,8	7,2	6,1	7,9	8,8	7,2	14
8,1	10,0	9,7	9,0	8,3	9,8	9,9	9,1	15
5,9	7,6	7,7	6,8	6,3	7,4	7,9	7,0	16
4,8	5,8	6,7	5,5	5,0	5,8	6,8	5,6	17
6,9	7,9	8,8	7,6	7,1	8,0	8,6	8,7	18
7,4	9,0	9,6	8,4	7,6	9,0	9,6	8,5	19
6,7	8,3	9,8	7,9	6,9	8,3	9,2	7,8	20
70,6	88,0	91,4	80,1	74,7	86,0	91,6	81,7	S
8,6	10,6	10,4	9,5	8,8	10,4	10,6	9,6	21
7,4	9,2	10,1	8,5	7,6	9,2	9,7	8,5	22
9,6	10,4	10,7	10,1	9,7	10,3	10,5	10,1	23
9,3	11,0	9,9	9,9	9,5	11,0	10,0	10,0	24
6,6	8,5	8,6	7,6	6,9	8,5	8,8	7,8	25
4,4	6,8	6,5	5,5	4,7	6,7	6,6	5,7	26
3,4	4,5	5,0	4,1	4,0	4,7	5,2	4,5	27
3,7	5,2	5,2	4,4	4,3	5,2	5,5	4,8	28
2,8	4,9	5,0	3,9	3,6	4,9	5,2	4,3	29
4,0	5,5	6,0	4,9	4,2	5,5	6,3	5,1	30
59,8	76,6	77,4	68,4	63,3	76,4	78,4	70,4	S
197,1	246,5	252,9	223,5	207,0	241,7	254,3	227,5	Total:
6,6	8,2	8,4	7,4	6,9	8,1	8,5	7,6	Monat:

JULI 1957

WASSERTEMPERATUREN

Tag:	1 cm a)	1 cm b)	1 cm c)	1 cm M	5 cm a)	5 cm b)	5 cm c)	5 cm M
1	0,9	5,0	5,1	3,0	2,0	4,5	4,8	3,3
2	6,5	9,0	10,2	8,0	6,2	8,5	9,7	7,7
3	7,6	10,2	10,6	9,0	7,3	9,1	10,0	8,4
4	9,0	9,9	10,1	9,7	8,7	9,6	9,7	9,2
5	11,0	12,0	11,1	11,3	10,7	11,7	10,8	11,0
6	9,5	12,5	11,1	10,6	9,2	11,8	10,8	10,3
7	10,8	12,9	11,8	11,6	10,5	12,5	11,5	11,3
8	9,3	10,9	10,1	9,9	9,1	10,4	10,0	9,7
9	6,6	7,4	8,1	7,2	6,4	7,1	7,9	7,0
10	5,0	7,5	6,5	6,0	4,8	7,0	6,3	5,5
S	76,2	97,3	94,7	86,3	74,9	92,2	91,5	83,4
11	7,1	11,0	9,0	8,6	6,7	10,0	8,8	8,1
12	6,1	8,2	8,0	7,1	5,8	7,6	7,8	6,7
13	3,7	7,0	6,5	5,2	4,1	6,5	6,2	5,2
14	1,3	6,9	6,6	4,0	2,5	5,6	6,3	4,2
15	6,9	9,0	8,5	7,8	6,4	8,5	8,2	7,4
16	6,6	10,2	8,8	8,1	6,3	9,0	8,5	7,5
17	2,7	7,5	6,9	5,0	3,8	6,5	6,5	5,2
18	1,0	8,5	7,1	4,4	2,2	6,6	7,0	4,5
19	1,0	7,3	6,4	3,9	2,2	6,0	6,1	4,1
20	2,5	10,0	7,8	5,7	3,0	8,0	7,5	5,4
S	38,9	85,6	75,6	59,8	43,0	74,3	72,9	58,3
21	4,7	9,0	7,9	6,6	4,3	7,5	7,6	5,9
22	3,0	4,8	6,4	4,3	3,8	4,5	5,9	4,5
23	6,9	9,1	8,1	7,8	6,2	8,0	7,9	7,1
24	9,0	10,7	10,6	9,8	8,8	10,1	10,4	9,5
25	11,o	11,0	9,5	10,6	10,7	10,6	9,2	10,3
26	6,5	7,3	7,1	6,8	6,2	6,9	6,8	6,5
27	4,7	8,1	7,5	6,2	4,2	6,8	7,1	5,6
28	3,9	7,4	7,0	5,5	4,0	6,4	6,6	5,3
29	4,3	9,1	7,5	6,3	4,2	7,9	7,2	5,9
30	1,1	8,4	7,0	4,6	2,5	6,9	6,8	4,7
31	0,7	9,0	7,1	4,4	1,8	7,1	6,9	4,4
S	55,8	93,9	85,7	72,9	56,8	82,7	82,4	69,7
Total:	170,9	276,8	256,0	219,0	174,7	249,2	246,8	211,4
Monat:	5,5	8,9	8,3	7,1	5,6	8,0	8,0	6,8

JULI 1957

WASSERTEMPERATUREN

10 cm a)	10 cm b)	10 cm c)	10 cm M	20 cm a)	20 cm b)	20 cm c)	20 cm M	Tag:
3,0	4,3	4,6	3,7	3,6	4,4	4,9	4,1	1
5,9	8,1	9,1	7,3	6,1	7,9	8,3	7,1	2
7,1	8,4	9,3	8,0	7,4	8,3	8,7	8,0	3
8,5	9,3	9,5	9,0	8,7	9,0	9,6	9,0	4
10,5	11,3	10,6	10,7	10,6	10,8	10,8	10,7	5
9,0	11,0	10,6	9,9	9,4	10,0	10,6	9,8	6
10,3	12,2	11,3	11,0	10,6	11,4	11,6	11,0	7
9,0	9,9	9,8	9,4	9,3	10,0	10,0	9,7	8
6,3	7,1	7,7	6,8	6,5	7,3	7,5	6,9	9
4,6	6,5	6,3	5,5	4,8	6,0	6,5	5,5	10
74,2	88,1	88,8	81,4	77,0	85,1	88,5	81,8	S
6,6	9,0	8,5	7,7	6,8	7,9	8,6	7,5	11
5,6	7,3	7,6	6,5	5,7	7,0	7,8	6,6	12
4,0	6,0	6,0	5,0	4,2	5,8	6,2	5,1	13
3,4	5,2	6,2	4,6	3,8	5,2	6,0	4,7	14
6,2	8,3	8,0	7,2	6,6	7,7	8,3	7,3	15
6,2	8,0	8,4	7,2	6,4	7,7	8,5	7,2	16
3,9	6,0	6,4	5,0	4,1	5,8	6,6	5,2	17
3,3	5,9	6,8	4,8	3,9	5,5	6,6	5,0	18
3,2	5,3	5,9	4,4	3,8	5,2	6,0	4,7	19
3,5	6,9	7,4	5,3	4,0	6,2	7,2	5,3	20
45,9	67,9	71,2	57,7	49,3	64,0	71,8	58,6	S
4,2	6,7	4,4	5,6	4,4	6,4	7,2	5,6	21
3,8	4,4	5,4	4,4	4,0	4,5	5,3	4,4	22
6,0	7,3	7,7	6,8	5,9	7,0	7,8	6,7	23
8,6	10,0	10,2	9,4	8,8	10,2	10,4	9,5	24
10,4	10,3	9,0	10,0	10,6	10,6	9,3	10,3	25
6,1	6,8	6,6	6,4	6,4	6,8	6,8	6,6	26
4,4	6,2	7,0	5,5	4,4	5,8	7,1	5,4	27
4,0	5,9	6,6	5,1	4,2	5,6	6,7	5,2	28
4,2	7,0	7,0	5,6	4,4	6,3	7,3	5,6	29
3,4	6,0	6,6	4,8	4,0	5,6	6,7	5,1	30
2,8	6,2	6,7	4,6	3,7	5,7	6,8	5,0	31
57,9	76,8	80,2	68,2	60,8	74,5	81,4	69,4	S
178,0	232,8	240,2	207,3	187,1	223,6	241,7	209,8	Total:
5,7	7,5	7,8	6,7	6,0	7,2	7,8	6,8	Monat:

AUGUST 1957

WASSERTEMPERATUREN

Tag:	1 cm a)	1 cm b)	1 cm c)	1 cm M	5 cm a)	5 cm b)	5 cm c)	5 cm M
1	1,1	9,0	8,5	4,9	2,0	7,3	8,1	4,8
2	7,0	9,0	9,0	8,0	6,7	8,0	8,6	7,5
3	7,1	10,2	9,5	8,5	6,9	8,9	9,1	8,0
4	7,2	11,9	10,6	9,2	6,9	10,0	10,2	8,5
5	10,0	10,5	9,7	10,0	9,8	10,0	9,3	9,7
6	7,9	11,9	10,6	9,6	7,5	11,4	10,3	9,2
7	8,6	8,4	7,6	8,3	8,3	8,0	7,3	8,0
8	5,5	11,0	9,2	7,8	5,4	10,4	8,9	7,5
9	6,5	7,0	8,0	7,0	6,2	6,6	7,5	6,6
10	8,0	12,8	11,1	10,0	7,7	10,9	10,8	9,3
S	68,9	101,7	93,8	83,3	67,4	91,5	90,1	79,1
11	10,0	14,0	11,0	11,2	9,6	13,0	10,6	10,7
12	8,5	13,5	11,0	10,4	8,2	12,5	10,7	9,9
13	7,0	10,0	9,0	8,3	6,7	9,0	8,8	7,8
14	7,4	11,0	9,9	8,9	7,1	10,4	9,5	8,5
15	6,7	11,1	10,3	8,7	6,2	10,0	10,0	8,1
16	5,6	12,0	10,1	8,3	5,1	9,9	10,0	7,5
17	5,0	9,0	9,4	7,1	4,8	7,5	9,0	6,5
18	7,3	8,8	9,2	8,2	7,0	8,3	8,9	7,8
19	11,1	13,0	10,9	11,5	10,7	12,6	10,5	11,1
20	7,2	12,6	10,9	9,5	6,9	11,9	10,7	9,1
S	75,8	115,0	101,7	92,1	72,3	105,1	98,7	87,0
21	6,1	11,3	9,5	8,2	5,8	9,3	9,2	7,5
22	8,0	9,9	9,6	8,9	7,7	9,4	9,3	8,5
23	6,8	9,3	9,0	8,0	6,3	8,9	8,8	7,6
24	7,7	10,9	10,5	9,2	7,3	9,5	10,2	8,6
25	7,7	13,1	11,4	10,0	7,4	11,5	11,1	9,3
26	10,0	14,0	11,1	11,3	9,6	13,3	10,9	10,9
27	10,0	14,6	13,0	11,9	9,7	13,9	12,7	11,5
28	9,5	12,5	11,6	10,7	9,0	12,1	11,2	10,3
29	8,3	13,3	11,8	10,4	8,1	12,1	11,5	10,0
30	6,4	14,4	12,6	10,0	6,1	12,9	12,3	9,4
31	6,6	15,8	13,4	10,6	6,2	13,2	13,3	9,7
S	87,1	139,1	123,5	109,2	83,2	126,1	120,5	103,3
Total:	231,8	355,8	319,0	284,6	222,9	322,7	309,3	269,4
Monat:	7,5	11,5	10,3	9,2	7,2	10,4	10,0	8,7

AUGUST 1957

WASSERTEMPERATUREN

10 cm a)	b)	c)	M	20 cm a)	b)	c)	M	Tag:
2,8	6,3	7,7	4,9	3,8	5,8	6,7	5,0	1
6,4	7,6	8,2	7,1	6,6	7,4	7,8	7,1	2
6,7	8,1	9,0	7,6	6,9	7,9	9,2	7,7	3
6,6	9,0	10,0	8,1	6,9	8,6	9,7	8,0	4
9,7	9,8	9,1	9,6	9,8	9,8	9,4	9,7	5
7,3	10,9	10,1	8,9	7,5	9,5	10,2	8,7	6
8,2	7,8	7,1	7,8	8,4	7,9	7,3	8,0	7
5,2	9,1	8,8	7,1	5,4	7,4	8,7	6,7	8
6,0	6,6	7,2	6,4	6,3	6,7	7,2	6,6	9
7,4	9,8	10,5	8,8	7,6	9,0	9,9	8,5	10
66,3	85,0	87,7	76,3	69,2	80,0	86,1	76,0	S
9,4	12,0	10,4	10,3	9,6	11,2	10,6	10,2	11
8,0	11,3	10,4	9,4	8,2	9,9	10,6	9,2	12
6,5	8,4	8,6	7,5	6,6	8,2	8,7	7,5	13
6,9	10,1	9,4	8,3	7,1	9,6	9,5	8,3	14
6,2	9,6	9,8	8,0	6,4	9,0	10,1	8,0	15
5,0	8,4	9,8	7,0	5,2	7,8	9,6	7,0	16
4,6	6,7	8,8	6,2	4,7	6,5	8,2	6,0	17
6,8	8,1	8,7	7,6	7,0	8,3	8,9	7,8	18
10,5	12,1	10,2	10,8	10,6	11,2	10,4	10,7	19
6,8	10,6	10,5	8,7	6,9	9,2	10,4	8,4	20
70,7	97,3	96,6	83,8	72,3	90,9	97,0	83,1	S
5,5	8,4	9,0	7,1	5,8	7,9	8,8	7,1	21
7,5	9,2	9,1	8,3	7,7	9,3	9,3	8,5	22
6,2	8,6	8,6	7,4	6,4	8,4	8,8	7,5	23
7,2	9,0	10,0	8,4	7,3	8,8	9,6	8,2	24
7,3	10,4	10,8	8,9	7,5	9,8	10,4	8,8	25
9,4	12,1	10,8	10,4	9,6	11,6	11,1	10,5	26
9,6	13,2	12,4	11,2	9,7	12,2	12,6	11,0	27
8,6	11,5	10,9	9,9	8,8	11,4	11,2	10,1	28
7,8	11,2	11,4	9,5	8,0	10,7	11,6	9,6	29
5,9	11,4	12,2	8,9	6,1	10,6	12,3	8,8	30
6,1	11,2	13,1	9,1	6,3	10,2	12,4	8,8	31
81,1	116,2	118,3	99,1	83,2	110,9	118,1	98,9	S
218,1	298,5	302,6	259,2	224,7	281,8	301,2	258,0	Total:
7,0	9,6	9,8	8,4	7,2	9,1	9,7	8,3	Monat:

SEPTEMBER 1957

WASSERTEMPERATUREN

Tag:	1 cm a)	b)	c)	M	5 cm a)	b)	c)	M
1	8,5	11,2	11,1	9,8	8,2	10,5	10,9	9,4
2	9,1	16,1	14,9	12,3	8,9	14,5	14,4	11,7
3	8,9	15,0	13,6	11,6	8,7	13,5	13,3	11,0
4	11,1	18,0	15,2	13,8	10,7	16,3	15,0	13,2
5	8,3	13,1	11,9	10,4	8,0	12,5	11,5	10,0
6	8,6	15,6	13,5	11,6	8,4	14,8	13,1	11,2
7	6,5	10,6	9,8	8,4	6,1	10,0	9,5	7,9
8	9,5	12,0	11,3	10,6	9,1	10,8	11,0	10,0
9	9,5	16,0	13,8	12,2	9,1	15,0	13,5	11,7
10	7,5	14,7	12,4	10,5	7,1	14,0	12,1	10,1
S	87,5	142,3	127,5	111,2	84,3	131,9	124,3	106,2
11	5,5	14,1	13,2	9,6	5,2	13,0	12,8	9,1
12	6,5	17,6	16,1	11,7	6,2	15,3	15,7	10,8
13	8,0	16,3	15,0	11,8	7,8	15,2	14,6	11,4
14	10,5	10,8	10,4	10,5	10,1	10,4	10,1	10,2
15	10,0	12,0	12,5	11,1	9,6	11,7	12,2	10,8
16	9,8	12,5	13,0	11,3	9,5	12,1	12,6	10,9
17	9,1	10,1	11,5	10,0	8,9	9,9	11,2	9,7
18	9,0	17,0	14,9	12,5	8,7	14,5	14,4	11,6
19	8,5	16,0	15,0	12,0	8,1	15,1	14,6	11,5
20	8,2	17,5	14,9	12,2	8,0	16,0	14,6	11,6
S	85,1	143,9	136,5	112,7	82,1	133,2	132,8	107,6
21	10,1	14,0	13,1	11,8	9,9	13,4	12,8	11,5
22	9,6	15,4	14,0	12,1	9,3	14,8	13,7	11,8
23	11,1	13,6	14,2	12,5	10,7	13,3	14,0	12,2
24	10,1	18,0	16,9	13,8	9,8	16,3	16,5	13,1
25	9,5	17,5	16,0	13,1	9,2	14,8	15,6	12,2
26	9,5	15,0	14,1	12,0	9,2	14,5	13,8	11,7
27	10,0	17,7	16,1	13,5	9,5	17,2	15,9	13,0
28	11,6	16,5	16,2	14,0	11,4	15,6	15,9	13,6
29	13,0	17,7	17,4	15,3	12,7	16,8	17,1	14,8
30	13,9	21,6	19,7	17,3	13,4	20,5	19,3	16,6
S	108,4	167,0	157,7	135,4	105,1	157,2	154,6	130,5
Total:	281,0	453,2	421,7	359,3	271,5	422,3	411,7	344,3
Monat:	9,4	15,1	14,1	12,0	9,0	14,1	13,7	11,5

SEPTEMBER 1957

WASSERTEMPERATUREN

10 cm a)	10 cm b)	10 cm c)	10 cm M	20 cm a)	20 cm b)	20 cm c)	20 cm M	Tag:
8,1	9,8	10,6	9,2	8,3	9,7	10,4	9,2	1
8,6	13,0	14,2	11,1	8,8	12,4	14,1	11,0	2
8,6	12,4	13,1	10,7	8,7	11,9	13,2	10,6	3
10,4	14,8	14,8	12,6	10,6	14,0	15,2	12,6	4
7,8	11,5	11,3	9,6	7,9	11,3	11,5	9,7	5
8,2	13,9	12,9	10,8	8,4	13,3	13,2	10,8	6
6,0	9,4	9,3	7,7	6,2	9,3	9,6	7,8	7
8,9	10,3	10,8	9,7	9,0	10,3	10,9	9,8	8
9,0	13,6	13,3	11,2	9,1	13,0	13,5	11,2	9
6,8	13,0	11,8	9,6	7,0	12,4	12,0	9,6	10
82,4	121,7	122,1	102,2	84,0	117,6	123,6	102,3	S
5,0	11,6	12,6	8,6	5,2	10,9	12,8	8,5	11
6,2	13,1	15,4	10,2	6,3	11,9	14,5	9,8	12
7,7	13,6	14,4	10,8	7,8	13,1	14,6	10,8	13
9,9	10,2	10,0	10,0	10,2	10,4	10,0	10,2	14
9,4	11,3	12,0	10,5	9,6	11,4	12,2	10,7	15
9,4	11,8	12,4	10,8	9,5	11,0	12,6	10,7	16
8,7	9,7	11,0	9,5	8,9	9,8	11,3	9,7	17
8,4	13,0	14,1	11,0	8,6	12,6	14,3	11,0	18
7,8	13,9	14,4	11,0	8,0	13,5	14,8	11,1	19
7,8	14,5	14,4	11,1	7,9	14,0	14,6	11,1	20
80,3	122,7	130,7	103,5	82,0	118,6	131,7	103,6	S
9,7	13,0	12,6	11,2	9,9	13,2	12,8	11,5	21
9,2	13,8	13,4	11,4	9,4	13,6	13,6	11,5	22
10,5	13,0	13,7	11,9	10,8	13,2	13,9	12,2	23
9,6	15,0	16,3	12,6	9,8	14,7	16,6	12,7	24
8,8	15,6	15,4	12,2	9,1	15,3	15,6	12,3	25
9,1	14,3	13,6	11,5	9,1	14,4	13,8	11,6	26
9,4	16,3	15,5	12,7	9,5	16,1	15,2	12,6	27
11,2	15,0	15,5	13,2	11,3	15,1	15,8	13,4	28
12,4	16,0	16,8	14,4	12,6	16,2	17,2	14,6	29
13,2	19,2	19,1	16,2	13,4	19,0	19,5	16,3	30
103,1	151,2	151,9	127,3	104,9	150,8	154,0	128,7	S
265,8	395,6	404,7	330,0	270,9	387,0	409,3	334,6	Total:
8,9	13,2	13,5	11,1	9,0	12,9	13,6	11,2	Monat:

OKTOBER 1957

WASSERTEMPERATUREN

Tag:	1 cm a)	b)	c)	M	5 cm a)	b)	c)	M
1	12,2	22,1	19,8	16,6	11,9	21,0	19,5	16,1
2	13,2	19,6	17,2	15,8	13,0	18,1	16,9	15,3
3	12,0	15,1	16,0	13,8	11,6	14,5	15,6	13,3
4	8,8	17,9	16,4	13,0	8,4	16,9	16,1	12,4
5	9,0	12,8	13,7	11,1	8,6	12,4	13,3	10,7
6	8,3	14,3	14,3	11,3	8,0	13,8	14,0	11,0
7	9,3	15,2	15,1	12,2	9,0	14,5	15,0	11,9
8	9,2	16,8	14,9	12,5	8,8	15,4	14,5	11,9
9	7,9	18,7	17,0	12,9	7,5	17,5	16,5	12,2
10	8,5	18,9	16,5	13,1	8,2	18,0	16,1	12,6
S	98,4	171,4	160,9	132,3	95,0	162,1	157,5	127,4
11	12,5	20,0	19,0	16,0	12,1	19,0	19,0	15,6
12	12,0	22,2	20,0	16,6	11,5	20,7	19,7	15,8
13	12,4	20,8	18,6	16,0	12,1	20,2	18,3	15,7
14	13,1	18,9	17,1	15,6	12,8	18,8	17,0	15,3
15	10,1	16,0	16,1	13,1	9,9	16,0	16,4	13,0
16	9,5	19,7	18,1	14,2	9,4	19,1	17,8	13,9
17	11,3	14,1	13,8	12,6	11,0	12,9	13,4	12,1
18	9,0	17,2	16,6	12,9	8,6	16,4	16,3	12,5
19	10,0	20,1	18,2	14,6	9,5	19,0	18,0	14,0
20	10,2	21,0	19,5	15,2	9,9	20,0	19,3	14,8
S	110,1	190,0	176,9	146,8	106,8	182,1	175,2	142,7
21	10,6	20,1	18,2	14,9	10,4	19,8	18,0	14,7
22	10,4	19,8	18,4	14,8	10,1	18,7	18,1	14,2
23	10,9	16,1	15,8	13,4	10,6	15,1	15,5	12,9
24	12,9	15,6	15,1	14,1	12,4	15,4	14,9	13,8
25	11,6	16,9	16,1	14,0	11,2	16,4	15,9	13,7
26	11,5	18,0	16,5	14,4	11,2	17,7	16,2	14,1
27	9,5	16,8	16,4	13,1	9,2	16,4	16,0	12,7
28	11,0	17,7	17,8	14,4	10,7	16,9	17,5	13,9
29	9,9	21,4	20,1	15,3	9,6	20,5	20,0	14,9
30	11,5	22,1	20,0	16,3	11,2	21,6	19,9	16,0
31	12,0	22,1	20,4	16,6	11,6	21,7	20,2	16,3
S	121,8	206,6	194,8	161,3	118,2	200,2	192,2	157,2
Total:	330,3	568,0	532,6	440,4	320,0	544,4	524,9	427,3
Monat:	10,7	18,3	17,2	14,2	10,3	17,6	16,9	13,8

OKTOBER 1957

WASSERTEMPERATUREN

10 cm a)	b)	c)	M	20 cm a)	b)	c)	M	Tag:
11,8	19,2	19,2	15,5	11,9	19,0	19,6	15,6	1
12,8	17,4	16,6	14,9	13,0	17,6	16,9	15,1	2
11,4	14,2	15,4	13,1	11,6	14,3	15,6	13,3	3
8,2	15,4	15,8	11,9	8,4	15,5	16,2	12,1	4
8,4	11,8	13,2	10,5	8,6	11,9	13,4	10,6	5
7,8	13,4	13,7	10,7	7,9	13,4	14,0	10,8	6
8,8	13,6	14,6	11,4	9,0	13,6	14,8	11,6	7
8,6	14,6	14,3	11,5	8,7	14,6	14,5	11,6	8
7,4	15,8	16,4	11,8	7,4	15,8	16,6	11,8	9
8,0	16,2	15,8	12,0	8,1	15,9	16,2	12,1	10
93,2	151,6	155,0	123,3	94,6	151,6	157,8	124,6	S
12,0	17,4	18,6	15,0	12,2	17,7	18,9	15,3	11
11,4	18,7	19,4	15,2	11,6	18,9	19,7	15,4	12
11,8	18,8	18,0	15,1	12,0	18,8	18,4	15,3	13
12,6	18,2	16,7	15,0	12,8	18,8	17,0	15,3	14
9,8	15,4	16,2	12,8	9,9	15,8	16,4	13,0	15
9,2	17,7	17,4	13,4	9,2	17,8	17,7	13,5	16
10,8	12,2	13,2	11,8	10,9	12,4	13,3	11,9	17
8,4	15,4	16,0	12,0	8,6	15,5	16,4	12,3	18
9,4	17,6	17,6	13,5	9,4	17,7	17,9	13,6	19
9,8	18,5	19,0	14,3	9,7	18,7	19,4	14,4	20
105,2	169,9	172,1	138,1	106,3	172,1	175,1	140,0	S
11,2	18,4	17,6	14,1	10,3	18,0	18,0	14,2	21
9,8	17,2	17,8	13,7	10,0	17,3	18,1	13,8	22
10,4	14,6	15,3	12,7	10,6	14,8	15,5	12,9	23
12,2	15,1	14,6	13,5	12,4	15,4	14,8	13,8	24
11,0	16,2	15,6	13,4	11,3	16,5	15,8	13,7	25
11,2	17,4	15,9	13,9	11,4	17,7	16,2	14,2	26
9,1	16,0	15,7	12,5	9,3	16,0	16,0	12,7	27
10,4	16,4	17,2	13,6	10,5	16,8	17,5	13,8	28
9,4	18,8	19,6	14,3	9,4	19,0	20,0	14,4	29
11,0	20,3	19,6	15,5	11,0	20,6	19,9	15,6	30
11,4	20,5	19,8	15,8	11,4	20,8	20,3	16,0	31
116,1	190,9	188,7	153,0	117,6	192,9	192,1	155,1	S
314,5	512,4	515,8	414,4	318,5	516,6	525,0	419,7	Total:
10,2	16,5	16,6	13,4	10,3	16,7	16,9	13,5	Monat:

NOVEMBER 1957

WASSERTEMPERATUREN

Tag:	1 cm a)	1 cm b)	1 cm c)	1 cm M	5 cm a)	5 cm b)	5 cm c)	5 cm M
1	11,8	23,0	20,9	16,9	11,5	22,1	20,6	16,4
2	13,0	24,0	22,0	18,0	12,7	23,5	21,8	17,7
3	14,5	22,1	21,5	18,2	14,2	21,3	21,2	17,7
4	15,5	22,5	20,7	18,5	15,1	21,0	20,5	17,9
5	13,5	21,9	21,1	17,5	13,2	21,3	20,8	17,1
6	11,7	21,3	20,6	16,3	11,4	20,8	20,5	16,0
7	12,3	22,9	22,1	17,4	12,0	22,0	22,0	17,0
8	12,6	24,0	23,2	18,1	12,3	22,5	23,0	17,5
9	15,9	23,0	22,1	19,2	15,5	22,5	21,9	18,9
10	16,0	23,3	22,8	19,5	15,6	22,6	22,4	19,1
S	136,8	228,0	217,0	179,6	133,5	219,6	214,7	175,3
11	15,0	25,0	24,1	19,8	14,5	24,0	24,0	19,3
12	14,5	24,9	23,5	19,3	14,1	23,5	23,3	18,7
13	14,5	24,4	22,5	19,0	14,3	24,2	22,4	18,8
14	14,0	21,1	20,8	17,5	13,9	20,9	20,5	17,3
15	14,2	22,0	20,7	17,8	14,0	21,5	20,6	17,5
16	12,0	20,6	20,5	16,3	11,6	20,4	20,4	16,0
17	14,5	19,5	18,6	16,8	14,3	19,3	18,4	16,6
18	11,0	22,5	22,1	16,6	10,7	21,8	21,8	16,3
19	13,2	24,1	21,5	18,0	12,9	23,3	21,3	17,6
20	13,0	22,3	21,3	17,4	12,6	22,2	21,1	17,1
S	135,9	226,4	215,6	178,5	132,9	221,1	213,8	175,2
21	14,9	22,7	21,5	18,5	14,5	21,1	21,4	17,9
22	14,5	27,1	24,6	20,2	13,9	25,5	24,5	19,5
23	16,0	28,6	27,4	22,0	15,6	27,4	27,2	21,4
24	17,0	21,2	21,2	19,1	16,6	21,0	21,1	18,8
25	15,3	24,4	22,1	19,3	15,0	24,0	22,0	19,0
26	13,9	24,5	22,7	18,7	13,5	23,8	22,5	18,3
27	13,9	23,0	21,4	18,1	13,5	22,9	21,2	17,8
28	15,5	18,2	16,5	16,4	15,3	18,0	16,2	16,2
29	14,1	16,0	15,6	14,9	13,8	15,8	15,4	14,7
30	13,7	20,9	21,0	17,3	13,4	20,1	20,8	16,9
S	148,8	226,6	214,0	184,5	145,1	219,6	212,3	180,5
Total:	421,5	681,0	646,0	542,6	411,5	660,3	640,8	531,0
Monat:	14,1	22,7	21,5	18,1	13,7	22,0	21,4	17,7

NOVEMBER 1957

WASSERTEMPERATUREN

10 cm a)	b)	c)	M	20 cm a)	b)	c)	M	Tag:
11,3	20,5	20,4	15,9	11,3	20,8	20,8	16,1	1
12,4	22,2	21,5	17,1	12,5	22,3	21,9	17,3	2
14,0	20,3	20,8	17,3	14,1	20,8	21,2	17,5	3
14,8	19,8	20,2	17,4	15,2	20,3	20,6	17,8	4
13,0	21,0	20,5	16,9	13,2	21,6	20,9	17,2	5
11,3	20,4	20,2	15,8	11,3	20,9	20,6	16,0	6
11,8	21,1	21,7	16,6	11,8	21,7	22,2	16,9	7
12,1	21,0	22,9	17,0	12,2	21,2	23,2	17,2	8
15,3	22,4	21,5	18,6	15,5	22,9	21,8	18,9	9
15,4	21,9	22,2	18,7	15,6	22,4	22,6	19,1	10
131,4	210,6	211,9	171,3	132,7	214,9	215,8	174,0	S
14,3	23,4	23,9	19,0	14,3	23,9	24,1	19,2	11
13,8	22,8	23,2	18,4	14,1	23,4	23,4	18,7	12
14,1	23,6	22,2	18,5	14,1	24,6	22,4	18,8	13
13,7	20,6	20,1	17,0	13,7	21,2	20,6	17,3	14
13,8	21,4	20,2	17,3	14,3	21,9	20,6	17,8	15
11,5	19,8	20,1	15,7	11,6	19,9	20,5	15,9	16
14,1	19,0	18,1	16,3	14,4	19,0	18,4	16,6	17
10,5	20,8	21,5	15,8	10,6	21,4	21,9	16,1	18
12,7	21,6	20,9	17,0	12,8	22,0	21,4	17,2	19
12,4	22,0	20,8	16,9	12,4	22,6	21,2	17,2	20
130,9	215,0	211,0	171,9	132,3	219,9	214,5	174,8	S
14,3	20,0	21,0	17,4	14,4	20,4	21,4	17,7	21
13,6	23,9	24,4	18,9	13,6	24,0	24,6	18,9	22
15,4	25,8	27,2	21,0	15,5	25,6	27,4	21,0	23
16,4	20,7	20,9	18,6	16,6	21,1	21,3	18,9	24
14,6	23,2	21,6	18,5	14,7	23,6	22,0	18,7	25
13,2	22,6	22,2	17,8	13,4	22,8	22,6	18,1	26
13,2	22,6	21,0	17,5	13,4	22,5	21,3	17,6	27
15,0	17,7	16,0	15,9	15,3	18,0	16,4	16,3	28
13,5	15,5	15,2	14,4	13,7	15,8	15,4	14,6	29
13,1	19,0	20,4	16,4	13,3	19,4	20,7	16,7	30
142,3	211,0	209,9	176,4	143,9	213,2	213,1	178,5	S
404,6	636,0	632,8	519,6	408,9	648,0	643,4	527,3	Total:
13,5	21,2	21,1	17,3	13,6	21,6	21,4	17,6	Monat:

DEZEMBER 1957

WASSERTEMPERATUREN

Tag:	1 cm a)	1 cm b)	1 cm c)	1 cm M	5 cm a)	5 cm b)	5 cm c)	5 cm M
1	13,8	21,0	19,1	16,9	13,5	20,7	19,0	16,7
2	15,8	24,5	23,0	19,8	15,4	23,7	22,8	19,3
3	14,6	24,5	23,0	19,2	14,4	24,0	22,9	18,9
4	13,6	25,7	23,7	19,1	13,4	23,5	23,7	18,5
5	17,0	19,2	18,8	18,0	16,6	18,9	18,5	17,7
6	15,1	19,3	17,4	16,7	14,9	19,0	17,1	16,5
7	13,6	15,1	15,9	14,6	13,4	14,8	15,5	14,3
8	13,6	15,6	18,1	15,2	13,4	15,4	17,9	15,0
9	13,7	18,9	19,0	16,3	13,4	18,5	18,8	16,0
10	14,7	24,8	23,4	19,4	14,4	23,9	23,1	18,9
S	145,5	208,6	201,4	175,2	142,8	202,4	199,3	171,8
11	14,5	26,5	24,1	19,9	14,2	25,5	23,9	19,5
12	16,1	23,4	21,0	19,2	15,8	22,7	20,9	18,8
13	15,7	15,5	15,9	15,7	15,2	15,3	15,6	15,3
14	14,1	21,9	21,1	17,8	13,8	21,1	20,9	17,4
15	16,1	20,0	18,9	17,8	16,1	19,4	18,6	17,5
16	16,4	27,5	25,0	21,3	15,9	26,8	24,8	20,8
17	17,1	23,9	23,6	20,4	16,9	23,6	23,4	20,2
18	15,5	28,5	25,5	21,2	15,1	27,0	25,5	20,7
19	18,5	28,4	26,1	22,9	18,0	27,6	26,0	22,4
20	16,1	27,0	26,6	21,5	15,9	26,1	26,4	21,1
S	160,1	242,6	227,8	197,7	156,9	235,1	226,0	193,7
21	17,4	27,9	27,3	22,5	17,0	27,0	27,2	22,1
22	18,2	29,4	27,4	23,3	18,0	28,5	27,1	22,9
23	19,0	27,4	25,0	22,6	18,8	27,0	24,9	22,4
24	18,2	19,0	19,5	18,7	18,0	18,7	19,3	18,5
25	18,0	27,5	25,9	22,4	17,4	25,4	25,7	21,5
26	17,6	29,6	27,1	23,0	17,4	28,5	27,0	22,6
27	19,2	20,0	20,5	19,7	19,0	19,6	20,4	19,5
28	16,5	22,2	21,8	19,2	16,2	21,9	21,5	18,9
29	15,1	24,5	23,5	19,6	15,0	23,7	23,3	19,3
30	16,1	25,6	25,4	20,8	15,9	23,8	25,3	20,2
31	15,9	26,8	24,8	20,8	15,4	25,2	24,6	20,1
S	191,2	279,9	268,2	232,6	188,1	269,3	266,3	228,0
Total:	496,8	731,1	697,4	605,5	487,8	706,8	691,6	593,5
Monat:	16,0	23,6	22,5	19,5	15,7	22,8	22,3	19,1

DEZEMBER 1957

WASSERTEMPERATUREN

10 cm a)	10 cm b)	10 cm c)	10 cm M	20 cm a)	20 cm b)	20 cm c)	20 cm M	Tag:
13,2	20,0	18,6	16,3	13,5	19,9	19,1	16,5	1
15,0	22,4	22,5	18,7	15,1	22,6	22,8	18,9	2
14,1	23,2	22,6	18,5	14,3	23,5	23,0	18,8	3
13,0	21,4	23,6	17,7	13,3	21,3	23,4	17,8	4
16,4	18,6	18,2	17,4	16,6	18,8	18,5	17,6	5
14,6	18,6	16,8	16,2	14,9	19,0	17,2	16,5	6
13,2	14,5	15,3	14,0	13,6	14,7	15,6	14,4	7
13,2	15,2	17,6	14,8	13,4	15,4	17,9	15,0	8
13,2	18,0	18,4	15,7	13,3	18,2	18,8	15,9	9
14,2	22,2	22,9	18,4	14,5	22,2	23,2	18,6	10
140,1	194,1	196,5	167,7	142,5	-95,6	199,5	170,0	S
13,9	23,7	23,8	18,8	14,1	23,5	24,0	18,9	11
15,5	21,2	20,5	18,2	15,7	21,3	20,8	18,4	12
15,0	15,0	15,4	15,1	15,3	15,3	15,5	15,4	13
13,6	19,9	20,5	16,9	13,8	19,8	20,9	17,1	14
15,9	18,5	18,4	17,2	16,2	18,6	18,6	17,4	15
15,5	25,6	24,6	20,3	15,7	25,2	24,8	20,3	16
16,5	23,3	23,2	19,9	16,7	22,9	23,5	20,0	17
14,8	25,0	25,4	20,0	14,9	24,5	25,6	20,0	18
17,5	26,4	26,0	21,9	17,7	26,2	26,2	21,9	19
15,6	25,0	26,4	20,6	15,8	25,2	26,5	20,8	20
153,8	223,6	224,2	188,9	155,9	222,5	226,4	190,2	S
16,6	26,0	27,2	21,6	16,8	26,1	27,3	21,8	21
17,6	27,4	27,2	22,5	17,8	27,1	27,2	22,5	22
18,4	26,8	24,9	22,1	18,8	26,7	25,0	22,3	23
17,7	18,4	19,0	18,2	18,0	18,7	19,4	18,5	24
16,9	23,7	25,5	20,7	17,2	23,7	25,7	20,9	25
17,1	26,9	27,0	22,0	17,4	26,4	27,1	22,1	26
18,6	19,2	20,0	19,1	18,9	19,7	20,4	19,5	27
15,8	21,5	21,3	18,6	16,2	21,8	21,7	19,0	28
14,8	22,4	23,1	18,8	15,0	22,8	23,4	19,0	29
15,5	23,0	25,2	19,8	15,7	23,5	25,4	20,1	30
15,0	23,8	24,5	19,6	15,3	23,9	24,8	19,8	31
184,0	259,1	264,9	223,0	187,1	260,4	267,4	225,5	S
477,9	676,8	685,6	579,6	485,5	678,5	693,3	585,7	Total:
15,4	21,8	22,1	18,7	15,7	21,9	22,4	18,9	Monat:

JANUAR 1958

WASSERTEMPERATUREN

Tag:	1 cm a)	1 cm b)	1 cm c)	1 cm M	5 cm a)	5 cm b)	5 cm c)	5 cm M
1	15,9	27,6	25,3	21,2	15,6	26,7	25,1	20,7
2	17,8	19,0	18,4	18,2	17,5	18,6	18,1	17,9
3	13,5	24,9	23,3	18,8	13,2	22,9	23,2	18,1
4	14,5	25,0	24,1	19,5	14,3	22,5	24,0	18,8
5	16,1	29,6	26,1	22,0	15,9	27,7	26,0	21,4
6	17,6	26,2	23,5	21,2	17,3	25,6	23,7	21,0
7	16,6	27,9	25,7	21,7	16,4	26,1	25,5	21,1
8	15,8	29,0	26,0	21,7	15,5	26,9	25,9	20,9
9	17,2	28,5	25,9	22,2	17,0	27,7	25,8	21,9
10	18,3	19,9	20,1	19,1	18,0	19,6	19,9	18,9
S	163,3	257,6	238,4	205,6	160,7	244,3	237,2	200,7
11	16,7	25,1	23,5	20,5	16,4	22,4	23,4	19,7
12	15,8	28,9	26,4	21,7	15,5	27,4	26,2	21,1
13	16,9	29,6	26,5	22,5	16,6	27,7	26,4	21,8
14	18,9	24,2	24,5	21,6	18,6	24,0	24,4	21,4
15	17,6	26,4	24,2	21,5	17,2	25,0	24,0	20,9
16	16,5	28,4	25,3	21,7	16,3	27,1	25,2	21,2
17	17,9	19,4	20,7	19,0	17,5	19,1	20,5	18,6
18	14,9	24,0	23,9	19,4	14,6	22,6	23,6	18,9
19	15,2	27,8	25,4	20,9	15,0	25,9	25,3	20,3
20	16,0	27,0	25,5	21,1	15,8	25,9	25,3	20,7
S	166,4	260,8	245,9	209,9	163,5	247,1	244,3	204,6
21	16,5	28,2	26,5	21,9	16,3	26,9	26,4	21,5
22	17,4	29,4	28,7	23,2	17,2	28,0	28,5	22,7
23	19,3	30,2	27,0	24,0	19,1	29,3	26,9	23,6
24	18,4	24,4	24,4	21,4	18,0	23,7	24,2	21,0
25	18,4	26,1	24,0	21,7	18,1	24,6	23,6	21,1
26	14,9	26,9	25,0	20,4	14,5	25,5	24,9	19,9
27	15,4	29,2	25,3	21,3	15,1	26,7	25,2	20,5
28	15,9	27,2	24,7	20,9	15,6	25,7	24,5	20,3
29	16,5	29,4	26,0	22,1	16,3	27,5	25,8	21,5
30	19,0	22,5	21,5	20,5	18,8	21,6	21,3	20,1
31	15,4	25,6	24,5	20,2	15,1	24,5	24,3	19,8
S	187,1	299,1	277,6	237,6	184,1	284,0	275,6	232,0
Total:	516,8	817,5	761,9	653,1	508,3	775,4	757,1	637,3
Monat:	16,7	26,4	24,6	21,1	16,4	25,0	24,4	20,6

JANUAR 1958

WASSERTEMPERATUREN

10 cm a)	b)	c)	M	20 cm a)	b)	c)	M	Tag:
15,4	25,3	25,0	20,3	15,5	25,4	25,2	20,4	1
17,1	18,3	17,8	17,6	17,5	18,7	18,2	18,0	2
13,0	20,8	23,0	17,5	13,2	20,8	23,2	17,6	3
14,0	20,4	23,8	18,0	14,2	20,6	24,1	18,3	4
15,5	25,6	26,0	20,6	15,6	25,3	26,2	20,7	5
17,0	24,4	23,5	20,5	17,3	23,8	23,8	20,6	6
16,1	25,0	25,4	20,6	16,3	25,2	25,6	20,8	7
15,1	25,2	25,7	20,3	15,4	25,2	25,8	20,4	8
16,6	26,6	25,7	21,4	16,8	26,5	25,8	21,5	9
17,7	19,3	19,6	18,6	18,1	19,7	19,9	18,9	10
157,5	230,9	235,5	195,4	159,9	231,2	237,8	197,2	S
16,1	21,4	23,2	19,2	16,4	22,0	23,5	19,6	11
15,1	25,4	26,1	20,4	15,3	25,2	26,3	20,5	12
16,2	26,1	26,4	21,2	16,4	26,0	26,5	21,3	13
18,3	23,6	24,2	21,1	18,6	23,4	24,4	21,3	14
17,0	23,7	23,9	20,4	17,3	23,8	24,2	20,6	15
15,9	25,5	25,1	20,6	16,2	25,1	25,4	20,7	16
17,2	18,8	20,2	18,4	17,6	19,2	20,6	18,7	17
14,3	21,3	23,4	18,3	14,5	21,4	23,6	18,5	18
14,7	24,2	25,2	19,7	14,8	24,1	25,4	19,8	19
15,4	24,6	25,2	20,1	15,6	24,7	25,4	20,3	20
160,2	234,6	242,9	199,4	162,7	234,9	245,3	201,3	S
15,9	25,4	26,3	20,9	16,1	25,1	26,5	21,0	21
16,8	26,6	28,6	22,2	17,0	26,1	28,4	22,1	22
18,7	28,1	26,9	23,1	19,0	27,6	27,0	23,1	23
17,8	22,9	24,2	20,7	18,1	23,0	24,4	20,9	24
17,8	23,4	23,6	20,7	18,1	23,7	24,0	21,0	25
14,2	23,9	24,8	19,3	14,3	23,7	25,0	19,3	26
14,8	24,6	25,0	19,8	14,9	23,6	25,3	19,7	27
15,3	24,0	24,4	19,7	15,5	23,2	24,6	19,7	28
16,0	25,6	25,7	20,8	16,1	24,5	25,9	20,7	29
18,5	20,7	21,0	19,7	18,8	21,0	21,4	20,0	30
14,8	23,5	24,2	19,3	15,0	22,9	24,4	19,3	31
180,6	268,7	274,7	226,2	182,9	264,4	276,9	226,8	S
498,3	734,2	753,1	621,0	505,5	730,5	760,0	625,3	Total:
16,1	23,7	24,3	20,0	16,3	23,6	24,5	20,2	Monat:

FEBRUAR 1958

WASSERTEMPERATUREN

Tag:	1 cm a)	b)	c)	M	5 cm a)	b)	c)	M
1	15,3	27,2	24,3	20,5	15,0	25,9	24,2	20,0
2	15,4	27,4	24,8	20,8	15,2	25,4	24,6	20,1
3	14,6	28,0	24,2	20,3	14,4	25,5	24,1	19,6
4	15,2	29,5	25,0	21,2	14,9	27,0	24,9	20,4
5	15,8	27,9	24,4	21,0	15,5	26,1	24,2	20,3
6	15,2	28,4	24,8	20,9	15,0	26,0	24,6	20,2
7	16,1	28,0	25,0	21,3	15,8	26,0	24,8	20,6
8	16,6	29,0	25,5	21,9	16,3	27,3	25,4	21,3
9	17,1	29,5	25,9	22,4	16,9	27,0	25,6	21,6
10	16,9	29,0	24,5	21,8	16,6	27,4	24,5	21,3
S	158,2	283,9	248,4	212,1	155,6	263,6	246,9	205,4
11	15,4	24,6	23,3	19,7	15,2	24,0	23,3	19,4
12	15,0	23,5	22,3	19,0	15,0	22,0	22,3	18,6
13	16,2	16,7	18,5	16,9	16,0	16,5	18,3	16,7
14	14,0	24,5	21,9	18,6	13,8	22,9	21,7	18,0
15	15,9	22,0	20,8	18,6	15,7	21,4	20,5	18,3
16	14,3	26,5	22,2	19,3	14,1	24,6	22,0	18,8
17	15,1	27,5	23,0	20,2	14,9	24,5	22,8	19,3
18	16,1	21,9	20,5	18,7	15,9	20,4	20,2	18,1
19	14,9	18,0	19,1	16,7	14,6	17,5	19,0	16,4
20	11,4	24,7	20,1	16,9	11,2	21,5	20,0	16,0
S	148,3	229,9	211,7	184,6	146,4	215,3	210,1	179,6
21	14,5	25,9	22,4	19,3	14,4	22,6	22,2	18,4
22	15,7	26,5	23,0	20,2	15,5	24,2	22,8	19,5
23	14,3	28,0	23,1	19,9	14,1	25,2	22,9	19,1
24	15,6	28,0	23,3	20,6	15,3	25,8	23,1	19,9
25	16,0	29,7	24,6	21,6	15,7	27,5	24,5	20,9
26	16,6	28,9	23,8	21,5	16,4	27,0	23,5	20,8
27	14,6	27,6	23,2	20,0	14,4	25,3	23,2	19,3
28	15,4	28,7	23,0	20,6	15,1	27,0	22,8	20,0
S	122,7	223,3	186,4	163,7	120,9	204,6	185,0	157,9
Total:	429,2	737,1	646,5	560,4	422,9	683,5	642,0	542,9
Monat:	15,3	26,3	23,1	20,0	15,1	24,4	23,0	19,4

FEBRUAR 1958

WASSERTEMPERATUREN

10 cm a)	b)	c)	M	20 cm a)	b)	c)	M	Tag:
14,7	24,2	24,0	19,4	14,8	23,4	24,3	19,3	1
14,8	23,8	24,5	19,5	14,9	23,3	24,7	19,5	2
14,1	23,4	24,0	18,9	14,3	22,8	24,2	18,9	3
14,6	24,6	24,8	19,6	14,8	23,1	24,9	19,4	4
15,2	24,2	24,1	19,7	15,6	23,2	24,3	19,7	5
14,7	24,0	24,5	19,5	14,8	22,9	24,7	19,3	6
15,4	24,1	24,6	19,9	15,6	22,8	24,9	19,7	7
16,0	25,3	25,4	20,7	16,2	23,9	25,5	20,4	8
16,6	25,2	25,5	21,0	16,8	23,9	25,8	20,8	9
16,3	25,4	24,5	20,6	16,5	23,9	24,7	20,4	10
152,4	244,2	245,9	198,8	154,3	233,2	248,0	197,4	S
15,0	22,4	23,1	18,9	15,2	21,1	23,4	18,7	11
14,8	20,4	22,1	18,0	15,0	19,7	22,2	18,0	12
15,7	16,3	18,0	16,4	16,0	16,5	18,2	16,7	13
13,6	22,2	21,4	17,7	13,8	20,2	21,8	17,4	14
15,5	20,8	20,2	18,0	15,6	20,1	20,6	18,0	15
13,8	22,6	21,8	18,0	14,0	21,2	22,0	17,8	16
14,7	21,9	22,6	18,5	14,9	20,7	22,8	18,3	17
15,6	19,2	19,9	17,6	15,8	18,8	20,3	17,7	18
14,4	17,2	18,8	16,2	14,6	17,1	19,2	16,4	19
11,0	18,6	19,7	15,1	11,2	17,4	19,7	14,9	20
144,1	201,6	207,6	174,4	146,1	192,8	210,2	173,9	S
14,3	20,1	22,0	17,7	14,6	18,8	21,4	17,3	21
15,3	21,7	22,6	18,7	15,5	19,8	21,6	18,1	22
13,7	22,3	22,7	18,1	13,9	19,8	22,3	17,5	23
15,0	23,3	23,0	19,1	15,2	21,0	23,0	18,6	24
15,4	24,5	24,4	19,9	15,6	21,4	23,7	19,1	25
16,1	24,7	23,4	20,1	16,4	21,9	23,7	19,6	26
14,2	22,5	23,1	18,5	14,4	20,1	22,6	17,9	27
14,9	24,1	22,6	19,1	15,2	20,9	22,8	18,5	28
118,9	183,2	183,8	151,2	120,8	163,7	181,1	146,6	S
415,4	629,0	637,3	524,4	421,2	589,7	639,3	517,9	Total:
14,8	22,5	22,8	18,7	15,0	21,1	22,8	18,5	Monat:

MÄRZ 1958

WASSERTEMPERATUREN

Tag:	1 cm a)	b)	c)	M	5 cm a)	b)	c)	M
1	16,3	25,0	22,2	20,0	16,1	23,8	22,0	19,5
2	15,9	27,5	23,9	20,8	16,2	25,8	23,6	20,5
3	15,0	27,5	23,6	20,3	14,6	25,6	23,4	19,5
4	14,9	28,2	24,0	20,5	14,5	25,8	23,8	19,7
5	15,8	26,5	23,2	20,3	15,5	25,0	23,0	19,7
6	15,8	29,4	25,1	21,5	16,6	26,7	25,0	21,2
7	17,3	30,0	24,0	22,1	17,1	27,4	23,9	21,4
8	18,7	24,5	22,6	21,1	18,4	24,1	22,4	20,8
9	16,9	26,0	22,4	20,6	16,5	24,6	22,1	19,9
10	13,8	24,0	22,2	18,4	13,5	22,0	22,0	17,8
S	160,4	268,6	233,2	205,6	159,0	250,8	231,2	200,0
11	14,9	25,5	21,7	19,3	14,5	23,8	21,5	18,6
12	13,2	24,9	20,9	18,0	13,0	22,3	20,6	17,2
13	14,0	25,0	21,0	18,5	13,8	22,4	20,7	17,7
14	13,5	25,5	21,5	18,5	13,2	22,9	21,2	17,6
15	15,4	20,0	18,5	17,3	15,1	17,8	18,2	16,6
16	14,4	23,7	20,8	18,3	14,1	22,2	20,5	17,7
17	14,0	25,5	21,1	18,7	13,7	23,7	21,0	18,0
18	13,6	25,0	22,5	18,7	13,3	23,1	22,3	18,0
19	14,1	22,3	21,5	18,0	13,9	20,8	21,2	17,4
20	17,7	26,6	23,2	21,3	17,5	25,8	23,0	21,0
S	144,8	244,0	212,7	186,6	142,1	224,8	210,2	179,8
21	14,5	20,9	19,0	17,2	14,4	20,5	18,8	17,0
22	11,5	22,0	19,9	16,2	11,2	20,5	19,5	15,6
23	11,7	22,7	19,1	16,3	11,3	20,3	18,9	15,5
24	13,5	20,7	18,7	16,6	13,2	18,5	18,5	15,8
25	14,2	19,6	18,9	16,7	14,0	17,9	18,6	16,1
26	16,0	23,1	19,7	18,7	15,7	21,7	19,4	18,1
27	15,6	19,5	18,2	17,2	15,3	19,1	18,0	16,9
28	15,2	23,3	20,7	18,6	14,9	21,9	20,5	18,1
29	16,0	19,6	18,5	17,5	15,8	19,0	18,1	17,2
30	12,1	16,7	16,0	14,2	11,8	16,2	15,7	13,9
31	12,6	15,2	16,3	14,2	12,4	14,5	16,0	13,8
S	152,9	223,3	205,0	183,4	150,0	210,1	202,0	178,0
Total:	458,1	735,9	650,9	575,6	451,1	685,7	643,4	557,8
Monat:	14,8	23,7	21,0	18,6	14,6	22,1	20,8	18,0

MÄRZ 1958

WASSERTEMPERATUREN

1 cm a)	1 cm b)	1 cm c)	1 cm M	5 cm a)	5 cm b)	5 cm c)	5 cm M	Tag:
15,8	21,6	21,7	18,7	16,1	19,6	21,0	18,2	1
15,6	25,5	23,4	20,0	15,8	21,1	23,2	19,0	2
14,4	23,0	23,2	18,8	14,6	20,3	22,6	18,0	3
14,3	23,9	23,6	19,0	14,5	20,0	22,6	17,9	4
15,3	22,9	22,8	19,1	15,4	20,6	22,7	18,5	5
15,3	23,6	24,8	19,7	15,5	20,4	22,6	18,5	6
16,8	24,8	23,7	20,5	17,0	21,6	23,8	19,9	7
18,0	22,6	22,2	20,2	18,4	21,0	22,6	20,1	8
16,2	22,6	21,8	19,2	16,5	20,8	22,2	19,0	9
13,3	19,7	21,6	17,0	13,5	18,1	20,4	16,4	10
155,0	230,2	228,8	192,2	157,3	203,5	223,7	185,5	S
14,3	21,4	21,2	17,8	14,4	19,6	21,5	17,5	11
12,8	19,6	20,4	16,4	13,0	17,8	20,1	16,0	12
13,6	19,8	20,4	16,9	13,8	18,2	20,4	16,6	13
13,0	20,0	20,9	16,7	13,3	18,1	20,6	16,3	14
14,8	16,8	18,0	16,1	15,0	16,7	18,4	16,3	15
13,9	20,0	20,1	17,0	14,1	18,4	20,4	16,7	16
13,5	21,2	20,7	17,2	13,8	19,2	21,1	17,0	17
13,1	20,5	23,0	17,4	13,4	18,9	21,2	16,7	18
13,6	19,0	20,9	16,8	13,9	17,2	21,1	16,5	19
17,2	24,0	22,8	20,3	17,4	22,3	23,2	20,1	20
139,8	202,3	208,4	172,6	142,1	186,4	208,0	169,7	S
14,3	19,8	18,5	16,7	14,4	19,2	18,9	16,7	21
11,0	18,4	19,3	14,9	11,3	17,2	19,4	14,8	22
11,3	18,0	18,5	14,8	11,4	17,1	18,9	14,7	23
13,0	17,0	18,3	15,3	13,3	16,7	18,5	15,5	24
13,8	16,7	18,2	15,6	14,0	16,6	17,9	15,6	25
15,4	20,2	19,1	17,5	15,6	19,6	19,5	17,6	26
15,0	18,4	17,6	16,5	15,3	18,1	18,0	16,7	27
14,6	20,0	20,1	17,3	14,8	19,6	20,5	17,4	28
15,5	18,1	17,9	16,8	15,7	18,3	18,3	17,0	29
11,6	15,4	15,4	13,5	11,8	15,5	15,6	13,7	30
12,1	14,1	15,7	13,5	12,3	14,3	15,9	13,7	31
147,6	196,1	198,6	172,4	149,9	192,2	201,4	173,4	S
442,4	628,6	635,8	537,2	449,3	582,1	633,1	528,6	Total:
14,3	20,3	20,5	17,3	14,5	18,8	20,4	17,1	Monat:

APRIL 1958

WASSERTEMPERATUREN

Tag:	1 cm				5 cm			
	a)	b)	c)	M	a)	b)	c)	M
1	11,7	20,6	18,9	15,7	11,4	19,1	18,5	15,1
2	12,8	22,8	19,6	17,0	12,4	20,7	19,4	16,2
3	15,5	21,6	18,7	17,8	15,1	20,5	18,4	17,3
4	12,9	18,9	17,4	15,5	12,6	18,4	17,0	15,1
5	9,5	19,2	16,1	13,6	9,2	17,2	15,9	12,9
6	12,5	19,1	16,6	15,2	12,2	17,7	16,3	14,6
7	8,8	16,7	14,5	12,2	8,5	15,4	14,3	11,7
8	8,2	15,5	14,1	11,5	8,0	13,8	13,9	10,9
9	11,5	12,0	12,2	11,8	11,1	11,6	12,0	11,4
10	12,8	13,5	13,2	13,1	12,4	13,3	12,9	12,8
S	116,2	179,9	161,3	143,4	112,9	167,7	158,6	138,0
11	9,2	17,5	14,0	12,5	9,0	15,1	13,7	11,7
12	7,8	16,2	13,6	11,4	7,5	14,4	13,4	10,7
13	6,7	16,0	13,9	10,8	6,4	14,6	13,7	10,3
14	9,5	15,7	14,1	12,2	9,1	13,7	13,9	11,5
15	9,0	15,0	14,0	11,7	8,8	13,0	13,7	11,1
16	10,7	18,1	15,9	13,8	10,4	16,5	15,6	13,2
17	11,2	15,7	15,0	13,3	11,0	14,0	14,5	12,6
18	12,9	13,9	13,4	13,3	12,5	13,4	13,1	12,9
19	11,3	15,2	14,0	12,9	11,0	13,8	13,8	12,4
20	8,8	16,2	13,7	11,9	8,5	14,5	13,5	11,2
S	97,1	159,5	141,6	123,8	94,2	143,0	138,9	117,6
21	11,8	16,5	14,5	13,7	11,4	14,5	14,2	12,9
22	10,7	14,1	13,0	12,1	10,3	12,9	12,9	11,6
23	12,1	15,4	15,0	13,6	11,5	14,4	14,7	13,0
24	12,4	16,5	15,2	14,1	12,2	15,6	15,0	13,8
25	12,4	14,2	14,0	13,3	12,0	13,7	13,8	12,9
26	13,2	14,5	14,1	13,8	13,0	14,0	13,9	13,5
27	10,6	14,5	14,0	12,4	10,4	13,5	13,7	12,0
28	10,5	14,5	13,0	12,1	10,2	13,3	12,8	11,6
29	10,1	11,4	11,5	10,8	9,8	11,0	11,2	10,4
30	11,5	14,9	13,4	12,8	11,2	14,0	13,2	12,4
S	115,3	146,5	137,7	128,7	112,0	136,9	135,4	124,1
Total:	328,6	485,9	440,6	395,9	319,1	447,6	432,9	379,7
Monat:	10,9	16,2	14,7	13,2	10,6	14,9	14,4	12,7

APRIL 1958

WASSERTEMPERATUREN

10 cm a)	10 cm b)	10 cm c)	10 cm M	20 cm a)	20 cm b)	20 cm c)	20 cm M	Tag:
11,2	17,4	18,3	14,5	11,4	16,8	18,3	14,5	1
12,1	18,6	19,1	15,5	12,4	17,8	19,3	15,5	2
14,8	19,0	18,1	16,7	15,1	18,9	18,5	16,9	3
12,4	17,3	16,8	14,7	12,6	17,1	17,1	14,9	4
9,0	15,5	15,6	12,3	9,3	14,9	15,8	12,3	5
12,0	16,4	16,0	14,1	12,2	16,5	16,4	14,3	6
8,4	14,0	14,2	11,3	8,5	13,9	14,4	11,3	7
7,7	12,6	13,6	10,4	8,0	12,5	13,8	10,6	8
10,9	11,4	11,8	11,2	11,2	11,6	12,1	11,5	9
12,2	13,1	12,7	12,5	12,4	13,3	12,9	12,7	10
110,7	155,3	156,2	133,2	113,1	153,3	158,6	134,5	S
8,8	13,4	13,4	11,1	9,0	13,1	13,6	11,2	11
7,4	12,8	13,2	10,2	7,5	12,5	13,4	10,2	12
6,4	13,1	13,4	9,8	6,5	12,8	13,6	9,9	13
8,9	12,7	13,7	11,1	9,2	12,8	13,9	11,3	14
8,6	12,0	13,4	10,6	8,8	12,1	13,3	10,7	15
10,2	15,0	15,4	12,7	10,4	14,8	15,5	12,8	16
10,8	13,2	14,2	12,2	11,1	13,2	14,4	12,5	17
12,3	13,0	12,9	12,6	12,5	13,2	13,2	12,8	18
10,8	13,0	13,6	12,1	11,1	13,0	13,8	12,2	19
8,3	12,9	13,3	10,7	8,4	12,5	13,5	10,7	20
92,5	131,1	136,5	113,1	94,5	130,0	138,2	114,3	S
11,3	13,6	14,0	12,6	11,4	13,6	14,3	12,7	21
10,2	12,3	12,6	11,3	10,4	12,4	12,9	11,5	22
11,4	13,6	14,5	12,7	11,5	13,6	14,6	12,8	23
12,0	14,8	14,8	13,4	12,3	14,6	15,0	13,6	24
11,8	13,3	13,6	12,6	12,1	13,4	13,7	12,8	25
12,8	13,8	13,6	13,2	13,0	14,2	13,8	13,5	26
10,2	13,1	13,4	11,7	10,4	13,1	13,6	11,9	27
10,0	12,4	12,6	11,3	10,3	12,4	12,8	11,4	28
9,6	10,8	11,0	10,3	9,8	10,9	11,2	10,4	29
11,0	13,3	13,0	12,1	11,3	13,3	13,2	12,3	30
110,3	131,0	133,1	121,2	112,5	131,5	135,1	122,9	S
313,5	417,4	425,8	367,5	320,1	414,8	431,9	371,7	Total:
10,5	13,9	14,2	12,3	10,7	13,8	14,4	12,4	Monat:

MAI 1957

Tag:	Sichtweite a)	b)	c)	Bodenzustand a)	b)	c)
1	4	20	4	1	1	0
2	20	20	4	1	1	1
3	0,2	10	20	1	1	1
4	0,2	4	2	1	1	1
5	4	50	4	1	0	0
6	4	4	0,5	1	1	1
7	10	10	2	1	1	1
8	0,2	10	2	1	1	1
9	2	4	2	2	1	1
10	2	4	1	1	1	1
11	1	2	0,5	1	1	2
12	10	20	2	1	1	1
13	2	4	1	2	2	2
14	2	2	1	2	2	2
15	2	10	4	2	1	1
16	4	10	2	1	1	2
17	4	2	2	2	2	1
18	10	2	2	1	1	1
19	2	4	2	1	1	2
20	2	4	2	1	1	1
21	0,5	20	2	2	1	1
22	2	4	1	2	1	2
23	0,5	10	1	1	1	1
24	0,2	20	1	1	1	1
25	4	2	1	1	2	2
26	4	10	1	1	1	1
27	1	20	4	2	1	1
28	20	40	4	1	1	1
29	10	20	2	1	1	2
30	10	40	4	1	1	1
31	10	50	10	5	1	1

JUNI 1957

Tag:	Sichtweite a)	b)	c)	Bodenzustand a)	b)	c)
1	20	40	10	5	1	1
2	0,5	4	2	3	1	1
3	2	10	4	2	2	1
4	1	10	1	1	2	2
5	4	20	2	2	2	2
6	20	40	10	1	1	1
7	4	4	1	1	2	2
8	2	2	4	2	2	2
9	10	4	2	1	1	2
10	1	4	4	2	2	2
11	2	10	2	1	1	2
12	20	40	10	1	1	1
13	20	50	20	1	1	1
14	20	40	4	1	1	1
15	40	40	10	1	1	1
16	0,5	40	20	1	1	1
17	0,5	2	2	1	1	1
18	0,5	4	1	1	1	1
19	2	40	10	1	1	1
20	2	4	4	1	1	1
21	20	50	10	1	1	1
22	0,2	10	2	1	1	1
23	1	1	1	1	1	1
24	20	40	4	1	1	1
25	0,2	40	4	1	1	1
26	50	50	20	3	1	1
27	1	4	2	5	1	2
28	1	40	20	3	1	1
29	40	50	20	5	1	1
30	20	40	4	1	1	1

JULI 1957

Tag:	Sichtweite a)	b)	c)	Bodenzustand a)	b)	c)
1	0,5	10	2	5	1	1
2	1	1	2	2	2	2
3	4	20	2	1	1	1
4	10	20	2	1	1	2
5	4	10	2	2	2	2
6	4	20	4	2	2	2
7	4	2	2	2	2	2
8	20	20	4	2	2	1
9	10	10	2	1	2	2
10	20	40	2	2	1	2
11	10	40	10	2	2	1
12	20	40	4	1	1	1
13	1	20	10	1	1	1
14	0,2	10	4	5	1	1
15	2	20	10	2	2	2
16	0,5	20	20	1	1	1
17	40	40	20	1	1	1
18	20	40	20	5	1	1
19	0,5	40	4	5	1	1
20	20	50	40	1	1	1
21	0,2	40	20	1	1	1
22	0,2	10	4	0	1	1
23	4	20	2	1	1	2
24	2	10	2	2	2	2
25	10	40	20	2	2	2
26	20	40	10	1	1	1
27	0,2	40	4	1	1	1
28	0,2	4	20	1	1	1
29	40	40	20	1	1	1
30	0,2	40	40	3	1	1
31	0,5	50	40	5	1	1

AUGUST 1957

Tag:	Sichtweite a)	b)	c)	Bodenzustand a)	b)	c)
1	0,2	40	40	3	1	1
2	2	4	10	1	1	1
3	4	4	2	1	1	2
4	20	20	10	1	1	1
5	2	4	2	2	2	2
6	10	20	10	2	2	2
7	2	40	4	2	2	2
8	20	40	10	2	1	1
9	4	2	2	1	2	2
10	20	20	2	2	1	1
11	10	40	4	2	2	2
12	40	40	20	2	1	1
13	4	20	10	1	1	1
14	20	40	10	2	2	2
15	20	40	40	2	2	1
16	0,2	50	40	1	1	1
17	0,2	40	4	1	1	1
18	20	10	2	2	2	2
19	2	40	10	2	2	2
20	40	40	40	2	1	1
21	0,5	40	40	1	1	1
22	10	20	40	2	2	1
23	40	40	20	1	2	2
24	10	40	10	1	1	1
25	10	20	2	1	1	1
26	10	40	4	1	1	2
27	20	40	10	2	1	1
28	10	40	40	2	1	2
29	0,2	40	20	1	1	1
30	50	50	20	1	1	1
31	0,2	50	20	1	1	1

SEPTEMBER 1957

Tag:	Sichtweite a)	b)	c)	Bodenzustand a)	b)	c)
1	20	20	20	1	1	1
2	40	50	40	1	1	1
3	0,2	40	20	1	1	1
4	4	50	40	2	1	1
5	4	20	20	1	1	1
6	40	50	40	1	1	1
7	20	20	4	1	1	2
8	2	20	4	2	2	2
9	10	40	20	2	1	1
10	0,2	50	40	1	1	1
11	50	50	40	1	1	1
12	40	50	40	1	1	1
13	40	50	40	1	1	1
14	20	40	2	1	2	2
15	10	20	20	2	2	1
16	2	2	2	2	2	2
17	4	20	10	2	2	2
18	0,2	20	40	1	1	1
19	40	50	40	1	1	1
20	40	40	20	1	1	1
21	20	40	20	1	1	1
22	0,2	40	20	1	1	2
23	2	2	20	2	2	1
24	0,2	50	40	1	1	1
25	0,2	50	20	1	1	1
26	40	20	10	1	1	1
27	40	40	20	1	1	1
28	4	20	4	1	1	1
29	2	10	2	1	1	1
30	2	40	40	1	1	1

OKTOBER 1957

Tag:	Sichtweite a)	b)	c)	Bodenzustand a)	b)	c)
1	40	50	40	1	1	1
2	0,2	20	10	1	1	1
3	40	40	20	2	1	1
4	0,2	50	40	1	1	1
5	10	10	10	1	1	1
6	20	40	20	1	1	2
7	4	40	20	2	1	1
8	40	20	40	1	1	1
9	40	50	40	1	1	1
10	40	40	20	1	1	1
11	4	40	40	1	1	1
12	40	50	40	1	1	1
13	4	50	20	1	1	1
14	20	40	40	1	1	1
15	4	40	40	1	1	1
16	50	50	40	1	1	1
17	4	20	20	2	1	1
18	4	20	40	1	1	1
19	0,2	50	50	1	1	1
20	40	50	50	1	1	1
21	40	40	40	1	1	1
22	0,5	50	20	1	1	1
23	0,5	40	40	1	1	1
24	20	4	20	1	2	1
25	4	40	10	2	1	1
26	2	20	40	2	1	1
27	40	40	40	1	1	1
28	40	50	40	1	1	1
29	50	50	40	1	1	1
30	50	50	40	1	1	1
31	4	50	40	1	1	1

NOVEMBER 1957

Tag:	Sichtweite a)	b)	c)	Bodenzustand a)	b)	c)
1	40	50	40	1	1	1
2	50	50	40	1	1	1
3	20	40	20	1	1	1
4	2	20	10	1	1	1
5	2	50	50	1	1	1
6	50	50	50	1	1	1
7	40	50	50	1	1	1
8	40	40	10	1	1	1
9	10	40	40	1	1	1
10	10	40	40	1	1	1
11	40	50	50	1	1	1
12	40	50	40	1	1	1
13	40	50	40	1	1	1
14	40	40	40	1	1	1
15	20	50	40	1	1	1
16	2	40	40	1	1	1
17	2	40	40	1	1	1
18	40	50	40	1	1	1
19	40	40	40	1	1	1
20	40	50	40	1	1	1
21	40	50	40	1	1	1
22	50	50	40	1	1	1
23	50	50	40	1	1	1
24	10	40	40	1	1	1
25	10	50	40	1	1	1
26	40	50	50	1	1	1
27	50	40	40	1	1	1
28	2	10	4	1	1	2
29	20	20	2	1	1	2
30	20	40	40	1	1	1

DEZEMBER 1957

Tag:	Sichtweite a)	b)	c)	Bodenzustand a)	b)	c)
1	10	40	2	1	1	2
2	40	40	40	1	1	1
3	40	50	50	1	1	1
4	40	40	40	1	1	1
5	10	20	20	1	1	1
6	10	20	10	1	1	2
7	10	20	20	1	2	1
8	2	10	20	2	2	1
9	10	20	20	2	1	1
10	4	40	40	2	1	1
11	1	50	40	1	1	1
12	10	50	20	1	1	1
13	4	10	4	2	2	2
14	10	40	4	1	1	1
15	2	4	4	2	1	2
16	20	50	40	1	1	1
17	50	40	40	1	1	1
18	50	50	50	1	1	1
19	40	50	40	1	1	1
20	40	50	50	1	1	1
21	50	50	50	1	1	1
22	50	50	50	1	1	1
23	0,5	40	10	1	1	1
24	20	40	20	1	1	1
25	4	50	40	1	1	1
26	4	40	20	1	1	1
27	4	20	40	2	2	1
28	10	40	20	2	1	1
29	20	50	40	1	1	1
30	40	40	40	1	1	1
31	40	50	50	1	1	1

JANUAR 1958

Tag.	Sichtweite a)	b)	c)	Bodenzustand a)	b)	c)
1	50	50	40	1	1	1
2	20	4	40	1	2	2
3	2	40	40	1	1	1
4	40	50	40	1	1	1
5	20	50	50	1	1	1
6	40	40	20	1	1	1
7	40	50	50	1	1	1
8	50	50	50	1	1	1
9	50	50	40	1	1	1
10	10	4	20	1	1	1
11	20	40	40	2	1	1
12	50	50	50	1	1	1
13	50	50	40	1	1	1
14	40	40	40	1	1	1
15	20	40	50	1	1	1
16	50	40	40	1	1	1
17	4	10	40	1	1	1
18	40	50	50	1	1	1
19	50	50	50	1	1	1
20	50	50	50	1	1	1
21	50	50	50	1	1	1
22	50	50	40	1	1	0
23	50	50	40	1	0	1
24	10	40	40	1	1	1
25	10	40	50	1	1	1
26	50	50	50	1	0	0
27	40	50	50	1	0	0
28	40	50	40	1	0	0
29	40	50	40	1	0	0
30	10	40	20	1	0	1
31	1	50	40	1	1	0

FEBRUAR 1958

Tag:	Sichtweite a)	b)	c)	Bodenzustand a)	b)	c)
1	50	40	40	1	0	0
2	40	50	50	1	0	0
3	50	50	50	0	0	0
4	40	50	40	0	0	0
5	0,2	40	40	1	0	0
6	40	40	50	0	0	0
7	40	40	50	0	0	0
8	40	50	40	0	0	0
9	40	50	50	0	0	0
10	40	40	40	0	0	0
11	1	40	50	0	0	0
12	10	40	40	0	0	0
13	20	20	40	1	1	0
14	0,2	40	40	1	1	1
15	40	40	40	1	1	1
16	50	50	50	1	0	0
17	40	50	40	0	0	0
18	2	50	40	1	1	1
19	20	50	50	1	1	1
20	0,5	40	40	1	1	0
21	20	40	40	1	1	0
22	0,2	50	50	1	0	0
23	50	50	40	0	0	0
24	40	50	50	0	0	0
25	50	50	50	0	0	0
26	0,2	50	40	0	0	0
27	40	50	50	0	0	0
28	50	50	40	0	0	0

MÄRZ 1958

Tag:	Sichtweite a)	b)	c)	Bodenzustand a)	b)	c)
1	40	40	20	0	0	0
2	0,2	50	50	0	0	0
3	50	50	40	0	0	0
4	50	50	40	0	0	0
5	50	50	50	0	0	0
6	40	40	20	0	0	0
7	20	20	20	0	0	0
8	2	10	4	0	0	0
9	40	50	40	0	0	0
10	40	40	20	0	0	0
11	40	20	10	0	0	0
12	20	10	4	0	0	0
13	0,2	2	10	0	0	0
14	1	10	20	0	0	0
15	2	20	40	0	0	0
16	40	40	40	0	0	0
17	40	50	40	0	0	0
18	50	50	40	0	0	0
19	40	40	40	0	0	0
20	1	40	20	0	0	0
21	40	50	40	0	0	0
22	50	50	20	0	0	0
23	20	20	20	0	0	0
24	0,2	20	20	0	0	0
25	4	20	10	0	0	1
26	1	40	40	1	0	1
27	2	40	40	1	1	1
28	0,2	40	20	1	1	1
29	4	50	20	1	1	1
30	1	40	20	1	1	1
31	20	20	20	1	1	1

APRIL 1958

Tag:	Sichtweite a)	b)	c)	Bodenzustand a)	b)	c)
1	50	50	40	1	1	1
2	1	50	4	1	0	1
3	4	50	20	1	1	1
4	0,2	50	40	1	0	1
5	50	50	10	1	0	0
6	10	40	10	1	1	1
7	20	50	20	3	1	1
8	0,2	40	20	1	0	1
9	2	4	2	2	1	2
10	2	4	20	2	2	1
11	0,2	40	10	1	1	1
12	0,2	50	10	1	1	1
13	20	50	20	1	1	1
14	40	50	10	1	1	1
15	0,2	50	10	1	1	1
16	40	50	10	1	1	1
17	0,1	40	4	1	1	1
18	20	4	4	1	1	1
19	0,2	10	4	1	1	1
20	10	40	4	1	1	1
21	1	10	4	1	1	1
22	0,1	40	2	1	1	1
23	10	20	4	1	1	1
24	2	40	4	1	1	1
25	10	20	2	1	1	1
26	20	40	4	1	1	1
27	20	40	4	1	1	1
28	0,2	40	4	1	1	1
29	20	2	0,5	1	2	2
30	20	50	2	1	1	1

MAI 1957

BODENTEMPERATUREN - Serie 1 (Nackter Boden):

Tag:	1 cm a)	1 cm b)	1 cm c)	1 cm M	5 cm a)	5 cm b)	5 cm c)	5 cm M	10 cm a)	10 cm b)	10 cm c)	10 cm M
1	5,6	21,5	12,4	11,3	7,4	15,8	14,7	11,3	8,5	12,6	14,1	10,9
2	5,4	17,9	12,5	10,3	8,0	13,8	14,0	11,0	9,1	11,7	13,5	10,9
3	6,9	17,9	11,1	10,7	8,9	12,5	13,6	11,0	8,8	11,1	13,3	10,5
4	8,0	15,1	11,2	10,6	9,2	12,5	13,1	11,0	9,9	11,8	12,8	11,1
5	9,6	18,1	12,1	12,4	10,6	14,8	14,3	12,6	10,7	12,9	14,2	12,1
6	9,3	15,7	13,5	12,0	10,1	13,4	13,5	11,8	10,6	12,3	13,1	11,7
7	13,2	18,0	10,0	13,6	13,3	15,6	13,7	14,0	13,1	14,2	14,3	13,7
8	6,0	13,1	11,2	9,1	7,6	11,1	11,2	9,4	8,4	10,4	11,2	9,6
9	13,0	15,6	14,0	13,9	12,3	13,9	13,9	13,1	12,2	13,1	13,6	12,8
10	11,4	15,1	13,6	12,9	11,6	13,3	13,2	12,4	11,8	12,8	13,2	12,4
S	88,4	168,0	121,6	116,8	99,0	136,7	135,2	117,6	103,1	122,9	133,3	115,7
11	14,6	17,1	15,1	15,4	13,6	15,0	15,0	14,3	13,3	14,2	14,7	13,9
12	11,1	16,0	11,0	12,3	12,0	14,2	12,6	12,7	12,4	13,4	13,0	12,8
13	10,0	15,3	14,5	12,5	9,9	12,8	13,5	11,5	10,2	12,2	13,2	11,5
14	15,2	16,1	15,0	15,4	14,3	15,0	14,8	14,6	14,0	14,4	14,7	14,3
15	14,3	21,0	13,1	15,7	14,0	17,0	14,8	15,0	13,9	15,6	15,1	14,6
16	11,9	16,0	12,1	13,0	12,1	13,9	13,0	12,8	12,3	13,4	13,1	12,8
17	10,8	14,0	11,6	11,8	10,8	13,2	13,0	12,0	11,2	12,6	13,2	12,1
18	9,8	12,5	11,2	10,8	10,1	11,1	11,3	10,7	10,4	11,0	11,4	10,8
19	12,3	13,4	12,9	12,7	11,6	12,6	12,4	12,1	11,4	12,2	12,3	11,8
20	12,9	14,3	10,8	12,7	12,4	13,5	12,1	12,6	12,3	13,1	12,3	12,5
S	122,9	155,7	127,3	132,3	120,8	138,5	132,5	128,3	121,4	132,1	133,0	127,1
21	7,2	13,8	9,8	9,5	8,1	12,0	11,2	9,9	8,7	11,2	11,6	10,1
22	6,4	13,2	9,7	8,9	7,2	11,1	10,2	8,9	7,8	10,3	10,6	9,1
23	6,0	14,1	7,9	8,5	7,3	9,9	10,1	8,7	8,0	9,4	10,6	9,0
24	4,8	13,4	7,9	7,7	5,9	9,0	8,9	7,4	6,7	8,3	9,3	7,8
25	7,6	9,4	8,9	8,4	7,5	8,8	8,6	8,1	7,7	8,7	8,8	8,2
26	7,9	10,9	10,2	9,2	7,8	9,4	10,1	8,8	8,1	9,2	10,0	8,9
27	9,6	15,1	9,2	10,9	9,2	11,2	10,7	10,1	9,4	10,4	10,8	10,0
28	7,8	17,1	10,0	10,7	8,2	13,0	12,1	10,4	8,8	11,6	12,2	10,4
29	8,4	11,2	9,9	9,5	8,6	10,0	9,8	9,3	9,0	9,8	10,0	9,5
30	7,4	14,6	8,3	9,4	8,2	12,0	10,4	9,7	8,9	10,9	10,8	9,9
31	1,2	13,7	4,6	5,2	2,7	8,9	7,2	5,4	5,3	8,0	8,0	6,7
S	74,3	146,5	96,4	97,9	80,7	115,3	109,3	96,7	88,4	107,8	112,7	99,6
Total:	285,6	470,2	345,3	347,0	300,5	390,3	377,0	342,6	312,9	362,8	379,0	342,4
Monat:	9,2	15,2	11,1	11,2	9,7	12,6	12,2	11,1	10,1	11,7	12,2	11,0

BODENTEMPERATUREN - Serie 1 (Nackter Boden):

20 cm a)	20 cm b)	20 cm c)	20 cm M	30 cm a)	30 cm b)	30 cm c)	30 cm M	50 cm a)	50 cm b)	50 cm c)	50 cm M	Tag:
10,2	10,5	12,3	10,8	11,4	11,2	11,5	11,4	12,2	12,3	12,2	12,2	1
10,8	10,8	12,1	11,1	11,8	11,6	11,7	11,7	12,2	12,3	12,3	12,3	2
10,7	10,6	11,9	11,0	11,8	11,6	11,6	11,7	12,2	12,4	12,3	12,3	3
11,1	11,0	11,8	11,3	11,8	11,6	11,6	11,7	12,2	12,3	12,2	12,2	4
11,4	11,6	12,8	11,8	11,9	11,9	12,1	12,0	12,2	12,4	12,4	12,3	5
11,6	11,7	12,4	11,8	12,3	12,2	12,2	12,3	12,4	12,4	12,5	12,4	6
12,8	13,2	13,9	13,2	12,6	12,9	13,1	12,8	12,6	12,8	12,9	12,7	7
11,4	10,9	11,4	11,3	12,3	11,8	11,6	12,0	12,9	13,0	12,8	12,9	8
12,0	12,4	12,9	12,3	11,6	12,1	12,3	11,9	12,5	12,5	12,5	12,5	9
12,6	12,5	12,8	12,6	12,5	12,4	12,5	12,5	12,7	12,8	12,7	12,7	10
114,6	115,2	124,3	117,2	120,0	119,3	120,2	120,0	124,1	125,2	124,8	124,5	S
13,1	13,5	13,9	13,4	12,8	13,0	13,2	13,0	12,8	12,9	13,1	12,9	11
13,4	13,2	13,4	13,4	13,4	13,2	13,2	13,3	13,2	13,3	13,2	13,2	12
11,7	11,6	12,4	11,9	12,4	11,8	12,1	12,2	13,1	13,0	12,8	13,0	13
13,6	14,1	14,3	13,9	12,9	13,4	13,6	13,2	12,8	13,0	13,1	12,9	14
14,1	14,3	14,9	14,4	13,8	13,9	14,9	14,1	13,4	13,6	13,6	13,5	15
13,4	13,3	13,4	13,4	13,6	13,4	13,3	13,5	13,6	13,6	13,5	13,6	16
12,6	12,4	13,0	12,7	13,0	12,7	12,8	12,9	13,4	13,4	13,3	13,4	17
12,1	11,8	11,9	12,0	12,5	12,2	12,2	12,4	13,1	13,1	13,0	13,1	18
11,8	12,1	12,3	12,0	12,1	12,1	12,3	12,2	12,8	12,7	12,7	12,8	19
12,5	12,6	12,8	12,6	12,4	12,4	12,6	12,5	12,7	12,7	12,7	12,7	20
128,3	128,9	132,3	129,7	128,9	128,1	130,2	129,3	130,9	131,3	131,0	131,1	S
11,1	10,9	11,7	11,2	11,8	11,5	11,6	11,7	12,6	12,6	12,5	12,6	21
10,2	10,0	10,7	10,3	11,0	10,8	10,8	10,9	12,3	12,2	12,2	12,3	22
9,9	9,7	10,5	10,0	10,7	10,5	10,5	10,6	11,8	11,8	11,7	11,8	23
9,3	9,0	9,6	9,3	10,2	10,0	9,9	10,1	11,5	11,5	11,4	11,5	24
9,0	8,2	9,2	8,9	9,7	9,6	9,6	9,7	11,1	11,1	11,0	11,1	25
9,3	9,3	9,7	9,4	9,6	9,6	9,8	9,7	10,8	10,8	10,8	10,8	26
9,9	10,0	10,6	10,1	10,1	10,1	10,3	10,2	10,8	10,9	10,9	10,9	27
9,9	10,0	11,0	10,2	10,4	10,2	10,4	10,4	10,9	11,2	11,2	11,1	28
10,2	10,1	10,3	10,2	10,4	10,3	10,3	10,4	11,0	11,1	11,0	11,0	29
10,1	10,0	10,6	10,2	10,3	10,3	10,4	10,3	11,0	11,1	11,0	11,0	30
8,6	7,9	8,7	8,5	9,6	9,2	9,1	9,4	10,8	10,8	10,6	10,8	31
107,5	105,1	112,6	108,3	113,8	112,1	112,7	113,4	124,6	125,1	124,3	124,9	S
350,4	349,2	369,2	355,2	362,7	359,5	363,1	362,7	379,6	381,6	380,1	380,5	Total:
11,3	11,3	11,9	11,5	11,7	11,6	11,7	11,7	12,2	12,3	12,3	12,3	Monat:

JUNI 1957

BODENTEMPERATUREN - Serie 1 (Nackter Boden):

Tag:	1 cm a)	1 cm b)	1 cm c)	1 cm M	5 cm a)	5 cm b)	5 cm c)	5 cm M	10 cm a)	10 cm b)	10 cm c)	10 cm M
1	0,8	13,1	5,1	5,0	2,6	6,9	7,3	4,9	3,7	6,0	7,6	5,3
2	1,0	6,7	5,9	3,7	2,5	5,0	5,8	4,0	3,6	5,0	6,0	4,7
3	6,5	8,6	8,0	7,4	5,9	7,1	7,5	6,6	6,0	7,0	7,6	6,7
4	6,7	9,9	10,0	8,3	6,6	8,2	8,7	7,5	6,8	8,2	8,4	7,6
5	7,6	13,0	7,3	8,9	7,2	9,6	8,9	8,2	7,6	8,8	9,2	8,3
6	4,4	16,1	8,1	8,3	5,6	10,2	9,9	7,8	6,3	9,0	10,0	7,9
7	6,2	11,3	11,0	8,7	6,3	8,7	9,7	7,8	6,8	8,3	9,4	7,8
8	9,9	12,4	9,2	10,4	9,4	10,5	9,9	9,8	9,2	10,0	10,1	9,6
9	6,3	10,1	9,0	7,9	7,2	8,2	8,8	7,9	7,6	8,0	9,0	8,1
10	11,0	12,8	11,9	11,7	9,6	11,1	10,9	10,3	9,4	10,5	10,7	10,0
S	60,4	114,0	85,5	80.3	62,9	85,5	87,4	74,8	67,0	80,8	88,0	76,0
11	7,2	12,5	10,0	9,2	7,6	10,2	9,8	8,8	8,4	9,8	10,2	9,2
12	8,2	15,3	8,8	10,1	8,3	10,7	10,5	9,5	8,7	9,9	10,6	9,5
13	7,1	16,9	10,1	10,3	7,5	11,6	11,3	8,5	8,0	10,4	11,4	9,5
14	2,5	15,9	10,0	7,7	5,0	9,6	10,1	7,4	6,1	8,5	10,2	7,7
15	7,5	14,2	8,8	9,5	8,5	11,0	10,1	9,5	8,7	10,0	10,4	9,5
16	2,5	13,6	6,7	6,3	5,1	8,5	8,9	6,9	6,2	7,6	9,2	7,3
17	3,8	8,2	7,6	5,9	4,5	6,4	7,4	5,7	5,3	6,4	7,4	6,1
18	7,4	10,3	9,3	8,6	7,1	8,5	9,2	8,0	7,3	8,3	9,2	8,0
19	6,6	16,0	9,9	9,8	7,2	10,4	10,9	8,9	7,5	9,3	10,8	8,8
20	6,2	12,7	11,1	8,6	6,2	9,3	10,8	8,1	6,6	8,6	10,5	8,1
S	59,0	135,6	92,3	86,0	67,0	96,2	99,0	82,3	72,8	88,8	99,9	83,7
21	7,9	17,1	9,5	10,6	8,5	12,2	11,4	10,2	8,9	11,0	11,4	10,1
22	7,0	14,1	11,0	9,8	7,0	10,2	10,7	8,7	7,5	9,4	10,5	8,7
23	10,5	12,3	11,9	11,3	10,0	10,9	11,2	10,5	9,9	10,6	10,8	10,3
24	6,9	16,0	7,8	9,4	8,9	11,6	10,0	9,9	9,6	10,8	10,6	10,2
25	4,0	15,0	8,5	7,9	6,0	10,2	9,5	7,9	7,0	9,1	9,7	8,2
26	1,0	13,6	3,5	4,8	3,4	8,1	7,4	5,6	4,6	7,2	7,9	6,1
27	1,0	6,6	5,0	3,4	2,5	4,3	5,3	3,7	3,4	4,4	5,5	4,2
28	0,8	12,0	3,4	4,3	2,5	6,1	6,1	4,3	3,3	5,2	6,5	4,6
29	0,4	11,0	3,5	3,8	1,8	5,3	5,4	3,6	2,8	4,7	5,6	4,0
30	3,6	9,7	5,0	5,5	3,7	6,4	6,8	5,2	4,0	6,0	6,8	5,2
S	43,1	127,4	69,1	70,8	54,3	85,3	83,8	69,6	61,0	78,4	85,3	71,6
Total:	162,5	377,0	246,9	237,1	184,2	267,0	270,2	226,7	200,8	248,0	273,2	231,3
Monat:	5,4	12,6	8,2	7,9	6,1	8,9	9,0	7,6	6,7	8,2	9,1	7,7

BODENTEMPERATUREN - Serie 1 (Nackter Boden):

20 cm a)	20 cm b)	20 cm c)	20 cm M	30 cm a)	30 cm b)	30 cm c)	30 cm M	50 cm a)	50 cm b)	50 cm c)	50 cm M	Tag:
7,0	6,4	7,4	7,0	8,4	7,9	7,8	8,1	10,2	10,1	9,9	10,1	1
6,3	6,0	6,3	6,2	7,5	7,2	7,2	7,4	9,5	9,4	9,3	9,4	2
6,5	6,8	7,4	6,8	7,1	7,3	7,5	7,3	9,1	9,0	9,0	9,1	3
7,6	7,7	8,2	7,8	7,8	7,9	8,2	7,9	9,0	9,1	9,1	9,1	4
8,3	8,4	8,9	8,5	8,4	8,6	8,6	8,5	9,2	9,4	9,3	9,3	5
8,3	8,0	9,1	8,4	8,6	8,4	8,6	8,6	9,4	9,6	9,4	9,5	6
8,2	8,1	8,7	8,3	8,6	8,4	8,5	8,5	9,5	9,5	9,4	9,5	7
9,4	9,5	9,9	9,6	9,3	9,4	9,6	9,4	9,5	9,6	9,8	9,6	8
9,0	8,7	8,8	8,9	9,4	9,2	9,0	9,3	9,8	9,9	9,8	9,8	9
9,3	9,8	10,1	9,6	9,3	9,5	9,6	9,4	9,8	9,9	9,9	9,9	10
79,9	79,4	84,8	81,1	84,4	83,8	84,6	84,4	95,0	95,5	94,9	95,5	S
9,7	9,4	9,9	9,7	9,8	9,6	9,6	9,7	10,0	10,1	10,1	10,1	11
9,6	9,4	10,2	9,7	9,8	9,6	9,2	9,6	10,2	10,2	10,2	10,2	12
9,2	9,1	10,2	9,4	9,6	9,5	9,6	9,6	10,2	10,2	10,1	10,2	13
8,7	8,1	9,2	8,7	9,4	9,0	9,0	9,2	10,1	10,1	10,0	10,1	14
9,4	9,3	10,0	9,5	9,4	9,4	9,5	9,4	9,9	10,0	10,0	10,0	15
8,5	8,0	8,7	8,4	9,2	8,9	8,8	9,0	9,9	10,0	9,8	9,9	16
7,3	7,0	7,5	7,3	8,3	8,0	7,9	8,1	9,6	9,5	9,4	9,5	17
7,8	8,1	8,6	8,1	8,2	8,2	8,4	8,3	9,3	9,2	9,2	9,3	18
8,5	8,5	9,4	8,7	8,6	8,7	8,8	8,7	9,3	9,4	9,4	9,4	19
8,5	8,4	9,2	8,6	8,9	8,7	8,9	8,9	9,5	9,5	9,5	9,5	20
87,2	85,3	92,9	88,1	91,2	89,6	89,7	90,5	98,0	98,2	97,7	98,2	S
9,4	9,4	10,3	9,6	9,3	9,4	9,6	9,4	9,6	9,7	9,7	9,7	21
8,9	8,9	9,6	9,1	9,4	9,2	9,3	9,3	9,8	9,9	9,9	9,9	22
9,9	10,0	10,3	10,0	9,7	9,7	9,9	9,8	9,8	9,9	9,9	9,9	23
10,6	10,2	10,6	10,5	10,3	10,2	10,2	10,3	10,2	10,3	10,3	10,3	24
9,1	8,7	9,4	9,1	9,6	9,3	9,3	9,5	10,2	10,2	10,0	10,2	25
7,8	7,2	8,0	7,7	8,9	8,4	8,3	8,6	9,8	9,8	9,6	9,8	26
6,3	5,8	6,1	6,1	7,6	7,1	6,8	7,3	9,2	9,0	8,8	9,1	27
5,6	5,3	6,3	5,7	6,6	6,5	6,5	6,6	8,4	8,4	8,3	8,4	28
5,2	4,8	5,5	5,2	6,4	6,0	5,9	6,2	8,1	8,0	7,8	8,0	29
5,2	5,4	6,2	5,5	6,1	6,1	6,3	6,2	7,7	7,7	7,6	7,7	30
78,0	75,7	82,3	78,5	83,9	81,9	82,1	83,2	92,8	92,9	91,9	93,0	S
245,1	240,4	260,0	247,7	259,5	255,3	256,4	258,1	285,8	286,6	284,5	286,5	Total:
8,2	8,0	8,7	8,3	8,7	8,5	8,5	8,6	9,5	9,6	9,5	9,6	Monat:

JULI 1957

BODENTEMPERATUREN - Serie 1 (Nackter Boden):

Tag:	1 cm a)	1 cm b)	1 cm c)	1 cm M	5 cm a)	5 cm b)	5 cm c)	5 cm M	10 cm a)	10 cm b)	10 cm c)	10 cm M
1	0,5	6,0	5,0	3,0	1,9	3,9	4,6	3,1	2,7	3,7	4,9	3,5
2	7,9	10,4	10,6	9,2	6,2	8,0	8,9	7,3	6,1	7,4	8,4	7,0
3	5,9	12,2	11,0	8,8	6,5	8,9	9,8	7,9	7,1	8,3	9,5	8,0
4	8,0	10,6	11,0	9,4	8,4	9,1	9,3	8,8	8,6	8,9	9,3	8,9
5	11,1	12,5	11,0	11,4	10,3	11,2	10,6	10,6	10,2	10,9	10,4	10,4
6	8,8	14,5	10,0	10,5	9,0	10,6	11,0	9,9	9,2	10,0	10,9	9,8
7	11,0	13,9	11,5	11,9	9,9	11,5	11,1	10,6	9,9	11,0	10,9	10,4
8	7,2	12,4	9,0	9,0	9,0	10,2	10,1	9,6	9,6	9,9	10,2	9,8
9	5,1	7,9	8,5	6,7	5,5	7,1	7,9	6,5	6,1	7,1	7,8	6,8
10	3,0	8,5	6,1	5,2	4,6	7,4	6,7	5,8	5,4	7,0	7,0	6,2
S	68,5	108,9	93,7	85,1	71,3	87,9	90,0	80,1	74,9	84,2	89,3	80,8
11	6,6	15,2	7,9	9,1	6,8	9,2	9,0	8,0	7,0	8,5	9,3	8,0
12	3,4	11,8	7,8	6,6	5,5	9,0	8,6	7,2	6,0	8,1	8,7	7,2
13	1,4	9,5	4,7	4,3	2,9	6,5	6,6	4,7	3,9	6,0	6,9	5,2
14	0,6	8,9	6,5	4,2	1,9	5,4	6,5	3,9	2,9	4,9	6,5	4,3
15	7,0	10,7	8,5	8,3	6,3	8,3	8,2	7,3	6,4	7,8	8,1	7,2
16	4,1	13,1	7,2	7,1	5,4	8,9	8,9	7,2	6,0	8,0	9,0	7,3
17	0,7	11,9	4,9	4,6	2,7	6,0	6,8	4,6	3,4	5,4	7,0	4,8
18	0,5	13,0	6,4	5,1	2,0	6,2	7,2	4,4	2,9	5,3	7,3	4,6
19	0,3	11,1	4,5	4,1	1,8	5,8	6,2	3,9	2,6	5,0	6,5	4,2
20	2,2	14,1	6,4	6,2	2,8	7,3	7,8	5,2	3,1	6,3	7,7	5,1
S	26,8	119,3	64,8	59,6	38,1	72,6	75,8	56,4	44,2	65,3	77,0	57,8
21	3,4	14,0	6,4	6,8	3,7	7,1	8,1	5,7	4,2	6,4	8,1	5,7
22	1,4	5,4	6,9	3,8	2,7	4,3	6,0	3,9	3,5	4,4	5,9	4,3
23	7,2	10,5	8,8	8,4	6,5	8,1	8,1	7,3	6,4	7,7	8,1	7,2
24	10,0	12,0	11,0	10,8	8,7	10,0	9,9	9,3	8,6	9,5	9,8	9,1
25	11,2	10,7	6,5	9,9	10,0	10,0	8,6	9,7	9,8	9,9	8,9	9,6
26	3,4	7,9	6,1	5,2	4,9	6,4	6,5	5,7	5,4	6,2	6,8	6,0
27	1,2	11,3	6,0	4,9	3,0	6,1	7,8	5,0	3,8	5,5	7,8	5,2
28	2,2	11,1	5,5	5,3	3,4	6,0	7,5	5,1	3,9	5,4	7,5	5,2
29	3,2	11,9	6,2	6,1	3,8	7,7	8,0	5,8	4,3	6,9	8,0	5,9
30	0,2	13,7	4,6	4,7	1,8	5,4	7,3	4,1	2,8	4,4	7,4	4,4
31	-0,5	15,1	4,4	4,6	1,7	6,0	7,0	4,1	2,6	5,0	7,1	4,3
S	43,3	123,6	72,4	70,5	50,2	77,1	84,8	65,7	55,3	71,3	85,4	66,9
Total:	138,6	351,8	230,9	215,2	159,6	237,6	250,6	202,2	174,4	220,8	251,7	205,5
Monat:	4,5	11,3	7,4	7,0	5,1	7,7	8,1	6,5	5,6	7,1	8,1	6,6

BODENTEMPERATUREN - Serie 1 (Nackter Boden):

20 cm a)	b)	c)	M	30 cm a)	b)	c)	M	50 cm a)	b)	c)	M	Tag:
5,1	4,6	5,2	5,0	6,1	5,7	5,6	5,9	7,5	7,4	7,3	7,4	1
5,7	6,3	7,0	6,2	5,7	6,1	6,6	6,0	7,2	7,2	7,3	7,2	2
7,4	7,4	8,1	7,6	7,3	7,4	7,5	7,4	7,6	7,8	7,9	7,7	3
8,6	8,5	8,7	8,6	8,2	8,3	8,4	8,3	8,2	8,3	8,4	8,3	4
9,6	9,8	9,9	9,7	8,9	9,2	9,3	9,1	8,7	8,8	8,9	8,8	5
9,7	9,5	10,0	9,7	9,4	9,4	9,4	9,4	9,2	9,4	9,3	9,3	6
9,9	10,0	10,4	10,1	9,6	9,7	9,8	9,7	9,4	9,6	9,6	9,5	7
10,3	9,8	10,0	10,1	10,0	10,0	9,8	10,0	9,7	9,8	9,8	9,8	8
8,3	7,8	8,0	8,1	8,9	8,4	8,4	8,7	9,6	9,5	9,4	9,5	9
7,6	7,1	7,4	7,4	8,2	7,8	7,7	8,0	9,1	9,0	8,9	9,0	10
82,2	80,8	84,7	82,5	82,3	82,0	82,5	82,5	86,2	86,8	86,8	86,5	S
7,5	7,7	8,4	7,8	7,8	7,9	8,1	7,9	8,6	8,8	8,7	8,7	11
7,6	7,3	8,1	7,7	8,1	7,9	7,9	8,0	8,7	8,8	8,6	8,7	12
6,5	6,2	6,8	6,5	7,5	7,1	7,1	7,3	8,6	8,5	8,4	8,5	13
5,4	5,2	5,9	5,5	6,5	6,3	6,3	6,4	8,1	8,0	7,9	8,0	14
6,6	6,9	7,5	6,9	6,7	6,9	7,2	6,9	7,7	7,8	7,8	7,8	15
7,2	7,0	7,9	7,3	7,3	7,3	7,4	7,3	7,9	8,0	8,0	8,0	16
6,1	5,6	6,5	6,1	7,0	6,6	6,6	6,8	8,0	8,0	7,8	8,0	17
5,3	4,8	5,8	5,3	6,3	5,9	5,9	6,1	7,6	7,6	7,4	7,6	18
5,1	4,6	5,7	5,1	5,9	5,6	5,7	5,8	7,3	7,3	7,2	7,3	19
4,9	5,0	6,2	5,3	5,7	5,6	5,9	5,7	7,0	7,0	7,0	7,0	20
62,2	60,3	68,8	63,5	68,8	67,1	68,1	68,2	79,5	79,8	78,8	79,6	S
5,5	5,5	6,5	5,8	6,0	5,6	6,2	6,0	7,0	7,2	7,1	7,1	21
5,4	5,1	5,4	5,3	6,2	5,9	5,8	6,0	7,1	7,1	7,0	7,1	22
6,3	6,7	7,3	6,7	6,3	6,6	6,8	6,5	7,0	7,1	7,1	7,1	23
7,8	8,2	8,6	8,1	7,4	7,6	7,8	7,6	7,3	7,6	7,7	7,5	24
9,0	9,2	9,1	9,1	8,5	8,7	8,6	8,6	8,0	8,2	8,3	8,1	25
7,4	6,9	7,2	7,2	8,0	7,6	7,4	7,8	8,4	8,3	8,2	8,3	26
6,3	5,8	6,8	6,3	6,9	6,7	6,8	6,8	7,8	7,8	7,7	7,8	27
5,7	5,6	6,4	5,9	6,5	6,4	6,4	6,5	7,6	7,6	7,5	7,6	28
5,6	5,7	6,7	5,9	6,4	6,3	6,4	6,4	7,3	7,4	7,3	7,3	29
5,4	4,8	5,9	5,4	6,3	5,8	5,8	6,1	7,2	7,2	7,1	7,2	30
4,8	4,3	5,6	4,9	5,6	5,4	5,4	5,5	6,9	6,9	6,7	6,8	31
69,2	67,6	75,5	70,6	74,1	72,6	73,4	73,8	81,6	82,4	81,7	81,9	S
213,6	208,7	229,0	216,6	225,2	221,7	224,0	224,5	247,3	249,0	247,3	248,0	Total:
6,9	6,7	7,4	7,0	7,3	7,2	7,2	7,2	8,0	8,0	8,0	8,0	Monat:

AUGUST 1957

BODENTEMPERATUREN - Serie 1 (Nackter Boden):

Tag:	1 cm a)	1 cm b)	1 cm c)	1 cm M	5 cm a)	5 cm b)	5 cm c)	5 cm M	10 cm a)	10 cm b)	10 cm c)	10 cm M
1	-0,3	14,2	8,5	5,5	1,8	6,6	8,2	4,6	2,5	5,5	8,0	4,6
2	6,5	10,0	8,5	7,9	6,4	8,0	8,5	7,3	6,4	7,6	8,4	7,2
3	6,4	12,0	10,5	8,8	6,5	8,7	9,2	7,7	6,6	8,3	9,0	7,6
4	4,2	15,6	9,6	8,4	5,9	9,3	10,0	7,8	6,4	8,6	9,8	7,8
5	11,0	10,2	8,8	10,3	9,5	9,5	8,9	9,4	9,1	9,2	8,9	9,1
6	6,8	14,0	9,5	9,3	7,1	10,5	10,4	8,8	7,3	9,8	10,4	8,7
7	8,2	8,1	6,0	7,6	8,5	8,4	7,5	8,2	8,5	8,4	7,8	8,3
8	4,0	13,1	7,5	7,2	5,0	10,0	9,1	7,3	5,5	8,8	9,2	7,3
9	5,2	7,5	8,3	6,5	5,7	6,6	7,6	6,4	6,0	6,6	7,4	6,5
10	8,0	15,8	10,4	10,5	7,8	10,2	10,5	9,1	7,6	9,3	10,4	8,7
S	60,0	120,5	87,6	82,0	64,2	87,8	89,9	76,6	65,9	82,1	89,3	75,8
11	9,5	16,0	7,9	10,7	9,6	12,7	11,3	10,8	9,4	10,7	11,6	10,3
12	6,9	18,6	7,5	10,0	7,9	12,0	10,5	9,6	8,2	10,2	10,6	9,3
13	3,9	11,5	7,1	6,6	5,4	9,2	8,9	7,2	6,2	8,0	9,8	7,6
14	5,5	13,0	6,1	7,5	6,7	11,0	9,1	8,4	7,1	9,6	9,4	8,3
15	5,0	16,0	6,4	7,1	5,1	10,5	10,0	7,7	6,2	8,4	10,0	7,7
16	0,7	17,5	6,9	6,4	3,3	9,8	10,0	6,6	4,7	7,2	9,8	6,6
17	1,0	12,0	8,0	5,5	3,1	7,6	9,0	5,7	4,3	6,0	8,7	5,8
18	6,8	8,8	9,3	7,9	6,8	8,2	8,4	7,6	6,9	7,5	8,1	7,3
19	10,8	15,5	7,1	11,1	10,1	11,4	9,9	10,4	9,6	10,0	10,1	9,8
20	4,5	16,6	7,7	8,3	6,0	11,3	10,5	8,4	6,8	9,3	10,4	8,3
S	52,6	145,5	74,0	81,1	64,0	103,7	97,6	82,4	69,4	86,9	98,5	81,0
21	1,5	17,0	7,3	6,8	4,0	9,5	9,5	6,7	5,3	7,4	9,3	6,8
22	7,4	10,1	6,5	7,9	7,6	9,3	9,0	8,4	7,4	8,6	9,1	8,1
23	4,9	10,1	7,0	6,7	5,6	8,8	8,3	7,1	6,2	7,8	8,3	7,1
24	6,5	13,6	9,5	9,0	7,0	9,6	10,3	8,5	7,2	8,4	9,8	8,2
25	4,9	15,1	10,5	8,9	6,7	11,4	10,7	8,9	7,2	9,6	10,3	8,6
26	8,5	14,5	10,0	10,4	9,0	13,2	10,7	10,5	9,1	11,0	10,6	10,0
27	8,5	18,0	10,6	11,4	9,3	13,6	12,2	11,1	9,4	11,7	12,0	10,6
28	6,4	15,8	8,6	9,3	8,0	12,1	10,7	9,7	8,5	10,4	10,8	9,5
29	5,7	20,7	8,7	10,2	6,9	12,9	11,5	9,6	7,6	10,2	11,4	9,2
30	0,6	20,1	9,0	7,6	4,0	13,0	11,8	8,2	5,7	9,7	11,6	8,2
31	1,0	22,0	10,6	8,6	3,9	13,4	12,9	8,5	5,5	9,7	12,4	8,3
S	55,9	177,0	98,3	96,8	72,0	126,8	117,6	97,2	79,1	104,5	115,6	94,6
Total:	168,5	443,0	259,9	259,9	200,2	318,3	305,1	256,2	214,4	273,5	303,4	251,4
Monat:	5,4	14,3	8,4	8,4	6,5	10,3	9,8	8,3	6,9	8,8	9,8	8,1

BODENTEMPERATUREN - Serie 1 (Nackter Boden):

20 cm a)	20 cm b)	20 cm c)	M	30 cm a)	30 cm b)	30 cm c)	M	50 cm a)	50 cm b)	50 cm c)	M
4,5	4,4	5,7	4,8	5,4	5,2	5,4	5,3	6,6	6,6	6,6	6,6
6,4	6,6	7,2	6,7	6,3	6,4	6,7	6,4	6,6	6,8	6,9	6,7
7,0	7,1	7,9	7,3	6,9	7,0	7,3	7,0	7,2	7,2	7,2	7,2
7,6	7,4	8,3	7,7	7,6	7,5	7,6	7,6	7,4	7,6	7,7	7,5
8,6	8,8	8,7	8,7	8,2	8,3	8,3	8,2	7,8	8,0	8,1	7,9
8,2	8,2	9,1	8,4	8,2	8,2	8,4	8,3	8,2	8,3	8,3	8,3
8,7	8,6	8,5	8,6	8,5	8,5	8,3	8,5	8,5	8,5	8,4	8,5
7,0	7,1	8,2	7,3	7,6	7,5	7,7	7,6	8,3	8,3	8,2	8,3
7,2	7,0	7,3	7,2	7,5	7,3	7,3	7,4	8,1	8,0	8,0	8,0
7,6	8,0	8,9	8,0	7,6	7,8	8,1	7,8	7,9	8,0	8,2	8,0
72,8	73,2	79,8	74,7	73,8	73,7	75,1	74,1	76,6	77,3	77,6	77,0
8,9	9,2	10,3	9,3	8,6	8,7	8,9	8,7	8,2	8,3	8,3	8,3
8,7	8,9	9,8	9,0	9,0	9,0	9,0	9,0	8,5	8,7	8,6	8,5
7,6	7,6	8,4	7,8	8,6	8,3	8,3	8,5	8,7	8,7	8,6	8,7
7,6	7,9	8,9	8,0	8,2	8,1	8,4	8,2	8,4	8,5	8,4	8,4
7,3	7,2	8,7	7,6	8,2	8,0	8,1	8,1	8,4	8,5	8,3	8,4
6,5	6,3	8,2	6,9	7,8	7,6	7,6	7,7	8,2	8,3	8,2	8,2
5,9	5,8	7,3	6,2	7,4	7,2	7,1	7,3	8,0	8,0	7,9	8,0
7,2	7,3	7,6	7,3	7,6	7,4	7,6	7,6	7,8	7,8	7,8	7,8
8,6	9,0	9,5	8,9	8,2	8,5	8,6	8,4	7,9	8,2	8,2	8,0
7,7	7,9	10,3	8,4	8,4	8,3	8,4	8,4	8,4	8,4	8,4	8,4
76,0	77,1	89,0	79,4	82,0	81,1	82,0	81,9	82,5	83,4	82,7	82,7
6,8	6,8	8,2	7,2	8,2	7,9	7,8	8,0	8,4	8,4	8,3	8,4
7,5	7,9	8,4	7,8	8,1	8,1	8,2	8,1	8,2	8,3	8,2	8,2
7,2	7,3	7,9	7,4	8,0	7,8	7,8	7,9	8,2	8,2	8,2	8,2
7,4	7,5	8,6	7,8	7,8	7,9	8,1	7,9	8,1	8,2	8,2	8,2
7,9	8,2	9,3	8,3	8,3	8,3	8,5	8,4	8,3	8,4	8,4	8,3
9,1	9,4	10,1	9,4	9,0	9,1	9,4	9,1	8,6	8,7	8,7	8,7
9,5	10,0	10,8	10,0	9,5	9,5	9,7	9,5	9,0	9,2	9,1	9,1
9,4	9,5	10,3	9,6	9,7	9,6	9,7	9,7	9,3	9,5	9,4	9,4
8,5	8,7	10,2	9,0	9,4	9,3	9,3	9,3	9,4	9,4	9,2	9,4
7,7	7,9	9,9	8,3	9,0	8,7	8,9	8,9	9,2	9,3	9,1	9,2
7,5	7,7	10,2	8,2	8,9	8,6	8,9	8,8	9,0	9,2	9,0	9,1
88,5	90,9	103,9	93,0	95,9	94,8	96,3	95,6	95,7	96,8	95,8	96,2
237,3	241,2	272,7	247,1	251,7	249,6	253,4	251,6	254,8	257,5	256,1	255,9
7,7	7,8	8,8	8,0	8,1	8,1	8,2	8,1	8,1	8,3	8,1	8,2

SEPTEMBER 1957

BODENTEMPERATUREN - Serie 1 (Nackter Boden):

Tag:	1 cm a)	1 cm b)	1 cm c)	1 cm M	5 cm a)	5 cm b)	5 cm c)	5 cm M	10 cm a)	10 cm b)	10 cm c)	10 cm M
1	5,7	12,5	10,5	8,6	6,9	10,6	11,1	8,9	7,4	9,2	10,4	8,6
2	7,4	22,6	11,4	12,2	8,1	15,4	14,3	11,5	8,4	11,8	13,7	10,6
3	6,2	17,6	11,5	10,4	7,5	14,3	13,0	10,6	8,2	11,6	12,5	10,1
4	9,5	23,7	11,0	13,4	10,0	17,7	14,5	13,1	10,2	13,0	14,5	12,0
5	3,5	15,0	8,9	7,7	5,7	13,9	11,2	9,1	7,1	10,4	11,0	8,9
6	4,4	19,2	8,0	9,0	7,1	14,5	11,9	10,1	8,2	11,4	12,3	10,0
7	0,5	11,7	8,0	5,2	3,7	9,9	9,2	6,6	5,4	8,5	9,2	7,1
8	8,6	14,0	10,0	10,3	9,0	11,2	11,0	10,1	9,0	9,9	10,7	9,7
9	7,6	20,7	8,5	11,1	8,3	15,0	12,8	11,1	8,6	11,9	12,9	10,5
10	1,7	19,1	6,5	7,3	4,5	13,5	11,2	8,4	6,3	10,6	11,4	8,6
S	55,1	176,1	94,3	95,2	70,8	136,0	120,2	99,5	78,8	108,3	118,6	96,1
11	1,5	19,5	9,0	7,9	3,9	12,9	12,1	8,2	5,4	9,7	11,9	8,1
12	0,5	24,6	13,5	9,8	3,7	15,7	15,8	9,7	5,4	11,2	14,3	9,1
13	2,8	20,4	11,2	9,3	5,5	15,0	13,6	9,9	7,1	11,4	13,0	9,6
14	8,0	9,7	9,6	8,8	8,8	9,9	10,0	9,4	9,2	9,7	9,9	9,5
15	9,0	15,0	10,5	10,9	9,4	11,8	11,9	10,6	9,6	10,5	11,6	10,3
16	8,2	11,3	10,0	9,4	9,0	12,9	12,2	10,8	9,3	11,4	12,0	10,5
17	7,5	10,0	10,1	8,8	8,3	10,1	11,5	9,6	8,8	9,8	11,2	9,7
18	6,9	23,2	12,0	12,2	7,5	16,0	14,4	11,3	8,0	12,0	13,8	10,4
19	3,1	23,0	11,5	10,2	6,2	15,8	14,2	10,6	7,6	12,0	13,9	10,3
20	3,0	23,2	9,6	9,7	5,6	16,4	13,1	10,2	7,3	12,6	13,2	10,1
S	50,5	179,9	107,0	97,0	67,9	136,5	128,8	100,3	77,7	110,3	124,8	97,6
21	7,5	18,2	9,6	10,7	8,2	13,6	11,6	10,4	9,0	11,6	11,9	10,4
22	7,1	17,1	11,4	10,7	8,2	15,1	13,1	11,1	8,8	12,6	12,8	10,7
23	10,5	14,1	11,7	11,7	10,4	13,5	13,6	12,0	10,3	12,2	13,1	11,5
24	8,1	25,8	11,9	13,5	8,7	17,2	16,2	12,7	9,2	13,0	15,6	11,8
25	5,5	22,3	11,0	11,1	7,0	17,0	13,9	11,2	8,2	13,4	14,0	11,0
26	6,5	15,1	9,2	9,3	7,0	14,9	12,5	10,4	8,6	12,6	12,7	10,6
27	7,7	21,3	11,1	11,9	8,3	17,6	14,4	12,2	9,2	14,1	14,4	11,7
28	10,0	19,2	14,0	13,3	10,2	15,4	15,5	12,8	10,5	13,4	14,7	12,3
29	11,5	20,6	15,0	14,7	11,8	16,7	16,6	14,2	11,9	14,3	15,6	13,4
30	12,5	25,5	16,0	16,6	12,3	20,4	18,6	15,9	12,4	16,8	17,7	14,8
S	86,9	199,2	120,9	123,5	92,1	161,4	146,0	122,9	98,1	134,0	142,5	118,2
Total:	192,5	545,2	322,2	315,7	230,8	433,9	395,0	322,7	254,6	352,6	385,9	311,9
Monat:	6,4	18,2	10,7	10,5	7,7	14,5	13,2	10,8	8,5	11,8	12,9	10,4

BODENTEMPERATUREN - Serie 1 (Nackter Boden):

20 cm a)	20 cm b)	20 cm c)	20 cm M	30 cm a)	30 cm b)	30 cm c)	30 cm M	50 cm a)	50 cm b)	50 cm c)	50 cm M	Tag:
8,6	8,5	9,4	8,8	9,3	9,0	9,1	9,2	9,1	9,2	9,1	9,1	1
8,8	9,7	11,6	9,7	9,3	9,4	9,8	9,4	9,2	9,4	9,4	9,3	2
9,3	9,7	11,2	9,9	9,9	9,7	10,0	9,9	9,5	9,6	9,6	9,5	3
10,4	10,8	12,6	11,0	10,4	10,5	10,8	10,5	9,7	10,0	10,0	9,9	4
9,2	9,3	10,4	9,5	10,4	10,0	10,0	10,2	10,0	10,2	10,0	10,1	5
9,2	9,6	11,1	9,8	9,9	9,8	10,0	9,9	9,9	10,0	9,8	9,9	6
7,8	7,9	8,8	8,1	9,6	9,0	9,0	9,3	9,7	9,8	9,6	9,7	7
8,8	9,1	9,9	9,2	9,2	9,2	9,4	9,3	9,4	9,4	9,4	9,4	8
8,3	9,7	11,4	9,4	9,6	9,6	10,0	9,7	9,5	9,6	9,7	9,6	9
8,4	8,8	10,4	9,0	9,8	9,4	9,6	9,6	9,6	9,8	9,7	9,7	10
88,8	93,1	106,8	94,4	97,4	95,6	97,7	97,0	95,6	97,0	96,3	96,2	S
7,3	7,9	10,0	8,1	9,0	8,7	9,0	8,9	9,5	9,6	9,4	9,5	11
7,5	8,4	11,3	8,7	9,0	8,8	9,4	9,1	9,3	9,5	9,4	9,4	12
8,9	9,3	11,2	9,6	9,8	9,6	9,9	9,8	9,4	9,7	9,6	9,5	13
9,7	9,7	9,7	9,7	10,2	10,0	9,8	10,1	9,8	9,9	9,8	9,8	14
9,7	9,9	10,8	10,0	9,8	9,9	10,1	9,9	9,8	9,8	9,8	9,8	15
9,8	10,0	11,0	10,2	10,2	10,0	10,3	10,2	10,0	10,0	10,0	10,0	16
9,6	9,4	10,2	9,7	10,2	9,9	10,0	10,1	10,1	10,1	10,0	10,1	17
9,1	9,7	11,8	9,9	9,9	9,8	10,3	10,0	9,9	10,0	10,0	9,9	18
9,4	9,8	11,9	10,1	10,3	10,1	10,4	10,3	10,1	10,3	10,2	10,2	19
9,3	10,0	11,8	10,1	10,4	10,2	10,5	10,4	10,2	10,4	10,3	10,3	20
90,3	94,1	109,7	96,1	98,8	97,0	99,7	98,8	98,1	99,3	98,5	98,5	S
10,3	10,4	11,4	10,5	10,6	10,5	10,5	10,6	10,3	10,4	10,3	10,3	21
9,7	10,6	11,8	10,4	10,5	10,4	10,7	10,5	10,4	10,4	10,4	10,4	22
10,7	11,1	12,0	11,1	10,9	10,8	11,1	10,9	10,5	10,6	10,6	10,6	23
10,1	11,1	13,3	11,2	10,9	10,8	11,4	11,0	10,4	10,8	10,7	10,6	24
10,1	10,9	12,6	10,9	11,3	11,0	11,4	11,3	10,8	11,0	11,0	10,9	25
10,4	10,9	12,0	10,9	11,3	11,0	11,3	11,2	10,9	11,1	11,0	11,0	26
10,3	11,4	13,0	11,3	11,0	11,0	11,5	11,1	10,9	11,0	11,0	10,9	27
11,4	11,8	13,0	11,9	11,6	11,5	11,8	11,6	11,1	11,3	11,4	11,2	28
12,2	12,7	13,8	12,7	12,1	12,2	12,4	12,2	11,4	11,6	11,6	11,5	29
12,8	13,8	15,5	13,7	12,7	12,8	13,4	12,9	11,8	12,1	12,1	12,0	30
107,7	114,7	128,4	114,6	112,9	112,0	115,5	113,3	108,5	110,3	110,1	109,4	S
286,8	301,9	344,9	305,1	309,1	304,6	312,9	309,1	302,2	306,6	304,9	304,1	Total:
9,6	10,1	11,5	10,2	10,3	10,2	10,4	10,3	10,1	10,2	10,2	10,2	Monat:

OKTOBER 1957

BODENTEMPERATUREN - Serie 1 (Nackter Boden):

Tag:	1 cm a)	1 cm b)	1 cm c)	1 cm M	5 cm a)	5 cm b)	5 cm c)	5 cm M	10 cm a)	10 cm b)	10 cm c)	10 cm M
1	8,2	26,7	15,8	14,7	9,4	21,0	18,3	14,5	10,6	16,5	17,5	13,8
2	9,6	25,8	12,7	14,4	11,4	18,0	15,8	14,2	12,1	15,6	15,8	13,9
3	9,7	18,1	11,7	12,3	11,0	14,8	15,2	13,0	11,6	13,2	14,9	12,8
4	4,5	23,8	10,8	10,9	6,2	17,5	14,9	11,2	7,8	13,5	14,8	11,0
5	6,2	14,4	11,0	9,5	6,6	12,8	12,9	9,7	7,8	11,1	12,6	9,8
6	6,5	19,1	9,5	10,4	6,2	14,0	12,8	9,8	7,6	11,3	12,6	9,8
7	7,7	18,7	11,3	11,3	8,1	14,4	14,0	11,1	8,7	11,8	13,6	10,7
8	7,0	25,0	10,9	12,5	6,2	15,8	13,8	10,5	7,7	12,5	13,6	10,4
9	5,2	25,0	11,5	11,7	4,5	18,0	15,3	10,6	6,4	13,4	14,8	10,2
10	5,0	21,5	12,4	11,0	5,0	18,4	14,9	10,8	6,8	13,8	14,4	10,5
S	69,6	218,1	117,6	118,7	74,6	164,7	147,9	115,4	87,1	132,7	144,6	112,9
11	11,0	25,0	15,1	15,5	10,9	18,5	17,8	14,5	11,2	15,0	16,8	13,6
12	9,6	29,6	15,1	16,0	10,0	20,6	18,3	14,7	10,7	15,8	17,6	13,7
13	10,1	25,0	13,1	14,6	9,9	19,6	16,1	13,9	10,8	16,0	16,3	13,5
14	11,4	22,0	11,4	14,1	11,4	18,1	15,1	14,0	11,9	15,0	15,3	13,5
15	7,5	21,3	11,5	11,9	7,6	16,0	15,4	11,7	8,8	13,4	15,0	11,5
16	8,0	24,0	11,6	12,9	6,6	18,9	16,0	12,0	8,2	14,8	15,7	11,7
17	8,9	17,2	10,4	11,4	9,6	12,8	13,1	11,3	10,2	10,9	12,7	11,0
18	7,1	23,0	12,5	12,4	7,1	16,1	15,4	11,4	7,8	13,0	14,8	10,8
19	8,0	26,1	13,5	13,9	7,3	19,1	17,0	12,7	8,3	14,8	16,3	11,9
20	10,0	26,2	14,2	15,1	7,0	19,2	17,9	12,8	8,3	15,0	17,2	12,2
S	91,6	239,4	128,4	137,8	87,4	178,9	162,1	129,0	96,2	143,7	157,7	123,4
21	7,0	23,5	12,5	12,5	7,5	19,6	16,3	12,7	8,9	15,6	16,2	12,4
22	8,3	26,0	13,4	14,0	7,6	18,7	17,0	12,7	8,6	14,6	16,4	12,1
23	7,4	20,0	12,7	11,9	8,1	15,0	13,0	11,1	9,2	13,2	14,4	11,5
24	11,5	15,1	12,9	12,8	11,3	15,3	14,3	13,0	11,5	14,2	14,0	12,8
25	10,0	18,3	12,0	12,6	10,0	16,4	14,6	12,8	10,6	14,3	14,6	12,5
26	11,1	20,5	11,0	13,4	11,1	17,1	14,5	13,4	11,2	14,4	14,6	12,8
27	6,2	18,1	12,2	10,7	7,1	17,4	15,5	11,7	8,4	14,4	15,2	11,6
28	11,5	24,5	13,5	15,2	8,8	17,1	17,0	12,9	9,4	14,3	15,9	12,3
29	10,0	26,4	16,0	15,6	6,9	20,5	19,0	13,3	8,1	15,6	18,0	12,4
30	12,0	26,1	14,5	16,1	8,4	21,4	18,0	14,1	9,4	17,0	17,4	13,3
31	12,5	25,5	15,0	16,4	8,8	21,4	18,4	14,4	9,6	17,2	17,8	13,6
S	107,5	244,0	145,7	151,2	95,6	199,9	177,6	142,1	104,9	164,8	174,5	137,3
Total:	268,7	701,5	391,7	407,7	257,6	543,5	487,6	386,5	288,2	441,2	476,8	373,6
Monat:	8,7	22,6	12,6	13,2	8,3	17,5	15,7	12,5	9,3	14,2	15,4	12,1

BODENTEMPERATUREN - Serie 1 - (Nackter Boden):

20 cm a)	20 cm b)	20 cm c)	20 cm M	30 cm a)	30 cm b)	30 cm c)	30 cm M	50 cm a)	50 cm b)	50 cm c)	50 cm M	Tag:
12,6	13,5	15,4	13,5	13,3	13,0	13,4	13,3	12,3	12,6	12,4	12,4	1
13,1	13,8	14,8	13,7	13,4	13,3	13,5	13,4	12,6	12,8	12,6	12,7	2
12,7	12,6	13,7	12,9	13,3	13,0	13,0	13,1	12,7	12,7	12,6	12,7	3
10,4	11,2	13,4	11,4	12,2	11,8	12,2	12,1	12,4	12,4	12,2	12,3	4
10,0	10,3	11,7	10,5	11,7	11,3	11,4	11,5	12,0	11,9	11,8	11,9	5
9,8	10,0	11,8	10,3	11,2	10,8	11,1	11,1	11,5	11,6	11,4	11,5	6
9,8	10,5	12,1	10,6	10,9	10,8	11,2	11,0	11,3	11,4	11,4	11,3	7
9,8	10,6	12,3	10,6	11,1	11,0	11,3	11,1	11,2	11,4	11,2	11,3	8
9,2	10,4	12,7	10,4	10,9	10,7	11,2	10,9	11,2	11,4	11,2	11,2	9
9,4	10,6	12,6	10,5	11,0	10,8	11,2	11,0	11,2	11,4	11,2	11,3	10
106,8	113,5	130,5	114,4	119,0	116,5	119,5	118,5	118,4	119,6	118,0	118,6	S
11,6	12,4	14,4	12,5	11,6	11,8	12,3	11,8	11,4	11,6	11,6	11,5	11
12,0	12,8	15,2	13,0	12,5	12,4	13,0	12,6	11,8	12,1	12,1	11,9	12
12,3	13,3	14,9	13,2	13,0	12,8	13,2	13,0	12,3	12,5	12,4	12,4	13
12,8	13,3	14,5	13,3	13,3	13,2	13,4	13,3	12,6	12,7	12,6	12,6	14
11,1	11,8	13,5	11,9	12,6	12,3	12,5	12,5	12,5	12,6	12,4	12,5	15
10,5	11,8	13,9	11,7	12,1	11,9	12,4	12,1	12,2	12,4	12,2	12,2	16
11,4	11,0	12,0	11,4	12,4	11,9	11,9	12,1	12,3	12,2	12,1	12,2	17
9,7	11,0	12,8	10,8	11,4	11,2	11,6	11,4	11,9	11,9	11,8	11,9	18
10,1	11,8	13,9	11,5	11,6	11,4	12,0	11,7	11,7	11,9	11,8	11,8	19
10,6	12,0	14,6	12,0	12,0	11,8	12,4	12,1	11,9	12,1	12,0	12,0	20
112,1	121,2	139,7	121,3	122,5	120,7	124,7	122,6	120,6	122,0	121,0	121,0	S
11,3	12,6	14,5	12,4	12,4	12,3	12,7	12,5	12,1	12,4	12,3	12,2	21
10,9	12,2	14,3	12,1	12,4	12,3	12,6	12,4	12,3	12,4	12,3	12,3	22
11,3	12,0	13,2	12,0	12,4	12,3	12,4	12,4	12,3	12,4	12,3	12,3	23
12,2	12,9	13,4	12,7	12,6	12,5	12,8	12,7	12,3	12,4	12,4	12,4	24
11,7	12,6	13,7	12,4	12,4	12,4	12,6	12,4	12,4	12,4	12,4	12,4	25
11,8	12,6	13,8	12,5	12,5	12,5	12,8	12,6	12,4	12,5	12,4	12,4	26
10,6	12,0	13,6	11,7	12,4	12,0	12,4	12,3	12,4	12,4	12,3	12,4	27
11,2	12,4	14,1	12,2	12,3	12,2	12,6	12,3	12,2	12,4	12,3	12,3	28
10,7	12,3	15,0	12,2	12,3	12,2	12,7	12,4	12,3	12,4	12,4	12,3	29
11,7	13,4	15,4	13,0	12,9	12,8	13,4	13,0	12,5	12,8	12,6	12,6	30
11,8	13,6	15,6	13,2	13,2	13,0	13,6	13,2	12,8	13,0	12,8	12,9	31
125,2	138,6	156,6	136,4	137,8	136,5	140,6	138,2	136,0	137,5	136,5	136,5	S
344,1	373,3	426,8	372,1	379,3	373,7	384,8	379,3	375,0	379,1	375,5	376,1	Total:
11,1	12,0	13,8	12,0	12,2	12,1	12,4	12,2	12,1	12,2	12,1	12,1	Monat:

NOVEMBER 1957

BODENTEMPERATUREN - Serie 1 (Nackter Boden):

Tag:	1 cm a)	1 cm b)	1 cm c)	1 cm M	5 cm a)	5 cm b)	5 cm c)	5 cm M	10 cm a)	10 cm b)	10 cm c)	10 cm M
1	11,2	27,5	16,1	16,5	8,4	21,6	19,2	14,4	9,7	17,5	18,4	13,8
2	13,7	28,0	17,6	18,2	10,0	23,1	20,2	15,8	10,7	18,7	19,4	14,9
3	14,5	27,0	17,7	18,4	12,8	21,0	20,0	16,7	13,0	17,7	19,1	15,7
4	13,4	27,1	16,0	17,5	14,0	21,2	19,0	17,0	14,4	17,5	18,6	16,2
5	10,6	24,6	15,2	15,2	11,0	21,2	18,4	15,4	11,9	17,6	18,4	15,0
6	11,4	25,1	16,1	16,0	8,0	20,7	19,5	14,1	9,4	16,7	18,6	13,5
7	13,1	26,5	17,3	17,5	10,4	21,6	20,5	15,7	11,0	17,4	19,5	14,7
8	12,7	29,6	20,0	18,8	10,8	22,9	22,0	16,6	11,5	18,3	21,0	15,6
9	15,0	26,5	15,0	17,9	13,9	22,0	19,4	17,3	14,2	18,5	19,2	16,5
10	15,6	28,2	18,1	19,4	13,9	23,0	21,3	18,0	14,0	19,6	20,6	17,1
S	131,2	270,1	169,1	175,4	113,2	218,3	199,5	161,0	119,8	179,5	192,8	153,0
11	16,0	29,0	19,8	20,2	12,0	23,8	22,9	17,7	12,6	19,4	21,8	16,6
12	13,8	31,2	19,9	19,7	12,0	23,8	22,0	17,5	12,6	19,3	21,1	16,4
13	15,0	27,0	16,2	18,3	11,5	24,6	20,6	17,0	12,3	20,0	20,2	16,2
14	14,5	21,8	15,8	16,7	10,7	21,1	19,4	15,5	11,6	18,2	18,9	15,1
15	12,6	25,2	15,0	16,3	12,5	21,3	19,3	16,4	13,0	18,0	19,0	15,8
16	10,5	22,6	17,2	15,2	9,2	20,9	20,0	14,8	10,0	17,4	19,0	14,1
17	14,1	20,5	16,0	16,2	13,0	20,1	18,5	16,2	13,1	18,1	17,9	15,5
18	10,0	27,8	17,1	16,2	9,0	22,0	20,8	15,2	10,0	17,6	19,9	14,4
19	14,2	28,8	16,9	18,5	10,0	24,0	20,0	16,0	10,6	19,0	19,6	14,9
20	14,8	25,5	14,5	17,4	9,8	21,5	18,2	14,8	10,4	17,7	18,2	14,2
S	135,5	259,4	168,4	174,7	109,7	223,1	201,7	161,1	116,2	184,7	195,6	153,2
21	14,0	29,2	18,0	18,8	12,3	21,4	20,7	16,7	12,6	17,9	19,8	15,7
22	17,1	31,9	19,9	21,5	11,2	25,8	23,0	17,8	11,6	20,5	22,0	16,4
23	17,5	33,1	26,0	23,5	13,1	27,4	27,0	20,2	13,4	22,4	25,4	18,7
24	14,1	21,5	19,5	17,3	14,8	21,4	22,0	18,2	15,4	19,0	20,4	17,6
25	17,0	27,4	17,1	19,6	12,5	23,6	20,6	17,3	13,0	19,9	20,2	16,5
26	15,5	30,0	17,8	19,7	10,0	23,9	22,0	16,5	10,9	19,4	21,4	15,7
27	15,0	22,8	14,5	16,8	10,2	23,0	19,8	15,8	11,2	19,5	19,6	15,4
28	13,5	18,9	13,8	14,9	13,9	18,2	15,6	15,4	14,3	16,8	15,8	15,3
29	17,0	16,5	14,5	16,3	13,0	16,5	15,3	14,5	13,1	15,6	15,3	14,3
30	15,0	24,1	17,0	17,8	12,8	20,1	20,5	16,5	12,8	17,1	19,6	15,4
S	155,7	255,4	178,1	186,2	123,8	221,3	206,5	168,9	128,3	188,1	199,5	161,0
Total:	422,4	784,9	515,6	536,3	346,7	662,7	607,7	491,0	364,3	552,3	587,9	467,2
Monat:	14,1	26,2	17,2	17,9	11,6	22,1	20,3	16,4	12,1	18,4	19,6	15,6

BODENTEMPERATUREN - Serie 1 (Nackter Boden):

20 cm a)	20 cm b)	20 cm c)	20 cm M	30 cm a)	30 cm b)	30 cm c)	30 cm M	50 cm a)	50 cm b)	50 cm c)	50 cm M	Tag:
12,0	14,0	16,0	13,5	13,3	13,2	13,7	13,4	13,0	13,2	13,0	13,1	1
12,6	14,8	16,8	14,2	13,7	13,7	14,3	13,8	13,2	13,4	13,4	13,3	2
14,0	15,1	16,9	15,0	14,5	14,4	14,8	14,5	13,6	13,8	13,8	13,7	3
15,0	15,4	17,1	15,6	15,0	15,0	15,3	15,1	14,0	14,2	14,2	14,1	4
13,8	15,0	16,7	14,8	14,8	14,6	15,0	14,8	14,2	14,3	14,2	14,2	5
12,6	13,9	16,2	13,8	14,4	14,0	14,4	14,3	14,1	14,2	14,0	14,1	6
13,0	14,4	16,8	14,3	14,3	14,1	14,6	14,3	14,0	14,1	14,0	14,0	7
13,4	15,0	17,7	14,9	14,6	14,5	15,0	14,7	14,1	14,3	14,2	14,2	8
15,3	16,0	17,6	16,1	15,6	15,4	15,6	15,6	14,4	14,6	14,6	14,5	9
15,0	16,5	18,4	16,2	15,5	15,5	15,9	15,6	14,8	14,9	14,8	14,8	10
136,7	150,1	170,2	148,4	145,7	144,4	148,6	146,1	139,4	141,0	140,2	140,0	S
14,7	16,3	18,6	16,1	15,7	15,6	16,0	15,8	15,0	15,2	15,0	15,1	11
14,8	16,3	18,5	16,1	16,0	15,7	16,2	16,0	15,2	15,3	15,2	15,2	12
14,7	16,4	18,4	16,1	16,0	15,7	16,2	16,0	15,3	15,4	15,2	15,3	13
14,3	15,8	17,4	15,4	15,7	15,4	15,8	15,6	15,3	15,3	15,2	15,3	14
14,6	15,6	17,4	15,6	15,5	15,4	15,6	15,5	15,1	15,2	15,1	15,1	15
12,9	14,7	16,8	14,3	14,9	14,6	15,1	14,9	15,0	15,0	14,8	15,0	16
14,3	15,7	16,7	15,2	15,1	15,0	15,4	15,2	14,8	14,9	14,8	14,8	17
12,7	14,5	17,1	14,3	14,7	14,4	14,9	14,7	14,7	14,8	14,6	14,7	18
13,3	15,2	17,5	14,8	14,9	14,7	15,3	14,9	14,6	14,8	14,6	14,6	19
13,1	14,9	16,8	14,5	14,9	14,6	15,0	14,8	14,7	14,8	14,6	14,7	20
139,4	155,4	175,2	152,4	153,4	151,1	155,5	153,4	149,7	150,7	149,1	149,8	S
14,0	15,6	17,5	15,3	14,9	14,9	15,4	15,0	14,6	14,8	14,7	14,7	21
13,9	16,2	18,8	15,7	15,3	15,2	15,9	15,4	14,8	15,0	15,0	14,9	22
15,2	17,5	20,6	17,1	16,0	16,0	17,0	16,3	15,2	15,5	15,4	15,3	23
16,9	17,4	18,5	17,4	17,4	17,0	17,2	17,2	15,9	16,1	16,1	16,0	24
15,3	17,0	18,7	16,6	16,7	16,4	16,8	16,7	16,0	16,1	15,9	16,0	25
13,9	16,0	18,7	15,6	16,0	15,7	16,3	16,0	15,8	15,9	15,7	15,8	26
14,1	16,2	17,9	15,6	16,0	15,6	16,2	15,9	15,6	15,7	15,6	15,6	27
13,3	15,8	16,2	14,7	16,0	15,8	15,8	15,9	15,6	15,6	15,5	15,6	28
14,4	15,0	15,4	14,8	15,4	15,1	15,2	15,3	15,3	15,3	15,1	15,3	29
14,0	15,2	17,3	15,1	15,0	14,9	15,4	15,1	15,0	15,0	15,0	15,0	30
145,0	161,9	179,6	157,9	158,7	156,6	161,2	158,8	153,8	155,0	154,0	154,2	S
421,1	467,4	525,0	458,7	457,8	452,1	465,3	458,3	442,9	446,7	443,3	444,0	Total:
14,0	15,6	17,5	15,3	15,2	15,1	15,5	15,3	14,8	14,9	14,8	14,8	Monat:

DEZEMBER 1957

BODENTEMPERATUREN - Serie 1 (Nackter Boden):

Tag:	1 cm a)	1 cm b)	1 cm c)	1 cm M	5 cm a)	5 cm b)	5 cm c)	5 cm M	10 cm a)	10 cm b)	10 cm c)	10 cm M
1	13,0	22,1	15,0	15,8	11,5	21,0	17,5	15,4	12,0	18,6	17,5	14,9
2	18,1	28,0	19,0	20,8	13,9	22,7	22,0	18,1	13,6	19,2	21,1	16,9
3	15,1	27,4	19,5	19,3	12,0	23,3	22,1	17,4	12,4	19,4	21,2	16,4
4	14,1	31,5	21,6	20,3	12,0	23,8	24,4	18,0	12,4	19,2	22,9	16,7
5	16,8	19,5	15,6	17,2	15,1	19,0	17,4	16,6	14,8	17,6	17,4	16,1
6	12,7	20,9	13,0	14,8	13,7	19,5	15,9	15,7	14,0	17,4	16,6	15,5
7	12,0	17,4	15,0	14,1	12,6	15,5	16,0	14,2	13,3	14,4	15,6	14,2
8	12,1	16,2	19,0	14,8	12,6	16,0	18,7	15,0	13,0	15,0	17,2	14,5
9	13,1	20,5	15,4	15,5	12,2	18,6	18,1	15,3	12,5	16,6	17,6	14,8
10	14,1	25,0	19,9	18,3	13,6	23,2	22,0	18,1	13,6	19,0	20,6	16,7
S	141,1	228,5	173,0	170,9	129,2	202,6	194,1	163,8	131,6	175,8	187,7	156,7
11	12,8	29,1	19,6	18,6	11,3	24,6	22,1	17,3	12,2	20,0	21,1	16,4
12	13,3	25,5	17,0	17,3	13,2	22,4	19,5	17,1	13,8	18,4	18,9	16,2
13	13,6	14,3	14,5	14,0	14,4	15,0	15,2	14,8	14,7	14,9	15,2	14,9
14	13,1	23,9	17,1	16,8	12,9	20,6	19,9	16,6	13,2	17,7	19,0	15,8
15	15,0	21,2	16,1	16,8	15,0	19,3	17,7	16,7	15,1	17,2	17,5	16,2
16	18,4	29,5	18,2	21,1	14,3	25,6	22,9	19,3	14,5	21,4	22,0	18,1
17	16,6	25,5	19,0	19,4	13,9	23,3	22,0	18,3	14,5	20,0	21,3	17,6
18	16,0	31,4	22,4	21,5	11,5	26,1	24,1	18,3	12,5	21,0	22,7	17,2
19	20,1	29,0	22,4	22,9	15,3	26,2	24,2	20,2	15,4	22,2	23,2	19,1
20	14,5	30,5	24,0	20,9	12,7	25,6	25,2	19,0	14,0	21,1	23,6	18,2
S	153,4	259,9	190,3	189,3	134,5	228,7	212,8	177,6	139,9	193,9	204,5	169,7
21	17,0	31,2	23,3	22,1	13,7	26,2	25,8	19,9	14,6	21,9	24,4	18,9
22	18,7	30,0	22,4	22,5	14,7	27,1	25,3	20,4	15,4	23,3	24,2	19,6
23	17,9	27,5	20,2	20,9	16,7	26,5	21,8	20,4	16,8	22,4	21,6	19,4
24	15,4	19,0	17,0	16,7	16,2	18,6	18,5	17,4	16,8	17,8	18,4	17,5
25	19,4	29,7	22,6	22,8	16,8	24,8	25,0	20,9	16,0	21,1	23,5	19,1
26	16,2	30,6	21,0	21,0	14,5	27,7	25,7	20,6	15,3	23,4	24,6	19,7
27	16,1	23,2	20,5	19,0	17,1	19,3	20,4	18,5	17,4	18,0	19,6	18,1
28	17,3	22,4	18,2	18,8	14,9	21,7	20,5	18,0	15,1	19,3	19,9	17,3
29	13,2	25,6	17,3	17,3	12,8	22,3	20,0	17,0	13,4	19,0	20,0	16,5
30	17,0	30,7	18,4	20,8	12,6	23,1	21,9	17,5	13,2	19,4	21,6	16,8
31	15,1	28,8	20,8	19,9	11,1	24,0	23,1	17,3	12,4	20,0	22,0	16,7
S	183,3	298,7	221,7	221,8	161,1	261,3	248,0	207,9	166,4	225,6	239,8	199,6
Total:	477,8	787,1	585,0	582,0	424,8	692,6	654,9	549,3	437,9	595,3	632,0	526,0
Monat:	15,4	25,4	18,9	18,8	13,8	22,3	21,1	17,7	14,1	19,2	20,4	17,0

BODENTEMPERATUREN - Serie 1 (Nackter Boden)

20 cm a)	20 cm b)	20 cm c)	M	30 cm a)	30 cm b)	30 cm c)	M	50 cm a)	50 cm b)	50 cm c)	M	Tag:
13,8	15,5	16,8	15,0	15,1	15,0	15,4	15,2	15,0	15,1	14,9	15,0	1
14,8	16,4	18,6	16,2	15,4	15,5	16,1	15,6	15,0	15,2	15,2	15,1	2
14,6	16,3	18,5	16,0	16,0	15,7	16,2	16,0	15,4	15,5	15,4	15,4	3
14,4	16,1	19,1	16,0	15,9	15,7	16,4	16,0	15,4	15,6	15,6	15,5	4
16,1	16,6	17,2	16,5	16,7	16,4	16,4	16,5	15,8	15,8	15,8	15,8	5
15,1	15,8	16,7	15,7	15,9	15,7	15,9	15,9	15,6	15,6	15,6	15,6	6
14,6	14,4	15,0	14,6	15,4	15,0	15,0	15,2	15,4	15,3	15,2	15,3	7
14,1	14,5	15,6	14,6	14,8	14,6	14,9	14,8	14,9	14,8	14,8	14,9	8
13,9	14,9	15,2	14,7	14,8	14,7	15,0	14,8	14,8	14,8	14,8	14,8	9
14,6	15,7	17,9	15,7	15,1	15,1	15,7	15,2	14,8	15,0	15,0	14,9	10
146,0	156,2	171,6	155,0	155,1	153,4	157,0	155,2	152,1	152,7	152,3	152,3	S
14,6	16,1	18,4	15,9	15,6	15,5	16,1	15,7	15,2	15,4	15,3	15,3	11
15,6	16,0	17,6	16,2	16,3	16,0	16,2	16,2	15,5	15,6	15,6	15,6	12
15,7	15,4	15,4	15,6	16,2	15,8	15,6	15,9	15,6	15,6	15,5	15,6	13
14,4	15,4	17,1	15,3	15,1	15,2	15,6	15,3	15,2	15,3	15,2	15,2	14
15,2	16,0	16,9	15,8	15,9	15,8	16,0	15,9	15,4	15,5	15,4	15,4	15
15,5	17,3	19,2	16,9	15,9	16,0	16,7	16,1	15,4	15,6	15,6	15,5	16
16,2	17,3	18,9	17,2	16,8	16,6	17,0	16,8	15,9	16,1	16,0	16,0	17
15,4	16,8	19,4	16,7	16,6	16,4	17,0	16,7	16,1	16,2	16,1	16,1	18
16,8	18,2	20,3	18,0	17,4	17,2	17,8	17,4	16,4	16,5	16,5	16,4	19
16,6	17,6	20,1	17,7	17,6	17,3	17,7	17,6	16,6	16,8	16,8	16,7	20
156,0	166,1	183,3	165,3	163,4	161,8	165,7	163,6	157,3	158,6	158,0	157,8	S
16,9	18,1	20,0	18,0	17,8	17,5	18,1	17,8	16,8	17,0	16,9	16,9	21
17,6	19,0	21,1	18,8	18,2	18,0	18,6	18,2	17,1	17,3	17,2	17,2	22
18,2	19,2	20,5	19,0	18,5	18,4	18,6	18,5	17,4	17,6	17,5	17,5	23
18,1	17,8	18,1	18,0	18,4	18,0	17,9	18,2	17,5	17,5	17,4	17,5	24
16,8	18,2	20,3	18,0	17,4	17,4	18,0	17,5	17,2	17,2	17,2	17,2	25
17,4	18,9	21,3	18,8	18,2	18,0	18,6	18,5	17,3	17,5	17,4	17,4	26
18,8	18,1	18,8	18,6	18,8	18,5	18,4	18,6	17,6	17,8	17,7	17,7	27
16,8	17,7	18,9	17,5	17,7	17,5	17,8	17,7	17,5	17,4	17,3	17,4	28
15,7	16,8	18,6	16,7	17,2	16,9	17,3	17,1	17,1	17,2	17,0	17,1	29
15,4	16,8	19,4	16,8	16,8	16,7	17,2	16,9	16,8	16,9	16,8	16,8	30
15,5	16,7	19,2	16,7	17,1	16,7	17,2	17,0	16,8	16,9	16,8	16,8	31
187,2	197,3	216,2	196,9	196,1	193,6	197,7	196,0	189,1	190,3	189,2	189,5	S
489,2	519,6	571,1	517,2	514,6	508,8	520,4	514,8	498,5	501,6	499,5	499,6	Total:
15,8	16,8	18,4	16,7	16,6	16,4	16,8	16,6	16,1	16,2	16,1	16,1	Monat:

JANUAR 1958

BODENTEMPERATUREN - Serie 1 - (Nackter Boden):

Tag:	1 cm a)	1 cm b)	1 cm c)	1 cm M	5 cm a)	5 cm b)	5 cm c)	5 cm M	10 cm a)	10 cm b)	10 cm c)	10 cm M
1	15,8	28,0	20,3	20,0	11,9	25,1	22,9	18,0	13,0	21,2	22,0	17,3
2	14,0	20,1	16,9	16,2	15,6	18,4	17,2	16,7	16,1	16,9	17,1	16,6
3	12,0	27,5	20,0	17,9	11,5	23,0	22,3	17,1	12,3	18,8	21,2	16,1
4	14,5	29,8	21,8	20,1	11,7	23,2	23,6	17,5	11,8	18,7	21,9	16,1
5	16,2	30,8	21,9	21,3	12,8	27,1	24,3	19,3	13,6	22,2	23,2	18,1
6	17,7	27,8	18,7	20,5	13,8	24,3	21,4	18,3	14,6	21,2	21,2	17,9
7	16,5	29,3	20,9	20,8	13,0	24,8	23,8	18,6	14,2	20,9	22,9	18,1
8	14,7	32,9	22,1	21,1	11,5	26,7	23,9	18,4	13,0	21,6	23,0	17,6
9	17,1	28,5	21,1	21,0	13,3	26,2	23,6	19,1	14,4	27,4	23,1	19,8
10	17,1	18,2	19,2	17,9	15,9	19,2	18,4	17,4	16,0	18,5	18,5	17,3
S	155,6	272,9	202,9	196,8	131,0	238,0	221,4	180,4	139,0	207,4	214,1	174,9
11	14,0	32,5	21,0	20,4	14,8	23,1	23,5	19,0	15,5	19,6	22,6	18,3
12	15,7	29,0	21,5	20,5	12,1	26,6	24,4	18,8	13,4	22,3	23,4	18,1
13	16,1	33,8	21,0	21,8	13,3	27,6	24,5	19,7	14,4	22,6	23,7	18,8
14	17,0	21,7	20,4	19,0	16,2	23,5	22,3	19,5	16,6	20,9	21,8	19,0
15	15,9	28,8	21,1	20,4	14,8	24,1	23,2	19,2	15,4	20,7	22,3	18,5
16	16,0	30,0	19,6	20,4	12,7	25,8	23,1	18,6	14,0	21,9	22,7	18,1
17	14,0	19,1	16,0	15,8	14,9	18,3	19,0	16,8	15,6	17,4	18,8	16,9
18	14,2	29,0	22,1	19,9	11,2	22,2	23,2	17,0	12,5	19,0	22,0	16,5
19	14,4	30,4	21,3	20,1	11,5	24,7	24,0	17,9	12,6	20,2	22,7	17,0
20	14,0	30,2	21,5	19,9	12,6	25,0	24,2	18,6	13,8	20,6	23,0	17,8
S	151,3	284,5	205,5	198,2	134,1	240,9	231,4	185,1	143,8	205,2	223,0	179,0
21	16,4	31,9	24,3	22,3	14,4	26,4	25,7	20,2	15,3	22,1	24,4	19,3
22	17,0	33,0	27,8	23,7	15,5	27,7	28,3	21,8	15,6	23,3	26,4	20,2
23	19,0	30,4	21,2	22,4	15,4	27,5	25,5	20,9	16,4	24,0	24,8	20,4
24	15,5	28,3	20,1	19,8	15,7	23,2	22,4	19,3	16,4	20,6	21,9	18,8
25	17,5	28,5	18,9	20,6	15,6	24,7	22,1	19,5	16,2	21,1	22,0	18,9
26	13,1	32,0	21,6	20,0	10,0	25,4	24,5	17,5	12,2	20,8	23,4	17,1
27	13,5	33,9	22,8	20,9	10,6	26,8	26,2	18,5	12,6	21,4	24,6	17,8
28	13,1	34,0	21,0	20,3	11,7	26,0	24,6	18,5	13,5	21,5	23,8	18,1
29	16,1	35,2	23,5	22,7	13,0	28,5	27,5	20,5	14,4	23,2	26,2	19,5
30	17,2	25,0	18,2	19,4	16,9	22,0	20,8	19,2	17,3	19,7	20,4	18,7
31	14,0	30,0	20,0	19,5	12,0	24,5	23,2	17,9	13,2	20,8	22,6	17,5
S	172,4	342,2	239,4	231,6	150,8	282,7	270,8	213,8	163,1	238,5	260,5	206,3
Total:	479,3	899,6	647,8	626,6	415,9	761,6	723,6	579,3	445,9	651,1	697,6	560,2
Monat:	15,5	29,0	20,9	20,2	13,4	24,6	23,3	18,7	14,4	21,0	22,5	18,1

BODENTEMPERATUREN - Serie 1 (Nackter Boden):

20 cm a)	20 cm b)	20 cm c)	20 cm M	30 cm a)	30 cm b)	30 cm c)	30 cm M	50 cm a)	50 cm b)	50 cm c)	50 cm M	Tag:
15,8	17,3	19,5	17,1	17,2	16,8	17,5	17,2	16,8	17,0	16,8	16,8	1
17,3	16,8	17,3	17,2	17,6	17,3	17,2	17,4	16,9	17,0	16,9	16,9	2
14,6	15,8	18,4	15,8	16,3	16,0	16,6	16,3	16,6	16,6	16,4	16,6	3
14,9	16,0	18,6	16,1	16,5	16,2	16,6	16,5	16,4	16,5	16,4	16,4	4
15,8	17,6	20,0	17,3	16,8	16,8	17,5	17,0	16,5	16,7	16,6	16,6	5
16,8	18,1	19,7	17,8	17,6	17,4	17,8	17,6	16,8	17,1	17,0	16,9	6
16,8	18,0	20,2	18,0	17,8	17,6	18,0	17,8	17,1	17,3	17,2	17,1	7
16,2	17,6	20,2	17,5	17,6	17,4	17,9	17,6	17,2	17,4	17,2	17,3	8
16,8	18,4	20,6	18,2	17,8	17,6	18,2	17,8	17,2	17,4	17,3	17,3	9
17,6	18,0	18,3	17,9	18,2	17,8	18,0	18,1	17,5	17,5	17,4	17,5	10
162,6	173,6	192,8	172,9	173,4	170,9	175,3	173,3	169,0	170,5	169,2	169,4	S
17,0	17,8	19,8	17,9	17,6	17,6	17,9	17,7	17,3	17,4	17,3	17,3	11
16,4	17,9	20,4	17,8	17,7	17,4	18,0	17,7	17,3	17,4	17,3	17,3	12
16,9	18,3	20,8	18,2	18,0	17,8	18,4	18,0	17,4	17,6	17,4	17,5	13
18,0	18,6	20,0	18,6	18,5	18,2	18,5	18,4	17,6	17,7	17,7	17,6	14
17,4	18,3	20,0	18,3	18,2	18,0	18,4	18,2	17,7	17,8	17,6	17,7	15
16,6	18,3	20,4	18,0	18,0	17,7	18,2	18,0	17,6	17,7	17,6	17,6	16
17,5	17,4	18,4	17,7	18,3	17,8	18,0	18,1	17,6	17,6	17,6	17,6	17
15,3	16,6	19,1	16,6	17,0	16,7	17,2	17,0	17,2	17,2	17,0	17,2	18
15,6	16,9	19,6	16,9	17,2	16,9	17,4	17,2	17,0	17,2	17,0	17,0	19
16,3	17,4	20,0	17,5	17,4	17,2	17,8	17,4	17,0	17,2	17,2	17,1	20
167,0	177,5	198,5	177,5	177,9	175,3	179,8	177,7	173,7	174,8	173,7	173,9	S
17,1	18,4	21,0	18,4	17,8	17,7	18,4	17,9	17,3	17,4	17,5	17,4	21
17,8	19,1	22,0	19,2	18,5	18,3	19,0	18,6	17,6	17,8	17,8	17,7	22
18,8	20,1	22,1	20,0	19,4	19,1	19,6	19,4	18,1	18,3	18,3	18,2	23
18,4	19,0	20,6	19,1	19,1	18,8	19,1	19,0	18,4	18,4	18,3	18,4	24
17,9	18,6	20,4	18,7	18,7	18,5	18,8	18,7	18,2	18,3	18,1	18,2	25
15,9	17,3	20,2	17,3	17,9	17,5	18,0	17,8	17,8	18,0	17,8	17,9	26
16,2	17,4	20,6	17,6	17,8	17,5	18,1	17,8	17,6	17,8	17,6	17,6	27
16,7	17,8	20,6	18,0	18,1	17,7	18,2	18,0	17,6	17,8	17,6	17,6	28
16,9	18,5	21,6	18,5	18,1	17,9	18,6	18,2	17,6	17,8	17,7	17,7	29
18,7	18,8	19,6	18,9	19,0	18,7	18,7	18,8	17,9	18,0	17,9	17,9	30
16,2	17,6	20,2	17,5	17,8	17,4	18,1	17,8	17,7	17,8	17,6	17,7	31
190,6	202,6	228,9	203,2	202,2	199,1	204,6	202,0	195,8	197,4	196,2	196,3	S
520,2	553,7	620,2	553,6	553,5	545,3	559,7	553,0	538,5	542,7	539,1	539,6	Total:
16,8	17,9	20,0	17,9	17,9	17,6	18,1	17,9	17,4	17,5	17,4	17,4	Monat:

FEBRUAR 1958

BODENTEMPERATUREN - Serie 1 (Nackter Boden):

Tag:	1 cm a)	1 cm b)	1 cm c)	1 cm M	5 cm a)	5 cm b)	5 cm c)	5 cm M	10 cm a)	10 cm b)	10 cm c)	10 cm M
1	13,4	30,9	21,4	19,8	10,7	25,2	24,9	17,9	12,5	20,6	23,4	17,3
2	14,4	35,3	24,9	22,3	11,5	26,6	27,0	19,1	12,8	21,2	25,2	18,0
3	13,0	39,7	25,5	22,8	11,5	28,6	27,5	19,8	13,4	22,3	25,8	18,7
4	12,5	38,5	26,5	22,5	11,5	29,6	28,3	20,2	13,6	23,6	26,7	19,4
5	13,8	36,6	25,7	22,5	13,3	28,5	27,9	20,7	14,8	23,2	26,6	19,8
6	12,9	40,0	26,7	23,1	13,0	29,5	28,4	21,0	14,6	23,4	26,9	19,9
7	13,6	37,1	27,1	22,8	13,2	28,6	28,8	21,0	15,9	23,4	27,3	20,6
8	13,5	41,2	26,6	23,7	14,1	30,9	28,9	22,0	15,6	25,0	27,7	21,0
9	13,5	43,2	27,0	24,3	14,4	31,0	29,3	22,3	16,3	24,8	28,4	21,5
10	13,8	39,1	25,0	22,9	13,9	30,1	27,4	21,3	16,0	25,0	26,8	20,9
S	134,4	381,6	256,4	226,7	127,1	288,6	278,4	205,3	145,5	232,5	264,8	197,1
11	12,0	34,0	24,5	20,6	13,0	26,2	27,2	19,9	14,9	22,4	26,2	19,6
12	12,0	31,0	22,9	19,5	13,1	25,0	25,1	19,1	14,9	21,3	24,2	18,8
13	14,0	16,9	17,9	15,7	14,9	16,9	20,0	16,7	15,8	16,8	19,3	16,9
14	11,0	27,4	18,5	17,0	11,7	22,3	21,1	16,7	13,3	19,7	20,5	16,7
15	13,2	21,0	15,0	15,6	14,0	20,5	18,4	16,7	14,8	18,7	18,9	16,8
16	10,0	35,2	20,6	19,0	10,4	25,5	24,2	17,6	12,4	20,6	23,3	17,2
17	12,8	38,5	22,8	21,7	13,4	27,0	26,0	19,9	14,3	21,2	24,8	18,7
18	13,2	22,5	15,3	16,0	14,5	20,2	19,2	17,1	15,4	18,3	19,2	17,1
19	11,5	18,1	15,6	14,2	13,1	17,0	16,4	14,9	14,0	16,2	18,7	15,7
20	6,9	28,7	16,5	14,7	7,8	21,7	20,2	14,4	9,8	17,1	19,6	14,1
S	116,6	273,3	189,6	174,0	125,9	222,3	217,8	173,0	139,6	192,3	214,7	171,6
21	12,0	34,2	21,9	20,0	12,6	23,0	24,4	18,2	13,4	18,7	23,0	17,1
22	13,7	33,0	23,9	21,1	13,8	25,7	25,9	19,8	14,6	20,5	24,3	18,5
23	9,0	38,7	22,0	19,7	11,0	27,0	25,0	18,5	13,2	21,1	23,7	17,8
24	10,0	40,7	23,4	21,0	12,8	28,4	26,8	20,2	14,5	22,5	25,5	19,3
25	12,2	40,9	26,5	22,9	13,6	29,8	28,2	21,3	15,2	24,1	26,7	20,3
26	12,1	40,4	24,5	22,3	14,2	29,9	27,5	21,4	16,1	24,3	26,4	20,7
27	9,4	42,2	25,7	21,7	11,9	28,7	28,5	20,2	14,3	22,9	26,9	19,6
28	10,7	40,4	20,6	20,6	13,5	29,7	26,0	20,7	15,6	24,5	25,8	20,4
S	89,1	310,5	188,5	169,3	103,4	222,2	212,3	160,3	116,9	178,6	202,3	153,7
Total:	340,1	965,4	634,5	570,0	356,4	733,1	708,5	538,6	402,0	603,4	681,3	522,4
Monat:	12,1	34,5	22,7	20,4	12,7	26,2	25,3	19,2	14,4	21,5	24,3	18,7

FEBRUAR 1958

BODENTEMPERATUREN - Serie 1 (Nackter Boden):

20 cm a)	20 cm b)	20 cm c)	M	30 cm a)	30 cm b)	30 cm c)	M	50 cm a)	50 cm b)	50 cm c)	M	Tag:
16,1	17,3	20,0	17,4	17,8	17,4	17,9	17,7	17,5	17,7	17,5	17,5	1
16,0	17,3	20,6	17,5	17,6	17,3	18,0	17,6	17,4	17,6	17,4	17,5	2
16,5	17,6	21,0	17,9	17,9	17,5	18,2	17,9	17,4	17,6	17,4	17,5	3
16,8	18,3	21,8	18,4	18,2	17,8	18,6	18,2	17,5	17,8	17,6	17,6	4
17,6	18,6	22,0	19,0	18,7	18,3	19,0	18,7	17,8	18,0	17,9	17,9	5
17,6	18,6	22,2	19,0	18,9	18,5	19,2	18,9	18,0	18,2	18,1	18,1	6
18,1	19,0	22,4	19,4	19,2	18,8	19,5	19,2	18,2	18,5	18,4	18,3	7
18,4	19,6	23,1	19,9	19,5	19,2	19,9	19,5	18,5	18,8	18,6	18,6	8
19,0	20,0	23,8	20,4	20,0	19,6	20,4	20,0	18,8	19,1	19,0	18,9	9
19,2	20,2	23,2	20,4	20,3	19,9	20,5	20,2	19,2	19,4	19,2	19,2	10
175,3	186,5	220,1	189,3	188,1	184,3	191,2	187,9	180,3	182,7	181,1	181,1	S
18,4	19,2	22,3	19,6	20,0	19,4	19,8	19,8	19,2	19,4	19,2	19,2	11
18,0	18,7	21,3	19,0	19,6	19,1	19,4	19,4	19,0	19,2	19,0	19,0	12
18,1	17,6	18,2	18,0	19,3	18,6	18,4	18,9	18,8	18,7	18,6	18,7	13
16,3	17,2	19,2	17,2	17,8	17,5	17,9	17,8	18,0	18,0	17,8	18,0	14
16,7	17,2	18,6	17,3	17,8	17,5	17,7	17,7	17,7	17,7	17,6	17,7	15
15,5	16,6	19,9	16,9	17,1	16,8	17,5	17,1	17,3	17,4	17,2	17,3	16
16,4	17,2	20,6	17,6	17,6	17,3	17,9	17,6	17,3	17,4	17,3	17,3	17
17,4	17,3	18,6	17,7	18,2	17,7	17,8	18,0	17,5	17,6	17,4	17,5	18
16,0	16,0	17,5	16,4	17,3	16,8	16,9	17,1	17,3	17,2	17,0	17,2	19
13,5	14,3	17,4	14,7	15,9	15,4	15,8	15,7	16,6	16,7	16,4	16,6	20
166,3	171,3	193,6	174,4	180,6	176,1	179,1	179,1	178,7	179,3	177,5	178,5	S
15,4	16,0	19,2	16,5	16,3	16,2	16,7	16,4	16,2	16,4	16,4	16,3	21
16,4	17,3	20,3	17,6	17,1	17,0	20,6	18,0	16,6	16,8	16,8	16,7	22
16,4	17,0	20,4	17,5	17,6	17,2	17,7	17,5	17,0	17,2	17,1	17,1	23
17,0	17,9	21,4	18,4	17,8	17,6	18,3	17,9	17,2	17,5	17,4	17,3	24
17,6	18,8	22,1	19,0	18,5	18,3	19,0	18,6	17,6	17,9	17,8	17,7	25
18,6	19,4	22,4	19,7	19,2	18,9	19,5	19,2	18,0	18,4	18,3	18,2	26
17,8	18,5	22,1	19,1	19,2	18,7	19,4	19,1	18,4	18,6	18,5	18,5	27
18,6	19,5	22,5	19,8	19,5	19,3	19,7	19,5	18,6	18,8	18,6	18,6	28
137,8	144,4	170,4	147,6	145,2	143,2	150,9	146,2	139,6	141,6	140,9	140,4	S
479,4	502,2	584,1	511,3	513,9	503,6	521,2	513,2	498,6	503,6	499,5	500,0	Total:
17,1	18,0	20,9	18,3	18,4	18,0	18,6	18,3	17,8	18,0	17,8	17,9	Monat:

MÄRZ 1958

BODENTEMPERATUREN - Serie 1 (Nackter Boden):

Tag:	1 cm a)	1 cm b)	1 cm c)	1 cm M	5 cm a)	5 cm b)	5 cm c)	5 cm M	10 cm a)	10 cm b)	10 cm c)	10 cm M
1	12,2	30,4	22,9	19,4	14,8	26,2	25,4	20,3	16,4	22,5	23,9	19,8
2	13,4	42,2	23,0	23,0	14,6	28,8	26,8	21,2	15,9	23,5	26,0	20,3
3	9,5	43,0	23,4	21,4	12,5	28,8	27,6	20,4	14,8	23,3	26,6	19,9
4	9,4	46,1	24,1	22,2	12,2	28,9	27,6	20,2	14,8	23,1	26,5	19,8
5	11,5	41,0	24,7	22,2	12,1	28,0	27,5	19,9	16,0	23,1	26,4	20,4
6	13,5	48,0	28,0	25,8	15,0	30,7	29,4	22,5	16,5	25,0	27,8	21,4
7	13,1	48,8	21,2	24,0	15,5	31,2	27,4	22,4	17,4	25,8	27,2	21,9
8	16,5	29,1	20,9	20,7	18,4	25,9	24,0	21,7	19,0	23,3	23,9	21,3
9	12,1	41,8	21,9	22,0	15,4	27,5	26,4	21,2	16,9	22,8	25,7	20,6
10	10,0	40,0	25,1	21,3	12,1	25,5	26,6	19,1	14,0	20,8	25,1	18,5
S	121,2	410,4	235,2	222,0	142,6	281,5	268,7	208,9	161,7	233,2	259,1	203,9
11	11,5	43,5	22,5	22,3	13,5	28,0	26,2	20,3	15,4	22,8	25,5	19,8
12	6,2	42,1	20,5	18,7	11,1	26,0	24,3	18,1	13,8	21,0	23,4	18,0
13	8,7	40,0	19,7	19,3	12,4	25,4	24,1	18,6	14,5	20,5	23,2	18,2
14	7,4	41,2	19,7	18,9	11,9	26,0	24,7	18,6	13,9	20,7	23,9	18,1
15	12,5	33,2	17,8	19,0	14,6	19,5	21,2	17,5	15,6	16,9	20,6	17,2
16	13,0	31,5	19,4	19,2	13,5	25,7	23,7	19,1	14,5	20,8	22,8	18,2
17	7,0	43,5	20,5	19,5	11,8	27,3	25,0	19,0	14,0	21,6	24,1	18,4
18	6,5	45,0	22,0	20,0	11,2	27,2	26,5	19,0	13,7	21,5	25,2	18,5
19	6,8	38,7	20,1	18,1	11,9	26,2	24,0	18,5	14,3	21,4	23,4	18,3
20	16,0	42,5	19,7	23,6	17,1	28,4	24,4	21,5	17,5	23,8	24,4	20,8
S	95,6	401,2	201,9	198,6	129,0	259,7	244,1	190,5	147,2	211,0	236,5	185,5
21	5,9	30,2	16,1	14,5	11,9	23,4	21,8	17,3	14,3	20,0	21,5	17,5
22	6,0	43,1	19,3	18,6	10,1	25,2	24,4	17,4	12,7	19,8	23,4	17,2
23	4,0	43,5	17,0	17,1	9,5	24,6	22,1	16,4	12,2	19,2	21,7	16,3
24	9,9	35,0	17,6	18,1	12,8	21,9	20,7	17,1	14,0	17,8	20,2	16,5
25	11,9	26,2	17,0	16,8	13,1	19,6	19,5	16,3	14,1	17,3	18,9	16,1
26	13,4	31,9	17,1	18,9	14,7	23,4	19,1	18,0	15,3	20,0	19,0	17,4
27	11,7	21,2	17,1	15,4	13,2	19,7	17,8	16,0	14,4	18,0	17,4	16,0
28	12,4	30,1	16,4	17,8	13,5	23,2	20,1	17,6	14,1	19,2	20,2	16,9
29	13,3	23,5	11,3	15,4	14,4	18,9	16,5	16,0	14,9	17,3	17,4	16,1
30	5,2	19,0	11,9	10,3	8,4	16,6	15,3	12,2	10,6	14,8	15,5	12,9
31	9,2	18,2	14,5	12,8	10,6	15,5	16,7	13,3	11,7	13,9	15,1	13,1
S	102,9	321,9	175,3	175,7	132,2	232,0	214,0	177,6	148,3	197,3	210,2	176,0
Total:	319,7	1133,5	612,4	596,3	403,8	773,2	726,8	577,0	458,2	641,5	705,9	565,4
Monat:	10,3	36,6	19,8	19,2	13,0	25,0	23,4	18,6	14,8	20,7	22,8	18,2

BODENTEMPERATUREN – Serie 1 (Nackter Boden):

20 cm a)	20 cm b)	20 cm c)	20 cm M	30 cm a)	30 cm b)	30 cm c)	30 cm M	50 cm a)	50 cm b)	50 cm c)	50 cm M	Tag:
18,6	19,3	21,1	19,4	19,5	19,2	19,5	19,4	18,8	18,9	18,8	18,8	1
18,1	19,2	22,3	19,4	19,2	18,9	19,6	19,2	18,6	18,8	18,6	18,7	2
18,1	18,8	22,4	19,4	19,4	19,0	19,6	19,4	18,7	18,9	18,7	18,7	3
18,3	18,8	22,3	19,4	19,5	19,1	19,6	19,4	18,8	19,0	18,8	18,9	4
18,7	19,4	22,3	19,8	19,6	19,4	19,8	19,6	18,9	19,1	19,0	19,0	5
19,0	20,0	23,4	20,3	19,8	19,7	20,4	19,9	19,0	19,4	19,3	19,2	6
20,0	20,8	24,8	21,4	20,6	20,4	20,9	20,6	19,4	19,8	19,6	19,5	7
20,5	20,6	22,3	21,0	20,8	20,5	20,7	20,7	19,8	19,9	19,8	19,8	8
19,4	19,6	22,4	20,2	20,3	19,9	20,2	20,2	19,6	19,8	19,6	19,6	9
17,7	18,0	21,2	18,7	19,6	19,0	19,4	19,4	19,4	19,4	19,2	19,4	10
188,4	194,5	224,5	199,0	198,3	195,1	199,7	197,8	191,0	193,0	191,4	191,6	S
18,4	19,0	22,1	19,5	19,5	19,3	19,7	19,5	19,0	19,2	19,1	19,1	11
17,7	17,9	20,7	18,5	19,4	18,8	19,0	19,2	19,0	19,2	18,9	19,0	12
17,4	17,7	20,5	18,2	18,8	18,4	18,7	18,7	18,6	18,8	18,6	18,6	13
16,8	17,4	20,5	17,9	18,4	18,0	18,4	18,3	18,4	18,5	18,3	18,4	14
17,5	17,1	18,9	17,7	18,5	18,1	18,1	18,3	18,3	18,3	18,2	18,3	15
16,6	17,4	20,1	17,7	17,8	17,7	18,2	17,9	18,0	18,0	17,9	18,0	16
16,9	17,6	20,6	18,0	18,1	17,8	18,4	18,1	17,8	18,1	17,9	17,9	17
16,8	17,5	21,0	18,0	18,2	17,9	18,4	18,2	18,0	18,2	18,0	18,1	18
17,6	17,8	20,6	18,4	18,6	18,3	18,6	18,5	18,0	18,3	18,2	18,1	19
18,6	19,6	21,9	19,7	18,9	18,9	19,5	19,0	18,2	18,5	18,4	18,3	20
174,3	179,0	206,9	183,6	186,2	183,2	187,0	185,7	183,3	185,1	183,5	183,8	S
17,7	17,7	19,8	18,2	19,1	18,5	18,6	18,8	18,5	18,6	18,4	18,5	21
16,1	16,5	19,8	17,1	17,9	17,5	17,8	17,7	18,1	18,2	17,9	18,1	22
15,9	16,1	19,2	16,8	17,6	17,2	17,5	17,5	17,7	17,9	17,6	17,7	23
16,1	16,2	18,5	16,7	17,4	17,0	17,3	17,3	17,4	17,6	17,4	17,5	24
16,1	16,3	17,8	16,6	17,3	16,9	17,0	17,1	17,2	17,3	17,2	17,2	25
16,5	17,4	18,6	17,3	17,1	17,2	17,5	17,2	17,1	17,2	17,1	17,1	26
16,3	16,6	17,4	16,6	17,2	16,9	17,1	17,1	17,1	17,1	17,0	17,1	27
15,6	16,4	18,7	16,6	16,6	16,5	17,0	16,7	16,8	16,9	16,8	16,8	28
16,2	16,4	17,4	16,6	16,5	16,7	16,8	16,6	16,8	16,9	16,8	16,8	29
13,8	14,0	15,0	14,1	15,8	15,2	15,3	15,5	16,4	16,4	16,2	16,4	30
13,5	13,6	14,9	13,9	15,0	14,6	14,7	14,8	15,7	15,6	15,6	15,6	31
173,8	177,2	197,1	180,5	187,5	184,2	186,6	186,3	188,8	189,7	188,0	188,8	S
536,5	550,7	628,5	563,1	572,0	562,5	573,3	569,8	563,1	567,8	562,9	564,2	Total:
17,3	17,8	20,3	18,2	18,5	18,1	18,5	18,4	18,2	18,3	18,2	18,2	Monat:

APRIL 1958

BODENTEMPERATUREN - Serie 1 (Nackter Boden):

Tag:	1 cm a)	b)	c)	M	5 cm a)	b)	c)	M	10 cm a)	b)	c)	M
1	7,1	28,2	16,0	14,6	8,7	20,0	19,4	14,2	10,6	16,2	18,6	14,0
2	5,6	30,4	17,2	14,7	9,5	21,9	19,3	15,1	11,4	17,4	18,6	14,7
3	12,7	25,0	12,4	15,7	13,5	20,9	16,8	16,2	14,0	17,8	17,3	15,8
4	8,0	24,3	11,8	13,0	10,2	19,5	16,7	14,1	11,5	16,3	16,9	14,1
5	0,1	29,9	12,7	10,7	5,2	19,2	15,9	11,4	8,0	14,5	15,8	11,6
6	8,1	25,1	10,6	13,0	10,3	19,1	15,7	13,8	11,4	15,6	16,2	13,6
7	0,0	22,5	10,2	8,2	4,5	15,8	14,3	9,8	7,4	12,8	14,4	10,5
8	0,5	23,0	11,0	8,8	4,3	15,0	13,5	9,3	6,8	11,9	13,4	9,7
9	8,9	12,2	12,0	10,5	9,9	11,6	12,4	10,9	10,5	11,3	12,2	11,1
10	12,5	12,5	10,2	11,9	12,5	13,7	12,4	12,8	12,4	13,0	12,8	12,7
S	63,5	233,1	124,1	121,1	88,6	176,7	156,4	127,6	104,0	146,8	156,2	127,8
11	5,8	23,1	9,0	10,9	7,4	16,6	13,2	11,2	8,4	13,0	13,8	10,9
12	1,9	23,0	9,5	9,1	4,9	16,0	13,6	9,8	6,7	12,0	13,6	9,8
13	1,6	22,0	11,0	9,1	3,5	15,2	14,0	9,1	5,2	11,8	13,8	9,0
14	7,5	22,4	11,1	12,1	8,2	15,0	14,6	11,5	9,0	12,1	14,3	11,1
15	5,0	24,4	13,1	11,9	7,0	14,9	14,9	10,9	8,2	11,7	14,4	10,6
16	8,4	24,5	12,4	13,4	9,0	17,7	15,8	12,9	9,8	14,2	15,6	12,3
17	8,7	22,6	12,6	13,1	9,7	15,0	15,0	12,4	10,3	13,0	14,8	12,1
18	10,8	14,4	11,5	11,9	11,5	13,9	12,8	12,4	12,0	13,0	12,9	12,5
19	9,1	19,5	10,9	12,2	10,2	15,2	14,6	12,5	10,6	12,8	14,7	12,2
20	1,8	24,2	10,8	9,6	5,7	16,3	13,3	10,3	7,9	12,6	13,4	10,4
S	60,6	220,1	111,9	113,3	77,1	155,8	141,8	113,0	88,1	126,2	141,3	110,9
21	10,4	21,1	11,8	13,4	10,9	16,2	15,0	13,3	11,0	13,5	14,9	12,6
22	5,9	17,7	10,6	10,0	8,0	14,0	13,9	11,0	9,6	12,3	10,0	10,4
23	11,7	18,3	13,2	13,7	11,7	15,8	15,5	13,7	11,6	13,8	15,2	13,0
24	11,0	18,8	13,3	13,5	11,8	16,9	14,8	13,8	12,2	14,6	14,7	13,4
25	10,7	16,2	13,2	12,7	11,3	14,0	13,8	12,6	11,6	13,2	13,0	12,3
26	11,5	16,1	10,3	12,3	12,6	14,5	13,9	13,4	12,8	13,8	14,2	13,4
27	7,2	19,5	11,0	11,2	9,2	14,2	13,9	11,6	10,0	12,7	14,0	11,7
28	6,4	21,4	9,0	10,8	9,0	14,9	13,3	11,5	10,0	12,2	13,6	11,5
29	8,1	11,5	11,2	9,7	9,0	11,6	11,5	10,3	9,6	11,2	11,4	10,4
30	9,4	17,4	8,2	11,1	10,2	15,0	12,8	12,0	11,4	13,0	13,3	12,3
S	92,3	178,0	111,8	118,4	103,7	147,1	138,4	123,2	109,8	130,3	134,3	121,0
Total:	216,4	631,2	347,8	352,8	269,4	479,6	436,6	363,8	301,9	403,3	431,8	359,7
Monat:	7,2	21,0	11,6	11,8	9,0	16,0	14,6	12,1	10,1	13,4	14,4	12,0

BODENTEMPERATUREN - Serie 1 (Nackter Boden):

20 cm a)	20 cm b)	20 cm c)	20 cm M	30 cm a)	30 cm b)	30 cm c)	30 cm M	50 cm a)	50 cm b)	50 cm c)	50 cm M	Tag:
13,1	13,7	16,4	14,1	14,6	14,4	14,8	14,6	15,3	15,4	15,3	15,3	1
13,9	14,5	16,7	14,7	15,0	14,8	15,3	15,0	15,2	15,4	15,4	15,3	2
15,0	15,5	16,9	15,6	15,6	15,5	15,8	15,6	15,5	15,6	15,5	15,5	3
13,6	14,2	16,0	14,3	15,2	14,8	15,0	15,1	15,4	15,4	15,3	15,4	4
11,9	12,2	15,6	12,9	14,3	13,7	13,9	14,1	15,0	15,0	14,8	15,0	5
13,1	13,6	15,3	13,8	14,0	14,0	14,3	14,1	14,6	14,7	14,6	14,6	6
11,1	11,2	13,4	11,7	13,5	12,9	13,0	13,2	14,3	14,4	14,1	14,3	7
10,3	10,5	12,6	10,9	12,5	12,2	12,4	12,4	13,7	13,8	13,4	13,6	8
11,6	11,5	12,0	11,7	12,6	12,4	12,4	12,5	13,4	13,3	13,3	13,4	9
12,4	12,6	12,9	12,6	12,6	12,8	12,9	12,7	13,3	13,2	13,2	13,2	10
126,0	129,5	147,8	132,3	139,9	137,5	139,8	139,3	145,7	146,2	144,9	145,6	S
10,4	10,9	12,9	11,2	12,2	12,0	12,3	12,2	13,1	13,1	12,9	13,0	11
9,6	10,0	12,2	10,3	11,7	11,4	11,6	11,6	12,7	12,8	12,6	12,7	12
9,4	9,9	12,3	10,3	11,4	11,1	11,4	11,3	12,3	12,4	12,3	12,3	13
10,4	10,7	12,6	11,0	11,6	11,5	11,7	11,6	12,3	12,4	12,3	12,3	14
10,2	10,4	12,6	10,8	11,7	11,4	11,6	11,6	12,3	12,4	12,3	12,3	15
11,3	11,8	13,7	12,0	12,1	12,0	12,4	12,2	12,4	12,4	12,4	12,4	16
11,5	11,8	13,4	12,1	12,4	12,4	12,4	12,4	12,6	12,8	12,7	12,7	17
12,6	12,6	12,9	12,7	12,9	12,8	12,8	12,8	12,8	12,9	13,0	12,9	18
10,7	11,9	13,4	11,7	12,5	12,4	12,6	12,5	12,9	12,9	12,8	12,9	19
10,6	10,7	12,6	11,1	12,3	11,8	12,0	12,1	12,7	12,8	12,6	12,7	20
106,7	110,7	128,6	113,2	120,8	118,6	120,8	120,3	126,1	126,9	125,9	126,2	S
11,6	12,1	13,6	12,2	12,4	12,4	12,6	12,4	12,6	12,7	12,6	12,6	21
11,7	11,6	13,0	12,0	12,6	12,4	12,4	12,5	12,7	12,8	12,7	12,7	22
11,9	12,5	14,8	12,8	12,5	12,6	12,8	12,6	12,8	12,8	12,8	12,8	23
12,6	13,0	14,0	13,1	13,0	13,0	13,3	13,1	13,0	13,0	13,0	13,0	24
12,5	12,7	13,3	12,7	13,1	13,0	13,0	13,0	13,1	13,1	13,1	13,1	25
13,2	13,3	13,6	13,3	13,3	13,2	13,3	13,3	13,2	13,2	13,2	13,2	26
11,5	11,9	13,3	12,1	12,8	12,5	12,6	12,7	13,2	13,1	13,0	13,1	27
11,4	11,3	12,7	11,7	12,5	12,3	12,3	12,4	12,8	12,9	12,7	12,8	28
10,8	11,0	11,4	11,0	12,0	11,8	11,7	11,9	12,6	12,5	12,4	12,5	29
11,6	11,8	12,8	11,9	11,9	12,0	12,2	12,0	12,3	12,4	12,3	12,3	30
118,8	121,2	132,5	122,8	126,1	125,2	126,2	125,9	128,3	128,5	127,8	128,1	S
351,5	361,4	408,9	368,3	386,8	381,3	386,8	385,5	400,1	401,6	398,6	399,9	Total:
11,7	12,0	13,6	12,3	12,9	12,7	12,9	12,8	13,3	13,4	13,3	13,3	Monat:

MAI 1957

BODENTEMPERATUREN - Serie 2 (Bedeckter Boden):

Tag:	1 cm a)	1 cm b)	1 cm c)	1 cm M	5 cm a)	5 cm b)	5 cm c)	5 cm M	10 cm a)	10 cm b)	10 cm c)	10 cm M
1	6,4	17,1	11,5	10,4	8,2	11,4	12,6	10,1	9,0	11,1	12,4	10,4
2	6,8	15,6	12,0	10,3	8,8	11,6	12,6	10,5	9,4	11,0	12,3	10,5
3	7,2	15,0	11,2	10,2	8,8	11,5	12,6	10,4	9,5	11,2	12,1	10,6
4	8,8	13,0	11,3	10,5	10,0	11,5	12,2	10,9	10,2	11,3	12,2	11,0
5	10,0	15,5	12,0	11,9	10,8	13,2	13,3	12,0	11,0	12,6	13,2	12,0
6	9,7	13,2	13,0	11,4	10,6	12,5	13,0	11,7	10,7	12,2	12,6	11,6
7	13,0	15,6	11,0	13,2	13,1	14,5	13,5	13,6	12,9	14,0	13,7	13,4
8	6,9	11,3	10,5	8,9	9,0	11,0	11,2	10,1	9,6	10,8	11,4	10,4
9	12,3	14,0	13,0	12,9	12,4	13,5	13,5	13,0	12,2	13,0	13,2	12,7
10	11,1	13,6	13,0	12,2	12,0	13,1	13,1	12,6	12,1	12,8	13,0	12,5
S	92,2	143,9	118,5	111,9	103,7	123,8	127,6	114,9	106,6	120,0	126,1	115,1
11	13,9	15,3	14,0	14,3	13,5	14,4	14,5	14,0	13,2	14,0	14,3	13,7
12	11,3	15,1	11,5	12,3	12,7	14,0	13,1	13,1	12,9	13,6	13,1	13,1
13	10,0	14,0	13,6	11,9	11,0	13,0	13,5	12,1	11,2	12,5	13,2	12,0
14	14,3	15,0	14,3	14,5	14,4	14,8	14,9	14,6	14,1	14,6	14,6	14,4
15	13,9	17,2	12,9	14,5	14,2	16,0	14,6	14,8	14,1	15,3	15,0	14,6
16	11,8	14,0	11,9	12,4	12,9	13,8	13,2	13,2	13,0	13,7	13,4	13,3
17	10,9	12,9	11,4	11,5	11,8	13,3	13,1	12,5	12,1	13,1	13,3	12,7
18	10,1	12,0	11,2	10,9	11,2	11,7	11,9	11,5	11,5	11,6	12,1	11,7
19	11,9	12,7	12,4	12,2	12,0	12,8	12,9	12,4	12,1	12,6	12,7	12,4
20	12,4	13,1	10,7	12,2	12,5	13,4	12,5	12,7	12,6	13,2	12,8	12,8
S	120,5	141,3	123,9	126,7	126,3	137,2	134,2	130,9	126,8	134,2	134,5	130,7
21	7,9	12,0	9,8	9,4	9,7	11,7	11,3	10,6	10,4	11,4	11,5	10,9
22	6,9	11,3	9,2	8,6	8,5	10,8	10,6	9,6	9,3	10,6	10,8	10,0
23	6,8	11,5	7,3	8,1	8,7	10,2	10,0	9,4	9,2	10,1	10,2	9,7
24	5,5	10,9	7,2	7,3	7,6	9,1	9,2	8,4	8,2	9,0	9,6	8,8
25	7,4	8,9	8,2	8,0	8,3	9,1	9,0	8,7	8,6	9,3	9,3	8,9
26	7,9	10,1	10,0	9,0	8,6	9,7	10,4	9,3	9,1	9,8	10,3	9,6
27	9,0	12,7	9,1	10,0	9,7	11,1	9,7	10,1	9,9	10,6	11,0	10,4
28	7,9	14,3	9,0	9,8	8,2	12,0	11,0	9,9	9,4	10,8	10,9	10,1
29	8,1	10,1	9,4	8,9	9,3	10,0	10,0	9,7	9,6	10,1	10,2	9,9
30	7,8	11,9	8,2	8,9	9,2	11,1	10,3	10,0	9,6	10,4	10,5	10,0
31	1,9	11,5	5,4	5,2	5,5	8,5	7,9	6,9	6,6	7,9	8,0	7,3
S	77,1	125,2	92,8	93,2	93,3	113,3	109,4	102,6	99,9	110,0	112,3	105,6
Total:	289,8	410,4	335,2	331,8	323,3	374,3	371,2	348,4	333,3	364,2	372,9	351,4
Monat:	9,3	13,2	10,8	10,7	10,4	12,1	12,0	11,2	10,8	11,7	12,0	11,3

BODENTEMPERATUREN - Serie 2 (Bedeckter Boden):

20 cm a)	20 cm b)	20 cm c)	20 cm M	30 cm a)	30 cm b)	30 cm c)	30 cm M	50 cm a)	50 cm b)	50 cm c)	50 cm M	Tag:
9,9	10,0	10,8	10,2	10,8	10,8	10,8	10,8	12,0	12,2	12,0	12,1	1
10,4	10,4	11,0	10,6	11,1	11,0	11,0	11,1	11,9	12,2	12,0	12,0	2
10,5	10,4	10,9	10,6	11,2	11,1	11,1	11,2	12,0	12,2	12,1	12,1	3
10,8	10,7	11,2	10,9	11,3	11,3	11,3	11,3	12,1	12,1	12,1	12,1	4
11,2	11,3	11,8	11,4	11,5	11,6	11,5	11,5	12,1	12,2	12,2	12,2	5
11,3	11,4	11,7	11,4	11,8	11,7	11,8	11,8	12,3	12,4	12,3	12,3	6
12,4	12,5	12,8	12,5	12,3	12,4	12,4	12,4	12,4	12,6	12,6	12,5	7
11,2	10,9	11,0	11,1	12,1	11,8	11,6	11,9	12,6	12,7	12,6	12,6	8
11,5	11,9	12,3	11,8	11,6	11,8	12,1	11,8	12,4	12,4	12,4	12,4	9
12,3	12,2	12,4	12,3	12,2	12,3	12,4	12,3	12,4	12,6	12,5	12,5	10
111,5	111,7	115,9	112,8	115,9	115,8	116,0	116,1	122,2	123,6	122,8	122,8	S
12,6	12,9	13,2	12,8	12,5	12,7	12,8	12,6	12,7	12,8	12,8	12,8	11
13,2	13,0	13,0	13,1	13,0	13,1	13,0	13,0	12,9	13,1	13,1	13,0	12
12,0	11,9	12,4	12,1	12,5	12,4	12,4	12,5	13,0	13,0	12,8	13,0	13
13,2	13,7	13,9	13,5	12,8	13,2	13,4	13,1	12,8	12,9	13,0	12,9	14
13,9	14,1	14,3	14,1	13,7	13,9	13,8	13,8	13,4	13,6	13,6	13,5	15
13,6	13,4	13,5	13,5	13,7	13,6	13,6	13,7	13,6	13,6	13,6	13,6	16
12,9	12,8	13,0	12,9	13,3	13,2	13,1	13,2	13,5	13,4	13,4	13,5	17
12,4	12,2	12,3	12,3	12,8	12,7	12,6	12,7	13,3	13,3	13,2	13,3	18
12,2	12,4	12,4	12,3	12,4	12,5	12,6	12,5	13,0	13,0	12,9	13,0	19
12,6	12,7	12,7	12,7	12,6	12,7	12,7	12,7	12,9	12,9	12,9	12,9	20
128,6	129,1	130,7	129,3	129,3	130,0	130,0	129,8	131,1	131,6	131,3	131,5	S
11,6	11,4	11,7	11,6	12,4	12,2	12,1	12,3	12,9	12,8	12,8	12,9	21
10,7	10,6	10,8	10,7	11,6	11,4	11,4	11,5	12,6	12,6	12,5	12,6	22
10,4	10,2	10,4	10,4	11,2	11,1	11,0	11,1	12,3	12,3	12,1	12,3	23
9,6	9,5	9,6	9,6	10,7	10,6	10,4	10,6	11,9	11,9	11,7	11,9	24
9,4	9,4	9,5	9,4	10,3	10,2	10,2	10,3	11,6	11,5	11,4	11,5	25
9,6	9,6	9,9	9,7	10,2	10,2	10,3	10,2	11,3	11,2	11,3	11,3	26
10,1	10,1	10,4	10,2	10,4	10,4	10,5	10,4	11,2	11,2	11,2	11,2	27
10,0	10,0	10,3	10,1	10,5	10,5	10,4	10,5	11,2	11,3	11,2	11,2	28
9,8	9,9	10,1	9,9	10,4	10,4	10,4	10,4	11,2	11,2	11,1	11,2	29
10,1	9,9	10,1	10,1	10,4	10,4	10,4	10,4	11,1	11,2	11,1	11,1	30
8,9	8,4	8,4	8,7	10,0	9,7	9,5	9,8	11,0	11,0	10,8	11,0	31
110,2	109,0	111,2	110,4	118,1	117,1	116,6	117,5	128,3	128,2	127,2	128,2	S
350,3	349,8	357,8	352,5	363,3	362,9	362,6	363,4	381,6	383,4	381,3	382,5	Total:
11,3	11,3	11,6	11,4	11,7	11,7	11,7	11,7	12,3	12,4	12,3	12,3	Monat:

JUNI 1957

BODENTEMPERATUREN - Serie 2 (Bedeckter Boden):

Tag:	1 cm a)	1 cm b)	1 cm c)	1 cm M	5 cm a)	5 cm b)	5 cm c)	5 cm M	10 cm a)	10 cm b)	10 cm c)	10 cm M
1	0,9	10,5	5,5	4,5	3,8	6,9	7,2	5,4	5,2	6,3	7,3	6,0
2	2,1	5,8	5,5	3,9	3,9	5,8	6,4	5,0	5,0	6,2	6,7	5,7
3	6,0	7,5	7,2	6,7	6,4	7,4	7,9	7,0	6,6	7,4	7,9	7,1
4	6,4	8,4	9,2	7,6	7,4	8,5	9,0	8,1	7,6	8,4	8,8	8,1
5	7,5	10,6	7,4	8,3	8,3	9,4	8,9	8,7	8,4	9,2	9,1	8,8
6	5,3	12,3	7,7	7,7	6,8	9,6	9,4	8,2	7,4	8,9	9,3	8,3
7	6,3	9,8	10,1	8,1	7,1	8,8	9,8	8,2	7,7	8,6	9,5	8,4
8	9,1	11,0	9,1	9,6	9,7	10,5	10,0	10,0	9,6	10,1	10,2	9,9
9	6,6	9,1	8,5	7,7	8,2	8,9	9,2	8,2	8,6	9,0	9,3	8,9
10	10,1	11,5	11,0	10,7	9,9	10,8	11,0	10,4	9,8	10,4	10,6	10,2
S	60,3	96,5	81,2	74,8	71,5	86,6	88,8	79,2	75,9	84,5	88,7	81,4
11	7,5	11,9	9,1	9,0	8,6	10,1	10,0	9,3	8,9	10,0	10,2	9,5
12	8,2	12,1	8,4	9,2	9,0	10,6	10,1	9,7	9,4	10,1	10,1	9,8
13	7,2	13,4	9,5	9,3	8,1	11,0	10,7	9,5	8,5	9,9	10,1	9,3
14	3,9	12,0	9,0	7,2	6,2	9,2	9,4	7,8	7,0	8,4	9,0	7,9
15	7,4	11,9	8,5	8,8	8,8	10,5	10,0	9,5	9,0	9,9	10,0	9,5
16	4,0	10,5	6,6	6,3	6,5	8,5	8,4	7,5	7,3	8,1	8,5	7,8
17	4,2	7,2	7,3	5,7	5,9	7,0	7,7	6,6	6,4	7,1	7,8	6,9
18	7,1	9,0	8,5	7,9	7,8	8,7	9,1	8,4	8,0	8,5	9,2	8,4
19	7,0	12,1	9,0	8,8	8,0	10,0	10,0	9,0	8,3	9,2	9,6	8,9
20	6,0	10,5	10,1	8,2	7,0	9,1	10,1	8,3	7,4	8,8	9,8	8,4
S	62,5	110,6	86,0	80,4	75,9	94,7	95,5	85,6	80,2	90,0	94,3	86,4
21	7,5	14,1	9,4	9,6	8,7	11,3	10,6	9,8	9,1	10,1	10,2	9,6
22	7,0	11,5	10,0	8,9	7,9	10,0	10,2	9,0	8,1	9,5	10,1	9,0
23	9,7	11,0	10,9	10,3	10,0	11,7	10,8	10,6	9,9	11,4	10,6	10,3
24	7,5	13,1	8,2	9,1	9,9	11,2	10,1	10,3	10,1	10,6	10,3	10,3
25	5,1	11,7	8,2	7,5	7,4	10,0	9,5	8,6	8,2	9,2	9,6	8,8
26	2,4	11,1	5,2	5,3	5,1	8,0	7,2	6,4	6,3	7,4	7,4	6,9
27	1,1	6,5	4,8	3,4	3,5	5,1	5,9	4,5	4,5	5,5	6,3	5,2
28	1,9	8,8	4,1	4,2	4,1	6,3	6,2	5,2	5,1	6,0	6,4	5,7
29	0,1	8,1	4,0	3,1	2,3	5,0	5,5	3,8	3,6	4,5	5,3	4,3
30	3,5	8,0	5,3	5,1	4,6	6,8	6,8	5,7	5,0	6,4	6,8	5,8
S	45,8	103,9	70,1	66,5	63,5	85,4	82,8	73,9	69,9	80,6	83,0	75,9
Total:	168,6	311,0	237,3	221,7	210,9	266,7	267,1	238,7	226,0	255,1	266,0	243,7
Monat:	5,6	10,4	7,9	7,4	7,0	8,9	8,9	8,0	7,5	8,5	8,9	8,1

JUNI 1957

BODENTEMPERATUREN - Serie 2 (Bedeckter Boden):

20 cm a)	20 cm b)	20 cm c)	20 cm M	30 cm a)	30 cm b)	30 cm c)	30 cm M	50 cm a)	50 cm b)	50 cm c)	50 cm M	Tag:
7,4	6,9	7,2	7,2	8,8	8,6	8,4	8,6	10,5	10,4	10,2	10,4	1
6,6	6,5	6,7	6,6	8,2	8,0	7,9	8,1	9,9	9,9	9,6	9,8	2
6,9	7,1	7,4	7,1	7,8	7,9	8,0	7,9	9,4	9,4	9,4	9,4	3
7,6	7,7	8,0	7,7	8,3	8,3	8,4	8,3	9,4	9,4	9,4	9,4	4
8,3	8,4	8,5	8,4	8,6	8,8	8,8	8,7	9,4	9,5	9,4	9,4	5
8,1	8,0	8,4	8,2	8,7	8,7	8,7	8,7	9,5	9,6	9,5	9,5	6
8,0	8,0	8,3	8,1	8,7	8,6	8,6	8,7	9,6	9,6	9,5	9,6	7
9,1	9,2	9,5	9,2	9,2	9,3	9,4	9,3	9,6	9,7	9,7	9,7	8
9,0	8,9	8,8	8,9	9,5	9,3	9,2	9,4	9,7	9,8	9,8	9,8	9
9,1	9,4	9,7	9,3	9,4	9,6	9,7	9,5	9,7	9,8	9,9	9,8	10
80,1	80,1	82,5	80,7	87,2	87,1	87,1	87,2	96,7	97,1	96,4	96,8	S
9,6	9,4	9,6	9,6	9,8	9,8	9,8	9,8	9,9	10,1	10,1	10,0	11
9,5	9,4	9,5	9,5	9,8	9,7	9,7	9,8	10,2	10,2	10,1	10,2	12
8,9	8,9	9,3	9,0	9,6	9,6	9,5	9,6	10,1	10,2	10,1	10,1	13
8,5	8,1	8,4	8,4	9,3	9,2	9,0	9,2	10,0	10,0	9,9	10,0	14
8,8	8,8	9,3	8,9	9,2	9,2	9,3	9,2	9,8	9,9	9,8	9,8	15
8,4	8,1	8,3	8,3	9,2	9,0	8,8	9,1	9,8	9,9	9,7	9,8	16
7,3	7,2	7,4	7,3	8,5	8,3	8,2	8,4	9,6	9,6	9,5	9,6	17
7,7	7,9	8,3	7,9	8,4	8,4	8,5	8,4	9,4	9,4	9,3	9,4	18
8,4	8,3	8,6	8,4	8,7	8,8	8,8	8,8	9,4	9,5	9,4	9,4	19
8,2	8,2	8,5	8,3	8,8	8,7	8,8	8,8	9,4	9,5	9,5	9,5	20
85,3	84,3	87,2	85,6	91,3	90,7	90,4	91,1	97,6	98,3	97,4	97,8	S
8,9	8,9	9,3	9,0	9,1	9,2	9,3	9,2	9,5	9,6	9,6	9,6	21
8,5	8,6	8,9	8,6	9,1	9,1	9,1	9,1	9,6	9,7	9,7	9,7	22
9,4	9,4	9,7	9,5	9,4	9,5	9,6	9,5	9,7	9,8	9,8	9,8	23
10,1	9,8	10,0	10,0	9,9	10,0	9,9	9,9	9,9	10,0	10,1	10,0	24
9,0	8,7	8,9	8,9	9,6	9,4	9,4	9,5	10,1	10,1	10,0	10,1	25
8,1	7,5	7,6	7,8	9,2	8,7	8,5	8,9	9,8	9,8	9,6	9,8	26
6,3	6,0	6,2	6,2	7,8	7,6	7,4	7,6	9,3	9,2	9,1	9,2	27
6,0	5,8	6,2	6,0	7,2	7,2	7,1	7,1	8,7	8,7	8,6	8,7	28
5,1	4,8	5,0	5,0	6,7	6,4	6,4	6,5	8,4	8,4	3,2	8,4	29
5,0	5,3	5,7	5,3	6,3	6,4	6,4	6,4	8,0	8,0	7,8	8,0	30
76,4	74,8	77,5	76,3	84,3	83,5	83,1	83,7	93,0	93,3	92,5	93,3	S
241,8	239,2	247,2	242,6	262,8	261,3	260,6	262,0	287,3	288,7	286,3	287,9	Total:
8,1	8,0	8,2	8,1	8,8	8,7	8,7	8,7	9,6	9,6	9,5	9,6	Monat:

JULI 1957

BODENTEMPERATUREN - Serie 2 (Bedeckter Boden):

Tag:	1 cm a)	1 cm b)	1 cm c)	1 cm M	5 cm a)	5 cm b)	5 cm c)	5 cm M	10 cm a)	10 cm b)	10 cm c)	10 cm M
1	1,0	5,0	4,2	2,8	2,9	4,7	5,1	3,9	4,0	5,0	5,4	4,6
2	7,0	9,3	10,0	8,3	6,4	8,1	8,8	7,4	6,4	7,5	8,3	7,1
3	5,8	10,5	9,9	8,0	7,1	8,7	9,3	8,0	7,4	8,3	9,0	8,0
4	7,9	9,5	10,1	8,9	8,6	9,2	9,5	9,0	8,7	9,1	9,3	9,0
5	10,5	11,4	10,1	10,6	10,5	11,0	10,7	10,7	10,2	10,6	10,5	10,4
6	8,3	12,0	9,8	9,6	9,3	10,3	10,7	9,9	9,6	10,1	10,6	10,0
7	10,9	11,7	10,9	11,1	10,1	11,4	11,1	10,7	10,0	11,1	11,0	10,5
8	7,9	10,5	9,0	8,8	9,6	10,1	10,1	9,8	10,1	10,2	10,3	10,2
9	5,5	7,2	8,1	6,3	6,8	7,6	8,3	7,4	7,3	7,9	8,4	7,7
10	3,2	7,2	5,8	4,9	5,4	7,2	7,1	6,3	6,4	7,3	7,4	6,9
S	68,0	94,3	87,9	79,3	76,7	88,3	90,7	83,3	80,1	87,1	90,2	84,4
11	7,5	11,1	7,5	8,4	7,1	9,0	9,0	8,0	7,4	8,6	9,1	8,1
12	4,2	9,1	7,1	6,2	6,2	8,3	8,3	7,3	6,9	7,8	8,3	7,5
13	2,2	7,9	4,4	4,2	4,2	6,6	6,6	5,4	5,2	6,5	6,9	5,9
14	1,2	7,0	6,0	3,9	3,1	5,8	6,6	4,9	4,2	5,6	6,6	5,1
15	6,3	9,0	7,9	7,4	6,7	8,2	8,2	7,4	6,9	7,9	8,2	7,5
16	4,2	10,7	7,0	6,5	6,1	8,5	8,5	7,3	6,6	8,1	8,6	7,5
17	1,6	9,0	5,0	4,3	4,0	6,2	6,7	5,2	4,9	6,2	6,7	5,7
18	0,2	9,4	5,9	3,9	2,5	6,0	7,0	4,5	3,6	5,3	6,5	4,8
19	0,2	8,1	4,5	3,2	2,4	5,6	6,0	4,1	3,5	5,4	6,0	4,6
20	2,4	10,9	6,5	5,5	3,5	7,0	7,4	5,3	4,2	6,2	7,0	5,4
S	30,0	92,2	61,8	53,7	45,8	71,2	74,3	59,4	53,4	67,6	73,9	62,1
21	3,4	10,0	6,4	5,8	4,5	7,0	7,6	5,9	5,0	6,5	7,3	5,9
22	2,0	4,7	6,1	3,7	3,8	4,9	6,1	4,7	4,5	5,1	6,2	5,1
23	6,2	9,0	8,2	7,4	6,4	8,0	8,1	7,2	6,5	7,6	8,0	7,2
24	9,3	11,0	10,3	10,0	8,7	9,9	9,9	9,3	8,5	9,4	9,5	9,0
25	11,0	10,1	7,0	9,8	10,5	10,5	9,2	10,2	10,0	10,2	9,3	9,9
26	4,0	7,5	6,3	5,5	6,0	7,1	7,1	6,6	6,6	7,2	7,4	7,0
27	2,0	9,0	5,7	4,7	4,4	6,5	7,5	5,7	5,4	6,4	7,4	6,1
28	2,7	8,2	5,2	4,7	4,4	6,3	7,0	5,5	5,1	6,2	6,8	5,8
29	3,2	9,7	6,0	5,5	3,5	7,5	7,6	5,1	4,1	6,9	7,4	5,6
30	0,5	9,6	4,6	3,8	2,5	5,7	6,7	4,4	3,6	5,2	6,4	4,7
31	-0,2	10,4	4,5	3,6	1,8	5,2	6,3	3,8	3,0	4,4	5,8	4,0
S	44,1	99,2	70,3	64,5	56,8	78,6	83,1	68,4	62,3	75,1	81,5	70,3
Total:	142,1	285,7	220,0	197,5	179,0	238,1	248,1	211,1	195,8	229,8	245,6	216,8
Monat:	4,6	9,2	7,1	6,4	5,8	7,7	8,0	6,8	6,3	7,4	7,9	7,0

BODENTEMPERATUREN - Serie 2 (Bedeckter Boden):

20 cm a)	20 cm b)	20 cm c)	20 cm M	30 cm a)	30 cm b)	30 cm c)	30 cm M	50 cm a)	50 cm b)	50 cm c)	50 cm M	Tag:
5,0	4,8	5,0	5,0	6,3	6,2	6,1	6,2	7,8	7,8	7,7	7,8	1
5,4	5,9	6,5	5,8	6,3	6,3	6,6	6,4	7,6	7,5	7,5	7,6	2
7,0	7,0	7,4	7,1	7,3	7,4	7,5	7,4	7,7	7,9	7,9	7,8	3
8,0	8,0	8,2	8,0	7,9	8,2	8,3	8,1	8,1	8,3	8,4	8,2	4
8,9	9,2	9,3	9,1	8,6	8,9	9,1	8,8	8,6	8,6	8,7	8,6	5
9,3	9,3	9,2	9,3	9,2	9,4	9,3	9,3	9,0	9,2	9,2	9,1	6
9,4	9,7	9,9	9,6	9,4	9,5	9,7	9,5	9,4	9,5	9,6	9,5	7
10,0	9,7	9,6	9,8	9,8	9,9	9,7	9,8	9,6	9,7	9,7	9,7	8
8,3	8,0	8,1	8,2	9,2	8,8	8,7	9,0	9,6	9,6	9,5	9,6	9
7,6	7,1	7,2	7,4	8,3	8,2	8,0	8,2	9,2	9,2	9,1	9,2	10
78,9	78,7	80,4	79,3	82,3	82,8	83,0	82,7	86,6	87,3	87,3	87,1	S
7,3	7,4	7,8	7,5	7,9	8,0	8,0	8,0	8,8	8,8	8,7	8,8	11
7,4	7,1	7,4	7,3	8,1	8,0	7,9	8,0	8,7	8,7	8,7	8,7	12
6,4	6,1	6,4	6,3	7,6	7,4	7,3	7,5	8,6	8,6	8,4	8,5	13
5,4	5,3	5,6	5,4	6,9	6,7	6,6	6,8	8,2	8,2	8,1	8,2	14
6,2	6,4	6,8	6,4	6,8	7,0	7,2	6,9	7,9	7,9	7,8	7,9	15
6,8	6,7	7,2	6,9	7,4	7,4	7,4	7,4	7,9	8,0	8,0	7,9	16
6,1	5,7	6,0	6,0	7,3	6,9	6,8	7,1	8,0	8,0	7,9	8,0	17
5,1	4,6	5,2	5,0	6,5	6,2	6,1	6,3	7,7	7,7	7,6	7,7	18
4,6	4,4	4,9	4,6	6,0	5,9	5,8	5,9	7,4	7,4	7,3	7,4	19
4,6	4,7	5,4	4,8	5,8	5,8	5,9	5,8	7,2	7,2	7,1	7,2	20
59,9	58,4	62,7	60,2	70,3	67,3	69,0	69,3	80,4	80,5	79,6	80,3	S
5,2	5,2	5,6	5,3	6,1	6,1	6,1	6,1	7,1	7,2	7,1	7,1	21
5,1	4,9	5,1	5,1	6,3	6,0	5,9	6,1	7,1	7,1	7,1	7,1	22
5,6	6,0	6,4	5,9	6,3	6,4	6,4	6,4	7,1	7,1	7,1	7,1	23
7,1	7,6	7,9	7,4	7,2	7,4	7,6	7,3	7,3	7,5	7,6	7,4	24
8,6	8,9	8,7	8,7	8,3	8,3	8,5	8,4	7,8	8,0	8,1	7,9	25
7,4	7,1	7,1	7,3	8,1	7,8	7,6	7,9	8,3	8,3	8,2	8,3	26
6,4	6,1	6,4	6,3	7,4	7,2	7,0	7,2	8,0	8,1	7,9	8,0	27
5,7	5,6	5,8	5,7	6,9	6,7	6,6	6,8	7,8	7,6	7,6	7,7	28
5,3	5,5	6,0	5,5	6,5	6,4	6,5	6,5	7,5	7,5	7,4	7,5	29
4,9	4,6	5,2	4,9	6,3	6,0	6,0	6,2	7,4	7,4	7,3	7,4	30
4,4	4,5	4,4	4,4	5,6	5,6	5,4	5,5	7,0	7,1	6,9	7,0	31
66,7	66,0	68,6	66,5	75,0	73,9	73,6	74,4	82,4	82,9	82,3	82,5	S
204,5	203,1	211,7	206,0	227,6	224,0	225,6	226,4	249,4	250,7	249,2	249,9	Total:
6,6	6,6	6,8	6,7	7,3	7,2	7,3	7,3	8,0	8,1	8,0	8,0	Monat:

AUGUST 1957

BODENTEMPERATUREN - Serie 2 (Bedeckter Boden):

Tag:	1 cm a)	1 cm b)	1 cm c)	1 cm M	5 cm a)	5 cm b)	5 cm c)	5 cm M	10 cm a)	10 cm b)	10 cm c)	10 cm M
1	0,1	10,0	7,3	4,4	2,0	6,0	7,3	4,3	3,0	5,2	6,8	4,5
2	5,7	8,5	7,6	6,9	6,0	7,5	8,0	6,9	6,3	7,2	7,8	6,9
3	6,0	10,0	9,9	8,0	6,6	8,3	9,1	7,6	6,8	7,9	8,7	7,5
4	4,3	12,9	9,0	7,6	6,5	9,2	9,8	8,0	7,0	8,5	9,4	8,0
5	10,5	9,6	8,2	9,7	9,8	9,8	9,0	9,6	9,3	9,5	9,1	9,3
6	6,5	11,6	8,7	8,3	7,5	10,0	9,7	8,7	8,0	9,4	9,6	8,8
7	7,9	7,2	5,5	7,1	8,6	8,1	7,2	8,1	8,7	8,5	8,0	8,5
8	4,0	11,2	7,0	6,5	5,8	9,4	9,0	7,5	6,5	8,7	8,8	7,6
9	5,1	6,8	7,6	6,2	6,0	7,0	7,6	6,7	6,6	7,2	7,7	7,0
10	7,4	13,2	9,9	9,5	7,9	10,0	10,3	9,0	7,9	9,2	10,0	8,8
S	57,5	101,0	80,7	74,2	66,7	85,3	87,0	76,4	70,1	81,3	85,9	76,9
11	9,3	11,4	7,5	9,4	9,5	11,6	10,8	10,4	9,4	10,9	11,0	10,2
12	7,0	15,2	8,5	9,4	8,1	11,0	10,6	9,4	8,5	10,4	10,5	9,5
13	4,8	10,4	7,8	7,0	6,3	8,9	9,0	7,6	7,0	8,5	9,0	7,9
14	6,0	9,5	7,0	7,1	7,2	10,0	9,0	8,3	7,6	9,7	9,4	8,6
15	3,5	13,3	7,4	6,9	5,7	9,4	9,6	7,6	6,6	8,5	9,4	7,8
16	2,0	14,6	8,1	6,7	4,5	9,0	10,1	7,0	5,4	7,8	9,2	6,9
17	2,1	10,1	8,2	5,6	4,0	7,3	8,9	6,1	5,0	6,7	8,5	6,3
18	6,9	8,2	9,0	7,7	7,0	8,0	8,6	7,6	7,2	7,9	8,4	7,7
19	10,8	13,5	8,1	10,8	10,5	10,8	9,9	10,4	10,0	10,5	10,2	10,2
20	5,2	14,0	8,3	8,2	7,0	10,5	10,5	8,8	7,5	9,8	10,2	8,7
S	57,6	120,2	79,9	78,8	69,8	96,5	97,0	83,2	74,2	90,7	95,8	83,8
21	3,0	14,0	7,5	6,9	5,2	9,0	9,4	7,2	6,2	8,0	9,2	7,4
22	7,5	9,5	7,2	7,9	7,8	9,1	9,0	8,4	8,0	8,9	9,2	8,5
23	5,4	9,2	7,3	6,8	6,4	8,3	8,4	7,4	6,9	8,3	8,5	7,7
24	6,9	11,6	9,4	8,7	7,5	9,0	10,0	8,5	7,7	8,7	9,7	8,5
25	5,5	13,2	10,1	8,6	7,0	10,4	10,3	8,7	7,6	9,6	10,1	8,7
26	8,5	13,5	10,0	10,1	9,0	12,0	10,5	10,1	9,2	10,9	10,5	10,0
27	8,9	14,0	10,7	10,6	9,5	12,1	11,8	10,7	9,5	11,6	11,6	10,5
28	6,9	13,4	9,0	9,0	8,4	11,1	10,4	9,6	9,0	10,5	10,5	9,7
29	6,3	16,5	9,6	9,7	7,6	11,2	11,5	9,5	8,0	10,3	11,0	9,3
30	2,5	18,0	11,0	8,5	5,5	12,0	12,4	8,8	6,5	10,0	11,1	8,5
31	2,6	18,3	12,0	8,9	5,4	12,1	13,1	9,0	6,4	10,2	11,7	8,7
S	64,0	151,2	103,8	95,7	79,3	116,3	116,8	97,9	85,0	107,0	113,1	97,5
Total:	179,1	372,4	264,4	248,7	215,8	298,1	300,8	257,5	229,3	279,0	294,8	258,2
Monat:	5,8	12,0	8,5	8,0	7,0	9,6	9,7	8,3	7,4	9,0	9,5	8,3

BODENTEMPERATUREN - Serie 2 (Bedeckter Boden):

20 cm a)	20 cm b)	20 cm c)	20 cm M	30 cm a)	30 cm b)	30 cm c)	30 cm M	50 cm a)	50 cm b)	50 cm c)	50 cm M	Tag:
4,1	5,3	4,4	4,5	5,2	5,2	5,4	5,2	6,7	6,7	6,7	6,7	1
5,4	5,6	6,0	5,6	5,9	6,0	6,3	6,0	6,6	6,7	6,8	6,7	2
6,2	6,3	6,9	6,4	6,5	6,6	6,9	6,6	7,0	7,1	7,1	7,0	3
7,1	6,9	7,5	7,1	7,3	7,3	7,4	7,3	7,3	7,5	7,5	7,4	4
7,8	8,3	8,4	8,1	7,8	8,2	8,2	8,0	7,6	7,8	7,8	7,7	5
7,8	7,8	8,2	7,9	8,2	8,1	8,1	8,2	8,1	8,2	8,2	8,2	6
8,2	8,1	7,9	8,1	8,3	8,3	8,2	8,3	8,3	8,3	8,3	8,3	7
6,8	6,8	7,4	6,9	7,7	7,6	7,6	7,7	8,3	8,2	8,1	8,2	8
6,8	6,7	6,8	6,8	7,6	7,4	7,4	7,5	8,0	8,0	8,0	8,0	9
7,2	7,5	8,0	7,5	7,5	7,6	7,8	7,6	7,9	8,1	8,0	8,0	10
67,4	69,3	71,5	68,9	72,0	72,3	73,3	72,4	75,8	76,6	76,5	76,2	S
8,3	8,6	9,1	8,6	8,3	8,5	8,6	8,4	8,2	8,4	8,3	8,3	11
8,6	8,5	8,9	8,7	8,8	8,7	8,7	8,7	8,5	8,7	8,6	8,6	12
7,8	7,7	8,0	7,8	8,6	8,3	8,3	8,4	8,6	8,7	8,6	8,6	13
7,7	7,6	8,2	7,8	8,3	8,2	8,3	8,3	8,5	8,6	8,5	8,5	14
7,4	7,1	7,7	7,4	8,1	7,9	7,9	8,0	8,4	8,6	8,4	8,5	15
6,8	6,4	7,2	6,8	7,7	7,6	7,5	7,6	8,3	8,4	8,3	8,3	16
6,3	5,9	6,6	6,3	7,4	7,1	7,1	7,2	8,1	8,2	8,1	8,1	17
6,9	7,1	7,3	7,0	7,4	7,4	7,5	7,4	8,0	8,0	8,0	8,0	18
8,6	8,8	9,0	8,7	8,1	8,4	8,6	8,3	8,1	8,2	8,3	8,2	19
8,0	7,9	8,5	8,1	8,4	8,4	8,4	8,4	8,5	8,6	8,5	8,5	20
76,4	75,6	80,5	77,2	81,1	79,5	80,9	80,7	83,2	84,4	83,6	83,6	S
7,3	7,0	7,5	7,3	8,3	7,9	7,8	8,1	8,5	8,6	8,4	8,5	21
7,5	7,7	8,0	7,7	8,0	8,0	8,1	8,0	8,4	8,4	8,4	8,4	22
7,3	7,2	7,5	7,3	8,0	7,8	7,8	7,9	8,4	8,4	8,3	8,4	23
7,4	7,4	7,9	7,5	7,8	7,9	8,0	7,9	8,3	8,3	8,3	8,3	24
7,8	7,7	8,4	7,9	8,2	8,2	8,3	8,2	8,4	8,5	8,4	8,4	25
8,6	8,7	9,2	8,8	8,6	8,8	8,9	8,7	8,6	8,7	8,7	8,7	26
9,2	9,3	9,8	9,4	9,2	9,2	9,4	9,3	8,8	9,0	9,0	8,9	27
9,3	9,2	9,5	9,3	9,4	9,4	9,4	9,4	9,2	9,3	9,2	9,2	28
8,5	8,5	9,2	8,7	9,2	9,0	9,0	9,1	9,3	9,3	9,2	9,3	29
8,0	7,7	8,6	8,1	8,8	8,6	8,6	8,7	9,1	9,3	9,1	9,2	30
7,8	7,7	8,8	8,0	8,7	8,6	8,6	8,6	9,0	9,3	9,0	9,1	31
88,7	88,1	94,4	90,0	94,2	93,4	93,6	93,9	96,0	97,1	96,0	96,4	S
232,5	233,0	246,4	236,1	247,3	245,2	247,8	247,0	255,0	258,1	256,1	256,2	Total:
7,5	7,5	8,0	7,6	8,0	7,9	8,0	8,0	8,2	8,3	8,3	8,3	Monat:

SEPTEMBER 1957

BODENTEMPERATUREN - Serie 2 (Bedeckter Boden):

Tag:	1 cm a)	1 cm b)	1 cm c)	1 cm M	5 cm a)	5 cm b)	5 cm c)	5 cm M	10 cm a)	10 cm b)	10 cm c)	10 cm M
1	6,4	11,2	10,4	8,6	7,7	10,0	10,7	9,0	8,0	9,6	10,4	9,0
2	7,6	19,0	12,5	11,7	8,4	13,8	14,0	11,2	8,7	11,9	13,0	10,6
3	7,0	15,5	11,7	10,3	8,2	12,7	12,4	10,4	8,7	11,5	12,2	10,3
4	9,8	21,6	13,0	13,6	10,1	15,5	14,9	12,6	10,2	13,0	13,6	11,8
5	4,6	13,1	9,5	7,9	6,9	11,5	10,9	9,1	7,7	10,6	10,9	9,2
6	5,9	19,4	10,6	10,5	8,1	14,1	13,0	10,8	8,7	11,8	12,0	10,3
7	2,7	10,1	8,0	5,9	5,5	9,2	9,0	7,3	6,6	9,0	9,3	7,9
8	8,3	12,0	10,0	9,6	9,0	10,3	10,6	9,7	9,1	10,0	10,5	9,7
9	7,9	17,8	10,5	11,0	8,7	13,1	12,5	10,8	9,0	11,8	12,3	10,5
10	3,5	18,2	9,2	8,6	6,9	13,0	12,1	9,7	7,2	11,0	11,2	9,1
S	63,7	157,9	105,4	97,7	79,5	123,2	120,1	100,6	83,9	110,2	115,4	98,4
11	3,2	18,0	11,6	9,0	5,8	12,8	13,2	9,4	6,7	10,4	11,7	8,9
12	3,0	20,0	13,9	10,0	5,8	13,7	14,9	10,1	6,6	11,5	13,4	9,5
13	4,2	17,1	12,0	9,4	6,6	13,0	13,1	9,8	7,6	11,6	12,4	9,8
14	8,5	9,8	9,8	9,2	9,2	10,0	9,9	9,6	9,5	9,8	9,9	9,7
15	9,0	12,0	10,4	10,1	9,6	10,9	11,2	10,3	9,8	10,6	11,3	10,4
16	8,3	10,8	10,4	9,4	9,4	11,5	11,5	10,4	9,6	11,2	11,4	10,5
17	8,0	9,5	10,0	8,9	8,9	9,5	10,6	9,5	9,2	9,5	10,6	9,6
18	7,2	19,2	12,9	11,6	8,0	13,3	13,5	10,7	8,5	11,4	12,8	10,3
19	5,0	19,5	13,3	10,7	7,4	14,0	14,0	10,7	8,3	12,0	13,0	10,4
20	4,5	17,9	11,1	9,5	7,0	13,9	12,8	10,2	8,1	12,2	12,6	10,2
S	60,9	153,8	115,4	97,8	77,7	122,6	124,7	100,7	83,9	110,2	119,1	99,3
21	7,9	13,7	10,0	9,9	9,0	12,0	11,2	10,3	9,6	11,4	11,4	10,5
22	7,8	14,5	11,2	10,3	8,8	13,0	12,2	10,7	9,3	12,0	12,1	10,7
23	10,1	12,8	11,6	11,2	10,3	12,1	12,4	11,3	10,3	11,6	12,3	11,1
24	8,6	19,5	13,4	12,5	9,2	14,5	14,9	12,0	9,6	12,8	14,2	11,5
25	6,5	18,1	12,0	10,8	8,0	14,4	13,2	10,9	8,7	12,9	13,2	10,9
26	6,0	14,0	10,4	9,1	8,1	12,9	11,9	10,2	9,2	12,2	12,0	10,7
27	7,1	17,5	12,1	10,9	9,0	14,7	13,2	11,5	9,6	13,2	13,2	11,4
28	10,0	15,9	13,5	12,4	10,5	13,3	13,9	12,0	10,6	12,6	13,4	11,8
29	11,5	16,6	14,6	13,5	11,7	14,2	14,6	13,0	11,7	13,4	14,2	12,7
30	12,1	21,1	16,5	15,5	12,2	17,0	16,9	14,6	12,3	15,4	16,1	14,0
S	87,6	163,7	125,3	116,1	96,8	138,1	134,4	116,5	100,9	127,5	132,1	115,3
Total:	212,2	475,4	346,1	311,6	254,0	383,9	379,2	317,8	268,7	347,9	366,6	313,0
Monat:	7,1	15,8	11,5	10,4	8,5	12,8	12,6	10,6	9,0	11,6	12,2	10,4

BODENTEMPERATUREN - Serie 2 (Bedeckter Boden):

20 cm a)	b)	c)	M	30 cm a)	b)	c)	M	50 cm a)	b)	c)	M	Tag:
8,6	8,4	8,8	8,6	9,0	8,8	8,9	8,9	9,0	9,1	9,0	9,0	1
8,8	9,0	10,0	9,1	9,1	9,2	9,4	9,2	9,1	9,3	9,3	9,2	2
9,2	9,2	10,0	9,4	9,6	9,5	9,6	9,6	9,4	9,5	9,5	9,4	3
10,2	10,2	10,9	10,4	10,0	10,1	10,2	10,1	9,6	9,8	9,7	9,7	4
9,4	9,1	9,7	9,4	10,1	9,8	9,7	9,9	9,8	10,0	9,8	9,9	5
9,2	9,2	9,9	9,4	9,6	9,6	9,6	9,6	9,8	9,9	9,7	9,8	6
8,4	8,2	8,6	8,4	9,4	9,0	8,8	9,1	9,6	9,6	9,6	9,6	7
8,6	8,8	9,2	8,8	9,0	9,0	9,2	9,1	9,5	9,5	9,4	9,5	8
9,1	9,3	10,0	9,4	9,4	9,4	9,6	9,4	9,5	9,5	9,5	9,5	9
8,8	8,6	9,3	8,9	9,5	9,3	9,3	9,4	9,5	9,7	9,6	9,6	10
90,3	90,0	96,4	91,8	94,7	93,7	94,3	94,3	94,8	95,9	95,1	95,2	S
8,1	8,0	9,1	8,3	9,0	8,8	9,0	9,0	9,4	9,6	9,4	9,5	11
8,2	8,3	9,7	8,6	9,0	8,9	9,2	9,0	9,3	9,5	9,4	9,4	12
8,9	8,8	9,9	9,1	9,4	9,4	9,6	9,4	9,4	9,6	9,6	9,5	13
9,5	9,5	9,4	9,5	9,7	9,7	9,6	9,7	9,7	9,7	9,7	9,7	14
9,5	9,6	9,9	9,6	9,7	9,7	9,7	9,7	9,8	9,7	9,7	9,8	15
9,7	9,6	10,0	9,8	9,9	9,7	9,9	9,8	9,8	9,8	9,9	9,8	16
9,6	9,2	9,4	9,4	9,9	9,6	9,6	9,8	9,9	9,9	9,9	9,9	17
9,0	9,2	10,2	9,4	9,5	9,5	9,7	9,6	9,7	9,8	9,8	9,7	18
9,4	9,4	10,3	9,6	9,8	9,8	10,0	9,8	9,8	10,0	10,0	9,9	19
9,4	9,4	10,4	9,7	10,0	9,9	10,0	10,0	9,8	10,1	10,0	9,9	20
91,3	91,0	98,3	93,0	95,9	95,0	96,3	95,8	96,6	97,7	97,4	97,1	S
9,8	9,9	10,4	10,0	10,1	10,1	10,1	10,1	10,0	10,2	10,1	10,1	21
9,7	9,8	10,6	9,9	10,1	10,0	10,2	10,1	10,1	10,2	10,2	10,2	22
10,3	10,4	10,8	10,5	10,4	10,4	10,4	10,4	10,3	10,3	10,3	10,3	23
10,0	10,3	11,4	10,4	10,4	10,2	10,6	10,4	10,4	10,5	10,4	10,4	24
10,2	10,2	11,1	10,4	10,6	10,4	10,6	10,5	10,5	10,6	10,6	10,5	25
10,4	10,3	10,9	10,5	10,7	10,3	10,6	10,6	10,6	10,6	10,6	10,6	26
10,2	10,4	11,4	10,5	10,5	10,6	10,7	10,6	10,6	10,6	10,6	10,6	27
10,8	11,0	11,6	11,1	10,9	10,9	11,1	11,2	10,7	10,8	10,8	10,7	28
11,4	11,7	12,3	11,7	11,4	11,4	11,6	11,4	10,9	11,0	11,1	11,0	29
12,0	12,4	13,3	12,4	11,8	12,0	12,3	12,0	11,2	11,4	11,4	11,3	30
104,8	106,4	113,8	107,4	106,9	106,3	108,2	107,3	105,3	106,2	106,1	105,7	S
286,4	287,4	308,5	292,2	297,5	295,0	298,8	297,4	296,7	299,8	298,6	298,0	Total:
9,5	9,6	10,3	9,7	9,9	9,8	10,0	9,9	9,9	10,0	10,0	9,9	Monat:

OKTOBER 1957

BODENTEMPERATUREN - Serie 2 (Bedeckter Boden):

Tag:	1 cm a)	1 cm b)	1 cm c)	1 cm M	5 cm a)	5 cm b)	5 cm c)	5 cm M	10 cm a)	10 cm b)	10 cm c)	10 cm M
1	8,8	22,6	16,3	14,1	10,5	18,2	16,7	14,0	11,2	15,4	15,9	13,4
2	11,2	19,5	13,5	13,9	12,0	15,6	13,9	13,4	12,3	14,7	14,7	13,5
3	10,4	14,5	12,7	12,0	11,5	13,1	13,7	12,5	11,8	12,7	13,6	12,5
4	6,1	18,1	12,2	10,6	8,0	14,4	13,5	11,0	9,0	12,7	13,4	11,0
5	7,0	11,7	11,0	9,2	8,1	11,1	11,6	9,7	9,0	10,6	11,6	10,1
6	5,7	13,2	9,9	8,6	7,6	11,0	11,0	9,3	8,6	10,5	11,2	9,7
7	7,5	14,0	11,5	10,1	8,5	11,9	12,1	10,2	9,0	11,0	12,0	10,2
8	5,1	16,6	11,2	9,5	7,4	12,3	12,0	9,8	8,5	11,4	11,9	10,1
9	3,5	18,4	12,2	9,4	6,2	14,0	13,3	9,9	7,4	12,1	12,8	9,9
10	4,1	17,5	12,5	9,6	6,5	13,9	12,8	9,9	7,7	12,1	12,4	10,0
S	69,4	166,1	123,0	107,0	86,3	135,5	130,6	109,7	94,5	123,2	129,5	110,4
11	10,6	18,7	15,1	13,8	10,8	15,0	15,3	13,0	10,9	13,3	14,5	12,4
12	11,5	22,5	15,6	15,3	10,8	17,4	16,4	13,9	11,1	14,6	15,5	13,1
13	9,6	19,6	13,9	13,2	10,8	16,1	14,9	13,1	11,3	14,3	14,6	12,9
14	11,1	17,4	12,6	13,0	11,7	15,0	13,5	13,0	12,1	13,8	13,7	12,9
15	8,0	15,1	12,2	10,8	9,1	13,2	13,4	11,2	10,0	12,4	13,1	11,4
16	5,8	18,4	12,6	10,7	8,0	14,7	13,9	11,1	9,2	13,2	13,6	11,3
17	9,2	13,2	11,0	10,6	10,1	11,1	11,6	10,7	10,6	10,6	11,6	10,8
18	7,1	16,1	12,2	10,6	8,2	12,6	13,0	10,5	8,9	11,6	12,5	10,5
19	7,2	21,0	14,1	12,4	8,2	15,8	14,9	11,8	9,0	13,0	14,0	11,2
20	6,1	21,7	14,9	12,2	8,0	16,2	15,4	11,9	9,0	13,4	14,6	11,5
S	86,2	183,7	134,2	122,6	95,7	147,1	142,3	120,2	102,1	130,2	137,7	118,0
21	7,1	18,2	13,5	11,5	9,0	15,0	14,0	11,8	9,9	13,4	13,7	11,7
22	8,0	18,5	14,0	12,1	8,7	14,4	14,3	11,5	9,6	12,6	13,8	11,4
23	8,1	14,5	12,3	10,8	9,2	12,2	12,7	10,8	10,0	11,7	12,4	11,0
24	11,0	13,2	12,5	11,9	11,2	13,0	12,6	12,0	11,4	12,4	12,5	11,9
25	9,9	14,2	12,0	11,5	10,5	13,0	12,6	11,6	10,8	12,4	12,6	11,7
26	10,8	16,2	12,2	12,5	10,8	13,6	12,9	12,0	10,9	12,6	12,8	11,8
27	7,4	14,9	12,2	10,5	8,5	13,2	13,0	10,8	9,5	12,2	12,7	11,0
28	8,1	16,1	13,4	11,4	9,3	13,0	13,5	11,3	9,8	12,3	13,0	11,2
29	6,1	20,9	15,5	12,1	8,0	16,3	16,0	12,1	9,1	13,6	14,9	11,7
30	7,9	20,0	14,1	12,5	9,4	16,1	14,7	12,4	10,3	14,3	14,4	12,3
31	8,0	19,4	14,3	12,4	9,3	15,6	14,9	12,3	10,2	14,0	14,5	12,2
S	92,4	186,1	146,0	129,2	103,9	155,4	151,2	128,6	111,5	141,5	147,3	127,9
Total:	248,0	535,9	403,2	358,8	285,9	438,0	424,1	358,5	308,1	394,9	414,5	356,3
Monat:	8,0	17,3	13,0	11,6	9,2	14,1	13,7	11,6	9,9	12,7	13,4	11,5

BODENTEMPERATUREN - Serie 2 (Bedeckter Boden):

20 cm a)	20 cm b)	20 cm c)	20 cm M	30 cm a)	30 cm b)	30 cm c)	30 cm M	50 cm a)	50 cm b)	50 cm c)	50 cm M	Tag:
12,3	12,4	13,3	12,6	12,4	12,4	12,5	12,4	11,6	11,8	11,8	11,7	1
12,7	12,8	13,4	12,9	12,6	12,6	12,6	12,6	11,8	12,0	12,0	11,9	2
12,5	12,3	12,6	12,5	12,6	12,4	12,4	12,5	12,0	12,1	12,1	12,0	3
10,9	10,9	11,8	11,1	11,8	11,6	11,6	11,7	11,9	12,0	11,8	11,9	4
10,6	10,4	10,8	10,6	11,1	11,0	11,0	11,1	11,6	11,6	11,5	11,6	5
10,1	9,9	10,4	10,1	10,8	10,6	10,5	10,7	11,3	11,4	11,2	11,3	6
9,7	9,9	10,6	10,0	10,4	10,4	10,5	10,4	11,0	11,0	11,0	11,0	7
9,8	9,8	10,5	10,0	10,5	10,4	10,5	10,5	10,8	11,0	10,8	10,9	8
9,4	9,5	10,5	9,7	10,3	10,3	10,4	10,3	10,8	11,0	10,8	10,8	9
9,4	9,7	11,6	10,0	10,4	10,2	10,4	10,4	10,7	10,9	10,8	10,8	10
107,4	107,6	115,5	109,5	113,2	111,9	112,4	112,6	113,5	114,8	113,8	113,9	S
10,6	11,1	11,9	11,1	10,8	11,0	11,3	11,0	10,8	11,0	11,0	10,9	11
11,5	11,7	12,7	11,8	11,6	11,6	11,9	11,7	11,2	11,4	11,4	11,3	12
12,0	12,1	12,8	12,2	12,2	12,1	12,2	12,2	11,6	11,8	11,7	11,7	13
12,4	12,4	12,8	12,5	12,4	12,3	12,4	12,4	11,8	12,0	12,0	11,9	14
11,4	11,4	11,9	11,5	12,0	11,8	11,8	11,9	11,8	12,0	11,9	11,9	15
10,7	10,9	11,8	11,0	11,5	11,4	11,6	11,5	11,6	11,8	11,7	11,7	16
11,3	10,8	11,0	11,1	11,7	11,3	11,3	11,5	11,7	11,7	11,6	11,7	17
10,1	10,4	11,0	10,4	10,9	10,8	11,0	10,9	11,4	11,5	11,4	11,4	18
10,2	10,4	11,4	10,6	10,8	10,9	11,2	10,9	11,3	11,4	11,4	11,3	19
10,5	10,7	11,8	10,9	11,2	11,2	11,4	11,2	11,4	11,6	11,5	11,5	20
110,7	111,9	119,1	113,1	115,1	114,4	116,1	115,2	114,6	116,2	115,6	115,3	S
11,2	11,4	12,2	11,5	11,6	11,6	11,8	11,6	11,4	11,6	11,6	11,5	21
11,0	11,1	11,9	11,3	11,6	11,5	11,6	11,6	11,6	11,7	11,7	11,6	22
11,1	11,1	11,5	11,2	11,7	11,5	11,6	11,6	11,6	11,7	11,7	11,7	23
11,5	11,6	11,9	11,6	11,6	11,6	11,8	11,6	11,7	11,7	11,7	11,7	24
11,3	11,5	11,9	11,5	11,6	11,6	11,6	11,6	11,7	11,8	11,7	11,7	25
11,5	11,5	12,0	11,6	11,7	11,7	11,8	11,7	11,7	11,8	11,7	11,7	26
10,9	10,8	11,5	11,0	11,5	11,4	11,5	11,5	11,7	11,7	11,7	11,7	27
10,8	11,0	11,2	11,0	11,4	11,4	11,6	11,5	11,5	11,7	11,8	11,6	28
10,6	10,9	12,0	11,0	11,4	11,4	11,6	11,5	11,6	11,7	11,7	11,7	29
11,4	11,7	12,6	11,8	11,8	11,9	12,1	11,9	11,7	11,9	11,8	11,8	30
11,6	11,8	12,7	11,9	12,1	12,0	12,3	12,1	11,9	12,1	12,1	12,0	31
122,9	124,4	131,4	125,4	128,1	127,6	129,3	128,2	128,1	129,4	129,2	128,7	S
341,0	343,9	366,0	348,0	356,3	353,9	357,8	356,0	356,2	360,4	358,6	357,9	Total:
11,0	11,1	11,8	11,2	11,5	11,4	11,5	11,5	11,5	11,6	11,6	11,5	Monat:

NOVEMBER 1957

BODENTEMPERATUREN - Serie 2 (Bedeckter Boden):

Tag:	1 cm a)	1 cm b)	1 cm c)	1 cm M	5 cm a)	5 cm b)	5 cm c)	5 cm M	10 cm a)	10 cm b)	10 cm c)	10 cm M
1	7,9	21,0	15,2	13,0	9,4	16,6	15,5	12,7	10,3	14,5	15,0	12,5
2	9,5	21,4	16,5	14,2	10,5	17,1	16,6	13,7	11,0	15,1	15,8	13,2
3	12,4	19,1	16,9	15,2	12,7	16,1	16,5	14,5	12,8	14,9	15,8	14,1
4	13,1	19,3	16,1	15,4	13,9	16,6	16,2	15,2	13,8	15,1	15,8	14,6
5	11,1	18,9	15,4	14,1	12,0	16,1	15,7	13,9	12,4	15,0	15,5	13,8
6	12,2	21,5	16,4	15,6	9,5	17,1	17,4	13,4	10,6	14,9	16,1	13,1
7	10,5	24,0	18,1	15,8	11,5	18,4	18,9	15,1	12,0	15,8	17,3	14,3
8	11,1	24,6	20,0	16,7	12,7	18,8	19,3	15,9	13,0	16,4	17,8	15,0
9	13,7	21,0	15,9	16,1	14,4	17,5	17,0	15,8	14,4	16,2	16,5	15,4
10	14,0	20,7	17,0	16,4	14,2	17,6	17,6	15,9	14,3	16,4	17,1	15,5
S	115,5	211,5	167,5	152,5	120,8	171,9	170,7	146,1	124,6	154,3	162,7	141,5
11	11,6	26,0	20,0	17,3	12,9	19,8	20,2	16,5	13,4	17,1	18,6	15,6
12	12,9	25,0	18,1	17,2	13,8	19,5	18,8	16,5	14,0	17,4	17,9	15,8
13	11,5	22,9	16,5	15,6	12,9	19,0	17,8	15,6	13,4	17,3	17,2	15,3
14	10,5	17,8	15,1	13,5	12,0	16,0	16,1	14,0	12,7	15,1	15,8	14,1
15	12,5	20,7	15,1	15,2	13,5	16,6	16,5	15,0	13,4	15,4	16,0	14,6
16	9,9	18,0	15,6	13,4	11,0	15,3	16,0	13,3	11,5	14,3	15,3	13,2
17	12,8	17,9	16,2	14,9	13,0	16,1	16,2	14,6	13,3	15,1	15,6	14,3
18	10,3	20,3	18,5	14,8	11,7	18,0	18,6	15,0	12,3	16,0	17,4	14,5
19	10,7	22,9	16,7	15,3	11,8	17,4	17,2	14,6	12,5	15,7	16,6	14,3
20	9,9	22,0	16,0	14,4	11,2	16,4	16,4	13,8	11,8	14,8	15,6	13,5
S	112,6	213,5	167,8	151,6	123,8	174,1	173,8	148,9	128,3	158,2	166,0	145,2
21	12,3	21,3	17,2	15,8	13,0	16,1	17,5	14,9	13,2	15,0	16,4	14,5
22	11,1	26,2	20,0	17,1	11,9	19,0	19,5	15,6	12,4	16,7	18,1	14,9
23	13,2	28,6	23,0	19,5	14,0	20,4	21,8	17,6	14,2	18,0	20,1	16,6
24	15,1	20,1	18,6	17,2	16,0	18,0	18,4	17,1	16,2	16,9	17,4	16,7
25	12,2	24,4	17,3	16,5	13,6	18,2	18,0	15,8	14,1	16,5	17,2	15,5
26	10,0	24,5	18,2	15,7	11,7	17,7	19,0	15,0	12,6	16,1	17,9	14,8
27	10,0	21,4	16,3	14,4	11,8	17,0	17,0	14,4	12,6	15,6	16,2	14,2
28	14,0	16,0	14,0	14,5	14,5	15,5	15,0	14,9	14,5	15,0	14,9	14,7
29	13,2	14,6	14,0	13,8	13,8	14,8	14,5	14,2	13,9	14,6	14,5	14,2
30	13,2	19,0	16,7	15,5	13,6	15,7	17,0	15,0	13,7	14,6	15,7	14,4
S	124,3	216,1	175,3	160,0	133,9	172,4	177,7	154,5	137,4	159,0	168,4	150,5
Total:	352,4	641,1	510,6	464,1	378,5	518,4	522,2	449,5	390,3	471,5	497,1	437,2
Monat:	11,7	21,4	17,0	15,5	12,6	17,3	17,4	15,0	13,0	15,7	16,6	14,6

BODENTEMPERATUREN - Serie 2 (Bedeckter Boden):

20 cm a)	20 cm b)	20 cm c)	20 cm M	30 cm a)	30 cm b)	30 cm c)	30 cm M	50 cm a)	50 cm b)	50 cm c)	50 cm M	Tag:
12,4	12,0	13,0	12,5	12,4	12,3	12,5	12,4	12,1	12,3	12,5	12,3	1
12,2	12,6	13,6	12,6	12,6	12,6	12,8	12,7	12,3	12,4	12,4	12,4	2
13,3	13,4	14,0	13,5	13,2	13,2	13,4	13,2	12,6	12,8	12,8	12,7	3
13,8	13,9	14,5	14,0	13,6	13,7	13,8	13,7	12,9	13,1	13,1	13,0	4
13,4	13,6	14,2	13,7	13,7	13,6	13,7	13,7	13,2	13,3	13,3	13,2	5
12,7	12,7	13,5	12,9	13,4	13,3	13,3	13,4	13,2	13,3	13,2	13,2	6
12,8	13,2	14,1	13,2	13,3	13,3	13,5	13,3	13,1	13,2	13,2	13,2	7
13,5	13,7	14,7	13,8	13,6	13,6	13,8	13,6	13,2	13,4	13,4	13,3	8
14,6	14,6	15,2	14,8	14,4	14,4	14,4	14,4	13,4	13,6	13,6	13,5	9
14,5	14,7	15,4	14,8	14,5	14,5	14,6	14,5	13,8	13,9	13,9	13,8	10
133,2	134,4	142,2	135,8	134,7	134,5	135,8	134,9	129,8	131,3	131,4	130,6	S
14,4	14,7	15,5	14,8	14,6	14,6	14,7	14,6	14,0	14,2	14,1	14,1	11
14,9	15,1	15,8	15,2	14,9	14,9	15,0	14,9	14,2	14,4	14,3	14,3	12
14,8	15,0	15,8	15,1	15,0	14,9	15,0	15,0	14,3	14,4	14,4	14,3	13
14,4	14,4	14,8	14,5	14,8	14,6	14,6	14,7	14,4	14,4	14,4	14,4	14
14,4	14,4	14,9	14,5	14,6	14,6	14,5	14,6	14,3	14,4	14,2	14,3	15
13,4	13,4	14,1	13,6	14,2	13,9	14,0	14,1	14,2	14,2	14,0	14,2	16
13,8	14,9	14,5	14,2	14,1	14,0	14,2	14,1	14,0	14,0	14,0	14,0	17
13,5	13,8	14,8	13,9	13,9	13,9	14,1	13,9	13,9	14,0	14,0	13,9	18
13,9	14,1	14,9	14,2	14,3	14,3	14,3	14,3	13,9	14,1	14,0	14,0	19
13,6	13,6	14,3	13,8	14,2	14,0	14,1	14,1	14,0	14,1	14,0	14,0	20
141,1	143,4	149,4	143,8	144,6	143,7	144,5	144,3	141,2	142,2	141,4	141,5	S
13,8	14,0	14,6	14,0	14,1	14,1	14,2	14,1	14,0	14,1	14,0	14,0	21
13,8	14,2	15,4	14,3	14,2	14,2	14,6	14,3	14,0	14,2	14,1	14,1	22
14,9	15,3	16,7	15,4	15,0	15,0	15,4	15,1	14,2	14,6	14,6	14,4	23
16,4	16,2	16,4	16,4	16,1	16,0	16,0	16,1	14,6	15,0	15,1	14,8	24
15,4	15,3	15,8	15,5	15,6	15,4	15,5	15,5	15,1	15,2	15,1	15,1	25
14,5	14,6	15,7	14,8	15,1	15,0	15,1	15,1	15,0	15,1	14,9	15,0	26
14,5	14,6	15,1	14,7	15,1	14,9	15,0	15,0	14,8	15,0	14,9	14,9	27
14,8	14,8	14,8	14,8	15,0	14,8	15,0	14,9	14,8	14,8	14,7	14,8	28
14,4	14,3	14,4	14,4	14,6	14,5	14,5	14,6	14,6	14,6	14,6	14,6	29
14,1	14,0	14,4	14,2	14,3	14,3	14,3	14,3	14,4	14,4	14,4	14,4	30
146,6	147,3	153,3	148,5	149,1	148,2	149,6	149,0	145,5	147,0	146,4	146,1	S
420,9	425,1	444,9	428,1	428,4	426,4	429,9	428,2	416,5	420,5	419,2	418,2	Total:
14,0	14,2	14,8	14,3	14,3	14,2	14,3	14,3	13,9	14,0	14,0	13,9	Monat:

DEZEMBER 1957

BODENTEMPERATUREN - Serie 2 (Bedeckter Boden):

Tag:	1 cm a)	1 cm b)	1 cm c)	1 cm M	5 cm a)	5 cm b)	5 cm c)	5 cm M	10 cm a)	10 cm b)	10 cm c)	10 cm M
1	12,0	18,2	15,1	14,3	12,8	16,0	15,6	14,3	13,0	14,8	15,0	14,0
2	12,3	20,8	18,0	15,8	14,0	16,8	17,8	15,7	14,0	15,4	16,5	15,0
3	12,5	23,1	19,1	16,8	13,5	18,1	19,1	16,0	13,7	16,5	18,0	15,5
4	13,2	23,8	20,6	17,7	14,2	18,2	19,9	16,6	14,6	16,8	18,6	16,1
5	15,0	17,0	16,0	15,7	15,3	16,5	16,4	15,9	15,4	16,0	16,0	15,7
6	13,6	16,6	13,8	14,4	14,6	15,8	15,1	15,0	14,7	15,3	15,2	15,0
7	12,7	14,2	14,2	13,5	13,7	14,1	14,7	14,1	14,0	14,1	14,6	14,2
8	12,7	13,9	15,1	13,6	13,6	14,2	15,2	14,1	13,8	14,2	14,7	14,1
9	12,4	15,3	14,9	13,7	13,1	14,7	15,1	14,0	13,3	14,3	14,8	13,9
10	12,3	18,9	17,3	15,4	13,9	16,5	17,2	15,4	13,9	15,1	16,2	14,8
S	128,7	181,8	164,1	150,9	138,7	160,9	166,1	151,1	140,4	152,5	159,6	148,3
11	11,3	20,4	17,3	15,1	12,3	16,8	17,4	14,7	12,8	15,0	16,4	14,2
12	13,0	18,2	15,9	15,0	13,6	16,1	16,1	14,9	13,8	15,0	15,6	14,5
13	13,8	13,7	13,9	13,8	14,3	14,3	14,4	14,3	14,4	14,3	14,3	14,4
14	13,2	16,9	15,8	14,8	13,7	15,6	15,9	14,7	13,7	14,7	15,4	14,4
15	14,2	17,3	15,4	15,3	14,5	15,7	15,8	15,1	14,5	15,1	15,4	14,9
16	14,2	20,2	17,5	16,5	14,5	18,0	18,0	16,2	14,6	16,1	17,0	15,6
17	13,4	19,5	17,2	15,9	14,1	17,3	17,5	15,8	14,4	16,1	16,9	15,4
18	11,5	21,4	19,1	15,9	12,5	18,2	18,7	15,5	13,2	16,1	17,6	15,0
19	14,5	21,0	18,9	17,2	14,9	18,6	18,9	16,8	15,6	16,8	18,0	16,5
20	13,3	22,0	20,1	17,2	14,5	18,9	19,9	17,0	14,7	17,1	18,6	16,3
S	132,4	190,6	171,1	156,7	138,9	169,5	172,6	155,0	141,7	156,3	165,2	151,2
21	14,0	23,0	20,7	17,9	15,0	19,3	20,5	17,4	15,1	17,6	19,4	16,8
22	15,0	21,9	20,1	18,0	15,9	19,3	20,0	17,8	16,8	17,8	19,0	17,6
23	15,7	20,4	18,2	17,5	16,5	18,9	18,4	17,6	16,4	17,7	17,8	17,1
24	15,5	16,5	16,6	16,0	16,4	16,7	17,0	16,6	16,4	16,5	16,7	16,5
25	15,9	20,4	19,5	17,9	15,9	18,3	19,4	17,4	15,9	17,0	18,4	16,8
26	14,2	21,1	19,7	17,3	15,1	18,6	19,5	17,1	15,2	17,2	18,6	16,6
27	15,9	16,9	17,0	16,4	16,8	16,7	17,2	16,9	16,8	16,4	16,8	16,7
28	14,7	17,0	16,1	15,6	15,5	16,7	16,8	16,1	15,5	16,1	16,4	15,9
29	12,4	17,2	16,0	14,5	13,6	16,0	16,5	14,9	14,0	15,0	16,1	14,8
30	12,4	18,5	16,8	15,0	13,2	16,3	17,4	15,0	13,6	15,4	16,8	14,8
31	10,9	18,9	17,5	14,6	12,4	16,3	17,6	14,7	13,0	15,1	16,7	14,4
S	156,6	211,8	198,2	180,7	166,3	193,1	200,3	181,5	168,7	181,8	192,7	178,0
Total:	417,7	584,2	533,4	488,3	443,9	523,5	539,0	487,6	450,8	490,6	517,5	477,5
Monat:	13,5	18,8	17,2	15,7	14,3	16,9	17,4	15,7	14,5	15,8	16,7	15,4

BODENTEMPERATUREN - Serie 2 (Bedeckter Boden):

20 cm a)	20 cm b)	20 cm c)	20 cm M	30 cm a)	30 cm b)	30 cm c)	30 cm M	50 cm a)	50 cm b)	50 cm c)	50 cm M	Tag:
13,9	13,9	14,4	14,0	14,2	14,2	14,2	14,2	14,2	14,4	14,3	14,3	1
14,2	14,3	14,9	14,4	14,4	14,4	14,6	14,4	14,4	14,4	14,4	14,4	2
14,5	14,7	15,7	14,9	14,6	14,7	15,0	14,7	14,5	14,6	14,6	14,6	3
15,4	15,4	16,4	15,6	15,4	15,4	15,6	15,5	14,7	14,9	15,0	14,8	4
16,1	15,8	15,8	16,0	16,0	15,7	15,7	15,8	15,0	15,2	15,2	15,1	5
15,2	15,1	15,2	15,2	15,4	15,2	15,2	15,3	15,1	15,2	15,0	15,1	6
14,6	14,4	14,4	14,5	14,9	14,7	14,6	14,8	14,9	14,9	14,7	14,8	7
14,2	14,2	14,3	14,2	14,5	14,4	14,4	14,5	14,6	14,5	14,5	14,5	8
13,9	14,0	14,2	14,0	14,3	14,2	14,2	14,3	14,4	14,4	14,4	14,4	9
14,2	14,2	14,8	14,3	14,3	14,3	14,5	14,3	14,3	14,4	14,4	14,4	10
146,2	146,0	150,1	147,1	148,0	147,2	148,0	147,8	146,1	146,9	146,5	146,4	S
14,1	14,1	14,8	14,4	14,6	14,5	14,6	14,6	14,4	14,6	14,5	14,5	11
14,6	14,5	14,9	14,6	14,8	14,7	14,7	14,8	14,6	14,7	14,6	14,6	12
14,7	14,5	14,4	14,6	14,8	14,7	14,6	14,7	14,7	14,7	14,7	14,7	13
14,2	14,3	14,6	14,3	14,4	14,4	14,5	14,4	14,6	14,6	14,5	14,6	14
14,6	14,7	14,9	14,7	14,6	14,6	14,7	14,6	14,6	14,6	14,6	14,6	15
14,8	15,0	15,5	15,0	14,8	14,8	15,0	14,8	14,6	14,6	14,7	14,6	16
15,1	15,2	15,6	15,2	15,2	15,2	15,3	15,2	14,8	14,9	14,9	14,8	17
14,8	14,8	15,7	15,0	15,2	15,1	15,2	15,2	14,9	15,0	15,0	15,0	18
15,6	15,6	16,3	15,8	15,6	15,6	15,6	15,6	15,0	15,2	15,2	15,1	19
15,8	15,8	16,6	16,0	15,8	15,8	16,0	15,9	15,2	15,4	15,5	15,3	20
148,3	148,5	153,3	149,6	149,8	149,4	150,2	149,8	147,4	148,3	148,2	147,8	S
16,2	16,2	17,1	16,4	16,3	16,2	16,4	16,3	15,5	15,7	15,7	15,6	21
16,8	16,8	17,3	16,9	16,7	16,7	16,8	16,7	15,9	16,0	16,0	16,0	22
17,0	17,0	17,2	17,1	16,8	16,8	16,8	16,8	16,1	16,2	16,2	16,1	23
16,9	16,7	16,7	16,8	16,8	16,6	16,6	16,7	16,2	16,2	16,1	16,2	24
16,3	16,4	16,9	16,5	16,4	16,4	16,4	16,4	16,0	16,0	16,0	16,0	25
16,5	16,4	17,0	16,6	16,6	16,4	16,5	16,5	16,0	16,1	16,1	16,1	26
17,2	16,8	16,8	17,0	16,8	16,8	16,7	16,8	16,2	16,2	16,3	16,2	27
16,4	16,2	16,2	16,3	16,4	16,3	16,3	16,3	16,2	16,1	16,1	16,1	28
15,4	15,2	15,6	15,4	15,8	15,6	15,6	15,7	15,9	15,9	15,8	15,9	29
14,9	15,0	15,6	15,1	15,4	15,2	15,4	15,4	15,6	15,6	15,6	15,6	30
14,8	14,7	15,3	14,9	15,4	15,2	15,2	15,3	15,4	15,5	15,4	15,4	31
178,4	177,4	181,7	179,0	179,4	178,2	178,7	178,9	175,0	175,5	175,3	175,2	S
472,9	471,9	485,1	475,7	477,2	474,8	476,9	476,5	468,5	470,7	470,0	469,4	Total:
15,3	15,2	15,6	15,3	15,4	15,3	15,4	15,4	15,1	15,2	15,2	15,1	Monat:

JANUAR 1958

BODENTEMPERATUREN - Serie 2 (Bedeckter Boden):

Tag:	1 cm a)	1 cm b)	1 cm c)	1 cm M	5 cm a)	5 cm b)	5 cm c)	5 cm M	10 cm a)	10 cm b)	10 cm c)	10 cm M
1	12,2	19,5	17,5	15,4	13,2	16,9	17,6	15,2	13,7	15,5	16,9	15,0
2	14,1	15,6	15,0	14,7	15,2	15,5	15,5	15,4	15,4	15,2	15,3	15,3
3	11,7	18,5	16,5	14,6	12,8	16,0	17,1	14,7	13,2	14,6	16,3	14,3
4	10,5	18,3	18,0	14,3	11,9	15,1	17,4	14,1	12,5	15,4	16,5	14,2
5	12,2	21,5	19,0	16,2	13,2	17,1	18,5	15,5	13,6	15,9	17,6	15,2
6	13,2	19,2	17,2	15,7	14,1	16,9	17,4	15,6	14,4	16,0	16,9	15,4
7	12,6	20,1	17,7	15,7	14,0	16,6	18,0	15,6	14,4	15,6	17,3	15,4
8	11,7	21,2	18,5	15,8	13,4	17,5	18,5	15,7	13,8	16,0	17,7	15,3
9	12,6	20,6	18,5	16,1	14,0	17,6	18,5	16,0	14,5	16,4	17,8	15,8
10	14,8	16,3	16,6	15,6	15,2	16,5	16,5	15,9	15,3	16,2	16,3	15,8
S	125,6	190,8	174,5	154,1	137,0	165,7	175,0	153,7	140,8	156,8	168,6	151,7
11	14,4	19,5	18,2	16,6	15,5	17,3	18,4	16,7	15,5	16,5	17,9	16,4
12	11,8	20,3	19,0	15,7	13,5	17,5	18,8	15,8	14,0	16,2	18,0	15,5
13	13,6	23,0	19,0	17,3	15,0	18,9	19,3	17,1	15,1	17,4	18,6	16,6
14	15,7	18,5	18,5	17,1	16,0	18,0	18,5	17,1	16,1	17,2	17,8	16,8
15	14,9	19,9	18,3	17,0	14,7	17,6	18,2	16,3	15,8	16,8	17,7	16,5
16	12,8	20,2	17,8	15,9	14,2	17,7	18,2	16,1	14,8	16,4	17,7	15,9
17	14,3	15,5	15,7	15,0	15,4	15,8	16,4	15,7	15,5	15,7	16,2	15,7
18	11,5	19,0	18,2	15,0	13,0	16,2	17,9	15,0	13,5	15,5	17,2	14,9
19	12,0	22,0	19,4	16,4	13,5	17,8	19,4	16,1	13,8	16,3	18,4	15,6
20	13,4	22,3	20,1	17,3	14,9	18,6	20,2	17,1	15,2	17,3	19,3	16,8
S	134,4	200,2	184,2	163,3	145,7	175,4	185,3	163,0	149,3	165,3	178,8	160,7
21	15,0	23,5	21,7	18,8	16,2	20,0	21,4	18,5	16,4	18,3	20,4	17,9
22	15,6	24,5	22,8	19,6	16,9	20,7	22,0	19,1	17,0	19,1	21,2	18,6
23	15,0	21,7	19,5	17,8	16,5	20,1	20,1	18,3	16,8	19,6	19,7	18,2
24	15,6	19,1	18,1	17,1	16,7	18,4	18,7	17,6	16,8	17,7	18,4	17,4
25	15,5	20,0	17,1	17,0	16,3	18,7	18,5	17,4	16,2	17,6	18,2	17,1
26	10,8	21,9	18,5	15,5	13,0	18,7	19,2	16,0	13,9	16,8	18,6	15,8
27	10,7	21,8	18,4	15,4	13,0	17,8	18,8	15,7	13,8	16,1	18,2	15,5
28	11,0	19,9	17,7	14,9	13,1	17,7	18,2	15,5	13,9	16,2	17,6	15,4
29	12,4	21,4	19,0	16,3	13,7	18,6	19,4	16,3	14,2	16,6	18,5	15,9
30	15,8	18,7	17,4	16,9	16,2	17,6	18,0	17,0	16,2	17,0	17,5	16,7
31	12,2	19,2	17,8	15,4	13,7	18,0	18,5	16,0	14,3	16,4	18,0	15,7
S	149,6	231,7	208,0	184,7	165,3	206,3	212,8	187,4	169,5	191,4	206,3	184,2
Total:	409,6	622,7	566,7	502,1	448,0	547,4	573,1	504,1	459,6	513,5	553,7	496,6
Monat:	13,2	20,1	18,3	16,2	14,5	17,7	18,5	16,3	14,8	16,6	17,9	16,0

JANUAR 1958

BODENTEMPERATUREN - Serie 2 (Bedeckter Boden):

20 cm a)	20 cm b)	20 cm c)	20 cm M	30 cm a)	30 cm b)	30 cm c)	30 cm M	50 cm a)	50 cm b)	50 cm c)	50 cm M	Tag:
15,0	15,0	15,6	15,2	15,4	15,2	15,4	15,4	15,2	15,4	15,4	15,3	1
15,7	15,6	15,5	15,6	15,5	15,5	15,5	15,5	15,4	15,4	15,4	15,4	2
14,6	14,6	15,0	14,7	15,2	14,9	15,0	15,1	15,3	15,3	15,2	15,3	3
14,5	14,3	15,0	14,6	15,0	14,8	14,9	14,9	15,1	15,2	15,1	15,1	4
14,8	14,9	15,7	15,0	15,0	15,0	15,2	15,0	15,1	15,2	15,2	15,2	5
15,5	15,4	16,0	15,6	15,6	15,4	15,6	15,6	15,2	15,3	15,4	15,3	6
15,7	15,4	15,9	15,7	15,6	15,6	15,6	15,6	15,4	15,5	15,5	15,4	7
15,4	15,3	16,1	15,5	15,5	15,5	15,6	15,5	15,4	15,5	15,5	15,4	8
15,7	15,6	16,2	15,8	15,8	15,6	15,7	15,7	15,4	15,6	15,5	15,5	9
16,1	15,9	16,2	16,1	16,0	15,9	15,9	15,9	15,6	15,6	15,6	15,6	10
153,0	152,0	157,2	153,8	154,6	153,4	154,4	154,2	153,1	154,0	153,8	153,5	S
16,0	16,0	16,5	16,1	15,9	15,9	16,0	15,9	15,6	15,6	15,6	15,6	11
15,7	15,6	16,3	15,8	15,9	15,7	15,8	15,8	15,6	15,7	15,7	15,7	12
16,1	16,2	16,9	16,3	16,0	16,1	16,2	16,1	15,6	15,8	15,7	15,7	13
16,6	16,6	16,9	16,7	16,4	16,4	16,4	16,4	15,8	16,0	16,0	15,9	14
16,6	16,4	16,8	16,6	16,5	16,4	16,4	16,5	16,0	16,1	16,0	16,0	15
16,2	16,0	16,5	16,2	16,2	16,2	16,1	16,2	15,9	16,0	15,9	15,9	16
16,4	16,2	16,2	16,3	16,3	16,2	16,0	16,2	15,9	15,9	15,9	15,9	17
15,3	15,2	15,8	15,4	15,6	15,4	15,5	15,5	15,8	15,8	15,6	15,7	18
15,4	17,0	16,4	16,1	15,6	15,6	15,6	15,6	15,6	15,6	15,6	15,6	19
16,1	16,2	17,1	16,4	16,0	16,1	16,3	16,1	15,6	15,8	15,7	15,7	20
160,4	161,4	165,4	161,9	160,4	160,0	160,3	160,3	157,4	158,3	157,7	157,7	S
17,0	17,1	18,0	17,3	16,6	16,7	16,9	16,7	15,8	16,1	16,1	15,9	21
17,8	17,8	18,6	18,0	17,4	17,4	17,5	17,4	16,3	16,5	16,5	16,4	22
18,2	18,0	18,4	18,2	17,8	17,7	17,6	17,7	16,6	16,8	16,8	16,7	23
17,8	17,6	17,8	17,8	17,6	17,5	17,4	17,5	16,8	16,9	16,8	16,8	24
17,2	17,2	17,6	17,3	17,3	17,2	17,1	17,2	16,8	16,8	16,7	16,8	25
16,3	16,2	17,1	16,5	16,6	16,5	16,5	16,6	16,5	16,6	16,4	16,5	26
16,2	15,9	16,6	16,2	16,5	16,3	16,2	16,4	16,3	16,4	16,3	16,3	27
15,9	15,7	16,4	16,0	16,2	16,1	16,0	16,1	16,2	16,3	16,1	16,2	28
15,8	15,8	16,6	16,0	16,1	16,0	16,1	16,1	16,0	16,1	16,0	16,0	29
16,7	16,7	16,9	16,8	16,4	16,5	16,5	16,4	16,0	16,1	16,2	16,1	30
16,0	15,9	16,6	16,1	16,4	16,1	16,1	16,3	16,2	16,2	16,1	16,2	31
184,9	183,9	190,6	186,2	184,9	184,0	183,9	184,4	179,5	180,8	180,0	179,9	S
498,3	497,3	513,2	501,9	499,9	497,4	498,6	498,9	490,0	493,1	491,5	491,1	Total:
16,1	16,0	16,6	16,2	16,1	16,0	16,1	16,1	15,8	15,9	15,8	15,8	Monat:

FEBRUAR 1958

BODENTEMPERATUREN - Serie 2 (Bedeckter Boden):

Tag:	1 cm a)	1 cm b)	1 cm c)	1 cm M	5 cm a)	5 cm b)	5 cm c)	5 cm M	10 cm a)	10 cm b)	10 cm c)	10 cm M
1	10,5	19,3	17,2	14,4	12,6	17,3	17,8	15,1	13,4	15,6	17,2	14,9
2	11,5	20,6	17,8	15,4	12,8	18,1	18,5	15,6	13,4	16,1	18,0	15,2
3	12,2	22,0	18,0	16,1	13,6	18,6	18,5	16,1	14,1	17,6	18,2	16,0
4	11,4	20,9	18,5	15,5	12,5	18,6	18,8	15,6	13,4	16,4	18,2	15,4
5	12,0	20,7	17,5	15,5	13,4	18,2	18,4	15,8	13,8	16,4	18,0	15,5
6	12,3	22,2	18,3	16,3	13,9	19,0	18,9	16,4	14,2	16,8	18,3	15,9
7	11,8	20,8	18,8	15,8	13,8	18,5	19,1	16,3	14,5	16,6	18,5	16,0
8	12,5	23,0	19,0	16,7	14,1	20,0	19,5	16,9	14,5	17,4	18,9	16,3
9	12,4	24,7	19,2	17,2	14,5	19,5	19,9	17,1	15,0	17,4	19,2	16,6
10	11,5	21,0	17,5	15,4	14,0	19,0	18,5	16,4	14,6	17,0	18,2	16,1
S	118,1	215,2	181,8	158,3	135,2	186,8	187,9	161,3	140,9	167,3	182,7	157,9
11	11,4	17,8	17,3	14,5	13,1	16,5	18,0	15,2	13,8	15,8	17,6	15,3
12	11,4	19,0	17,0	14,7	12,9	17,0	17,6	15,1	13,5	16,0	17,2	15,0
13	13,3	15,0	15,5	14,3	14,1	15,0	16,1	14,8	14,4	15,0	16,0	15,0
14	11,2	17,9	15,6	14,0	12,9	16,3	16,8	14,7	13,5	16,3	16,4	14,9
15	13,2	16,1	14,7	14,3	14,2	16,1	16,2	15,2	14,6	15,6	16,2	15,2
16	10,4	19,0	15,5	13,8	12,2	17,1	17,0	14,6	13,1	15,4	16,8	14,6
17	12,1	20,5	17,4	15,5	13,2	18,2	18,2	15,8	13,6	15,8	17,8	15,2
18	13,3	16,6	15,5	14,7	14,2	16,2	16,6	15,3	14,4	15,4	16,4	15,2
19	13,0	14,2	15,0	13,8	14,0	15,0	16,0	14,7	14,4	14,8	15,8	14,8
20	8,6	17,0	15,0	12,3	10,5	15,5	16,0	13,1	11,4	13,8	15,7	13,1
S	117,9	173,1	158,5	142,4	131,3	162,9	168,5	148,5	136,7	153,9	165,9	148,3
21	12,1	18,9	17,3	15,1	13,1	16,3	17,9	15,1	13,4	15,4	17,3	14,9
22	13,3	20,1	18,4	16,3	14,1	18,2	18,8	16,3	14,3	16,4	18,1	15,8
23	10,7	20,8	17,1	14,8	12,9	17,9	18,0	15,4	13,6	15,9	17,5	15,1
24	11,8	21,1	17,6	15,6	13,6	18,7	18,6	16,1	14,0	16,5	18,2	15,7
25	12,2	21,2	19,1	16,2	13,8	19,0	19,4	16,5	14,3	16,8	18,6	16,0
26	12,4	21,0	17,9	15,9	14,4	19,2	18,8	16,7	15,0	17,2	18,4	16,4
27	10,3	21,0	19,1	15,2	12,6	18,4	19,4	15,8	13,4	16,4	18,8	15,5
28	12,0	20,5	17,1	15,4	14,4	19,0	18,6	16,6	15,0	17,1	18,3	16,3
S	94,8	164,6	143,6	124,5	108,9	146,7	149,5	128,5	113,0	131,7	145,2	125,7
Total:	330,8	552,9	483,9	425,2	375,4	496,4	505,9	438,3	390,6	452,9	493,8	431,9
Monat:	11,8	19,7	17,3	15,2	13,4	17,7	18,1	15,6	13,9	16,2	17,6	15,4

FEBRUAR 1958

BODENTEMPERATUREN - Serie 2 (Bedeckter Boden)

20 cm a)	20 cm b)	20 cm c)	20 cm M	30 cm a)	30 cm b)	30 cm c)	30 cm M	50 cm a)	50 cm b)	50 cm c)	50 cm M	Tag:
15,6	15,4	16,0	15,7	16,0	15,8	15,7	15,9	15,9	16,0	15,9	15,9	1
15,4	15,3	16,2	15,6	15,7	15,6	15,6	15,6	15,7	15,8	15,7	15,7	2
15,6	15,7	16,5	15,8	15,8	15,8	15,8	15,8	15,7	15,8	15,8	15,8	3
15,6	15,4	16,3	15,7	15,8	15,7	15,7	15,7	15,6	15,8	15,7	15,7	4
15,6	15,6	16,4	15,8	15,8	15,8	15,8	15,8	15,7	15,8	15,8	15,7	5
15,6	15,8	16,6	15,9	15,8	15,9	16,0	15,9	15,7	15,9	15,8	15,8	6
16,1	15,9	16,7	16,2	16,2	16,1	16,2	16,2	15,9	16,0	16,0	16,0	7
16,1	16,2	17,1	16,4	16,2	16,2	16,3	16,2	16,0	16,1	16,1	16,0	8
16,5	16,5	17,5	16,7	16,4	16,5	16,6	16,5	16,1	16,3	16,2	16,2	9
16,6	16,6	17,0	16,7	16,6	16,6	16,5	16,6	16,2	16,4	16,4	16,3	10
158,7	158,4	166,3	160,5	160,3	160,0	160,2	160,2	158,5	159,9	159,4	159,1	S
16,0	15,8	16,4	16,1	16,4	16,2	16,2	16,3	16,4	16,3	16,3	16,3	11
15,6	15,5	16,2	15,7	16,0	15,8	15,9	15,9	16,1	16,2	16,1	16,1	12
15,6	15,5	15,6	15,6	15,9	15,7	15,6	15,8	16,0	16,0	16,0	16,0	13
15,2	16,0	15,6	15,5	15,4	15,4	15,5	15,4	15,8	15,8	15,7	15,8	14
15,4	15,3	15,6	15,4	15,5	15,4	15,4	15,4	15,6	15,6	15,6	15,6	15
14,9	14,7	15,5	15,0	15,2	15,2	15,1	15,2	15,5	15,5	15,4	15,5	16
14,8	14,8	15,7	15,0	15,1	15,1	15,2	15,1	15,4	15,4	15,4	15,4	17
15,4	15,3	15,7	15,4	15,5	15,4	15,4	15,5	15,5	15,5	15,4	15,5	18
15,2	15,1	15,2	15,2	15,4	15,2	15,2	15,3	15,4	15,4	15.4	15.4	19
13,9	13,6	14,4	14,0	14,7	14,5	14,4	14,6	15,3	15,3	15,1	15,2	20
152,0	151,6	155,9	52,9	155,1	153,9	153,9	154,5	157,0	157,0	156,4	156,8	S
14,4	14,5	15,3	14,7	14,6	14,6	14,7	14,6	15,0	15,0	15,0	15,0	21
15,1	15,2	16,1	15,4	15,0	15,2	15,3	15,1	15,0	15,2	15,3	15,1	22
15,5	15,2	15,9	15,5	15,5	15,4	15,5	15,5	15,3	15,4	15,4	15,3	23
15,4	15,5	16,4	15,7	15,5	15,5	15,6	15,5	15,4	15,5	15,5	15,5	24
15,6	15,6	16,4	15,8	15,6	15,6	15,8	15,6	15,6	15,6	15,6	15,6	25
16,3	16,1	16,8	16,4	16,1	16,1	16,2	16,1	15,6	15,8	15,8	15,7	26
15,6	15,5	16,7	15,7	15,9	15,8	15,8	15,9	15,8	15,9	15,9	15,9	27
16,4	16,2	16,8	16,5	16,3	16,2	16,2	16,3	15,9	16,0	16,0	15,9	28
124,3	123,8	130,4	125,7	124,5	124,4	125,1	124,6	123,6	124,4	124,5	124,0	S
435,0	433,8	452,6	439,1	439,9	438,3	439,2	439,3	439,1	441,3	440,3	439,9	Total:
15,5	15,5	16,2	15,7	15,7	15,6	15,7	15,7	15,7	15,8	15,7	15,7	Monat:

MÄRZ 1958

BODENTEMPERATUREN - Serie 2 (Bedeckter Boden):

Tag:	1 cm a)	1 cm b)	1 cm c)	1 cm M	5 cm a)	5 cm b)	5 cm c)	5 cm M	10 cm a)	10 cm b)	10 cm c)	10 cm M
1	12,9	18,7	17,9	15,6	14,5	17,5	18,0	16,1	15,0	16,8	17,4	16,1
2	13,1	21,6	18,2	16,5	14,2	18,8	19,0	16,6	14,6	17,0	18,6	16,2
3	11,5	21,6	18,8	15,9	13,7	18,9	19,5	16,4	14,4	16,9	18,9	16,1
4	10,5	21,4	19,0	15,3	13,2	18,5	19,4	16,1	13,9	16,6	18,6	15,8
5	12,8	20,7	19,3	16,4	14,5	18,8	19,7	16,9	15,0	17,2	19,2	16,6
6	13,7	23,2	21,5	18,0	15,5	20,0	21,1	18,0	15,6	18,2	20,2	17,4
7	13,0	23,1	18,4	16,9	15,1	20,4	20,0	17,7	15,6	18,5	19,7	17,3
8	15,8	18,2	17,0	16,7	16,6	18,4	18,1	17,4	16,7	17,7	18,0	17,3
9	14,0	20,4	18,1	16,6	15,4	18,8	19,4	17,2	15,6	17,4	19,0	16,9
10	10,7	19,0	18,7	14,8	12,5	17,0	18,9	15,2	13,4	15,9	18,3	15,2
S	128,0	207,9	186,9	162,7	145,2	187,1	193,1	167,6	149,8	172,2	187,9	164,9
11	12,4	20,8	18,3	16,0	14,3	18,2	19,4	16,6	14,8	17,1	18,8	16,4
12	8,4	18,7	17,0	13,1	11,9	16,5	17,4	14,4	13,0	15,3	17,0	14,6
13	10,2	19,2	16,8	14,1	12,6	16,5	17,6	14,8	13,5	15,4	17,0	14,9
14	10,0	19,3	17,2	14,1	12,1	16,4	17,8	14,6	12,8	15,0	17,1	14,4
15	12,8	16,0	15,0	14,1	14,1	15,0	16,2	14,9	14,4	14,6	16,0	14,8
16	12,2	18,2	16,5	14,8	13,2	16,7	17,3	15,1	13,4	15,5	16,8	14,8
17	9,5	19,9	17,4	14,1	12,2	17,0	17,9	14,8	13,0	15,4	17,2	14,7
18	9,0	20,5	18,8	14,3	12,0	17,0	18,9	15,0	12,8	15,4	18,0	14,7
19	9,2	19,4	17,3	13,8	12,4	16,5	17,6	14,7	13,4	15,4	17,0	14,8
20	15,2	21,2	17,5	17,3	15,5	18,9	18,5	17,1	15,5	17,4	18,0	16,6
S	108,9	193,2	171,8	145,7	130,3	168,7	178,6	152,0	136,6	156,5	172,9	150,7
21	9,0	16,5	14,5	12,3	12,5	15,6	16,4	14,3	13,3	15,0	15,3	14,2
22	9,2	18,7	17,1	13,5	11,9	16,0	17,5	14,3	12,6	14,8	17,0	14,3
23	6,8	18,5	15,4	11,9	10,1	14,8	16,2	12,8	11,4	13,7	15,6	13,0
24	11,5	17,5	15,0	13,9	12,4	15,0	15,7	13,9	12,7	14,0	15,4	13,7
25	11,5	16,5	15,6	13,8	12,5	15,0	16,0	14,0	12,9	14,4	15,6	13,9
26	13,9	19,6	16,9	16,1	14,5	17,2	17,0	15,8	14,4	16,2	16,5	15,4
27	12,9	16,5	15,9	14,5	14,0	16,1	16,1	15,0	14,4	15,6	15,8	15,1
28	13,5	18,9	16,9	15,7	14,3	17,0	17,7	15,8	14,5	15,8	17,1	15,5
29	14,3	16,1	14,2	14,7	15,0	15,8	16,0	15,5	15,0	15,5	15,8	15,3
30	9,5	13,2	13,0	11,3	11,7	13,5	14,0	12,7	12,4	13,4	14,0	13,1
31	11,0	13,2	13,8	12,2	12,2	13,2	14,3	13,0	12,6	13,2	14,2	13,1
S	123,1	185,2	168,3	149,9	141,1	169,2	176,9	157,1	146,2	161,6	172,3	156,6
Total:	360,0	586,3	527,0	458,3	416,6	525,0	548,6	476,7	432,6	490,3	533,1	472,2
Monat:	11,6	18,9	17,0	14,8	13,4	17,0	17,7	15,4	14,0	15,8	17,2	15,2

BODENTEMPERATUREN - Serie 2 (Bedeckter Boden):

20 cm a)	20 cm b)	20 cm c)	20 cm M	30 cm a)	30 cm b)	30 cm c)	30 cm M	50 cm a)	50 cm b)	50 cm c)	50 cm M	Tag:
16,2	16,1	16,5	16,3	16,2	16,1	16,2	16,2	16,0	16,1	16,1	16,1	1
15,9	16,0	16,8	16,1	16,1	16,1	16,1	16,1	16,0	16,1	16,1	16,0	2
16,1	16,0	16,9	16,3	16,2	16,2	16,2	16,2	16,0	16,2	16,1	16,1	3
16,1	15,8	16,7	16,2	16,2	16,2	16,1	16,2	16,0	16,2	16,1	16,1	4
16,3	16,2	17,1	16,5	16,3	16,2	16,4	16,3	16,1	16,2	16,2	16,2	5
16,7	16,8	17,8	17,0	16,5	16,6	16,7	16,6	16,2	16,4	16,4	16,3	6
17,2	17,1	17,9	17,3	17,0	17,0	17,0	17,0	16,6	16,6	16,6	16,6	7
17,4	17,2	17,4	17,3	17,2	17,1	17,0	17,1	16,6	16,6	16,7	16,6	8
16,8	16,7	17,4	16,9	16,8	16,8	16,8	16,8	16,6	16,7	16,6	16,6	9
16,0	15,7	16,6	16,1	16,6	16,3	16,3	16,4	16,5	16,6	16,5	16,5	10
164,7	163,6	171,1	166,0	165,1	164,6	164,8	164,9	162,6	163,7	163,4	163,1	S
16,3	16,3	17,1	16,5	16,4	16,4	16,5	16,4	16,3	16,4	16,4	16,4	11
15,7	15,3	15,9	15,7	16,3	16,0	15,8	16,1	16,2	16,4	16,3	16,3	12
15,4	15,2	16,7	15,7	15,7	15,6	15,6	15,7	16,1	16,2	16,0	16,1	13
14,8	14,7	15,4	14,9	15,4	15,3	15,3	15,3	15,8	15,9	15,8	15,8	14
15,3	15,1	15,4	15,3	15,4	15,4	15,3	15,4	15,6	15,7	15,6	15,6	15
14,9	14,9	15,4	15,0	15,2	15,2	15,2	15,2	15,6	15,6	15,6	15,6	16
14,8	14,7	15,4	14,9	15,2	15,2	15,1	15,2	15,4	15,6	15,5	15,5	17
14,8	14,3	15,6	14,9	15,1	15,2	15,2	15,1	15,4	15,5	15,5	15,4	18
15,3	14,9	15,5	15,2	15,4	15,2	15,2	15,3	15,4	15,5	15,5	15,5	19
15,8	15,9	16,5	16,0	15,6	15,6	15,8	15,7	15,5	15,6	15,5	15,5	20
153,1	151,3	158,9	154,1	155,7	155,1	155,0	155,4	157,3	158,4	157,7	157,7	S
15,5	15,0	15,4	15,3	15,7	15,4	15,4	15,5	15,6	15,6	15,6	15,6	21
14,6	14,4	15,2	14,7	15,0	15,0	14,9	15,0	15,5	15,5	15,4	15,5	22
14,2	13,8	14,5	14,2	14,7	14,6	14,5	14,6	15,3	15,4	15,2	15,3	23
14,0	13,9	14,5	14,1	14,5	14,5	14,4	14,5	15,0	15,0	15,0	15,0	24
14,2	14,1	14,7	14,3	14,5	14,4	14,5	14,5	15,0	15,0	15,0	15,0	25
14,9	15,0	15,6	15,1	14,8	14,9	15,0	14,9	15,0	15,0	15,0	15,0	26
15,3	15,1	15,5	15,3	15,2	15,2	15,2	15,2	15,1	15,2	15,2	15,1	27
15,2	15,1	15,7	15,3	15,3	15,2	15,2	15,3	15,2	15,3	15,3	15,3	28
15,4	15,3	15,5	15,4	15,4	15,3	15,3	15,3	15,3	15,4	15,3	15,3	29
14,4	13,8	14,0	14,1	14,8	14,5	14,4	14,6	15,2	15,2	15,1	15,2	30
13,6	13,4	13,6	13,6	14,4	13,9	13,9	14,2	14,8	14,7	14,7	14,7	31
161,3	158,9	164,2	161,4	164,3	162,9	162,7	163,6	167,0	167,3	166,8	167,0	S
479,1	473,8	494,2	481,5	485,1	482,6	482,5	483,9	486,9	489,4	487,9	487,8	Total:
15,5	15,3	16,0	15,5	15,6	15,6	15,6	15,6	15,7	15,8	15,7	15,7	Monat:

APRIL 1958

BODENTEMPERATUREN - Serie 2 (Bedeckter Boden):

Tag:	1 cm a)	1 cm b)	1 cm c)	1 cm M	5 cm a)	5 cm b)	5 cm c)	5 cm M	10 cm a)	10 cm b)	10 cm c)	10 cm M
1	9,4	17,6	15,8	13,1	11,2	14,5	16,2	13,3	11,9	13,8	15,6	13,3
2	15,0	17,2	15,2	15,6	12,0	15,1	15,6	13,7	12,6	14,0	15,2	13,6
3	13,0	16,9	14,2	14,3	13,7	15,6	15,2	14,6	13,7	14,8	15,2	14,4
4	10,7	14,7	13,2	12,3	12,0	14,0	14,5	13,1	12,0	13,6	14,5	13,0
5	6,2	14,4	11,7	9,6	9,1	12,4	12,9	10,9	10,1	11,8	12,8	11,2
6	10,5	14,8	12,9	12,2	11,5	13,5	14,0	12,6	11,7	12,8	13,7	12,5
7	5,6	12,1	11,5	8,7	8,2	11,0	12,0	9,8	9,4	10,6	12,4	10,4
8	5,5	11,8	10,8	8,4	8,0	10,5	11,6	9,5	9,0	10,2	11,6	10,0
9	9,6	10,5	10,9	10,1	10,5	10,9	11,5	10,9	10,8	11,1	11,5	11,0
10	12,3	12,5	11,4	12,1	12,4	12,9	12,4	12,5	12,4	12,8	12,6	12,6
S	97,8	142,5	127,6	116,4	108,6	130,4	135,9	120,9	113,6	125,5	135,1	122,0
11	8,5	12,7	11,1	10,2	9,9	11,8	12,3	11,0	10,3	11,3	12,2	11,0
12	6,2	11,5	10,4	8,6	8,1	10,6	11,6	9,6	9,0	10,0	11,4	9,9
13	5,2	11,6	11,6	8,4	7,3	10,8	12,0	9,4	8,0	10,1	11,7	9,4
14	9,1	12,5	11,8	10,6	10,1	11,8	12,7	11,2	10,4	11,3	12,5	11,2
15	7,5	12,1	12,3	9,8	8,9	11,0	12,5	10,3	9,6	10,4	12,2	10,4
16	9,5	13,9	13,0	11,5	10,3	12,6	13,7	11,7	10,5	11,9	13,2	11,5
17	9,8	12,6	12,7	11,2	10,5	11,9	13,1	11,5	10,8	11,7	12,8	11,5
18	11,4	12,3	12,0	11,8	11,9	12,5	12,5	12,2	12,0	12,3	12,4	12,2
19	10,3	13,0	12,3	11,5	11,1	12,2	13,2	11,9	11,5	11,9	12,9	12,0
20	6,7	13,1	11,2	9,4	8,9	11,5	12,0	10,3	9,8	10,9	12,0	10,6
S	84,2	125,3	118,4	103,0	97,0	116,7	125,6	109,1	101,9	111,8	123,3	109,7
21	10,5	13,6	12,7	11,8	11,3	12,5	13,4	12,1	11,3	12,0	13,0	11,9
22	9,0	11,9	11,9	10,5	10,2	11,5	12,6	11,1	10,8	11,5	12,4	11,4
23	11,4	13,4	13,3	12,4	11,8	12,9	13,5	12,5	11,7	12,5	13,3	12,3
24	11,7	13,8	12,9	12,5	12,1	13,2	13,3	12,7	12,2	12,0	12,3	12,2
25	11,2	12,8	12,8	12,0	11,9	12,8	13,0	12,4	12,0	12,6	12,8	12,4
26	12,3	13,2	12,2	12,5	12,9	13,2	13,3	13,1	13,0	13,2	13,4	13,1
27	9,8	12,2	11,8	10,9	10,8	12,0	12,7	11,6	11,3	11,8	12,6	11,7
28	9,5	12,4	10,9	10,6	10,7	11,5	12,2	11,3	10,9	11,2	12,2	11,3
29	9,2	10,3	10,6	9,8	10,4	10,9	12,1	10,9	10,5	11,0	11,2	10,8
30	11,1	12,7	10,7	11,4	11,4	12,2	12,1	11,8	11,5	11,9	12,3	11,8
S	105,7	126,3	119,8	114,4	113,5	122,7	128,2	119,5	115,2	119,7	125,5	118,9
Total:	287,7	394,1	365,8	333,8	319,1	369,8	389,7	349,5	330,7	357,0	383,9	350,6
Monat:	9,6	13,1	12,2	11,1	10,6	12,3	13,0	11,7	11,0	11,9	12,8	11,7

BODENTEMPERATUREN - Serie 2 (Bedeckter Boden):

20 cm a)	20 cm b)	20 cm c)	20 cm M	30 cm a)	30 cm b)	30 cm c)	30 cm M	50 cm a)	50 cm b)	50 cm c)	50 cm M	Tag:
13,2	13,2	14,0	13,4	13,8	13,7	13,7	13,8	14,6	14,6	14,4	14,6	1
13,8	13,5	14,0	13,8	14,0	13,9	13,9	13,9	14,4	14,5	14,4	14,4	2
14,0	14,2	14,6	14,2	14,1	14,2	14,3	14,2	14,4	14,4	14,5	14,4	3
13,6	13,4	13,8	13,6	14,1	13,9	13,8	14,0	14,4	14,4	14,4	14,4	4
12,6	12,0	12,5	12,4	13,4	13,1	12,8	13,2	14,3	14,2	14,0	14,2	5
12,5	12,5	12,8	12,6	12,8	12,9	12,8	12,8	13,7	13,8	13,7	13,7	6
11,7	11,1	11,6	11,5	12,7	12,2	12,0	12,4	13,6	13,5	13,4	13,5	7
10,9	10,5	11,0	10,8	11,8	11,6	11,5	11,7	13,2	13,1	12,9	13,1	8
11,3	11,2	11,3	11,3	11,7	11,6	11,6	11,6	12,8	12,7	12,7	12,8	9
11,8	12,2	12,3	12,0	11,8	12,0	12,3	12,0	12,7	12,6	12,5	12,6	10
125,4	123,8	127,9	125,6	130,2	129,1	128,7	129,6	138,1	137,8	136,9	137,7	S
11,4	11,2	11,4	11,4	12,0	11,8	11,7	11,9	12,6	12,6	12,6	12,6	11
10,6	10,3	10,7	10,5	11,4	11,2	11,1	11,3	12,4	12,4	12,4	12,4	12
10,2	10,0	10,6	10,3	10,6	10,7	10,8	10,7	12,1	12,1	12,0	12,1	13
10,8	10,8	11,4	10,9	11,1	11,2	11,3	11,2	11,9	12,0	11,9	11,9	14
10,6	10,5	11,0	10,7	11,3	11,1	11,2	11,2	12,0	12,0	12,0	12,0	15
11,2	11,1	11,7	11,3	11,4	11,4	11,5	11,4	12,0	12,0	12,1	12,0	16
11,4	11,4	11,8	11,5	11,6	11,6	11,7	11,6	12,2	12,2	12,3	12,2	17
11,9	11,9	12,1	11,9	12,0	12,0	12,1	12,0	12,4	12,3	12,4	12,4	18
11,8	11,8	12,1	11,9	12,1	12,0	12,1	12,1	12,4	12,4	12,4	12,4	19
11,3	10,9	11,3	11,2	11,9	11,7	11,6	11,8	12,4	12,4	12,4	12,4	20
111,2	109,9	114,1	111,6	115,4	114,7	115,1	115,2	122,2	122,4	122,5	122.4	S
11,4	11,5	11,9	11,6	11,6	11,7	11,8	11,7	12,4	12,4	12,3	12,4	21
11,7	11,5	11,7	11,6	12,0	11,9	11,8	11,9	12,3	12,4	12,3	12,3	22
11,8	11,9	12,3	12,0	11,9	12,0	12,1	12,0	12,4	12,4	12,4	12,4	23
12,3	12,4	12,6	12,4	12,4	12,4	12,5	12,4	12,5	12,6	12,7	12,6	24
12,2	12,3	12,4	12,3	12,4	12,4	12,4	12,4	12,7	12,7	12,7	12,7	25
12,7	12,7	12,8	12,7	12,6	12,7	12,6	12,6	12,7	12,8	12,7	12,7	26
12,2	11,8	12,1	12,1	12,5	12,2	12,2	12,4	12,8	12,8	12,7	12,8	27
11,7	11,4	11,7	11,6	12,2	12,0	11,9	12,1	12,6	12,6	12,5	12,6	28
11,2	11,2	11,2	11,2	11,7	11,6	11,6	11,6	12,4	12,4	12,3	12,4	29
11,4	11,4	11,7	11,5	11,5	11,6	11,7	11,6	12,2	12,2	12,1	12,2	30
118,6	118,1	120,4	119.0	120,8	120,5	120,6	120,7	125,0	125.3	124,7	125.1	S
355,2	351,8	362,4	356,2	366,4	364,3	364,4	365,5	385.3	385,5	384,1	385,2	Total:
11,8	11,7	12,1	11,9	12,2	12,1	12,1	12,2	12,8	12,9	12,8	12,8	Monat:

BODENTEMPERATUREN - Serie 3 (Forstbeete):

Tag:	Kastanie 1 cm a)	b)	c)	M	Kastanie 10 cm a)	b)	c)	M	Eiche 1 cm a)	b)	c)	M	Eiche 10 cm a)	b)	c)	M
1	8,3	12,1	11,8	10,1	9,2	10,0	10,9	9,8	6,6	17,5	11,9	10,7	8,2	10,3	11,8	9,6
2	10,0	12,5	12,1	11,1	10,2	10,6	11,3	10,6	7,5	16,9	12,9	11,2	9,3	10,7	11,9	10,3
3	9,3	11,5	11,7	10,4	10,2	10,4	11,2	10,5	7,9	17,4	10,9	11,0	9,2	10,4	11,5	10,1
4	9,7	11,0	11,1	10,4	10,4	10,5	11,0	10,6	8,8	13,3	10,9	10,5	9,8	10,6	11,4	10,4
5	10,3	12,5	12,1	11,3	10,7	11,0	11,6	11,0	10,0	17,0	11,5	12,1	10,5	11,8	12,3	11,3
6	10,5	12,1	12,8	11,5	10,9	11,2	11,7	11,2	9,7	13,2	13,1	11,4	10,4	11,6	12,2	11,2
7	13,1	13,6	12,0	13,0	12,4	12,6	12,6	12,5	13,1	16,1	10,3	13,2	12,7	13,4	13,0	13,0
8	8,8	10,4	10,7	9,7	10,5	10,4	10,7	10,5	6,9	11,2	10,5	8,9	9,5	10,3	10,6	10,0
9	12,2	12,8	12,5	12,4	11,7	12,0	12,2	11,7	12,6	14,1	13,0	13,1	12,0	12,6	12,9	12,4
10	12,0	12,4	12,4	12,2	12,0	12,1	12,2	12,1	11,4	13,8	12,8	12,4	12,0	12,4	12,6	12,0
S	104,2	120,9	119,2	112,1	108,2	110,8	115,4	110,5	94,5	150,5	117,8	114,5	103,6	114,1	120,2	110,3
11	13,5	14,2	13,8	13,8	12,6	13,2	13,4	13,0	14,1	15,8	14,1	14,6	13,2	13,7	14,2	13,6
12	12,5	12,9	12,1	12,5	12,8	12,7	12,6	12,7	11,4	14,1	10,9	12,0	12,6	13,0	12,6	12,7
13	11,2	12,5	13,1	12,0	11,5	12,0	12,4	11,9	10,3	14,2	13,9	12,2	11,0	12,2	13,0	11,8
14	14,3	14,6	14,2	14,4	13,5	13,9	13,8	13,7	14,6	15,3	14,5	14,8	13,9	14,4	14,4	14,2
15	14,2	15,5	13,9	14,5	13,9	14,2	14,1	14,0	14,1	18,1	12,9	14,8	14,0	15,4	14,6	14,5
16	13,0	13,5	12,9	13,1	13,4	13,3	13,2	13,3	12,2	14,7	11,9	12,8	12,9	13,4	13,2	13,1
17	12,3	13,0	12,6	12,1	12,8	12,9	13,0	12,9	11,0	13,4	11,5	11,7	11,8	12,9	13,1	12,4
18	11,3	12,1	11,9	11,7	12,2	12,2	12,1	12,2	10,0	12,0	11,0	10,8	11,3	11,6	11,6	11,5
19	12,2	12,9	12,5	12,5	12,2	12,4	12,4	12,3	12,0	13,0	12,4	12,4	11,7	12,3	12,4	12,0
20	13,0	13,1	11,9	12,8	12,6	12,8	12,6	12,7	12,6	13,5	10,2	12,2	12,4	13,0	12,4	12,6
S	127,5	134,3	128,9	129,4	127,5	129,6	129,6	128,7	122,3	144,1	123,3	128,3	124,8	131,9	131,5	128,4
21	10,2	11,1	10,8	10,6	11,5	11,4	11,6	11,5	7,9	11,5	9,0	9,1	10,0	11,0	11,0	10,5
22	9,6	10,6	10,1	10,0	10,6	10,6	10,7	10,6	7,0	12,4	9,2	8,9	8,8	10,2	10,3	9,5
23	9,0	10,3	9,4	9,4	10,2	10,1	10,3	10,2	6,2	13,2	8,0	8,4	8,7	9,6	9,3	9,1
24	8,0	9,0	8,7	8,4	10,3	9,3	9,6	9,9	5,5	11,5	7,9	7,6	7,6	8,5	9,2	8,2
25	8,7	9,3	9,0	8,9	9,3	9,4	9,3	9,3	7,5	9,2	8,5	8,2	8,2	8,7	8,9	8,5
26	9,4	10,0	10,0	9,7	9,4	9,7	9,9	9,6	7,8	10,5	10,0	9,0	8,4	9,4	10,0	9,1
27	10,0	10,9	10,0	10,2	9,9	10,2	10,3	10,1	9,4	13,3	9,0	10,3	9,5	10,4	10,6	10,0
28	9,5	11,1	10,0	10,0	9,9	10,1	10,4	10,1	7,9	14,5	8,7	9,8	9,3	10,3	10,8	9,9
29	9,8	10,2	10,0	10,0	10,0	10,2	10,2	10,1	8,3	10,8	9,5	9,2	9,3	9,9	10,0	9,6
30	7,6	10,1	9,1	8,6	9,3	10,1	10,1	9,7	8,5	11,0	7,5	8,9	9,4	9,8	9,7	9,6
31	6,7	8,2	7,0	7,2	8,7	8,6	8,6	8,7	2,0	8,8	4,0	4,2	6,2	6,9	7,1	6,6
S	98,5	110,8	104,1	103,0	109,1	109,7	111,0	109,8	78,0	126,7	91,3	93,6	95,4	104,7	106,9	100,6
Total:	330,3	366,0	352,2	344,5	344,8	350,1	356,0	349,0	294,8	421,3	332,4	336,4	323,8	350,7	358,6	339,3
Monat:	10,7	11,8	11,4	11,1	11,1	11,3	11,5	11,3	9,5	13,6	10,7	10,8	10,4	11,3	11,6	11,0

BODENTEMPERATUREN - Serie 3 (Forstbeete):

Ahorn 1 cm a)	b)	c)	M	Ahorn 10 cm a)	b)	c)	M	Esche 1 cm a)	b)	c)	M	Esche 10 cm a)	b)	c)	M	Tag:
8,2	14,0	13,9	11,1	9,0	10,5	12,0	10,1	7,2	17,5	12,4	11,1	8,8	11,6	13,1	10,6	1
9,6	13,6	12,9	11,4	10,3	11,1	12,2	11,0	7,9	15,6	12,5	11,0	9,8	11,6	12,7	11,0	2
9,1	12,5	12,1	10,7	10,1	10,6	11,8	10,7	8,2	15,2	11,5	10,8	9,6	11,3	12,4	10,7	3
9,6	11,7	11,6	10,6	10,4	10,6	11,4	10,7	9,1	14,4	11,5	11,0	10,2	11,2	12,3	11,0	4
10,6	14,1	12,7	12,0	10,7	11,7	12,4	11,4	10,2	17,5	12,2	12,5	11,0	12,6	13,2	12,0	5
10,4	12,8	13,2	11,7	11,0	11,5	12,2	11,4	10,2	14,1	13,6	12,0	11,0	12,4	12,9	11,8	6
13,4	15,0	12,3	13,5	12,8	13,3	13,1	13,0	13,2	17,1	11,1	13,7	13,2	14,1	14,0	13,6	7
8,5	11,0	11,0	9,8	10,6	10,2	10,7	10,5	7,1	12,3	11,1	9,4	9,8	10,6	11,3	10,4	8
12,7	14,0	13,1	13,1	12,0	12,5	12,7	12,3	12,7	15,3	13,3	13,5	12,2	13,0	13,4	12,7	9
12,0	13,3	13,0	12,6	12,2	12,3	12,6	12,3	11,6	14,7	13,4	12,8	12,2	12,9	13,2	12,6	10
104,1	132,0	125,8	116,5	109,1	114,3	121,1	113,4	97,4	153,7	122,6	117,8	107,8	121,3	128,5	116,4	S
14,0	15,6	14,5	14,5	13,1	13,6	13,9	13,4	14,3	16,5	14,6	14,9	13,3	14,3	14,6	13,9	11
12,3	13,5	11,7	12,5	13,0	13,0	17,7	14,2	11,6	14,5	11,1	12,2	12,8	13,4	12,9	13,0	12
10,9	13,9	13,9	12,4	11,2	12,3	12,9	11,9	10,3	14,6	14,0	12,3	11,2	12,4	13,2	12,0	13
14,9	15,4	14,7	15,0	13,8	14,3	14,4	14,1	14,8	15,7	14,7	15,0	13,9	14,6	14,4	14,2	14
14,3	16,3	13,7	14,7	14,0	14,6	14,4	14,2	14,2	19,7	13,0	15,3	14,2	15,4	14,9	14,7	15
12,7	13,8	12,4	12,9	13,1	13,2	13,2	13,2	12,2	15,8	12,1	13,1	12,9	13,6	13,4	13,2	16
11,5	13,2	12,4	12,2	12,3	12,8	13,0	12,6	11,1	13,5	11,8	11,9	11,9	13,7	13,2	12,7	17
10,9	12,1	11,5	11,4	11,7	11,8	11,8	11,8	10,1	12,1	11,1	10,9	11,4	11,7	11,8	11,6	18
12,3	13,0	12,8	12,6	12,0	12,4	12,5	12,2	12,4	13,1	12,9	12,7	11,9	12,4	12,5	12,2	19
12,9	13,6	11,4	12,7	12,6	13,0	12,5	12,7	12,8	13,9	10,6	12,5	12,5	13,2	12,6	12,7	20
126,7	140,4	129,0	130,9	126,8	131,0	136,3	130,3	123,8	149,4	125,9	130,8	126,0	134,7	133,5	130,2	S
9,3	11,3	10,2	10,0	10,8	11,2	11,4	11,1	7,8	12,2	9,1	9,2	10,0	11,4	11,2	10,7	21
8,2	11,5	10,0	9,5	9,6	10,3	10,5	10,0	7,1	12,9	9,3	9,1	9,0	10,4	10,6	9,7	22
8,1	11,3	8,9	9,1	9,4	9,8	9,2	9,5	6,5	13,2	8,2	8,6	8,7	9,9	9,4	9,2	23
6,6	9,4	8,2	7,7	8,2	8,8	9,2	8,6	5,1	10,8	7,5	7,1	7,6	8,7	9,1	8,2	24
8,2	9,3	9,1	8,7	8,6	9,1	9,1	8,8	7,6	9,3	9,6	8,3	8,3	9,0	9,2	8,7	25
8,3	10,1	10,1	9,2	8,9	9,5	10,0	9,3	7,9	10,5	10,0	9,1	8,8	9,7	10,2	9,4	26
9,7	12,1	9,7	10,3	9,8	10,3	10,4	10,1	9,7	14,0	9,1	10,6	9,6	10,8	10,7	10,2	27
8,5	12,2	9,9	9,8	9,5	10,4	10,7	10,0	8,0	14,2	8,9	9,8	9,3	10,9	11,2	10,2	28
9,2	10,6	9,9	9,7	9,7	9,9	10,1	9,9	8,3	11,2	9,8	9,4	9,4	10,1	10,2	9,8	29
7,7	10,8	8,8	8,8	9,2	10,0	10,0	9,6	9,3	11,6	7,8	9,5	9,9	10,3	10,2	10,1	30
4,8	8,0	5,9	5,9	7,4	7,8	7,7	7,6	1,8	8,8	4,1	4,1	6,3	7,6	7,3	6,9	31
88,6	116,6	100,7	98,7	101,1	107,1	108,3	104,5	79,1	128,7	92,4	94,8	96,9	108,8	109,3	103,1	S
319,4	389,0	355,5	346,1	337,0	352,4	365,7	348,2	300,3	431,8	340,9	343,4	330,7	364,8	371,3	349,7	Tot.
10,3	12,5	11,5	11,2	10,9	11,4	11,8	11,2	9,7	13,9	11,0	11,1	10,7	11,8	12,0	11,3	Mon.

BODENTEMPERATUREN - Serie 3 (Forstbeete):

Tag:	Kastanie 1 cm a)	b)	c)	M	Kastanie 10 cm a)	b)	c)	M	Eiche 1 cm a)	b)	c)	M	Eiche 10 cm a)	b)	c)	M
1	5,0	7,4	6,8	6,1	7,3	7,4	7,8	7,4	0,9	8,6	4,3	3,7	4,5	5,3	6,5	5,2
2	5,6	6,5	6,8	6,1	7,0	7,2	7,2	7,1	2,1	6,0	5,5	3,9	4,3	5,3	9,5	5,8
3	7,0	7,6	7,7	7,3	7,3	7,4	7,7	7,4	6,2	8,0	7,3	6,9	6,3	6,8	7,3	6,7
4	7,6	8,7	9,1	8,2	7,9	8,2	8,6	8,1	6,6	9,2	9,8	8,0	7,2	8,2	8,7	7,8
5	8,3	9,0	8,0	8,4	8,5	8,6	8,6	8,6	7,3	11,6	6,5	8,2	8,2	8,8	8,8	8,5
6	7,5	9,1	8,2	8,1	8,2	8,4	8,7	8,4	5,0	13,5	7,1	7,7	7,0	8,4	9,2	7,9
7	7,8	9,4	9,7	8,7	8,2	8,5	9,1	8,5	6,5	11,1	10,6	8,7	7,3	8,4	9,6	8,1
8	9,9	10,7	9,6	10,0	9,6	9,8	9,8	9,7	9,8	11,7	9,0	10,1	9,8	10,4	10,2	10,1
9	8,5	9,5	9,2	8,9	9,3	9,2	9,3	9,3	6,8	10,1	8,9	8,2	8,4	8,7	9,3	8,7
10	10,1	11,0	11,1	10,6	9,7	10,2	10,4	10,0	10,9	12,1	11,5	11,3	9,8	10,6	11,0	10,3
S	77,3	88,9	86,2	82,4	83,0	84,9	87,2	84,5	62,1	101,9	80,5	76,7	72,3	80,9	90,1	79,1
11	9,2	10,9	10,1	9,8	9,9	10,0	10,2	10,0	7,2	12,0	9,9	9,1	9,1	10,2	10,4	9,7
12	9,0	10,7	9,3	9,5	9,6	9,9	10,0	9,8	8,0	14,0	8,1	9,5	9,1	10,1	10,3	9,6
13	8,9	11,0	10,0	9,7	9,4	9,7	10,1	9,7	7,2	14,0	9,0	9,4	8,4	9,6	10,3	9,2
14	7,5	10,1	9,4	8,6	8,8	9,0	9,4	9,0	3,4	12,6	8,8	7,0	6,9	7,8	9,0	7,7
15	9,0	10,7	9,3	9,5	9,4	9,6	9,7	9,5	7,1	12,5	8,1	8,7	8,6	9,4	9,7	9,1
16	7,0	9,0	8,0	7,7	8,6	9,6	8,8	8,9	3,1	11,2	6,1	5,9	6,7	7,6	8,2	7,3
17	6,8	7,9	8,0	7,4	7,7	7,8	8,2	7,9	4,0	7,5	7,1	5,6	5,8	6,4	7,3	6,3
18	8,0	9,0	8,8	8,5	8,2	8,4	8,7	8,4	7,2	10,0	8,8	8,3	7,4	8,2	8,8	7,9
19	8,1	9,5	9,0	8,7	8,5	8,6	9,0	8,6	6,9	12,5	8,7	8,8	8,0	8,5	9,4	8,5
20	7,9	9,9	9,6	8,8	8,3	8,4	9,2	8,6	6,2	11,2	10,1	8,4	7,2	8,4	9,6	8,1
S	81,4	98,7	91,5	88,2	88,4	91,0	93,3	90,4	60,3	117,5	84,7	80,7	77,2	86,2	93 0	83,4
21	8,9	11,0	9,1	9,5	9,2	9,5	9,7	9,4	7,7	13,8	8,5	9,4	8,8	9,6	10,0	9,3
22	8,4	10,1	9,6	9,1	8,7	9,1	9,4	9,0	6,9	12,6	10,1	9,1	7,7	9,1	9,8	8,6
23	9,9	10,5	10,6	10,2	9,5	9,8	10,0	9,7	10,0	11,7	11,2	10,7	9,6	10,3	10,4	10,0
24	9,6	11,0	8,9	9,8	10,2	10,1	9,8	10,1	7,0	13,5	7,2	8,7	9,9	10,1	9,8	9,9
25	7,5	10,0	8,9	8,5	8,9	9,1	9,4	9,1	4,6	11,2	7,9	7,1	7,4	8,4	9,0	8,1
26	6,0	8,1	6,5	6,7	8,0	8,0	8,0	8,0	1,5	9,4	3,7	4,0	5,7	6,3	6,8	6,1
27	3,8	6,2	6,0	4,9	6,6	6,7	6,6	6,6	1,3	6,0	4,6	3,3	4,1	4,9	5,5	4,7
28	4,5	6,9	5,2	5,3	6,3	6,3	6,6	6,4	1,1	8,7	3,0	3,5	4,2	4,8	5,5	4,7
29	3,5	5,6	5,0	4,4	5,3	5,4	5,7	5,4	0,5	6,5	3,0	2,6	3,1	3,8	4,6	3,7
30	5,1	7,0	5,8	5,7	5,7	6,1	6,4	6,0	3,4	8,0	4,5	4,8	5,1	5,4	6,0	5,4
S	67,2	86,4	75,6	74,1	78,4	80,1	81,6	79,7	44,0	101,4	63,7	63,2	65,6	72,7	77,4	70,5
Total:	225,9	274,0	253,3	244,7	249,8	256,0	262,1	254,6	166,4	320,8	228,9	220,6	215,6	239,8	260,5	233,0
Monat:	7,5	9,1	8,4	8,1	8,3	8,5	8,7	8,5	5,5	10,7	7,6	7,4	7,2	8,0	8,7	7,8

BODENTEMPERATUREN - Serie 3 (Forstbeete):

Ahorn 1 cm a)	b)	c)	M	Ahorn 10 cm a)	b)	c)	M	Esche 1 cm a)	b)	c)	M	Esche 10 cm a)	b)	c)	M	Tag:
3,2	7,2	6,0	4,9	5,6	6,3	7,0	6,1	1,0	8,1	4,3	3,6	4,5	5,7	6,8	5,4	1
4,0	6,1	6,1	5,1	5,4	5,9	6,4	5,8	2,4	6,4	5,7	4,2	4,4	5,5	6,2	5,1	2
6,6	7,9	7,7	7,2	6,7	7,2	7,5	7,0	6,4	8,1	7,4	7,1	6,2	7,3	7,6	6,8	3
7,2	9,0	9,6	8,2	7,4	8,1	8,6	7,9	6,8	9,4	9,8	8,2	7,3	8,3	8,8	7,9	4
8,0	9,6	7,9	8,4	8,4	8,7	8,7	8,5	7,2	10,5	7,0	8,0	8,2	9,0	8,9	8,6	5
6,5	10,0	8,0	7,8	7,5	8,4	8,9	8,1	5,2	12,0	7,3	7,4	7,1	8,8	9,2	8,0	6
7,1	10,0	10,2	8,6	7,6	8,4	9,3	8,2	6,5	11,1	10,3	8,6	7,2	8,5	9,6	8,1	7
9,9	11,1	9,6	10,2	9,7	10,0	9,8	9,8	9,6	12,1	9,1	10,1	9,7	10,3	10,3	10,0	8
7,9	9,6	9,0	8,6	8,8	8,9	9,1	8,9	7,0	10,1	9,0	8,3	8,3	8,8	9,3	8,7	9
10,6	11,5	11,4	11,0	9,7	10,3	10,6	10,1	11,0	12,2	11,5	11,4	9,8	10,8	11,0	10,4	10
71,0	92,0	85,5	79,9	76,7	82,2	85,9	80,4	63,1	100,0	81,4	76,9	72,7	83,0	87,7	79,0	S
8,5	11,9	9,9	9,7	9,4	10,0	10,2	9,7	7,4	12,0	9,8	9,1	8,9	10,2	10,4	9,6	11
8,4	11,0	9,4	9,3	9,4	9,8	10,1	9,7	8,2	12,5	8,2	9,3	9,0	10,2	10,2	9,6	12
8,0	11,3	10,0	9,3	8,8	9,7	10,1	9,5	7,2	12,7	9,4	9,1	8,4	10,0	10,4	9,3	13
6,1	10,0	9,4	7,9	7,9	8,6	9,3	8,4	3,5	11,7	8,9	6,9	7,0	8,6	9,4	8,0	14
8,4	11,2	9,3	9,3	9,1	9,6	9,8	9,4	7,3	13,1	8,5	9,1	8,9	9,9	10,1	9,4	15
5,8	9,0	7,5	7,0	7,8	8,1	8,5	8,0	3,3	10,0	6,2	5,7	7,0	8,0	8,4	7,6	16
5,5	7,5	7,6	6,5	6,8	7,0	7,7	7,1	4,1	7,9	7,4	5,9	6,0	6,7	7,6	6,6	17
7,6	9,0	8,8	8,5	7,8	8,3	8,7	8,2	7,2	10,1	8,9	8,3	7,6	8,4	9,2	8,2	18
7,6	10,0	9,2	8,6	8,0	8,6	9,3	8,5	7,0	11,8	9,0	8,7	8,0	9,1	9,8	8,7	19
7,2	10,1	10,2	8,7	7,6	8,5	9,6	8,3	6,4	11,7	10,2	8,7	7,3	8,8	10,0	8,4	20
73,1	101,0	91,3	84,8	82,6	88,2	93,3	86,8	61,6	113,5	86,5	80,8	78,1	89,9	95,5	85,4	S
8,9	11,5	9,5	9,7	9,2	9,8	9,9	9,5	8,2	13,0	8,7	9,5	9,1	10,2	10,3	9,7	21
7,9	10,9	10,1	9,2	8,4	9,1	9,7	8,9	7,2	13,0	10,6	9,5	7,9	9,4	10,2	8,8	22
10,0	11,1	11,2	10,6	9,6	10,1	10,4	9,9	10,0	12,0	11,5	10,9	9,7	10,6	10,8	10,2	23
8,9	11,5	7,8	9,3	10,2	10,2	10,0	10,1	7,4	13,2	7,6	8,9	9,8	10,4	10,1	10,0	24
6,6	10,1	8,6	8,0	8,2	8,9	9,2	8,6	5,0	11,7	8,0	7,4	7,6	9,0	9,4	8,4	25
4,5	7,5	5,9	5,6	7,0	7,2	7,4	7,2	2,1	8,1	4,1	4,1	5,9	7,0	7,2	6,5	26
3,7	5,9	5,5	4,7	5,2	5,5	6,1	5,5	1,3	6,0	4,7	3,3	4,2	5,1	5,9	4,8	27
3,2	6,6	4,8	4,4	5,2	5,5	6,3	5,6	1,5	7,9	3,4	3,6	4,4	6,4	6,0	5,3	28
2,0	5,1	4,4	3,4	4,0	4,5	5,1	4,4	0,6	5,6	3,5	2,6	5,3	4,2	5,1	5,0	29
4,4	7,0	5,7	5,4	4,9	5,8	6,2	5,4	3,7	8,1	5,0	5,1	4,6	5,9	6,3	5,4	30
60,1	87,2	73,5	70,3	71,9	76,6	80,3	75,1	47,0	98,6	67,1	64,9	68,5	78,2	81,3	74,1	S
204,2	280,2	250,3	235,0	231,2	247,0	259,5	242,3	171,7	312,1	235,0	222,6	219,3	251,1	264,5	238,5	Tot.:
6,8	9,3	8,3	7,8	7,7	8,2	8,6	8,1	5,7	10,4	7,8	7,4	7,3	8,4	8,8	7,9	Mon.:

BODENTEMPERATUREN - Serie 3 (Forstbeete):

Tag:	Kastanie 1 cm a)	b)	c)	M	Kastanie 10 cm a)	b)	c)	M	Eiche 1 cm a)	b)	c)	M	Eiche 10 cm a)	b)	c)	M
1	4,0	5,2	5,1	4,6	5,2	5,3	5,4	5,3	1,1	5,4	4,5	3,0	3,3	4,3	4,7	3,9
2	7,1	8,9	9,1	8,1	6,1	7,2	7,8	6,8	7,2	10,1	10,1	8,6	5,9	7,5	8,2	6,9
3	7,4	9,2	9,1	8,3	7,6	7,9	8,3	7,9	6,1	11,2	10,4	8,5	7,3	8,4	9,3	8,1
4	8,5	9,6	10,1	9,2	8,5	8,7	9,0	8,7	7,8	10,1	11,1	9,3	8,7	9,2	9,4	9,0
5	10,7	11,2	10,6	10,8	9,9	10,0	10,1	10,0	11,2	12,0	10,5	11,2	10,4	10,8	10,6	10,6
6	9,8	10,6	10,0	10,1	9,6	9,8	10,0	9,7	8,5	12,2	9,5	9,7	9,6	10,1	10,5	9,9
7	11,0	11,3	11,0	11,1	9,9	10,4	10,6	10,2	11,6	12,2	11,1	11,6	10,2	11,1	11,0	10,6
8	9,0	10,1	9,2	9,3	10,2	9,9	9,8	10,0	6,8	11,1	8,0	8,2	9,8	9,6	9,8	9,7
9	7,5	8,0	8,5	7,9	8,6	8,3	8,5	8,5	5,1	7,8	8,1	6,5	6,7	7,3	8,2	7,2
10	5,6	7,4	6,9	6,4	7,3	7,4	7,4	7,3	2,5	7,2	5,8	4,5	5,7	6,7	6,9	6,3
S	80,6	91,5	89,6	85,8	82,9	84,9	86,9	84,4	67,9	99,3	89,1	81,1	77,6	85,0	88,6	82,2
11	7,6	9,4	8,1	8,2	7,7	8,2	8,4	8,0	6,4	14,0	7,0	8,5	7,3	8,4	8,8	8,0
12	6,4	8,1	7,4	7,1	7,6	7,7	7,9	7,7	3,4	9,2	6,4	5,6	6,6	7,0	7,9	7,0
13	5,5	7,4	6,1	6,1	6,7	6,8	7,1	6,8	2,0	8,3	4,4	4,2	4,2	6,1	6,6	5,3
14	4,6	6,2	6,2	5,4	6,0	6,2	6,4	6,2	1,1	8,1	6,0	4,1	3,8	5,2	6,2	4,7
15	7,0	8,1	8,1	7,6	7,0	7,3	7,7	7,2	6,7	10,0	7,9	7,8	6,6	7,8	8,1	7,3
16	6,8	9,0	7,4	7,5	7,2	7,6	7,8	7,4	4,2	12,7	6,2	6,8	6,6	7,9	8,3	7,4
17	5,2	6,9	6,1	5,9	6,5	6,5	6,8	6,6	1,1	11,1	4,1	4,3	4,4	5,7	6,6	5,3
18	3,9	7,1	6,5	5,3	5,6	5,9	6,5	5,9	0,4	11,0	5,0	4,2	3,5	4,5	6,1	4,4
19	3,4	6,6	5,9	4,8	5,2	5,4	6,1	5,5	0,4	8,5	4,0	3,3	3,3	4,0	5,6	4,0
20	4,0	7,2	6,2	5,3	5,2	5,7	6,2	5,6	2,0	11,6	6,5	5,3	3,6	5,3	6,4	4,7
S	54,4	76,0	68,0	63,2	64,7	67,3	70,9	66,9	27,7	104,5	56,5	54,1	49,9	61,9	70,6	58,1
21	5,0	7,1	6,2	5,8	5,6	5,9	6,4	5,9	3,2	11,5	5,4	5,8	4,4	5,7	6,7	5,3
22	3,9	5,1	6,0	5,0	5,4	5,3	5,8	5,5	1,8	5,0	6,0	3,7	4,0	4,4	5,5	4,5
23	6,9	8,0	8,0	7,4	6,5	6,8	7,2	6,8	6,6	9,6	8,2	7,8	6,2	7,2	7,5	6,8
24	9,1	10,5	10,2	10,0	8,0	8,8	8,9	8,4	9,4	11,4	10,6	10,2	8,3	9,3	9,6	8,9
25	10,8	10,2	8,4	10,0	9,8	9,9	9,3	9,7	10,9	10,0	6,4	9,5	10,2	10,3	9,2	10,0
26	6,9	7,9	7,3	7,2	7,8	7,8	7,8	7,8	4,0	7,9	6,1	5,5	6,4	7,0	7,2	6,7
27	5,3	7,5	6,5	6,1	6,8	6,7	7,2	6,9	3,0	10,7	4,9	5,4	5,1	5,9	7,1	5,8
28	5,0	6,8	5,8	5,6	6,1	6,2	6,6	6,3	2,5	9,8	4,6	4,8	4,6	5,6	5,6	5,1
29	5,1	7,5	6,2	6,0	5,9	6,5	6,8	6,3	3,0	10,4	5,1	5,4	4,6	6,4	7,1	5,7
30	3,8	6,7	5,1	4,9	5,3	5,4	6,0	5,5	0,5	11,5	4,0	4,1	3,4	4,8	6,0	4,4
31	2,5	6,5	5,6	4,3	4,4	4,9	5,4	4,8	0,3	11,2	3,4	3,8	3,0	3,8	5,3	3,8
S	64,3	85,8	75,3	72,3	71,6	74,2	77,4	73,9	45,2	108,7	64,7	66,9	60,2	70,4	76,8	67,0
Total:	199,3	253,3	232,9	221,3	219,2	226,4	235,2	225,2	140,8	312,5	210,3	202.1	187,7	217,3	236,0	207,3
Monat:	6,4	8,2	7,5	7,1	7,1	7,3	7,6	7,3	4,5	10,1	6,8	6,5	6,2	7,0	7,8	6,7

BODENTEMPERATUREN - Serie 3 (Forstbeete):

Ahorn 1 cm a)	b)	c)	M	Ahorn 10 cm a)	b)	c)	M	Esche 1 cm a)	b)	c)	M	Esche 10 cm a)	b)	c)	M	Tag:
2,5	5,0	4,9	3,7	4,2	4,6	5,1	4,5	1,3	5,5	4,9	3,3	4,6	4,4	5,2	4,7	1
7,0	9,5	9,8	8,3	6,0	7,3	8,1	6,1	7,3	10,2	10,2	8,8	6,3	7,9	8,7	7,3	2
7,1	10,1	10,0	8,6	7,6	8,1	8,7	8,0	6,4	11,4	10,5	8,7	7,6	8,6	9,4	8,3	3
8,4	10,0	10,4	9,3	8,7	8,9	9,3	8,9	8,1	10,2	10,7	9,3	8,8	9,2	9,4	9,0	4
10,9	11,7	10,9	11,1	10,2	10,5	10,5	10,4	11,1	12,0	10,7	11,2	10,3	10,9	10,6	10,5	5
9,1	11,1	10,1	9,9	9,8	9,9	10,2	9,9	8,5	12,5	9,9	9,8	9,6	10,3	10,8	10,2	6
11,2	12,0	11,2	11,4	10,0	10,8	10,9	10,4	11,5	12,3	11,4	11,7	10,2	11,3	11,2	10,7	7
8,1	10,4	9,1	8,9	10,0	9,8	9,7	9,9	7,3	11,6	8,4	8,6	9,9	10,0	10,0	9,9	8
6,4	8,6	8,5	7,5	7,5	7,8	8,3	7,8	5,3	7,5	8,4	6,6	7,0	7,7	8,3	7,5	9
4,4	7,6	6,2	5,6	6,5	7,0	7,1	6,8	3,0	7,7	6,0	4,9	5,8	7,0	7,2	6,4	10
75,1	96,0	91,1	84,3	80,5	84,7	87,9	83,5	69,8	100,9	91,1	32,9	89,1	87,3	90,8	89,2	S
7,0	10,4	7,9	8,1	7,4	8,2	8,6	7,9	6,5	13,1	7,1	8,3	7,3	8,5	8,9	8,0	11
5,1	8,5	7,4	6,5	6,8	7,3	7,8	7,2	3,8	9,5	7,0	6,0	6,4	7,5	8,1	7,1	12
3,9	7,2	5,5	5,1	5,5	6,2	6,7	6,0	2,1	8,4	4,6	4,3	4,8	6,3	6,9	5,7	13
2,9	6,9	6,1	4,7	4,6	5,2	6,2	5,1	1,3	8,0	6,1	4,2	3,9	5,3	6,4	4,9	14
7,0	9,0	8,4	7,9	6,7	7,6	8,0	7,2	7,0	10,0	8,4	8,1	6,8	8,0	8,3	7,5	15
5,8	10,0	7,5	7,3	6,8	7,7	8,2	7,4	4,8	11,9	6,8	7,1	6,7	8,2	8,6	7,3	16
3,5	6,9	5,6	4,9	5,1	5,6	6,5	5,6	1,6	8,5	4,5	4,1	4,8	5,8	6,6	5,5	17
1,9	7,1	6,2	4,3	4,0	5,1	6,3	4,8	0,6	8,5	5,3	3,8	3,7	5,1	6,4	4,7	18
2,1	7,0	5,6	4,2	3,8	4,8	5,8	4,6	0,8	8,2	4,7	3,6	3,4	4,9	6,1	4,5	19
3,1	8,0	6,8	5,2	4,1	5,5	6,5	5,0	2,5	9,5	6,1	5,1	4,0	5,8	6,7	5,1	20
42,3	81,0	67,0	58,2	54,8	63,2	70,6	60,8	31,0	95,6	60,6	54,6	51,8	65,4	73,0	60,3	S
4,2	7,5	6,9	5,7	4,7	5,8	6,8	5,5	3,6	9,2	6,0	5,6	4,7	6,1	7,1	5,7	21
3,1	4,9	6,2	4,3	4,5	4,6	5,6	4,8	2,1	4,9	6,1	3,8	4,3	4,8	5,9	4,8	22
7,0	9,0	8,5	7,9	6,4	7,2	7,7	6,9	6,9	9,6	7,8	7,8	6,4	7,6	4,8	6,3	23
9,5	11,3	10,6	10,2	8,4	9,3	9,6	8,9	9,5	11,6	10,7	10,3	8,5	9,5	9,7	9,0	24
11,0	10,2	7,9	10,0	10,1	10,2	9,3	9,9	11,1	10,0	6,7	9,7	10,2	10,3	9,3	10,0	25
5,2	7,4	6,7	6,1	6,7	7,0	7,2	6,9	4,1	7,5	6,2	5,5	6,4	7,0	7,2	6,7	26
3,4	7,6	6,1	5,1	5,5	5,9	7,1	6,0	2,1	9,5	5,2	4,7	5,1	6,2	7,1	5,9	27
3,4	7,0	5,9	4,9	4,8	5,5	6,6	5,4	2,5	8,6	4,6	4,6	4,6	5,8	6,7	5,4	28
4,0	8,5	6,7	5,8	4,8	6,4	7,0	5,8	3,4	10,0	5,7	5,6	4,8	6,8	7,4	6,0	29
2,1	7,0	5,6	4,2	4,0	5,0	6,2	4,8	1,0	8,5	4,2	3,7	3,5	5,2	6,4	4,7	30
1,3	6,8	5,1	3,6	3,2	4,4	5,5	4,1	0,4	8,0	3,6	3,1	3,2	4,4	5,4	4,0	31
54,2	87,2	76,2	67,8	63,1	71,3	78,6	69,0	46,7	97,4	66,8	64,4	61,7	73,7	77,0	68,5	S
171,6	264,2	234,3	210,3	198,4	219,2	237,1	213,3	147,5	293,9	218,5	201,9	202,6	226,4	240,8	218,0	Tot.:
5,5	8,5	7,6	6,8	6,4	7,1	7,6	6,9	4,8	9,5	7,0	6,5	6,5	7,3	7,8	7,0	Mon.:

BODENTEMPERATUREN - Serie 3 (Forstbeete):

Tag:	Kastanie 1 cm a)	b)	c)	M	Kastanie 10 cm a)	b)	c)	M	Eiche 1 cm a)	b)	c)	M	Eiche 10 cm a)	b)	c)	M
1	3,0	6,3	6,2	4,6	4,3	4,8	5,6	4,5	0,6	10,6	6,9	4,7	2,8	4,5	6,2	4,1
2	6,0	7,2	7,1	6,6	5,8	6,3	6,7	6,2	5,9	9,0	7,5	7,1	5,8	6,7	7,4	6,4
3	6,5	8,4	9,0	7,6	6,6	7,0	7,7	7,0	6,0	10,7	10,0	8,2	6,5	7,6	8,4	7,2
4	7,0	9,5	8,5	8,0	7,4	7,8	8,1	7,7	4,8	12,5	8,9	7,7	6,7	8,3	9,0	7,7
5	10,2	9,7	9,0	9,8	8,8	9,2	9,0	9,0	10,8	10,0	8,5	10,0	9,4	9,5	9,0	9,3
6	7,4	9,4	8,8	8,2	8,1	8,4	8,7	8,3	6,5	11,9	8,5	8,4	7,6	9,0	9,6	8,5
7	8,4	7,9	6,8	7,9	8,6	8,4	7,8	8,4	8,0	7,4	5,2	7,1	8,6	8,3	7,6	8,3
8	6,2	8,6	7,4	7,1	7,0	7,8	7,8	7,4	4,1	12,4	6,2	6,7	6,1	8,0	8,3	7,1
9	6,5	7,0	7,5	6,9	7,1	7,1	7,3	7,2	5,2	7,2	7,9	6,4	6,3	6,7	7,5	6,7
10	7,9	10,0	9,0	8,7	7,8	8,4	8,7	8,2	7,9	14,9	9,8	10,1	7,8	9,2	9,9	8,7
S	69,1	84,0	79,3	75,4	71,5	75,2	77,4	73,9	59,8	106,6	79,4	76,4	67,6	77,8	82,9	74,0
11	9,4	11,1	8,0	9,5	9,0	9,3	9,5	9,2	9,5	14,6	8,3	10,5	9,6	10,4	10,7	10,1
12	8,1	10,5	8,7	8,9	8,5	9,0	9,1	8,8	7,0	13,7	7,6	8,8	8,2	9,8	10,0	9,1
13	7,0	9,0	8,2	7,8	7,8	8,1	8,4	8,0	4,6	11,0	7,7	7,0	6,5	8,2	8,6	7,4
14	7,2	8,6	7,9	7,7	7,7	8,2	8,2	8,0	6,0	13,0	6,5	7,9	7,2	9,0	8,9	8,1
15	6,0	8,5	7,2	6,9	7,1	7,5	7,8	7,4	3,2	13,3	6,5	6,5	6,0	8,0	8,7	7,2
16	5,0	8,6	7,2	6,4	6,5	6,9	7,5	6,8	1,6	15,7	6,9	6,4	4,9	6,8	8,5	6,3
17	5,0	7,3	7,5	6,2	6,0	6,4	7,2	6,4	2,0	11,1	8,0	5,8	4,4	6,2	8,0	5,8
18	7,1	8,2	9,0	7,9	6,9	7,4	8,0	7,3	7,0	8,7	10,0	8,2	6,9	7,6	8,4	7,4
19	10,6	10,2	8,6	10,0	9,6	9,4	9,2	9,4	10,9	15,1	7,6	11,1	10,2	10,2	10,0	10,1
20	7,2	10,0	8,8	8,3	8,0	8,5	8,8	8,3	5,4	16,5	8,1	8,9	7,2	9,3	9,9	8,4
S	72,6	92,0	81,1	79,6	77,1	80,7	83,7	79,6	57,2	132,7	77,2	81,1	71,1	85,5	91,7	79,9
21	6,0	8,9	8,0	7,2	7,2	7,4	8,2	7,5	2,5	14,1	7,6	6,7	5,6	7,6	9,0	7,0
22	7,9	9,0	8,1	8,2	7,9	8,3	8,4	8,1	7,5	11,0	7,1	8,3	7,6	8,7	8,9	8,2
23	6,9	8,3	8,0	7,5	7,4	7,6	8,0	7,6	5,2	10,1	7,5	7,0	6,5	7,9	8,4	7,3
24	7,5	9,1	8,9	8,3	7,7	8,0	8,6	8,0	6,7	12,7	9,5	8,9	7,4	8,6	9,7	8,3
25	7,2	10,1	9,8	8,6	7,8	8,4	9,0	8,3	5,5	14,2	10,5	8,9	7,4	9,5	10,0	8,6
26	9,0	11,0	10,0	9,8	8,8	9,4	9,6	9,2	8,9	13,9	10,1	10,5	9,1	10,9	10,4	9,9
27	9,4	12,0	10,8	10,4	9,3	10,0	10,4	9,7	8,9	17,6	10,7	11,5	9,5	11,3	11,6	10,5
28	8,5	10,6	9,3	9,2	9,3	9,4	9,6	9,4	7,4	14,8	8,9	9,6	8,7	10,1	10,4	9,5
29	7,9	11,0	9,1	9,0	8,4	9,1	9,5	8,8	6,2	19,0	8,8	10,0	7,7	9,7	10,5	8,9
30	6,1	10,8	9,1	8,0	7,6	8,4	9,1	8,2	2,0	18,7	9,0	7,9	5,9	9,0	10,5	7,8
31	6,0	11,5	10,4	8,5	7,4	8,4	9,6	8,2	2,1	20,6	10,8	8,9	5,6	9,0	9,4	7,4
S	82,4	112,3	101,5	94,7	88,8	94,4	100,0	93,0	62,9	166,7	100,5	98,2	81,0	102,3	108,8	93,4
Total:	224,1	288,3	261,9	249,7	237,4	250,3	261,1	246,5	179,9	406,0	257,1	255,7	219,7	265,6	283,4	247,3
Monat:	7,2	9,3	8,4	8,1	7,7	8,1	8,4	8,0	5,8	13,1	8,3	8,2	7,1	8,6	9,1	8,0

BODENTEMPERATUREN - Serie 3 (Forstbeete):

Ahorn 1 cm a)	b)	c)	M	Ahorn 10 cm a)	b)	c)	M	Esche 1 cm a)	b)	c)	M	Esche 10 cm a)	b)	c)	M	Tag:
1,9	7,5	7,0	4,6	3,2	4,8	6,3	4,4	0,9	9,5	7,3	4,6	3,0	5,0	6,6	4,4	1
6,2	8,2	8,1	7,2	5,9	6,9	7,6	6,6	6,2	9,2	8,1	7,4	6,2	7,2	7,8	6,8	2
6,6	9,7	10,0	8,2	6,7	7,6	8,4	7,4	6,4	10,6	10,1	8,4	6,8	8,0	8,7	7,6	3
6,2	11,0	9,0	8,1	7,1	8,2	8,9	7,8	5,0	13,0	9,1	8,0	6,9	8,6	9,3	7,9	4
10,9	10,0	9,0	10,2	9,4	9,5	9,1	9,4	11,0	10,1	8,8	10,2	9,5	9,6	9,3	9,5	5
7,0	10,5	9,1	8,4	7,6	8,8	9,4	8,3	6,6	11,1	8,8	8,3	7,7	9,2	9,6	8,6	6
8,1	7,9	6,0	7,5	8,5	8,2	7,6	8,2	8,2	7,9	5,6	7,5	8,7	8,4	7,9	8,4	7
4,9	10,9	7,2	7,0	6,0	8,3	8,6	7,2	4,7	11,2	6,8	6,9	6,3	8,2	8,6	7,4	8
5,7	7,1	8,0	6,6	6,3	6,6	7,4	6,6	5,6	7,2	8,0	6,6	6,5	6,9	7,6	6,9	9
7,9	12,4	10,0	9,5	7,8	9,0	9,8	8,6	8,0	13,1	10,0	9,8	8,0	9,3	9,6	8,7	10
65,4	95,2	83,4	77,3	68,5	77,9	83,1	74,5	62,6	102,9	82,6	77,7	69,6	80,4	85,0	76,2	S
9,8	13,3	8,5	10,4	9,3	10,4	10,6	9,9	9,8	14,1	8,6	10,6	9,5	10,6	10,8	10,1	11
7,8	12,5	8,8	9,2	8,3	10,0	9,9	9,1	7,3	13,1	8,2	9,0	8,4	10,0	10,0	9,2	12
5,2	10,0	8,1	7,1	6,5	8,2	8,6	7,4	5,0	10,5	8,0	7,1	6,9	8,3	8,8	7,7	13
6,5	10,0	7,5	7,6	7,3	9,0	8,8	8,1	6,2	11,3	7,2	7,7	7,5	9,1	9,0	8,3	14
4,2	11,4	7,8	6,9	6,1	8,3	9,0	7,4	3,9	11,8	7,0	6,7	6,3	8,3	9,0	7,5	15
2,6	11,0	7,9	6,0	5,0	7,3	8,6	6,5	2,3	12,1	7,0	5,9	5,3	7,2	8,6	6,6	16
2,5	9,0	8,4	5,6	7,6	6,2	8,1	7,4	2,5	10,0	8,0	5,8	4,7	6,3	8,1	6,0	17
7,1	8,9	9,5	8,2	6,8	7,6	8,3	7,4	7,1	8,8	9,8	8,2	6,8	7,8	8,3	7,4	18
11,2	11,8	8,4	10,6	10,8	10,3	9,8	10,4	11,1	13,2	8,0	10,8	10,0	10,2	10,0	10,0	19
5,9	12,3	9,0	8,3	7,1	9,6	10,0	8,5	5,8	13,9	8,5	8,5	7,3	9,4	9,9	8,5	20
62,8	110,2	83,9	79,9	74,8	86,9	91,7	82,1	61,0	118,8	80,3	80,3	72,7	87,2	92,5	81,3	S
3,3	11,5	8,4	6,6	5,5	7,6	8,9	6,9	3,0	12,1	8,0	6,5	5,9	7,7	8,9	7,1	21
8,0	10,0	8,0	8,5	7,7	8,8	8,9	8,3	7,8	10,9	7,4	8,5	7,8	8,9	9,1	8,4	22
5,9	9,5	8,0	7,3	6,5	7,9	8,3	7,3	5,5	10,2	7,9	7,3	6,7	8,1	8,5	7,5	23
7,1	11,0	10,0	8,8	7,4	8,5	9,6	8,2	7,1	12,1	9,7	9,0	7,5	8,6	9,8	8,3	24
6,2	12,8	10,6	8,9	7,4	9,4	10,0	8,6	6,0	13,6	10,5	9,0	7,6	9,6	10,1	8,7	25
9,0	13,3	10,5	10,5	9,0	10,8	10,3	9,8	8,9	13,1	10,4	10,3	9,2	10,8	10,4	9,9	26
9,1	14,4	11,2	10,9	9,5	11,5	11,7	10,6	9,0	16,1	11,1	11,3	9,6	11,4	11,6	10,6	27
7,8	12,5	9,5	9,4	8,6	10,2	10,3	9,4	7,6	13,5	9,2	9,5	8,9	10,3	10,4	9,6	28
6,7	14,4	10,0	9,4	7,7	10,0	10,7	9,0	6,6	15,7	9,4	9,6	7,9	10,0	10,7	9,1	29
3,1	13,0	9,9	7,3	6,0	9,6	10,4	8,0	3,0	14,4	9,0	7,4	6,3	9,2	10,3	8,0	30
3,0	15,0	11,8	8,2	5,6	9,7	11,6	8,1	3,0	16,4	10,6	8,2	6,2	9,2	11,3	8,2	31
69,2	137,4	107,9	95,8	80,9	104,0	110,7	94,2	67,5	148,1	103,2	96,6	83,6	103,8	111,1	95,4	S
197,4	342,8	275,2	253,0	224,2	268,8	285,5	250,8	191,1	369,8	266,1	254,6	225,9	271,4	288,6	252,9	Tot.:
6,4	11,1	8,9	8,2	7,2	8,7	9,2	8,1	6,2	11,9	8,6	8,2	7,3	8,8	9,3	8,2	Mon.:

SEPTEMBER 1957

BODENTEMPERATUREN - Serie 3 (Forstbeete):

Tag:	Kastanie 1 cm a)	b)	c)	M	10 cm a)	b)	c)	M	Eiche 1 cm a)	b)	c)	M	10 cm a)	b)	c)	M
1	7,8	9,6	9,7	8,7	8,3	8,6	9,1	8,6	6,2	12,1	10,2	8,7	7,4	9,0	10,0	8,5
2	8,3	12,9	11,0	10,1	8,5	9,8	10,4	9,3	7,9	22,1	11,4	12,3	8,4	11,5	12,8	10,3
3	8,2	12,0	11,0	9,8	8,8	9,5	10,2	9,3	6,8	16,0	11,5	10,3	8,1	11,2	11,9	9,8
4	10,0	13,1	11,1	11,1	9,8	10,5	11,0	10,3	9,8	21,8	11,5	13,2	10,2	12,4	13,4	11,5
5	7,1	11,2	9,6	8,8	8,6	9,3	9,7	9,1	4,5	14,0	9,0	8,0	7,3	10,2	10,5	8,8
6	7,5	10,9	9,0	8,7	8,8	9,3	9,6	9,1	5,1	18,1	8,1	9,1	8,2	10,6	11,0	9,5
7	5,5	9,0	8,2	7,0	7,5	8,0	8,4	7,8	1,9	10,9	8,1	5,7	5,6	8,3	8,7	7,1
8	9,0	10,6	9,9	9,6	8,7	9,1	9,5	9,0	8,9	13,6	10,1	10,4	8,8	9,8	10,5	9,5
9	9,6	11,9	9,9	10,3	9,0	9,7	10,1	9,4	8,0	19,5	8,9	11,1	8,7	11,4	12,0	10,2
10	6,4	10,3	8,0	7,8	8,1	8,8	8,8	8,5	2,9	16,6	7,0	7,3	6,5	9,9	10,3	8,3
S	79,4	111,5	97,4	91,9	86,1	92,6	96,8	90,4	62,0	164,7	95,8	96,1	79,2	104,3	111,1	93,5
11	5,7	10,1	9,3	7,7	7,0	8,0	8,8	7,7	2,5	18,3	9,5	8,2	5,6	9,2	11,1	7,9
12	6,0	12,7	11,4	9,0	7,4	8,8	10,2	8,4	2,1	22,5	13,2	10,0	5,7	10,4	13,4	8,8
13	6,9	11,5	10,6	9,0	8,1	9,1	9,9	8,8	3,8	19,2	11,1	9,5	7,0	10,7	12,1	9,2
14	9,0	9,4	9,5	9,2	9,0	9,1	9,2	9,1	8,2	9,8	9,6	8,9	8,9	9,4	9,6	9,2
15	9,6	10,6	10,4	10,1	9,4	9,7	10,0	9,6	9,2	14,3	10,6	10,8	9,4	10,5	11,3	10,2
16	9,1	10,7	10,5	9,8	9,4	9,9	10,1	9,7	8,7	11,5	10,2	9,8	9,4	11,3	11,6	10,4
17	8,7	9,0	9,8	9,1	9,2	9,0	9,5	9,2	7,9	9,7	10,1	8,9	9,0	9,5	10,8	9,6
18	8,3	12,5	11,0	10,0	8,8	9,7	10,4	9,4	7,5	19,2	12,0	11,5	8,3	11,6	13,0	10,3
19	7,5	12,1	11,1	9,6	8,8	9,6	10,4	9,4	4,5	21,0	11,5	10,4	7,8	11,3	12,6	9,9
20	7,4	13,5	11,0	9,8	8,7	9,9	10,5	9,5	3,9	20,6	10,0	9,6	7,3	12,0	12,4	9,7
S	78,2	112,1	104,6	93,3	85,8	92,8	99,0	90,8	58,3	166,1	107,8	97,6	78,4	105,9	117,9	95,2
21	9,1	11,5	10,2	10,0	9,4	10,0	10,3	9,8	8,1	16,9	10,0	10,8	8,9	11,3	11,6	10,2
22	8,8	11,5	10,9	10,0	9,3	10,0	10,4	9,7	7,8	16,0	11,2	10,7	8,7	12,0	12,2	10,4
23	10,2	11,5	11,5	10,8	10,0	10,6	11,0	10,4	10,5	13,7	12,0	11,7	10,2	12,0	12,7	11,3
24	9,5	14,0	12,2	11,3	9,8	10,6	11,7	10,5	8,6	24,5	12,6	13,6	9,3	13,1	14,9	11,6
25	8,5	13,3	11,6	10,5	9,6	10,6	11,1	10,2	6,3	21,2	11,4	11,3	8,4	12,9	13,4	10,8
26	8,5	11,9	10,7	9,9	9,6	10,3	10,5	10,0	6,0	15,5	10,1	9,4	8,6	12,0	12,2	10,3
27	9,1	12,3	11,7	10,6	9,7	10,8	11,2	10,4	7,2	20,1	11,8	11,6	9,2	13,4	13,5	11,3
28	10,5	13,2	12,6	11,7	10,4	11,2	11,8	10,9	10,1	17,9	13,9	13,0	10,4	13,0	14,0	12,0
29	11,5	14,1	13,5	12,6	11,3	12,0	12,6	11,8	11,8	19,9	15,0	14,6	11,6	14,0	15,3	13,1
30	12,1	16,2	15,1	13,9	11,9	13,1	13,9	12,7	12,9	24,1	16,1	16,5	12,4	16,2	17,0	14,5
S	97,8	129,5	120,0	111,3	101,0	109,1	114,5	106,4	89,3	189,8	124,1	123,2	97,7	129,9	136,8	115,5
Total:	255,4	353,1	322,0	296,5	272,9	294,5	310,3	287,6	209,6	520,6	327,7	316,9	255,3	340,1	365,8	304,2
Monat:	8,5	11,8	10,7	9,9	9,1	9,8	10,3	9,6	7,0	17,4	10,9	10,6	8,5	11,3	12,2	10,1

BODENTEMPERATUREN - Serie 3 (Forstbeete):

Ahorn								Esche								
1 cm				10 cm				1 cm				10 cm				
a)	b)	c)	M	a)	b)	c)	M	a)	b)	c)	M	a)	b)	c)	M	Tag:
6,5	11,2	10,6	8,7	7,5	9,1	10,0	8,5	6,5	12,0	10,2	8,8	7,7	9,2	10,0	8,6	1
8,0	17,0	12,6	11,4	9,4	11,8	12,8	10,4	8,0	18,5	11,6	11,5	8,5	11,5	12,5	10,3	2
7,1	15,1	12,0	10,3	8,1	11,3	12,0	9,9	7,0	10,6	11,6	9,0	8,4	11,2	11,9	10,0	3
10,0	17,2	12,5	12,4	10,0	12,8	13,2	11,5	10,0	18,1	11,5	12,4	10,2	12,5	13,0	11,5	4
5,1	13,3	10,0	8,4	7,2	10,4	10,6	8,8	5,0	14,0	9,5	8,4	7,7	10,2	10,7	9,1	5
6,2	13,7	9,0	8,8	8,2	10,8	10,8	9,5	6,0	14,2	8,0	8,6	8,4	10,7	10,7	9,6	6
2,6	10,1	8,4	5,9	5,5	8,3	8,8	7,0	2,6	10,9	8,5	6,1	6,0	8,4	8,9	7,3	7
8,9	12,5	10,6	10,2	8,9	9,8	10,4	9,5	8,8	13,6	10,4	10,4	8,9	9,9	10,5	9,5	8
8,1	16,0	10,1	10,6	8,7	11,7	11,8	10,2	8,5	17,1	9,1	10,8	8,9	11,5	11,8	10,3	9
3,8	13,6	8,0	7,3	6,4	10,1	10,1	8,3	3,7	13,2	6,9	6,9	6,9	9,9	10,0	8,4	10
66,3	139,7	103,8	94,0	78,9	106,1	110,5	93,6	66,1	142,2	97,3	92,8	81,6	105,0	110,0	94,6	S
3,2	13,6	10,0	7,5	5,4	9,3	10,7	7,7	3,0	14,3	9,0	7,3	5,9	9,1	10,5	7,8	11
3,0	19,0	14,3	9,8	5,6	11,0	13,4	8,9	2,5	19,6	12,9	9,4	6,1	10,5	12,7	8,9	12
4,8	16,0	12,0	9,4	7,1	11,2	12,2	9,4	4,6	17,0	11,2	9,4	7,4	10,9	12,0	9,4	13
8,6	9,9	9,7	9,2	9,0	9,5	9,6	9,3	8,7	9,8	9,8	9,2	9,2	9,6	9,6	9,4	14
9,5	13,0	11,0	10,8	9,5	10,4	11,2	10,1	9,6	14,1	10,9	11,0	9,6	10,6	11,2	10,2	15
8,9	12,0	11,0	10,2	9,3	11,2	11,4	10,3	8,9	12,1	10,7	10,2	9,5	11,3	11,4	10,4	16
8,2	9,9	10,6	9,2	8,7	9,4	10,7	9,4	8,1	9,9	10,5	9,1	9,0	9,5	10,7	9,6	17
7,7	19,0	12,6	11,7	8,2	11,9	12,9	10,3	7,9	17,6	12,0	11,4	8,4	11,5	12,5	10,2	18
5,0	17,6	12,0	9,9	7,7	11,4	12,5	9,8	5,2	16,4	11,0	9,5	8,2	11,0	12,0	9,9	19
4,7	18,7	11,0	9,8	7,3	12,2	12,4	9,8	5,0	19,5	10,5	10,0	7,8	11,8	12,3	9,9	20
63,6	148,7	114,2	97,5	77,8	107,5	117,0	95,0	63,5	150,3	108,5	96,5	81,1	105,8	114,9	95,7	S
8,0	15,1	10,5	10,4	8,8	11,4	11,4	10,1	8,2	16,0	10,3	10,7	9,2	11,3	11,4	10,3	21
8,0	15,5	12,0	10,9	8,8	12,2	12,2	10,5	8,2	15,5	11,6	10,9	9,2	11,8	12,2	10,6	22
10,5	13,7	12,7	11,8	10,2	12,0	12,7	11,3	10,7	14,0	12,4	11,9	10,3	12,0	12,7	11,3	23
8,8	22,0	13,5	13,3	9,2	13,3	14,7	11,6	8,9	20,7	13,8	13,1	9,6	12,7	14,2	11,5	24
6,5	18,7	12,1	11,0	8,3	13,3	13,2	10,8	6,7	18,8	12,0	11,1	8,8	12,5	13,0	10,8	25
6,6	14,9	10,9	9,8	8,6	12,3	12,1	10,4	7,6	14,5	10,7	10,1	9,1	12,1	12,2	10,6	26
8,0	18,6	12,4	11,7	9,3	13,6	13,3	11,4	8,1	18,0	12,2	11,6	9,6	13,3	13,3	11,4	27
10,2	17,0	14,8	13,0	10,4	13,0	14,0	11,9	10,5	17,1	14,1	13,0	10,7	12,9	13,9	12,1	28
12,0	18,2	15,5	14,4	11,7	14,0	14,9	13,1	12,0	18,8	15,5	14,5	11,9	13,8	14,9	13,1	29
12,6	22,2	16,9	16,1	12,3	16,2	16,6	14,3	12,9	21,1	16,4	15,8	12,4	15,4	16,2	14,1	30
91,2	175,9	131,3	122,4	97,6	131,3	135,1	115,4	93,8	174,5	129,0	122,7	100,8	127,8	134,0	115,8	S
221,1	464,3	349,3	313,9	254,3	344,9	362,6	304,0	223,4	467,0	334,8	312,0	263,5	338,6	358,9	306,1	Tot.:
7,4	15,5	11,6	10,5	8,5	11,5	12,1	10,1	7,4	15,6	11,1	10,4	8,8	11,3	12,0	10,2	Mon.:

OKTOBER 1957

BODENTEMPERATUREN - Serie 3 (Forstbeete):

Tag:	Kastanie 1 cm a)	b)	c)	M	Kastanie 10 cm a)	b)	c)	M	Eiche 1 cm a)	b)	c)	M	Eiche 10 cm a)	b)	c)	M
1	11,1	17,2	14,9	13,6	11,8	13,3	13,9	12,7	9,0	25,9	15,7	14,9	11,1	16,1	16,6	13,7
2	12,1	15,5	13,7	13,3	12,3	13,1	13,6	12,8	11,1	24,1	13,2	14,9	12,1	14,9	15,3	13,6
3	11,6	13,2	12,4	12,2	12,0	12,2	12,4	12,1	10,3	18,2	11,8	12,7	11,8	13,2	14,2	12,8
4	8,7	14,0	12,1	10,9	10,1	11,3	12,0	10,9	5,8	22,3	11,2	11,3	8,3	13,1	14,3	11,0
5	8,7	11,1	11,1	9,9	9,8	10,3	10,8	10,2	7,0	13,5	11,1	9,6	8,3	11,0	12,1	9,9
6	8,2	11,1	10,1	9,4	9,3	9,6	10,3	9,6	6,2	18,5	10,0	10,2	8,0	10,8	12,3	9,8
7	8,5	12,0	11,0	10,0	9,2	10,0	10,7	9,8	8,6	19,2	11,3	11,9	8,8	11,6	13,1	10,6
8	8,1	12,6	10,7	9,9	9,3	10,1	10,5	9,8	5,1	23,4	10,9	11,1	8,1	12,6	12,6	10,3
9	7,1	13,5	11,9	9,9	8,5	10,1	11,2	9,6	3,3	23,6	13,0	10,8	6,8	12,4	14,3	10,1
10	7,3	14,0	12,2	10,2	8,8	10,4	11,2	9,8	4,4	20,7	12,9	10,6	7,3	13,0	13,5	10,3
S	91,4	134,2	120,1	109,3	101,1	110,4	116,6	107,3	70,8	209,4	121,1	118,0	90,6	128,7	138,3	112,1
11	11,0	15,5	14,1	12,9	10,6	10,8	12,9	11,2	11,5	24,0	15,4	15,6	11,0	14,2	16,0	13,1
12	11,0	17,0	14,9	13,5	11,3	12,6	13,8	12,3	10,1	28,1	16,0	16,1	10,8	15,4	17,2	13,6
13	11,1	16,5	14,0	13,2	11,6	13,0	13,5	12,4	10,0	23,5	14,0	14,4	11,1	15,3	15,8	13,3
14	12,0	15,0	13,0	13,0	12,2	12,9	13,0	12,6	11,6	21,5	12,0	14,2	12,1	14,8	14,7	13,4
15	10,0	13,1	12,1	11,3	10,7	11,5	12,0	11,2	8,0	19,9	12,7	12,1	9,4	12,9	14,3	11,5
16	8,8	15,1	12,7	11,3	10,0	11,6	12,4	11,0	6,0	23,1	12,9	12,0	8,6	13,9	15,0	11,5
17	10,3	12,0	11,1	10,9	10,7	10,4	11,2	10,8	9,2	16,1	11,1	11,4	10,4	11,1	12,4	11,1
18	8,9	13,0	12,0	10,7	9,6	10,8	11,6	10,4	7,9	21,5	13,0	12,6	8,4	12,6	14,1	10,9
19	9,0	14,5	13,0	11,4	9,8	11,4	12,2	10,8	7,5	25,4	14,1	13,6	8,6	14,1	15,2	11,6
20	9,2	15,5	13,8	11,9	10,0	11,7	12,8	11,1	7,1	26,5	14,2	13,7	8,8	14,5	16,0	12,0
S	101,3	147,2	130,7	120,1	106,5	116,7	125,4	113,8	88,9	229,6	135,4	135,7	99,2	138,8	150,7	122,0
21	9,7	15,6	13,4	12,1	10,6	12,2	12,9	11,6	7,1	22,1	13,2	12,4	9,7	14,6	15,2	12,3
22	10,0	15,1	13,1	12,1	10,6	11,9	12,6	11,4	9,1	25,0	14,0	14,3	9,6	14,0	15,3	12,1
23	10,0	13,0	12,1	11,3	10,6	11,4	11,8	11,1	8,2	18,2	13,0	11,9	10,0	12,4	13,6	11,5
24	11,2	12,5	12,5	11,8	11,3	11,8	12,0	11,6	11,9	15,0	13,6	13,1	11,6	13,5	13,4	12,5
25	10,5	13,1	12,3	11,6	11,2	11,8	12,3	11,6	10,4	17,0	12,7	12,6	10,9	13,7	14,0	12,4
26	11,1	12,3	11,1	11,4	11,2	11,5	11,4	11,3	11,1	18,0	11,2	12,9	11,4	13,1	13,2	12,3
27	9,0	12,9	11,4	10,6	9,9	11,1	11,4	10,6	7,1	17,0	12,3	10,9	9,0	13,0	13,3	11,1
28	9,9	13,0	12,4	11,3	10,1	11,0	11,8	10,8	8,8	21,6	13,6	13,2	9,8	12,6	14,3	11,6
29	9,1	15,1	13,5	11,7	9,9	11,6	12,4	10,9	7,1	25,0	15,6	13,7	9,0	14,0	15,7	11,9
30	10,6	15,2	13,4	12,4	10,6	12,4	12,7	11,6	9,0	23,1	15,1	14,0	10,2	15,0	15,5	12,7
31	10,5	15,4	13,5	12,5	10,8	12,3	12,7	11,7	9,1	23,3	15,2	14,2	10,4	14,4	15,4	12,7
S	111,6	153,2	138,7	128,8	116,8	129,0	134,0	124,2	98,9	225,3	149,5	143,2	111,6	150,3	158,9	133,1
Total:	304,3	434,6	389,5	358,2	324,4	356,1	376,0	345,3	258,6	664,3	406,0	396,9	301,4	417,8	447,9	367,2
Monat:	9,8	14,0	12,6	11,6	10,5	11,5	12,1	11,1	8,3	21,4	13,1	12,8	9,7	13,5	14,4	11,8

BODENTEMPERATUREN - Serie 3 (Forstbeete):

Ahorn 1 cm a)	b)	c)	M	Ahorn 10 cm a)	b)	c)	M	Esche 1 cm a)	b)	c)	M	Esche 10 cm a)	b)	c)	M	Tag:
9,6	22,6	16,1	14,5	11,1	16,1	16,3	13,7	10,1	20,2	15,8	14,1	11,7	15,2	15,8	13,6	1
11,2	19,5	13,9	14,0	11,9	14,8	14,9	13,4	11,4	19,2	13,9	14,0	12,2	14,6	15,0	13,5	2
10,6	15,4	12,7	12,3	11,6	12,8	13,7	12,4	10,7	15,5	12,4	12,3	12,1	12,9	13,4	12,6	3
6,0	19,5	12,1	10,9	8,3	13,1	13,3	10,7	6,9	15,9	12,0	10,4	9,2	12,4	13,0	11,0	4
6,9	12,6	11,2	9,4	8,3	10,7	11,6	9,7	7,5	12,9	11,4	9,8	9,0	10,9	11,8	10,2	5
6,1	15,1	10,1	9,3	7,8	10,6	11,5	9,4	7,0	13,6	10,5	9,5	8,7	10,6	11,6	9,9	6
8,2	15,5	11,5	10,9	8,6	11,2	12,0	10,1	8,6	14,5	11,1	10,7	9,2	11,2	12,0	10,4	7
6,2	19,3	11,1	10,7	7,9	12,2	11,7	9,9	6,9	17,2	10,5	10,4	8,7	11,7	11,4	10,1	8
4,4	19,0	12,5	10,1	7,0	12,2	12,5	9,7	5,3	15,0	12,4	9,5	8,0	11,4	12,4	9,9	9
5,0	18,4	12,9	10,3	7,3	12,4	12,6	9,9	6,1	16,1	12,8	10,3	8,2	12,0	12,5	10,2	10
74,2	176,9	124,1	112,4	89,8	126,1	130,1	108,9	80,5	160,1	122,8	111,0	97,0	122,9	128,9	111,4	S
11,0	14,4	15,1	12,9	10,7	13,6	14,3	12,3	11,4	17,1	15,0	13,7	11,2	13,2	14,2	12,5	11
10,0	22,2	15,5	14,4	10,6	14,0	14,9	12,5	10,4	17,6	15,0	13,4	11,1	13,8	14,8	12,7	12
10,0	19,0	13,5	13,1	10,7	13,8	13,8	12,3	10,1	16,6	14,0	12,7	11,2	13,8	13,9	12,5	13
11,0	15,7	12,0	12,4	11,4	13,4	12,9	12,3	11,4	14,6	12,0	12,3	11,9	13,4	13,3	12,6	14
8,1	13,5	11,9	10,4	9,2	11,6	11,9	10,5	8,6	13,C	11,6	10,5	10,1	11,8	12,2	11,0	15
6,9	16,0	12,0	10,5	8,4	13,8	12,3	10,7	7,5	14,8	12,3	10,5	9,3	12,2	12,7	10,9	16
9,2	12,6	11,1	10,5	9,8	10,0	11,2	10,2	10,0	13,5	11,2	11,2	10,6	10,8	11,7	10,9	17
7,5	13,9	12,2	10,3	8,3	10,8	11,8	9,8	8,3	13,6	12,5	10,7	9,2	11,4	12,4	10,6	18
7,6	15,0	13,5	10,9	8,5	11,6	12,4	10,2	8,2	14,1	13,1	10,9	8,4	12,0	12,6	10,3	19
8,0	15,7	13,6	11,3	8,8	11,6	12,8	10,5	8,5	15,0	13,4	11,3	9,6	12,3	13,2	11,2	20
89,3	158,0	130,4	116,7	96,4	124,2	128,3	111,3	94,4	149,9	130,1	117,2	102,6	124,7	131,0	115,2	S
7,9	15,5	12,8	11,0	9,4	11,8	12,6	10,8	8,4	16,0	13,1	11,5	10,0	12,6	13,4	11,5	21
8,1	15,5	12,6	11,1	9,0	11,6	12,2	10,5	9,1	15,1	13,1	11,6	9,9	12,4	13,0	11,3	22
8,1	11,2	11,7	9,8	9,2	11,6	11,5	10,4	8,9	14,1	12,9	11,2	10,2	11,5	12,6	11,1	23
10,9	12,6	12,1	11,6	10,7	11,7	11,8	11,2	11,6	14,0	13,1	12,6	11,5	12,7	12,6	12,1	24
10,0	13,0	11,8	11,2	10,2	11,7	11,9	11,0	11,0	14,5	13,1	12,4	11,3	12,8	13,2	12,2	25
11,1	12,9	10,7	11,5	11,6	11,2	11,4	11,4	11,4	13,2	11,1	11,8	11,5	12,3	12,2	11,9	26
7,3	12,2	11,2	9,5	8,6	10,4	11,0	9,7	8,4	13,1	11,6	10,4	9,7	11,5	11,9	10,7	27
8,6	12,5	12,2	10,5	9,0	10,4	11,3	9,9	9,3	14,0	13,1	11,4	10,4	11,4	11,8	11,0	28
7,5	13,6	13,4	10,5	8,5	10,6	12,1	9,9	8,5	15,0	13,6	11,4	9,8	12,0	12,9	11,1	29
9,0	14,1	13,3	11,3	9,4	11,6	12,3	10,7	10,0	16,1	14,2	12,6	10,4	13,0	13,4	11,8	30
8,5	14,3	13,1	11,1	9,4	11,4	12,4	10,6	9,8	16,2	14,1	12,5	10,4	12,6	13,4	11,7	31
97,0	147,4	134,9	119,1	105,0	124,0	130,5	116,1	106,4	161,3	143,0	129,4	115,1	134,8	140,4	126,4	S
260,5	482,3	389,4	348,2	291,2	374,3	388,9	336,3	281,3	471,3	395,9	357,6	314,7	382,4	400,3	353,0	Tot.:
8,4	15,6	12,6	11,2	9,4	12,1	12,5	10,9	9,1	15,2	12,8	11,5	10,2	12,3	12,9	11,4	Mon.:

BODENTEMPERATUREN - Serie 3 (Forstbeete):

Tag:	Kastanie 1 cm a)	b)	c)	M	Kastanie 10 cm a)	b)	c)	M	Eiche 1 cm a)	b)	c)	M	Eiche 10 cm a)	b)	c)	M
1	10,4	15,4	14,0	12,6	10,8	12,3	12,8	11,7	9,0	23,9	16,3	14,6	10,5	14,5	15,6	12,8
2	11,3	16,1	15,0	13,4	11,4	13,0	13,6	12,4	11,0	23,1	17,5	15,6	11,3	15,5	16,5	13,7
3	13,0	15,4	14,9	14,1	12,5	13,5	13,7	13,0	13,5	21,6	16,5	16,3	13,1	15,4	16,4	14,5
4	13,2	15,2	14,5	14,0	13,1	13,4	13,9	13,4	13,6	22,5	16,4	16,5	14,1	15,6	16,4	15,0
5	12,3	14,5	13,9	13,2	12,6	13,2	13,3	12,9	11,7	20,8	15,5	14,9	12,8	15,1	15,6	14,1
6	11,0	13,1	13,0	12,0	11,5	12,1	12,6	11,9	9,0	18,1	15,0	12,8	11,0	13,7	14,8	12,6
7	11,1	14,1	14,5	12,7	10,6	12,4	13,2	11,7	11,0	20,5	17,6	15,0	11,6	14,4	16,1	13,4
8	11,9	14,6	15,0	13,4	12,0	12,7	13,6	12,6	11,2	21,6	18,2	15,6	12,3	14,8	16,8	14,1
9	13,0	14,2	13,5	13,4	12,9	13,2	13,4	13,1	13,5	18,7	14,9	15,1	13,8	15,4	15,6	14,6
10	12,9	14,5	14,5	13,7	12,7	13,2	13,6	13,0	14,0	19,5	17,5	16,3	13,6	15,6	16,7	14,9
S	120,1	147,1	142,8	132,5	120,1	129,0	133,7	125,7	117,5	210,3	165,4	152,7	124,1	150,0	160,5	139,7
11	13,2	15,0	15,5	14,2	12,8	13,4	14,0	13,3	13,1	21,5	18,5	16,6	13,4	16,0	17,4	15,1
12	13,0	15,0	15,0	14,0	13,0	13,6	13,9	13,4	12,9	21,1	18,1	16,2	13,6	15,9	17,0	15,0
13	12,6	14,5	14,1	13,5	12,8	13,3	13,6	13,1	12,2	20,0	16,2	15,2	13,2	15,6	16,4	14,6
14	12,1	13,8	13,5	12,9	12,4	12,9	13,2	12,7	11,5	17,0	15,2	13,8	12,6	14,8	15,4	13,8
15	12,4	13,3	13,1	12,8	12,5	12,7	12,8	12,6	12,9	17,8	15,2	14,7	13,3	14,8	15,4	14,2
16	10,6	13,0	12,0	11,5	11,5	12,0	12,6	11,9	10,1	18,1	15,1	13,3	11,5	14,0	14,9	13,0
17	12,2	13,4	13,3	12,8	12,2	12,6	12,8	12,4	13,0	16,2	15,2	14,4	13,2	14,7	15,0	14,0
18	11,0	13,1	13,6	12,2	11,6	12,0	12,6	12,0	10,0	19,4	16,5	14,0	11,4	14,3	15,6	13,2
19	11,3	13,7	13,3	12,4	11,6	12,3	12,7	12,0	11,5	19,5	16,1	14,6	11,8	14,7	15,5	13,5
20	11,2	12,5	12,5	11,8	11,4	11,8	12,0	11,7	10,7	17,0	14,1	13,1	11,6	13,9	14,5	12,9
S	119,6	137,3	135,9	128,1	121,8	126,6	130,2	125,1	117,9	187,6	160,2	145,9	125,6	148,7	157,1	139,3
21	12,0	13,5	13,5	12,8	11,8	12,3	12,8	12,2	12,3	18,5	16,5	14,9	12,6	14,4	15,4	13,8
22	12,1	15,0	15,0	13,5	11,8	12,9	13,5	12,5	12,6	21,5	18,2	16,2	12,4	15,9	17,0	14,4
23	13,5	16,5	17,5	15,3	13,1	13,9	14,9	13,8	14,2	24,0	22,5	18,7	14,0	17,4	19,3	16,2
24	14,0	15,0	15,1	14,5	13,9	14,1	14,3	14,0	14,7	18,5	17,9	16,5	15,5	16,4	17,0	16,1
25	13,3	14,3	14,0	13,7	13,3	13,5	13,7	13,5	13,2	19,3	16,3	15,5	14,1	16,0	16,4	15,1
26	11,8	13,4	13,8	12,7	12,4	12,7	13,2	12,7	11,1	18,6	16,8	14,4	12,4	14,8	16,0	13,9
27	11,4	13,5	13,1	12,3	12,0	12,6	12,8	12,3	11,0	17,3	15,0	13,6	12,2	14,8	15,4	13,7
28	13,0	13,7	13,3	13,3	12,8	13,1	13,2	13,0	13,5	16,2	14,0	14,3	14,0	15,0	14,6	14,4
29	12,9	13,1	13,0	13,0	12,8	12,9	12,9	12,8	13,6	14,5	14,1	13,9	13,6	14,3	14,3	14,0
30	13,0	13,4	13,5	13,2	12,9	13,0	13,2	13,0	13,1	17,0	15,8	14,8	13,4	14,4	15,4	14,1
S	127,0	141,4	141,8	134,3	126,8	131,0	134,5	129,8	129,3	185,4	167,1	152,8	134,2	153,4	160,8	145,7
Total:	366,7	425,8	420,5	394,9	368,7	386,6	398,4	380,6	364,7	583,3	492,7	451,4	383,9	452,1	478,4	424,7
Monat:	12,2	14,2	14,0	13,2	12,3	12,9	13,3	12,7	12,2	19,4	16,4	15,0	12,8	15,1	15,9	14,2

BODENTEMPERATUREN - Serie 3 (Forstbeete):

Ahorn 1 cm a)	b)	c)	M	Ahorn 10 cm a)	b)	c)	M	Esche 1 cm a)	b)	c)	M	Esche 10 cm a)	b)	c)	M	Tag:
8,8	14,6	14,1	11,6	9,5	11,6	12,7	10,8	10,0	16,6	15,0	12,9	10,6	12,8	13,6	11,9	1
10,4	16,0	15,3	13,0	10,3	12,8	13,8	11,8	11,4	17,8	16,2	14,2	11,3	13,8	14,6	12,8	2
12,7	16,1	15,1	14,2	12,0	13,5	14,2	12,9	13,2	17,5	16,0	15,0	12,8	14,3	15,1	13,7	3
13,1	16,8	15,1	14,5	12,9	13,9	14,6	13,6	13,7	18,2	16,1	15,4	13,7	14,6	15,5	14,4	4
11,3	14,9	14,0	12,9	11,8	13,2	13,6	12,6	12,1	17,0	15,0	14,1	13,0	14,2	14,8	13,7	5
9,0	13,5	13,5	11,2	10,2	11,8	12,9	11,3	10,0	15,4	14,0	12,3	11,3	12,9	13,6	12,3	6
10,6	15,3	16,0	13,1	11,0	12,6	14,0	12,2	11,4	17,0	16,0	14,0	11,9	13,3	14,4	12,9	7
11,2	16,5	16,9	14,0	11,7	13,2	14,8	12,8	11,7	17,6	16,4	14,3	12,3	13,6	15,0	13,3	8
13,1	15,5	14,1	13,9	12,9	13,8	14,1	13,4	13,5	16,9	14,6	14,6	13,4	14,4	14,6	13,9	9
13,0	16,4	16,1	14,6	12,2	14,0	14,9	13,3	13,6	17,0	16,5	15,2	13,4	14,6	15,3	14,2	10
113,2	155,6	150,2	133,0	114,5	130,4	139,6	124,7	120,6	171,0	155,8	142,0	123,7	138,5	146,5	133,1	S
12,9	16,9	17,4	15,0	12,8	14,1	15,4	13,8	13,5	17,6	17,1	15,4	13,4	14,6	15,6	14,3	11
12,8	16,9	16,9	14,9	13,0	14,4	15,3	13,9	13,1	17,9	16,8	15,2	13,6	14,7	15,4	14,3	12
12,0	16,0	15,5	13,9	12,6	14,0	14,7	13,5	12,9	16,7	15,5	14,5	13,2	14,3	14,9	13,9	13
11,2	15,1	14,6	13,0	11,8	13,5	14,0	12,8	12,0	15,3	15,0	13,6	12,6	13,8	14,3	13,3	14
12,5	14,6	14,0	13,4	12,5	13,4	13,8	13,1	13,0	15,8	15,0	14,2	13,3	14,0	14,4	13,7	15
9,6	14,5	14,0	11,9	10,7	12,4	13,2	11,7	10,5	15,1	14,4	12,6	11,5	13,1	14,4	12,6	16
12,4	15,0	14,9	13,7	12,3	13,6	13,9	13,0	13,0	15,0	14,8	14,0	13,2	13,9	14,2	13,6	17
10,5	14,8	15,5	12,8	11,4	12,6	14,0	12,4	10,9	15,0	15,1	13,0	12,0	12,8	13,8	12,7	18
11,0	15,7	15,1	13,2	11,4	13,2	14,0	12,5	11,5	16,0	15,2	13,5	12,0	13,3	14,2	12,9	19
10,5	14,0	13,5	12,1	11,0	12,4	13,0	11,8	11,1	14,1	13,5	12,5	11,8	12,6	13,3	12,4	20
115,4	153,5	151,4	133,9	119,5	133,6	141,3	128,5	121,5	158,5	152,4	138,5	126,6	137,1	144,5	133,7	S
12,0	15,5	15,9	13,9	12,0	13,3	14,2	12,9	12,2	15,6	15,5	13,9	12,4	13,4	14,3	13,1	21
12,0	17,1	17,4	14,6	11,8	14,0	15,4	13,2	12,5	17,0	16,7	14,7	12,4	14,0	15,0	13,5	22
14,0	19,1	20,9	17,0	13,6	15,5	17,2	15,0	14,1	18,5	19,6	16,6	13,8	15,1	16,6	14,8	23
14,2	16,6	17,0	15,5	14,5	15,2	15,6	14,9	14,9	16,8	16,8	15,9	14,8	15,3	15,6	15,1	24
13,0	16,0	15,8	14,4	13,2	14,4	15,0	14,0	13,5	16,0	15,7	14,7	13,8	14,5	15,1	14,3	25
11,0	15,0	15,9	13,2	11,8	13,2	14,3	12,8	11,7	14,9	15,1	13,3	12,6	13,4	14,3	13,2	26
10,9	14,9	14,5	12,8	11,5	13,3	13,8	12,5	11,5	14,4	14,5	13,0	12,2	13,3	13,9	12,9	27
13,3	15,0	13,9	13,9	13,2	13,8	13,7	13,5	13,4	14,7	13,7	13,8	12,4	13,9	13,7	13,1	28
13,2	14,0	14,0	13,6	13,0	13,5	13,4	13,2	13,5	14,0	13,9	13,7	13,4	13,6	13,6	13,5	29
13,0	15,0	15,4	14,1	13,0	13,6	14,4	13,5	13,5	14,9	15,0	14,2	13,4	13,8	14,4	13,8	30
126,6	158,2	160,7	143,0	127,6	139,8	147,0	135,5	130,8	156,8	156,5	143,8	131,2	140,3	146,5	137,3	S
355,2	467,3	462,3	409,9	361,6	403,8	427,9	388,7	372,9	486,3	464,7	424,3	381,5	415,9	437,5	404,1	Tot.
11,8	15,6	15,4	13,7	12,1	13,6	14,3	13,0	12,4	16,2	15,5	14,1	12,7	13,9	14,6	13,5	Mon.

BODENTEMPERATUREN - Serie 3 (Forstbeete):

Tag:	Kastanie 1 cm a)	b)	c)	M	Kastanie 10 cm a)	b)	c)	M	Eiche 1 cm a)	b)	c)	M	Eiche 10 cm a)	b)	c)	M
1	11,9	13,3	13,0	12,5	12,3	12,6	12,9	12,5	12,0	17,5	14,9	14,1	12,6	14,6	15,2	13,8
2	13,1	14,4	14,5	13,8	12,6	13,2	13,5	13,0	13,6	20,5	17,7	16,4	13,8	15,6	16,8	15,0
3	12,5	14,0	14,5	13,4	12,6	13,0	13,4	12,9	12,2	20,1	18,0	15,6	13,4	15,5	16,7	14,7
4	12,5	15,0	15,9	14,0	12,6	13,3	14,0	13,1	12,9	22,1	19,6	16,9	13,4	15,7	17,7	15,1
5	14,0	14,5	14,1	14,2	13,6	13,7	13,8	13,7	15,0	17,1	15,9	15,7	14,9	15,6	15,9	15,3
6	13,4	14,0	13,4	13,5	13,4	13,4	13,5	13,4	13,6	17,2	14,0	14,6	14,5	15,4	15,4	14,9
7	12,9	13,0	13,1	13,0	12,9	12,8	12,8	12,9	12,9	14,5	14,5	13,7	13,8	14,0	14,4	14,0
8	12,8	13,0	13,6	13,0	12,8	12,8	13,1	12,9	12,8	14,5	16,4	14,1	13,7	14,1	15,0	14,1
9	12,8	13,5	13,7	13,2	12,6	13,0	13,2	12,8	13,0	17,1	15,6	14,7	13,3	14,9	15,5	14,3
10	13,0	14,5	14,5	13,7	13,0	13,4	13,7	13,3	13,8	20,5	18,2	16,6	14,1	16,1	17,0	15,3
S	128,9	139,2	140,3	134,3	128,4	131,2	133,9	130,5	131,8	181,1	164,8	152,4	137,5	151,5	159,6	146,5
11	12,1	14,1	14,4	13,2	12,6	13,1	13,5	13,0	12,0	20,8	18,0	15,7	13,3	15,6	16,8	14,8
12	12,9	14,2	14,1	13,5	13,0	13,2	13,6	13,2	13,5	20,0	16,6	15,9	14,2	15,6	16,3	15,1
13	13,8	13,6	13,9	13,8	13,5	13,5	13,6	13,5	14,1	14,4	14,2	14,2	14,8	14,6	14,7	14,7
14	13,2	14,2	14,2	13,7	13,4	13,6	13,8	13,5	13,6	18,1	16,8	15,5	14,0	15,4	16,3	14,9
15	14,0	14,9	14,6	14,4	13,7	14,0	14,1	13,9	15,0	17,6	16,1	15,9	15,0	15,7	15,9	15,4
16	14,1	15,4	15,1	14,7	13,9	14,4	14,6	14,2	15,0	21,6	18,0	17,4	14,8	17,0	17,6	16,0
17	13,9	15,0	15,1	14,5	13,8	14,2	14,5	14,1	14,0	19,2	18,0	16,3	14,7	16,3	17,3	15,8
18	13,1	15,4	15,9	14,4	13,4	13,9	14,6	13,8	12,5	22,0	20,0	16,8	13,6	16,4	18,0	15,4
19	14,1	16,1	16,1	15,1	14,0	14,6	15,0	14,4	15,1	22,5	20,0	18,2	15,4	17,7	18,5	16,7
20	13,9	15,5	16,0	14,8	14,1	14,4	15,0	14,4	13,9	22,0	20,0	17,4	15,2	17,1	18,4	16,5
S	135,1	148,4	149,4	142,1	135,4	138,9	142,3	138,0	138,7	198,2	177,7	163,3	145,0	161,4	169,8	155,3
21	14,2	16,3	16,9	15,4	14,2	14,8	15,4	14,7	14,6	23,1	20,8	18,3	15,3	17,4	19,0	16,8
22	15,1	17,1	17,1	16,1	14,8	15,4	15,8	15,2	15,7	22,9	20,5	18,7	16,0	18,2	19,2	17,3
23	15,3	16,0	16,0	15,7	15,1	15,4	15,4	15,2	16,4	21,0	18,5	18,1	16,6	18,2	18,2	17,4
24	15,1	15,7	15,8	15,4	15,1	15,2	15,3	15,2	16,2	17,5	16,7	16,7	15,6	17,0	17,0	16,3
25	15,4	16,4	16,6	16,0	15,0	15,3	15,7	15,3	16,5	21,2	19,2	18,3	16,1	17,4	18,4	17,0
26	14,5	16,9	17,0	15,7	14,8	15,4	15,8	15,2	15,0	22,1	20,1	18,0	15,6	17,7	18,9	17,0
27	15,7	15,9	16,0	15,8	15,5	15,4	15,5	15,5	16,5	18,0	18,2	17,3	17,2	16,8	17,4	17,1
28	15,0	15,5	15,4	15,2	14,9	15,1	15,2	15,0	15,7	18,0	17,0	16,6	15,8	16,6	16,9	16,3
29	13,5	14,5	14,2	13,9	14,0	14,2	14,3	14,1	13,5	18,0	15,7	15,2	14,4	15,6	16,1	15,1
30	13,1	14,5	14,5	13,8	13,4	13,8	14,2	13,7	12,9	19,0	16,5	15,3	13,7	15,2	16,2	14,7
31	12,5	14,6	15,1	13,7	13,2	13,6	14,2	13,5	11,7	19,2	18,1	15,2	13,3	15,1	16,6	14,6
S	159,4	173,4	174,6	166,7	160,0	163,6	166,8	162,6	164,7	220,0	201,3	187,7	169,6	185,2	193,9	179,6
Total:	423,4	461,0	464,3	443,1	423,8	433,7	443,0	431,1	435,2	599,3	543,8	503,4	452,1	498,1	523,3	481,4
Monat:	13,6	14,9	15,0	14,3	13,7	14,0	14,3	13,9	14,0	19,3	17,5	16,2	14,6	16,1	16,9	15,5

BODENTEMPERATUREN - Serie 3 (Forstbeete):

Ahorn 1 cm a)	b)	c)	M	Ahorn 10 cm a)	b)	c)	M	Esche 1 cm a)	b)	c)	M	Esche 10 cm a)	b)	c)	M	Tag:
11,8	15,0	14,0	13,2	12,1	13,4	13,8	12,9	12,2	15,0	14,0	13,4	12,6	13,6	13,9	13,2	1
13,4	16,5	16,5	14,9	13,0	14,2	15,0	13,8	13,7	16,5	16,4	15,1	13,4	14,3	15,0	14,0	2
12,5	15,8	16,5	14,3	12,8	13,9	14,9	13,6	12,5	15,5	15,7	14,0	13,2	13,8	14,6	13,7	3
12,6	17,5	18,6	15,3	12,8	14,4	16,1	14,0	12,5	16,7	17,2	14,7	13,0	14,0	15,2	13,8	4
14,5	15,8	15,1	15,0	14,2	14,6	14,8	14,4	14,5	15,5	15,0	14,9	14,2	14,6	14,8	14,5	5
13,4	15,4	13,7	14,0	13,7	14,3	14,2	14,0	13,5	15,0	13,6	13,9	14,0	14,2	14,2	14,1	6
12,9	13,8	13,8	13,4	13,2	13,3	13,5	13,3	13,0	13,5	13,6	13,3	13,4	13,3	13,5	13,4	7
12,9	13,7	15,1	13,6	13,1	13,3	13,9	13,4	13,1	13,7	14,9	13,7	13,3	13,4	13,8	13,4	8
12,9	15,1	14,8	13,9	12,8	13,8	14,4	13,4	13,0	15,0	14,5	13,9	13,2	13,9	14,2	13,6	9
13,5	16,6	16,7	15,1	13,4	14,5	15,4	14,2	13,6	16,6	16,4	15,0	13,5	14,4	15,1	14,1	10
130,4	155,2	154,8	142,7	131,1	139,7	146,0	137,0	131,6	153,0	151,3	141,9	133,8	139,5	144,3	137,8	S
11,7	16,1	16,5	14,0	12,4	14,0	15,0	13,5	12,1	16,1	16,0	14,1	13,1	13,9	14,8	13,7	11
13,0	16,5	15,7	14,6	13,2	14,2	14,8	13,8	13,4	16,1	15,4	14,6	13,6	14,2	14,7	14,0	12
14,2	14,0	14,3	14,2	14,0	13,9	14,0	14,0	14,1	14,2	14,4	14,2	14,1	14,2	14,2	14,2	13
13,4	16,0	15,8	14,6	13,4	14,4	14,9	14,0	13,8	15,8	15,3	14,7	13,8	14,4	14,8	14,2	14
14,6	16,2	15,8	15,3	14,2	14,8	15,0	14,6	14,7	16,0	15,7	15,3	14,4	14,8	15,0	14,6	15
14,6	17,5	17,0	15,9	14,3	15,4	15,9	15,0	14,9	17,5	16,5	15,9	14,1	15,2	15,7	14,8	16
13,8	16,9	16,9	15,3	14,0	15,0	15,7	14,7	14,0	16,0	16,2	15,0	14,3	14,9	15,4	14,7	17
12,5	17,4	18,2	15,2	13,0	14,8	16,0	14,2	12,9	17,0	17,2	15,0	13,4	14,5	15,5	14,2	18
14,9	18,6	18,5	16,7	14,5	16,0	16,8	15,4	14,9	18,5	17,6	16,5	14,6	15,6	16,4	15,3	19
13,9	17,5	18,8	16,0	14,4	15,4	16,5	15,2	13,8	17,0	17,5	15,5	14,4	15,1	15,9	15,0	20
136,6	166,7	167,5	151,8	137,4	147,9	154,6	144,4	138,6	164,2	161,8	150,8	139,8	146,8	152,4	144,7	S
14,5	18,5	19,5	16,8	14,5	15,8	17,2	15,5	14,5	17,9	18,4	16,3	14,1	15,6	16,5	15,1	21
15,6	19,1	19,5	17,4	15,4	16,7	17,6	16,3	15,5	18,6	18,6	17,1	15,3	16,3	16,9	16,0	22
15,8	17,9	17,4	16,7	15,6	16,4	16,5	16,0	15,9	17,5	17,1	16,6	15,6	16,3	16,4	16,0	23
15,6	16,7	16,5	16,1	15,6	15,8	16,1	15,8	15,5	16,0	16,1	15,8	15,5	15,6	15,9	15,6	24
16,1	18,2	18,8	17,3	15,4	16,4	16,9	16,0	15,9	18,1	17,9	17,0	15,4	16,1	16,6	15,9	25
14,5	19,0	18,9	16,7	14,8	16,4	17,3	15,8	14,7	18,6	18,0	16,5	15,2	16,2	16,8	15,8	26
16,2	16,9	17,5	16,7	16,0	16,2	16,4	16,2	15,8	16,6	17,1	16,3	16,0	15,9	16,3	16,0	27
15,2	16,6	16,5	15,9	15,1	15,7	15,9	15,4	15,2	16,5	16,4	15,8	15,2	15,7	15,8	15,5	28
13,4	15,4	15,0	14,3	13,8	14,5	15,0	14,3	13,5	15,5	14,8	14,3	14,1	14,7	14,8	14,4	29
12,5	16,0	15,6	14,2	13,0	14,2	15,0	13,8	12,9	15,7	15,4	14,2	13,4	14,0	14,8	13,9	30
11,5	16,1	16,8	14,0	12,6	14,0	15,2	13,6	12,0	15,8	16,2	14,0	12,9	13,9	15,0	13,7	31
160,9	190,4	192,0	176,1	161,8	172,1	179,1	168,7	161,4	186,8	186,0	173,9	162,7	170,3	175,8	167,9	S
427,9	512,3	514,3	470,6	430,3	459,7	479,7	450,1	431,6	504,0	499,1	466,6	436,3	456,6	472,5	450,4	Tot.
13,8	16,5	16,6	15,2	13,9	14,8	15,5	14,5	13,9	16,3	16,1	15,1	14,1	14,7	15,2	14,5	Mon.

BODENTEMPERATUREN - Serie 3 (Forstbeete):

Tag:	Kastanie 1 cm a)	b)	c)	M	Kastanie 10 cm a)	b)	c)	M	Eiche 1 cm a)	b)	c)	M	Eiche 10 cm a)	b)	c)	M
1	13,2	15,0	15,1	14,1	13,4	13,9	14,3	13,8	12,9	19,8	17,6	15,8	13,9	15,7	16,7	15,1
2	14,1	14,7	14,5	14,4	14,2	14,2	14,2	14,2	15,0	17,1	15,7	15,7	15,6	15,7	15,7	15,6
3	12,9	14,3	14,5	13,6	13,4	13,6	14,0	13,6	12,4	18,3	17,0	15,0	13,6	15,3	16,0	14,6
4	12,1	14,0	15,0	13,3	12,8	13,2	13,9	13,2	11,6	18,5	18,0	14,9	13,0	14,6	16,3	14,2
5	13,1	15,5	15,9	14,4	13,4	13,9	14,7	13,8	13,0	20,7	19,2	16,5	13,8	16,1	17,4	15,3
6	13,9	15,8	15,9	14,9	13,9	14,4	14,8	14,2	14,0	19,5	18,0	16,4	14,9	16,5	17,3	15,9
7	14,1	15,2	15,4	14,7	14,4	14,6	14,8	14,5	13,5	19,5	18,4	16,2	14,8	16,2	17,1	15,7
8	13,4	15,5	15,7	14,5	13,8	14,3	14,7	14,2	12,6	20,1	18,5	16,0	14,2	16,1	17,1	15,4
9	13,9	16,0	16,0	15,0	14,0	14,7	15,0	14,4	13,5	20,0	18,3	16,3	14,6	16,5	17,4	15,8
10	15,0	15,6	15,7	15,3	14,6	14,9	15,0	14,8	16,0	17,2	17,2	16,6	15,6	16,5	16,6	16,1
S	135,7	151,6	153,7	144,2	137,9	141,7	145,4	140,7	134,5	190,7	177,9	159,4	144,0	159,2	167,6	153,7
11	14,6	15,8	16,0	15,3	14,8	14,8	15,2	14,9	14,8	20,0	18,5	17,0	15,6	16,4	17,4	16,3
12	13,9	16,1	16,2	15,0	14,2	14,7	15,3	14,6	13,4	20,0	19,0	16,5	14,4	16,5	17,6	15,7
13	14,5	16,5	16,5	15,5	14,6	15,0	15,5	14,9	14,2	20,8	18,9	17,0	15,2	16,8	17,8	16,2
14	15,2	16,2	16,4	15,7	15,0	15,4	15,6	15,3	15,9	18,6	18,5	17,2	16,0	17,0	17,6	16,7
15	14,9	16,1	16,1	15,5	15,0	15,4	15,6	15,3	15,1	19,1	18,4	16,9	15,7	16,8	17,4	16,4
16	14,5	16,1	16,0	15,3	14,7	15,1	15,4	15,0	13,9	19,9	17,5	16,3	15,0	16,6	17,3	16,0
17	14,9	15,1	15,0	15,0	14,9	15,0	14,9	14,9	14,9	16,0	15,5	15,3	15,6	15,9	16,1	15,8
18	13,5	15,0	15,8	14,4	14,0	14,6	14,8	14,3	12,2	17,1	18,0	14,9	13,7	15,1	16,4	14,7
19	13,7	15,4	16,0	14,7	14,0	14,4	14,9	14,3	12,5	18,1	17,9	15,2	13,9	15,2	16,5	14,9
20	14,2	16,5	17,1	15,5	14,4	14,8	15,6	14,8	13,5	19,8	19,4	16,6	14,5	16,0	17,4	15,6
S	143,9	158,8	161,1	151,9	145,6	149,2	152,8	148,3	140,4	189,4	181,6	162,9	149,6	162,3	171,5	158,3
21	15,4	17,5	18,4	16,7	15,1	15,6	16,4	15,6	15,1	21,2	21,1	18,1	15,6	17,1	18,6	16,7
22	16,0	18,0	18,7	17,2	15,7	16,2	16,8	16,1	15,5	21,9	22,0	18,7	16,4	17,8	19,4	17,5
23	16,2	17,9	17,6	17,0	16,0	16,6	16,7	16,3	16,0	20,6	19,4	18,0	16,7	18,1	18,6	17,5
24	16,1	17,0	17,0	16,5	16,1	16,3	16,4	16,2	16,1	19,5	18,1	17,5	16,6	17,4	17,8	17,1
25	15,6	16,5	16,0	15,9	15,7	15,8	15,7	15,7	15,8	19,4	17,5	17,1	16,2	17,0	17,2	16,7
26	13,5	16,0	16,4	14,8	14,6	15,0	15,4	14,9	12,0	18,9	18,0	15,2	14,0	15,6	16,8	15,1
27	13,5	16,0	16,1	14,8	14,4	14,9	15,4	14,8	12,0	19,0	17,9	15,2	13,8	15,5	16,6	14,9
28	13,5	16,0	16,1	14,8	14,3	14,8	15,4	14,7	12,2	18,2	17,3	15,0	13,8	15,6	16,5	14,9
29	14,1	16,5	16,9	15,4	14,6	15,2	15,7	15,0	13,0	19,0	18,6	15,9	14,3	16,0	17,3	15,5
30	15,9	17,0	17,0	16,4	15,5	15,8	16,2	15,8	16,0	19,4	17,8	17,3	16,0	16,8	17,5	16,6
31	14,2	15,8	16,1	15,1	14,9	15,2	15,4	15,1	12,9	17,2	17,4	15,1	14,6	15,5	16,6	15,3
S	164,0	184,2	186,3	174,6	166,9	171,4	175,5	170,2	156,6	214,3	205,1	183,1	168,0	182,4	192,9	177,8
Total:	443,6	494,6	501,1	470,7	450,4	462,3	473,7	459,2	431,5	594,4	564,6	505,4	461,6	503,9	532,0	489,8
Monat:	14,3	16,0	16,2	15,2	14,5	14,9	15,3	14,8	13,9	19,2	18,2	16,3	14,9	16,3	17,2	15,8

BODENTEMPERATUREN - Serie 3 (Forstbeete):

Ahorn 1 cm a)	Ahorn 1 cm b)	Ahorn 1 cm c)	Ahorn M	Ahorn 10 cm a)	Ahorn 10 cm b)	Ahorn 10 cm c)	Ahorn M	Esche 1 cm a)	Esche 1 cm b)	Esche 1 cm c)	Esche M	Esche 10 cm a)	Esche 10 cm b)	Esche 10 cm c)	Esche M	Tag:
12,8	16,5	17,0	14,8	13,3	14,6	15,4	14,2	13,0	16,2	16,4	14,7	13,5	14,5	15,2	14,2	1
14,7	15,6	15,1	15,0	14,6	14,6	14,8	14,6	14,5	15,5	15,0	14,9	14,6	14,7	14,8	14,7	2
12,1	15,9	16,1	14,1	12,7	14,0	15,0	13,6	12,4	15,5	15,6	14,0	13,2	14,0	14,7	13,8	3
11,5	16,0	17,0	14,0	12,4	13,6	15,2	13,4	11,9	15,5	16,5	13,9	12,6	13,6	14,8	13,4	4
12,8	17,8	18,3	15,4	13,2	14,9	16,2	14,4	13,0	17,2	17,5	15,2	13,4	14,2	15,6	14,1	5
13,9	17,9	17,2	15,7	14,1	15,6	16,0	15,0	14,0	17,5	16,8	15,6	14,2	15,4	15,9	14,9	6
13,5	17,0	17,3	15,3	14,2	15,2	15,9	14,9	13,8	17,0	16,9	15,4	14,3	15,2	15,8	14,9	7
12,8	17,1	17,6	15,1	13,5	14,8	15,9	14,4	12,9	16,9	17,0	14,9	13,7	14,7	15,6	14,4	8
13,5	17,9	17,9	15,7	14,0	15,5	16,3	14,9	13,8	17,5	17,2	15,6	14,1	15,4	16,0	14,9	9
15,5	16,8	16,8	16,1	14,8	15,6	15,8	15,2	15,4	16,5	16,5	15,8	14,9	15,6	15,7	15,3	10
133,1	168,5	170,3	151,2	136,8	148,4	156,5	144,6	134,7	165,3	165,4	150,0	138,5	147,3	154,1	144,6	S
14,8	17,7	17,9	16,3	15,2	15,6	16,5	15,6	14,6	17,5	17,2	16,0	15,2	15,5	16,2	15,5	11
13,0	17,9	18,4	15,6	13,7	15,6	16,5	14,9	13,5	17,8	17,8	15,7	14,0	15,4	16,4	15,0	12
14,3	18,2	18,4	16,3	14,8	15,8	16,8	15,6	14,5	17,9	17,9	16,2	14,7	15,6	16,5	15,4	13
15,5	17,8	18,1	16,7	15,4	16,2	16,8	15,9	15,6	17,5	17,7	16,6	15,4	16,1	16,6	15,9	14
15,0	17,6	17,8	16,4	15,3	15,9	16,5	15,8	15,0	17,6	17,5	16,3	15,2	15,8	16,4	15,6	15
13,8	18,0	17,2	15,7	14,5	16,8	16,4	15,5	14,2	18,0	17,0	15,8	14,7	15,7	16,4	15,4	16
14,9	15,6	15,1	15,1	15,0	15,4	15,4	15,2	15,0	15,6	15,1	15,2	15,2	15,4	15,4	15,3	17
12,3	16,1	17,2	14,5	13,3	14,6	15,6	14,2	12,8	16,0	17,0	14,6	13,6	14,6	15,5	14,3	18
12,8	16,2	17,1	14,7	13,6	14,6	15,6	14,4	13,1	16,1	17,0	14,8	13,8	14,6	15,6	14,5	19
13,6	18,0	18,9	16,0	14,3	15,4	16,8	15,2	13,8	17,9	18,2	15,9	14,2	15,3	16,4	15,0	20
140,0	173,1	176,1	157,3	145,1	155,9	162,9	152,3	142,1	171,9	172,4	157,1	146,0	154,0	161,4	151,9	S
15,1	19,4	20,6	17,6	15,2	16,5	17,8	16,2	15,1	19,5	20,0	17,4	15,2	16,4	17,4	16,1	21
15,8	20,1	21,5	18,3	15,9	17,1	18,5	16,9	16,0	20,1	21,0	18,3	16,0	17,0	18,1	16,8	22
16,0	19,5	19,0	17,6	16,1	17,4	17,8	16,8	16,1	19,5	19,0	17,7	16,2	17,3	17,6	16,8	23
15,9	18,5	17,9	17,0	16,0	16,7	17,2	16,5	16,1	18,8	18,0	17,2	16,2	16,8	17,2	16,6	24
15,6	18,2	16,9	16,6	15,6	16,4	16,4	16,0	15,8	18,5	17,0	16,8	15,7	16,4	16,5	16,1	25
11,8	17,1	17,6	14,6	13,4	15,1	16,2	14,5	12,5	17,8	17,7	15,1	13,9	15,4	16,3	14,9	26
12,0	17,4	17,7	14,8	13,4	15,1	16,2	14,5	12,7	17,6	17,5	15,1	13,8	15,4	16,2	14,8	27
12,1	17,1	17,3	14,6	13,4	15,1	16,1	14,5	12,7	17,6	17,4	15,1	13,8	15,4	16,2	14,8	28
13,0	18,0	18,6	15,6	13,7	15,6	16,8	15,0	13,5	18,4	18,5	16,0	14,3	15,8	16,6	15,2	29
16,0	18,5	17,8	17,1	15,7	16,4	16,8	16,1	16,1	18,4	17,8	17,1	15,8	16,4	16,8	16,2	30
12,8	16,5	17,0	14,8	13,9	14,9	16,1	14,7	13,1	16,6	17,1	15,0	14,4	15,2	16,2	15,0	31
156,1	200,3	201,9	178,6	162,3	176,3	185,9	171,7	159,7	202,8	201,0	180,8	165,3	177,5	185,1	173,3	S
429,2	541,9	548,3	487,1	444,2	480,6	505,3	468,6	436,5	540,0	538,8	487,9	449,8	478,8	500,6	469,8	Tot.
13,8	17,5	17,7	15,7	14,3	15,5	16,3	15,1	14,1	17,4	17,4	15,7	14,5	15,4	16,1	15,1	Mon.

BODENTEMPERATUREN - Serie 3 (Forstbeete):

Tag:	Kastanie 1 cm a)	b)	c)	M	Kastanie 10 cm a)	b)	c)	M	Eiche 1 cm a)	b)	c)	M	Eiche 10 cm a)	b)	c)	M
1	13,5	15,7	16,0	14,7	14,4	14,8	15,3	14,7	11,8	18,0	17,1	14,7	13,5	15,2	16,2	14,6
2	13,9	15,6	15,9	14,8	14,3	14,8	15,2	14,7	12,3	17,6	17,5	14,9	13,6	15,1	16,2	14,6
3	13,9	16,0	16,0	15,0	14,4	14,8	15,2	14,7	12,5	19,0	17,2	15,3	13,6	15,2	16,2	14,7
4	13,1	16,3	16,5	14,7	14,1	14,8	15,4	14,6	11,8	18,8	18,0	15,1	13,4	15,4	16,4	14,6
5	13,8	16,0	16,0	14,9	14,4	14,8	15,3	14,7	12,9	18,0	17,5	15,3	13,9	15,4	16,4	14,9
6	14,0	16,2	16,4	15,2	14,5	15,0	15,4	14,8	12,9	18,6	17,5	15,5	14,0	15,4	16,4	15,0
7	14,2	16,4	16,9	15,4	14,6	15,2	15,7	15,0	12,9	18,2	18,1	15,5	14,2	15,5	16,6	15,1
8	14,7	16,8	16,9	15,8	14,9	15,5	16,0	15,3	13,4	19,0	17,9	15,9	14,4	15,8	16,8	15,4
9	15,0	17,2	17,2	16,1	15,3	15,7	16,3	15,7	13,5	19,8	18,4	16,3	15,8	16,2	17,2	16,2
10	14,6	16,8	16,4	15,6	14,2	15,7	16,2	15,1	13,0	18,3	17,0	15,3	14,4	15,9	16,6	15,3
S	140,7	163,0	164,2	152,2	145,1	151,1	156,0	149,3	127,0	185,3	176,2	153,8	140,8	155,1	165,0	150,4
11	13,5	16,0	16,1	14,8	14,7	15,2	15,7	15,1	12,0	17,6	17,0	14,7	13,7	15,1	16,2	14,7
12	13,6	16,1	16,4	14,9	14,4	15,0	15,6	14,9	12,0	17,7	17,0	14,7	13,4	15,1	16,0	14,5
13	14,5	15,1	15,5	14,9	15,0	15,0	15,4	15,1	13,7	15,0	15,6	14,[illegible]	14,2	[illegible]	15,4	14,7
14	13,8	15,1	15,1	14,5	14,5	14,8	15,0	14,7	12,1	16,1	16,0	14,1	13,6	14,[illegible]	15,2	14,2
15	14,8	15,2	15,0	14,9	14,7	15,0	15,0	14,9	13,9	16,3	14,5	14,6	14,2	15,0	15,3	14,6
16	13,2	15,1	15,0	14,1	14,2	14,5	14,7	14,4	11,0	16,5	15,0	13,4	13,1	14,2	14,9	13,8
17	13,4	15,6	15,9	14,6	13,9	14,4	15,1	14,3	12,6	18,0	17,0	15,1	1[illegible],2	14,7	15,8	14,2
18	14,3	15,0	14,7	14,6	14,6	14,6	14,7	14,6	13,6	16,1	14,5	14,4	1[illegible],1	14,8	15,1	14,5
19	14,0	14,1	14,1	14,1	14,3	14,4	14,3	14,3	13,0	14,4	14,5	13,7	1[illegible],8	14,3	14,6	[illegible]4,1
20	11,5	13,6	14,0	12,6	12,8	13,2	13,7	13,1	9,2	15,1	14,5	12,0	1[illegible],3	12,8	14,0	12,4
S	136,6	150,9	151,8	144,0	143,1	146,1	149,2	145,4	123,1	162,8	155,6	141,2	134,6	145,4	152,3	1[illegible]1,7
21	13,2	15,0	15,4	14,2	13,5	13,9	14,6	13,9	12,5	17,7	16,8	14,9	13,0	14,5	15,6	14,0
22	14,0	15,9	16,2	15,0	14,1	14,7	15,1	14,5	13,4	18,5	17,6	15,7	13,8	15,3	16,4	[illegible]4,8
23	13,5	15,6	15,6	14,6	14,2	14,6	14,9	14,5	11,5	17,4	16,2	14,2	13,4	14,8	15,6	[illegible]4,3
24	13,9	16,1	16,1	15,0	14,4	14,8	15,3	14,7	12,4	18,0	17,0	14,9	13,6	15,1	16,1	[illegible]4,6
25	14,0	16,9	17,0	15,5	14,4	15,3	15,8	15,0	12,7	19,0	18,5	15,7	13,9	15,5	16,8	1[illegible],0
26	14,5	16,9	16,6	15,6	15,1	15,6	15,9	15,4	13,1	18,8	17,1	15,5	14,7	16,0	16,6	1[illegible],5
27	13,0	16,7	17,4	15,0	14,4	15,0	15,7	14,9	11,0	18,4	18,4	14,7	13,4	15,0	16,5	14,6
28	14,6	17,0	16,6	15,7	15,4	15,8	16,1	15,7	13,0	18,4	16,6	15,3	14,5	16,1	16,4	[illegible]5,4
S	110,7	130,1	130,9	120,6	115,5	119,7	123,4	118,6	99,6	146,2	138,2	120,9	110,3	122,3	130,0	1[illegible]8,2
Total:	388,0	444,0	446,9	416,8	403,7	416,9	428,6	413,3	349,7	494,3	470,0	415,9	385,7	422,8	447,3	410,3
Monat:	13,9	15,9	16,0	14,9	14,4	14,9	15,3	14,8	12,5	17,7	16,8	14,9	13,8	15,1	16,0	14,7

BODENTEMPERATUREN - Serie 3 (Forstbeete):

Ahorn 1 cm a)	b)	c)	M	Ahorn 10 cm a)	b)	c)	M	Esche 1 cm a)	b)	c)	M	Esche 10 cm a)	b)	c)	M	Tag:
11,4	17,2	17,3	14,3	13,0	14,8	15,6	14,1	12,1	17,6	17,5	14,8	13,6	15,0	15,8	14,5	1
12,2	16,6	17,4	14,6	13,2	14,7	15,7	14,2	13,0	17,0	17,5	15,1	13,7	15,0	15,8	14,6	2
12,6	18,0	17,1	15,1	13,5	15,0	15,8	14,5	13,0	18,1	17,1	15,3	13,9	15,2	15,9	14,7	3
11,7	18,2	18,0	14,9	12,9	15,2	16,2	14,3	12,1	18,5	18,1	15,2	13,4	15,4	16,3	14,6	4
12,5	17,3	17,5	15,0	13,4	15,0	16,1	14,5	13,0	17,6	17,4	15,3	13,9	15,3	16,1	14,8	5
13,0	18,0	17,6	15,4	13,7	15,2	16,0	14,6	13,5	18,1	17,7	15,7	14,1	15,4	16,2	14,9	6
13,0	17,7	18,4	15,5	13,2	15,4	16,5	14,6	13,5	17,9	18,1	15,7	14,2	15,6	16,4	15,1	7
13,7	18,3	18,0	15,9	14,2	15,7	16,6	15,2	14,0	18,5	18,1	16,2	14,5	15,8	16,6	15,4	8
13,8	19,0	18,7	16,3	14,5	16,0	17,0	15,5	14,3	19,2	18,8	16,6	15,0	16,2	17,1	15,8	9
13,2	18,0	17,0	15,3	14,2	15,8	16,3	15,1	13,8	18,1	17,4	15,8	14,6	16,0	16,4	15,4	10
127,1	178,3	177,0	152,3	135,8	152,8	161,8	146,6	132,3	180,6	177,7	155,7	140,9	154,9	162,6	149,8	S
11,9	17,2	17,1	14,5	13,4	15,0	16,0	14,5	12,5	17,7	17,4	15,0	13,9	15,3	16,3	14,9	11
12,1	17,7	17,2	14,8	13,3	15,0	16,0	14,4	12,9	17,9	17,5	15,3	13,8	15,2	16,2	14,7	12
13,7	14,9	16,0	14,6	14,2	14,7	15,2	14,6	14,0	15,0	16,0	14,7	14,5	14,8	15,2	14,8	13
12,0	16,1	16,0	14,0	13,4	14,7	15,3	14,2	12,5	16,4	16,5	14,5	13,8	14,8	15,5	14,5	14
14,0	16,2	14,5	14,7	14,2	15,0	14,9	14,6	14,3	16,5	15,1	15,0	14,5	15,2	15,3	14,9	15
11,3	16,1	15,5	13,5	12,8	14,2	14,8	13,6	12,0	16,5	15,8	14,1	13,4	14,6	15,1	14,1	16
12,4	17,5	17,2	14,9	12,8	14,4	15,7	13,9	12,8	17,6	17,0	15,0	13,4	14,6	15,7	14,3	17
13,2	15,6	14,7	14,2	13,7	14,6	14,7	14,2	13,8	15,8	14,8	14,5	14,2	14,7	14,9	14,5	18
13,3	14,0	14,6	13,8	13,6	14,0	14,3	13,9	13,5	14,4	14,9	14,1	13,9	14,5	14,6	14,2	19
8,8	14,4	14,9	11,7	10,7	12,4	13,7	11,9	9,5	14,7	15,0	12,2	11,6	12,9	14,0	12,5	20
122,7	159,7	157,7	140,7	132,1	144,0	150,6	139,8	127,5	162,5	160,0	144,4	137,0	146,6	152,8	143,4	S
12,5	16,9	17,0	14,7	12,7	14,2	15,6	13,8	12,8	17,1	17,0	14,9	13,2	14,5	15,6	14,1	21
13,4	17,6	17,9	15,6	13,6	15,0	16,2	14,6	13,5	17,9	17,9	15,7	13,8	15,3	16,3	14,8	22
11,7	17,0	16,7	14,3	13,2	14,7	15,6	14,2	12,2	17,1	16,9	14,6	13,6	14,8	15,8	14,5	23
12,7	17,5	17,4	15,1	13,5	15,0	16,0	14,5	13,0	17,9	17,2	15,3	14,0	15,3	16,1	14,8	24
12,9	19,0	19,0	16,0	13,6	15,7	16,9	15,0	13,0	19,1	19,0	16,0	14,0	15,8	16,8	15,2	25
13,2	18,6	17,6	15,6	14,4	16,0	16,6	15,3	13,6	19,0	18,0	16,1	14,7	16,3	16,8	15,6	26
11,1	18,0	19,0	14,8	13,2	15,0	16,6	14,5	11,9	18,4	18,9	15,3	13,8	15,4	16,6	14,9	27
13,5	18,7	17,5	15,8	14,6	16,3	16,7	15,5	14,0	18,9	17,7	16,1	15,0	16,6	16,9	15,9	28
101,0	143,3	142,1	121,9	108,8	121,9	130,2	117,4	104,0	145,4	142,6	124,0	112,1	124,0	130,9	119,8	S
350,8	481,3	476,8	414,9	376,7	418,7	442,6	403,8	363,8	488,5	480,3	424,1	390,0	425,5	446,3	413,0	Tot.
12,5	17,2	17,0	14,8	13,5	15,0	15,8	14,4	13,0	17,4	17,2	15,1	13,9	15,2	15,9	14,7	Mon.

BODENTEMPERATUREN - Serie 3 (Forstbeete):

Tag:	Kastanie 1 cm a)	b)	c)	M	Kastanie 10 cm a)	b)	c)	M	Eiche 1 cm a)	b)	c)	M	Eiche 10 cm a)	b)	c)	M
1	14,6	16,9	16,7	15,7	15,2	15,7	16,1	15,6	13,0	18,1	17,2	15,3	14,6	15,8	16,4	15,4
2	14,3	16,5	16,9	15,5	15,3	15,6	16,1	15,6	13,1	18,0	17,0	15,3	14,3	15,4	16,3	15,1
3	14,3	17,0	17,2	15,7	15,1	15,7	16,4	15,6	12,0	18,8	17,2	15,0	13,8	15,4	16,4	14,8
4	13,9	17,0	17,4	15,6	15,2	15,7	16,3	15,6	11,2	19,0	17,5	14,7	13,5	15,1	16,3	14,6
5	15,1	17,1	18,0	16,3	15,7	16,2	16,7	16,1	13,1	18,9	18,5	15,9	14,6	15,6	16,7	15,4
6	15,4	19,1	19,8	17,4	16,0	16,8	17,6	16,6	13,9	21,6	20,5	17,5	15,1	16,9	18,3	16,4
7	15,9	19,5	17,6	17,2	16,6	17,3	17,5	16,8	13,9	21,5	17,1	16,6	15,4	17,2	17,6	16,4
8	16,4	17,1	17,0	16,7	16,4	16,8	16,8	16,6	15,6	18,1	17,0	16,6	16,1	16,7	16,9	16,4
9	15,7	17,4	17,4	16,6	16,3	16,5	16,8	16,5	14,0	18,6	17,1	15,9	15,3	16,0	16,8	15,8
10	13,5	16,4	17,5	15,2	14,9	15,4	16,3	15,4	11,2	17,7	18,0	14,5	13,3	14,6	16,1	14,3
S	149,1	174,0	175,5	161,9	156,7	161,7	166,6	160,4	131,0	190,3	177,1	157,3	146,0	158,7	167,8	154,6
11	14,2	18,0	18,0	16,1	15,3	16,3	16,8	15,9	11,1	19,3	17,6	14,8	14,4	15,6	16,8	15,3
12	12,6	17,1	16,6	14,7	14,9	15,7	16,1	15,4	9,4	19,0	16,4	13,6	13,0	14,9	15,8	14,2
13	13,0	16,4	16,3	14,7	15,2	15,4	15,8	15,4	10,9	17,9	15,9	13,9	13,4	14,6	15,6	14,3
14	12,8	16,0	16,0	14,4	14,4	15,0	15,7	14,9	10,0	17,9	15,6	13,4	12,7	14,3	15,3	13,7
15	14,1	15,0	15,1	14,6	14,8	14,8	15,2	14,9	12,9	17,0	14,5	14,3	13,8	14,1	14,8	14,1
16	13,9	16,0	16,1	15,0	14,6	15,2	15,6	15,0	12,4	17,2	15,8	14,4	13,3	14,7	15,4	14,2
17	12,9	16,5	16,4	14,7	14,5	15,2	15,6	15,0	9,9	18,1	16,0	13,5	12,9	14,4	15,4	13,9
18	12,9	17,0	17,5	15,1	14,6	15,3	16,2	15,2	10,0	18,7	17,4	14,0	12,9	14,4	15,9	14,0
19	13,0	17,0	17,1	15,0	15,0	15,6	14,2	14,9	10,0	18,1	14,8	13,2	13,3	14,7	15,7	14,3
20	16,0	18,0	17,1	16,8	15,9	16,5	16,7	16,2	15,1	19,7	17,1	16,8	15,1	16,4	16,7	15,8
S	135,4	167,0	166,2	151,1	149,2	155,0	157,9	152,8	111,7	182,9	161,1	141,9	134,8	148,1	157,4	143,8
21	13,0	14,9	14,9	14,0	15,2	15,3	15,4	15,3	9,9	15,9	14,1	12,5	13,4	14,2	14,8	14,0
22	12,7	16,0	16,5	14,5	14,2	14,8	15,5	14,7	10,0	17,5	15,5	13,2	12,5	13,8	15,2	13,5
23	11,4	16,1	15,5	13,6	13,6	15,4	15,6	14,6	7,7	18,1	14,6	12,0	11,6	13,4	14,4	12,7
24	13,0	15,0	14,8	13,9	14,2	14,3	14,6	14,3	11,0	16,5	14,4	13,2	12,5	13,4	14,2	13,2
25	13,4	15,4	15,6	14,4	14,1	14,4	15,0	14,4	11,8	17,0	15,5	14,0	12,6	13,8	14,8	13,4
26	15,0	17,1	16,7	16,0	15,0	15,6	15,9	15,4	13,9	20,0	16,5	16,1	14,2	15,8	16,0	15,1
27	15,0	16,7	16,4	15,8	15,4	15,8	15,9	15,6	13,2	17,6	16,2	15,1	14,4	15,6	15,7	15,0
28	15,1	17,0	16,5	15,9	15,4	15,7	16,1	15,6	13,6	19,2	16,5	15,5	14,4	15,5	16,3	15,1
29	15,1	15,4	14,0	14,9	15,4	15,5	14,9	15,3	14,1	15,8	13,1	14,3	14,6	15,1	14,7	14,7
30	12,2	14,1	13,8	13,1	13,7	14,0	14,2	13,9	9,5	13,8	12,6	11,4	12,0	12,8	13,2	12,5
31	13,0	13,9	14,2	13,5	13,7	13,8	14,0	13,8	11,0	14,4	13,8	12,6	12,1	12,8	13,6	12,7
S	148,9	171,6	168,9	159,6	159,9	164,6	167,1	162,9	125,7	185,8	162,8	149,8	144,3	156,2	162,9	151,9
Total:	433,4	512,6	510,6	472,6	465,8	481,3	491,6	476,1	368,4	559,0	501,0	449,0	425,1	463,0	488,1	450,3
Monat:	14,0	16,5	16,5	15,2	15,0	15,5	15,9	15,4	11,9	18,0	16,2	14,5	13,7	15,0	15,7	14,5

BODENTEMPERATUREN - Serie 3 (Forstbeete):

Ahorn 1 cm a)	b)	c)	M	Ahorn 10 cm a)	b)	c)	M	Esche 1 cm a)	b)	c)	M	Esche 10 cm a)	b)	c)	M	Tag:
13,5	18,0	17,7	15,7	15,6	15,8	16,5	15,9	14,0	18,5	17,8	16,1	14,9	16,1	16,7	15,7	1
13,2	17,5	18,0	15,5	14,2	15,5	16,5	15,1	13,6	17,8	17,9	15,7	14,7	15,7	16,5	15,4	2
12,8	18,8	18,8	15,8	14,0	15,6	16,9	15,1	13,1	19,0	18,2	15,9	14,4	15,9	16,8	15,4	3
12,0	18,9	19,0	15,5	13,8	15,5	17,0	15,0	12,7	19,1	18,6	15,8	14,3	15,8	16,9	15,3	4
14,0	18,6	19,8	16,6	15,0	16,0	17,2	15,8	14,2	18,8	19,1	16,6	15,1	16,2	17,0	15,8	5
15,0	22,1	22,5	18,6	15,4	17,4	19,0	16,8	15,0	22,0	21,8	18,4	15,6	17,4	18,6	16,8	6
14,9	22,5	18,9	17,8	15,8	17,8	18,4	17,0	15,1	22,2	18,7	17,8	16,2	17,9	18,3	17,2	7
16,0	18,6	17,8	17,1	16,4	16,9	17,3	16,7	16,4	19,0	18,0	17,4	16,4	17,1	17,4	16,8	8
15,0	18,9	18,5	16,8	15,6	16,4	17,4	16,3	15,0	19,1	18,1	16,8	15,9	16,6	17,2	16,4	9
12,0	18,0	19,4	15,4	13,5	15,0	16,8	14,7	12,4	18,1	18,9	15,4	13,9	15,4	16,5	14,9	10
138,4	191,9	190,4	164,8	149,3	161,9	173,0	158,4	141,5	193,6	187,1	165,9	151,4	164,1	171,9	159,7	S
12,8	20,3	19,8	16,4	14,7	16,4	17,6	15,9	12,9	20,1	19,0	16,2	14,8	16,4	17,4	15,9	11
10,8	19,9	18,0	14,9	13,6	15,6	16,7	14,9	11,0	20,2	17,8	15,0	14,0	15,7	16,6	15,1	12
11,5	18,5	17,8	14,8	13,8	15,1	16,4	14,8	11,8	18,8	17,1	14,9	14,2	15,3	16,4	15,0	13
11,0	18,5	17,5	14,5	13,0	14,8	16,2	14,2	11,5	18,8	16,9	14,7	13,6	15,1	16,2	14,6	14
13,4	16,4	15,8	14,8	14,1	14,3	15,3	14,5	13,5	17,1	15,6	14,9	14,4	14,6	15,4	14,7	15
13,0	18,1	17,4	15,4	13,6	15,0	15,9	14,5	13,1	18,0	16,9	15,3	13,8	15,2	15,9	14,7	16
11,0	19,0	18,1	14,8	13,4	15,1	16,3	14,5	11,2	19,1	17,5	14,8	13,6	15,3	16,2	14,7	17
11,0	19,5	19,6	15,3	13,4	15,2	16,9	14,7	11,1	20,0	18,7	15,2	13,6	15,4	16,6	14,8	18
11,1	19,5	18,1	14,9	14,0	15,7	16,7	15,1	11,5	19,1	17,9	15,0	14,3	15,6	16,6	15,2	19
15,9	20,8	18,0	17,6	15,6	16,9	17,4	16,4	15,8	20,9	18,0	17,6	15,6	16,8	17,4	16,3	20
121,5	190,5	180,1	153,4	139,2	154,1	165,4	149,5	123,4	192,1	175,4	153,6	141,9	155,4	164,7	151,0	S
11,1	16,5	16,0	13,7	13,9	14,8	15,4	14,5	11,2	16,4	15,1	13,5	14,3	15,0	15,4	14,8	21
11,4	19,0	18,5	15,1	13,2	14,8	14,6	14,0	11,2	18,6	17,1	14,5	13,4	14,8	16,0	14,4	22
9,1	20,0	16,9	13,8	12,4	14,5	15,6	13,7	9,5	19,5	16,1	13,7	12,6	14,7	15,4	13,8	23
11,8	17,0	15,5	14,0	13,2	13,8	14,9	13,8	12,0	17,2	15,2	14,1	13,4	14,0	14,9	13,9	24
12,4	16,9	16,2	14,5	13,3	14,1	15,2	14,0	12,7	17,0	16,1	14,6	13,5	14,3	15,3	14,1	25
14,6	19,7	16,9	16,5	14,4	15,9	16,2	15,2	14,5	20,0	17,0	16,5	14,6	15,9	16,3	15,4	26
13,9	17,5	16,4	15,4	14,5	15,8	15,8	15,1	14,0	17,7	16,5	15,5	14,6	15,8	15,9	15,2	27
14,0	19,0	17,2	16,0	14,5	15,6	16,6	15,3	14,0	19,5	17,1	16,2	14,6	16,0	16,9	15,5	28
14,6	16,0	13,7	14,7	14,6	15,0	14,7	14,7	14,6	16,5	13,8	14,9	14,8	15,4	14,9	15,0	29
10,1	14,1	13,8	12,0	12,0	13,0	13,6	12,7	10,5	14,5	13,7	12,3	12,6	13,4	13,8	13,1	30
11,5	13,7	14,0	12,7	12,3	12,6	13,6	12,7	11,7	14,5	14,2	13,0	12,6	13,2	13,9	13,1	31
134,5	189,4	175,1	158,4	148,3	159,9	166,2	155,7	135,9	191,4	171,9	158,8	151,0	162,5	168,7	158,3	S
394,4	571,8	545,6	476,6	436,8	475,9	504,6	463,6	400,8	577,1	534,4	478,3	444,3	482,0	505,3	469,0	Tot.
12,7	18,4	17,6	15,4	14,1	15,4	16,3	15,0	12,9	18,6	17,2	15,4	14,3	15,5	16,3	15,1	Mon.

APRIL 1958

BODENTEMPERATUREN - Serie 3 (Forstbeete)

Tag:	Kastanie 1 cm a)	b)	c)	M	Kastanie 10 cm a)	b)	c)	M	Eiche 1 cm a)	b)	c)	M	Eiche 10 cm a)	b)	c)	M
1	12,1	14,7	14,6	13,4	13,2	13,7	14,9	13,8	9,8	15,7	15,0	12,6	11,6	13,0	13,0	12,3
2	12,5	15,2	15,4	13,9	13,8	14,2	14,7	14,1	10,0	16,1	15,2	12,8	12,4	13,5	14,4	13,2
3	14,1	15,2	14,8	14,6	14,3	14,7	14,6	14,5	13,0	16,3	13,8	14,0	13,4	14,4	14,5	13,9
4	12,5	14,0	13,6	13,1	13,6	13,7	13,8	13,7	10,7	14,2	13,3	12,2	12,0	12,7	13,2	12,5
5	10,4	13,1	12,9	11,7	12,3	12,6	13,0	12,5	6,2	13,0	11,4	9,2	9,9	11,1	11,7	10,7
6	12,0	13,6	12,5	12,5	12,4	12,8	12,8	12,6	10,4	14,2	11,7	11,7	11,2	12,2	12,4	11,7
7	9,0	11,9	12,0	10,5	11,3	11,5	12,1	11,6	5,0	11,9	10,6	8,1	8,9	9,9	10,9	9,6
8	9,0	11,8	11,7	10,4	10,8	11,3	11,7	11,1	5,4	13,5	11,0	8,8	8,5	9,9	11,0	9,5
9	11,0	11,1	11,5	11,1	11,4	11,3	11,4	11,4	9,7	11,2	11,4	10,5	10,3	11,5	11,0	10,8
10	12,4	13,0	11,7	12,4	12,3	12,7	12,4	12,4	12,5	12,8	11,4	12,3	12,0	12,4	12,2	12,1
S	115,0	133,6	130,7	123,6	125,4	128,5	131,4	127,7	92,7	138,9	124,8	112,2	110,2	120,6	124,3	116,3
11	10,4	11,8	11,2	11,0	11,4	11,6	11,6	11,5	8,5	12,3	10,4	9,9	10,2	10,8	11,2	10,6
12	8,9	11,0	11,1	10,0	10,4	10,6	10,8	10,6	6,0	11,0	9,9	8,2	8,6	9,3	10,2	9,2
13	8,4	11,5	12,0	10,1	10,3	10,6	11,4	10,6	5,6	12,1	11,4	8,7	8,4	9,6	10,6	9,3
14	11,0	12,0	12,1	11,5	11,0	11,3	11,6	11,2	9,1	12,7	11,2	10,5	9,8	10,4	11,2	10,3
15	9,8	11,5	12,0	10,8	10,4	10,6	11,3	10,7	7,4	12,3	11,5	9,7	9,0	9,8	10,8	9,6
16	11,1	13,0	13,0	12,0	11,2	11,6	12,2	11,6	9,8	13,9	12,0	11,4	10,2	11,3	12,1	11,0
17	11,1	12,5	12,7	11,9	11,4	11,6	12,1	11,6	9,6	13,2	12,4	11,2	10,4	11,2	12,0	11,0
18	12,9	12,6	12,5	12,7	12,0	12,3	12,3	12,1	11,4	12,7	12,0	11,9	11,6	11,8	12,0	11,7
19	11,3	12,5	12,3	11,8	11,7	11,8	12,3	11,9	10,5	13,6	11,9	11,6	11,1	11,6	12,2	11,5
20	9,6	12,2	12,0	10,8	11,0	11,4	11,8	11,3	7,0	14,0	11,4	9,8	9,8	10,7	11,5	10,4
S	104,5	120,6	120,9	112,6	110,8	113,4	117,4	113,1	84,9	127,8	114,1	102,9	99,1	106,5	113,8	104,6
21	11,5	12,7	12,6	12,1	11,5	11,8	12,2	11,8	10,9	14,0	12,3	12,0	11,1	11,7	12,2	11,5
22	10,8	12,1	12,2	11,5	11,5	11,6	12,0	11,6	9,0	13,0	11,5	10,6	10,6	11,2	11,8	11,1
23	12,2	13,0	13,1	12,6	11,8	12,3	12,4	12,1	11,7	14,2	13,1	12,7	11,4	12,2	12,8	11,9
24	12,3	13,1	13,0	12,7	12,3	12,4	12,6	12,4	11,8	14,7	13,0	12,8	11,9	12,6	13,0	12,4
25	12,1	13,0	13,0	12,6	12,2	12,4	12,7	12,4	11,7	13,5	13,0	12,5	11,9	12,4	12,8	12,3
26	13,2	13,6	13,0	13,2	13,0	13,0	13,0	13,0	12,8	13,9	12,3	13,0	12,8	13,1	13,0	12,9
27	11,6	12,8	12,5	12,1	12,0	12,3	12,4	12,2	10,1	13,1	11,9	11,3	11,4	11,9	12,2	11,7
28	11,2	12,0	12,0	11,6	11,8	11,6	12,0	11,8	9,4	12,4	10,7	10,5	11,0	11,0	11,7	11,2
29	11,1	11,4	11,3	11,2	11,3	11,4	11,3	11,3	9,8	10,7	11,0	10,3	10,4	10,7	10,8	10,4
30	11,8	12,2	11,9	11,9	11,7	11,6	11,8	11,7	11,0	13,0	10,5	11,4	11,3	11,5	11,7	11,5
S	117,8	125,9	124,6	121,5	119,1	120,4	122,4	120,3	108,2	132,5	119,3	117,1	113,8	118,3	122,0	116,9
Total:	337,3	380,1	376,2	357,7	355,3	362,3	371,2	361,1	285,8	399,2	358,2	332,2	323,1	345,4	360,1	337,8
Monat:	11,2	12,7	12,5	11,9	11,8	12,1	12,4	12,0	9,5	13,3	11,9	11,1	10,8	11,5	12,0	11,2

BODENTEMPERATUREN - Serie 3 (Forstbeete)

Ahorn 1 cm a)	b)	c)	M	Ahorn 10 cm a)	b)	c)	M	Esche 1 cm a)	b)	c)	M	Esche 10 cm a)	b)	c)	M	Tag:
10,4	16,2	15,3	13,1	11,6	13,4	14,4	12,8	10,7	16,5	15,4	13,3	12,3	13,8	14,7	13,3	1
11,2	17,6	16,1	14,0	12,8	14,6	15,2	13,8	11,2	17,2	16,1	13,9	13,0	14,6	15,3	14,0	2
13,8	17,5	15,0	15,0	13,9	14,9	15,0	14,4	13,9	17,0	15,0	15,0	14,1	15,0	14,8	14,5	3
11,2	15,6	14,0	13,0	12,6	13,6	14,0	13,2	11,5	15,0	13,7	12,9	12,8	13,6	14,1	13,3	4
8,1	15,4	12,8	11,1	10,6	12,4	12,8	11,6	8,2	14,1	12,9	10,8	10,9	12,5	13,3	11,9	5
11,2	15,7	13,4	12,9	11,8	13,0	13,4	12,5	11,4	15,5	13,0	12,8	12,1	13,2	13,5	12,7	6
6,9	13,0	11,9	9,7	9,6	11,0	11,8	10,5	7,0	12,3	11,5	9,5	9,9	11,2	11,8	10,7	7
7,1	13,4	11,9	9,9	9,3	10,7	11,6	10,2	7,0	17,5	11,9	10,8	9,5	11,0	11,9	10,5	8
10,4	11,1	11,7	10,9	10,7	11,7	11,2	11,1	10,6	11,5	11,9	11,2	11,1	11,3	11,4	11,2	9
12,9	13,1	11,8	12,7	12,3	12,8	12,4	12,5	12,5	13,1	11,9	12,5	12,3	12,7	12,5	12,5	10
103,2	148,6	133,9	122,3	115,2	128,1	131,8	122,6	104,0	149,7	133,3	122,7	118,0	128,9	133,3	124,6	S
9,2	13,9	11,9	11,0	10,5	11,6	12,0	11,2	9,2	13,1	11,5	10,8	10,6	11,7	12,1	11,3	11
7,4	12,6	11,4	9,7	9,5	10,7	11,1	10,2	7,2	11,5	11,0	9,2	9,5	10,4	11,2	10,1	12
7,6	14,1	13,0	10,6	9,6	11,4	12,2	10,7	7,4	12,9	12,3	10,0	9,6	10,8	11,8	10,5	13
10,3	14,1	12,9	11,9	10,6	11,6	12,4	11,3	10,1	12,9	12,2	11,3	10,6	11,3	11,9	11,1	14
8,7	13,4	13,0	10,9	10,0	10,8	12,1	10,7	8,5	10,9	12,5	10,1	10,0	10,8	11,8	10,6	15
11,0	16,2	14,5	13,2	11,1	12,8	13,6	12,1	10,9	14,6	13,6	12,5	11,1	12,3	12,9	11,9	16
10,9	13,8	13,5	12,3	11,4	11,9	12,8	11,9	10,2	13,7	13,3	11,8	11,3	11,8	12,6	11,7	17
12,3	13,2	12,6	12,6	12,3	12,4	12,4	12,4	12,1	13,1	12,5	12,5	12,2	12,6	12,4	12,4	18
11,1	13,9	13,0	12,3	11,6	12,0	12,8	12,0	11,2	13,6	12,8	12,2	11,7	12,1	12,7	12,0	19
8,4	15,1	12,5	11,1	10,4	11,8	12,4	11,2	8,2	13,9	12,3	10,6	10,5	11,5	12,4	11,2	20
96,9	140,3	128,3	115,6	107,0	117,0	123,8	113,7	95,0	130,2	124,0	111,0	107,1	115,3	121,8	112,8	S
11,6	14,5	13,5	12,8	11,6	12,3	13,0	12,1	11,6	14,2	13,0	12,6	11,7	12,3	12,9	12,2	21
10,2	13,1	12,6	11,5	11,4	11,8	12,6	11,8	10,1	13,1	12,3	11,4	11,4	11,9	12,4	11,8	22
11,2	14,5	13,9	12,7	11,9	12,7	13,3	12,5	12,2	14,4	13,9	13,2	12,0	12,7	13,4	12,5	23
12,5	15,0	13,6	13,4	12,3	13,0	13,3	12,7	12,5	15,0	13,5	13,4	12,4	13,2	13,4	12,8	24
12,2	14,0	13,7	13,0	12,2	12,8	13,0	12,6	12,2	13,8	13,5	12,9	12,3	12,8	13,1	12,6	25
13,2	14,4	13,0	13,5	13,0	13,3	13,4	13,2	13,0	14,1	13,0	13,3	13,0	13,3	13,4	13,2	26
10,9	14,0	12,9	12,2	11,7	12,4	13,0	12,2	11,0	13,5	12,8	12,1	11,7	12,3	12,8	12,1	27
10,8	14,0	11,9	11,9	11,4	12,1	12,5	11,8	10,1	12,5	11,6	11,1	11,4	11,5	12,3	11,7	28
10,9	11,9	11,8	11,4	11,2	11,5	11,5	11,3	10,4	11,3	11,5	10,9	10,9	11,3	11,4	11,1	29
11,9	13,6	11,6	12,2	11,7	12,1	12,4	12,0	11,7	13,0	11,8	12,0	11,6	12,6	12,4	12,0	30
115,4	139,0	128,5	124,6	118,4	124,0	128,0	122,2	114,8	134,9	126,9	122,9	118,4	123,9	127,5	122,0	S
315,5	427,9	390,7	362,5	340,6	369,1	383,6	358,5	313,8	414,8	384,2	356,6	343,5	368,1	382,6	359,4	Total
10,5	14,3	13,0	12,1	11,4	12,3	12,8	12,0	10,5	13,8	12,8	11,9	11,4	12,3	12,8	12,0	Monat

JANUAR 1958

Kontrollmessungen der Bodentemperaturen in einem mit feinem Flussand gefüllten Quadrat

Tag	1 cm			5 cm			10 cm			20 cm		
	a)	b)	c)	a)	b)	c)	a)	b)	c)	a)	b)	c)
1	18,0	47,0	31,1	16,4	31,5	29,5	16,3	27,2	28,5	18,8	21,0	24,2
2	15,9	20,0	18,2	17,9	19,3	18,0	18,4	18,4	17,8	20,2	18,9	18,6
3	12,9	38,0	29,4	12,1	29,6	28,7	12,4	24,0	27,4	15,0	17,6	22,3
4	16,4	39,5	32,0	14,1	29,6	30,5	14,0	24,1	28,8	16,9	18,6	23,2
5	17,6	47,2	33,5	16,2	33,7	31,8	16,1	28,4	30,4	18,4	21,1	25,0
6	19,1	40,6	24,9	17,9	30,0	26,5	17,7	26,5	26,2	19,8	21,6	23,7
7	16,9	41,2	32,6	15,4	31,6	31,7	15,4	26,2	30,2	18,4	20,4	24,8
8	16,2	46,5	34,0	15,7	34,0	32,0	15,8	28,8	30,7	18,8	21,4	25,6
9	18,4	47,5	32,5	17,5	33,4	31,5	17,6	29,0	30,5	20,2	22,4	25,8
10	20,0	19,5	21,2	18,8	20,6	20,4	19,0	20,5	20,2	20,8	20,5	20,2
11	14,0	34,5	29,3	14,6	25,0	28,8	15,5	21,2	27,4	17,8	18,8	22,6
12	16,0	42,5	33,5	14,9	34,0	32,5	14,7	28,9	31,1	17,6	20,9	25,4
13	18,1	48,0	32,8	17,4	34,5	32,2	17,4	29,4	31,1	19,8	22,2	26,0
14	19,5	33,1	29,5	19,0	28,9	28,3	19,5	26,0	27,4	21,2	21,7	24,0
15	18,4	43,0	31,5	17,8	29,2	29,3	18,2	25,5	28,0	20,2	21,4	24,2
16	17,6	48,5	30,6	16,7	31,9	30,1	17,0	27,7	29,2	19,6	21,8	25,0
17	16,5	20,6	18,2	18,1	19,5	20,0	18,6	19,3	20,0	20,6	19,9	20,3
18	13,0	37,0	32,5	13,0	28,2	30,2	13,3	23,8	28,4	16,4	19,0	23,0
19	15,0	43,3	33,6	15,0	30,7	31,0	15,5	26,2	29,4	18,4	20,4	24,1
20	16,1	45,0	32,9	16,5	30,1	30,7	17,1	25,8	29,3	19,6	20,9	24,5
21	18,4	47,8	36,0	18,4	31,4	32,0	18,6	27,3	30,4	20,6	22,0	25,3
22	20,0	51,3	42,5	19,0	32,7	34,7	19,4	28,4	32,4	21,3	22,8	26,3
23	20,7	50,2	32,7	19,5	32,5	31,5	20,0	28,6	30,0	22,2	23,6	26,1
24	18,5	40,6	28,2	19,0	27,5	27,6	19,7	24,4	26,4	21,6	22,0	24,0
25	18,4	38,4	28,1	17,5	25,5	28,1	18,1	23,9	27,2	20,4	20,8	23,8
26	15,5	44,5	32,0	14,0	32,2	30,9	15,0	26,9	29,6	18,6	20,8	24,7
27	15,5	51,6	32,7	15,0	32,5	31,0	16,0	27,4	29,6	19,5	21,3	25,0
28	15,5	48,0	28,6	15,7	30,1	28,7	16,8	26,4	28,0	20,1	21,5	24,3
29	17,3	50,1	30,7	16,5	30,9	30,2	17,2	26,6	29,1	20,0	21,6	24,8
30	19,6	33,5	19,0	19,2	24,1	21,1	19,6	22,0	21,8	21,3	21,0	21,8
31	14,0	38,6	30,5	12,9	29,5	30,0	14,0	25,2	28,6	17,5	19,7	23,8
M	17,1	41,2	30,2	16,5	29,5	29,0	16,9	25,6	27,9	19,4	20,9	23,9

JANUAR 1958

Kontrollmenssungen der Bodentemperaturen in einem mit Rotlehm (**Cancagua**) gefüllten Quadrat

Tag	1 cm a)	1 cm b)	1 cm c)	5 cm a)	5 cm b)	5 cm c)	10 cm a)	10 cm b)	10 cm c)	20 cm a)	20 cm b)	20 cm c)
1	15,7	34,1	26,5	15,0	25,9	26,0	16,9	20,8	23,5	18,8	18,5	19,4
2	16,1	19,4	18,0	17,7	18,4	17,9	18,8	18,4	18,2	19,6	19,0	18,7
3	12,6	31,0	25,6	12,6	21,7	24,3	14,5	17,6	21,0	17,4	17,0	17,6
4	15,5	33,5	28,0	13,0	22,9	26,2	15,1	18,0	27,4	16,2	17,4	18,0
5	16,9	37,5	28,6	15,2	27,2	27,7	16,8	21,2	24,6	18,5	18,3	19,4
6	18,2	32,6	23,0	16,8	25,6	24,1	18,3	21,5	23,2	19,7	19,5	20,0
7	16,6	34,1	28,1	15,2	23,8	27,1	17,4	20,2	24,0	19,6	19,1	19,7
8	15,2	38,8	29,5	14,6	27,2	28,0	17,1	21,4	25,0	19,6	19,1	20,1
9	17,2	38,2	28,2	16,6	27,9	27,9	18,5	22,6	25,5	20,3	19,9	20,7
10	18,5	19,5	20,9	18,2	20,3	20,0	19,5	20,0	19,8	20,8	20,1	20,0
11	14,3	32,5	26,0	15,9	21,4	25,5	17,4	19,0	22,4	19,0	18,7	19,2
12	16,3	37,0	29,5	14,3	27,0	28,2	16,5	21,1	24,8	19,0	18,6	19,6
13	17,4	40,8	28,9	16,6	28,2	28,4	18,3	22,4	25,6	20,0	19,7	20,6
14	18,6	28,9	26,9	18,5	25,2	25,8	19,9	21,7	24,9	20,9	20,4	24,8
15	17,1	36,0	27,8	17,2	25,0	26,4	19,0	21,4	24,0	20,4	19,1	20,6
16	17,2	40,0	27,0	16,2	27,2	27,0	18,2	22,3	24,8	20,3	19,9	20,0
17	16,2	20,1	18,6	17,6	19,2	20,4	19,3	19,2	20,0	20,7	20,0	19,8
18	14,0	33,8	29,9	13,2	23,1	26,3	15,6	19,3	23,0	18,7	18,2	18,9
19	14,9	39,4	30,2	14,6	25,2	27,0	17,0	20,4	28,8	19,2	18,8	19,5
20	15,9	40,5	30,1	16,0	25,5	27,5	18,0	21,0	24,7	19,7	19,4	20,1
21	18,0	44,0	33,1	17,8	27,4	28,9	19,2	22,6	26,0	20,4	20,2	20,9
22	19,2	47,2	38,5	18,2	28,9	31,1	19,9	23,6	27,4	21,2	20,8	21,6
23	21,0	46,6	30,1	19,0	29,0	28,2	20,6	24,6	26,6	22,0	21,6	22,3
24	18,5	39,0	26,1	18,6	24,9	25,0	20,2	22,2	24,0	21,8	21,4	21,6
25	18,5	34,5	25,2	17,5	24,6	26,0	19,3	21,3	24,3	21,1	20,6	21,1
26	15,2	45,3	30,2	13,9	27,0	27,9	16,8	21,5	25,2	20,4	19,8	20,6
27	16,0	50,5	30,4	14,8	27,6	27,8	17,6	22,0	25,4	20,5	20,1	20,8
28	15,9	47,0	27,2	15,4	26,5	26,2	18,1	22,0	24,6	20,7	20,2	20,8
29	17,9	47,4	29,8	16,0	27,4	27,7	18,2	22,4	25,5	20,6	20,2	21,1
30	19,4	33,0	19,1	18,8	22,6	21,5	20,0	20,6	21,5	21,2	20,8	20,7
31	14,2	37,4	26,5	13,4	24,0	26,0	16,0	19,8	18,1	19,4	19,0	19,6
M	16,7	36,8	27,3	16,1	25,1	26,1	18,0	21,0	24,0	19,9	19,5	20,3

JANUAR 1958

Kontrollmessungen der Bodentemperaturen in Auelehm (Vega) mit geschwärzter Oberfläche

Tag	1 cm			5 cm			10 cm			20 cm		
	a)	b)	c)	a)	b)	c)	a)	b)	c)	a)	b)	c)
1	14,4	31,9	24,6	13,0	24,2	24,8	14,1	21,3	23,8	17,1	17,4	19,3
2	15,1	19,0	17,5	16,3	17,8	17,4	17,0	17,3	18,2	18,3	17,6	18,7
3	12,0	27,9	21,5	11,7	21,2	22,0	12,8	18,5	21,2	15,7	16,0	17,7
4	14,0	28,6	23,5	11,5	21,1	23,2	12,6	18,4	22,0	16,2	16,2	17,8
5	15,5	32,3	26,1	13,6	26,1	25,7	14,3	21,8	24,4	16,8	17,3	19,3
6	17,0	28,5	20,4	15,0	23,6	22,2	15,6	21,4	22,2	17,8	18,0	19,4
7	15,2	30,2	24,3	13,9	23,1	24,5	15,0	20,6	23,4	17,7	17,7	19,4
8	13,6	33,5	26,5	12,8	24,8	25,4	14,1	21,4	24,2	17,5	17,6	19,6
9	15,5	34,7	27,7	14,4	25,6	27,1	15,5	22,6	25,9	18,1	18,3	20,4
10	17,2	19,0	20,3	16,8	19,4	19,4	17,3	19,1	19,0	19,0	18,6	18,8
11	14,1	30,8	23,5	15,3	21,3	24,0	16,2	19,6	23,2	17,8	17,9	19,3
12	15,0	31,5	26,2	13,4	24,8	25,6	14,5	21,8	24,4	17,6	17,8	19,7
13	15,5	37,0	28,0	14,6	26,1	27,6	15,6	22,6	26,4	18,3	18,6	20,5
14	17,3	25,4	25,0	17,2	23,3	24,5	17,9	21,4	23,8	19,4	19,1	20,2
15	15,5	31,9	26,5	15,7	23,2	25,7	16,7	20,9	24,5	18,8	18,7	20,2
16	15,6	36,7	26,9	14,5	26,2	27,5	15,7	22,9	26,4	18,6	18,8	20,8
17	15,4	19,6	17,4	16,5	18,6	19,6	17,5	18,4	19,6	19,6	18,8	19,1
18	12,8	27,9	27,5	12,2	21,3	25,2	13,7	19,3	23,4	17,0	17,2	18,8
19	13,1	35,8	29,5	13,0	24,7	28,0	14,4	21,2	26,3	17,6	17,6	19,8
20	14,3	37,5	30,3	14,8	26,5	29,5	16,0	22,4	28,0	18,6	18,6	21,0
21	16,1	40,0	34,0	16,6	28,5	31,3	17,8	24,8	29,8	19,7	19,8	22,4
22	17,4	39,8	35,7	17,4	28,9	32,5	18,5	25,4	30,8	20,8	20,6	23,0
23	19,2	38,3	29,9	18,5	29,0	30,0	19,6	26,2	29,4	21,7	21,6	23,6
24	17,2	30,6	24,9	18,0	23,7	25,6	19,1	22,3	25,2	21,5	20,9	22,0
25	17,4	29,5	22,5	17,2	23,9	23,5	18,1	21,8	23,3	20,4	20,0	21,1
26	13,0	37,3	29,7	12,5	25,2	28,6	14,2	21,6	27,2	18,6	18,4	20,9
27	13,7	39,8	30,2	14,0	27,0	29,5	15,6	23,0	28,4	19,4	19,2	21,8
28	14,0	37,3	27,0	14,8	26,6	28,1	16,4	23,5	27,3	20,0	19,7	21,8
29	15,8	38,0	29,5	15,6	27,5	29,8	17,0	24,1	28,9	20,1	20,0	22,6
30	18,4	24,3	19,9	18,6	21,5	21,5	19,5	20,8	21,5	21,3	20,5	20,8
31	13,0	29,4	25,5	13,2	23,2	25,0	14,6	20,9	23,9	18,5	18,5	20,1
M	15,3	31,7	25,9	14,9	24,1	25,6	16,0	21,5	24,7	18,7	18,6	20,3

JANUAR 1958

Kontrollmessungen der Bodentemperaturen in Auelehm (Vega) mit geweisster Oberfläche

Tag	1 cm			5 cm			10 cm			20 cm		
	a)	b)	c)	a)	b)	c)	a)	b)	c)	a)	b)	c)
1	10,9	21,6	17,1	10,1	18,2	17,6	11,5	15,8	17,0	14,5	14,6	15,7
2	14,0	17,5	15,9	14,0	16,1	15,6	14,6	15,2	15,6	15,5	15,5	15,7
3	10,7	21,2	16,2	10,2	18,0	17,0	11,4	15,4	16,8	14,1	14,2	15,5
4	10,4	22,0	18,5	9,1	17,2	18,2	10,4	14,6	17,2	13,9	13,8	15,3
5	12,0	24,0	18,8	11,0	21,2	19,0	12,2	16,8	18,2	14,4	14,8	16,2
6	13,0	21,5	17,5	12,1	18,7	17,8	13,1	16,6	17,4	15,3	15,3	16,2
7	13,1	21,5	17,1	11,9	18,2	17,8	13,2	16,4	17,4	15,6	15,6	16,4
8	10,0	23,0	18,0	9,7	18,2	17,9	11,4	15,4	17,2	14,7	14,6	15,7
9	11,2	21,7	18,5	11,1	18,7	18,4	12,5	16,4	17,6	14,9	15,0	16,1
10	14,9	17,5	18,1	13,8	16,7	17,1	14,2	16,0	16,5	15,6	15,6	16,0
11	13,4	22,3	17,5	13,9	18,1	18,4	14,8	16,7	18,0	15,9	16,0	16,8
12	11,3	22,5	19,0	10,6	19,0	18,9	12,2	16,2	18,0	15,2	15,1	16,3
13	12,3	24,0	18,3	11,9	19,5	18,9	13,1	16,7	18,2	15,4	15,4	16,6
14	14,5	19,0	18,5	14,1	18,2	18,2	15,0	16,8	17,8	16,1	16,1	16,7
15	13,2	21,1	17,7	13,2	18,3	17,9	14,4	16,4	17,5	16,0	16,0	16,7
16	11,5	21,7	17,0	11,2	18,4	17,6	12,7	16,4	17,4	15,4	15,4	16,3
17	13,1	16,6	14,1	13,1	15,4	15,5	14,2	15,2	16,0	15,9	15,6	16,0
18	9,5	20,1	18,0	9,9	16,7	17,7	11,5	15,0	16,8	14,6	14,6	15,5
19	10,0	20,9	17,8	9,9	17,0	17,8	11,4	14,9	17,0	14,5	14,4	15,5
20	11,5	22,1	19,0	11,3	18,2	19,0	12,4	15,6	18,0	14,8	14,8	16,1
21	13,5	24,2	21,5	13,3	20,2	20,8	14,1	17,4	19,4	15,6	15,8	17,0
22	13,5	24,0	22,5	13,4	20,1	21,4	14,6	17,6	19,6	16,4	16,4	17,4
23	14,5	23,0	18,9	13,9	20,1	19,3	15,0	18,2	18,9	16,9	16,9	17,7
24	14,5	20,1	17,2	14,1	18,0	17,5	15,0	16,8	17,6	16,8	16,7	17,2
25	15,0	23,2	16,1	14,2	20,0	17,4	15,0	17,6	17,9	16,5	16,6	17,5
26	9,1	20,8	17,1	9,3	16,9	17,2	11,5	15,0	16,7	15,4	15,0	15,8
27	8,6	21,1	16,6	9,0	16,7	17,0	11,3	14,5	16,5	14,8	14,5	15,6
28	9,1	20,5	17,0	9,4	16,7	17,0	11,4	14,9	16,4	14,6	14,6	15,4
29	11,2	21,9	18,9	11,0	18,2	18,8	12,4	15,9	17,8	15,0	15,0	16,2
30	15,0	19,9	17,9	14,5	17,6	18,1	15,1	16,4	17,6	16,3	16,3	16,8
31	10,5	19,5	17,0	10,7	16,8	17,2	12,5	15,4	16,8	15,5	15,3	16,0
M	12,1	21,3	17,8	11,8	18,1	18,0	13,0	16,1	17,4	15,4	15,3	16,3

FEBRUAR 1958

Kontrollmessungen der Bodentemperaturen in einem mit feinem Flussand gefüllten Quadrat

Tag	1 cm			5 cm			10 cm			20 cm		
	a)	b)	c)	a)	b)	c)	a)	b)	c)	a)	b)	c)
1	10,5	45,5	28,0	14,0	31,5	29,0	15,0	26,6	28,0	18,6	20,7	24,0
2	17,2	48,5	32,5	15,0	30,6	30,4	15,6	26,0	29,0	18,8	20,6	24,2
3	16,5	53,0	32,0	15,4	31,1	29,9	16,4	26,2	28,5	19,4	20,8	24,2
4	15,5	51,4	33,9	14,7	31,3	30,1	16,0	26,8	28,9	19,4	21,2	24,5
5	14,6	49,2	32,0	15,9	29,7	29,7	17,0	25,7	28,4	19,9	21,1	24,2
6	16,0	53,0	33,0	16,0	30,1	30,3	17,0	25,6	28,3	19,9	21,0	24,2
7	17,2	49,5	33,0	16,0	29,7	30,6	17,2	25,3	28,3	20,1	21,2	24,1
8	16,5	50,0	32,0	16,4	31,8	30,8	17,6	26,1	28,4	20,3	21,4	24,4
9	17,0	55,6	32,5	16,5	33,0	31,6	18,1	25,7	29,0	20,6	21,6	24,8
10	16,4	49,8	29,6	16,0	31,5	27,5	17,9	25,6	27,4	20,8	21,7	24,3
11	13,5	40,8	29,9	14,8	28,3	29,5	16,8	23,7	26,8	20,0	20,7	23,3
12	14,0	38,5	27,6	14,9	27,1	27,5	16,8	22,5	25,0	19,6	20,2	22,3
13	15,1	17,7	22,0	16,1	17,7	22,2	17,4	17,8	20,4	19,5	18,9	19,3
14	11,9	37,0	26,5	11,9	27,0	26,1	13,9	22,2	24,9	17,0	18,6	21,6
15	14,8	27,9	21,5	15,1	24,0	22,1	16,2	21,3	22,3	18,4	19,1	20,9
16	12,7	44,2	26,5	12,4	30,5	27,5	13,9	25,3	26,6	17,3	19,3	22,9
17	15,9	49,1	28,9	15,5	30,0	28,4	16,3	24,8	27,2	18,5	19,7	23,0
18	14,9	23,0	21,1	16,1	21,2	22,1	17,0	19,4	21,4	19,2	18,8	20,3
19	12,8	17,5	19,5	13,8	17,2	19,9	15,0	17,1	19,4	17,3	17,1	18,5
20	8,0	38,0	25,6	8,4	27,5	25,8	10,0	21,3	24,7	14,1	15,8	20,5
21	14,3	41,7	27,9	14,4	28,5	27,9	15,1	23,4	26,7	17,3	18,6	22,3
22	15,6	39,2	29,1	15,6	29,3	28,7	16,3	24,4	27,3	18,4	19,6	22,8
23	12,2	48,2	27,5	13,2	29,7	27,5	15,0	24,9	26,5	18,4	19,6	22,8
24	15,5	49,1	30,2	15,0	29,4	29,0	16,1	24,9	27,6	18,8	20,0	23,4
25	14,3	50,0	32,5	15,5	30,5	30,0	16,7	26,0	28,4	19,4	20,7	24,0
26	14,1	50,0	30,2	16,2	30,3	29,1	17,4	25,9	27,8	20,0	21,1	24,0
27	11,0	48,3	32,0	14,2	28,3	29,7	16,1	24,0	27,9	19,4	20,2	23,5
28	14,1	48,0	25,1	15,7	29,9	28,0	17,3	25,3	26,9	20,0	20,9	23,7
M	14,4	43,3	28,6	14,8	28,5	27,9	16,1	24,1	26,5	19,0	20,0	23,0

FEBRUAR 1958

Kontrollmessungen der Bodentemperaturen in einem mit Rotlehm (Cancagua) gefüllten Quadrat

Tag	1 cm a)	1 cm b)	1 cm c)	5 cm a)	5 cm b)	5 cm c)	10 cm a)	10 cm b)	10 cm c)	20 cm a)	20 cm b)	20 cm c)
1	14,3	36,5	26,5	14,0	25,5	26,1	16,6	20,4	25,3	19,6	19,2	20,3
2	15,5	40,5	30,9	14,9	25,5	27,5	17,3	20,5	24,3	19,8	19,4	20,0
3	15,5	45,2	30,6	15,7	26,0	27,0	18,0	21,0	24,3	20,3	19,7	20,3
4	15,1	44,5	31,5	15,2	26,9	27,4	18,0	21,6	24,7	20,3	19,8	20,4
5	15,2	42,5	30,9	16,2	26,0	27,0	18,6	21,4	24,5	20,6	20,1	20,6
6	15,5	45,9	31,5	16,1	26,2	27,2	18,4	21,4	24,6	20,6	20,2	20,7
7	16,5	43,2	31,7	16,2	25,9	27,3	18,6	21,5	24,7	20,7	20,4	20,8
8	16,5	44,5	31,0	16,7	27,1	27,5	19,0	22,2	25,0	20,8	20,5	21,1
9	17,0	49,0	31,5	17,1	27,1	28,0	19,4	22,2	25,6	21,2	20,8	21,4
10	15,9	44,0	28,6	16,6	26,5	26,2	19,2	22,4	24,8	21,4	20,9	21,4
11	14,2	36,5	28,9	15,6	24,4	26,0	18,4	21,0	23,9	21,0	20,4	20,8
12	14,0	34,5	26,0	15,6	23,6	24,3	18,0	20,3	22,6	20,6	20,0	20,4
13	15,5	17,9	20,7	16,5	17,6	21,0	18,2	18,1	19,5	20,1	19,6	19,4
14	12,1	30,7	24,0	13,0	21,6	23,6	16,0	18,8	21,2	18,7	18,6	18,9
15	14,3	24,7	19,9	16,3	21,0	21,0	17,1	18,8	20,4	18,9	18,6	18,9
16	11,0	38,7	25,5	13,0	25,2	25,3	15,6	19,6	23,0	18,4	18,1	18,9
17	15,2	43,0	28,4	15,6	25,4	26,3	17,4	20,0	23,6	19,2	18,9	19,4
18	15,0	22,0	19,6	16,5	20,1	21,0	18,2	18,7	20,1	19,7	19,2	19,2
19	12,8	17,2	17,5	14,5	17,1	19,2	16,4	16,8	18,4	18,5	18,0	17,9
20	8,0	31,8	23,0	9,6	20,1	22,7	12,9	15,5	19,6	16,9	16,3	16,8
21	13,2	36,6	26,6	14,0	23,4	25,6	15,7	18,2	22,4	17,4	17,3	18,0
22	15,2	35,0	28,1	15,7	25,0	26,5	17,3	19,8	23,4	18,6	18,4	19,1
23	11,2	43,1	26,4	14,2	25,4	25,4	17,2	20,0	23,2	19,3	18,8	19,4
24	15,0	44,2	29,7	15,6	25,5	26,7	17,7	20,4	24,0	19,6	19,2	19,8
25	14,4	44,6	32,1	16,1	26,7	27,6	18,4	21,4	24,8	20,0	19,7	20,4
26	14,5	45,5	29,1	16,7	26,9	26,9	19,0	21,8	24,7	20,5	20,2	20,8
27	11,9	44,0	31,7	14,9	25,2	27,2	18,0	20,5	24,4	20,5	20,0	20,4
28	14,2	42,2	24,5	16,0	26,4	25,5	18,8	21,4	24,0	20,6	20,2	20,7
M	14,2	38,1	27,4	15,3	24,4	25,5	17,6	20,2	23,3	19,8	19,4	19,9

FEBRUAR 1958

Kontrollmessungen der Bodentemperaturen in Auelehm (Vega) mit geschwärzter Oberfläche

Tag	1 cm			5 cm			10 cm			20 cm		
	a)	b)	c)	a)	b)	c)	a)	b)	c)	a)	b)	c)
1	13,2	34,2	26,7	13,0	24,3	26,7	14,6	21,3	25,3	18,4	18,4	20,3
2	14,5	36,6	30,2	13,9	25,4	28,9	15,2	22,0	27,4	18,7	18,6	21,0
3	13,6	39,2	30,0	14,2	26,7	29,0	15,8	22,8	27,7	19,4	19,1	21,5
4	13,6	38,4	30,8	14,3	27,8	29,7	16,1	24,0	28,4	19,7	19,6	22,1
5	14,0	36,8	30,0	15,5	26,7	29,4	17,1	23,6	28,3	20,3	19,9	22,2
6	14,0	39,1	30,5	15,2	27,2	29,7	16,8	23,6	28,5	20,3	19,9	22,3
7	15,4	37,2	30,8	15,7	27,0	30,0	17,2	23,8	28,7	20,5	20,2	22,6
8	15,5	38,5	30,5	16,2	28,7	30,2	17,7	25,0	29,2	20,8	20,6	23,0
9	16,1	41,2	31,2	16,8	28,3	30,8	18,3	24,9	29,9	21,2	20,9	23,6
10	15,3	38,0	29,0	16,4	28,2	29,1	18,1	25,1	28,5	21,4	21,2	23,4
11	13,5	32,6	28,9	15,1	25,5	28,7	16,9	23,2	27,8	20,8	20,4	22,4
12	17,8	30,7	26,0	15,2	24,2	26,4	16,8	22,0	25,6	20,4	22,0	21,6
13	15,0	17,3	19,9	16,3	17,5	20,5	17,4	17,8	20,0	20,1	19,3	19,3
14	12,0	27,2	21,3	13,0	21,4	21,8	14,7	19,6	21,2	18,0	17,9	19,2
15	14,0	22,1	19,0	14,9	20,0	19,5	15,6	19,0	19,8	18,1	18,0	18,8
16	11,2	34,2	26,0	12,0	23,5	26,0	13,8	20,2	24,8	17,2	17,2	19,6
17	14,1	36,8	28,7	14,9	24,8	27,8	16,0	21,2	26,4	18,4	18,3	20,4
18	14,6	22,0	18,6	16,0	19,5	20,1	17,0	18,7	20,0	19,3	18,7	19,2
19	12,6	17,3	19,0	14,1	16,8	19,6	15,1	16,5	19,0	17,6	17,2	17,8
20	7,6	27,5	21,3	9,2	18,9	21,2	11,2	16,3	20,1	15,7	15,3	17,0
21	12,9	31,0	26,6	13,7	21,2	25,4	14,7	18,7	23,8	16,8	16,7	18,6
22	14,6	31,9	28,2	15,2	23,7	27,2	16,0	20,6	22,5	17,9	18,0	19,8
23	11,2	36,6	27,0	13,5	24,9	26,7	15,3	21,2	25,6	18,5	18,2	20,3
24	14,0	37,7	30,0	15,1	25,8	28,8	16,4	22,2	27,4	19,0	18,8	21,2
25	14,1	38,2	31,6	16,0	27,5	30,0	17,4	23,9	28,6	19,8	19,7	22,0
26	14,6	38,2	29,7	16,7	27,7	29,3	18,1	24,3	28,3	20,6	20,3	22,6
27	11,6	37,6	31,5	14,7	26,2	30,1	16,8	22,8	28,7	20,3	19,7	22,2
28	14,0	36,7	26,4	16,2	27,6	28,2	17,9	24,3	27,8	20,8	20,4	22,6
M	13,7	33,4	27,1	14,8	24,5	26,8	16,2	21,8	25,6	19,3	19,1	21,0

FEBRUAR 1958

Kontrollmessungen der Bodentemperaturen in Auelehm (Vega) mit geweisster Oberfläche

Tag	1 cm a)	1 cm b)	1 cm c)	5 cm a)	5 cm b)	5 cm c)	10 cm a)	10 cm b)	10 cm c)	20 cm a)	20 cm b)	20 cm c)
1	9,0	19,9	16,5	9,2	16,4	16,7	11,4	14,5	16,0	14,8	14,5	15,3
2	10,0	20,0	16,9	9,5	16,1	16,8	11,3	14,4	16,2	14,4	14,2	15,2
3	9,5	21,0	16,8	9,4	16,5	16,8	11,2	14,4	16,2	14,3	14,2	15,1
4	8,6	21,5	17,9	8,9	17,5	17,7	11,1	15,0	16,8	14,2	14,2	15,4
5	10,8	30,6	17,0	10,5	17,2	17,2	12,0	15,2	16,7	14,6	14,6	15,6
6	10,1	21,4	17,5	10,2	17,2	17,5	12,0	14,9	16,8	14,7	14,6	15,6
7	10,5	21,2	18,6	10,5	17,4	18,4	12,3	15,3	17,4	14,9	14,9	15,9
8	11,4	22,1	18,5	11,3	18,5	18,6	12,9	16,1	17,8	15,3	15,3	16,4
9	11,4	23,2	19,0	11,7	18,8	19,1	13,4	16,2	18,3	15,7	15,7	16,8
10	10,9	21,6	17,2	11,1	18,2	17,7	13,2	16,2	17,4	15,9	15,7	16,6
11	9,9	19,5	17,5	10,1	16,6	17,6	12,1	15,1	17,1	15,4	15,1	16,1
12	10,0	19,2	17,1	10,4	16,6	17,2	12,2	15,0	16,7	15,2	15,0	15,9
13	12,5	15,0	15,5	12,4	14,2	15,9	13,3	14,4	15,6	15,3	15,3	15,5
14	10,1	18,4	16,9	10,5	17,8	17,1	12,4	16,0	16,9	15,0	15,1	16,1
15	13,0	18,2	14,5	12,9	17,0	15,5	13,7	16,0	16,3	15,4	15,6	16,2
16	8,8	19,0	14,7	9,8	15,8	15,4	11,9	14,3	15,4	14,8	14,5	15,2
17	11,2	21,1	17,7	11,2	17,0	17,5	12,1	14,8	16,7	14,2	14,4	15,4
18	12,5	18,0	14,6	12,2	16,2	15,5	13,1	15,0	16,0	15,0	15,0	15,6
19	11,6	15,7	16,0	12,1	14,9	16,5	13,3	14,4	16,3	14,8	14,7	15,5
20	6,5	17,6	14,6	7,2	13,6	14,7	9,5	11,9	14,2	13,6	13,0	13,8
21	11,2	20,5	17,5	11,3	16,2	17,2	12,1	14,3	16,3	13,8	13,9	14,9
22	12,5	20,5	18,0	12,1	17,6	18,0	13,0	15,5	17,2	14,6	14,8	15,7
23	8,2	20,3	16,5	9,5	16,2	16,5	11,8	14,3	16,0	14,7	14,2	15,0
24	10,2	20,6	17,5	10,8	16,7	17,4	12,4	14,8	16,6	14,6	14,5	15,4
25	10,4	21,8	19,5	11,1	17,9	18,8	12,8	15,5	17,6	14,9	14,8	15,8
26	11,0	21,5	17,4	12,0	18,1	17,9	13,6	16,0	17,3	15,5	15,4	16,3
27	8,1	21,0	19,2	9,3	16,8	18,5	11,8	14,5	17,2	14,9	14,6	15,6
28	15,3	20,9	16,5	16,1	17,6	17,3	18,2	15,5	17,0	15,5	15,3	16,2
M	10,5	20,4	17,0	10,8	16,8	17,2	12,5	15,0	16,6	14,9	14,8	15,6

MAI 1957

Aufzeichnungen eines Messtags – 31.5./1.6.57

Stunde	t_{Luft} 2m	1m	10cm	Feuchtigk. in %	Sonnen-schein	Strahlg. cal/cm²	Barometer	Wind	Bewölkung	Sichtweite	Boden-zustand	Sonstiges
7	-0,5	-0,4	-0,6	100	.	.	774,0	C 0	Wolkenlos	4	5	Kammeis am Boden
8	-0,6	-0,5	-1,3	100	.	.	774,4	C 0	Cu 1^1 SE	10	5	Kammeis noch verstärkt
9	1,8	1,6	1,0	89	0,0	,	774,8	C 0	Cu 1^1 S	10 dunstig	5	8^{30} SA, Kammeis schwindet
10	4,6	4,8	5,0	78	0,8	11	775,0	C 0	Cu 1^1 S	40 dunstig	1	Bodenoberfläche taut auf, sonnig
11	6,6	6,9	7,3	75	1,0	19	775,2	S 1	Cu 1^1 S	50	1	Kammeis nur noch im Schatten
12	8,4	8,7	9,2	65	1,0	24	775,0	S 2	Cu 1^1 S	50	1	sonnig
13	9,1	9,3	9,8	56	1,0	23	774,5	SSW 3	Cu 1^1 S	50	1	sonnig, Wolkenbank Osthorizont
14	9,3	9,5	10,1	55	1,0	25	774,3	S 4	Cu 1^1 S	50	1	sonnig
15	9,1	9,3	9,6	63	1,0	25	774,2	S 4	Cu hum. 1^1 S	50 Fernsicht	1	sonnig, Boden bleibt feucht
16	8,2	8,3	8,4	50	1,0	26	774,4	S 5	Cu hum. 1^1 S	50 Fernsicht	1	sonnig, böig
17	6,8	6,6	6,4	52	0,8	15	774,7	S 3	Cu hum. 1^0 S	50 Fernsicht	1	16^{50} SU für Station
18	5,3	5,3	5,1	69	.	5	775,0	S 3	Wolkenlos	40	1	17^{20} SU
19	4,8	4,6	4,2	75	.	.	775,5	SSE 3	Wolkenlos	10	1	Beginn der Dämmerung
20	5,0	4,9	4,8	66	.	.	776,0	SSE 3	Wolkenlos	4	1	Taubildung trotz Föneinbruch
21	3,4	3,2	3,0	77	.	.	776,1	S 1	Wolkenlos	4	1	Instrumente beschlagen
22	2,3	1,4	0,2	80	.	.	776,2	C 0	Wolkenlos	4	1	Erster Reif auf Blättern
23	1,4	1,0	-0,8	84	.	.	776,0	C 0	Wolkenlos	4	0	seichter Bodennebel Talaue
24	-0,3	-0,5	-1,8	86	.	.	775,8	C 0	Wolkenlos	4	0	Instrumente mit Eisschicht
1	-0,4	-0,8	-2,0	87	.	.	775,5	SE 1	Cu 1^1 SSE	4	3	Reifansatz am Boden
2	-1,1	-1,4	-2,0	92	.	.	775,2	E 1	Cu 1^1 SE	4	5	Beginn der Kammeisbildung
3	-1,0	-1,4	-2,1	97	.	.	774,9	C 0	Wolkenlos	4	5	Kammeis bis 1,5 cm Stärke
4	-2,0	-2,2	-2,6	99	.	.	774,5	SE 1	Wolkenlos	4	5	Kammeis, Nebel Nordhorizont
5	-2,4	-2,7	-3,0	100	.	.	774,2	C 0	Wolkenlos	4	5	Kammeis bis 2 cm Stärke
6	-2,3	-2,5	-3,2	100	.	.	774,0	SE 1	Wolkenlos	4	5	Kammeis bis 3 cm Stärke
7	-2,8	-3,0	-3,4	100	.	.	773,9	C 0	Cu 1^1 SSE	10	5	Erste Dämmerung, Kammeis – 4 cm
8	-3,0	-3,2	-3,4	100	.	.	774,1	SE 1	Cu 1^1 SSE	20 Neblig	5	7^{30}–7^{50} Nebeldurchzug
9	-0,9	-0,9	-1,5	100	0,0	1	774,5	C 0	Fc 4^1 SE	20 dunstig	5	Kammeis bis 5 cm Stärke
10	1,4	1,4	1,2	95	0,0	2	774,9	SSE 1	Fc 5^1 SSE	20 dunstig	5	Eis schmilzt an sonnig. Stellen

Anmerkungen: Am Vortage (30.5.) bis Mittag noch regnerisch, Nachmittag Aufklarung, rasches Absinken der Temperaturen.

	Maximum	Minimum	Amplitude	Minima/Boden
30.5.	13,5	5,6	7,9	4,5
31.5.	9,5	-1,2	10,7	-4,6
1.6.	10,2	-3,6	13,8	-5,7

MAI 1957

Aufzeichnungen eines Messtags – 31.5./1.6.57

Stunde	t Nackter Boden 1 cm	5 cm	10 cm	20 cm	30 cm	50 cm
7	1,1	2,8	5,5	8,7	9,7	10,8
8	1,1	2,7	5,3	8,6	9,6	10,8
9	1,3	2,6	5,0	8,4	9,5	10,8
10	3,8	3,5	4,8	8,2	9,4	10,8
11	8,0	4,4	5,0	8,0	9,4	10,8
12	11,0	6,2	6,0	7,9	9,4	10,8
13	13,0	7,7	7,0	7,8	9,3	10,8
14	13,7	8,9	8,0	7,9	9,2	10,8
15	13,4	9,8	8,8	8,1	9,1	10,8
16	10,8	9,7	9,1	8,3	9,0	10,7
17	8,2	9,2	9,1	8,4	9,0	10,7
18	5,8	8,1	8,6	8,6	9,0	10,6
19	4,6	7,2	8,0	8,7	9,1	10,6
20	4,0	6,5	7,4	8,7	9,2	10,6
21	2,9	5,6	6,7	8,6	9,1	10,5
22	2,1	5,2	6,3	8,5	9,1	10,5
23	1,5	4,5	5,8	8,4	9,0	10,5
24	1,2	4,0	5,4	8,3	9,0	10,4
1	1,1	3,7	5,1	8,1	8,9	10,4
2	1,1	3,4	4,8	7,9	8,9	10,4
3	1,0	3,2	4,6	7,7	8,8	10,4
4	1,0	3,1	4,4	7,5	8,7	10,3
5	0,9	2,9	4,2	7,4	8,6	10,3
6	0,9	2,8	4,0	7,2	8,5	10,3
7	0,8	2,7	3,9	7,1	8,4	10,3
8	0,8	2,6	3,7	7,0	8,4	10,2
9	1,0	2,5	3,7	6,9	8,3	10,2
10	1,0	2,5	3,7	6,8	8,2	10,2

Stunde	t Bedeckter Boden 1 cm	5 cm	10 cm	20 cm	30 cm	50 cm
7	2,1	5,7	6,9	9,0	10,0	11,0
8	1,9	5,5	6,6	8,9	10,0	11,0
9	2,0	5,2	6,4	8,8	10,0	11,0
10	3,1	5,2	6,4	8,7	9,9	11,0
11	5,7	5,7	6,4	8,6	9,8	11,0
12	8,1	6,9	6,7	8,5	9,8	11,0
13	10,0	7,8	7,3	8,4	9,7	11,0
14	11,5	8,5	7,9	8,4	9,7	11,0
15	12,1	9,0	8,3	8,4	9,7	11,0
16	10,5	9,1	8,4	8,4	9,6	10,9
17	9,5	8,8	6,4	8,4	9,6	10,9
18	6,4	8,2	8,2	8,4	9,5	10,9
19	5,4	7,8	8,0	8,4	9,5	10,8
20	5,0	7,4	7,7	8,4	9,5	10,8
21	4,0	7,0	7,4	8,4	9,4	10,7
22	3,5	6,6	7,2	8,4	9,4	10,7
23	3,0	6,0	6,9	8,4	9,4	10,7
24	2,2	5,7	6,6	8,3	9,3	10,6
1	2,0	5,4	6,4	8,2	9,3	10,6
2	1,9	5,1	6,1	8,1	9,3	10,6
3	1,5	4,8	5,9	7,9	9,2	10,6
4	1,2	4,5	5,7	7,8	9,2	10,6
5	1,0	4,2	5,4	7,7	9,2	10,5
6	1,0	4,0	5,3	7,6	9,1	10,5
7	0,9	3,9	5,2	7,5	8,9	10,5
8	0,9	3,8	5,2	7,4	8,8	10,5
9	0,8	3,7	5,1	7,3	8,8	10,5
10	0,9	3,6	4,9	7,2	8,8	10,4

Stunde	t in Forstbeeten: Kastanie 1 cm	Kastanie 10 cm	Eiche 1 cm	Eiche 10 cm	Ahorn 1 cm	Ahorn 10 cm	Esche 1 cm	Esche 10 cm
7	6,8	8,7	2,1	6,3	4,8	7,6	1,9	6,4
8	6,7	8,7	2,0	6,2	4,7	7,4	1,8	6,3
9	6,7	8,6	2,0	5,9	4,6	7,2	2,1	6,0
10	7,2	8,5	3,0	5,8	5,5	7,1	4,0	5,9
11	7,8	8,5	5,1	5,9	6,5	7,1	7,1	6,1
12	8,1	8,5	6,0	6,2	7,1	7,3	8,4	6,5
13	8,3	8,6	8,1	6,5	8,0	7,5	9,0	7,1
14	8,2	8,7	8,8	6,9	8,1	7,8	8,8	7,6
15	8,1	8,7	9,4	7,4	8,2	8,0	8,5	8,0
16	7,6	8,7	7,0	7,5	7,2	8,0	6,7	8,1
17	7,4	8,6	5,8	7,6	6,6	8,1	6,0	8,0
18	7,0	8,6	4,5	7,3	6,1	7,9	4,8	7,7
19	6,8	8,6	4,0	7,1	5,9	7,7	4,1	7,3
20	6,6	8,5	3,6	6,8	5,6	7,4	3,9	7,0
21	6,5	8,4	3,1	6,5	5,3	7,3	3,1	6,8
22	6,2	8,3	2,5	6,2	5,1	7,2	2,9	6,5
23	6,1	8,2	2,1	6,0	4,8	7,0	2,2	6,1
24	6,0	8,1	1,8	5,8	4,4	6,8	2,0	5,8
1	6,0	8,0	1,6	5,5	4,2	6,7	1,9	5,6
2	5,9	7,8	1,4	5,3	4,0	6,4	1,5	5,3
3	5,6	7,7	1,1	5,1	3,8	6,4	1,2	5,2
4	5,3	7,6	1,0	5,0	3,6	6,2	1,0	5,1
5	5,3	7,6	1,0	4,9	3,4	6,0	1,0	4,9
6	5,2	7,5	1,0	4,7	3,4	5,8	1,0	4,7
7	5,1	7,4	0,9	4,5	3,3	5,7	1,0	4,6
8	5,0	7,3	0,9	4,5	3,2	5,6	1,0	4,5
9	5,0	7,2	1,0	4,4	3,1	5,5	1,0	4,4
10	5,1	7,2	1,1	4,3	3,5	5,4	1,2	4,3

Stunde	t Wasser 1 cm	5 cm	10 cm	20 cm
7	5,1	5,1	5,0	5,2
8	5,1	5,1	4,8	5,1
9	5,0	4,7	4,6	4,8
10	5,4	5,1	5,0	5,1
11	6,3	5,8	5,6	5,6
12	7,5	6,9	6,3	6,4
13	8,0	7,3	6,9	6,7
14	9,1	8,3	7,7	7,5
15	9,5	9,0	8,4	8,2
16	8,7	8,4	8,2	8,2
17	8,1	8,0	7,7	7,9
18	7,5	7,2	7,1	7,3
19	7,1	6,9	6,7	6,9
20	6,5	6,3	6,3	6,4
21	6,0	5,8	5,8	6,1
22	6,0	5,6	5,4	5,6
23	5,5	5,2	5,1	5,2
24	5,1	4,9	4,8	4,9
1	4,8	4,6	4,5	4,7
2	4,0	4,3	4,2	4,4
3	2,5	4,2	4,2	4,3
4	1,7	3,9	3,2	4,0
5	1,1	3,5	4,0	4,2
6	1,0	3,2	3,8	4,2
7	0,7	3,0	3,8	4,1
8	0,7	2,8	3,7	4,2
9	0,8	2,7	3,8	4,3
10	1,0	2,8	3,8	4,3

JUNI 1957

Aufzeichnungen eines Messtags – 26./27.6.57.

Stunde	t Luft 2m	1m	10cm	Feuchtigk. in %	Sonnenschein	Strahlg. cal/cm²	Barometer	Wind	Bewölkung	Sichtweite	Bodenzustand	Sonstiges
7	1,9	1,2	-0,9	92	.	.	770,0	0	Wolkenlos	20	5	Reif, Kammeis;
8	2,1	1,3	0,7	88	.	.	770,2	S 1	Wolkenlos	40	5	Reif, Kammeis, Dämmerung
9	0,9	0,5	0,0	95	.	.	770,5	S 1	Ac 1^1 S	50	3	8^{30} SA; Reif, Kammeis
10	3,0	3,3	3,7	84	0,7	11	770,9	S 1	Ac 1^1 S	50 Fernsicht	1	noch Kammeis auf sonn.Fl.
11	5,3	5,7	5,9	79	1,0	20	771,0	S 2	Ac 1^1 S	50	1	sonnig, Kammeis schatt.Fl.
12	6,6	6,9	7,4	74	1,0	28	770,6	S 3	Ac 1^1 S	50	1	sonnig, Gräser noch nass
13	7,5	7,9	8,7	69	1,0	24	770,2	SSE 3	Ac 1^1 S	50	1	sonnig, Gras trocknet
14	8,1	8,6	9,0	72	1,0	26	770,0	SSE 2	Ac 1^1 S	50	1	sonnig
15	8,2	8,7	9,2	66	1,0	33	769,7	SSE 2	Ac 1 1^1 S	50	1	sonnig
16	8,5	8,6	8,7	63	1,0	18	769,5	SSE 1	Ac 1^1 S	50 dunstig	1	16^{40} SU für Station
17	7,5	7,5	7,0	62	0,8	18	769,6	0	Wolkenlos	50 dunstig	1	18^{40} SU
18	5,1	4,8	4,5	73	.	3	769,8	S 1	Wolkenlos	40	1	Taubeschlag
19	2,7	1,8	0,6	85	.	1	770,0	SE 1	Wolkenlos	20	1	erste Reifbildung
20	2,0	0,7	-0,4	96	.	2	770,1	SE 1	Wolkenlos	10	1	Instrumente mit Reifansatz
21	-0,1	-0,5	-0,8	98	.	1	770,2	SE 1	Ac 1^1 S	10	1	verstärkter Reifansatz
22	-0,7	-1,0	-1,7	98	.	1	770,2	0	Wolkenlos	10	3	Reif; Nebelbank über Fluss
23	-1,2	-1,5	-2,1	98	.	1	770,1	0	Wolkenlos	4 dunstig	3	Kammeisbildung
24	-1,6	-2,2	-3,2	99	.	.	770,0	0	Wolkenlos	4 dunstig	3	Kammeis bereits 1,5 cm
1	-1,9	-2,1	-2,3	99	.	1	769,8	SE 1	Wolkenlos	4 dunstig	5	Nebel vom Fluss anziehend
2	-2,3	-2,7	-3,5	100	.	.	769,5	0	Wolkenlos	2 Nebelzug	5	Kammeis bereits 2 cm
3	-2,5	-3,2	-3,7	100	.	.	769,2	0	Wolkenlos	2 Talnebel	5	Eisansatz auf Wasser
4	-2,2	-2,2	-2,2	100	.	.	769,0	NNE 1	Nebel 10^2 N	0,2 (200 m)	5	Kammeis bis 3 cm Höhe
5	-2,0	-2,0	-1,8	100	.	.	768,7	0	Nebel 9^2 C	0,2 (200 m)	5	Kammeis stellenw. 5 cm
6	-2,1	-2,1	-1,8	100	.	.	768,5	0	Nebel 10^1 C	0,5 (500 m)	5	wie vorst.
7	-1,5	-1,7	-1,5	100	.	.	768,2	N 1	Nebel 10^1 C	0,2 (200 m)	5	Eishöhe gleichbleibend
8	-1,7	-1,7	-1,5	100	.	.	768,0	NNE 1	Nebel 10^2 N	1 Hochnebel	5	7^{30} Dämmerung
9	-1,0	-0,9	-0,7	100	.	.	768,0	NNE 1	Fs 10^1 NNE	1 Hochnebel	5	Eishöhe gleichbleibend

Anmerkungen: Am Vortage (25.6.) bis 9^{oo} Nebel, gegen Mittag sonnig, nachmittags kurze Schauer, abends aufklarend, rasches Absinken der Temperaturen

	Maximum	Minimum	Amplitude	Minimum/Boden
25.6.	14,4	1,8	12,6	-0,5
26.6.	9,3	-0,2	9,5	-3,4
27.6.	4,6	-3,8	8,4	-6,0

Aufzeichnungen eines Messtags - 26./27.6.57

JUNI 1957

Stunde	t Nackter Boden 1 cm	5 cm	10cm	20cm	30cm	50cm	t Bedeckter Boden 1 cm	5 cm	10cm	20cm	30cm	50cm
7	1,0	3,5	4,8	7,9	8,9	9,8	2,5	5,4	6,4	8,2	9,1	9,8
8	1,0	3,4	4,6	7,8	8,8	9,8	2,4	5,1	6,3	8,1	9,0	9,8
9	1,1	3,3	4,4	7,7	8,7	9,8	2,2	4,9	6,2	7,9	8,9	9,8
10	2,0	3,1	4,3	7,5	8,6	9,8	2,8	5,0	6,1	7,8	8,9	9,8
11	6,9	4,6	4,4	7,3	8,5	9,8	4,7	5,1	5,9	7,7	8,9	9,8
12	10,2	5,4	5,2	7,2	8,4	9,8	7,5	6,2	6,3	7,6	8,8	9,8
13	12,0	6,8	6,2	7,2	8,4	9,8	9,5	7,2	6,8	7,5	8,8	9,8
14	13,6	8,1	7,2	7,2	8,4	9,8	11,1	8,0	7,4	7,5	8,7	9,8
15	13,5	9,1	8,0	7,3	8,3	9,8	11,7	8,6	7,7	7,5	8,7	9,8
16	12,3	9,5	8,6	7,4	8,3	9,7	11,2	8,7	8,0	7,6	8,6	9,8
17	9,0	9,2	8,8	7,7	8,2	9,7	9,0	8,5	8,0	7,6	8,5	9,8
18	6,3	8,3	8,4	7,8	8,2	9,6	6,8	7,9	7,6	7,6	8,5	9,7
19	3,5	7,4	7,9	8,0	8,3	9,6	5,2	7,2	7,4	7,6	8,5	9,6
20	3,1	6,3	7,2	8,1	8,3	9,6	4,0	6,7	7,0	7,6	8,5	9,6
21	2,1	5,5	6,4	8,1	8,3	9,5	3,1	6,1	6,6	7,6	8,5	9,6
22	1,7	4,8	5,9	7,9	8,3	9,5	2,6	5,7	6,4	7,5	8,5	9,6
23	1,2	4,1	5,6	7,8	8,3	9,4	2,1	5,1	6,2	7,4	8,4	9,5
24	1,2	3,7	5,0	7,6	8,2	9,4	1,9	4,8	5,8	7,3	8,4	9,5
1	1,2	3,4	4,6	7,4	8,2	9,4	1,6	4,3	5,4	7,2	8,4	9,4
2	1,1	3,2	4,4	7,3	8,2	9,4	1,3	4,2	5,3	7,1	8,3	9,4
3	1,0	3,0	4,2	7,1	8,1	9,3	1,1	3,8	5,2	6,9	8,3	9,4
4	0,9	2,8	3,9	6,9	8,0	9,3	1,0	3,7	5,0	6,8	8,2	9,4
5	0,9	2,6	3,8	6,7	7,9	9,3	1,0	3,5	4,8	6,7	8,1	9,4
6	0,9	2,5	3,6	6,6	7,8	9,3	1,0	3,5	4,6	6,5	8,0	9,4
7	1,0	2,5	3,5	6,5	7,7	9,3	1,0	3,5	4,5	6,4	7,9	9,4
8	1,0	2,5	3,4	6,3	7,6	9,2	1,1	3,5	4,5	6,3	7,8	9,3
9	1,1	2,5	3,4	6,3	7,5	9,2	1,2	3,6	4,5	6,2	7,8	9,3

Stunde	t in Forstbeeten: Kastanie 1 cm	Kastanie 10 cm	Eiche 1 cm	Eiche 10 cm	Ahorn 1 cm	Ahorn 10 cm	Esche 1 cm	Esche 10 cm	t Wasser 1 cm	5 cm	10cm	20cm
7	6,1	8,1	1,9	5,9	4,9	7,1	2,2	6,1	4,9	4,7	4,6	4,9
8	6,0	8,0	1,6	5,7	4,8	7,0	2,1	5,9	4,5	4,4	4,4	4,6
9	6,0	7,9	1,5	5,4	4,7	6,9	2,0	5,7	4,0	4,4	4,4	4,5
10	6,2	7,8	2,5	5,3	5,0	6,7	3,5	5,6	4,9	4,5	4,4	4,5
11	6,9	7,8	4,0	5,4	5,8	6,7	5,4	5,7	5,5	5,1	4,9	5,0
12	7,5	7,8	6,5	5,6	6,7	6,8	7,1	5,9	7,0	6,2	5,6	5,8
13	7,7	7,8	7,7	5,8	7,2	7,0	7,4	6,5	7,5	6,4	6,1	5,9
14	8,1	8,0	9,4	6,3	7,5	7,2	8,1	7,0	7,9	7,3	6,8	6,7
15	8,0	8,1	10,0	6,8	7,6	7,4	8,5	7,4	8,7	8,0	7,4	7,2
16	7,9	8,2	8,1	7,2	7,7	7,7	7,5	7,9	8,6	8,1	7,8	7,6
17	7,5	8,2	6,6	7,3	7,1	7,6	6,5	7,8	7,9	7,5	7,4	7,5
18	6,9	8,1	5,1	7,1	6,3	7,5	5,4	7,4	7,2	7,0	6,9	7,1
19	6,5	8,0	3,7	6,8	5,9	7,4	4,1	7,2	6,7	6,6	6,5	6,6
20	6,0	7,8	3,0	6,5	5,4	7,3	3,5	6,8	6,4	6,2	6,0	6,3
21	5,7	7,7	2,6	6,2	4,9	7,1	2,8	6,4	5,8	5,7	5,5	5,8
22	5,5	7,6	2,1	5,9	4,7	6,8	2,2	6,1	5,4	5,4	5,5	5,4
23	5,3	7,5	1,6	5,5	4,4	6,6	2,0	5,7	5,1	4,9	4,8	5,1
24	5,1	7,4	1,5	5,3	3,9	6,5	1,6	5,4	4,2	4,6	4,6	4,7
1	5,0	7,3	1,1	5,1	3,8	6,3	1,3	5,2	3,8	4,3	4,2	4,6
2	4,8	7,2	0,9	4,8	3,6	6,0	1,1	5,0	2,4	3,9	3,9	4,4
3	4,5	7,0	0,9	4,6	3,4	5,7	1,0	4,8	1,5	3,7	3,8	4,3
4	4,3	6,9	0,9	4,4	3,3	5,6	1,0	4,6	1,2	3,4	3,7	4,2
5	4,0	6,7	1,0	4,2	3,2	5,4	1,1	4,4	1,2	3,1	3,6	4,1
6	3,8	6,7	1,0	4,2	3,2	5,3	1,2	4,3	1,2	3,0	3,6	4,0
7	3,8	6,6	1,1	4,1	3,2	5,3	1,2	4,3	1,0	2,6	3,5	4,0
8	3,8	6,6	1,2	4,1	3,2	5,2	1,3	4,2	1,0	2,6	3,4	3,9
9	3,8	6,6	1,3	4,1	3,3	5,2	1,3	4,2	1,1	2,6	3,4	3,9

JULI 1957

Aufzeichnungen eines Messtags - 17./18.7.57

Stunde	t_{Luft} 2m	1m	10cm	Feuchtigk. in %	Sonnen-schein	Strahlg. cal/cm²	Barometer	Wind	Bewölkung	Sichtweite	Boden-zustand	Sonstiges
7	3,3	3,4	3,5	91	.	.	774,4	N 1	Wolkenlos	20	1	vereinzelt Aufeisansatz
8	1,5	1,3	1,0	96	.	1	774,6	N 2	Wolkenlos	40 dunstig	1	Nebelbank im Norden
9	1,5	1,4	1,3	98	0,1	1	774,8	N 2	Nebel 2^1 NE	40 diesig	3	anrück.Nebel; Kammeis
10	1,4	1,5	1,7	100	0,3	4	775,1	N 2	Nebel 7^1 N	0,2 (200 m)	1	Bodennebel; noch Kammeis
11	2,1	2,3	2,6	100	.	6	775,3	N 2	Fs 9^0 N	0,5 (500 m)	1	treibender Nebel
12	2,8	2,9	3,0	97	0,2	8	775,3	N 2	Fs 7^1 N	4 diesig	1	im N aufklarend
13	4,0	4,4	5,4	91	0,3	15	775,0	N 2	Fs 6^0 N	20 dunstig	1	Nebel u. Fs abziehend,sonnig
14	7,2	7,2	8,4	77	1,0	21	774,3	W 2	Cs 1^0 S	40 dunstig	1	sonnig, Wind dreht Süd
15	10,4	10,5	11,3	65	1,0	25	774,1	S 2	Cs 1^0 S	50	1	sonnig
16	10,8	11,0	11,2	61	1,0	24	773,8	S 3	Cs 1^0 S	50	1	sonnig
17	10,1	9,9	9,9	63	0,9	20	773,3	SE 3	Cs 1^0 SE	50 Fernsicht	1	17^{00} SU f. Station
18	8,4	8,2	7,9	68	.	8	773,3	S 2	Cs 1^0 S	50 Fernsicht	1	17^{25} SU; Abendrot
19	7,1	6,5	5,8	75	.	1	773,4	E 1	Cs 1^0 S	20	1	Taubeschlag
20	6,0	6,0	4,5	81	.	1	773,6	0	Wolkenlos	4	1	Tau
21	4,9	4,2	0,9	86	.	1	773,6	0	Wolkenlos	4	1	Reifansatz an Instrumenten
22	5,7	5,5	3,1	82	.	1	773,5	N 1	Wolkenlos	4	1	Reif an Instrum.
23	6,0	6,0	4,3	80	.	.	773,3	N 1	Wolkenlos	4	1	Warmlufteinbruch
24	5,7	5,7	4,5	79	.	.	773,1	0	Wolkenlos	4	1	Anhaltende Störung
1	2,3	1,4	-0,5	90	.	1	773,0	0	Wolkenlos	10	1	Kälteeinbruch, Mondaufgang
2	1,2	1,0	0,0	97	.	1	772,8	NE 1	Cs 1^0 SE	10	1	Kammeisbildung
3	0,7	0,5	0,0	98	.	1	772,2	NE 1	Cs 1^0 SE	10	3	Kammeis bis 5mm STärke
4	0,3	-0,1	-0,9	99	.	.	771,9	0	Cs 1^0 SE	10	3	Eisbildung au f Wasser
5	0,0	-0,5	-2,0	99	.	1	771,6	0	Ci 1^0 E	10	5	Eis auf Wasser, Kammeis 1cm
6	-0,5	-0,8	-1,8	100	.	.	771,4	0	Ci 1^0 E	10	5	Kammeis 1,5cm
7	-1,0	-1,2	-2,4	100	.	.	771,3	0	Wolkenlos	10 dunstig	5	Kammeis 2cm, Nebelbank
8	-1,0	-1,5	-2,7	100	.	1	771,0	0	Cs 1^0 S	20 dunstig	5	Kammeis bis 3 cm Stärke
9	-0,5	-0,6	-1,2	100	0,1	.	770,7	0	Cs 1^0 S	40 diesig	5	Kammeis 4 cm; 8^{30} SA

Anmerkungen: Am Vortage (16.7.) bis gegen 9^{00} Nebel, bis gegen 15^{00} wechselnde Bewölkung mit kurzen Schauern, abends aufklarend mit rasch sinkenden Temperaturen

	Maximum	Minimum	Amplitude	Minimum/Boden
16.7.	12,3	2,9	9,4	0,9
17.7.	11,1	0,1	11,0	-2,7
18.7.	13,2	-2,2	15,4	-5,1

Aufzeichnungen eines Messtags – 17./18.7.57

JULI 1957

t Nackter Boden						t Bedeckter Boden						t in Forstbeeten								t Wasser				Stunde
												Kastanie		Biche		Ahorn		Esche						
1 cm	5 cm	10cm	20cm	30cm	50cm	1 cm	5 cm	10cm	20cm	30cm	50cm	1 cm	10 cm	I cm	10 cm	1 cm	10 cm	1 cm	10 cm	1 cm	5 cm	10cm	20cm	
0,9	2,9	3,6	6,2	7,1	8,0	1,8	4,1	5,1	6,2	7,4	8,0	5,2	6,6	1,4	4,7	3,6	5,3	2,0	5,0	3,0	3,9	4,1	4,2	7
0,7	2,7	3,5	6,1	7,0	8,0	1,6	4,0	4,9	6,1	7,3	8,0	5,2	6,5	1,3	4,6	3,5	5,2	1,6	4,8	2,7	3,8	3,9	4,1	8
1,0	2,6	3,4	5,9	6,9	8,0	1,6	4,0	4,8	6,0	7,2	8,0	5,1	6,4	1,2	4,4	3,2	5,2	1,5	4,6	2,0	3,5	4,1	4,1	9
2,0	2,5	3,3	5,8	6,8	8,0	2,2	3,9	4,8	5,9	7,2	8,0	5,1	6,4	2,5	4,4	3,5	5,1	3,4	4,4	2,4	3,5	4,2	4,3	10
4,5	3,1	3,4	5,7	6,8	8,0	4,0	4,3	5,0	5,8	7,1	8,0	5,5	6,3	4,7	4,5	4,4	4,9	4,9	4,6	3,9	4,3	4,4	4,4	11
6,2	3,7	3,8	5,6	6,7	8,0	5,1	4,8	5,2	5,8	7,1	8,0	5,9	6,3	5,5	4,7	5,0	5,1	5,9	5,0	5,2	4,6	4,5	4,6	12
8,0	4,8	4,6	5,6	6,7	8,0	6,2	5,5	5,7	5,7	7,0	8,0	6,3	6,3	7,5	5,1	5,8	5,3	6,8	5,3	6,2	5,5	5,2	5,2	13
11,9	6,9	5,4	5,6	6,6	8,0	9,0	6,2	6,2	5,7	7,0	8,0	6,9	6,5	11,1	5,7	6,9	5,6	8,5	5,8	7,5	6,5	6,0	5,8	14
13,1	8,4	6,4	5,7	6,6	8,0	10,5	7,1	6,7	5,7	6,9	8,0	7,1	6,5	12,1	6,3	8,0	6,0	10,4	6,4	9,0	7,8	6,8	6,4	15
12,1	8,5	7,2	5,8	6,6	7,9	10,6	7,5	7,0	5,8	6,9	8,0	7,2	6,7	9,6	6,8	8,0	6,3	8,8	6,9	9,2	8,4	7,4	6,7	16
10,1	8,3	7,6	6,1	6,6	7,9	9,0	7,7	7,1	5,9	6,9	8,0	7,1	6,8	7,8	6,9	7,3	6,7	7,9	7,1	8,2	7,8	7,5	6,8	17
7,0	7,9	7,5	6,3	6,6	7,9	6,8	7,3	7,0	5,9	6,9	8,0	6,6	6,9	5,9	7,0	6,9	6,7	6,1	7,1	7,5	7,1	7,0	6,9	18
4,9	6,8	7,0	6,5	6,6	7,8	5,0	6,7	6,7	6,0	6,8	7,9	6,1	6,8	4,1	6,6	5,6	6,5	4,5	6,6	6,9	6,5	6,4	6,6	19
3,4	6,0	6,5	6,6	6,6	7,8	3,7	6,1	6,3	6,1	6,8	7,9	5,8	6,8	3,3	6,2	5,1	6,4	3,9	6,3	6,2	6,0	5,9	6,1	20
2,5	5,2	5,9	6,6	6,7	7,8	3,1	5,5	6,0	6,1	6,8	7,8	5,4	6,7	2,5	5,8	4,5	6,1	3,0	6,0	6,0	5,7	5,5	5,6	21
2,1	4,5	5,4	6,6	6,7	7,7	2,6	5,1	5,6	6,0	6,8	7,8	5,3	6,6	2,2	5,5	4,3	5,8	2,8	5,7	5,5	5,3	5,1	5,4	22
1,6	4,0	4,9	6,5	6,7	7,7	2,1	4,7	5,4	6,0	6,8	7,8	5,2	6,5	1,9	5,2	4,0	5,6	2,4	5,4	5,2	4,9	4,8	5,0	23
1,2	3,6	4,5	6,4	6,7	7,7	2,0	4,3	5,2	5,9	6,8	7,8	5,0	6,4	1,6	5,0	3,8	5,4	2,1	5,1	5,0	4,7	4,6	4,7	24
1,1	3,2	4,1	6,2	6,7	7,6	1,4	4,0	4,8	5,8	6,8	7,8	4,9	6,3	1,1	4,6	3,4	5,2	2,1	4,9	4,4	4,4	4,4	4,5	1
1,0	2,9	3,8	6,1	6,6	7,6	1,1	3,7	4,6	5,7	6,7	7,8	4,7	6,3	0,8	4,4	3,0	5,0	1,2	4,5	3,9	4,2	4,1	4,3	2
0,9	2,6	3,5	5,9	6,6	7,6	1,0	3,5	4,4	5,6	6,6	7,8	4,5	6,2	0,6	4,2	2,9	4,8	1,0	4,4	2,3	3,7	3,9	4,1	3
0,9	2,4	3,3	5,7	6,6	7,6	1,0	3,2	4,3	5,5	6,6	7,8	4,4	6,0	0,6	4,0	2,6	4,6	0,8	4,1	1,5	3,3	3,8	4,0	4
0,8	2,3	3,1	5,6	6,5	7,6	0,9	3,1	4,1	5,4	6,6	7,7	4,2	5,9	0,5	3,8	2,4	4,5	0,8	3,9	1,3	3,0	3,6	3,9	5
0,6	2,2	3,0	5,5	6,4	7,6	0,9	2,8	3,9	5,3	6,6	7,7	4,1	5,8	0,5	3,6	2,2	4,3	0,8	3,7	1,1	2,5	3,5	3,9	6
0,5	2,1	2,9	5,4	6,3	7,6	0,8	2,6	3,7	5,2	6,5	7,7	4,0	5,7	0,4	3,6	2,0	4,1	0,7	3,6	1,0	2,3	3,4	3,8	7
0,5	2,0	2,8	5,3	6,3	7,6	0,7	2,5	3,6	5,1	6,5	7,7	3,9	5,6	0,4	3,5	1,9	4,0	0,6	3,6	1,0	2,2	3,3	3,8	8
0,6	1,9	2,7	5,2	6,2	7,6	0,8	2,4	3,6	5,0	6,4	7,7	3,9	5,5	0,5	3,5	1,9	3,9	0,6	3,5	1,0	2,0	3,3	3,7	9

AUGUST 1957

Aufzeichnungen eines Messtags - 30./31.8.57

Stunde	t Luft 2 m	t Luft 1 m	t Luft 10cm	Feuchtigk. in %	Sonnen-schein	Strahlung cal/cm²	Barometer	Wind	Bewölkung	Sichtweite	Boden-zustand	Sonstiges
6	1,2	2,4	2,8	92	.	.	768,1	S 1	Ac 1^1 S	4	1	Reif an Gräsern
7	3,4	2,8	0,2	93	.	1	768,2	0	Ac 1^1 S	20	1	Eis an Gräsern
8	2,0	1,2	-0,2	97	.	.	768,1	0	Ac/Fc 1^1 S/N	50 Fernsicht	1	7^{40} SA
9	6,2	6,3	6,4	81	0,9	10	768,3	S 1	Ac/Cs 1^1 S/W	50	1	sonnig
10	7,6	7,9	8,4	77	1,0	25	768,3	S 2	Ac/Cs 1^1 S/W	50	1	sonnig, Gras trocknet
11	8,7	9,2	10,1	73	1,0	29	768,1	S 2	Ac/Cs 1^1 S/W	50 dunstig	1	sonnig, Wind vereinz. S 3
12	10,2	10,8	11,7	68	1,0	28	767,5	SE 3	Ac/Cs 1^1 S/W	50 dunstig	1	sonnig, abzieh.Wolken
13	11,4	11,7	13,6	63	1,0	30	767,2	SE 3	Ac 1^1 S	50 Fernsicht	1	sonnig
14	11,9	12,9	14,7	65	1,0	29	766,7	S 3	Ac 1^1 S	50	1	sonnig
15	13,8	14,4	15,4	63	1,0	29	766,2	S 1	Cs 1^0 SW	50	1	sonnig
16	13,4	14,0	15,1	62	1,0	29	765,8	S 2	Cs 3^0 SW	50	1	sonnig
17	13,0	13,2	13,4	60	1,0	27	765,4	SE 1	Cs 4^0 SW	50	1	sonnig
18	10,5	10,3	10,0	67	0,3	12	765,4	SE 1	Cs/As 6^0 SW	40 dunstig	1	Bewölk.zunahme
19	9,4	9,2	8,8	72	.	2	765,5	SE 1	As 7^0 SW	20 dunstig	1	Abendglühen
20	8,8	8,6	8,2	74	.	2	765,7	0	As 10^0 SW	4 diesig	1	bedeckt, Mondring
21	8,7	8,7	8,4	74	.	.	765,4	0	As 9^0 SW	4 diesig	1	Mondring
22	8,4	8,1	7,8	74	.	.	765,1	SE 1	As 4^0 SW	4	1	Abzieh.Wolkenschicht
23	8,1	8,0	7,6	73	.	.	764,7	NE 1	As 2^0 SW	4	1	Wind dreht Nord
24	6,5	6,0	4,5	78	.	1	764,2	NE 1	Wolkenlos	4	1	Taufall
1	4,1	3,6	1,5	92	.	2	764,0	0	Wolkenlos	4	1	verstärkter Taufall
2	3,3	2,8	1,3	95	.	1	763,7	0	Wolkenlos	4	1	erste Reifbildung
3	2,4	1,7	0,4	98	.	1	762,9	NE 1	Wolkenlos	2 dunstig	1	Windunregelmässigkeiten
4	1,9	1,5	0,3	98	.	1	762,3	0	Wolkenlos	2 dunstig	1	Reif am Instrumenten
5	1,5	1,0	0,0	98	.	.	762,0	0	Sc 2^0 SW	2 diesig	1	Nebelbank Nord
6	0,4	0,2	-0,6	99	.	1	761,8	0	Sc 5^0 SW	2 diesig	1	Talnebel Niederung
7	-0,2	-0,4	-1,1	99	.	.	761,7	0	Sc 8^0 WSW	10 diesig	1	Ausbreitender Talnebel
8	0,4	0,3	-0,6	100	.	.	761,7	0	Sc 9^0 W	0,2 Bodenneb	1	Morgenrot, Nebel
9	2,7	3,0	3,2	100	.	1	761,5	N 1	Sc 10^0 W	1 diesig	1	Nebel

Anmerkungen: Am Vortage (29.8.) Nebel bis Mittag, nachmittags Nieselschauer, gegen Abend aufklarend, rasches Absinken der Temperaturen

	Maximum	Minimum	Amplitude	Minimum/Boden
29.8.	13,7	3,2	10,5	1,2
30.8.	13,4	1,0	12,4	-2,0
31.8.	20,4	-0,8	21,2	-2,5

Aufzeichnungen eines Meßtags - 30./31.8.57

AUGUST 1957

t Nackter Boden 1 cm	5 cm	10cm	20cm	30cm	50cm	t Bedeckter Boden 1 cm	5 cm	10cm	20cm	30cm	50cm	t in Forstbeeten: Kastanie 1 cm	Kastanie 10 cm	Eiche 1 cm	Eiche 10 cm	Ahorn 1 cm	Ahorn 10 cm	Esche 1 cm	Esche 10 cm	t Wasser 1 cm	5 cm	10cm	20cm	Stunde
1,1	4,5	6,1	8,0	9,2	9,2	2,8	5,7	6,8	8,3	8,9	9,1	6,2	7,8	2,5	6,4	3,8	6,4	3,2	6,6	6,8	6,5	6,3	6,5	6
1,0	4,3	5,9	7,8	9,1	9,2	2,5	5,5	6,6	8,2	8,8	9,1	6,1	7,7	2,2	6,2	3,5	6,2	3,1	6,5	6,5	6,2	6,0	6,3	7
0,6	4,0	5,7	7,7	9,0	9,2	2,5	5,4	6,4	8,0	8,8	9,1	6,1	7,6	2,0	5,9	3,1	6,0	3,0	6,3	6,4	6,1	5,9	6,1	8
6,5	4,2	5,4	7,5	8,9	9,2	4,1	5,3	6,3	7,9	8,8	9,1	6,5	7,5	3,9	5,7	4,5	5,8	6,1	6,1	6,5	6,2	6,0	6,1	9
10,7	5,9	5,6	7,2	8,9	9,2	8,6	6,0	6,5	7,8	8,8	9,2	7,0	7,4	7,5	5,8	7,4	6,0	9,0	6,4	7,9	7,2	6,8	6,6	10
14,6	7,9	6,4	7,2	8,8	9,3	11,5	7,2	7,3	7,7	8,7	9,2	8,1	7,5	11,6	6,4	10,0	6,7	10,2	6,9	10,0	8,5	7,9	7,7	11
17,3	9,8	7,4	7,3	8,8	9,3	14,6	8,9	8,0	7,6	8,7	9,2	9,5	7,8	14,9	7,3	12,0	7,6	13,0	7,6	12,0	10,0	9,0	8,8	12
19,2	11,7	8,6	7,6	8,8	9,3	17,0	10,9	9,3	7,7	8,7	9,3	10,6	8,1	17,6	8,3	13,0	8,8	13,5	8,6	13,5	12,0	10,4	10,1	13
20,1	13,0	9,7	7,9	8,7	9,3	18,0	12,0	10,0	7,8	8,6	9,3	10,8	8,4	18,7	9,0	13,2	9,6	14,4	9,2	14,4	12,9	11,4	10,6	14
19,2	13,9	10,7	8,4	8,7	9,3	18,5	13,4	10,9	8,0	8,6	9,3	10,9	8,7	17,0	10,0	14,1	10,2	14,5	10,0	15,5	14,3	12,9	11,7	15
17,0	14,3	11,6	8,9	8,7	9,2	18,0	14,1	11,5	8,2	8,6	9,3	10,9	8,9	15,2	10,6	13,5	10,7	13,5	10,4	15,7	15,0	13,6	12,4	16
13,5	13,9	12,0	9,5	8,8	9,2	16,1	14,0	11,6	8,4	8,7	9,3	10,5	9,0	13,1	10,9	12,6	11,0	12,0	10,8	15,0	14,5	13,8	12,5	17
10,7	12,9	12,0	9,8	8,9	9,2	12,6	13,1	11,4	8,6	8,7	9,2	9,8	9,1	10,6	10,8	11,0	10,8	10,0	10,6	13,5	13,1	12,9	12,5	18
9,0	11,8	11,6	9,9	8,9	9,1	11,0	12,4	11,1	8,7	8,7	9,1	9,2	9,1	9,0	10,5	9,9	10,4	9,0	10,3	12,6	12,3	12,2	12,3	19
7,6	10,6	11,0	10,0	9,0	9,1	9,3	11,3	10,5	8,8	8,7	9,1	8,9	9,0	8,0	10,1	8,8	10,0	8,1	9,9	12,0	11,6	11,4	11,6	20
7,0	9,6	10,3	9,9	9,1	9,0	8,5	10,6	10,1	8,9	8,8	9,1	8,5	8,9	7,5	9,6	8,1	9,6	7,6	9,5	11,4	11,0	11,0	11,2	21
6,1	9,0	9,9	9,8	9,2	9,0	7,5	10,0	9,8	8,9	8,9	9,1	8,3	8,8	6,7	9,2	7,8	9,2	7,0	9,2	11,0	10,6	10,4	10,6	22
5,5	8,4	9,4	9,7	9,3	9,0	7,1	9,4	9,5	8,9	8,9	9,1	8,2	8,7	6,0	8,7	7,1	8,7	6,6	8,8	10,4	10,0	9,9	10,0	23
4,5	7,8	8,8	9,5	9,3	9,0	6,1	8,8	9,0	8,8	8,9	9,0	8,0	8,5	5,2	8,4	6,4	8,4	5,9	8,4	10,0	9,6	9,4	9,6	24
3,3	7,0	8,3	9,3	9,3	9,0	5,4	8,1	8,6	8,7	8,9	9,0	7,5	8,4	4,5	8,0	5,7	8,0	5,1	8,2	9,3	9,0	8,8	9,1	1
2,6	6,4	7,9	9,0	9,3	9,0	4,5	7,7	8,3	8,7	8,9	9,0	7,1	8,3	4,0	7,6	5,1	7,6	4,5	7,8	8,9	8,6	8,4	8,6	2
2,0	5,8	7,4	8,8	9,3	9,0	4,0	7,1	7,9	8,6	8,8	9,0	6,8	8,2	3,4	7,2	4,5	7,2	4,0	7,4	8,3	8,1	7,9	8,2	3
1,5	5,2	7,0	8,5	9,2	9,0	3,5	6,6	7,5	8,4	8,8	9,0	6,5	8,0	3,0	6,9	4,0	6,9	3,6	7,1	8,0	7,5	7,4	7,6	4
1,1	4,9	6,5	8,2	9,1	9,0	3,1	6,2	7,2	8,3	8,8	9,0	6,1	7,8	2,6	6,4	3,6	6,5	3,2	6,7	7,5	7,1	7,0	7,2	5
0,9	4,5	6,2	7,9	9,0	9,0	3,0	5,9	6,9	8,2	8,8	9,0	6,0	7,7	2,2	6,2	3,2	6,2	3,1	6,4	7,1	6,8	6,7	6,9	6
0,6	4,1	5,8	7,7	8,9	9,0	2,5	5,6	6,6	8,0	8,7	9,0	5,9	7,5	2,0	5,9	3,1	5,8	2,9	6,2	6,7	6,5	6,4	6,6	7
1,0	3,9	5,5	7,5	8,9	9,0	2,6	5,4	6,4	7,8	8,7	9,0	6,0	7,4	2,1	5,6	3,1	5,6	3,0	6,0	6,6	6,2	6,1	6,3	8
3,1	4,1	5,3	7,3	8,8	9,0	4,0	5,5	6,3	7,7	8,6	9,0	6,3	7,4	4,0	5,6	4,0	5,5	4,5	5,9	6,5	6,2	6,1	6,3	9

SEPTEMBER 1957

Aufzeichnungen eines Messtags - 6./7.9.57

Stunde	t Luft 2 m	1 m	10cm	Feuchtigk. in %	Sonnen-schein	Strahlg. cal/cm²	Barometer	Wind	Bewölkung	Sichtweite	Boden-zustand	Sonstiges
8	5,5	5,3	5,1	84	.	.	767,5	S 2	Sc 3^1 S	40	1	"Sur negro" (Sc E-Horizont)
9	7,8	8,1	8,8	77	0,8	13	768,5	S 2	Sc 1^1 S	50	1	sonnig
10	9,1	9,3	9,8	64	1,0	24	768,8	SE 4	Sc 2^1 SE	50	1	sonnig, zunehm.Wind
11	9,6	10,1	10,8	60	1,0	33	769,1	SE 4	Ac 3^1 SSE	50	1	sonnig, aufkomm. Ac
12	11,0	11,6	12,3	56	1,0	33	769,2	SSE 3	Ac 3^1 S	50	1	sonnig
13	11,4	12,9	14,9	58	1,0	32	769,3	SSE 3	Ac 3^1 S	50	1	sonnig
14	11,1	12,1	14,2	50	1,0	32	769,0	SSE 3	Ac 3^1 SSE	50	1	sonnig
15	11,7	11,3	12,4	47	1,0	27	768,6	SSE 3	Ac 2^1 SSE	50	1	sonnig
16	12,8	13,0	13,8	42	1,0	24	768,4	S 2	Ac 1^1 S	50	1	sonnig, Wind u.Bew.nachlass.
17	12,4	12,5	12,8	47	1,0	24	768,5	S 2	Ac 1^1 S	50	1	sonnig
18	10,8	10,4	10,3	50	1,0	20	769,0	S 1	Wolkenlos	50 Fernsicht	1	sonnig, 18^{20} SU
19	8,2	7,7	6,8	59	0,3	5	769,2	S 1	Wolkenlos	40	1	Taufall
20	7,8	6,6	5,2	63	.	2	769,5	S 1	Wolkenlos	10	1	verstärkter Taufall
21	5,6	4,8	3,3	70	.	1	769,8	0	Wolkenlos	4	1	Taubeschlag an Instrumenten
22	4,7	4,6	4,4	74	.	1	769,8	S 1	Wolkenlos	4	1	Windstörungen
23	3,6	3,0	2,6	82	.	1	769,9	0	Wolkenlos	4	1	neuer Taufall, Reifbildung
24	3,4	2,4	1,5	83	.	1	769,7	0	Ci 2^0 SW	4	1	Störungen durch Windhauch
1	1,4	1,0	0,6	90	.	1	769,6	0	Ci 2^0 SW	4	1	Dampf über Wasserflächen
2	0,2	0,0	-0,1	93	.	1	769,5	0	Ci 1^0 SW	4	1	starker Reifansatz
3	0,0	0,2	-0,2	95	.	1	769,1	S 1	Ci 2^0 SW	2 dunstig	1	Windstörungen
4	-0,4	-0,4	-0,8	98	.	1	768,5	0	Cs 3^0 SW	2 dunstig	1	zunehm.Bewölkg.; Mondring
5	-0,8	-1,0	-1,3	100	.	.	768,3	0	Cs 4^1 SW	2 diesig	1	Nebelbank über Niederung
6	-0,4	-0,5	-0,5	100	.	.	768,2	S 1	As 6^1 SW	2 diesig	1	sinkende Wolkenschichten
7	-0,4	-0,6	-0,8	100	.	.	768,3	SE 1	As 7^1 SW	10 dunstig	1	Morgenrot
8	-0,8	-0,8	-0,6	100	.	.	768,4	SE 1	As 6^1 SW	20 dunstig	1	erneuter ^{t}fall
9	2,7	2,8	2,9	90	.	2	768,4	S 1	Cs 5^1 SW	20 dunstig	1	Reif schmilzt

Anmerkungen: Am Vortage (5.9.) Nebel bis Mittag, nachmittags überwiegend heiter, nachts kurzer Schauer (2,4mm).

	Maximum	Minimum	Amplitude	Minimum/Boden
5.9.	12,6	0,0	12,6	-1,9
6.9.	12,6	5,4	7,2	3,1
7.9.	10,3	-1,5	11,8	-3,0

SEPTEMBER 1957

Aufzeichnungen eines Messtags – 6./7.9.57

Stunde	t Nackter Boden 1 cm	5 cm	10cm	20cm	30cm	50cm	t Bedeckter Boden 1 cm	5 cm	10cm	20cm	30cm	50cm
8	4,4	7,1	8,2	9,2	9,9	9,9	5,9	8,1	8,7	9,2	9,6	9,8
9	10,0	7,3	7,9	9,0	9,8	9,9	7,4	7,9	8,4	9,1	9,6	9,8
10	13,5	8,6	8,1	8,9	9,8	9,9	10,9	8,4	8,6	9,1	9,6	9,8
11	15,2	10,2	8,6	8,9	9,8	10,0	13,2	9,5	9,3	9,0	9,6	9,8
12	19,0	11,9	9,5	9,0	9,8	10,0	15,9	11,2	10,1	9,0	9,6	9,8
13	20,0	13,4	10,5	9,3	9,8	10,0	18,9	12,8	11,1	9,1	9,6	9,8
14	19,2	14,5	11,4	9,6	9,8	10,0	19,4	14,1	11,8	9,2	9,6	9,9
15	16,5	14,8	12,4	10,0	9,9	10,0	18,2	15,0	12,5	9,4	9,6	9,9
16	14,9	14,7	12,8	10,5	9,9	10,0	17,6	15,1	12,7	9,5	9,6	9,8
17	13,0	14,1	12,9	10,8	10,0	9,9	16,1	14,9	12,7	9,6	9,6	9,8
18	10,0	13,2	12,7	11,0	10,0	9,9	12,9	14,0	12,4	9,8	9,6	9,8
19	8,0	11,9	12,3	11,1	10,0	9,8	10,6	13,0	12,0	9,9	9,6	9,7
20	6,2	10,5	11,6	11,0	10,0	9,8	8,9	11,7	11,3	9,9	9,7	9,7
21	5,0	9,3	10,6	10,8	10,1	9,8	7,3	10,6	10,6	9,9	9,8	9,6
22	4,0	8,4	9,9	10,6	10,2	9,8	6,6	9,9	10,0	9,9	9,8	9,6
23	3,2	7,6	9,3	10,4	10,2	9,8	5,9	9,1	9,6	9,8	9,8	9,6
24	2,2	6,8	8,6	10,1	10,2	9,8	4,9	8,3	9,0	9,7	9,8	9,6
1	2,0	6,3	8,2	9,8	10,2	9,8	4,5	8,0	8,6	9,6	9,8	9,6
2	1,5	5,7	7,6	9,5	10,1	9,8	4,0	7,5	8,3	9,4	9,7	9,6
3	0,9	5,1	7,2	9,1	10,0	9,8	3,4	7,0	7,8	9,2	9,7	9,6
4	0,8	4,5	6,7	8,8	9,9	9,8	3,1	6,5	7,5	9,0	9,6	9,6
5	0,4	4,2	6,3	8,5	9,8	9,8	2,8	6,1	7,3	8,8	9,6	9,6
6	0,7	4,0	6,0	8,3	9,7	9,7	2,7	5,8	7,0	8,7	9,5	9,6
7	0,7	3,9	5,7	8,0	9,6	9,7	2,9	5,6	6,7	8,5	9,4	9,6
8	0,5	3,7	5,4	7,8	9,6	9,7	2,7	5,5	6,6	8,4	9,4	9,6
9	4,0	4,2	5,4	7,6	9,5	9,8	4,1	5,6	6,5	8,3	9,3	9,6

Stunde	t in Forstbeeten: Kastanie 1 cm	Kastanie 10cm	Eiche 1 cm	Eiche 10cm	Ahorn 1 cm	Ahorn 10cm	Esche 1 cm	Esche 10cm	t Wasser 1 cm	5 cm	10cm	20cm
8	7,5	8,8	5,1	8,2	6,2	8,2	6,0	8,4	8,6	8,4	8,2	8,4
9	8,0	8,7	6,5	7,9	7,4	7,9	9,2	8,2	9,0	8,6	8,4	8,4
10	8,5	8,7	9,6	8,0	9,2	8,0	10,5	8,4	10,0	9,4	9,0	9,0
11	9,0	8,8	13,0	8,4	10,6	8,6	10,9	8,9	11,5	10,8	10,3	10,2
12	10,5	8,9	15,2	9,3	13,0	9,4	13,5	9,5	13,6	12,5	11,5	11,5
13	11,0	9,0	18,5	9,7	14,0	10,2	14,0	10,1	15,0	13,0	12,8	12,7
14	10,9	9,2	18,1	10,6	13,7	10,8	14,2	10,7	15,6	14,8	13,9	13,3
15	10,7	9,4	15,1	11,2	13,1	11,4	12,1	11,2	15,8	15,3	14,8	14,4
16	10,6	9,5	14,5	11,6	12,8	11,5	12,1	11,4	15,8	15,4	15,1	14,8
17	10,3	9,6	13,0	11,7	12,0	11,5	11,0	11,4	15,2	14,9	14,6	14,8
18	9,5	9,7	10,0	11,6	10,7	11,3	9,1	11,2	14,1	13,9	13,7	13,9
19	9,0	9,6	8,1	11,0	9,0	10,8	8,0	10,7	13,5	13,1	12,9	13,2
20	8,5	9,4	7,0	10,4	8,0	10,3	7,0	10,2	12,6	12,5	12,3	12,4
21	8,0	9,3	5,7	9,8	7,1	9,7	6,1	9,6	12,0	11,6	11,4	11,6
22	7,5	9,0	5,0	9,2	6,1	9,0	5,2	9,0	11,1	10,9	10,6	10,8
23	7,1	8,8	4,3	8,7	5,6	8,5	4,9	8,6	10,4	10,1	10,0	10,3
24	7,0	8,6	3,7	8,2	5,0	8,0	4,4	8,2	9,9	9,5	9,3	9,6
1	6,8	8,5	3,2	7,8	4,5	7,6	4,0	7,8	9,3	9,1	8,8	9,0
2	6,5	8,3	2,6	7,3	4,0	7,2	3,3	7,4	8,8	8,4	8,2	8,4
3	6,2	8,1	2,3	6,9	3,6	6,8	3,0	7,1	8,2	8,0	7,8	7,9
4	6,0	7,9	2,0	6,6	3,1	6,5	2,8	6,8	7,8	7,4	7,3	7,5
5	5,9	7,8	1,9	6,2	3,0	6,2	2,5	6,4	7,4	7,0	6,8	7,0
6	5,8	7,7	2,0	6,0	3,1	5,9	2,7	6,2	7,0	6,7	6,6	6,7
7	5,7	7,6	2,0	5,7	3,0	5,6	2,6	6,1	6,7	6,3	6,2	6,4
8	5,5	7,5	1,9	5,6	2,6	5,5	2,6	6,0	6,5	6,1	6,0	6,2
9	6,2	7,4	3,9	5,5	4,0	5,4	4,5	5,9	6,6	6,3	6,1	6,3

OKTOBER 1957

Aufzeichnungen eines Messtags – 29./30.10.57

Stunde	t Luft 2 m	t Luft 1 m	t Luft 10cm	Feuchtigk. in %	Sonnen-schein	Strahlg. cal/cm²	Barometer	Wind	Bewölkung	Sichtweite	Boden-zustand	Sonstiges
6	1,8	1,5	0,6	98	.	.	766,9	0	Ac 2^2 S	40	1	6^{00} an sonnig, Reif an Gräser
7	4,2	4,3	4,5	97	.	1	766,9	S 1	Ac 2^2 S	50	1	sonnig, Wolken E-Horizont
8	7,2	7,4	7,7	84	1,0	17	766,8	SE 2	Ac 2^1 S	50	1	sonnig, vereinz.noch Reif
9	9,3	10,0	11,0	77	1,0	32	766,5	SSE 2	Ac 2^1 S	50	1	sonnig, abziehende Wolken
10	11,2	11,5	12,2	69	1,0	31	766,4	SSE 2	Ac 1^1 S	50	1	sonnig, noch Tau im Gras
11	12,5	13,0	14,0	66	1,0	31	766,3	SE 2	Ac 1^1 S	50	1	Wind S – E, sonnig
12	14,7	15,5	17,2	62	1,0	33	765,7	SSE 2	Wolkenlos	50 Fernsicht	1	sonnig
13	16,1	16,9	18,2	56	1,0	33	765,1	SE 2	Ac 1^1 S	50 Fernsicht	1	sonnig, 13^{20} Windeinbruch W
14	15,8	16,2	16,9	62	1,0	33	765,0	W 3	Ac 1^1 S	50 Fernsicht	1	sonnig
15	17,0	17,4	19,0	59	1,0	34	764,6	WNW 3	Ac 1^1 S	50	1	sonnig
16	17,4	17,9	18,3	57	1,0	33	764,1	WNW 2	Ac 1^1 S	50	1	sonnig, Wind SW-tendenz
17	17,8	18,0	18,6	52	1,0	33	763,7	WSW 2	Ac 1^1 S	50	1	sonnig
18	17,3	17,5	17,5	53	1,0	27	763,8	S 2	Ac 1^1 S	50	1	sonnig, 18^{20} Cs N-Horizont
19	16,0	15,9	15,8	58	1,0	23	763,9	S 2	Cs 1^0 W	40	1	19^{10} SU f.Station, 19^{20} SU
20	13,8	13,5	13,1	64	0,4	10	764,4	S 1	Cs 1^0 W	20	1	erster Taufall
21	12,1	11,8	10,9	71	.	2	764,6	S 1	Wolkenlos	4	1	Tauansatz an Instrumenten
22	11,0	11,0	10,6	77	.	2	764,8	S 1	Wolkenlos	4	1	
23	9,9	9,5	8,8	78	.	1	764,8	0	Wolkenlos	2	1	
24	9,6	9,6	9,4	80	.	1	764,7	SE 2	Wolkenlos	2	1	Temperaturstörungen (Wind)
1	8,5	8,2	7,4	81	.	.	764,6	0	Wolkenlos	2	1	erneuter Taufall
2	8,2	8,2	7,8	78	.	1	764,0	SE 2	Wolkenlos	2	1	neue Störungen
3	7,2	7,2	7,0	79	.	0	764,1	S 1	Wolkenlos	2	1	schwach tauig
4	6,4	6,1	5,0	83	.	1	764,2	0	Ac 1^1 S	4	1	starker Taufall
5	5,3	4,9	3,3	93	.	1	764,4	0	Ac 1^1 S	10 dunstig	1	Dämmerung
6	4,8	4,3	2,6	95	.	1	764,8	0	Ac 1^1 S	40	1	leichter Reifansatz
7	6,5	6,1	5,8	92	0,0	1	765,1	0	Ac/Cs 2^1 S/W	50	1	sonnig (ab 6°°)
8	9,9	10,1	10,3	79	1,0	16	765,5	S 2	Ac/Cs 2^1 S/W	50	1	sonnig

Anmerkungen: Am Vortage (28.10.) wechselnde Bewölkung, ohne Niederschläge.

	Maximum	Minimum	Amplitude	Minimum/Boden
28.10.	13,5	3,2	10,3	2,5
29.10.	18,5	0,3	18,2	-1,9
30.10.	17,0	2,9	14,1	0,2

Aufzeichnungen eines Messtags - 29./30.10.57

OKTOBER 1957

t Nackter Boden 1 cm	5 cm	10cm	20cm	30cm	50cm	t Bedeckter Boden 1 cm	5 cm	10cm	20cm	30cm	50cm	t in Forstbeeten: Kastanie 1 cm	Kastanie 10cm	Eiche 1 cm	Eiche 10cm	Ahorn 1 cm	Ahorn 10cm	Esche 1 cm	Esche 10cm	t Wasser 1 cm	5 cm	10cm	20cm	Stunde
1,9	6,3	8,6	11,2	12,4	12,2	5,8	8,4	9,4	10,9	11,4	11,6	8,7	10,2	5,2	9,4	6,2	8,8	7,3	10,0	9,5	9,4	9,2	9,4	6
4,6	6,1	8,3	10,9	12,4	12,3	5,5	8,1	9,2	10,8	11,4	11,6	8,9	10,0	5,6	9,2	6,6	8,6	7,8	9,9	9,7	9,2	9,1	9,2	7
10,0	6,9	8,1	10,7	12,3	12,3	6,1	8,0	9,1	10,7	11,4	11,6	9,1	9,9	7,1	9,0	7,5	8,5	8,5	9,8	9,9	9,6	9,4	9,4	8
16,1	9,2	8,6	10,5	12,3	12,4	8,9	8,4	9,3	10,6	11,4	11,6	10,0	9,9	10,5	9,3	8,7	8,6	9,8	9,8	11,5	11,0	10,6	10,4	9
19,6	11,5	9,6	10,5	12,2	12,4	11,4	9,4	9,7	10,5	11,4	11,6	11,0	10,1	12,5	9,8	9,8	8,9	10,5	10,0	14,0	12,7	12,2	11,8	10
24,0	14,2	11,1	10,7	12,2	12,4	14,4	11,0	10,5	10,5	11,4	11,7	12,1	10,3	16,3	10,5	10,7	9,3	11,8	10,4	16,6	14,5	13,8	13,7	11
26,5	17,0	12,6	11,2	12,1	12,4	17,1	12,9	11,5	10,6	11,4	11,7	13,5	10,6	22,1	11,3	11,6	9,6	13,3	10,7	19,0	16,7	15,5	15,6	12
26,1	19,0	14,4	11,7	12,2	12,4	20,0	14,9	12,6	10,7	11,4	11,8	14,1	11,1	25,2	12,4	13,0	10,0	13,9	11,3	20,6	18,8	17,2	17,4	13
26,4	20,5	15,6	12,3	12,2	12,4	20,9	16,3	13,6	10,9	11,4	11,8	15,1	11,6	25,0	14,0	13,6	10,6	15,0	12,0	21,4	20,5	18,8	19,0	14
26,5	21,5	17,1	13,1	12,2	12,4	21,4	17,0	14,6	11,2	11,4	11,8	15,0	12,1	23,0	15,2	14,2	11,3	14,6	12,6	22,1	21,8	20,7	20,6	15
26,0	21,6	17,7	13,8	12,3	12,4	21,0	18,0	14,8	11,4	11,4	11,8	15,1	12,2	21,0	15,8	15,0	11,6	14,7	12,7	22,5	22,0	21,8	21,5	16
23,2	21,8	18,3	14,3	12,4	12,4	20,0	17,6	15,0	11,6	11,4	11,8	14,5	12,4	22,5	16,1	14,6	11,8	14,5	12,8	22,5	22,2	21,9	21,8	17
19,4	20,7	18,4	14.7	12,6	12,4	17,5	16,9	15,1	11,8	11,5	11,7	14,0	12,5	18,0	16,1	14,0	12,2	14,3	12,8	21,2	21,2	21,0	21,3	18
16,0	19,0	18,0	15,0	12,7	12,4	15,5	16,0	14,9	12,0	11,6	11,7	13,5	12,4	15,6	15,7	13,4	12,1	13,6	12,9	20,1	20,0	19,6	20,0	19
12,5	17,0	17,2	15,2	12,8	12,3	14,0	15,0	14,5	12,2	11,6	11,6	12,8	12,4	13,5	15,1	12,2	12,0	12,6	12,8	18,9	18,8	18,4	18,7	20
11,1	15,4	16,3	15,1	13,0	12,3	12,5	14,3	14,0	12,3	11,7	11,6	12,4	12,3	12,4	14,5	11,5	11,7	11,9	12,6	18,0	17,8	17,5	17,7	21
9,7	14,1	15,3	15,0	13,1	12,3	11,5	13,5	13,6	12,3	11,8	11,6	12,0	12,2	11,5	13,9	11,0	11,5	11,5	12,4	17,0	16,9	16,5	16,9	22
8,5	13,0	14,4	14,8	13,2	12,2	11,0	13,0	13,2	12,3	11,9	11,6	11,6	12,0	10,7	13,5	10,6	11,3	11,0	12,2	16,0	15,9	15,6	15,9	23
7,6	12,0	13,6	14,4	13,3	12,2	10,3	12,3	12,7	12,3	11,9	11,6	11,3	11,8	10,1	13,0	10,1	11,1	10,7	12,0	15,4	15,1	14,8	15,0	24
7,0	11,2	12,9	14,0	13,3	12,2	9,7	11,9	12,4	12,2	12,0	11,6	11,1	11,6	9,5	12,6	9,8	10,8	10,3	11,8	14.5	14,3	14,1	14,3	1
6,0	10,5	12,3	13,6	13,4	12,3	9,2	11,4	12,0	12,1	12,0	11,6	10,7	11,5	9,0	12,2	9,4	10,6	10,0	11,6	13,9	13,6	13,4	13,6	2
5,4	9,8	11,1	13,3	13,4	12,3	8,6	11,0	11,6	12,0	12,0	11,6	10,5	11,4	8,3	11,7	9,0	10,4	9,6	11,3	13,0	12,8	12,6	12,8	3
4,6	9,2	11,0	12,9	13,3	12,3	7,9	10,6	11,3	11,8	11,9	11,6	10,2	11,2	7,8	11,4	8,6	10,1	9,2	11,1	12,3	12,1	11,7	12,0	4
3,9	8,5	10,4	12,5	13,2	12,4	7,3	10,2	10,9	11,7	11,9	11,6	9,9	11,0	7,1	11,0	8,1	9,8	8,8	10,8	11,6	11,3	11,2	11,4	5
3,5	8,0	10,0	12,3	13,1	12,4	7,1	9,8	10,6	11,6	11,9	11,6	9,8	10,8	7,0	10,6	7,8	9,6	8,4	10,6	11,4	11,1	10,8	11,1	6
5,6	7,5	9,6	12,0	13,0	12,5	7,0	9,4	10,4	11,5	11,9	11,7	9,8	10,7	7,1	10,4	7,7	9,4	9,0	10,4	11,1	10,8	10,6	10,7	7
12,0	8,4	9,4	11,7	12,9	12,5	7,9	9,4	10,3	11,4	11,8	11,7	10,6	10,6	9,0	10,2	9,0	9,4	10,0	10,4	11,5	11,2	11,0	11,0	8

NOVEMBER 1957

Aufzeichnungen eines Meßtags – 22./23.11.57

Stunde	t Luft 2 m	t Luft 1 m	t Luft 10cm	Feuchtigk. in %	Sonnen-schein	Strahlg. cal/cm²	Barometer	Wind	Bewölkung	Sichtweite	Boden-zustand	Sonstiges
5	5,0	4,6	4,4	97	.	.	767,7	C	Fc 1^{1} S	0,5 Dunst	1	seichter Bodennebel
6	5,7	5,4	5,4	98	.	.	767,6	0	Fc 2^{1} S	20	1	5^{50} – sonnig
7	10,5	10,5	10,5	99	0,4	4	767,7	0	Fc 2^{1} S	40	1	sonnig
8	13,7	13,8	13,3	88	1,0	20	767,6	SSE 2	Fc 2^{1} SE	50	1	sonnig
9	15,1	15,3	16,0	82	1,0	32	767,5	SSE 3	Fc 2^{1} SE	50	1	sonnig
10	17,0	17,6	18,5	76	1,0	32	767,4	SSE 3	Ac 1^{1} S	50	1	sonnig
11	19,3	19,8	21,4	68	1,0	33	767,1	SSE 2	Ac/Cs 2^{1} S	50	1	sonnig
12	21,2	22,0	23,1	62	1,0	34	766,6	S 2	Ac/Cs 2^{1} S	50	1	sonnig, Gras ohne Tau
13	23,3	23,7	24,7	52	1,0	34	766,0	S 2	Ac/Cs 2^{1} S	50	1	sonnig
14	23,7	24,3	24,8	55	1,0	34	765,6	W 3	Cs 1^{0} S	50	1	sonnig, 13^{30} Wind dreht W
15	22,9	22,7	23,1	57	1,0	35	765,3	W 4	Cs 1^{0} SSW	50	1	sonnig
16	21,9	22,0	22,3	61	1,0	34	765,0	W 3	Cs 2^{0} SW	50 dunstig	1	sonnig
17	21,8	21,9	22,5	60	1,0	33	764,7	W 3	Cs 3^{0} WSW	50 dunstig	1	sonnig, zunehm. Cs W/SW
18	20,2	20,2	20,3	62	1,0	31	764,4	W 2	Cs 3^{0} W	50	1	sonnig
19	19,2	18,9	18,6	65	0,9	17	764,7	W 1	Cs 4^{0} W	40	1	sonnig, abnehm. Wind
20	15,6	15,3	15,0	81	0,7	12	765,0	S 1	Cs/Sc 4^{0} SW/S	20	1	sonnig – 19^{40}, Abendrot
21	13,4	13,1	12,9	90	.	4	765,2	S 1	Cs/Sc 3^{0} SW/S	4	1	Taufall
22	12,8	12,4	12,3	91	.	1	765,5	S 1	Cs 1^{0} SW	2	1	
23	11,6	11,6	11,6	95	.	1	765,2	S 1	Sc 1^{1} S	2	1	
24	14,0	13,8	12,5	75	.	1	764,8	S 2	Wolkenlos	2	1	Warmlufteinbruch Süd
1	15,3	15,2	15,0	72	.	.	764,4	S 3	Wolkenlos	2	1	
2	15,1	15,1	14,6	68	.	.	763,9	S 3	Wolkenlos	2	1	
3	14,6	14,3	13,6	70	.	.	763,4	S 2	Wolkenlos	2	1	
4	13,8	13,8	13,3	72	.	.	763,0	S 1	Wolkenlos	4	1	fahle Dämmerung
5	12,5	12,0	10,0	77	.	1	762,7	0	Sc 1^{1} SW	10	1	Morgenrot
6	13,0	12,3	11,3	75	.	.	762,6	0	Sc 2^{1} SW	40	1	sonnig
7	14,8	14,7	14,5	75	0,6	10	762,5	NNE 2	Sc 3^{1} WSW	50	1	sonnig
8	16,0	16,0	16,0	75	1,0	23	762,3	NNE 2	Cs 4^{0} W	50	1	Ci/Cs-Schleier

Anmerkungen: Am Vortage (21.11.) wechselnde Bewölkung, nachmittags überwiegend heiter

	Maximum	Minimum	Amplitude	Minimum/Boden
21.11.	19,4	7,9	11,5	6,9
22.11.	24,3	4,0	20,3	2,9
23.11.	30,7	10,0	20,7	7,2

Aufzeichnungen eines Messtags - 22./23.11.57

t Nackter Boden						t Bedeckter Boden						t in Forstbeeten: Kastanie		Eiche		Ahorn		Esche		t Wasser				Stunde
1 cm	5 cm	10cm	20cm	30cm	50cm	1 cm	5 cm	10cm	20cm	30cm	50cm	1 cm	10cm	1 cm	10cm	1 cm	10cm	1cm	10cm	1 cm	5 cm	10cm	20cm	
6,3	10,4	12,4	14,6	15,5	14,7	10,0	12,4	13,0	14,1	14,4	14,0	11,5	12,2	10,0	12,8	10,5	12,2	11,6	12,7	13,9	13,8	13,5	13,6	5
6,1	9,9	11,8	14,4	15,4	14,7	9,8	12,2	12,7	14,0	14,3	14,0	11,1	12,0	9,8	12,5	10,1	12,0	11,0	12,6	13,6	13,2	13,0	13,2	6
10,5	10,0	11,6	14,2	15,3	14,8	9,8	12,0	12,5	13,9	14,3	14,0	11,4	11,9	11,6	12,4	11,7	11,8	11,5	12,5	13,5	13,2	13,0	13,2	7
17,1	11,2	11,6	13,9	15,3	14,8	11,1	11,9	12,4	13,8	14,2	14,0	12,1	11,8	12,6	12,4	12,0	11,8	12,5	12,4	14,5	13,9	13,6	13,6	8
21,6	13,9	12,6	13,8	15,2	14,9	12,9	12,5	12,6	13,7	14,2	14,0	12,6	11,9	14,0	12,6	12,9	12,0	13,1	12,6	16,6	15,4	14,8	14,7	9
25,6	16,5	14,0	13,9	15,1	14,9	15,0	13,1	13,0	13,6	14,2	14,1	13,1	12,0	15,9	13,2	14,0	12,3	14,0	13,0	19,1	17,3	16,4	16,2	10
28,9	19,3	15,5	14,3	15,0	15,0	18,1	14,1	13,6	13,7	14,2	14,1	13,8	12,2	18,1	13,6	15,0	12,6	15,0	13,2	21,9	19,4	18,2	18,2	11
31,0	22,0	17,3	14,8	15,0	15,0	21,1	15,5	14,6	13,8	14,2	14,2	14,2	12,4	20,0	14,2	16,0	13,1	15,5	13,4	24,5	21,7	20,0	20,3	12
29,5	24,1	19,0	15,4	15,1	15,0	24,1	17,2	15,6	13,9	14,3	14,2	14,5	12,6	21,4	14,9	16,5	13,5	16,1	13,6	26,1	23,8	21,9	22,1	13
31,9	25,8	20,5	16,2	15,2	15,0	26,2	19,0	16,7	14,2	14,3	14,2	15,0	12,9	21,5	15,9	17,1	14,0	17,0	14,0	27,1	25,5	23,9	24,0	14
30,6	22,3	21,9	16,9	15,3	15,0	26,9	20,0	17,4	14,4	14,3	14,2	15,1	13,0	21,0	16,4	17,6	14,4	17,0	14,3	27,5	27,2	25,8	25,4	15
28.3	26,0	22,4	17,6	15,4	15,0	25,1	21,6	18,0	14,7	14,4	14,2	15,1	13,2	20,5	16,8	17,9	14,7	17,0	14,6	27,2	26,9	26,9	26,4	16
25,9	25,3	22,6	18,2	15,5	15,0	23,1	20,5	18,2	15,0	14,5	14,2	15,1	13,4	21,7	17,0	18,0	15,0	17,1	14,7	26,5	26,4	26,4	26,4	17
22,9	24,4	22,4	18,6	15,7	15,0	21,4	20,0	18,2	15,2	14,6	14,2	15,1	13,5	19,6	17,1	17,9	15,2	17,1	14,9	25,6	25,5	25,6	25,6	18
19,9	23,0	22,0	18,8	15,9	15,0	20,0	19,5	18,1	15,4	14,6	14,1	15,0	13,5	18,2	17,0	17,4	15,4	16,7	15,0	24,6	24,5	24,4	24,6	19
16,9	21,0	21,0	18,9	16,1	14,9	18,3	18,7	17,7	15,5	14,7	14,1	14,7	13,6	17,1	16,8	16,5	15,3	16,1	15,2	23,5	23,2	23,0	23,4	20
14,5	19,2	19,9	18,8	16,2	14,9	17,0	18.0	17,4	15,6	14,7	14,1	14,1	13,6	15,9	16,6	15,8	15,2	15,5	15,0	22,5	22,2	22,0	22,4	21
13,0	17,7	18,8	18,6	16,3	14,8	16,0	17,2	16,9	15,6	14,8	14,1	14,0	13,5	15,0	16,2	15,0	14,9	14,9	14,9	21,3	21,1	20,8	21,3	22
12,1	17,4	17,8	18,3	16,4	14,8	15,1	16,6	16,5	15,6	14,9	14,1	13,7	13,5	14,4	15,9	14,5	14,7	14,4	14,7	20,4	20,2	20,0	20,3	23
11,0	15,5	17,0	17,8	16,5	14,8	14,4	16,1	16,2	15,6	14,9	14,1	13,5	13,4	13,8	15,5	14,0	14,5	14,0	14,6	19,5	19,4	19,0	19,6	24
11,0	14,5	16,3	17,5	16,5	14,9	13,9	15,6	15,7	15,5	15,0	14,1	13,4	13,4	13,9	15,2	14,0	14,3	14,0	14,4	18,7	18,5	18,1	18,6	1
10,5	14,1	15,6	17,0	16,5	15,0	13,6	15,2	15,4	15,4	15,0	14,1	13,4	13,3	13,6	15,1	14,0	14,1	13,9	14,2	18,0	17,7	17,4	17,7	2
10,0	13,6	15,1	16,7	16,5	15,0	13,3	15,0	15,3	15,4	15,0	14,1	13,3	13,2	13,4	14,8	13,8	13,9	13,7	14,1	17,1	17,0	16,6	16,9	3
9,5	13,0	14,6	16,4	16,4	15,0	13,0	14,8	15,0	15,3	15,0	14,2	13,1	13,1	13,1	14,6	13,6	13,9	13,5	14,0	16,6	16,4	16,1	16,3	4
8,8	12,4	14,0	16,0	16,3	15,1	12,6	14,5	14,8	15,2	15,0	14,2	13,0	13,0	12,7	14,4	13,2	13,7	13,4	13,9	16,0	15,8	15,5	15,8	5
8,8	12,0	13,6	15,6	16,2	15,1	12,2	14,2	14,6	15,1	15,0	14,2	13,0	13,0	12,6	14,3	13,0	13,6	13,3	13,8	15,6	15,3	15,0	15,3	6
12,7	12,0	13,3	15,4	16,1	15,2	12,4	14,0	14,4	15,0	15,0	14,2	13,1	13,0	13,1	14,1	13,3	13,4	13,5	13,8	15,6	15,2	14,9	15,2	7
17,5	13,1	13,4	15,2	16,0	15,2	13,2	14,0	14,2	14,9	15,0	14,2	13,5	13,1	14,2	14,0	14,0	13,6	14,1	13,8	16,0	15,6	15,4	15,5	8

DEZEMBER 1957

Aufzeichnungen eines Messtags – 18./19.12.57

Stunde	t Luft 2 m	1 m	10cm	Feuchtigk. in %	Sonnen-schein	Strahlg. cal/cm²	Barometer	Wind	Bewölkung	Sichtweite	Boden-zustand	Sonstiges	1
5	5,5	5,2	4,9	98	.	.	764,6	0	Cs 2^{0} SSW	20 dunstig	1	seichter Bodennebel	6
6	7,4	7,2	6,5	99	.	1	764,6	0	Cs 3^{0} SSW	40 dunstig	1	5^{35} – sonnig	6
7	10,5	10,9	11,0	93	1,0	11	764,7	0	Cs 4^{0} SSW	40 dunstig	1	sonnig	10
8	13,2	13,3	13,5	78	1,0	23	764,5	S 1	Cs 3^{0} SSW	50	1	sonnig, noch Tau im Gras	16
9	15,3	15,5	16,0	72	1,0	29	764,1	SE 2	Cs 4^{0} SW	50	1	sonnig, Wolkenstörungen	20
10	17,6	18,0	18,7	65	1,0	32	763,8	SE 2	Cs 3^{0} SW	50	1	sonnig	25
11	18,6	19,0	20,8	62	1,0	34	763,5	S 2	Cs 2^{0} WSW	50	1	sonnig	28
12	20,0	20,9	22,1	59	1,0	35	763,3	SE 1	Cs 2^{0} WSW	50	1	sonnig, Wolkenstörungen	30
13	21,0	21,2	22,5	59	1,0	36	763,1	W 1	Cs 2^{0} W	50	1	sonnig, Wind dreht West	30
14	21,0	21,3	22,5	58	1,0	36	762,9	WNW 3	Cs 1^{0} W	50	1	sonnig, zunehmender Wind	32
15	21,5	21,8	22,6	60	1,0	37	762,7	WNW 3	Wolkenlos	50	1	sonnig	30
16	21,3	21,3	22,0	60	1,0	37	762,5	WNW 3	Ac 1^{1} SW	50	1	sonnig, Ac SW-Horizont	29
17	21,4	21,5	21,7	60	1,0	35	762,4	WNW 3	Ac 1^{1} SW	50	1	sonnig	27
18	20,9	20,9	21,3	62	1,0	33	762,4	W 3	Ac 2^{1} SW	50	1	sonnig	24
19	20,5	20,5	20,5	63	1,0	26	762,3	SW 1	Ac 2^{1} SW	50	1	sonnig, Wind dreht Süd	22
20	19,0	18,9	18,5	65	0,9	21	762,5	0	Ac 1^{1} SW	40	1	sonnig bis 20°°	18
21	16,3	16,0	14,9	82	.	8	763,3	0	Ac 1^{1} WSW	10	1	Taufall, Dämmerung	16
22	14,2	13,8	13,4	89	.	2	764,0	0	Ac 1^{1} W	4	1	Tauansatz an Instrumenten	14
23	12,4	11,9	11,6	95	.	1	764,4	0	Wolkenlos	2	1	verstärkter Tau	13
24	12,7	12,5	11,2	96	.	1	764,4	0	Wolkenlos	2	1	kleine Störung durch Hauch S	12
1	11,5	11,0	9,9	97	.	1	764,4	0	Ac 1^{1} W	2	1	seichter Talnebel	11
2	10,5	10,1	9,9	98	.	.	764,1	0	Ac 3^{1} W	2	1	Anrückende Wolkenbänke	10
3	11,5	11,5	11,7	98	.	.	763,9	S 1	Ac 7^{1} WSW	2	1	Windeinbruch, Wolkenstörung	12
5	12,0	11,8	11,9	98	.	.	763,8	0	Ac 8^{1} WSW	10	1	4°° Dämmerung, bewölkt	12
8	14,6	14,7	14,8	85	0,4	23	763,8	S 1	Ac 4^{1} SW	40 dunstig	1	vorübergeh. sonnig	20

Anmerkungen: Am Vortage (17.12.) wechselnde Bewölkung, Messtag überwiegend heiter, Folgetag ab 2°° zunehmende Bewölkung (Messungen unterbrochen)

	Maximum	Minimum	Amplitude	Minimum/Boden
17.12.	20,2	7,6	12,6	5,6
18.12.	22,1	4,4	17,7	2,2
19.12.	21,6	9,2	12,4	7,4

Aufzeichmungen eines Messtags - 18./19.12.57

DEZEMBER 1957

t Nackter Boden						t Bedeckter Boden						t in Forstbeeten												Stunde
												Kastanie		Eiche		Ahorn		Esche		t Wasser				
1 cm	5 cm	10cm	20cm	30cm	50cm	1 cm	5 cm	10cm	20cm	30cm	50cm	1 cm	10cm	1 cm	10cm	1 cm	10cm	1 cm	10cm	1 cm	5 cm	10cm	20cm	
6,1	10,9	13,4	16,4	17,0	16,0	10,1	12,9	13,5	15,2	15,3	14,9	12,4	13,5	10,6	14,0	11,4	13,4	11,8	13,6	15,1	14,9	14,6	14,2	5
6,4	10,5	12,9	15,8	16,8	16,0	10,1	12,6	13,4	15,0	15,2	14,9	12,4	13,4	10,7	13,8	11,2	13,2	11,6	13,5	14,7	14,4	14,2	14,4	6
10,0	10,4	12,5	15,6	16,7	16,0	10,5	12,5	13,3	14,9	15,2	14,9	12,8	13,4	11,5	13,6	11,7	13,1	12,1	13,4	14,9	14,4	14,3	14,4	7
16,0	11,5	12,5	15,4	16,6	16,1	11,5	12,5	13,2	14,8	15,2	14,9	13,1	13,4	12,5	13,6	12,5	13,0	12,9	13,4	15,5	15,1	14,8	14,9	8
20,0	14,2	13,4	15,1	16,6	16,1	13,1	13,0	13,3	14,7	15,2	15,0	13,6	13,4	13,9	13,8	13,5	13,1	13,5	13,4	17,2	16,5	15,8	15,8	9
25,9	16,8	14,6	15,1	16,5	16,2	15,0	13,7	13,6	14,6	15,2	15,0	14,0	13,4	15,2	14,0	14,2	13,4	14,0	13,5	19,8	18,2	17,0	17,2	10
28,1	19,5	16,0	15,3	16,5	16,2	17,9	14,5	14,0	14,6	15,1	15,0	14,4	13,5	17,0	14,4	15,1	13,6	15,2	14,7	22,0	20,3	18,6	18,6	11
30,6	22,1	17,7	15,6	16,4	16,2	20,2	15,7	14,6	14,6	15,1	15,0	14,9	13,6	18,9	14,8	16,0	14,0	15,6	13,9	24,5	22,5	20,8	20,6	12
30,8	24,5	19,6	16,2	16,4	16,2	21,0	17,1	15,4	14,7	15,1	15,0	15,2	13,8	21,1	15,4	16,9	14,3	16,2	14,3	27,3	24,9	23,0	22,6	13
31,4	26,1	21,0	16,8	16,4	16,2	21,4	18,2	16,1	14,8	15,1	15,0	15,4	13,9	22,0	16,4	17,4	14,8	17,0	14,5	28,5	27,0	25,0	24,5	14
30,5	26,6	22,2	17,4	16,4	16,2	21,6	18,7	16,6	15,0	15,0	15,0	15,6	14,0	22,4	17,2	17,9	15,1	17,1	14,8	28,4	28,0	26,7	25,9	15
29,4	26,6	22,9	18,2	16,5	16,2	21,2	18,9	17,1	15,2	15,0	15,0	15,8	14,2	22,2	17,6	18,0	15,4	17,2	15,1	28,6	28,2	28,2	27,0	16
27,0	26,1	23,2	18,7	16,7	16,2	20,7	19,0	17,4	15,3	15,1	15,0	16,0	14,4	21,7	17,9	18,1	15,6	17,2	15,3	28,1	27,6	27,7	27,4	17
24,5	25,2	23,1	19,1	16,8	16,2	20,0	18,9	17,6	15,5	15,1	15,0	16,1	14,5	20,6	18,0	18,2	15,8	17,4	15,4	26,9	26,7	26,6	26,7	18
22,4	24,1	22,7	19,4	17,0	16,1	19,1	18,7	17,6	15,7	15,2	15,0	16,0	14,6	20,0	18,0	18,2	16,0	17,2	15,5	25,5	25,5	25,4	25,6	19
18,9	22,5	22,1	19,6	17,2	16,1	18,2	18,4	17,6	15,8	15,2	15,0	15,8	14,6	18,8	17,9	18,0	16,2	17,0	15,6	24,5	24,4	24,2	24,4	20
16,5	20,6	21,0	19,6	17,3	16,0	17,0	17,8	17,3	15,9	15,2	14,9	15,2	14,6	17,5	17,6	17,0	16,1	16,2	15,5	23,4	23,2	23,0	23,4	21
14,5	19,1	20,0	19,5	17,4	16,0	16,0	17,2	16,9	15,9	15,3	14,9	14,6	14,5	16,4	17,3	16,2	15,9	15,6	15,5	22,4	22,2	22,0	22,4	22
13,5	17,9	19,0	19,3	17,5	16,0	15,2	16,8	16,6	16,0	15,4	14,9	14,4	14,5	15,5	17,0	15,5	15,7	15,2	15,4	21,2	21,2	21,0	21,4	23
12,2	16,8	18,2	19,0	17,5	16,0	14,4	16,2	16,3	15,9	15,4	14,9	14,3	14,4	15,0	16,6	15,0	15,5	14,9	15,2	20,6	20,5	20,2	20,6	24
11,5	15,8	17,5	18,7	17,6	16,0	13,9	15,8	15,9	15,9	15,4	14,9	14,0	14,4	14,4	16,4	14,5	15,4	14,5	15,1	19,9	19,8	19,6	19,8	1
10,9	15,0	16,8	18,4	17,6	16,0	13,4	15,4	15,6	15,8	15,4	14,9	14,0	14,3	14,0	16,1	14,0	15,1	14,0	14,9	19,1	18,9	18,6	19,0	2
12,0	14,5	16,3	18,0	17,6	16,1	13,5	15,1	15,4	15,7	15,5	14,9	13,9	14,2	14,1	15,8	14,0	14,8	14,0	14,8	18,8	18,5	18,2	18,6	3
12,6	14,8	15,6	17,4	17,4	16,2	13,8	14,2	15,0	15,6	15,5	15,0	14,0	14,0	14,4	15,5	14,0	14,5	14,0	14,6	17,9	17,8	17,5	17,6	5
20,1	15,3	15,4	16,8	17,4	16,4	14,5	14,9	15,0	15,6	15,6	15,0	14,1	14,0	15,1	15,4	14,9	14,5	14,9	14,6	18,5	18,0	17,5	17,7	8

JANUAR 1958

Aufzeichnungen eines Messtags - 8./9.1.58

Stunde	t Luft 2 m	t Luft 1 m	t Luft 10cm	Feuchtigk. in %	Sonnen-schein	Strahlg. cal/cm²	Barometer	Wind	Bewölkung	Sichtweite	Boden-zustand	Sonstiges
5	7,5	7,2	6,8	87	.	.	765,3	0	Ac 1^1 S	20	1	später Taufall
6	7,5	7,1	6,3	87	0,0	1	765,4	0	Cs 1^0 W	40	1	5^{50} - sonnig
7	9,9	10,0	10,3	82	0,9	9	765,2	S 1	Cs 1^0 W	50	1	sonnig
8	12,6	12,6	12,6	73	1,0	24	765,0	S 3	Cs 2^0 W	50	1	sonnig
9	14,4	14,6	15,2	70	1,0	29	764,7	S 3	Cs 2^0 W	50	1	sonnig
1o	16,0	16,4	17,5	68	1,0	32	764,5	S 3	Cs 1^0 W	50	1	sonnig, noch Tau im Gras
11	17,8	18,2	18,9	63	1,0	35	764,3	S 3	Cs 3^0 W	50	1	sonnig, anzieh.Wolkenbank
12	19,5	20,0	21,5	60	1,0	36	764,1	SSW 3	Cs 4^0 W	50 dunstig	1	sonnig
13	21,5	21,7	22,8	57	1,0	36	763,8	E 2	Cs 4^0 W	50 dunstig	1	sonnig, Wind unregelmässig
14	22,0	22,3	23,5	57	1,0	36	763,3	W 3	Cs 4^0 W	50	1	sonnig, Windeinbruch West
15	22,2	22,3	23,1	57	1,0	36	763,4	W 4	Cs 2^0 W	50	1	sonnig
16	20,8	20,8	21,3	57	1,0	36	763,5	W 4	Cc 1^0 W	50	1	sonnig, zunehm. Wind
17	20,1	20,2	20,4	55	1,0	35	763,5	W 5	Cc 1^0 W	50	1	sonnig, abziehende Wolken
18	20,0	20,1	20,2	57	1,0	33	763,3	W 4	Wolkenlos	50	1	sonnig
19	19,7	19,7	19,8	55	1,0	27	763,2	W 3	Wolkenlos	50	1	sonnig
20	17,5	17,3	17,4	58	0,8	22	763,7	W 2	Wolkenlos	40	1	sonnig - 20^{05}
21	15,7	15,5	14,9	63	.	8	764,3	W 2	Ac 1^1 W	10	1	Taufall
22	14,5	14,3	14,1	74	.	1	764,6	SW 3	Ac 1^1 W	4	1	Windeinbruch
23	12,6	12,4	12,0	86	.	1	764,6	0	Wolkenlos	2	1	erneuter Taufall
24	11,4	11,2	11,0	93	.	1	764,4	S 1	Wolkenlos	2	1	Tauansatz
4	10,3	9,5	9,0	91	.	(2)	763,2	0	Ac 1^1 W	4	1	Dämmerung
8	14,4	14,1	14,4	76	(1,7)	(38)	763,2	0	Wolkenlos	50	1	sonnig

Anmerkungen: Vortag (7.1.) heiter; Folgetag (9.1.) Zyklondurchzug ohne Niederschläge; Messungen am 8.9. 24°° aus techn. Gründen unterbrochen

	Maximum	Minimum	Amplitude	Minimum/Boden
7.1.	19,5	6,0	13,5	4,7
8.1.	23,0	6,0	17,0	3,0
9.1.	24,0	7,7	16,3	5,7

Aufzeichnungen eines Messtags – 8./9.1.58

JANUAR 1958

t Nackter Boden						t Bedeckter Boden						t in Forstbeeten: Kastanie		Eiche		Ahorn		Buche		t Wasser				Stunde
1 cm	5 cm	10cm	20cm	30cm	50cm	1 cm	5 cm	10cm	20cm	30cm	50cm	1 cm	10cm	1 cm	10cm	1 cm	10cm	1 cm	10cm	1 cm	5 cm	10cm	20cm	
6,5	11,4	13,8	17,0	18,0	17,2	11,0	13,9	14,4	15,6	15,6	15,4	12,9	14,0	11,5	14,6	12,1	13,7	12,4	13,9	15,6	15,4	15,3	15,5	5
6,4	11,0	13,4	16,8	17,9	17,2	10,6	13,6	14,2	15,6	15,6	15,4	12,9	13,9	11,5	14,4	12,0	13,7	12,0	13,8	15,4	15,1	14,8	15,1	6
8,1	10,8	13,2	16,4	17,8	17,2	10,9	13,4	13,9	15,5	15,6	15,4	13,0	13,8	12,0	14,2	12,0	13,6	12,3	13,7	15,2	15,0	14,8	15,0	7
14,7	11,5	13,0	16,2	17,7	17,2	11,7	13,4	13,8	15,4	15,5	15,4	13,4	13,8	12,6	14,2	12,8	13,5	12,9	13,7	15,8	15,5	15,1	15,4	8
20,2	13,7	13,6	16,0	17,6	17,3	13,3	13,6	13,9	15,3	15,5	15,4	13,7	13,7	13,6	14,2	13,5	13,4	13,5	13,7	17,0	16,6	16,2	16,4	9
25,1	15,4	14,8	15,8	17,5	17,3	15,5	14,1	14,1	15,2	15,5	15,4	14,1	13,8	14,8	14,3	14,2	13,6	14,0	13,8	19,1	18,2	17,4	17,5	10
29,5	19,5	16,4	16,0	17,4	17,3	17,0	14,8	14,5	15,2	15,4	15,5	14,5	13,9	16,6	14,6	15,0	13,8	15,5	14,0	22,1	20,2	19,0	19,2	11
32,0	22,4	18,0	16,4	17,3	17,3	18,8	15,5	14,9	15,2	15,4	15,5	14,9	14,0	17,5	15,0	15,9	14,1	15,9	14,3	24,6	22,5	21,2	21,3	12
31,0	24,9	19,9	16,9	17,3	17,3	20,8	16,5	15,5	15,2	15,4	15,5	15,2	14,1	19,5	15,4	16,6	14,5	16,2	14,5	26,9	24,8	23,3	23,4	13
32,9	26,7	21,6	17,6	17,4	17,4	21,2	17,5	16,0	15,3	15,5	15,5	15,5	14,3	20,1	16,1	17,1	14,8	16,9	14,7	29,0	26,9	25,2	25,2	14
32,0	27,7	23,0	18,2	17,4	17,4	22,0	18,3	16,3	15,4	15,5	15,5	15,6	14,4	20,0	16,6	17,7	15,2	17,0	15,0	29,9	28,8	27,0	26,8	15
28,7	27,2	23,8	18,9	17,5	17,3	21,5	18,7	17,4	15,6	15,5	15,5	15,7	14,5	19,3	16,8	17,8	15,5	17,0	15,2	29,4	28,9	28,7	27,8	16
25,6	26,0	23,8	19,5	17,6	17,2	20,5	18,8	17,6	15,8	15,5	15,5	15,7	14,6	19,4	16,9	17,5	15,6	17,0	15,4	28,1	28,2	28,4	28,2	17
23,9	24,9	23,5	20,0	17,7	17,2	19,2	18,7	17,7	16,0	15,6	15,5	15,7	14,7	19,1	17,0	17,7	15,8	17,0	15,5	27,0	26,9	26,9	27,0	18
22,1	23,9	23,0	20,2	17,9	17,2	18,5	18,5	17,7	16,1	15,6	15,5	15,7	14,7	18,5	17,1	17,6	15,9	17,0	15,6	26,0	25,9	25,7	25,8	19
17,4	22,1	22,2	20,3	18,0	17,1	17,5	18,0	17,6	16,2	15,6	15,4	15,5	14,8	17,5	17,2	17,0	16,0	16,5	15,6	24,5	24,4	24,4	24,5	20
14,9	20,1	21,0	20,2	18,1	17,1	16,4	17,5	17,2	16,2	15,6	15,4	15,1	14,7	16,5	16,9	16,3	15,8	15,7	15,6	23,5	23,4	23,2	23,4	21
13,6	18,6	20,0	20,1	18,2	17,1	15,7	17,0	17,0	16,3	15,6	15,4	14,9	14,7	15,6	16,8	15,6	15,6	15,2	15,5	22,5	22,4	22,2	22,4	22
12,9	17,4	18,9	19,8	18,3	17,1	15,1	16,8	16,7	16,4	15,6	15,4	14,6	14,7	15,1	16,5	15,1	15,5	14,9	15,4	21,5	21,5	21,2	21,6	23
12,0	16,5	18,1	19,5	18,4	17,1	14,2	16,4	16,4	16,4	15,7	15,4	14,4	14,6	14,6	16,3	14,7	15,4	14,5	15,2	20,9	20,7	20,3	20,7	24
9,9	13,8	15,5	17,7	18,2	17,2	12,5	15,0	15,2	16,0	15,7	15,4	13,9	14,3	12,9	15,2	13,5	14,6	13,5	14,5	17,8	17,5	17,2	17,6	4
17,1	13,3	14,4	16,8	17,8	17,2	12,6	14,0	14,5	15,7	15,7	15,4	13,9	14,0	13,5	14,6	13,5	14,0	13,8	14,1	17,2	17,0	16,6	16,8	8

FEBRUAR 1958

Aufzeichnungen eines Messtags - 4./5.2.58

Stunde	t Luft 2 m	t Luft 1 m	t Luft 10cm	Feuchtigk. in %	Sonnen-schein	Strahlg. cal/cm²	Barometer	Wind	Bewölkung	Sichtweite	Boden-zustand	Sonstiges
6	5,4	5,3	5,2	98	.	.	763,2	0	As 1^1 W	20 diesig	1	SA; Bodennebel, stark tauig
8	11,5	11,5	11,7	92	(1,1)	(7)	763,2	E 1	Wolkenlos	40 Dunstig	0	sonnig
10	18,8	19,3	19,8	65	(2,0)	(60)	762,9	S 1	Wolkenlos	50 dunstig	0	sonnig, noch Tau im Gras
11	21,0	21,5	22,0	51	1,0	34	762,7	W 1	Cs 1^1 W	50 dunstig	0	sonnig
11^{30}	21,7	22,2	23,0	56			762,5	NW 2	Cs 1^1 W	50 dunstig	0	sonnig
12	23,0	23,3	23,7	55	1,0	33	762,2	WNW 1	Cs 1^0 W	50 dunstig	0	sonnig
12^{30}	23,4	23,9	24,8	48			762,2	WNW 1	Cs/Ac 2^1 W/NE	50 dunstig	0	sonnig
13	23,6	24,1	24,6	53	1,0	33	762,3	W 3	Cs/Ac 2^1 W/NE	50 dunstig	0	sonnig, 12^{50} Windeinbr. W
13^{30}	22,5	22,8	23,8	53			762,3	W 4	Cs/Ac 2^1 W/NE	50 dunstig	0	sonnig
14	23,0	23,3	23,5	50	1,0	34	762,3	W 4	Cs/Ac 2^1 W/NE	50 dunstig	0	sonnig
14^{30}	22,8	23,4	24,0	47			762,4	W 4	Cs/Ac 2^1 NW/E	50 dunstig	0	sonnig
15	23,2	23,4	23,8	47	1,0	35	762,4	W 4	Cs/Ac 2^1 NW/E	50	0	sonnig
16	23,3	23,5	24,0	44	1,0	35	762,3	W 4	Cs/Ac 3^1 NW/E	50	0	sonnig, zunehm. Bewölkung
17	21,0	21,2	21,5	52	1,0	36	762,3	W 5	Cs/Ac 4^1 N/SE	50	0	sonnig
18	20,4	20,4	20,9	57	1,0	32	762,3	W 4	Cs 4^0 N	50 dunstig	0	sonnig
19	19,9	19,8	19,8	55	1,0	30	762,4	W 2	Cs 4^0 NNW	40 dunstig	0	sonnig
20	17,3	16,7	15,2	60	0,5	23	762,5	0	Cs 5^0 NW	40 dunstig	0	sonnig bis 19^{50}
21	15,2	14,9	14,0	75	.	4	762,7	0	Cs 5^0 NW	10	0	Abendrot, Taufall
22	14,0	13,0	12,2	81	.	2	762,9	0	Cs 6^0 NW	4	0	kl.Störung Wind 0-1 S
23	12,8	12,6	12,2	86	.	1	763,0	0	Cs 6^0 NW	4	0	
24	10,7	10,3	9,9	93	.	1	763,1	0	Cs/As 7^0 NW/W	4	0	Tauansatz, aufkomm.As
1	10,4	9,6	8,9	96	.	1	763,1	0	Cs/As 6^1 NW/W	4	0	1^{45}-1^{55} Nebelbank N-S am
2	8,6	8,3	8,0	96	.	.	763,0	S 1	Cs/As 5^1 N/W	4	0	Boden überziehend
3	8,4	8,0	7,5	98	.	1	762,8	0	Cs/As 4^1 N/W	4	1	
4	7,6	7,5	7,5	99	.	.	762,7	S 1	Cs/As 3^1 NW/W	4 diesig	1	seichter Bodennebel
5	6,4	6,3	6,4	99	.	1	762,8	0	As 4^1 WSW	2 neblig	1	Nebelbänke Talaue u. Fluss
6	7,0	6,8	6,8	99	.	.	763,0	0	As/Fs 6^1 SW	4 dunstig	1	Morgenrot, anzieh.Nebel
7	9,1	9,2	9,3	100	.	.	763,2	0	Nebel 10^1 C	0,2 (200 m)	1	Nebel aus S anziehend
8	10,7	10,9	11,3	100	.	.	763,3	NE 1	Nebel 10^1 NE	0,2 (200 m)	1	treibender Nebel

Anmerkungen: Vortag (3.2.) heiter; gegen Mitternacht aufkommender Bodennebel

	Maximum	Minimum	Amplitude	Minimum/Boden
3.2.	23,3	8,7	14,6	4,8
4.2.	24,8	4,2	20,6	2,6
5.2.	21,6	5,9	15,7	4,6

FEBRUAR 1958

Aufzeichnungen eines Messtags - 4./5.2.58

t Nackter Boden 1 cm	5 cm	10cm	20cm	30cm	50cm	t Bedeckter Boden 1 cm	5 cm	10cm	20cm	30cm	50cm	t im Forstbeeten: Kastanie 1 cm	Kastanie 10cm	Eiche 1 cm	Eiche 10cm	Ahorn 1 cm	Ahorn 10cm	Esche 1 cm	Esche 10cm	t Wasser 1 cm	5 cm	10cm	20cm	Stunde
6,1	11,6	14,2	17,4	18,4	17,5	9,8	13,0	13,8	15,8	15,9	15,7	12,9	14,2	10,7	13,6	10,9	13,2	11,2	13,6	15,1	14,8	14,6	14,9	6
12,5	11,5	13,6	16,8	18,2	17,5	11,4	12,5	13,4	15,6	15,8	15,7	13,1	14,1	11,8	13,5	11,7	13,0	12,9	13,4	15,2	14,9	14,6	14,8	8
27,9	17,1	15,3	16,4	18,0	17,6	15,0	13,5	13,7	15,3	15,8	15,8	14,6	14,0	14,6	13,6	15,0	13,4	15,1	13,8	20,0	18,0	16,8	16,7	10
32,5	21,0	17,2	16,6	17,9	17,7	16,6	14,5	14,3	15,2	15,8	15,8	15,3	14,2	16,5	14,0	16,1	13,7	16,8	14,1	23,3	20,3	18,6	18,3	11
34,9	22,8	18,3	16,8	17,8	17,7	18,6	15,0	14,6	15,2	15,8	15,8	15,5	14,4	17,1	14,2	16,9	14,0	17,1	14,5	25,0	21,8	19,8	19,2	11^{30}
36,5	24,2	19,3	17,0	17,8	17,7	20,2	15,5	14,8	15,2	15,8	15,8	15,8	14,5	17,6	14,4	17,2	14,3	17,6	14,6	26,2	22,9	20,6	20,0	12
37,5	26,1	20,4	17,3	17,8	17,8	20,5	16,3	15,1	15,3	15,8	15,8	16,0	14,6	18,2	14,6	17,8	14,5	18,0	14,8	27,7	24,0	21,8	20,9	12^{30}
35,4	27,5	21,4	17,6	17,8	17,8	20,8	17,1	15,5	15,4	15,8	15,8	16,1	14,7	18,5	14,8	18,1	14,7	18,1	15,0	28,8	25,2	22,8	21,7	13
37,0	28,9	22,6	17,9	17,8	17,8	20,7	18,1	16,0	15,4	15,7	15,8	16,2	14,8	18,7	15,1	18,1	15,0	18,2	15,2	29,0	26,2	23,8	22,5	13^{30}
38,5	29,6	23,6	18,3	17,8	17,8	20,9	18,6	16,4	15,5	15,7	15,8	16,3	14,8	18,8	15,4	18,2	15,2	18,3	15,4	29,5	27,0	24,6	23,1	14
39,1	30,4	24,8	18,8	17,9	17,8	20,8	19,2	16,8	15,6	15,7	15,8	16,4	14,9	18,6	15,6	18,2	15,4	18,4	15,6	29,2	27,8	25,6	24,6	14^{30}
39,0	30,9	25,5	19,3	17,9	17,8	20,7	19,3	17,2	15,7	15,7	15,8	16,4	15,1	19,0	15,7	18,2	15,6	18,4	15,7	29,0	28,3	26,4	24,7	15
37,5	31,4	26,6	20,1	18,0	17,7	20,4	19,4	17,8	15,8	15,7	15,8	16,5	15,2	18,5	16,0	18,3	15,8	18,5	15,9	28,8	28,4	27,6	25,4	16
34,7	32,0	27,3	20,8	18,2	17,7	20,0	19,2	18,1	16,0	15,7	15,8	16,5	15,3	18,5	16,3	18,2	16,0	18,3	16,1	28,1	27,8	27,6	26,0	17
30,1	29,7	27,2	21,4	18,4	17,6	19,2	19,0	18,3	16,2	15,7	15,8	16,5	15,4	18,2	16,4	18,0	16,1	18,1	16,2	26,0	25,9	25,9	25,8	18
26,5	28,3	26,7	21,8	18,6	17,6	18,5	18,8	18,2	16,3	15,7	15,7	16,5	15,4	18,0	16,4	17,7	16,2	18,1	16,3	25,0	24,9	24,8	24,9	19
19,9	25,4	25,4	22,0	18,8	17,6	17,2	18,3	18,0	16,4	15,8	15,7	16,2	15,4	17,0	16,4	17,2	16,2	17,2	16,3	23,9	23,7	23,5	23,8	20
17,2	23,0	24,1	22,0	19,0	17,6	16,1	17,7	17,6	16,5	15,8	15,7	15,9	15,4	15,9	16,3	16,2	16,0	16,3	16,2	22,8	22,6	22,5	22,8	21
14,5	20,8	22,4	21,7	19,2	17,6	15,0	17,1	17,2	16,6	15,8	15,6	15,5	15,4	15,0	16,2	15,4	15,7	15,6	16,1	21,7	21,6	21,4	21,8	22
13,2	19,3	20,9	21,4	19,3	17,6	14,0	16,5	16,8	16,6	15,8	15,6	15,2	15,3	14,5	15,9	14,6	15,5	15,0	15,8	20,9	20,7	20,4	20,9	23
11,9	17,9	19,8	20,9	19,4	17,6	13,0	16,0	16,4	16,5	15,9	15,6	15,0	15,2	14,0	15,6	14,1	15,3	14,3	15,5	20,1	19,9	19,6	20,1	24
11,0	16,9	18,8	20,5	19,4	17,6	12,5	15,5	15,9	16,4	15,9	15,6	14,6	15,1	13,4	15,4	13,6	15,0	13,9	15,3	19,3	19,2	18,9	19,2	1
10,1	15,9	18,0	20,0	19,4	17,6	12,2	15,1	15,5	16,4	15,9	15,6	14,4	15,0	13,0	15,1	13,2	14,8	13,5	15,0	18,6	18,5	18,2	18,6	2
9,2	15,0	17,3	19,6	19,4	17,6	11,6	14,5	15,2	16,3	15,9	15,6	14,1	14,8	12,5	14,8	12,6	14,5	13,0	14,8	18,0	17,8	17,5	17,8	3
8,6	14,1	16,5	19,1	19,3	17,6	11,0	14,1	14,9	16,2	16,0	15,6	13,9	14,7	12,1	14,6	12,2	14,2	12,8	14,6	17,1	17,0	16,8	17,2	4
8,3	13,5	15,8	18,6	19,1	17,7	10,6	13,9	14,5	16,1	16,0	15,6	13,7	14,6	11,8	14,4	11,9	13,9	12,4	14,4	16,8	16,5	16,3	16,6	5
7,8	13,0	15,4	18,3	18,9	17,7	10,2	13,5	14,2	16,0	15,9	15,6	13,5	14,5	11,6	14,2	11,7	13,6	12,1	14,2	16,2	15,9	15,6	15,9	6
9,8	12,7	15,0	17,9	18,8	17,8	10,7	13,3	14,0	15,8	15,9	15,7	13,5	14,4	12,0	14,0	11,8	13,5	12,3	14,1	15,9	15,6	15,4	15,6	7
12,8	13,3	14,8	17,6	18,7	17,8	12,0	13,4	13,8	15,6	15,8	15,7	13,8	14,4	12,9	13,9	12,5	13,4	13,0	13,9	15,8	15,5	15,3	15,6	8

MÄRZ 1958

Aufzeichnungen eines Messtags - 17./18.3.58

Stunde	t Luft 2 m	t Luft 1 m	t Luft 10cm	Feuchtigk. in %	Sonnen-schein	Strahlg. cal/cm²	Barometer	Wind	Bewölkung	Sichtweite	Boden zustand	Sonstiges
7	6,5	6,0	5,0	98	.	.	764,4	C	Ac 1^1 S	40	0	seichter Bodennebel
8	6,5	6,3	6,2	99	0,3	2	764,8	0	Ac 1^1 S	40 dunstig	0	sonnig ab 7^{45}
9	12,7	13,0	13,4	89	0,9	10	764,8	0	Ac 1^1 S	50	0	sonnig
10	17,0	17,2	17,7	72	1,0	23	764,9	SE 1	Wolkenlos	50	0	sonnig, noch Tau im Gras
11	19,0	19,6	20,2	64	1,0	30	764,8	S 1	Ac 1^1 S	50	0	sonnig
12	20,6	21,2	22,5	54	1,0	33	764,4	S 2	Ac 1^1 S	50	0	sonnig
13	22,5	23,0	25,0	48	1,0	34	763,9	S 2	Ac 1^1 S	50	0	sonnig
14	22,5	23,9	24,8	50	1,0	34	763,4	W 3	Wolkenlos	50	0	sonnig, Windeinbruch W
15	22,2	23,0	23,6	49	1,0	34	762,9	W 3	Wolkenlos	50	0	sonnig
16	21,3	21,6	22,4	55	1,0	34	762,5	W 4	Wolkenlos	50	0	sonnig
17	20,9	21,0	21,1	53	1,0	33	762,3	W 5	Cs 1^0 W	50	0	sonnig
18	20,6	20,7	20,9	53	1,0	30	762,2	W 3	Cs 1^0 W	50	0	sonnig
19	18,6	18,9	18,8	58	0,5	17	762,2	W 1	Cs 1^0 W	40 dunstig	0	SU 18^{55}
20	16,2	16,0	15,8	69	.	5	762,5	SW 1	Cs 1^0 W	10	0	erster Taufall
21	13,8	13,5	13,3	77	.	2	763,0	SSW 2	Wolkenlos	2	0	
22	13,1	12,0	11,2	85	.	2	763,4	S 1	Wolkenlos	2	0	verstärkter Taufall
23	10,6	9,6	7,1	90	.	2	763,5	0	Wolkenlos	2	0	Taubeschlag
24	11,8	10,6	9,4	82	.	.	763,5	S 2	Wolkenlos	2	0	Windeinbruch Süd
1	11,5	10,5	8,0	85	.	.	763,5	S 1	Wolkenlos	2	0	erneuter Taubeschlag
2	13,0	12,5	11,7	76	.	.	763,4	S 2	Wolkenlos	2	0	1^{30} neuer Warmlufteinbruch
3	11,3	10,0	7,1	81	.	1	763,0	0	Wolkenlos	2	0	2°°-4°° unregelmässiger
4	10,1	9,5	7,5	85	.	1	762,8	0	Wolkenlos	2	0	Hauch, Störungen Süd
5	8,4	7,5	5,5	92	.	1	762,6	0	Wolkenlos	1 diesig	0	Min.v.23°° wieder erreicht
6	7,2	6,5	4,8	95	.	1	762,6	0	Wolkenlos	2 diesig	0	seichter Bodennebel
7	6,6	5,5	3,3	96	.	1	762,6	0	Wolkenlos	40 dunstig	0	Nebelbank in Talniederung
8	7,9	7,6	7,9	96	0,3	1	762,7	0	Wolkenlos	50	0	sonnig ab 7^{15} (Station 7^{45})

Anmerkungen: Vortag (16.3.) bedeckt bis 9°°, dann aufklarend, mittags heiter, gegen Abend Bewölkungszunahme

	Maximum	Minimum	Amplitude	Minimum/Boden
16.3.	21,0	6,8	14,2	4,0
17.3.	23,7	5,0	18,7	2,5
18,3.	27,2	5,5	21,7	1,9

MÄRZ 1958

Aufzeichnungen eines Messtags - 17./18.3.58

Stunde	t Nackter Boden 1 cm	5 cm	10cm	20cm	30cm	50cm	t Bedeckter Boden 1 cm	5 cm	10cm	20cm	30cm	50cm
7	6,2	12,0	14,4	17,1	18,2	17,8	9,6	12,5	13,3	15,0	15,2	15,4
8	7,0	11,8	14,0	16,9	18,1	17,8	9,5	12,2	13,0	14,8	15,2	15,4
9	16,4	12,3	13,7	16,6	18,0	17,9	10,5	12,1	12,9	14,7	15,2	15,4
10	24,7	14,6	14,1	16,4	18,0	18,0	12,2	12,4	12,8	14,6	15,2	15,5
11	32,1	18,0	15,4	16,4	17,9	18,0	14,2	13,1	13,2	14,6	15,2	15,5
12	39,0	21,5	17,3	16,5	17,8	18,1	16,7	14,0	13,8	14,6	15,2	15,6
13	42,7	25,0	19,6	17,0	17,8	18,1	18,9	15,4	14,7	14,6	15,2	15,6
14	43,5	27,3	21,6	17,6	17,8	18,1	19,9	17,0	15,4	14,7	15,2	15,6
15	40,6	28,5	23,4	18,4	17,9	18,1	20,0	18,2	16,1	14,8	15,1	15,6
16	36,7	28,8	24,8	19,1	17,9	18,1	19,6	18,5	16,7	15,0	15,1	15,6
17	32,1	27,8	24,8	19,8	18,0	18,0	19,1	18,4	17,0	15,2	15,0	15,6
18	27,6	26,8	24,8	20,4	18,2	18,0	18,5	18,2	17,2	15,3	15,0	15,5
19	20,5	25,0	24,1	20,6	18,4	17,9	17,4	17,9	17,2	15,4	15,1	15,5
20	16,5	22,6	22,9	20,8	18,5	17,9	16,0	17,2	16,9	15,5	15,1	15,4
21	14,2	20,7	21,6	20,8	18,6	17,8	15,1	16,7	16,6	15,6	15,2	15,4
22	13,0	19,1	20,4	20,6	18,7	17,8	13,6	16,2	16,2	15,7	15,2	15,4
23	10,8	17,8	19,6	20,2	18,6	17,8	12,8	15,5	15,6	15,7	15,2	15,4
24	9,9	16,6	18,4	19,8	18,8	17,8	12,2	14,9	15,1	15,6	15,2	15,4
1	9,9	15,6	17,6	19,4	18,8	17,8	12,0	14,5	14,8	15,6	15,3	15,4
2	10,1	15,0	17,0	19,1	18,8	17,8	11,6	14,0	14,5	15,5	15,3	15,4
3	8,6	14,4	16,4	18,7	18,8	17,9	11,3	13,8	14,3	15,4	15,3	15,4
4	8,0	13,8	15,8	18,3	18,7	17,9	10,9	13,4	13,9	15,3	15,2	15,4
5	7,0	13,0	15,3	17,9	18,6	17,9	10,4	13,0	13,6	15,2	15,2	15,4
6	6,1	12,3	14,6	17,6	18,4	17,9	9,6	12,6	13,4	15,0	15,2	15,4
7	5,5	11,6	14,1	17,2	18,3	18,0	9,0	12,2	13,1	14,8	15,2	15,4
8	6,5	11,2	13,7	16,8	18,2	18,0	9,0	12,0	12,8	14,6	15,1	15,4

Stunde	t in Forstbeeten: Kastanie 1 cm	Kastanie 10cm	Eiche 1 cm	Eiche 10cm	Ahorn 1 cm	Ahorn 10cm	Esche 1 cm	Esche 10cm	t Wasser 1 cm	5 cm	10cm	20cm
7	12,9	14,7	9,8	13,2	11,0	13,4	11,3	13,8	14,2	14,0	13,8	14,0
8	12,9	14,5	9,9	12,9	11,0	13,3	11,2	13,6	14,0	13,7	13,5	13,8
9	13,6	14,4	11,4	12,7	12,4	13,2	12,8	13,5	14,9	14,1	13,8	14,0
10	14,3	14,5	13,2	12,9	14,0	13.4	14,6	13,6	17,0	15,4	14,7	14,6
11	15,0	14,6	15,4	13,2	16,0	13,6	16,5	13,9	20,0	17,5	16,1	15,6
12	15,7	14,8	16,4	13,5	17,1	14,1	17,1	14,4	22,7	19,9	18,0	17,0
13	16,2	14,9	18,0	14,0	18,5	14,6	18,6	14,8	24,5	22,1	19,8	18,4
14	16,5	15,1	18,1	14,4	19,0	15,1	19,1	15,3	25,5	23,7	21,2	19,2
15	16,7	15,2	17,9	14,8	19,4	15,5	19,6	15,6	25,7	25,0	22,8	20,5
16	16,6	15,4	17,5	15,0	19,2	15,8	18,8	15,9	25,5	25,0	23,8	20,9
17	16,6	15,6	17,2	15,3	19,0	16,1	18,2	16,1	23,6	23,4	23,2	21,1
18	16,6	15,7	17,0	15,3	18,8	16,3	18,0	16,2	22,1	22,0	21,8	21,3
19	16,4	15,7	16,0	15,4	18,1	16,3	17,5	16,2	21,1	21,0	20,7	21,1
20	16,0	15,7	15,1	15,4	16,9	16,3	16,1	16,1	20,4	20,2	19,9	20,3
21	15,6	15,7	14,0	15,2	15,8	16,0	15,3	15,8	19,6	19,5	19,3	19,6
22	15,2	15,6	13,5	15,0	15,1	15,8	14,8	15,6	18,8	18,8	18,6	18,9
23	14,8	15,5	12,5	14,8	14,1	15,4	13,9	15,4	18,3	18,2	17,8	18,2
24	14,5	15,4	12,0	14,5	13,5	15,2	13,5	15,3	17,4	17,3	17,1	17,4
1	14,4	15,3	12,0	14,3	13,5	14,9	13,5	15,0	17,0	16,8	16,6	16,8
2	14,4	15,3	12,2	14,1	13,6	14,7	13,5	14,8	16,5	16,2	16,0	16,4
3	14,2	15,2	11,5	13,9	13,2	14,6	13,0	14,6	16,0	15,8	15,4	15,8
4	14,0	15,1	11,1	13,7	12,7	14,4	12,6	14,5	15,5	15,3	15,0	15,2
5	13,6	15,0	10,5	13,5	12,0	14,2	12,1	14,4	15,0	14,6	14,4	14,7
6	13,2	14,9	10,1	13,3	11,5	13,8	11,6	14,1	14,4	14,2	14,0	14,2
7	13,0	14,7	9,6	13,0	11,0	13,6	11,1	13,8	14,0	13,6	13,4	13,7
8	12,9	14,6	10,0	12,9	11,0	13,4	11,1	13,6	13,6	13,3	13,1	13,4

APRIL 1958

Aufzeichnungen eines Messtags - 5./6.4.58

Stunde	t Luft 2 m	1 m	10cm	Feuchtigk. in %	Sonnenschein	Strahlg. cal/cm²	Barometer	Wind	Bewölkung	Sichtweite	Bodenzustand	Sonstiges
7	4,4	3,9	2,0	96	.	.	765,3	0	Sc 1¹ S	40 dunstig	1	Sur negro E-Horizont; Reif
8	3,1	1,8	0,8	96	.	1	765,4	0	Sc 1¹ S	50	1	7⁴⁵ an sonnig, noch Reif
9	9,0	9,1	9,2	88	0,9	7	765,3	0	Sc 1¹ S	50	1	sonnig,
10	11,4	11,5	12,2	76	1,0	23	765,0	ESE 2	Sc 1¹ S	50	1	sonnig, noch Tau im Gras
11	13,2	13,7	14,5	67	1,0	29	764,3	SE 2	Sc/Cs 2⁰ S/SW	50	1	sonnig, aufkomm.Cs-Bank
12	15,0	15,6	16,5	62	1,0	30	763,8	SSE 2	Ac/Cs 2¹ S/SW	50	1	sonnig, 1.Störungsfeld Cs
13	15,5	15,8	16,2	56	1,0	30	763,6	0	Ac/Cs 3¹ S/SW	50	1	sonnig, Windstille
13³⁰	16,0	16,0	16,5	54			763,2	W 2	Ac/Cs 3¹ S/SW	50 dunstig	1	sonnig, 13¹⁵ an Wind W
14	15,7	16,0	16,1	55	1,0	31	762,8	W 3	Cs 3¹ WSW	50 dunstig	1	sonnig, 2.Störung anrück.
14³⁰	15,8	16,0	16,4	52			762,8	W 4	As 4¹ W	50 dunstig	1	sonnig
15	15,4	15,5	15,9	56	1,0	31	762,8	W 4	As 5¹ W	40 dunstig	1	Schleier vor der Sonne
17	13,7	13,8	13,9	59	(0,8)	(38)	762,8	W 3	As 9¹ W	40 diesig	1	As translucidus
19	12,2	12,0	11,5	64	.	(4)	762,5	0	As 10¹ W	10 diesig	1	As opacus
22	10,1	10,3	10,3	87	.	(1)	762,4	NW 1	Fc 10¹ WNW	1 diesig	1	Messung nach 0,6mm Regen
2	9,7	10,0	10,2	98	.	.	762,2	W 1	Fc 10¹ WNW	1	1	Messung nach 6,5mm Regen
8	9,4	9,5	9,5	95	.	(1)	763,6	0	Sc 7¹ W	10	1	aufklarend

Anmerkungen: Vortag (4.4.) überwiegend heiter; am Messtag gegen Nachmittag Bewölkungszunahme, nachts Schauertätigkeit; nur wenige Male gemessen

	Maximum	Minimum	Amplitude	Minimum/Boden
4.4.	17,1	5,7	11,4	3,6
5.4.	16,8	1,2	15,6	-2,5
6.4.	17,0	8,2	8,8	5,6

APRIL 1958

Aufzeichnungen eines Messtags - 5./6.4.58

t Nackter Boden						t Bedeckter Boden						t in Forstbeeten Kastanie		Eiche		Ahorn		Esche		t Wasser				Stunde
1 cm	5 cm	10cm	20cm	30cm	50cm	1 cm	5 cm	10cm	20cm	30cm	50cm	1 cm	10cm	1 cm	10cm	1 cm	10cm	1 cm	10cm	1 cm	5 cm	10cm	20cm	
0,2	5,4	8,3	12,1	14,4	15,0	6,4	9,3	10,2	12,6	13,4	14,2	10,4	12,4	6,5	10,0	8,2	10,6	8,3	11,1	9,8	9,5	9,4	9,6	7
0,1	5,2	8,0	11,9	14,3	15,0	5,2	9,1	10,1	12,5	13,4	14,2	10,4	12,3	6,2	9,9	8,1	10,5	8,2	10,9	9,5	9,2	9,0	9,3	8
6,1	5,4	7,7	11,7	14,2	15,0	6,3	8,9	10,0	12,4	13,4	14,2	11,0	12,3	7,8	9,7	9,2	10,4	9,3	10,8	10,0	9,4	9,3	9,4	9
16,2	7,9	8,1	11,3	14,1	15,1	8,0	9,2	9,8	12,3	13,3	14,2	11,6	12,3	9,1	9,8	11,1	10,6	11,0	10,9	11,5	10,5	10,2	10,2	10
20,5	10,9	9,3	11,2	14,0	15,1	9,6	9,5	10,1	12,1	13,2	14,2	12,2	12,4	10,7	10,0	13,5	10,9	12,0	11,2	13,5	12,0	11,4	11,1	11
24,9	13,8	10,8	11,3	13,9	15,1	11,3	10,1	10,4	12,0	13,2	14,2	12,6	12,4	11,5	10,3	14,0	11,5	13,0	11,5	16,0	13,7	12,8	12,6	12
29,1	16,8	12,7	11,6	13,8	15,1	13,8	11,3	11,0	12,0	13,1	14,2	13,0	12,6	12,5	10,6	15,1	11,9	14,0	12,1	18,2	15,6	14,3	14,2	13
30,0	18,2	13,7	11,9	13,7	15,1	14,5	11,9	11,4	12,0	13,1	14,2	13,1	12,6	13,0	10,8	16,1	12,3	14,0	12,4	19,0	16,6	15,0	14,9	13^{30}
29,9	19,2	14,5	12,2	13,7	15,0	14,4	12,4	11,8	12,0	13,1	14,2	13,1	12,6	13,0	11,1	15,4	12,4	14,1	12,5	19,2	17,2	15,5	14,9	14
28,5	20,0	15,5	12,6	13,6	15,0	14,3	13,3	12,2	12,1	13,0	14,2	13,1	12,7	12,9	11,3	15,0	12,7	14,1	12,7	19,2	18,0	16,4	16,0	14^{30}
26,2	20,4	16,1	12,8	13,7	15,0	14,1	13,4	12,3	12,2	13,0	14,1	13,0	12,8	12,7	11,4	14,3	12,8	14,0	12,8	18,9	18,3	16,8	16,2	15
16,1	18,0	16,6	14,3	13,8	14,9	13,5	13,3	12,8	12,4	12,9	14,1	13,0	12,9	12,1	11,6	13,6	13,0	13,6	13,2	16,8	16,6	16,4	16,6	17
12,7	15,9	15,8	15,6	13,9	14,8	11,7	12,9	12,8	12,5	12,8	14,0	12,9	13,0	11,4	11,7	12,8	12,8	12,9	13,3	16,1	15,9	15,6	15,8	19
10,5	13,2	14,0	14,6	14,3	14,6	11,0	12,2	12,5	12,6	12,9	13,9	12,5	12,9	11,0	11,6	12,0	12,5	12,2	12,8	15,0	14,6	14,4	14,6	22
10,0	11,7	12,6	13,8	14,3	14,6	10,5	11,8	12,0	12,7	12,8	13,7	11,9	12,6	10,5	11,3	11,6	12,0	11,6	12,4	13,5	13,3	13,0	13,4	2
8,1	10,3	11,4	13,1	14,0	14,6	10,5	11,5	11,7	12,5	12,8	13,7	12,0	12,4	10,4	11,2	11,2	11,8	11,8	12,1	12,5	12,2	12,0	12,2	8

ABHANDLUNGEN DER DEUTSCHEN AKADEMIE DER WISSENSCHAFTEN ZU BERLIN

Klasse für Chemie, Geologie und Biologie

Jahrgang 1958

Heft 1 Unter dieser Nummer erscheint keine Abhandlung

Heft 2 KLAUS SCHMIDT: Zur tektonischen Analyse des Sächsischen Erzgebirges
1959. 104 Seiten — 62 Abbildungen im Text und auf 8 Kunstdrucktafeln — 14 Tabellen — 3 Karten — 4° — DM 21,50

Heft 3 PAUL RAMDOHR: Die Uran- und Goldlagerstätten Witwatersrand-Blind River District-Dominion Reef-Serra de Jacobina: Erzmikroskopische Untersuchungen und ein geologischer Vergleich
1958. 35 Seiten — 84 Abbildungen, davon 80 auf 19 Kunstdrucktafeln — 4° — DM 10,—

Heft 4 PAUL RAMDOHR: Weitere Untersuchungen über radioaktive Höfe und andere radioaktive Einwirkungen auf natürliche Mineralien
1958. 9 Seiten — 27 Abbildungen, davon 26 auf 7 Tafeln — 4° — DM 3,70

Heft 5 WINFRIED und RENATE REMY: Die Sporen von Dictyothalamus schrollianus Göppert
JEANNE DOUBINGER und WINFRIED REMY: Bemerkungen über Odontopteris subcrenulata Rost und Odontopteris lingulata Göppert
1958. 14 Seiten — 30 Abbildungen, davon 26 auf 5 Kunstdrucktafeln — 2 Tabellen — 4° — DM 4,70

Heft 6 ARNO SCHÜLLER: Metallisation und Genese des Kupferschiefers von Mansfeld
1959. 9 Seiten — 28 Abbildungen auf 14 Kunstdrucktafeln — 4 Anlagen — 4° — DM 4,70

Heft 7 GÜNTER MÖBUS: Der „Syenit" von Plowdiw in Bulgarien
1959. 34 Seiten — 25 Abbildungen, davon 7 auf 4 Kunstdrucktafeln und 1 als Ausschlagtafel — 3 Tabellen — 4° — DM 5,70

Heft 8 MANFRED LUSZNAT: Die tektonische Prägung der Metamorphen Zone des Südostharzes und das Problem ihre Altersstellung. Herausgegeben vom Geologisch-Paläontologischen Institut der Friedrich-Schiller-Universität Jena. Direktor: F. Deubel
1959. 72 Seiten — 16 Abbildungen im Text — 17 Abbildungen auf 8 Tafeln — 3 Karten — 4° — DM 12,—

Heft 9 JAROSLAV HEYROVSKÝ: Oszillographische Polarographie mit Wechselstrom
1959. 22 Seiten — 62 Abbildungen — 1 Tabelle — 4° — DM 4,20

Jahrgang 1959

Heft 1 PAUL OESTERLE: Aktuelle Probleme in der Abwasserhygiene
HANS HELMUTH WUNDSCH: Maßnahmen zur Reinhaltung unserer Gewässer im Rahmen des Ministerratsbeschlusses vom 15. März 1956
1959. 28 Seiten — 4° — DM 2,80

Heft 2 HERMANN JAEGER: Graptolithen und Stratigraphie des jüngsten Thüringer Silurs
1959. 197 Seiten — 27 Abbildungen, davon 2 als Ausschlagtafeln — 14 Tafeln — 7 Tabellen — 4° — DM 27,—

Heft 3 EBERHARD GRUMBT: Der Nordost-Rand des Thüringer Waldes zwischen Ruhlaer Kristallin und Schwarzburger Sattel
1959. IV, 76 Seiten — 43 Abbildungen — 16 Tafeln, davon 1 mehrfarbige — 4 Tabellen — 4° — DM 24,50

Heft 4 RICHARD NIKOLAUS WEGNER: Der Schädelbau der Lederschildkröte Dermochelys coriacea Linné
Eine ausführliche Monographie des Schädelbaus dieser Schildkröte nebst Bemerkungen über andere Formen
1959. 80 Seiten — 37 Abbildungen — 17 Tafeln — 4° — DM 24,—

Heft 5 Vorliegende Heft

Heft 6 THEODOR MUSTERLE: Grenzen der Bilanzierung der Wasserwirtschaft
1959. 12 Seiten — 1 Abbildung — 4° — DM 1,80

Heft 7 HANS-DIETRICH KAHLKE: Die Cervidenreste aus den altpleistozänen Sanden von Mosbach (Biebrich-Wiesbaden)
Teil I: Die Geweihe, Gehörne und Gebisse
Mit einem Beitrag von cand. geol. K. A. Hühnermann
In Vorbereitung

Bestellungen durch eine Buchhandlung erbeten

AKADEMIE - VERLAG · BERLIN